卓越工程师教育培养计划食品科学与工程类系列规划教材

新编畜产食品加工工艺学

彭增起　毛学英　迟玉杰　主编

科学出版社

北　京

内 容 简 介

本教材为“卓越工程师教育培养计划食品科学与工程类系列规划教材”之一。全书共分为4篇21章，第一篇介绍了常见的畜禽品种及加工中常用的辅料与添加剂；第二篇介绍了畜禽屠宰分割及卫生检验，肉的组织结构和特性、宰后变化、食用品质、贮藏与保鲜，肉制品加工单元操作和肉制品加工；第三篇介绍了乳的化学组成及特性，乳制品生产中常用的加工单元操作，液态乳、发酵乳、干酪、浓缩乳制品、乳粉的加工和乳饮料生产；第四篇介绍了禽蛋的构造、化学组成及特性，禽蛋的品质鉴定及贮藏保鲜，再制蛋的加工技术，以及禽蛋功能性成分提取与利用等。本教材内容力求反映科技新成果，编写形式有创新，如增加了传统加工过程中有害物质的形成过程、陈腐味的形成过程、腌制与盐渍的区别等，力图启迪读者思考。

本教材可作为高等院校食品类专业本科生及研究生的专业课教材和教师教学参考用书，也可供相关专业科研及工程技术人员参考。

图书在版编目（CIP）数据

新编畜产食品加工工艺学/彭增起，毛学英，迟玉杰主编. —北京：科学出版社，2018.1

卓越工程师教育培养计划食品科学与工程类系列规划教材

ISBN 978-7-03-053183-4

Ⅰ. ①新… Ⅱ. ①彭… ②毛… ③迟… Ⅲ. ①畜产品-食品加工-高等学校-教材 Ⅳ. ①TS251

中国版本图书馆CIP数据核字（2017）第128183号

责任编辑：席 慧 刘 丹 韩书云 / 责任校对：彭珍珍

责任印制：徐晓晨 / 封面设计：铭轩堂

科 学 出 版 社 出版

北京东黄城根北街16号

邮政编码：100717

http://www.sciencep.com

北京凌奇印刷有限责任公司 印刷

科学出版社发行 各地新华书店经销

*

2018年1月第 一 版 开本：787×1092 1/16

2021年3月第四次印刷 印张：22

字数：521 000

定价：69.00元

（如有印装质量问题，我社负责调换）

《新编畜产食品加工工艺学》编写委员会

主　编　彭增起　毛学英　迟玉杰

副主编　王蓉蓉　闫利萍　张志胜　鲍志杰　冯宪超

编　委（以姓氏笔画为序）

王　园（上海中侨职业技术学院）

王文艳（河南农业职业学院）

王俊彤（东北农业大学）

王蓉蓉（南京晓庄学院）

毛学英（中国农业大学）

冯宪超（西北农林科技大学）

任晓镁（塔里木大学）

刘　鹭（中国农业科学院）

刘会平（天津科技大学）

刘登勇（渤海大学）

闫利萍（蚌埠学院）

李君珂（鲁东大学）

汪张贵（蚌埠学院）

迟玉杰（东北农业大学）

张　昊（中国农业大学）

张　鉴（成都大学）

张志胜（河北农业大学）

张雅玮（南京农业大学）

陈　晨（大连民族大学）

陈　琳（西北农林科技大学）

岳万福（浙江农林大学）

胥　伟（武汉轻工大学）

姚　瑶（江西农业大学）

崔保威（上海农林职业技术学院）

淑　英（河北农业大学）

彭增起（南京农业大学）

鲍志杰（东北农业大学）

总　　序

2010年6月23日，教育部在天津大学召开“卓越工程师教育培养计划”（即“卓越计划”）启动会，联合有关部门和行业协（学）会，共同实施卓越计划。以实施该计划为突破口，促进工程教育改革和创新，全面提高我国工程教育人才培养质量，努力建设具有世界先进水平、中国特色的社会主义现代高等工程教育体系，促进我国从工程教育大国走向工程教育强国。

为了推进“卓越计划”的实施，科学出版社经过广泛调研，征求广大专家、教师的意见，联合多所实施“卓越计划”的相关高校，针对食品科学与工程类本科专业组织并出版“卓越工程师教育培养计划食品科学与工程类系列规划教材”，该系列教材涵盖食品科学与工程、食品质量与安全、粮食工程、乳品工程、酿酒工程等相关专业，旨在大力推进教育改革，提高学生的实践能力和创新能力，建立一套具有开拓性和探索性的创新型教材体系，培养具有国际竞争力的工程技术人才。

根据教育部的学科分类，食品科学与工程类属于一级学科，与数学、物理、生物、天文、化工等基础学科属同等地位。它具有多学科交叉渗透的特点，涉及化学、物理、生物、农学、机械、环境、管理等多个学科领域。特别是20世纪50年代以来，随着计算机技术和生物技术在食品工业中的广泛应用，食品专业更是如虎添翼，得以蓬勃发展。据统计，全国开设食品科学与工程类本科专业的高校近300所，已有14所高校的食品科学与工程专业入选前三批的“卓越计划”。“卓越工程师教育培养计划食品科学与工程类系列规划教材”汇集了相关高校教师、企业专家的丰富教学经验和研究成果，整合相关的优质教学资源，保证了教材的质量和水平。

2013年4月13日，科学出版社“卓越计划”第一批规划教材的编前会议在东北农业大学食品学院举办；2014年6月13日，“卓越计划”第一批规划教材的定稿会议和第二批规划教材的启动会议在大连工业大学食品学院举行。经过科学出版社与广大教师的共同努力，保障了该系列规划教材编写的顺利实施。

该系列教材注重对学生工程能力和创新能力的培养，注重与案例紧密结合，突出实用。教材作者都是长期在食品科学与工程领域一线工作的教学、科研人员，有着深厚的系统理论知识和相关学科教学、研究经验。该系列教材的策划与出版，为培养造就一大批创新能力强、适应经济社会发展需要的高质量各类型工程技术人才，为建设创新型国家，实现工业化和现代化的宏伟目标奠定了坚实的人力资源优势，具有重要的应用价值和现实意义。

中国工程院院士 朱蓓薇

2015年1月16日于大连

前　言

科学技术的发展能丰富和发展饮食文化的内容，促进饮食文化的发展和传播。为顺应现代加工和绿色发展的要求，我们组织编写了本教材。本教材共分为4篇，第一篇为原料，包括常见畜禽品种，以及其产肉、产乳和产蛋性能及影响生产性能的因素；调味料、香辛料和常用添加剂的特点和使用方法。第二篇为肉和肉制品加工，主要包括畜禽屠宰与排酸技术，主要肉类的特点、分割与分级技术要领，肉的构造，肉中的酶，肉的加工特性、感官属性及其评定，肉制品加工的单元操作及肉在加工和贮藏过程中有害物质的形成过程，常见肉制品加工技术介绍。第三篇为乳和乳制品加工，包括原料乳、液态乳、乳粉等的加工工艺。第四篇为蛋和蛋制品加工，主要介绍蛋的物理、化学特性，传统蛋制品及液蛋、蛋粉等的加工工艺。

本教材编写分工如下。

绪论——彭增起

第一篇　原料

第1章　常见畜禽品种——彭增起，毛学英，迟玉杰，王蓉蓉，鲍志杰

第2章　辅料与食品添加剂——彭增起，迟玉杰，王蓉蓉，张雅玮，陈晨

第二篇　肉和肉制品加工

第3章　畜禽的屠宰分割及卫生检验——彭增起，王蓉蓉，刘登勇

第4章　肉的组织结构和特性——王蓉蓉，陈琳，彭增起

第5章　肌肉的收缩及宰后变化——冯宪超，岳万福，王园

第6章　肉的食用品质——汪张贵，闫利萍，崔保威

第7章　肉的贮藏与保鲜——王蓉蓉，张雅玮，李君珂

第8章　肉制品加工的单元操作——彭增起，闫利萍，姚瑶，刘登勇

第9章　肉制品加工——姚瑶，张崟，王文艳，任晓镤

第三篇　乳和乳制品加工

第10章　乳的化学组成及特性——毛学英，张志胜，张昊

第11章　乳制品生产中常用的加工单元操作——毛学英，彭增起，张志胜

第12章　液态乳加工——淑英，刘会平

第13章　发酵乳加工——毛学英，刘会平，张昊

第14章　干酪加工——张志胜，张昊

第15章　浓缩乳制品加工——张志胜，淑英，刘会平

第 16 章　乳粉加工——张志胜，刘鹭

第 17 章　乳饮料生产——淑英，刘会平

第四篇　蛋和蛋制品加工

第 18 章　禽蛋的构造、化学组成及特性——迟玉杰，胥伟，王蓉蓉

第 19 章　禽蛋的品质鉴定及贮藏保鲜——迟玉杰，胥伟

第 20 章　再制蛋的加工技术——迟玉杰，鲍志杰，王俊彤，李君珂

第 21 章　禽蛋功能性成分的提取与利用——迟玉杰，鲍志杰

本教材参编人员较多，写作风格差异较大，因此进行了多次统稿和审改工作。首先进行了分篇统稿，分工为：第一篇为彭增起和闫利萍，第二篇为彭增起和王蓉蓉，第三篇为毛学英和张志胜，第四篇为迟玉杰和鲍志杰。最后由彭增起统稿审定。在本教材编写过程中，感谢国家肉牛牦牛产业技术体系、公益性（农业）科研专项（南方地区草食家畜育肥与高品质肉生产技术研究）、奶牛产业技术体系北京市创新团队给予的大力支持。

由于组稿仓促，且编者水平有限，不当之处在所难免，敬请读者批评指正。

编　者

2017 年 11 月

目　　录

前言
绪论…………………………………………………………1

第一篇　原　　料

第1章　常见畜禽品种……………………3
第一节　肉用畜禽及其产肉性能……3
一、猪……………………3
二、牛……………………5
三、羊……………………7
四、鸡……………………8
五、鸭……………………9
六、鹅……………………10
七、兔……………………10
第二节　乳用家畜及其产乳性能……11
一、乳用家畜种类及品种……11
二、影响产乳性能的因素……13
第三节　蛋禽品种及其产蛋性能……15
一、鸡……………………15
二、鸭……………………17
三、鹅……………………18
第2章　辅料与食品添加剂……………20
第一节　辅料……………………20
一、调味料……………………20
二、香辛料……………………22
第二节　食品添加剂……………26
一、食品添加剂的使用原则……26
二、常用食品添加剂……………27

第二篇　肉和肉制品加工

第3章　畜禽的屠宰分割及卫生检验……32
第一节　宰前管理与检验……32
一、宰前管理……………32
二、宰前检验……………33
第二节　屠宰工艺……………33
一、屠宰工艺流程……………33
二、屠宰工艺要点……………33
三、卫生检验与卫生规范……36
第三节　肉的分割与分级……36
一、牛肉的分割……………36
二、牛肉的分级……………38
三、猪肉的分割与分级……41
四、羊肉的分割与分级……42
五、禽肉的分割与分级……43
第4章　肉的组织结构和特性……44
第一节　肌肉的构造……………44
一、肌肉组织……………44
二、肌纤维……………46
第二节　结缔组织的构造……48
一、胞外基质……………48
二、纤维……………48
第三节　脂肪组织……………49
一、脂肪的构造……………49
二、脂肪的分布……………50
第四节　骨组织……………50
一、骨骼的构造……………50
二、骨骼的基本组成……………51
第五节　肉的化学组成及其影响因素……51
一、肉的化学组成……………51
二、影响基本化学组成的因素……60
第六节　肉中的酶……………61
第七节　肉的加工特性……………65

一、溶解性 …… 65
二、凝胶性 …… 66
三、乳化性 …… 67
四、保水性 …… 67
第 5 章　肌肉的收缩及宰后变化 …… 69
第一节　肌肉的收缩及宰后变化 …… 69
一、肌肉的收缩 …… 69
二、宰后变化 …… 69
第二节　肉的排酸 …… 73
一、肉的排酸机制 …… 73
二、排酸期间胴体的变化 …… 74
三、肉的品质变化 …… 74
四、肉的排酸技术 …… 75
第 6 章　肉的食用品质 …… 77
第一节　肉色 …… 77
一、肉中的色素物质 …… 77
二、影响肉色稳定性的因素 …… 79
三、肉色评定方法 …… 81
四、异常色泽肉 …… 81
第二节　嫩度 …… 82
一、肉的嫩度 …… 82
二、影响肉嫩度的因素 …… 82
三、肉的嫩化方法 …… 83
四、嫩度的评定 …… 83
第三节　肉的风味及影响因素 …… 84
一、风味 …… 84
二、常见畜禽肉的风味特点 …… 85
三、影响肉风味的因素 …… 87
第四节　多汁性 …… 87
一、多汁性的概念 …… 88
二、多汁性的评定 …… 88
三、影响多汁性的因素 …… 88
四、脂肪对肉多汁性、风味和嫩度的贡献 …… 89
第 7 章　肉的贮藏与保鲜 …… 91
第一节　肉中的微生物和肉的腐败 …… 91
一、肉中的微生物 …… 91
二、肉的腐败 …… 92
第二节　鲜肉的贮藏与保鲜 …… 93
一、冷却保鲜 …… 93
二、冷冻 …… 95
三、辐射保鲜 …… 100
四、充气包装 …… 101
五、真空包装 …… 102
第三节　肉在贮运过程中的变化 …… 103
一、冻肉在贮运过程中的变化 …… 103
二、肉制品在贮运过程中的变化 …… 104
第 8 章　肉制品加工的单元操作 …… 108
第一节　绞碎 …… 108
一、绞肉 …… 108
二、切丁 …… 108
第二节　搅拌 …… 108
一、搅拌的概念 …… 108
二、加料顺序 …… 109
三、真空搅拌 …… 109
四、搅拌的作用 …… 109
第三节　斩拌与乳化 …… 109
一、斩拌 …… 109
二、斩拌作用 …… 110
三、肉的乳化机制 …… 110
四、影响肉的乳化体系形成和稳定性的因素 …… 111
五、斩拌对乳化效果的影响 …… 112
六、糜类肉制品的跑水跑油问题 …… 113
第四节　腌制 …… 113
一、腌肉的色泽 …… 113
二、腌肉的风味 …… 115
三、腌肉的保水性和黏着性 …… 115
四、腌制方法 …… 115
第五节　充填 …… 116
一、肠衣 …… 117
二、充填设备 …… 117
三、自动高速扭结机 …… 118
第六节　肉的热处理 …… 118
一、肉在加热过程中的一般变化 …… 118
二、肌肉蛋白质凝胶的形成 …… 118
三、风味物质的产生 …… 122
四、色泽的变化 …… 123
五、保水性及其影响因素 …… 123
六、微生物的杀灭和有害物质的形成 …… 124
第七节　煮制 …… 124
一、火候 …… 124
二、调味 …… 124
三、肉在煮制过程中的变化 …… 124
第八节　烧烤 …… 126

一、烧烤方法 ··· 126
二、肉在烧烤过程中的变化 ··· 126
第九节　油炸 ··· 128
一、油炸方法 ··· 128
二、影响油炸食品质量的因素 ··· 129
三、肉在油炸过程中的变化 ··· 130
第十节　熏制 ··· 132
一、熏烟的成分与作用 ··· 132
二、烟熏方法 ··· 134
三、传统烟熏的危害和有害物质的减控 ··· 135
第9章　肉制品加工 ··· 137
第一节　肉制品分类 ··· 137
一、德国肉制品分类 ··· 137
二、美国肉制品分类 ··· 138
三、日本肉制品分类 ··· 138
四、我国肉制品分类 ··· 138
第二节　盐渍制品 ··· 138
一、金华火腿 ··· 139
二、宣威火腿 ··· 140
三、咸肉 ··· 141
四、板鸭 ··· 143
第三节　腌腊肉制品 ··· 144
一、腊肉 ··· 144
二、培根 ··· 145
第四节　酱卤肉制品 ··· 147
一、酱卤肉类的加工 ··· 147
二、白煮肉类的加工 ··· 148
三、糟肉类的加工 ··· 149
第五节　熏烧焙烤肉制品 ··· 149
第六节　干肉制品 ··· 152
一、肉干 ··· 152
二、肉松 ··· 153
第七节　油炸肉制品 ··· 153
一、油炸猪肉排 ··· 153
二、真空低温油炸肉干 ··· 153
第八节　肠类肉制品 ··· 154
一、肠类制品的分类 ··· 154
二、常见的肠类制品 ··· 154
第九节　熟火腿制品 ··· 157
一、里脊火腿 ··· 157
二、成型火腿 ··· 157
三、方火腿 ··· 159
四、碎肉火腿 ··· 159
第十节　调理肉制品 ··· 160
一、调理肉制品的分类及特点 ··· 160
二、冷冻调理制品的加工工艺 ··· 160
三、常见速冻调理制品的加工 ··· 161
第十一节　其他肉制品 ··· 162
一、肉糕类制品 ··· 162
二、肉冻类制品 ··· 165

第三篇　乳和乳制品加工

第10章　乳的化学组成及特性 ··· 167
第一节　乳的化学组成及存在状态 ··· 167
一、乳蛋白质 ··· 168
二、乳脂肪 ··· 168
三、碳水化合物 ··· 169
四、乳中的盐类 ··· 169
五、乳中的维生素 ··· 169
六、乳中的酶 ··· 169
七、乳中的其他成分 ··· 170
第二节　乳的理化特性 ··· 171
一、乳的相对密度 ··· 171
二、乳的氧化还原电势 ··· 172
三、乳的冰点和沸点 ··· 172
四、乳的表面张力 ··· 172
五、乳的酸度 ··· 173
六、乳的电导率 ··· 173
七、乳的热力学和光学性质 ··· 173
第三节　乳中的微生物 ··· 174
一、乳中微生物的来源及种类 ··· 174
二、乳中微生物的生长特性 ··· 176
三、乳中微生物的控制 ··· 177
第四节　异常乳 ··· 177
一、微生物污染乳 ··· 178
二、化学成分异常乳 ··· 178
三、生理异常乳 ··· 180
四、病理异常乳 ··· 180
第11章　乳制品生产中常用的加工单元操作 ··· 183
第一节　原料乳的收集、运输及

验收 ……183
一、原料乳的质量检验 ……183
二、乳的收集与运输 ……183
三、乳的接收与贮存 ……184
第二节　乳的真空脱气与离心分离 ……184
一、乳的真空脱气 ……184
二、乳的离心分离 ……185
第三节　乳的标准化 ……186
一、乳标准化的概念及原理 ……186
二、标准化的设备与方法 ……186
第四节　乳的均质 ……187
一、均质的概念及基本原理 ……187
二、均质设备 ……188
三、均质对乳的影响 ……189
第五节　乳的热处理 ……190
一、热处理的目的及杀菌方法 ……190
二、热处理对乳成分及性质的影响 ……192
第六节　乳的真空浓缩与干燥 ……193
一、乳的真空浓缩 ……193
二、乳的干燥 ……194
第七节　清洗与消毒 ……194
一、就地清洗 ……194
二、就地清洗的类型 ……197
第12章　液态乳加工 ……200
第一节　巴氏杀菌乳 ……201
一、巴氏杀菌乳的生产工艺流程 ……201
二、关键生产工艺要求及质量控制 ……202
三、巴氏杀菌乳标准 ……206
第二节　延长货架期乳 ……206
一、概述 ……206
二、延长货架期乳的基本生产工艺 ……206
三、关键生产工艺要求及质量控制 ……207
第三节　超高温灭菌乳 ……208
一、概述 ……208
二、超高温灭菌乳的基本生产工艺 ……208
三、关键生产工艺要求及质量控制 ……208
四、超高温灭菌方法 ……209
第四节　保持式灭菌乳 ……211
一、概述 ……211
二、保持式灭菌乳的基本生产工艺 ……211
三、灭菌方法 ……211
四、保持式灭菌对乳成分及产品特性的影响 ……212
第13章　发酵乳加工 ……214
第一节　概述 ……214
一、发酵乳的定义与分类 ……214
二、发酵剂菌种与发酵剂制备 ……214
第二节　酸乳的加工 ……218
一、酸乳的概念和分类 ……218
二、凝固型酸乳和搅拌型酸乳的生产 ……219
三、延长货架期酸乳的生产 ……222
第三节　其他发酵乳 ……223
一、开菲尔乳 ……223
二、酸马奶酒 ……226
三、益生菌发酵乳 ……228
第14章　干酪加工 ……233
第一节　干酪的定义与分类 ……233
一、干酪的定义 ……233
二、干酪的分类 ……233
三、干酪的营养价值 ……234
第二节　干酪生产的基本原理 ……235
一、酸凝 ……235
二、酶凝 ……236
第三节　干酪的加工工艺 ……238
一、一般加工工艺流程 ……238
二、几种主要干酪的加工工艺 ……244
三、常见质量缺陷与质量控制 ……246
第15章　浓缩乳制品加工 ……249
第一节　浓缩乳的概念 ……249
第二节　淡炼乳 ……250
一、概述 ……250
二、生产工艺流程 ……250
三、关键生产工艺要求 ……250
第三节　甜炼乳 ……251
一、概述 ……251
二、生产工艺流程 ……251
三、关键生产工艺要求 ……251
第16章　乳粉加工 ……253
第一节　概述 ……253
一、乳粉的概念 ……253
二、乳粉的分类 ……253
第二节　乳粉的一般生产工艺 ……254
一、生产工艺流程 ……254
二、关键生产工艺要求 ……255

第三节　乳粉的功能特性……260
一、乳粉的密度与流动性……261
二、乳粉的溶解性……262
三、乳清蛋白变性程度……263
四、热处理强度与奶粉的功能性质…263
第四节　婴幼儿配方乳粉的生产……264
一、概述……264
二、生产工艺流程和质量控制……267
三、特殊婴幼儿配方乳粉的生产……269
第 17 章　乳饮料生产……272
第一节　概述……272
一、乳饮料的概念……272
二、乳饮料的分类……272
第二节　调配型乳饮料的分类和生产…273
一、调配型乳饮料的分类……273
二、调配型乳饮料的生产……273
第三节　发酵型乳饮料的分类和生产…276
一、发酵型乳饮料的分类……276
二、发酵型乳饮料的生产……276
第四节　益生菌发酵乳饮料的分类和生产……278
一、益生菌发酵乳饮料的分类……278
二、益生菌发酵乳饮料的生产……278
第五节　牛乳-植物蛋白质混合饮料的生产……279
一、工艺流程和操作要点……279
二、质量控制……280

第四篇　蛋和蛋制品加工

第 18 章　禽蛋的构造、化学组成及特性…282
第一节　禽蛋的构造……282
第二节　禽蛋的化学组成……285
一、蛋的一般化学组成……285
二、蛋壳的化学组成……286
三、蛋清的化学组成……286
四、蛋黄的化学组成……290
第三节　禽蛋的特性……294
一、禽蛋的理化特性……294
二、禽蛋的加工特性……294
第 19 章　禽蛋的品质鉴定及贮藏保鲜…297
第一节　禽蛋的质量指标……297
一、禽蛋的一般质量指标……297
二、蛋壳的质量指标……298
三、禽蛋内部的质量指标……299
第二节　禽蛋的品质鉴定……300
一、感官鉴别法……300
二、光照透视鉴别法……300
三、密度鉴别法……301
四、荧光鉴别法……301
第三节　禽蛋的贮藏保鲜……302
一、鲜蛋贮藏的基本原则……302
二、鲜蛋贮藏保鲜方法……303
第四节　洁蛋……304
一、鲜蛋的污染和洁蛋的生产工艺…304
二、洁蛋的生产设备……306
第 20 章　再制蛋的加工技术……308
第一节　腌制蛋制品……308
第二节　咸蛋……311
第三节　糟蛋……312
一、糟蛋的加工原理……313
二、糟蛋的加工方法……313
第四节　液蛋制品……315
一、液态蛋……315
二、冰蛋……316
第五节　干燥蛋制品……318
一、蛋白片……318
二、蛋粉……320
第六节　其他蛋制品……323
一、蛋黄酱……323
二、鸡蛋干……324
三、卤蛋……325
第 21 章　禽蛋功能性成分的提取与利用…328
第一节　溶菌酶……328
一、溶菌酶的性质……328
二、溶菌酶在食品工业中的应用……328
三、蛋清溶菌酶的提取方法……329
第二节　蛋黄免疫球蛋白……330
一、免疫球蛋白的性质……330
二、免疫球蛋白在食品工业中的应用……330
三、免疫球蛋白的提取方法……330

第三节　蛋黄卵磷脂……331
一、蛋黄卵磷脂的性质……331
二、蛋黄卵磷脂在食品工业中的应用……331
三、蛋黄卵磷脂的提取方法……332
第四节　蛋清蛋白质水解物的制备技术……333
一、蛋清寡肽的功能特性……333
二、蛋清寡肽的制备技术……333
第五节　蛋壳的利用……334
一、壳膜分离工艺……334
二、蛋壳粉的加工……335
三、蛋壳有机钙制备技术……335
四、壳膜中的功能成分……336

绪　论

动物性食品是人类赖以生存的物质基础之一。肉、乳、蛋作为重要的畜产食品，为人类生存提供了不可或缺的营养成分。自中华人民共和国成立，特别是改革开放以来，我国畜牧业发展很快。当前畜牧业产值占农业总产值的40%左右。畜产食品及畜产食品加工在社会发展、国民经济和人民生活中的重要地位日显突出。

肉、乳、蛋原料经过加工和烹饪，为人类提供了各种美味的制品和菜肴，形成了灿烂的中华饮食文化。西方饮食文化与西方哲学相适应，其特点是营养第一。而历史悠久的中华饮食文化的明显特点则是讲究色、香、味、形，注重养生，是美味和健康的有机统一。

伟大的民主革命先驱孙中山先生主张，养生文化也是中国优秀文化的一部分。他认为："我中国近代文明进化，事事皆落人之后，惟饮食一道之进步，至今尚为文明各国所不及。中国所发明之食物，固大盛于欧美；而中国烹调法之精良，又非欧美所可并驾。"从古人茹毛饮血、燧人氏钻木取火，再到今人提倡饮食有度有节、营养卫生，推崇健康养生、绿色发展的时尚生活，无不彰显出中华饮食文化的传承和弘扬，为中国文明和世界文明带来了巨大变化。

国外畜产食品加工工业自19世纪开始有了较大的发展，发展了氨制冷技术及肉类包装工业。20世纪前后，畜类屠宰和肉类加工新设备的出现，以及真空包装技术的问世，使耐贮藏的小包装分割肉技术得到了迅速发展。而我国2000多年前就有了"奶子酒"的记载。北魏贾思勰所著的《齐民要术》收集了"奶酪""干酪""马酪"等的制作方法。13世纪，马可·波罗所著的《马可·波罗游记》记录了元军军粮用干燥乳制品。云南少数民族地区的乳扇、乳饼，新疆和内蒙古的奶皮子、奶豆腐、奶子酒、黄油、酥油均是久远的历史传承品。养禽产蛋在我国已经有3000多年的历史。我国是世界上最早懂得禽类人工孵化技术的国家之一。松花蛋在我国有200～300年的历史。

20世纪80年代，我国建立了冷却肉小包装车间，引进分割肉、西式制品和肉类小包装生产线；目前正在发展冷鲜肉、低温肉、发酵肉制品、健康肉制品等。我国肉类总产量居世界首位，但熟肉制品不足10%（发达国家在50%以上）。中式传统肉制品需要由作坊式生产逐步向工业化、现代化和绿色制造方向发展。

目前，乳制品生产企业行业集中度逐年提高，乳品企业和奶牛养殖企业更加规模化、现代化、自动化。进口奶源和特色复原乳得到发展。

自20世纪80年代以来，我国蛋类产量以11.3%的速度增长，鲜蛋产量占世界禽蛋总产量的40%以上，以生鲜消费为主。加工制品中传统蛋制品占有重要地位，主要有松花蛋、咸蛋、糟蛋等再制蛋（主导优势产品，占蛋类加工的80%以上），以及冰蛋黄、冰蛋白、溶菌酶等。蛋品工业化加工相对落后，蛋的加工转化程度仅为0.26%（发达国家为15%～20%，主要有液态蛋、冷冻蛋、分离蛋、干燥蛋等现代蛋制品）。

发达国家肉、蛋、奶等畜产食品的消费量已经远远超过了合理营养膳食的需要，肥胖、高血压、心血管等"富贵病"日益严重。随着社会、科技的进步和人们对健康的追求，食品安全问题日益受到重视。2015年，世界卫生组织宣布了红肉和一些加工肉制品致癌的结果，许多癌症是由环境因素造成的，而作为主要环境因素的饮食，则成为人们日益关注的焦点。世界各国传统肉制品的热处理一般包括煮制、烟熏、烧烤、油炸等工序。随着社会的发展、科技的进步和人们对健康的追求，肉在烟熏、烧烤、油炸和煮制过程中产生或沉积的一些有害物质逐渐被发现。为了减少或消除加工对环境和健康带来的危害，肉制品绿色制造技术的研究浪潮正在兴起。肉制品绿色制造技术是指以优质肉为原料，利用绿色化学原理和绿色化工手段，对产品进行绿色工艺设计，从而使产品在加工、包装、贮运、销售过程中对人体健康和环境的危害降到最低，并使经济效益和社会效益得到协调优化的一种现代化制造方法。因此，利用绿色制造技术对传统工艺进行改造，是现代食品科学技术发展的必然趋势。

第一篇　原　　料

畜产食品加工工艺学是从畜牧生产出发，以畜禽产品为原料，以香料、调料等为辅料的动物食品的加工工艺。绝大多数畜牧业产品必须经过加工处理后才能被利用，并且加工处理可以提高其利用价值。畜产食品加工工艺学是以研究肉、乳、蛋、皮、毛及其副产品的特性，以及其贮藏加工过程中的变化为基础，从畜禽原料生产开始，包括产品的组成与理化性质、加工贮藏对原料和产品性质及营养价值的影响、加工原理及技术和储藏保鲜方法的理论与实践等。

第1章　常见畜禽品种

本章学习目标：通过本章学习，了解生产肉、蛋、奶的主要畜禽品种及其生产性能；熟悉主要畜禽的名称、品种、生产性能；掌握影响各种肉用、乳用、蛋用畜禽的因素。

第一节　肉用畜禽及其产肉性能

用于人类食肉的动物种类很多，有家养动物，也有野生动物。自从动物驯化圈养以来，家养动物，也就是家畜、家禽，或统称为畜禽，逐渐成为人类肉食品的主要来源。当今用来生产肉类的畜禽主要是兼用型品种和专门化的肉用型品种，后者如肉牛、瘦肉型猪和肉用型家禽等，是根据人们的需要，以提高产肉效率为目标，定向培育而成的。

目前可供人类食肉的畜禽种类主要有猪、牛、羊、鸡、鸭、鹅、兔等。

一、猪

猪历来是我国肉食品的主要来源，至20世纪70年代，猪肉占到我国肉类总量的95%，虽然现在比例有所下降，但仍稳定在62%以上，为我国最主要的肉用动物。我国是世界上第一养猪和猪肉生产大国，存栏猪超过4亿头，几乎占全世界的一半。近年来，虽然猪的用途有所扩大，如作为实验动物、宠物和用来提炼生化药物等，但其最主要的用途仍然是产肉。

（一）肉用猪品种

1. 中国猪种　中国是猪种资源最丰富的国家，尤其是地方品种，依各地气候条件、地形地貌、农作制度、经济条件等的差异形成了六大类型 48 个品种。利用地方品种与国外引进的品种又培育了 30 多个培育品种（品系）。

（1）地方猪种　中国地方猪种具有肉质好、耐粗饲、繁殖率高的优点，但也存在生长慢、瘦肉率低的缺点，以下介绍几个代表性品种。

1）民猪：产于中国的东北与华北地区，主要分布在东北三省，被毛黑色，属华北型猪种，育肥猪 8 月龄体重可达 90kg。

2）金华猪：产于浙江省金华地区。毛色黑白相间，头尾黑色，又称“两头乌”，属华中型猪。该品种皮薄骨细，早熟易肥，肉质优良，适于腌制火腿，金华火腿由此得名。

3）太湖猪：产于江苏、浙江和上海交界的太湖流域。该品种被毛黑色或青灰色，以繁殖性能高而闻名世界，其中的梅山猪已被美、法、英等多个国家引进。太湖猪的肉质好，皮厚且胶质多，特别适合于蹄髈的加工。

4）乌金猪：产于云南、贵州、四川接壤的乌蒙山和大、小凉山地区。毛为黑色或棕褐色，属西南型猪。乌金猪后腿的肌肉发达，肉质坚实，是加工火腿的上等原料，由其加工的云腿和金华火腿齐名。

（2）培育猪种

1）三江白猪：以长白猪和东北民猪为亲本，经 6 个世代定向选育 10 余年而成，是我国培育出的第一个瘦肉型品种。三江白猪在 20～90kg 时日增重 600g。

2）湖北白猪：采用地方良种、长白猪与大约克猪进行三元杂交组建基础群，并开展多世代闭锁繁育而成的瘦肉型新品种。肉猪在 20～90kg 时日增重 560～620g。

3）苏太猪：由杜洛克和太湖猪为亲本经杂交选育而成。苏太猪繁育性能高，平均产仔数为 14.45 头，180d 体重可达 90kg。

2. 世界猪种　以大约克猪和长白猪在世界各国分布最广，其次为杜洛克、汉普夏等瘦肉型猪种，各国多以这些猪种直接用于生产商品猪或用以培育本国专门化品系。现介绍几个著名猪种。

1）大约克猪（large Yorkshire）：又称大白猪（large white），产于英国，原分为大、中、小三型，小型为脂肪型，中型为肉脂兼用型，大型为瘦肉型。目前大约克猪是世界上数量最多、分布最广的猪种。其具有强抗应激能力，发生 PSE（pale、soft、exudative）肉（一种由应激引起的劣质肉）的频率很低。

2）长白猪（Landrace）：产于丹麦，是世界最著名的瘦肉型品种。许多国家从丹麦引进长白猪后，结合本国的自然条件和经济条件，育成本国的猪种。例如，法国、美国、荷兰和加拿大等国都有各自的长白猪。长白猪易发生应激，各国长白猪的抗应激能力不同，其中丹麦长白猪抗应激能力较强，而比利时长白猪易发生应激反应。

3）杜洛克猪（Duroc）：产于美国，原为脂肪型猪种，20 世纪 50 年代开始逐渐转型，成为瘦肉型猪种。杜洛克猪的毛为红棕色，肉质好，抗应激能力强，未发现 PSE 肉。

3. 杂交商品猪　杂交商品猪是现代肉猪生产的主要形式。杂交猪一般为二元杂交或三元杂交。二元杂交一般用引进品种为父本，当地猪为母本，如长白猪和太湖猪杂交产生的商品代，俗称“土杂猪”。三元杂交一般用二元杂交后代作母本，再与一引进品种（父本）杂交来产生三元杂交商品代，俗称“内三元”。由于存在杂交优势，商品猪具有生长快、瘦肉率高和肉质好的特点。

现在我国供应市场的商品猪绝大多数为大白猪、长白猪、杜洛克猪的三元杂交后代，俗称“外三元”。生产性能优良的长白猪和大白猪进行杂交生产，其产仔数高于纯种大白猪或长白猪 12%左右，断奶仔猪窝重高于纯种大白猪或长白猪 15%左右。一般来讲，二元杂交猪的生长速度与纯种猪的生长速度接近，其瘦肉率是父母代的平均数。二元杂交母猪的母性和泌乳能力明显优于纯种猪。与纯种猪相比，二元杂交猪的抗逆性强，较耐粗饲。三元杂交猪是由终端父本配二元母猪生产出的下一代猪，如杜长大或杜大长商品猪。三元杂交猪主要是结合二元杂交猪的优点和终端父本的优点，生产出生长快、瘦肉率高的商品猪，以获得最大的经济效益。断奶仔猪窝重高于纯种大白猪或长白猪 20%。由于断奶时仔猪的体重较大，因此从出生到育肥上市的天数较纯种猪要少。

（二）猪的产肉性能及其影响因素

中国地方猪种性成熟早，排卵数多；国外猪种性成熟一般在 180 日龄以上，排卵数也较少。中国地方猪种产仔数多，平均为 10.54～13.64 头；国外繁殖力高的品种如长白猪、大白猪平均为 9.25～11 头。养猪先进的国家都引进我国的太湖猪、东北民猪等与其本国品种杂交，以利用我国猪种的高产仔基因。另外，中国地方猪种与外国猪种比较，还具有乳头数多、发情明显、受胎率高、护仔能力强、仔猪育成率高等优良的繁殖特性。中国地方猪种虽然脂肪多、瘦肉少，但肉质明显优于外国猪种。国外一些改良选育的瘦肉型品种，PSE 肉的发生率高，而中国地方猪种的肉质优良，肌肉嫩而多汁，肌纤维较细，密度较大，肌肉大理石花纹分布适中，肌纤维间充满脂肪颗粒，烹调时产生特殊的香味。

中国地方猪如野猪和黑猪与外国猪的杂交是提高猪的生产性能和肉质品质的一大有效途径。在生长速度上，外国猪种明显高于中国本地猪种。在生长育肥期内，中国地方猪种如民猪、金华猪、太湖猪的平均日增重为 453g，外国猪种长白猪、杜洛克猪、大白猪的平均日增重为 667g。国外猪种 180 日龄可达 90kg 以上，而中国地方猪种达 90kg 时远远超过了 180 日龄。

中国猪种的产肉率较低，90kg 体重的地方猪种屠宰时，胴体屠宰率约为 70%，瘦肉率约为 45%。培育猪种通过杂交，繁殖能力提高，三江白猪在 20～90kg 时日增重 600g，苏太猪 180 日龄体重可达 90kg，90kg 体重的猪被屠宰时，胴体瘦肉率上升到 55%以上。国外猪种以生产瘦肉型为主，增重快、瘦肉率高，胴体瘦肉率大于 65%。国外猪种的饲料利用率高，可节省饲料，降低饲养成本。瘦肉率高是外三元等国外猪种占领我国猪肉市场的主要原因，国外猪种的胴体瘦肉率高于中国地方猪种。

二、牛

牛的用途较为广泛，以产奶为主的称为“乳牛”；以役用为主的称为“耕牛”或“役用牛”；以产肉为主的称为“肉牛”；兼有两种或两种以上生产性能的称为“兼用型牛”，如乳肉兼用、肉乳兼用、乳役兼用和役肉兼用等。

改革开放以前，牛在农区主要为役用，只有老牛和残牛才能屠宰以生产牛肉，没有专门肉牛品种，也没有肉牛产业。自 20 世纪 80 年代以来，随着农村经济的发展，大量役用牛转为役肉兼用或肉用牛。随着我国国民经济的发展和人民生活水平的提高，牛肉的需求量越来越大，对牛肉质量的要求也越来越高，从而对育种技术、育肥技术、屠宰与加工技术提出了更高的要求。

（一）肉牛品种

1. 世界肉牛品种

（1）海福特牛（Hereford）　产于英格兰，是英国古老的肉牛品种之一。海福特牛体格较小，肌肉发达，身体为红色，头、四肢下部等部位为白色。公牛成年体重为900～1000kg，母牛为520～620kg。

（2）夏洛来牛（Charolais） 产于法国，体型大，全身肌肉发达。毛为白色或浅奶油色。公、母牛成年体重分别为1100～1200kg和700～800kg。

（3）西门塔尔牛（Simmental） 产于瑞士西部、法国、德国和奥地利等的阿尔卑斯山区。分肉乳兼用和乳肉兼用类型。全身被毛为黄白花或淡红白花，公、母牛成年体重分别为1000～1100kg和700～750kg。

（4）和牛（Wagyu） 产于日本，公牛成年体重为800kg，母牛为500kg。和牛以其优良的肉质而闻名于世，尤其是肌间脂肪（大理石花纹）非常丰富，犹如雪花镶嵌其中，“雪花牛肉”即由此而来。

2. 中国牛种 我国至今尚没有专门化的肉牛品种，我国黄牛品种有25种之多，秦川牛、南阳牛、鲁西牛、晋南牛、延边牛是这些黄牛品种中的佼佼者，而这些牛现在大多向役肉兼用、肉役兼用和专门肉用的方向发展，大量的试验和生产实践表明黄牛具有很好的肉用性能，是我国肉牛产业的品种基础。另外，我国还有大量的水牛和牦牛也可作为役肉兼用牛。

（1）黄牛 黄牛是中国对牦牛和水牛以外的所有家牛的惯称。我国现有28个品种，分布于全国各地，其中秦川牛、南阳牛、鲁西牛、晋南牛、延边牛和蒙古牛这六大地方品种分布最广、数量最多。其中前4种的屠宰率为50%～55%，是我国生产优质牛肉的主要地方品种。

1）秦川牛：产于陕西省关中地区。属大型役肉兼用品种。秦川牛的体型高大，骨骼粗壮，肌肉丰满，体质强健。毛多为紫红色或红色。公、母牛成年体重分别为600kg和400kg，阉牛近500kg。

2）南阳牛：产于河南省西南部的南阳地区。属大型役肉兼用品种。南阳牛的体型高大，骨骼结实，肌肉发达，背腰宽广，皮薄毛细。毛色有黄、红、草白三种，以深浅不等的黄色为最多。公、母牛成年体重分别为650kg和410kg。

3）鲁西牛：产于山东省西部、黄河以南、运河以西一带，属役肉兼用品种。鲁西牛有肩峰。被毛从棕红到淡黄色都有，以黄色最多。公、母牛成年体重分别为450kg和350kg。

4）晋南牛：产于山西省南部汾河下游的晋南盆地，毛色以枣红为主，属大型役肉兼用品种。

5）延边牛：产于吉林省延边朝鲜自治州，属寒温带山区的役肉兼用品种。体色呈浓淡不同的黄色。

6）蒙古牛：原产于蒙古高原地区，是中国黄牛中分布最广、数量最多的品种。属乳肉兼用品种。毛多为黑或黄色。

（2）肉牛新品种

1）夏南牛：夏南牛是以法国夏洛来牛为父本，以南阳牛为母本，采用杂交创新、横交固定和自群繁育三个阶段，用开放式育种方法培育而成的肉牛新品种。育成于河南省泌阳县，是中国第一个具有自主知识产权的肉牛品种。毛色纯正，以浅黄、米黄色居多。公牛成年体重可达850kg以上，母牛成年体重可达600kg以上。

2）延黄牛：延边牛是中国五大地方良种牛之一，延边人民利用延边牛与利木赞牛杂交选育出了专门化延黄牛新品种，具有优良的产肉性能、独特的肉质风味，可与日本的和牛、韩国的韩牛相媲美，在东北亚具有较强的市场竞争力。24～36月龄出栏，体重450～600kg。

3）水牛：我国凡有水田的亚热带地区大都养有水牛。有上海水牛、湖北水牛、温州水牛、广西水牛、四川涪陵水牛等品种。水牛成熟较晚，一般要到6岁，体重在500kg左右。

4）牦牛：产于西南、西北地区，是海拔3000～5000m高山草原上的特有牛种，有九龙牦牛、青海高原牦牛、天祝白牦牛、麦洼牦牛、西藏高山牦牛等品种。牦牛多为乳、肉、毛、皮、役兼用种。因为牦牛所生活的地区海拔高、缺氧，所以其肌肉内贮氧的肌红蛋白含量高，故其肉色呈深红色。

（二）牛的产肉性能及其影响因素

国外肉牛品种的产肉性能较高，海福特牛一般屠宰率为 60%～65%，净肉率为 60%。脂肪主要沉积在内脏，皮下结缔组织和肌肉间脂肪较少，肉质细嫩多汁，风味好。在良好饲养管理条件下，3 岁夏洛来阉牛活重可达 830kg，屠宰率为 67.1%。西门塔尔牛易育肥，在放牧育肥或舍饲育肥时平均日增重 800～1000g，1.5 岁时体重达 440～480kg。公牛育肥后屠宰率为 65%左右。

我国黄牛的性能以五大良种黄牛品种（秦川牛、南阳牛、鲁西牛、晋南牛和延边牛）为最高。特别是秦川牛，肉质细致、柔嫩多汁、大理石花纹明显，在中等营养水平条件下，其某些屠宰指标如屠宰率、净肉率，已接近或超过国外著名的肉牛品种。鲁西牛的屠宰率为 58%，净肉率为 51%，骨肉比为 1∶6.9，眼肌面积为 94cm^2；晋南牛的屠宰率平均为 52%，净肉率为 43%；18 月龄延边公牛经 180d 育肥，屠宰率为 58%，净肉率为 47%，眼肌面积为 76cm^2。

与世界上同类型相比，我国水牛属于中等体型，2 岁龄阉割公牛育肥后屠宰率为 49%，净肉率为 37%，脂肪率为 5.4%，骨肉比为 1∶3.8，肌纤维较黄牛略粗。牦牛的肉用性能也较好，蛋白质含量高达 22%，脂肪含量低于 5%，成年阉牛的屠宰率为 55%，净肉率为 46%，骨肉比为 1∶5.5，眼肌面积为 89cm^2。

牛肉肉质的好坏主要反映在嫩度、多汁性和风味三个方面，主要以嫩度和大理石花纹衡量。日粮营养水平对牛肉的嫩度和大理石花纹的沉积都有显著影响，饲喂一定比例的谷物饲料（精料）有助于提高肉的嫩度和多汁性，改善其风味。由于牛的生长需要得到满足后，生长潜力充分发挥出来，达到适宜屠宰体重所需要的时间缩短，降低了屠宰年龄而使肉的嫩度提高；同时高能量日粮水平有助于脂肪的沉积，大理石花纹的增多也可改善肉的嫩度、多汁性和风味。牛的活重越大，胴体重与眼肌面积也越大。活重对大理石花纹有较显著的影响，这可能是由于活重主要是由骨骼和肌肉决定的，只有骨骼和肌肉的发育达到一定的程度，脂肪才开始沉积。

三、羊

羊可分为绵羊和山羊两大类型，绵羊大多以产毛为主，有细毛羊、粗毛羊、半细毛羊等，还有一些以产肉、羔皮和裘皮为主的绵羊。山羊用途较为多样，以产乳为主的称为“乳山羊”，以产肉为主的称为“肉山羊”，以产绒毛为主的称为“绒山羊”，另外还有“毛用山羊”和“裘皮山羊”。以下主要介绍一些绵羊和山羊品种及其产肉性能。

（一）肉用羊品种

1. 绵羊

（1）中国绵羊品种

1）乌珠穆沁羊：产于内蒙古的乌珠穆沁草原，属肉脂兼用短尾粗毛羊。

2）阿勒泰羊：产于新疆，属肉脂兼用粗毛羊品种。尾椎周围脂肪大量沉积而形成“臀脂”，毛色以棕红色为主。

3）大尾寒羊：产于河北、山东及河南一带，毛大部分为白色。

4）小尾寒羊：产于河北、河南、山东及皖北、苏北一带，是肉裘兼用品种。毛为白色，少数羊的眼圈周围有黑色刺毛。

5）湖羊：产于太湖流域的江苏、浙江及上海一带，因繁殖率高、适合圈养，被全国各地引种。

（2）世界绵羊品种

1）道莫尔羊：产于澳大利亚新南威尔士州。具有早熟和生长发育快的特点。5～6月龄屠宰，胴体重17～22kg，体表脂肪少，瘦肉多。

2）考力代羊：产于新西兰，属毛肉兼用半细毛羊。胸宽深，背腰平直，体躯呈圆桶状，肌肉丰满，产肉性能较好。

3）杜泊羊：原产于南非，毛大部分为白色，有黑头和白头之分，是世界上普遍引种的肉用品种。

2. 山羊　我国山羊品种主要有太行山羊、黄淮山羊、陕西白山羊、马头山羊、成都麻羊和雷州山羊等，其共同特点为适应性强、肉质细嫩，但体型较小、出肉率低。

世界上最著名的肉用山羊为产于南非的波尔山羊。现已分布于世界各地，我国也已引进。波尔山羊后躯发育好，肌肉多，毛为白色，头部红色并存有一条白色毛带。羊肉脂肪含量适中，胴体品质好。

（二）羊的产肉性能及其影响因素

在全年放牧条件下，中国肉用绵羊的产肉性能较好，成年乌珠穆沁羊（阉羊）秋季宰前体重平均为60kg，胴体重为32kg，屠宰率为53.5%。3～4岁阿勒泰羊秋季平均宰前体重为74.7kg，胴体重为39.5kg，屠宰率为52.88%，脂臀重为7.1kg，占胴体重的17.97%，其羔羊具有良好的早熟性，生长发育快，产肉脂能力强，适于作肥羔生产。大尾寒羊具有屠宰率和净肉率高、尾脂肪多的特点，脂尾出油率可达80%。小尾寒羊生长发育快，产肉性能高，周岁公羊体重平均为72.8kg，胴体重为40.48kg，屠宰率为55.6%。相比而言，国外绵羊的产肉性能较低，如成年考力代公羊宰前活重为66.5kg，屠宰率为51.8%；成年母羊分别为60.0kg和52.2%。

四、鸡

家禽类的体格小，与猪、牛、羊等家畜比较，生产单位产品所需饲料少，饲料转化效率高，另外家禽又有着空间占有率小的优势，适宜于集约化饲养，加上其品种培育成本低、周期短的优势，使得家禽业成为畜牧业中发展最快的一个产业，禽肉在美国已超过牛肉，成为第一大肉类。2007年，我国禽肉、牛肉和猪肉分别占肉类总产量的21.1%、8.9%、62.5%。禽肉产量从1996年起位居第二。家禽类主要包括鸡、鸭、鹅三大类，下面主要介绍相关肉用品种及产肉性能。

（一）肉用鸡品种

1. 中国品种　中国鸡种大多属兼用型，有的偏于产蛋，有的偏于产肉，本节主要介绍偏于产肉的鸡种。

1）北京油鸡：原产于北京近郊一带，具有“三羽”（凤头——冠羽、毛腿——胫羽和胡子嘴——髯羽）特征。黄羽油鸡的体型略大，赤褐色油鸡的体型较小，北京油鸡生长较为缓慢但肉质细嫩、肉味鲜美，适于多种烹调方法。

2）武定鸡：产于云南省楚雄彝族自治州。武定鸡的体型高大，公鸡的羽毛多为赤红色，母鸡的翼羽和尾羽为黑色，武定鸡的产肉性能好，屠宰率高。

3）清远麻鸡：产于广东省清远县。以体型小、皮下和肌间脂肪发达、皮薄骨软而著名。清远麻鸡的体型特征可概括为“一楔”“二细”“三麻身”，指体形像楔形，前躯紧凑，后躯圆大；头细、脚细；背羽面有麻黄、麻棕、麻褐三色。

4）丝羽乌骨鸡：产于江西省泰和县，福建省泉州市、厦门市和闽南沿海等地。其是中药“乌鸡白凤丸”的主要原料，也是一种滋补品。丝羽乌骨鸡的体型小，头大，颈短，脚矮，结构细致紧凑，体态小巧轻盈，全身具有白色丝状柔软的羽毛。全身皮肤及眼、脸、喙、胫、趾均呈乌色；肌肉略带乌色，内脏膜及腹脂膜为乌色，骨质暗乌，骨膜深黑色。乌骨鸡的肉质细嫩，配中药清炖烹调，味鲜幽香。

2. 世界品种

1）艾维茵肉鸡：为由美国艾维茵国际禽场有限公司培育的白羽肉用鸡种。

2）爱拔益加肉鸡：为由美国爱拔益加育种公司（AA 公司）培育而成的四系配套白羽肉鸡，又称 AA 肉鸡。

3）罗曼鸡：为由德国罗曼公司培育的白羽肉用鸡种。

4）明星鸡：为由法国伊莎育种公司培育的五系配套白羽肉用鸡种，又称伊莎弗迪特肉鸡。由于育种过程中引入矮小基因，故其体型小、耗料少，成年体型比传统肉鸡缩小 30%左右，饲料消耗降低近 20%。

（二）鸡的产肉性能及其影响因素

清远麻鸡的公鸡成年体重为 2.18kg，母鸡成年体重为 1.75kg。6 月龄母仔鸡体重为 1.3kg，其半净膛屠宰率为 85%，全净膛屠宰率为 76%；阉公鸡半净膛屠宰率为 84%，全净膛屠宰率为 77%。丝羽乌骨鸡的公鸡成年体重为 1.3～1.8kg，半净膛屠宰率为 88%，全净膛屠宰率为 67%；母鸡成年体重为 0.97～1.60kg，半净膛屠宰率为 84%，全净膛屠宰率为 69%。

相比国内肉鸡品种，国外品种增重快，成活率高，环境适应性和抗病力强，生长快，耗料少，屠体美观，肉嫩味美，肉鸡胸肉多、脂肪低、皮薄、骨细，屠宰率为 81%～84%。

五、鸭

（一）肉用鸭品种

1. 中国品种

1）北京鸭：产于北京，是世界著名的肉用型品种。体型硕大丰满，全身羽毛洁白。北京鸭生长快，易育肥，肉质好。填肥后的鸭，其肉脂分布均匀，皮下脂肪厚，适宜烤制，著名的北京烤鸭即以该品种为原料。

2）高邮鸭：产于江苏省高邮市、宝应县等地，是大型麻鸭品种，属肉蛋兼用型。成年体重为 2.5kg，年产蛋 150 枚。

2. 世界品种

1）樱桃谷鸭：为由英国林肯郡樱桃谷农场培育的鸭种，是世界著名的肉用型品种，樱桃谷鸭全身羽毛洁白。

2）狄高鸭：为由澳大利亚狄高育种公司培育的配套系肉鸭。狄高鸭的体型大，胸部肌肉丰满，全身羽毛洁白。

（二）鸭的产肉性能及其影响因素

北京鸭具有生长快、繁殖率高、适应性强和肉质好等优点，150 日龄公鸭成年体重为 3.5～4kg，母鸭为3～3.5kg。樱桃谷鸭比北京鸭体型大，其公鸭成年体重为4～4.5kg，母鸭为3.5～4kg。7周龄体重可达3.3kg，料重比为2.6∶1，屠宰率为72.55%。狄高鸭成年体重为3.5kg左右，7周龄时体重即可达3.0kg。

六、鹅

（一）肉用鹅品种

1. 中国鹅种

1）狮头鹅：产于广东省，是世界上著名的大型鹅种。狮头鹅头部前额肉瘤发达，向前突出，酷似狮子，故得此名。公鹅成年体重为10～12kg，母鹅为9～10kg。

2）中国鹅：分布在东亚大陆，以耐粗饲、适应性广、产蛋高而著称，公母鹅成年体重分别为5～6kg和4～5kg。

3）太湖鹅：原产于长江三角洲的太湖地区，是中国鹅种数量最多的一个小型高产品种，是生产肉用仔鹅较为理想的母本材料。仔鹅肉质好，加工成苏州"糟鹅"、南京"盐水鹅"均很受欢迎。

2. 世界鹅种

1）莱茵鹅：产于德国莱茵河流域，是世界著名鹅种。成年鹅全身羽毛洁白色。

2）朗德鹅：产于法国，是世界上最著名的生产肥肝的专用品种。

（二）鹅的产肉性能及其影响因素

狮头公鹅成年体重为8.85kg，母鹅为7.86kg，70～90日龄未经育肥仔鹅公、母体重分别为6.18kg和5.50kg，半净膛屠宰率分别为81.9%和84.2%，全净膛屠宰率分别为71.9%和72.4%。国外鹅种中莱茵鹅体型中等偏小，但生长快，成年公鹅为5～6kg，母鹅为4.5～5kg。8周龄活重达4.2～4.3kg，料肉比为（2.5～3.0）∶1。朗德鹅作为专用生产肥肝的品种，其公鹅成年体重为7～8kg，母鹅为6～7kg。经填饲后体重可达10～11kg，肥肝重达700～800g。

七、兔

兔肉脂肪含量少、营养丰富、肉质细嫩、易于消化吸收，已越来越被重视。肉兔品种很多，主要有以下几个著名品种。

（一）肉用兔品种

1）中国家兔：又称中国菜兔，分布于全国各地。毛色以白色居多，早熟，繁殖力高，抗病力强，耐粗饲。

2）哈尔滨白兔：是中国农业科学院培育的大型肉用品种，全身被毛纯白色。

3）加利福尼亚兔：原产于美国加利福尼亚州，是世界著名肉用品种。被毛为白色，耳、鼻端、四肢下部及尾部为黑褐色，有"八点黑"之称。公兔成年体重为3.5～4kg，母兔为3.5～4.5kg。该兔早期生长快，2月龄体重可达1.8～2kg，屠宰率为52%～54%。

（二）兔的产肉性能及其影响因素

中国家兔生长缓慢，产肉能力低，屠宰率为45%左右。但其肉质鲜嫩味美，适宜制作缠丝兔等传统肉食品。公兔成年体重为 1.8～2kg，母兔为 2.2～2.3kg。哈尔滨白兔生长发育快，产肉性能好，成年体重在 6kg 以上，屠宰率为 53.5%。加利福尼亚兔早期生长快，2 月龄体重可达 1.8～2kg，公兔成年体重为 3.5～4kg，母兔为 3.5～4.5kg，屠宰率为 52%～54%。

第二节　乳用家畜及其产乳性能

一、乳用家畜种类及品种

（一）奶牛

人们通常所说的牛包括水牛、家牛（黄牛、奶牛、肉牛）、瘤牛和牦牛等。现在世界上牛的品种达到数百个，牛的总数量有 15 亿头左右，其中奶牛约有 2.32 亿头。

1. 世界主要奶牛品种　在世界现代奶牛品种中，荷兰荷斯坦牛占绝大多数，即通常所说的黑白花奶牛，全世界有 1 亿头以上。凡是奶业比较发达的国家或地区，几乎都饲养荷斯坦奶牛，美国、加拿大、欧洲、以色列、日本等饲养的奶牛，90%以上是荷斯坦奶牛。此外，娟姗牛、更赛牛、爱尔夏牛、瑞士褐牛等品种也有分布，其生产性能较低，数量较少。

（1）黑白花奶牛　黑白花奶牛原产于荷兰北部地区的北荷兰省和弗里斯兰省，称荷兰牛。黑白花奶牛是目前世界上产乳量最高、数量最多、分布最广的乳用品种。其体型高大，毛色多为黑白花，体躯较长，性情温和，易于管理，但不耐热，抗病力差，体重为 600～800kg。年平均产乳量为 7000kg，高产牛可达 10 000kg 以上，乳脂率较低，为 3.3%～4.1%。

（2）娟姗牛　娟姗牛原产于英吉利海峡的泽西岛（旧译娟姗岛），以乳脂含量高著称，属中小型乳用品种，在欧洲和澳大利亚等地有一定的饲养量。体重为 350～550kg，成熟期较早，初配年龄为 15～18 月龄。年平均产乳量为 4200kg，乳脂率较高，为 4.1%～5.2%，乳中干物质含量较高，乳脂肪球大，适宜制作黄油。由于本品种具有早熟性、饲料报酬高、性情温顺、乳脂率高等优点，曾引入我国广西改良桂北黄牛，效果良好。

（3）爱尔夏牛　爱尔夏牛原产于英国苏格兰西南部。中等体型，体重为 550～700kg。年平均产乳量为 5200kg，乳脂率为 3.5%～4.1%。

（4）更赛牛　更赛牛产于英国更赛岛，属中小型奶牛品种，在欧洲有少量饲养，在非洲等地区也有一定的数量。性情温顺，易管理，较能适应炎热的环境条件，但体质欠结实，抗病力差。中等体型，体重为 400～650kg。年产乳量中等，为 4600kg，乳脂率较高，为 4.2%～5.0%。

（5）瑞士褐牛　瑞士褐牛产于瑞士阿尔卑斯山区，是 19 世纪中叶欧洲和北美洲的主要乳牛品种，体格粗壮，为乳肉兼用牛品种。适应性强，生产性能较好，为大型品种，体重为 600～800kg。年平均产乳量为 5700kg，乳脂率为 3.6%～4.4%。

2. 中国主要奶牛品种

（1）中国黑白花奶牛　中国黑白花奶牛又称中国荷斯坦牛，是多年来从国外引进的荷斯坦牛在我国不断被风土驯化和培育，或与各地黄牛杂交并经过长期选育而逐渐形成的。经过多年的高产选育和扩大群体，中国黑白花奶牛及其乳用改良牛的数量有了较大幅度的增长，并具有了产乳性能高的核心群。

中国黑白花奶牛被毛呈黑白花斑，额、腹、四肢下部、乳房及尾梢多为白色。体格大，结构均匀，头清秀，皮薄脂肪少。体重为 600～800kg，年平均产乳量为 4500～6000kg，高产牛可达 10 000kg 以上，乳脂率较低，为 3.3%～4.1%。

（2）西门塔尔牛　西门塔尔牛原产于瑞士西部阿尔卑斯山区的河谷地带，以西门塔尔平原的牛较为著名而得名。体格较大，平均体重为800～1000kg，肌肉丰满，四肢结实。年产乳量为5000～6000kg，乳脂率为3.7%～4.4%。西门塔尔牛对环境的适应能力强，易管理，耐粗饲，抗病力强，产乳性能好，遗传性稳定。

（3）三河牛　三河牛是我国最早开始培育的优良乳肉兼用品种，因产于内蒙古呼伦贝尔盟大兴安岭西麓的额尔古纳右旗三河地区而得名。三河牛经多品种杂交后选育而成，毛色为红（黄）白花，遗传性能稳定，乳用性能好，产乳量一般平均为2000kg，乳脂率平均在4%以上，泌乳期一般为300d左右。

（4）中国草原红牛　中国草原红牛是一个乳肉兼用品种，它是应用乳肉兼用短角牛与蒙古牛杂交两三代后选育而成的。泌乳期约为7个月，产乳量为2000kg左右，乳脂率为3.35%，且随着泌乳期的增加而逐渐下降。

（5）新疆褐牛　新疆褐牛是草原型乳肉兼用品种，主要产于新疆天山北麓西端的伊犁地区和准噶尔山塔城地区的牧区和半牧区。新疆褐牛平均产乳量为2100～3500kg，最高产乳量达5162kg，平均乳脂率为4.03%～4.08%，乳干物质为13.45%。

（二）水牛

全世界约有水牛1.4亿头，90%分布于亚洲。我国水牛的数量达2000多万头，仅次于印度，居世界第二位。有些国家的水牛以乳用为主。例如，埃及水牛乳占全国乳产量的65%，印度55%的牛乳来自水牛。

（1）摩拉水牛　摩拉水牛是世界上著名的乳用水牛品种，原产于印度亚穆纳河西部地区，用于生产鲜乳和奶油。摩拉水牛一个泌乳期产乳量为1400～2000kg，乳脂率为7.0%～7.5%，泌乳期为8～10个月。目前摩拉水牛的杂种后代已遍及南方水稻产区，尽管摩拉水牛的杂种后代表现出生长发育快、役力强、泌乳性能好等优良特性，但较神经质，比较敏感，需加以调教。

（2）尼里-瑞菲水牛　尼里-瑞菲水牛简称尼里牛，原产于巴基斯坦旁遮普省中部的尼里河和瑞菲河两岸，并因此而得名。泌乳期为305d，平均产乳量为2000～2700kg，高者可达3200～4000kg，乳脂率为6.9%。

（3）中国水牛　中国水牛主要分布在淮河以南的水稻产区，其中以四川、广东、广西、湖南、湖北及云南的水牛数量最多。中国水牛的产乳性能比黄牛高，泌乳期为8～10个月，产乳量为500～1000kg，高产牛达1000～1500kg，乳脂率为7.4%～11.6%，乳蛋白为4.5%～5.9%。乳汁浓厚，脂肪球大。

（三）牦牛

牦牛是高原牧区主要家畜之一，主要分布在以我国青藏高原为中心的青海、四川、甘肃、新疆、云南等省（自治区）的高山地区。我国现有11个优良牦牛类群，其中四川麦洼牦牛为偏乳用型牦牛，产乳性能良好。

（1）西藏高山牦牛　产乳高峰期为每年的7～8月牧草旺盛期。不同季节牦牛乳成分含量变化较大，尤其是乳脂肪和乳蛋白含量。西藏牦牛牛乳中含有丰富的蛋白质和乳脂，这对犊牛获取充足的营养物质以适应高原牧场寒冷的气候有重要意义。

（2）天祝白牦牛　天祝白牦牛产于甘肃省天祝藏族自治州，以西大滩、抓喜秀龙滩、永丰滩和阿沿沟草原为主要产地。在放牧条件下，母牛泌乳期为105～120d，挤乳期有明显的季节性，多数在6～9月，年产乳量为400kg，乳脂率为6.82%，2/3以上用于哺育犊牛。

（3）麦洼牦牛　麦洼牦牛广泛分布于四川阿坝藏族自治州的红原、若尔盖、阿坝、松潘、南坪及壤塘等县的高寒地区。挤乳季节为 6～11 月，泌乳期为 150～180d，平均产乳量为 172～280kg，日挤乳量为 1.1～2.1kg，乳脂率为 7.32%～7.58%。

（四）奶山羊

目前世界上奶山羊品种有 60 多种，其中以瑞士的萨能奶山羊、吐根堡奶山羊，法国的阿尔卑斯奶山羊，德国的改森奶山羊，英国的英奴奶山羊及北非的努比亚奶山羊等十多个品种比较著名。

（1）萨能奶山羊　萨能奶山羊是世界著名的奶山羊品种之一，几乎遍布世界各国。原产于瑞士泊尔尼州西部的萨能山谷，因主产于萨能镇而得名。泌乳期为 300d 左右，一个泌乳期产乳量为 600～1200kg，个别奶山羊最高产乳量可达 3000kg，乳脂率为 3.5%～4.0%。

（2）关中奶山羊　关中奶山羊主要产于陕西关中平原地区，是由萨能奶山羊与当地山羊杂交培育而成的，分布于陕西关中平原的渭南、咸阳、宝鸡、西安等地。泌乳期为 6～8 个月，年产乳量为 400～700kg，乳脂率为 3.5%左右。

（3）崂山奶山羊　崂山奶山羊产于山东省胶东半岛，主要分布在青岛、烟台等黄海和渤海之滨的平原，丘陵与山地也有分布。泌乳期为 8～9 个月，年产乳量为 450～700kg，乳脂率为 3.5%～4.0%。

二、影响产乳性能的因素

影响牛产乳（产乳量和乳品质）的因素，概括起来主要包括生理因素和环境因素两个方面。

（一）生理因素

1. 种类与品种　牛种不同，产乳量可表现出很大的差别。家牛、瘤牛、牦牛和水牛虽然均可作为产奶牛饲养，但就泌乳量而言，以荷斯坦牛最高，牦牛最低，前者泌乳量为后者泌乳量的 10 倍。而不同品种之间，即使乳用牛品种间也有明显的差别。例如，英国爱尔夏牛平均泌乳量超过 5000kg，而娟姗牛仅为 4000kg 左右，相差 25%。品种不同也会影响原料乳的成分。例如，一般黑白花奶牛产乳量高，但乳脂率、干物质含量、乳蛋白及乳糖含量较低；乳肉兼用牛产乳量低，但乳脂率、干物质含量、乳蛋白及乳糖含量较高。

2. 年龄和胎次　奶牛的泌乳能力随年龄和胎次增加而发生规律性的变化。初产母牛的年龄在 2 岁半左右，由于本身还在生长发育阶段，因此产乳量较低。此后，随着年龄和胎次的增长，产乳量逐渐增加。待到 6～9 岁，即第 4～7 胎时，产乳量达到一生中的最高峰。10 岁以后，由于机体逐渐衰老，产乳量又逐渐下降。

3. 泌乳期　母牛从产犊开始泌乳到停止泌乳为止的这段时期称为泌乳期。乳牛在一个泌乳期中产乳量呈规律性的变化：分娩后头几天产乳量较低，随着身体逐渐恢复，日产乳量逐渐增加，在第 20～60 天，日产乳量达到该泌乳期的最高峰（低产母牛在产后 20～30d，高产母牛在产后 40～60d）。维持一段时间后，从泌乳第 3～4 个月开始又逐渐下降。泌乳 7 个月以后，迅速下降。泌乳 10 个月左右停止产乳。不同的泌乳时期，乳脂率也有变化。初乳期内的乳脂率很高，大约超过常乳的 1 倍。第 2～8 周，乳脂率最低。从第 3 个泌乳月开始，乳脂率又逐渐上升。

4. 干乳期　从停止挤奶到分娩前 15d 的这段时期称为干乳期。母牛干乳期一般为 40～60d。但因奶牛的具体情况不同，干乳期时间长短也不一样。

5. 初产年龄 奶牛的初产年龄不仅影响头胎产乳量，也影响终生产乳量。初产年龄过早，小于 24 月龄，产乳量较低，常因个体生长发育及泌乳器官的发育受阻而影响健康。初产时间过晚，大于 30 月龄，产乳量和产乳胎次减少，从饲养成本上看是不合算的。实践证明，育成母牛体重达到母牛成年体重的 60%（340～360kg）时配种，在 24～26 月龄时产第一头犊比较合适。

（二）环境因素

1. 产犊季节和外界气温 在我国目前条件下，母牛最适宜的产犊季节是冬季和春季。此期温度适宜，又无蚊蝇侵袭，利于母牛体内激素分泌，使母牛在分娩后很快达到泌乳盛期，提高产乳量。

一般情况下，夏季产的乳的乳脂率较低，冬季产的乳的乳脂率较高。气温超过 21℃时，产乳量减少，乳脂率也降低。气温超过 27℃时，产乳量明显减少，乳脂率下降的同时，乳干物质含量也下降。

2. 饲料及营养 奶牛的饲料种类及饲喂方法等对产乳量都有影响。奶牛的产乳量在相当大程度上取决于精饲料的饲喂量、干物质的进食量和粗饲料的品种与质量。此外，饲喂多汁饲料如青草、块根、蔬菜、瓜果及糟渣料等，对提高奶牛产乳量有一定的作用。

3. 繁殖因素 繁殖因素对产乳量的影响主要是影响终生产乳量，而一般不影响当胎产乳量。胎间距延长的母牛使终生所产的胎次减少，一生中泌乳盛期的次数和时间减少，而泌乳后期的时间增加，因而终生产乳量减少。

4. 疾病 影响奶牛产乳量的疾病主要有乳房炎、肢蹄病、代谢病、消化系统疾病、产科病，以及引起体温升高的其他普通病和急性传染病（如流行热、口蹄疫等）。特别是乳房炎，是奶牛的常发病和高发病，对产乳量的影响最大。奶牛因乳房炎造成的产乳量损失达到 20%以上。

5. 挤奶操作与次数 正确的挤奶和按摩乳房方法是提高产乳量的重要因素之一。挤奶技术熟练，适当增加挤奶次数，能提高产乳量。挤奶前用 50℃左右的温热水洗乳房，并按摩乳房，可以提高乳脂率 0.2%～0.4%。挤奶间隔长，泌乳量高，但乳脂率低；间隔短，泌乳量低，但乳脂率高。

案例 1-1 水牛奶制品

水牛奶中总固形物和脂肪含量高，是生产大量乳制品的优良原材料。在印度，由于水牛奶的奶油层厚，通过加热和储藏，奶油层会更厚，因此很受欢迎。水牛奶的黏度高，更增加了消费者对它的好感。水牛奶中酪蛋白和乳清蛋白含量高，加入茶和咖啡中，美白效果良好。加热水牛奶会造成巯基成分的大量流失，有助于生产迎合大众口味的坚果、熟香味饮料。全脂水牛奶风味佳，能生产出优质产品，故售价高。水牛奶中脂肪及非脂固形物含量高，是消费者及乳品生产者的优质首选。

1. 黄油

白色新鲜黄油是生产酥油和成品黄油（加盐）的中间产品。由于水牛奶中脂肪含量高、脂肪球颗粒大，故较传统的牛奶油更易搅拌。水牛奶黄油含有 30%～38%的脂肪，90～95℃巴氏杀菌最适合黄油生产，最佳搅拌及生产温度分别为 14～17℃和 15～16℃，可利用 99.5%的脂肪。对水牛奶油进行标准化处理，使其脂肪含量达到 35%，若奶油过酸可中和至含乙酸 0.1%，建议搅拌时加入“破水剂”将脂肪损失降至最小。

2. Malai

Malai是一种用牛奶或水牛奶或两种混合乳煮沸后，再冷却生产的高脂肪含量的乳制品，其脂肪含量不能低于25%。将约10kg乳置于浅平底锅中用无烟武火煮沸，直至上面形成厚厚的乳脂肪和变性蛋白质层，移掉此层，放入平勺，静置冷却，如此重复2～3次，直至除去几乎所有脂肪。产品质地平滑，呈白色，味如凝固稀奶油。Malai产量为原料乳的20%～25%，此产品不加糖即可销售。

3. 水牛奶酪

奶酪是保存奶固体物质的一种方法，世界著名奶酪种类主要由牛奶生产而成。然而，现在水牛奶也被用来生产各种奶酪。在意大利，新鲜帕斯特菲拉塔（Pasta Filata）奶酪，尤其是莫扎里拉（Mozzarella）和博雷利（Borelli）奶酪，其传统原料就是水牛奶。

莫扎里拉奶酪是意大利各种奶酪中众所周知的一种，在全球范围内广受欢迎。在意大利，术语中的“水牛莫扎里拉”（Mozzarella di Bufala）是一种严格以水牛奶为原料的制品，受到法律保护。莫扎里拉奶酪用巴氏杀菌水牛奶生产，比水牛鲜奶生产的产品更优质，感官性能更好。由含6%脂肪的水牛奶生产的奶酪，其蛋白质和固形物含量更高，但脂肪回收率下降。相比之下，用脂肪含量为3%的水牛奶生成的奶酪结构差，但脂肪流失少，这种产品比高脂肪莫扎里拉奶酪更受欢迎。水牛奶乳脂肪含量决定莫扎里拉奶酪的延展性，低脂水牛奶制成的奶酪粗糙而坚硬，高脂水牛奶制成的奶酪较为松软，但有多余脂肪泄露。

第三节 蛋禽品种及其产蛋性能

家禽是人类发展到一定历史时期的产物，一般认为家禽是驯化了的鸟纲动物，当各种野生鸟类被驯化为家禽后，由于人类长期辛勤培育，削弱了自然选择的作用而加强了人工选择，其性状就和野生时有很大不同，从变异的方向和性质看，已不再单纯是本身需要或对本身有利的性状，而主要是人类所要求的性状。家禽按照饲养目的不同可以分为蛋用型、肉用型、兼用型和观赏型4个类型。良种是家禽养殖业高效生产的物质基础，按照不同的养殖需求，选育优良的品种养殖是家禽产业成功的首要前提。

一、鸡

（一）蛋用鸡品种

鸡是世界上饲养量最多的一种家禽，蛋用型鸡按照产蛋蛋壳颜色又可细分为白壳蛋系、褐壳蛋系和粉（浅褐）壳蛋系。

白壳蛋系鸡的主要鸡种为单冠白来航，从中选育出各具不同特点的高产品系，采用品系杂交育成专门化配套商用品系，是蛋用型鸡的典型代表，体型较小，故又称为“轻型蛋鸡”，其具备体型小、耗料少、早熟、产蛋量高、饲料转化率高、发育整齐、适应性强、各种气候条件下均可饲养、蛋中血斑和肉斑率低等优点，适于集约化笼养管理。但也存在产蛋蛋皮薄、抗应激能力差、品性好动、啄癖多、开产初期啄肛造成的伤亡率较高等缺点。

褐壳蛋系鸡主要是从一些兼用品种如落岛红、新汉县鸡等经配套杂交选育而成的高产品系，所产蛋蛋壳为褐色，其商品鸡体型比白壳蛋系鸡大，而又比肉系鸡小，故又称“中型蛋鸡”。褐壳蛋系鸡性温顺，对应激因素敏感性较低，易管理，耐寒性好，产蛋比较稳定，啄癖少，因而死亡率、淘汰率低，且所产蛋蛋重大、破损率较低，便于运输与保存，但褐壳蛋系鸡体重大且偏肥，耗料多，每只鸡所占笼体面积大，比白壳蛋系鸡饲养难度大，体型大，耐热性差，蛋中血斑和肉斑率高，鲜蛋蛋品感官品质较差。

粉壳蛋系鸡是用红羽蛋系鸡和白壳蛋系鸡正交或反交所育成的杂种鸡，其蛋壳颜色介于褐壳蛋与白壳蛋之间，呈浅褐色，严格地说属于褐壳蛋，但其羽色以白色为背景，有黄、黑、灰等杂色羽斑，与褐壳蛋系鸡又不同，中国人称其为粉壳蛋系鸡。由于此商品蛋鸡杂交优势明显，生活力和生产性能比较突出，既具有褐壳蛋系鸡性情温驯、蛋重大、蛋壳质量好的优点，又具有白壳蛋系鸡产蛋量高、饲料消耗少、适应性强的优点，饲养量逐年增多。下面简要介绍一些蛋用鸡种。

1. 中国蛋鸡品种

1）京白 904：京白 904 为三系配套，是北京白鸡系列中目前产蛋性能较佳的配套杂交鸡。这种杂交鸡的突出特点是早熟、高产、蛋大、生活力强、饲料报酬高，是目前国内较好的鸡种。72 周龄产蛋 288.5 枚，平均蛋重 59.01g，每千克蛋消耗饲料 2.33kg，产蛋期存活率为 88.6%，适合于密闭鸡舍饲养。

2）京白 823：京白 823 是“六五”国家蛋鸡育种攻关的成果。在京白 904 问世之前，京白 823 是国内饲养量最大、地区分布最广的优秀蛋鸡品种。72 周龄产蛋 255.6 枚，平均蛋重 58.4g，每千克蛋消耗饲料 2.57kg，产蛋期存活率为 89.2%。

3）京白 938：京白 938 实现了白壳蛋系鸡羽速自别雌雄，在原有京白 823 和京白 904 配套纯系的基础上，进行快羽和满羽的选育。72 周龄产蛋 303 枚，平均蛋重 59.4g，产蛋期存活率为 90%～93%。目前，京白 938 已成为白鸡养殖的重点鸡种，逐步取代京白 823 和京白 904。

4）滨白 584：引进海赛克斯白父母代作育种素材，与原有滨白鸡纯系进行杂交组合品系选育而成。72 周龄产蛋 281.1 枚，平均蛋重 59.86g，总蛋重 16.83kg，每千克蛋消耗饲料 2.53kg，产蛋期存活率为 91.1%。养殖范围主要分布在黑龙江省境内。

2. 世界蛋鸡品种

1）罗曼白系：是由德国罗曼公司育成的两系配套杂交鸡，具有产蛋量高、蛋重大等优点，72 周龄产蛋 290～300 枚，平均蛋重 62～63g，每千克蛋耗料 2.3～2.4kg。产蛋期存活率为 94%～96%。

2）海赛克斯白：是由荷兰优利布里德公司育成的四系配套杂交鸡。其以产蛋强度高、蛋重大而著称，被认为是当代高产的白壳蛋系鸡。据报道，72 周龄产蛋 274.1 枚，平均蛋重 60.4g，每千克蛋消耗饲料 2.6kg，产蛋期存活率为 92.5%。

3）巴布可克 B-300：是由美国巴布可克公司育成的四系配套杂交鸡。目前世界上有 70 多个国家和地区饲养，其特点是产蛋量高、蛋重适中、饲料报酬高。72 周龄产蛋 275 枚，平均蛋重 61g，每千克蛋耗料 2.5～2.6kg。

4）尼克白鸡：是由美国辉瑞公司育成的三系配套杂交鸡。71 周龄产蛋 272 枚，平均蛋重 60.1g，每千克蛋消耗饲料 2.5kg，产蛋期末体重为 1.81kg，产蛋期存活率为 92.54%。

5）海兰蛋鸡：是由美国海兰国际公司培育出来的优良商品用蛋鸡品系，包括海兰白-36、海兰白-77 和海兰褐壳蛋系鸡等。海兰白-36 和海兰白-77 的主要生产性能大体相似，70 周龄平均蛋重 64.8g，每千克蛋耗料 2.1～2.3kg。海兰褐壳蛋鸡的主要生产性能为：入舍母鸡产蛋 298 枚，平均蛋重 63.1g，每千克蛋耗料 2.2～2.4kg。

6）迪卡蛋鸡：迪卡蛋鸡是由美国迪卡公司培育而成的褐壳蛋系鸡，为四系配套鸡。A、B

系为金黄色羽，C、D 系为银白色羽，可按伴性遗传原理进行自别雌雄。72 周龄产蛋 270～300 枚，78 周龄产蛋 295～320 枚，平均蛋重 63～64.5g，每千克蛋耗料 2.31～2.46kg。

（二）蛋鸡的产蛋性能及其影响因素

饲养密度大小直接影响鸡群采食、饮水、通风换气等饲养环境。饲养密度过大，鸡群拥挤，往往使鸡群饮食不足从而影响鸡群生长及发育，导致鸡群均匀度差，且易诱发慢性呼吸道病、啄癖或其他传染病。蛋鸡具有饲料转化率高但食欲不强的特点，因此往往需要提高饲料营养浓度（主要是蛋白质和能量），或采用各种诱食技术提高饲料进食量，以满足鸡群生长发育及早期产蛋的营养需要。育成期鸡群的防疫工作极为重要，任何疫病感染都将影响蛋鸡的生长发育。在蛋鸡育成期饲养管理上，尤其要重视慢性呼吸道病、大肠杆菌病、白痢病等的防治工作，应采取程序免疫、药物预防、带鸡消毒、饮水消毒等综合技术措施，切实做好蛋鸡疫病的防治工作，尽可能减小疫病感染对蛋鸡生长发育的影响。蛋禽大规模饲养时，常采用人工强制换羽技术，即通过限制饲料和饮水、减少光照时间或喂以促进羽毛脱换的药物等人工方法，强制蛋鸡迅速停产，停产休息一段时间后再一致开产。人工强制换羽能提高第二年蛋鸡的产蛋量，节约饲料，便于管理，还能改善蛋壳的质量。

二、鸭

（一）蛋用鸭品种

1. 中国蛋鸭品种

1）绍鸭：即绍兴麻鸭，其特点是白灰色的鸭毛上带有褐色麻点，故而得名。具有体型小、成熟早、产蛋多、耗料少、生活力强、宜于散养和舍饲等特点。公鸭成年体重为 1.35kg，母鸭体重为 1.25kg，开产日龄为 135～145d，年产蛋 250～300 枚，平均蛋重 65g，每只母鸭年产蛋近 20kg。在圈养条件下每天耗料 100～125g，蛋料比为 1∶2.25，蛋壳多为白色，也有青绿色的。

2）金定鸭：是我国培育的优良蛋鸭品种，以龙海县金定乡饲养最多，因而得名。与其他蛋鸭相比，其所产蛋的品质好，产蛋期长，耐粗饲，适应性强，能适应北方的气候特点，舍温在 0℃以上均能正常产蛋，换羽期间及冬季均可不休产。一般情况下，群鸭（400～500 羽）每羽年平均产蛋 260～300 枚，平均蛋重 72.20g，每千克蛋耗料 2.2～2.5kg。

3）荆江鸭：荆江鸭也称荆江麻鸭，因其主要产于湖北省荆江沿岸而得名。荆江鸭适应性广，善于放牧，抗暑耐寒能力强，夏季产蛋率可保持在 70%以上。年平均产蛋 200～300 枚，年平均产蛋率为 58%，平均蛋重 64g。

此外，属蛋用型品种的还有湖南省攸县鸭、江西省宜春麻鸭、广东省中山鸭、福建省蒲田黑鸭、贵州省三穗鸭、福建省山麻鸭和连成白鸭等。

2. 世界蛋鸭品种　卡基康贝尔鸭：卡基康贝尔鸭原产于英国，是世界著名高产蛋鸭，由英国的康贝尔氏用当地鸭与印度跑鸭杂交，其杂种再与鲁昂鸭及野鸭杂交育成，有黑、白、黄褐三个品种。具有适应性广、产蛋量高、饲料利用率高、抗病力强、肉质好等优良特性，其品性好动，善潜水，觅食力强，标准体重为公鸭 2.3～2.5kg、母鸭 2.0～2.3kg，500 日龄产蛋 270～300 枚，蛋重 70～75g。

（二）蛋鸭的产蛋性能及其影响因素

蛋鸭产蛋性能的影响因素主要分为品种因素及环境因素。产蛋率的高低、产蛋期的长短、蛋的大小都与品种有密切关系，兼用品种年产蛋150枚左右，而蛋用品种一般年产蛋都在220～260枚或以上，经选育的品种可达300枚以上。因此，为获得高产，要选择优良蛋鸭品种。受惊吓的鸭，产蛋量会下降10%～20%，有时产软壳蛋。因此，平时要加强饲养管理，保持环境安静，非饲养人员不要随意进入舍内，特别要注意防止狗、猫等动物窜入，以免鸭群受惊吓。环境因素主要包括温度和光照两个方面。适当的温度及光照能够保证蛋鸭的持续高产。规模化养殖程度提高，养鸭成败的关键是能否全面贯彻禽病的预防措施，防重于治，结合当地实际，选用高质量的疫苗进行免疫接种，主要预防鸭瘟、病毒性肝炎、流感等。营养方面应根据产蛋率上升的趋势不断提高饲料质量，增加饲粮的营养浓度和适当增加饲喂次数，增加采食量，以满足产蛋的营养需要。

三、鹅

（一）蛋用鹅品种

1. 中国蛋鹅品种

1）太湖鹅：原产于我国长江三角洲的太湖地区，太湖鹅的体型较小，体质细致紧凑，全身羽毛紧贴，颈细长呈弓形，无咽袋。公鹅成年体重为4～4.5kg，母鹅为3～3.5kg。太湖鹅的产蛋性能较好，母鹅160日龄即可开产，年平均产蛋60枚，高产鹅群达80～90枚，平均蛋重135g，蛋壳颜色较一致，几乎全为白色。

2）豁眼鹅：豁眼鹅因其上眼睑边缘后上方有豁而得名，全身羽毛洁白，体型紧凑。成年公鹅平均体重为3.3～4.7kg，母鹅为2.7～4.3kg。放牧条件下年平均产蛋80枚，半放牧条件下年平均产蛋100枚以上，饲养条件较好时年产蛋120～130枚。

3）扬州鹅：扬州鹅是我国目前首次利用国内种质资源培育的优良中型新鹅种。仔鹅早期生长快，耐粗饲，适应性强，在放牧补饲条件下，70日龄平均活重为3.49kg，舍饲条件下，70日龄平均活重为4.02kg。扬州鹅适应产蛋温度范围较广，较能耐受低温，在0℃左右露宿条件下尚能产蛋，但耐高温较差，一般在30℃即休产，适宜产蛋温度为8～25℃。产蛋期平均产蛋71.39枚，种蛋受精率、孵化率均在90%以上。

2. 世界蛋鹅品种　莱茵鹅：原产于德国的莱茵河流域，经法国克里莫公司选育而成，是欧洲产蛋量最高的鹅种，公鹅成年体重为5～6kg，母鹅约为4.55kg，母鹅210～240日龄开产，生产周期与季节特征和气候条件有关，正常产蛋期在1～6月末，年产蛋50～60枚，平均蛋重150～190g。

（二）蛋鹅的产蛋性能及其影响因素

蛋鹅产蛋性能的影响因素与蛋鸡、蛋鸭相似，主要也是品种、环境因素、饲料条件、疫病防治等因素。除此之外，还应注意及时淘汰老弱病残母禽，采用科学合理的饲养管理技术，如延长饲养周期、饲喂新型饲料添加剂、合理控制舍温、保持良好的饲养环境条件、断啄、切翅等并注意疾病的预防和治理。因为不论发生什么疾病，都会影响蛋禽的健康和生产能力，甚至造成较大的经济损失。

案例1-2　快餐店的“速生鸡”

近几年，国内各种媒体纷纷报道快餐店使用的鸡肉来自“速生鸡”，说食用这种“速生鸡”会对人们的身体造成一定伤害。但其实这种报道以偏概全，是不科学、不客观的，反而给本身较脆弱的畜牧产业带来了极大的冲击。

"速生鸡"的叫法有悖于科学。"速生"是指违反事物的客观发展规律，采用非常规的办法，以达到商业目的。所谓的"速生鸡"，畜牧行业称为白羽肉鸡，是鸡的一个新品种。白羽肉鸡的培育是育种科学发达的结果，是畜牧业史上一个重要的里程碑。在 20 世纪 80 年代初期，我国开始从国外引进白羽肉鸡品种。肉鸡事业经过 30 多年的发展，其生产性能有了很大的提高。1984 年，肉鸡长到 2.0kg 需要 49d，而到了 2010 年却只需要 34d，26 年间缩短了 15d，换言之，同为 49 日龄，1984 年肉鸡体重为 2.0kg，而到了 2010 年肉鸡体重就能达到 3.49kg。现代白羽肉鸡生长速度快的根本原因是在遗传与育种中充分发挥"杂交优势和纯化"的结果，这与"水稻之父"袁隆平院士的"杂交水稻"有异曲同工之处，再加上科学的管理、合理的饲养环境和有效的疫病防控有机结合，而与激素催熟、填饲等没有任何关系。这些年来，正是白羽肉鸡带来了鸡肉产量的飞跃，才在世界各地演绎着一代又一代"神奇鸡"的传奇，给众多养殖企业和农户创造了可观的财富，为广大消费者送去了各式各样的健康美味。作为廉价的优质蛋白质来源，白羽肉鸡更为解决全球温饱做出了巨大贡献。

思考题

1. 常见产蛋家禽品种的特征有哪些？
2. 家禽饲养条件对产蛋性能的影响有哪些？
3. 家禽饲料添加剂对禽蛋品质的影响有哪些？

主要参考文献

顾瑞霞. 2006. 乳与乳制品工艺学. 北京: 中国计量出版社
蒋爱民, 赵丽芹. 2007. 食品原料学. 南京: 东南大学出版社
彭增起. 2007. 肉制品配方原理与技术. 北京: 化学工业出版社
任发政, 韩北忠, 罗永康. 2006. 现代乳品加工与质量控制. 北京: 中国农业大学出版社
王志跃. 2003. 放心禽产品生产配套技术. 南京: 江苏科学技术出版社
杨宁. 2010. 家禽生产学. 北京: 中国农业出版社
张和平, 张列兵. 2012. 现代乳品工业手册. 北京: 中国轻工业出版社
周光宏. 2011. 畜产品加工学. 北京: 中国农业出版社

第2章 辅料与食品添加剂

本章学习目标：通过本章学习，了解香辛料、调味料的概念、分类及食品添加剂的概念、使用原则；熟悉各种香辛料、调味料的名称、使用方法及各种添加剂的使用范围；掌握各种香辛料、调味料的风味特点及利用方法；掌握常用食品添加剂在食品中的作用。

第一节 辅 料

一、调味料

中国是具有5000年历史的文明古国，饮食文化与烹调技艺是它文明史的一部分。早在春秋战国时期，人们就非常重视调味，在《周礼》《吕氏春秋》中就有对酸、甜、苦、辣、咸五味的记载。那时人们就已经懂得了食物的本味是可以变化和互相协调的，讲究五味调和。在我国食品发展历史中，我们的祖先创造了酱、酱油、醋、腐乳等传统的酿造调味品。而在与世界的经商贸易、文化交流的过程中，一些国外的调味品也被逐渐引入，这种交流和渗透大大地丰富了中华民族的调味文化。至近现代，调味品已经成为食品加工中不可或缺的角色，是食品色、香、味等形成的关键因素。

（一）咸味调味料

咸味（salty taste）是各种味道中最基本的味，是调味的主味。它是一些中性无机盐显示的一种味道，虽然自然界中的许多中性盐都有咸味，但以氯化钠的咸味最为纯正，而且从人体生理需求及安全性方面考虑，只有氯化钠是最佳的食用盐，因此咸味调味料主要是氯化钠，或是含有氯化钠的加工品。

1. 食盐 食盐（salt）是不同来源和不同纯度的食用盐的统称，主要成分是氯化钠。除了调和口味以外，它还有改善色泽和香味及压腥去异、防腐等作用。食盐按来源主要分为海盐、井盐、湖盐、矿盐、土盐等。商品盐按加工程度又分为粗盐、加工盐、洗涤盐、精盐等。

食盐是具有重要生理功能的调味制剂，它可调节细胞与血液之间的渗透平衡和正常的水盐代谢，还可调节血流量、血液的酸碱平衡及血压的平衡，参与神经冲动的传导等，是人体一系列组织器官进行正常活动的必需品。

然而，过多的食盐摄入会导致不良的生理反应并引起一系列的疾病，严重影响人类的健康。大量的流行病学调查表明，长期高钠饮食会导致血压升高，进而增加患心血管疾病及肾病的风险。此外，高钠饮食对中风、心室肥大具有直接的影响，并与肾结石、骨质疏松症的发生有关。人类生理需求每天的食盐摄入量应小于0.25g，世界卫生组织建议成人食盐适宜摄入量为5g/d，而世界大多数国家食盐平均摄入量达9～12g/d，许多亚洲国家甚至超过12g/d，我国北方人群的食盐摄入量甚至达到 12～18g/d，是世界卫生组织建议值的两倍以上。随着社会经济的发展，生活水平的不断提高，人们越来越注重健康饮食，因而全面降低食盐摄入量迫在眉睫。

2. 其他　咸味调味料除食盐外，常见的还有酱油、豆酱、面酱、豆豉等。大多以黄豆或小麦粉为原料进行酿制、发酵而成，以咸味为主，并有鲜味、甜味和香味。

（二）甜味调味料

甜味调味料是除咸味调味料外，用途最广泛的调味料。在烹调中，除咸味外，甜味是唯一能独立呈味的基本味。这些甜味调味料除起到甜的作用外，还能起到增加鲜味，抑制苦味、涩味、酸味的作用，在某些菜品中还有着色和增加光泽的作用。

1. 蔗糖　蔗糖（sucrose）是由甘蔗或甜菜经压榨或渗滤后澄清、蒸发、结晶而得，是最常用的天然甜味剂。呈白色晶体或粉末，精炼度低的呈茶色或褐色。食品中使用的有白砂糖、绵白糖、赤砂糖、土红糖、冰糖、方糖等几种形式。蔗糖的甜味纯正稳定，甜度较强，是一种较理想的甜味剂，广泛应用于各类食品。

2. 其他　常用的甜味调味料除蔗糖外，还有饴糖、蜂蜜、糖精、糖醇、甜菊糖、阿斯巴甜等，其在食品中可以代替蔗糖调味。其中糖醇、阿斯巴甜等甜味剂的甜味高，代替蔗糖在食品中应用得较多。

（三）鲜味调味料

鲜味是食品的一种复杂的美味感，需要在咸味的基础上发挥作用。当酸、甜、苦、咸四味协调时，就感觉到可口的鲜味，故鲜味是综合性的味觉。用于增加鲜味的各种物质即鲜味调味料，也称为鲜味剂。鲜味的呈味物质有核苷酸、氨基酸、酰胺、肽、有机酸等物质。

1. 谷氨酸钠　谷氨酸钠（monosodium L-glutamate，MSG）的化学名称为 *α*-氨基戊二酸一钠或 L-谷氨酸一钠，俗称味精（gourmet powder）、味素、麸氨酸钠，是氨基酸的一种，有特有的鲜味，略有甜味或咸味。分子式为 $C_5H_8NNaO_4 \cdot H_2O$。其是用小麦的面筋蛋白质或淀粉，经过水解法或发酵法而生成的一种粉状或结晶状的调味品。

商品味精中除含谷氨酸钠外，还有食盐、水分、糖等。按谷氨酸钠含量的不同，味精一般可分为 99%、98%、95%、90%、80% 5 种。味精易溶于水，最佳溶解温度为 70～90℃，但在高温下易使谷氨酸钠变成焦谷氨酸钠而失去鲜味，产生戊二酰亚胺和含氮多环芳香化合物等有害物质。味精在碱性溶液中不仅没有鲜味，反而有不良气味，因为谷氨酸钠遇碱能变成没有鲜味的谷氨酸二钠。

2. 其他　目前使用的鲜味调味料主要是味精，其他可与谷氨酸钠具有协同增鲜作用的有 5′-肌苷酸二钠、5′-鸟苷酸二钠、琥珀酸二钠等，可与味精混合使用。此外，还有传统的鲜味调味料蚝油、鱼露、虾油、虾子，以及新型鲜味调味料动物提取物、蛋白质水解液、酵母精等。

（四）酸味调味料

酸味调味料是以赋予食品酸味为主要目的的食品调味料的总称，是食品中主要的调味料之一。它不仅能够调味，还可增进食欲，溶解纤维素和钙磷等物质，帮助消化，并具有一定的防腐作用。常用的酸味调味料主要有食醋、柠檬汁、山楂汁、番茄酱、酸菜汁及各种酸味剂等。

1. 食醋　食醋（vinegar）又称醋，主要成分是乙酸。食醋包括酿造醋和人工合成醋两大类，根据色泽分为白醋和红醋两种。酿造醋即发酵醋，多以米、麦等含糖或淀粉的原料为主，以谷糠、麸皮等为辅料，经糖化、发酵、下盐、淋醋，并加香料、糖等工序制成。除乙酸外，还含挥发酸、氨基酸、糖等。其酸味醇厚，香气柔和。酿造醋按原料分，主要有米醋、麸醋、果醋、熏醋、糖醋、酒醋等。人工合成醋，即化学醋，是用食用冰醋酸、水或食用色素配制而成，其乙酸的含量高于酿造醋，酸味极大，无香味。

2. 其他酸味剂 常用的有机酸有柠檬酸、乳酸、酒石酸、苹果酸、乙酸等，这些酸均能参加体内正常代谢，在一般使用剂量下对人体无害。

二、香辛料

香辛料（spice）是一类能够使食品呈现各种辛香、麻辣、苦甜等典型气味的食用香料植物的简称。其来源于植物的全草、种子、果实、花、叶、皮和根茎等，可使食品具有特有风味、色泽和刺激性味感。其外形或是植物的原形，或是它的干燥物，也有制成粉末状的。美国香辛料协会（American Spice Association）认为："凡是主要用来作食品调味用的植物，均可称为香辛料。"

香辛料也可称作辛香料（包括香草类）。在食品行业中常以香辛料称之，而香料行业中则以辛香料这一名称为主。香辛料一词是从外文词里转化而来的，我国人民自古以来不称之为"香辛料"，一般称"大料"或佐料、药料等。香辛料广泛应用于烹饪食品和食品工业中，主要起调香、调味及调色等作用，是食品工业、餐饮业中必不可少的重要添加物。

（一）分类与使用形式

1. 分类 香辛料品种繁多，目前世界上已知的香辛料多达500种，国际标准化组织（ISO）在1970年认可并允许在食物中添加的香辛料有70余种。香辛料的分类方法很多，可按植物学归属、植物的利用部位、香辛料的呈味特点等进行分类。

2. 使用形式 香辛料可不经处理直接用于食品，也可粉碎后使用，还可提取其有效成分后使用，相应地可得到香辛料的三种使用形式：完整香辛料、粉碎香辛料和香辛料提取物。提取有效成分后的使用方式为高级应用形式，这种精加工的产品形式又可分为精油、油树脂、液体香辛料、乳化香辛料、吸附香辛料、被膜香辛料、微胶囊香辛料等多种形式。

（二）常用香辛料简介

1. 姜 姜（ginger）又名生姜、白姜，为姜科植物姜（*Zingiber officinale*）的根状茎，具有芳香味和辛辣味。原产于印度尼西亚及印度等亚洲热带地区，在中国大部分地区和世界其他许多国家都有栽种。我国栽培姜的历史悠久，是中国最常用的香辛料之一，我国有名的品种有山东的莱芜片姜、四川的犍为白姜、广西的西林姜、陕西的汉中党姜及浙江的红瓜姜。

姜性辛微温，味辣香，可以鲜用，也可以干制成粉末使用。多作日常调味料和腌制酱菜，也可用于各种调味粉（五香粉、咖喱粉）、调味酱和复合调料中。姜不仅是广泛应用的调味料，具有调味增香、去腥解腻、杀菌防腐等作用，还有发汗解表、止呕、解毒的功效，可供医疗保健用。

2. 花椒 花椒（prickly ash）又名秦椒、岩椒、大椒、大红袍、蜀椒、巴椒、川椒等，为芸香科植物花椒（*Zanthoxylum bungeanum*）的果皮，其味芳香，微甜，辛温麻辣。花椒是地道的中国特产，在中国已有2000多年的种植与使用历史。花椒的品种很多，有秦椒、川椒、岩椒等几十个品种，原属野生，我国大部分地区有栽培，主产于四川、河北、山西、陕西、甘肃、河南等地，黑龙江、湖北、湖南、青海、广西等地也产。

花椒果实成熟后，采摘晒干除杂，取用果皮，以鲜红光亮、皮细均匀、身干籽少、无异味、无杂质者为佳，也可干燥制成花椒粉。花椒的用途非常广泛，是构成麻辣风味的主要调味品之一。其不仅能赋予制品以适宜的辛辣味，还有杀菌、抑菌等作用，可应用在肉制品、焙烤食品、腌渍食品等中；同时也能与其他原料配制成复合调味料，如五香粉、花椒盐、葱椒盐等。除作调味香料外，花椒也可药用。

3. 胡椒 胡椒（pepper）又名古月、黑川、百川，为胡椒科植物胡椒（*Piper nigrum*）的果实，气味芳香，有刺激性及强烈的辛辣味。原产于印度尼西亚，我国广东、广西、云南、台湾均有栽培。成品因加工的不同而分为黑胡椒（black pepper）和白胡椒（white pepper），前者又名黑川，后者又名白川。黑胡椒的辛辣香气比白胡椒浓，黑白胡椒按一定比例可配制成各种辣度不同的胡椒粉。

胡椒在食品工业中被广为使用，有粉状、碎粒状和整粒三种使用形式，依各地区人们的饮食习惯而定。作为调味料，加工研磨成粉末状，即胡椒粉，为其主要形式。一般在肉类、汤类、鱼类及腌渍类等食品的调味和防腐中都用整粒胡椒；在蛋类、沙拉、肉类、汤类等调味汁和蔬菜上用粉状较多。粉状胡椒的辛香气味易挥发掉，因此，保存时间不宜太长。此外，胡椒具有调味、健胃、增加食欲的作用，兼有除腥臭、防腐和抗氧化作用。在医药上用作健胃剂、利尿剂，可治疗消化不良、寒痰、积食、风湿病等。

4. 辣椒 辣椒（capsicum，chilli）又名番椒、海椒、辣茄、辣虎、青椒、鸡嘴椒等，为茄科植物辣椒（*Capsicum frutescens*）的果实。按辣味的有无，可分为有辣味的辣椒和甜椒两种。前者味辣有香味，果实小；后者味微辣带甜，果实大，也叫匈牙利辣椒、灯笼椒、柿椒。辣椒原产于南美热带地区，大约在明朝末年传入我国，现已成为重要的辛香食料。目前在我国各地均有栽培，尤以西南、西北、中南及山西、山东、河北、江苏等省区栽培面积大，我国已成为世界上产椒大国和出口大国，产量居世界第一位。

辣椒在食品烹饪加工中是不可少的调味佳品。鲜果可作蔬菜或磨成辣椒酱，老熟果经干燥，即成辣椒干，磨粉可加工成辣椒粉，可进一步提取为辣椒油当作调味品。辣椒有强烈的辛辣味和香味，不仅有调味功能，还有杀菌、开胃等效用。并能刺激唾液分泌及淀粉酶活性增强，从而帮助消化，增进食欲。除作调味品外，辣椒还具有抗氧化和着色作用。

5. 孜然 孜然（cuminum）又名枯茗、孜然芹，在南疆则被称为小茴香。主要分布于印度、伊朗、土耳其、埃及、中国和俄罗斯的中亚地区，孜然为调味品之王，适宜肉类烹调，也可以作为香料使用。孜然具有一定的抑制脂质过氧化的作用，对食品具有防腐作用，可用于食品防腐。孜然的果实可入药，用于治疗消化不良和胃寒腹痛等症。 药用、食用价值很高。

6. 大蒜 大蒜（garlic）又称胡蒜，具有强烈蒜臭气味。虽然大蒜整株植物都可以用作香辛料，但这里指的是百合科大蒜（*Allium sativum*）的地下鳞茎（即蒜头）。香辛料中主要使用的是新鲜的蒜头、脱水蒜头、粉末脱水蒜头、大蒜精油、大蒜油树脂、水溶性大蒜油树脂和脂溶性大蒜油树脂。大蒜原产于西亚，汉代张骞出使西域而引入我国，距今已有 2000 多年，在我国南北各地皆有栽培。

大蒜性温、味辛，可压腥去膻、增进食欲，并刺激神经系统，使血液循环旺盛，在饮食烹调中占有相当重要的地位。广泛用于汤料、卤汁、调料、作料等中。除食品用外，大蒜还有散寒化湿、杀虫解毒的功效，可供药用。其鳞茎含有的大蒜素具有抗菌、抗滴虫作用，并有调节血脂、抗突变等保健作用。另外，蒜中所含的硒是一种抗诱变剂，它能使处于癌变情况下的细胞正常分解，并可阻断亚硝胺的合成，减少亚硝胺前体物的生成，因而大蒜还具有一定的抗癌作用。

7. 八角茴香 八角茴香（star anise）又名八角、大茴香、大料（北方）、唛角（南方）、八月珠，为木兰科八角茴香（*Illicium verum*）的成熟果实，有强烈的山楂花香气，味温辛微甜。

所用形态有整八角、八角粉和八角精油等。八角原产于广西西南部，为我国南部亚热带地区的特产，主产于中国广西龙州一带山区，广东、台湾、云南、贵州、福建也有栽培。

八角茴香是常用的传统调味料，有去腥防腐的作用，是肉品加工中的主要调味料，能使肉失去的香气恢复，故名茴香。八角茴香也是配制五香粉、调味粉的原料之一。

8. 小茴香　小茴香（fennel）又名茴香、小茴、刺梦（江苏）、谷茴香、香丝菜、角茴香（浙江）、怀香等，为伞形花科植物小茴香（*Foeniculum vulgare*）的干燥成熟果实，其气味香辛、温和，带有樟脑般气味，微甜，又略有苦味和炙舌之感。用作香料，可以晒干的整粒、干籽粉碎物、精油和油树脂的形态使用。小茴香原产于地中海地区，现在世界各地都有栽培，我国主产于山西及内蒙古自治区、黑龙江等地。

小茴香是世界上应用最广泛的香辛料之一，应用于食品，不仅有调味增香作用，还有良好的防腐作用，可用于汤料、烘烤作料、海鲜作料、腌制作料、调味料、肉用作料、面包风味料、沙拉调味料、饮料和酒风味料等中。小茴香也是配制五香粉的主要原料之一。

9. 丁香　丁香（clove）又名丁子香、公丁香、雄丁香，为桃金娘科丁香（*Syzygium aromaticum*）的干燥整花蕾，其气味强烈芳香、浓郁，味辛辣、麻。丁香主产于印度、马来西亚、印度尼西亚、斯里兰卡和非洲接近赤道地区，我国广东、广西、海南、云南等地也有栽培。

丁香有特殊浓郁的丁香香气，兼有桂皮香味，是所有香辛料中芬芳香气最强的品种之一，但须注意在烹调中用量不可过多。在食品加工上，主要用于肉类、糕点、腌制食品、炒货、蜜饯、饮料的制作及配制其他一些调味品。对肉类、焙烤制品、色拉调味料等兼有抗氧化、防霉作用。但丁香对亚硝酸盐有消色作用，使用于肉制品时应注意。

10. 肉豆蔻　肉豆蔻（nutmeg）又名肉果、玉果、肉蔻，为肉豆蔻科植物肉豆蔻（*Myristica fragrans*）的假种皮或种仁。肉豆蔻主要分布于印度尼西亚、马来西亚、西印度群岛、巴西等国家和地区，我国广东、海南、云南、福建等省区的热带和亚热带地区有少量引种。

肉豆蔻的成熟种子去皮取其种仁，干燥后即肉豆蔻香辛调味料，其品质以个大、体重、坚实、香味浓郁者为佳，也可加工成粉状。肉假种皮色鲜红、透明而质脆，经干燥后为肉豆蔻皮（mace），也叫肉豆蔻种衣，其与肉豆蔻的香味成分几乎是同样的，也可作为香辛料。肉豆蔻皮和仁有特殊浓烈芳香气，味辛，略带甜、苦味，有调味、行气止泻、祛湿和胃、收敛固涩的作用，是热带地区著名的食用香料和药用植物，可用于肉制品（如腊肠、香肠）中以解腥增香，也可用于糕点、沙司、蛋乳饮料中及配制咖喱粉。

11. 豆蔻　豆蔻（fructus amomi rotundus）又名白豆蔻、蔻米、白蔻仁等，为姜科植物爪哇白豆蔻（*Amomum compactum*）或白豆蔻（*A. cardamomum*）的干燥果实。有强烈香气，性温和，味辛辣而微苦，似樟脑。原产于印度尼西亚、泰国等东南亚各国。我国海南、云南、广东、广西等地已有大量引种栽培。

豆蔻在烹调中可去异味，增辛香，作为调味料常用于肉类加工、腌渍蔬菜及糖果中，也是咖喱粉的原料之一。豆蔻果也可入药，具有理气宽中、开胃消食、化湿止呕和解酒毒的功能。

12. 砂仁　砂仁（villosum）又名宿砂仁、阳春砂、缩砂密，为姜科植物砂仁（*Amomum villosum*）种子的种仁。其干果气芳香而浓烈，味辛凉，微苦。国外主产于越南、缅甸、泰国和印度尼西亚，在我国主要栽培或野生于广东、广西、云南、福建的亚热带及南亚热带地区。

砂仁作为食品香辛料，用于熏烤肉、禽的调味料，具有矫臭压腥的作用，常用于肚、肠、猪肉汤、汉堡饼等制品中。另外，还可用作造酒、腌渍蔬菜及制作糕点的调味料。

13. 肉桂　肉桂（cinnamon）又名川桂、玉桂、云桂、牡桂、紫桂、官桂、桂皮等，是樟科肉桂（*Cinnamomum cassia*）的干燥树皮。有强烈的肉桂醛香气和微甜辛辣味，性温热，略苦。

作为香辛料主要使用桂皮、桂枝等。肉桂是人类最早发现并应用的香料之一，原产于斯里兰卡和印度南部一带，是古代宗教礼仪及保存埃及木乃伊必备的香料之一。在我国主要产于广东、广西、海南，云南也有生产。

作为香辛料以西贡肉桂香味为最好，斯里兰卡肉桂、中国肉桂与印度尼西亚肉桂次之。主要用于烹调中增香、增味，如红烧鱼、五香肉、茶叶蛋等，还可用于咖啡、红茶、泡菜、糕点、糖果等调香。另外，肉桂在制作中国的五香粉、印度咖喱粉等复合调味料时都是必备的原料。肉桂粉不但使用方便，而且在各种甜点中使用，会使甜点味道更为香甜醇厚。

14. 月桂　月桂（laurel）又名桂叶、香桂叶、香叶、天竺桂等，作为香辛料主要用月桂的叶片部位。其味芳香文雅，香气清凉带辛香和苦味。原产于地中海及亚细亚一带，我国浙江、江苏、福建、台湾、四川及云南等省区有引种栽培。

月桂叶一年四季均可采收，干燥后可作香辛调味料，也可将干叶加工成粉状，广泛用于肉制汤类、烧烤品、腌渍品等。月桂叶在食品工业和烹调行业中用于增香矫味，因含有柠檬烯等成分，也有杀菌防腐的功效。在肉类罐头中常用此叶调香。

15. 薄荷　薄荷（field mint，peppermint）又名苏薄荷、番荷菜、升阳菜、南薄荷、土薄荷、鱼香草等，为唇形科植物薄荷（*Mentha haplocalyx*）的全草或叶。其味芳香微凉，凉中带有青气。在我国主产于江苏、浙江、安徽、江西、河南、四川等地。现全国各地均有栽培，我国产量居世界首位。

新鲜整薄荷叶可用于水果拼盘和饮料增色，粉碎的鲜薄荷常用于威士忌、白兰地、汽水、果冻、冰果子露等中，也可用于自制的醋或酱油等调味品中。薄荷精油可用于口香糖、糖果、冰淇淋牙膏、烟草等中。

16. 芫荽　芫荽（coriander）又名胡荽子、香菜、香菜子、松须菜等，呈香部位为伞形科芫荽（*Coriandrum sativum*）的种子、叶。具有温和的芳香味，带有鼠尾草和柠檬混合的味道。芫荽原产于意大利，我国各地广为栽培，以华北最多。

芫荽是用作调味品最古老的一种芳香蔬菜，全株和种子均可食用。茎、叶可作调味芳香蔬菜或冷盘佐餐用。种子作为食用香料，有粒状或粉状。粒状一般用作腌渍香料，而粉状多用于糖果、肉类加工、色拉、焙烤食品、汤类罐头等中，也是配制咖喱粉等调味料的原料之一。精油可用于软饮料、糖果点心、口香糖和冰淇淋等的调香调味。除调味外，芫荽果还有疏风散寒、发热解表、开胃等功能。

17. 姜黄　姜黄（turmeric）也称作郁金、宝鼎香、黄姜、片姜黄、片子姜黄，为姜科植物姜黄（*Curcuma longa*）的根茎。性辛温，味辣香，有近似甜橙与姜、良姜的混合香气，略有辣味和苦味。姜黄原产于南亚，我国福建、广东、广西栽培较多。

香辛料常用姜黄的粉碎物和油树脂，姜黄精油使用得很少。姜黄在东西方烹调中有广泛应用，尤其是东南亚和印度。姜黄主要用于给家禽、肉类、蛋类着色和赋予风味，同样可用于贝壳类水产、土豆、咖喱饭、沙拉、泡菜、芥菜、布丁、汤料、酱菜等中，也可用于多种调味料的制备。除在调味品中作增香剂外，姜黄的根状茎及根还可入药，其性温、味苦辛，为芳香兴奋剂，有行气、活血、祛风疗痹、破瘀、通经、止痛的功能。

18. 橘皮　橘皮（dried orange peel）也叫陈皮、红皮、柑皮，为芸香科植物橘类的果皮经干制而成，多呈椭圆形片状或不规则状，片厚 1～2mm，通常向内卷曲，外表呈橙红色至棕色，内皮淡黄白色。陈皮味苦而芳香，一般用作菜肴的调料和配料，特别是药膳、菜肴的制作中多用。也用于港澳菜肴的制作，现以陈皮酱多见。我国柑橘产地均有加工，有时还把陈皮加工成陈皮粉，以便烹制一些菜肴。在使用时先将陈皮用热水浸泡，使苦味水解，陈皮回软，香味外溢，在烹调中多用于炖、烧、炸制的菜品调味，主要起除腥、增香、提味的作用，如陈皮牛肉、陈皮兔丁、陈皮鸭等。

19. 草果　草果是姜科豆蔻属植物草果（*Amomum tsaoko*）的果实，别名草果仁、草果子。生长在热带、亚热带荫蔽潮湿的林中地带，以中国云南、广西、贵州等地为主要分布地，人工栽培以云南为主。我国云南是草果的主要产地，至今已有200多年。草果有特异香气，味辛、微苦，是一种调味香料，具有特殊浓郁的辛辣香味。其干燥的果实被用作中餐调味料和中草药。

草果具有特殊浓郁的辛辣香味，能除腥气、增进食欲，是烹调佐料中的佳品，被人们誉为食品调味中的“五香之一”。

第二节　食品添加剂

食品添加剂在改善食品色、香、味，保质保鲜，满足加工工艺的顺利进行及新产品的开发等方面发挥着重要作用，食品添加剂一般不能单独使用，通常在食品中的使用量很少，并且在使用范围和使用量方面有严格的要求。世界各国对食品添加剂的种类和范围规定也不尽相同，我国的《食品安全国家标准 食品添加剂使用标准》（GB2760—2014）是目前我国各行业使用和管理食品添加剂的标准和依据，其对食品添加剂的定义是：“为改善食品品质和色、香、味，以及为防腐和加工工艺的需要而加入食品中的化学合成或天然物质。”

目前食品添加剂使用已经成为食品工业技术进步和科技创新的重要推动力，在生产加工中合理和规范使用食品添加剂对于行业的科学发展有重要的意义。国家标准GB2760—2014中对食品添加剂的使用原则规范如下。

一、食品添加剂的使用原则

1. 食品添加剂使用时应符合以下基本要求

1）不应对人体产生任何健康危害。

2）不应掩盖食品的腐败变质。

3）不应掩盖食品本身或加工过程中的质量缺陷或以掺杂、掺假、伪造为目的而使用食品添加剂。

4）不应降低食品本身的营养价值。

5）在达到预期目的的前提下尽可能降低在食品中的使用量。

2. 在下列情况下可使用食品添加剂

1）保持或提高食品本身的营养价值。

2）作为某些特殊膳食用食品的必要配料或成分。

3）提高食品的质量和稳定性，改进其感官特性。

4）便于食品的生产、加工、包装、运输或者贮藏。

3. 食品添加剂质量标准　按照GB2760—2014使用的食品添加剂应当符合相应的质量规格要求。

4. 带入原则　在下列情况下食品添加剂可以通过食品配料（含食品添加剂）带入食品中。

1）根据GB2760—2014，食品配料中允许使用该食品添加剂。

2）食品配料中该添加剂的用量不应超过允许的最大使用量。

3）应在正常生产工艺条件下使用这些配料，并且食品中该添加剂的含量不应超过由配料带入的水平。

4）由配料带入食品中的该添加剂的含量应明显低于直接将其添加到该食品中通常所需要的水平。

按照上述食品添加剂的使用原则，结合蛋品加工工艺的需要，下面详细介绍在主要蛋品中使用的食品添加剂。

二、常用食品添加剂

（一）发色剂及发色助剂

硝酸盐、亚硝酸盐是常用的发色剂，又称为腌制剂。

1. 硝酸盐　硝酸盐是无色结晶或白色结晶粉末，易溶于水。将硝酸盐添加到肉制品中，硝酸盐在微生物的作用下，最终生成 NO，后者与肌红蛋白生成稳定的亚硝基肌红蛋白络合物，使肉制品呈现鲜红色。肉制品中硝酸钠的最大使用量为 0.5g/kg。

2. 亚硝酸盐　亚硝酸盐是白色或淡黄色结晶粉末，亚硝酸盐除了防止肉品腐败、提高保存性之外，还具有改善风味、稳定肉色的特殊功效，此功效比硝酸盐还要强，所以腌制时与硝酸盐混合使用，能缩短腌制时间。肉制品中亚硝酸盐的最大使用量为 0.15g/kg。最大残留量（以亚硝酸钠计）：西式火腿（熏烤、烟熏、蒸煮火腿）类≤70mg/kg；肉类罐头≤50mg/kg；其余肉制品≤30mg/kg。

3. 发色助剂　发色助剂主要是抗坏血酸及其钠盐或异抗坏血酸及其钠盐，抗坏血酸有很强的还原作用，异抗坏血酸是抗坏血酸的异构体，两者对热和重金属极不稳定，一般使用稳定性较高的钠盐，肉制品中的使用量为 0.02%～0.05%。

（二）品质改良剂

磷酸盐是肉制品中普遍应用的品质改良剂，主要改善肉的保水性能。磷酸盐种类较多，主要有焦磷酸盐、三聚磷酸盐和六偏磷酸盐。各种磷酸盐混合使用比单独使用好，混合比例不同，效果也不同。在肉制品加工中，最大使用量一般为 5.0g/kg[可单独或混合使用，最大使用量以磷酸根（PO_4^{3-}）计]。添加在肉中的多聚磷酸盐被肉中磷酸酶水解，水解成正磷酸盐，会在肉制品表面形成“白霜”，因此，应适当减少磷酸盐的使用量。同时，磷酸盐也具有防腐保鲜作用，利用其螯合作用延缓肉制品的氧化酸败，可以增强防腐剂的抗菌效果。

（三）防腐剂

防腐剂分为化学防腐剂和天然防腐剂，经常与其他保鲜技术结合在一起。

1. 化学防腐剂　化学防腐剂主要是各种有机酸及其盐类。肉类保鲜中使用的有机酸包括乙酸、甲酸、柠檬酸、乳酸及其钠盐、抗坏血酸、山梨酸及其钾盐、磷酸盐等。这些酸单独或配合使用，对延长肉类货架期均有一定效果。

2. 天然防腐剂　天然防腐剂一方面安全上有保证，另一方面更符合消费者的需要。目前常用的天然防腐剂主要有茶多酚、香辛料提取物（如大蒜中的蒜辣素和蒜氨酸、肉豆蔻中的挥发油、肉桂中的挥发油、丁香中的丁香油等）、应用细菌素[如乳酸链球菌素（nisin）]等。

（四）抗氧化剂

抗氧化剂主要包括水溶性和脂溶性两大类。水溶性抗氧化剂主要有抗坏血酸及其钠盐、异抗坏血酸及其钠盐，多用于肉制品的护色，防止氧化变色；天然的植物提取物如茶多酚、异黄酮类、迷迭香提取物等，也常用于防止因氧化引起的食品风味和质量的改变。脂溶性抗氧化剂能均匀地分布于油脂中，对脂肪含量高的食品有较好的抗氧化作用，其中应用较多的主要是人工合成的，如丁基羟基茴香醚（BHA）、二丁基羟基甲苯（BHT）、没食子酸丙酯（PG）等，天然的主要是生育酚混合物或浓缩物等。

（五）着色剂

目前，经国家批准允许生产和使用的着色剂一共为 68 种，包括天然着色剂和人工着色剂两大类。

天然着色剂是从动植物可食部分及微生物中利用物理方法提取精制而成的。在肉制品中应用较多的有红曲红、姜黄、高粱红等。其价格较高，稳定性稍差，但安全性较高。

人工着色剂常用的有苋菜红、柠檬黄、日落黄、亮蓝等。人工着色剂需在国家标准规定的使用范围内进行添加，其色泽鲜艳、稳定性好，适于调色和复配，且价格低廉。

（六）乳化剂

乳化剂是一种分子中具有亲水基和亲油基，并易在水与油的界面上形成吸附层的表面活性剂，可使一相很好地分散于另一相中而形成稳定的乳化液。乳化剂通常在乳制品加工过程中添加较多，常用的乳品乳化剂有果胶、单/双甘油脂肪酸酯、蔗糖脂肪酸酯、丙二醇脂肪酸酯、大豆磷脂等。乳化剂的添加量与混合料中的脂肪含量有关，一般随着脂肪含量增加而增加，复合乳化剂性能优于单一乳化剂。鲜蛋与蛋制品中由于含有大量的卵磷脂，也能起到乳化剂的作用。

蔗糖脂肪酸酯（sucrose ester of fatty acid）是以蔗糖和食用油脂或脂肪酸为主要原料经酯化反应并精制而成的蔗糖脂肪酸酯产品。因蔗糖含有 8 个羟基，所以经过酯化反应可以生成从单酯到八酯的各种产物，其分子式可以表述如下：

$$(\mathrm{RCOO})_n\mathrm{C}_{12}\mathrm{H}_{12}\mathrm{O}_3(\mathrm{OH})_{8-n}$$

式中，R 是脂肪酸的羟基；n 是蔗糖的羟基酯化数。

通常商业蔗糖酯是根据反应的脂肪酸类型及脂肪酸单酯和多酯的混合组成来分类的。脂肪酸单酯和多酯的混合物具有从 0～16 的 HLB 值（HLB 值为亲水亲油平衡值），从而具有不同的亲水亲油性质，因此蔗糖脂肪酸酯作为一种温和无毒的乳化剂而被广泛应用在肉制品、香肠乳化香精、冰激凌、糖果、巧克力和面包中；同时蔗糖脂肪酸酯的脂肪酸链作为疏水基赋予了其表面活性剂抗菌活性，能有效地抑制革兰氏阳性菌、金黄色葡萄球菌和大肠杆菌等细菌的生长，正是由于这一特性，蔗糖脂肪酸酯作为食品添加剂用于洁蛋制品中，其最大使用量为 1.5g/kg，通常将其添加到洁蛋制品涂膜剂中起到杀菌保鲜作用。

（七）增稠剂

1. 食用明胶　　食用明胶是动物的皮、骨、韧带等含的胶原蛋白经部分水解后得到的高分子多肽聚合物。在罐头类制品的加工中，通常使用其作为增稠剂。例如，生产原汁猪肉罐头时使用猪皮胶，用量约为 1.7%；午餐肉中明胶的用量一般是 3%～5%；火腿罐头装罐后在表面撒一层明胶粉，可形成透明度良好的光滑表面，一般 454g 的，每罐可添加 8～10g 明胶。

2. 海藻酸钠　　海藻酸钠在 pH5～10 时黏度稳定，pH 降至 4.5 以下时黏度明显增加，易与蛋白质、淀粉、明胶、阿拉伯胶、羧甲基纤维素（CMC）等共溶，所以可以与多种食品原料配合使用。海藻酸钠加入酸乳酪、奶油、乳酪等奶制品中主要用于阻止乳清分离、给予奶液稠度、阻止脂肪分离、导致凝乳形成及控制黏度，一般所用浓度不超过 0.5%。在肉制品加工中，通常利用粉末状海藻酸钠与碳酸钙、乳酸等混合，体系 pH 下降后，会形成海藻钙胶体，使产品被煮沸或冷冻后还能保留原来的结构。

3. 羧甲基纤维素钠　羧甲基纤维素钠（CMC-Na）是葡萄糖聚合度为 100～2000 的纤维素衍生物，易分散在水上形成透明的胶体溶液，溶液的黏度随温度的升高而降低。它可以与某些蛋白质发生胶溶作用，生成稳定的复合体系，从而扩展蛋白质溶液的 pH 范围。一般在鱼罐头中的添加量为 2%，在肉类制品加工中，可以用 2%～3%的溶液喷洒于食物表面，在肉品表面形成一种极薄的膜，可长期储存食物，保持风味，防止发酵。食用时用水冲洗即可，十分方便。

（八）填充剂

1. 淀粉　通常使用可溶性淀粉、交联淀粉等变性淀粉，它们是由天然淀粉经过化学或酶处理后，其物理性质发生改变而制成的淀粉。变性淀粉不仅耐热、耐酸碱，还有良好的机械性能，是肉类工业中良好的增稠剂和赋形剂。其用量一般为原料的 3%～20%，优质肉制品用量较少。淀粉使用量过大会影响肉制品的黏着性、弹性和风味。

2. 大豆分离蛋白　粉末状大豆分离蛋白具有良好的保水性和乳化性。浓度为 12%，加热温度超过 60℃时，黏度会迅速上升，加热至 80～90℃时静置，冷却，就会形成光滑的沙状胶质。由于这种特性，大豆分离蛋白进入肉制品中能够改善肉的质地。

3. 卡拉胶　卡拉胶是天然胶质中唯一具有蛋白质反应性的胶质，它能与蛋白质结合形成巨大的网络结构，形成均一的凝胶，可以保持肉制品中含有大量的水分，减少肉汁的流失，并保持产品良好的弹性和韧性。卡拉胶也是良好的乳化剂，能够稳定肉制品中的脂肪，提高产品的出品率。此外，卡拉胶也可以防止盐溶性蛋白质和肌动蛋白的损失，抑制鲜味成分的溶出。

4. 酪蛋白酸钠　酪蛋白酸钠具有很强的乳化、增稠作用，常用于与肉的蛋白质结合形成凝胶，可以增进脂肪和水的保持力，防止脱水收缩，并有助于食品中各成分均匀分布，从而进一步改善食品的质地和口感。在肉馅中添加 2%时，可提高保水率 10%；添加 4%时，可提高 16%，如与卵蛋白、血浆等并用，效果更好。

（九）酶制剂

1. 凝乳酶　凝乳酶是以无活性的酶原形式从哺乳期小牛第四胃中分泌出来的，从无活性的酶原转变成活酶时经受了部分水解，也称为皱胃酶。凝乳酶催化酪蛋白沉淀是干酪制造中非常重要的一步。在凝乳酶的作用下，牛乳形成凝块或凝胶结构的过程包括两个阶段：第一阶段是酶作用阶段；第二阶段包括经酶作用而改变的酪蛋白胶粒聚集形成凝胶结构。在实际生产中，粉状体一般用量为 0.002%～0.004%，使用时需先溶于 2%食盐溶液中再使用。

2. 谷氨酰胺转氨酶　谷氨酰胺转氨酶（TG 酶）又称转谷氨酰胺酶，其作用特点是将小分子蛋白质通过共价交联来形成更大的蛋白质分子，从而改善蛋白质的结构和功能，对蛋白质的性质如发泡性、乳化性、乳化稳定性、热稳定性、保水性和凝胶能力等效果显著，进而改善食品的风味、口感、质地和外观等。TG 酶可应用于水产加工品、火腿、香肠、面类、豆腐等中。TG 酶在 40～45℃、pH6～7 的条件下，只需添加 0.1%～0.3%的量，即可有明显的效果。

3. 木瓜蛋白酶　木瓜蛋白酶是从木瓜未成熟青果的乳汁中提取的。在畜肉中加入以木瓜蛋白酶为主要成分的肉类嫩化剂，可以使肉中胶原蛋白溶解加快，使肉质松化、嫩滑。经嫩化的肉易被消化吸收。肉类嫩化剂可以是干制剂，也可以是水溶液。对于薄牛排可以采取喷粉法进行嫩化，也可以采用浸泡或酶液喷涂法进行嫩化。对于大块的肉，采取嫩化剂水溶液注入法较为方便、有效。同时具有嫩化效果的有菠萝蛋白酶，主要由菠萝果实及茎（主要利用其外皮）经压榨、盐析（或丙酮、乙醇沉淀）、分离、干燥而制得。

（十）加工助剂

1. 氢氧化钠 氢氧化钠（sodium hydroxide）又称火碱、烧碱、苛性钠，为白色透明的晶体，无臭味，潮湿性很强，极易溶于水，溶解时放热，易从空气中吸收二氧化碳而变成碳酸钠，对有机物有腐蚀作用，能使大多数金属盐形成氢氧化物或氧化物沉淀。GB2760—2014 中规定其可在各类食品加工过程中使用，属于残留量不需限定的加工助剂。在皮蛋制品的生产加工初期，起主要作用的是氢氧化钠，在混合料液中，氢氧化钠能通过蛋壳而渗透入蛋内，使蛋内的蛋白质开始变性，发生液化。随着碱液的渗入，由蛋白渗向蛋黄，从而使蛋白中的碱浓度逐渐降低，变性的蛋白质分子继续凝聚，因有水的存在，成为有弹性的凝胶状。

2. 碳酸钠 碳酸钠（sodium carbonate）又名纯碱，为白色粉末，无臭味，易溶于水。因有较强的吸湿性，易结成硬块，能从潮湿空气中逐渐吸收二氧化碳而变成碳酸氢钠。碳酸钠通常作为酸度调节剂使用，可以增加食品的弹性和延展性，还可以作为食品加工助剂应用到食品生产中，属于可在各类食品加工过程中使用、残留量不需限定的加工助剂。碳酸钠是加工皮蛋的主要原料之一，可使蛋内的蛋白和蛋黄发生胶性的凝固。为保证皮蛋的加工质量，在选用碳酸钠时，要选购纯白色的粉末状纯碱，不能用吸潮后变色发黄的产品。

3. 氧化钙 氧化钙（calcium oxide）又名生石灰，为碱性氧化物，白色或带灰色块状或颗粒。对湿敏感，易从空气中吸收二氧化碳及水分，与水反应生成氢氧化钙（熟石灰）并产生大量的热，溶于酸类、甘油和蔗糖溶液，几乎不溶于乙醇，有腐蚀性，氧化钙在加工皮蛋时主要作为生产氢氧化钠的化学反应原料。在加工皮蛋时使用生石灰的数量要适宜，以保证产生氢氧化钠的浓度，使用过多，不仅浪费，还妨碍皮蛋产品的起缸而增加破损率，甚至产生苦味皮蛋和在蛋壳上残留石灰斑点；使用过少，则影响效果。一般以生成氢氧化钠的浓度达到 4%～5%为宜。

案例 2-1 “红心鸭蛋”事件

2006 年 11 月 12 日，中央电视台《每周质量报告》揭露：河北石家庄周边地区一些养鸭场生产的一些色泽鲜艳的“红心鸭蛋”，是用有毒工业染料苏丹红Ⅳ号喂鸭所致。一时间，苏丹红再次成为人们关注的焦点。

苏丹红是一种红色的工业染料，主要用于鞋油、地板、蜡烛等工业产品的染色，共分为Ⅰ～Ⅳ号。在 2005 年轰动全国的苏丹红事件中，包括 30 家企业的 88 个食品样品先后被检出的是苏丹红Ⅰ号。而 2006 年在“红心鸭蛋”中检测出的是苏丹红Ⅳ号，养鸭户称之为“红药”。国际癌症研究机构对苏丹红的致癌作用进行了分析评价，将苏丹红Ⅰ～Ⅳ号归为三类致癌物，即动物致癌物。但这种致癌物进入体内可代谢为二类致癌物，即人类可能致癌物。苏丹红还有遗传性致突变作用。苏丹红经口，也可通过皮肤进入人体。进入人体后，它主要在胃肠道菌群和肝中一些酶的作用下被代谢为初级产物，之后在肝微粒体酶如过氧化物酶的作用下形成苯和萘环羟基衍生物，最后通过尿液排出体外。但过氧化物酶可继续氧化羟基衍生物并生成自由基，自由基可以与 DNA、RNA 等结合，从而产生致癌作用。

“红心鸭蛋”对人体健康的危害，使老百姓谈“红心”色变，大家一致谴责黑心商贩的利欲熏心和当地农户的无知及政府监管不力，同时这些事件也严重挫伤了公众对畜禽食品安全的信心。在一些地区禽蛋的消费大幅度减少了，给畜禽生产企业和农户带来了很大的损失。2006 年 11 月 14 日，国家质量监督检验检疫总局下发紧急通知：“凡是发现苏丹红的蛋制品生产加工企业，要立即责令其停止生产、停止销售、查封成品，并召回该产品。”

思考题

1. 什么是香辛料？它在食品中的利用形式有哪些？各有什么特点？
2. 食品中常用的香辛料有哪些？试述各自的作用特点。
3. 常用的咸味调味料有哪些？试述其作用。
4. 常用的甜味调味料、鲜味调味料、酸味调味料有哪些？各有什么特点？
5. 食品中常用的添加剂有哪些？试述各种添加剂的作用。

主要参考文献

陈锦屏，张伊俐. 2000. 调味品加工技术. 北京：中国轻工业出版社
迟玉杰. 2013. 食品添加剂. 北京：中国轻工业出版社
郝利平，夏延斌，陈永泉，等. 2002. 食品添加剂. 北京：中国农业大学出版社
李里特. 2011. 食品原料学. 2 版. 北京：中国农业出版社
彭增起. 2007. 肉制品配方原理与技术. 北京：化学工业出版社
郑友军. 2002. 新版调味品配方. 北京：中国轻工业出版社
GB2760—2014 食品安全国家标准 食品添加剂使用标准

第二篇　肉和肉制品加工

人类对肉制品的加工历史悠久。早在我国的旧石器时代，北京人就已经开始使用简单的工具和以火烤的方式加工肉类食品。对于肉类加工的文字记载，可以追溯到商、周时代，宋代的《东京梦华录》中记载了熟肉制品200余种，使用原料范围广泛，操作考究。元代《饮膳正要》中重点介绍了牛、羊肉加工技术。清代达到鼎盛时期，袁牧的《随园食单》中记载了四五十种肉制品的加工方法。

肉类加工发展到现在，我国的传统肉制品如北京烤鸭、金华火腿、广州烤乳猪、苏州酱肉、南京板鸭的加工技术已经成熟。西式肉制品加工理论及技术于20世纪前后引入我国，并在改革开放后得到巨大发展。进入21世纪，畜类屠宰和肉类加工设备的发展使肉类工业发生了革命性的变化。

第3章　畜禽的屠宰分割及卫生检验

本章学习目标：通过本章学习，了解主要畜禽的屠宰、分割、检验方法；熟悉各种畜禽的屠宰和卫生检疫方法；掌握各种香辛料、调味料的风味特点及利用方法；掌握猪、牛、羊、鸡、鸭等的屠宰分割原则。

第一节　宰前管理与检验

畜禽的宰前管理与检验是保证肉品卫生质量的重要环节。通过宰前检查，可以初步确定待宰畜禽的健康状况，发现许多宰后难以发现的传染病，从而做到及早发现，减少损失，防止疫病传播。在畜禽的宰前管理与检验过程中，贯彻执行病、健隔离，病、健分宰，防止肉品污染，在提高肉品卫生质量方面起着重要作用。

一、宰前管理

1. 宰前休息　畜禽经过长途运输后，由于饥饿、疲劳、惊恐和圈舍环境改变等原因而产生应激反应，影响宰后胴体排酸，降低肉品质。宰前休息有利于放血，缓解应激反应，提高肉的商品价值。通常情况下，鸡运输卸载后及时屠宰，猪休息 2～4h 后屠宰，牛休息 3h 以上屠宰。待宰圈要根据待宰时间、动物品种不同，配备通风系统，保持适宜温度。待宰圈的大小要适宜，应能使所有动物同时站起、躺下和自由转身。一般对于待宰猪，以密度不超过 2 头/m^2 为宜。

2. 宰前禁食、供水　宰前短时间禁食可以避免待宰畜禽呕吐及体温过高，但禁食时间过长会造成动物的饥饿感及打斗次数增加，一般牛、羊宰前禁食 24h，猪 12h，家禽 18～24h。禁食期间，应供给足量的饮水，保证机体进行正常的生理活动。但在宰前的 2～4h 应停止给水，防止屠宰畜禽倒挂放血时胃内容物从食管流出污染胴体。

3. 宰前淋浴　根据季节不同，卸车后用 20℃温水喷淋畜体 2～20min，以清洗体表污物的同时降低体温，抑制兴奋，减少待宰时的热应激发生率和死亡率，提高屠宰时的放血质量。

二、宰前检验

当屠宰畜禽由产地运到屠宰加工企业后，在未卸下车船之前，兽医检验人员向押运员索阅当地兽医部门签发的检疫证明书，核对牲畜的种类和头数，了解产地有无疫情和途中病死情况。经过初步视检和调查了解，认为基本合格时，方可允许卸下赶入预检圈。病畜禽或疑似病畜禽赶入隔离圈，按《肉品卫生检验试行规程》中有关规定处理。

宰前一般采用群体检查和个体检查相结合的办法。其具体做法可归纳为动、静、食的观察 3 个环节和看、听、摸、检 4 个要领。一般对猪、羊、禽等的宰前检验都应以群体检查为主，辅以个体检查；对牛、马等大家畜的宰前检验以个体检查为主，辅以群体检查。首先从大群中挑出有病或不正常的畜禽，然后逐头检查，必要时应用病原学诊断和免疫学诊断的方法加以验证和鉴别。

第二节　屠 宰 工 艺

一、屠宰工艺流程

畜禽的屠宰加工是指畜禽经致昏、放血，去除毛皮、内脏和头、蹄等，最后形成胴体的过程。畜禽的屠宰工艺流程见图 3-1。

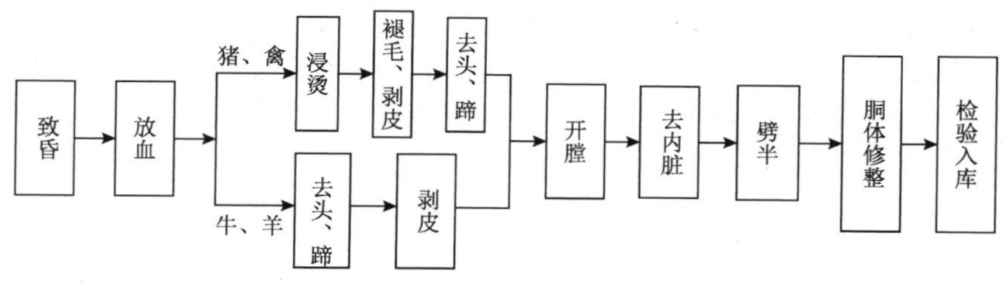

图 3-1　畜禽的屠宰工艺流程图

二、屠宰工艺要点

（1）致昏　致昏是指应用物理或化学方法，使家畜在宰杀前短时间内处于昏迷状态，也叫击晕。击晕的主要目的是让动物在屠宰前失去知觉，减少屠宰时的痛苦，另外可避免动物在宰杀时挣扎而导致体内过多糖原被消耗，以保证肉质。常见的致昏方法有电击晕、二氧化碳麻醉法、水浴电击晕法。

1）电击晕：通过电流麻痹动物中枢神经，使其晕倒。电击晕可导致肌肉强烈收缩，心跳加剧，使动物短时间内失去知觉，便于放血。电击晕是目前广泛使用的致昏方法，分两点式和三点式两种：两点式电击晕时，一般电极位置如图 3-2 所示；三点式电击晕时两个电极位于头部，第三个电极位于胸部。常用的电流强度、电压及作用时间列于表 3-1。电击晕的缺点是对动物的内脏有一定损伤。

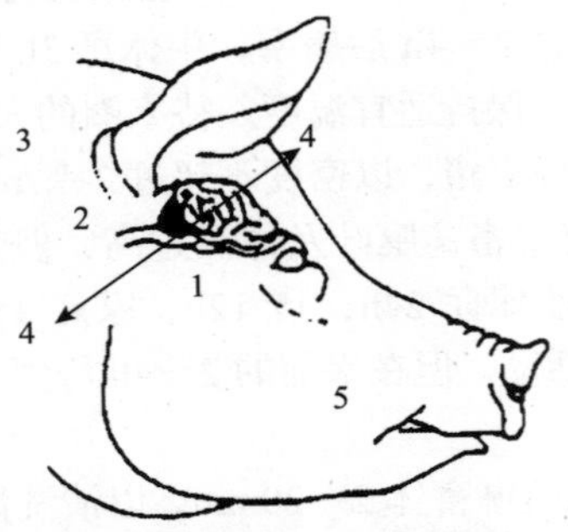

图 3-2 电击晕时的电极位置（Sparrey & Wotton，1997）
正确位置：1. 眼耳之间；2. 耳根；4. 头顶和头底对角线。
错误位置：3. 颈部；5. 口鼻和嘴角处

表 3-1 畜禽屠宰时的电击晕参数

种类	电压/V	电流强度/A	作用时间/s
猪	70～100	0.50～1.00	1～4
牛	75～120	1.00～1.50	5～8
羊	90	0.20	3～4
兔	75	0.75	2～4
家禽	65～85	0.10～0.20	3～4

2）二氧化碳麻醉法：动物在二氧化碳浓度为 70%～90%的通道中经历 15～30s，即能被麻醉，2～3min 完全失去知觉。采用此法致昏，动物无紧张感，可减少体内糖原消耗，减少骨折和出血现象，有利于保持良好的肉品质量，但此法成本高，目前主要用于猪和禽的致昏。二氧化碳麻醉法的缺点是内脏放血不全，致使色泽加深，降低脏器的商品价值。

3）水浴电击晕法：此法常用于禽类屠宰，将待宰禽的头部浸入水中，再通入电流。

案例 3-1 二氧化碳麻醉法

二氧化碳麻醉法是生猪在二氧化碳浓度为 70%～90%的通道中经历 15～30s，由于吸入高浓度二氧化碳，意识完全消失 1~3min，然后通过输送设备将被麻醉后的猪运送出来进行屠宰的一种击晕方式。二氧化碳麻醉过程包括痛觉丧失、兴奋和麻醉三个阶段。目前该方法在欧美和我国一些现代化机械屠宰企业已经普遍使用。二氧化碳麻醉法使猪在不受惊吓的情况下，缓慢地进入昏迷状态，减少了猪体内糖原的分解，保证了肉的品质。

二氧化碳麻醉可使猪在安静状态下进入昏迷状态，应激反应较小，屠宰过程肌肉处于松弛状态，肌糖原消耗较少，宰后肉的最终 pH 低，有效减少了淤血斑点和骨折现象的发生。此外，二氧化碳麻醉法还可以减少血液的喷射程度和 PSE 肉的发生，有利于保持肉的良好品质。但此方法麻醉设备复杂，费用高且需维持二氧化碳气体持续供应，综合使用成本较高，同时由于猪体各异，麻醉效果并不稳定。此外，二氧化碳的过多吸入，致使脏器色泽加深，影响脏器的商品价值。

（2）放血　家畜致昏后应立即放血，停留时间最好不超过 30s，以免动物苏醒挣扎引起肌肉出血，甚至造成人体伤害。家禽宰杀时必须保证放血充分。家畜一般刺颈、切颈或从心脏放血，家禽主要采用动脉放血法、三管切断法、口腔放血法及断颈放血法。

（3）电刺激　电刺激是指对屠宰后的牛、羊胴体，在一定的电压、频率下作用一定的时间，刺激电流通过神经系统（宰后 4～6min）或是直接使肌膜去极化引起肌肉收缩，促进肉的糖原酵解，加速肉的 pH 下降，使肉在较高的温度下进入尸僵状态，避免冷收缩的发生。习惯上按照刺激电压的大小，电刺激可分为高压电刺激、中压电刺激和低压电刺激，但目前我国尚无严格的划分标准。出于安全考虑，欧洲国家多采用低压电刺激，即在放血后立即实施电刺激。澳大利亚、新西兰和美国多采用在剥皮后高压电刺激。

（4）浸烫、褪毛或剥皮　家畜放血后，在开膛前，猪、禽需要进行浸烫、褪毛或剥皮。牛、羊需要剥皮。

1）猪、禽的浸烫和褪毛：放血后的猪、禽由悬空轨道上卸入浸烫池浸烫，使毛根及周围毛囊的蛋白质受热变性，毛根和毛囊易于分离，表皮也出现分离，可达到脱毛的目的。胴体在浸烫池内浸烫约 5min，池内水温以 70℃为宜。浸烫后的胴体即可进行褪毛、燎毛、清洗和检验。

2）禽类脱毛：首先进行烫毛，然后机械脱毛，最后对残留的绒毛进行局部处理。烫毛有三种方法：①高温烫毛，71～82℃、30～60s。高温热水处理便于拔毛，减少禽体表面微生物数量，胴体呈黄色。但温度高易引起胸部肌肉收缩，使肉质变老，而且易导致皮下脂肪与水分的流失，故尽可能不采用高温处理。②中温烫毛，58～65℃、30～150s。国内烫鸡通常采用 65℃、35s，鸭 60～62℃、120～150s。中温处理羽毛较易去除，外表稍黏、潮湿，颜色均匀、光亮，适合冷冻处理和裹浆、裹面炸禽。③低温烫毛，50～54℃、90～120s。这种处理方法羽毛不易去除，必须增加人工二次去毛，而且脖子、翅膀部位需再经较高温的热水（62～65℃）处理。此种处理禽体外表完整，适合各种包装和冷冻处理。

烫毛有利于后期机械脱毛。禽类的机械脱毛主要是利用橡胶指束的拍打与摩擦作用脱除羽毛。因此，在脱毛时，必须调整好橡胶指束与胴体之间的距离。距离过小，会因过度拍打胴体而导致骨折、禽皮破裂或翅尖出血；距离太大，可能导致脱毛不全，影响脱毛速度。另外，应掌握好脱毛时间。机械脱毛后，通过钳毛、石蜡拔毛、火焰喷射机烧毛三种方法，对胴体上残存的细微绒毛进行去除。

3）剥皮：牛、羊放血后先进行去头、蹄工序，在掌骨和腕骨间去除前蹄，跖骨和跗骨间去掉后蹄。剥皮时可采用手工剥皮、机械剥皮或二者相结合的方式，现代畜禽加工企业为了保证卫生，多采用吊挂剥皮。将公畜的阴囊、阴茎及母畜的乳腺切下。剥皮后，剥离肛门，用塑料袋或橡皮筋扎住肛门口，以防止粪便等污物流出污染胴体。通常禽类屠宰时不需要进行剥皮工序。

（5）去头、开膛　一般畜类屠宰后要进行去头、分割处理，而禽类是否去头、切脚要视市场需求而定。

1）去头：猪在第一颈椎或枕骨髁处将头去除。牛、羊在枕骨和寰椎之间将头去除。

2）开膛去内脏：畜类通常沿腹中线切开腹壁，用刀劈开耻骨联合，锯开胸骨，取出白脏（胃、肠等）和红脏（心、肝、肺等）。禽类内脏的取出形式有两种：一是全净膛，将脏器全部取出；二是半净膛，仅拉出全部肠管、胆和胰。

（6）劈半及胴体修整　沿脊柱正中线将胴体锯成两半，剥离脊髓，用水冲洗胴体，去掉血迹及附着的污物，称重后送到冷却间冷却。

（7）检验　修整净膛后，经检验、修整、包装后入库贮藏。

三、卫生检验与卫生规范

宰后检验是宰前检验的继续和补充，是肉品检验的重要环节，主要是为了能及时发现各种会影响人类健康或已丧失营养价值的胴体、脏器及组织，并做出正确的判定和处理。主要包括屠宰间、分割间及包装间的卫生检验。

待宰区布局、设计等应符合GB12694—2016、NY/T2076—2011、SBJ08—2007和SBJ15—2008的相关规定。卫生消毒设施应符合GB12694—2016、GB/T20094—2006和GB/T20551—2006的相关规定。车间应注意将屠宰、食用副食品处理、分割、原辅料处理、工器具清洗消毒、成品内包装、外包装、检验和贮存等对清洁卫生有不同要求的区域分开设置，防止交叉污染。屠宰车间必须设有兽医卫生检验设施，包括同步检验、对号检验、旋毛虫检验、内脏检验、化验室等。宰后应按NY467—2001规定对胴体及头、蹄、内脏进行检验。

第三节　肉的分割与分级

肉的分割是按不同国家和地区的分割标准将胴体进行分割，以便进一步加工或直接供给消费者。

一、牛肉的分割

（一）我国牛肉的分割方法

我国牛胴体的分割方法是在总结了国内不同分割方法的基础上，并考虑到与国际接轨而制订的。

将标准的牛胴体分割成里脊、外脊、眼肉、上脑、辣椒条、胸肉、臀肉、米龙、牛霖、大黄瓜条、小黄瓜条、腹肉、腱子肉13块不同的肉块（GB/T 27643—2011，图3-3）。

1）里脊：取自牛胴体腰部内侧带有完整里脊头的净肉。

2）外脊：取自牛胴体第6腰椎外横截第12～13胸椎椎窝中间处，垂直横截沿背最长肌下缘切开的净肉，主要是背最长肌。

3）眼肉：取自牛胴体第6胸椎到第12、13胸椎间的净肉。前端与上脑相连，后端与外脊相连，主要包括背后阔肌、背最长肌、肋间肌等。

4）上脑：取自牛胴体最后颈椎到第6胸椎间的净肉。前端在最后颈椎后缘，后端与眼肉相连，主要包括背最长肌、斜方肌等。

5）辣椒条：位于肩胛骨外侧，从肱骨头与肩胛骨结节处紧贴冈上窝取出的形如辣椒状的净肉，主要是冈上肌。

6）胸肉：位于胸部，主要包括胸升肌和胸横肌等。

7）臀肉：位于后腿外侧靠近股骨一端，主要包括臀中肌、臀深肌、股阔筋膜张肌等。

8）米龙：位于后腿外侧，主要包括半膜肌、股薄肌等。

9）牛霖：位于股骨前面及两侧，被阔筋膜张肌覆盖，主要是臀股四头肌。

10）大黄瓜条：位于后腿外侧，沿半腱肌股骨边缘取下的长而宽大的净肉，主要是臀股二头肌。

11）小黄瓜条：位于臀部，沿臀股二头肌边缘取下的形如管状的净肉，主要是半腱肌。

12）腹肉：主要包括肋间内肌、肋间外肌和腹外斜肌等。

13）腱子肉：分前、后两部分，牛前腱取自牛前小腿肘关节至腕关节外净肉，包括腕桡侧伸肌、指总伸肌、指内侧伸肌、指外侧伸肌和腕尺侧伸肌等。牛后腱取自牛后小腿膝关节至跟腱外净肉，包括腓肠肌、趾伸肌和趾伸屈肌等。

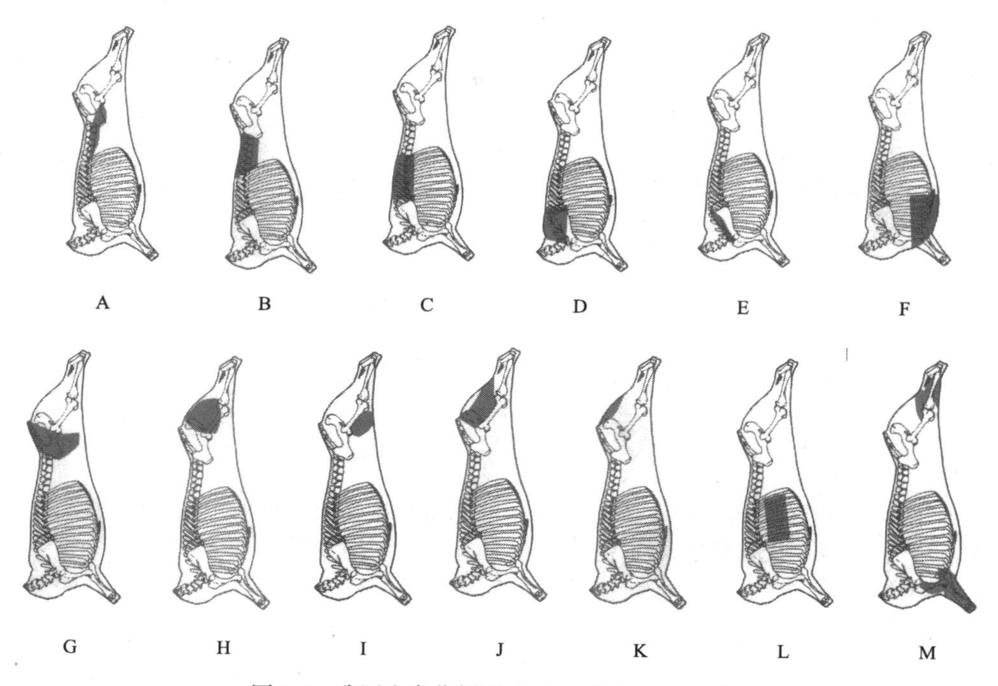

图 3-3　我国牛肉分割图（GB/T 27643—2011）

A. 里脊；B. 外脊；C. 眼肉；D. 上脑；E. 辣椒条；F. 胸肉；G. 臀肉；H. 米龙；I. 牛霖；J. 大黄瓜条；K. 小黄瓜条；L. 腹肉；M. 腱子肉

（二）国外牛肉分割方法

1. 美国牛胴体的分割方法　将胴体分成以下几个部分：前腿肉、肩颈肉、胸肉、肋肉、臀肉、前腰肉、腹肉、后腰肉、后腿肉（图 3-4）。在此基础上再进行分割零售。

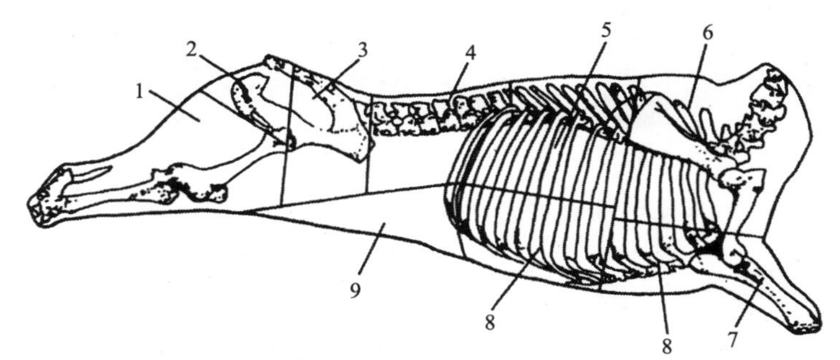

图 3-4　美国牛胴体分割图

1. 后腿肉；2. 臀肉；3. 后腰肉；4. 前腰肉；5. 肋肉；6. 肩颈肉；7. 前腿肉；8. 胸肉；9. 腹肉

2. 日本、法国、澳大利亚牛胴体的分割方法　日本牛胴体共分割为颈部、腕部、肩部牛排、肋排、背脊牛排、腹肋部、肩胸部、腰大肌、大腿里、大腿外及颈部等肉块。

法国牛胴体分割较细，主要包括肩肉、颈肉、前背肉、肩下肉、肥厚胸肉、中部胸肉、前腿肉、腿端肉、上肋肉、隔柱肌、胸肉、胸肋肉、胸软排骨、上腰肋、腰肉、腹肉、腰腹细肉、臀肉、前臀肉、前臀端肉、股肉、大腿肉、腿后侧肉、肥腿肉、后胫肉、腿端肉等。

澳大利亚将牛胴体主要分割为背肩肉、肋肉、沙朗肉、腿心肉、胸肉、肚肉、外条肉、腓力肉、臀肉、腰肉、腰窝肉、刀头肉、腱子肉等部分。

二、牛肉的分级

胴体的等级直接反映肉畜的产肉性能及肉的品质，无论对于生产还是消费都具有很好的规范作用，有利于形成优质优价的市场规则。

（一）牛肉的特点

牛肉味道鲜美，营养丰富，蛋白质含量高，含全部的人体必需氨基酸。牛肉蛋白质中氨基酸含量的比例与人体蛋白质中氨基酸的比例接近。每 100g 瘦牛肉中含蛋白质 20.2g、脂肪 2.3g；牛肝中富含蛋白质、维生素 A、维生素 D 及磷、铁、铜和锌等。

（二）我国牛肉分级方法

2003 年，我国制定了第一个畜禽肉品质分级农业行业标准，即《牛肉质量分级》（NY/ T 676—2003），开创了我国畜禽肉质量分级的先河。经过 7 年应用，该标准修订为《牛肉等级规格》（NY/T 676—2010）。随着社会经济和肉牛产业的发展和需求，2012 年我国颁布了牛肉分级国家标准，即《普通肉牛上脑、眼肉、外脊、里脊等级划分》（GB/T 29392—2012）。

牛肉等级评定非常复杂，往往受许多因素的影响，如牛龄、营养状况、肌内脂肪含量、肌肉和脂肪色泽、肉块大小等。常见的牛肉等级评定依据如下。

1. 大理石花纹评分 大理石花纹评分（marble score）反映横纹肌中肌内脂肪的含量和分布状况，大理石花纹越丰富，牛肉的多汁性越好。商业上，通过肌肉横切面中脂肪颗粒的数量和大小及分布均匀状况进行感官评定，或借助机器视觉进行智能化评定。大理石花纹与等级的关系见图 3-5 和图 3-6。大理石花纹等级对应的肌内脂肪含量见表 3-2。

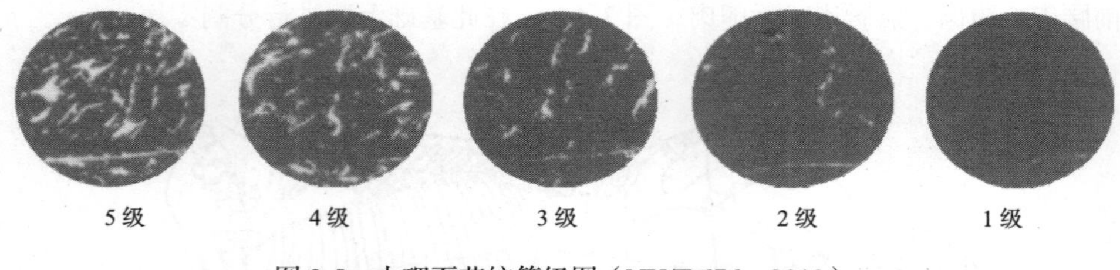

图 3-5 大理石花纹等级图（NY/T 676—2010）

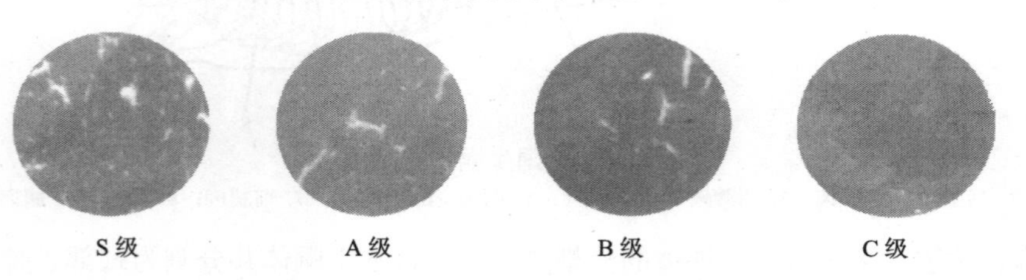

图 3-6 大理石花纹等级图（GB/T 29392—2012）

表 3-2　大理石花纹等级对应的肌内脂肪含量表（GB/T 29392—2012）

大理石花纹等级	肌内脂肪含量
S 级	15%以上
A 级	10%～15%
B 级	5%～10%
C 级	5%以下

2. 年龄　年龄能够反映肉的嫩度，牛龄越大，牛肉的嫩度越差。商业上，可根据年龄、门齿黑窝磨灭状况或脊椎骨棘突末端软骨的骨质化程度来判断，年龄越大，级别越低（表 3-3）。

表 3-3　牛胴体质量等级与大理石花纹、年龄的关系

大理石花纹等级	A（12～24 月龄）	B（24～36 月龄）	C（36～48 月龄）	D（48～72 月龄）	E（72 月龄以上）
	无或出现第一对永久门齿	出现第二对永久门齿	出现第三对永久门齿	出现第四对永久门齿	永久门齿磨损较重
5 级（丰富）	特级				
4 级（较丰富）			优级		
3 级（中等）				良好级	
2 级（少量）					普通级
1 级（几乎没有）					

3. 肌肉色　对照肌肉色等级图片（图 3-7），判断眼肌切面处颜色的等级。肌肉色按颜色深浅分为 8 个等级，其中 4、5 两级的肉色最好。

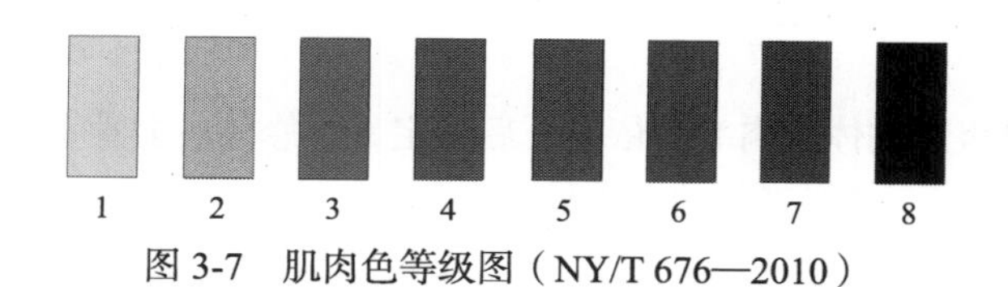

图 3-7　肌肉色等级图（NY/T 676—2010）

4. 脂肪色　对照脂肪色等级图片（图 3-8），判断眼肌横截面处背膘脂肪颜色的等级。脂肪色分为 8 个等级，其中 1、2 两级的脂肪色最好。

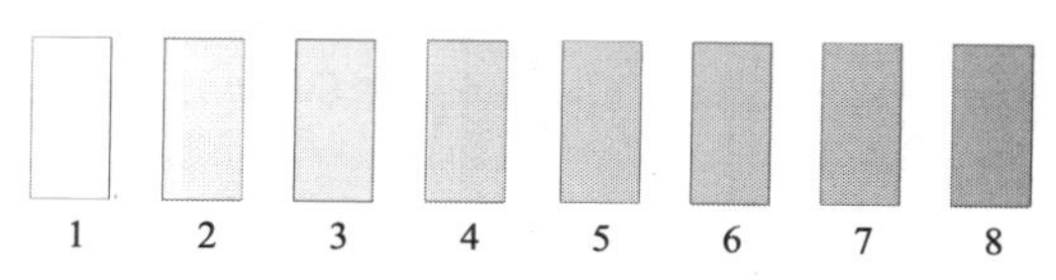

图 3-8　脂肪色等级图（NY/T 676—2010）

（三）国外牛肉分级

1. 美国牛胴体分级　美国牛胴体分级采用质量级（quality grade）和产量级（yield grade）两种分级方法。

1）质量级：阉牛、小母牛、母牛可分为 8 个级别；而母牛除了特等外，其他等级都适用；小公牛的质量级只有特等、优选、精选、标准和可用 5 个级别。

根据大理石花纹和生理成熟度（年龄）将牛肉分为特优（prime）、优选（choice）、精选（select）、标准（standard）、商用（commercial）、可用（utility）、切碎（cutter）和制罐（canner）8 个级别。生理成熟度越小，肉质越嫩，级别越高。生理成熟度分为 A、B、C、D 和 E 五级。A 级为 9～30 月龄；B 级为 30～42 月龄；C 级为 42～72 月龄；D 级为 72～96 月龄；E 级为 96 月龄以上。

大理石花纹是决定牛肉品质的重要因素，与嫩度、多汁性和风味有密切关系。在第 12、13 肋骨间的眼肌横切面处评定大理石花纹等级。当生理成熟度和大理石花纹确定后就可判定其等级，年龄越小，大理石花纹越丰富，级别越高，反之则越低（表 3-4）。

表 3-4　美国牛胴体大理石花纹、生理成熟度与质量等级之间的关系

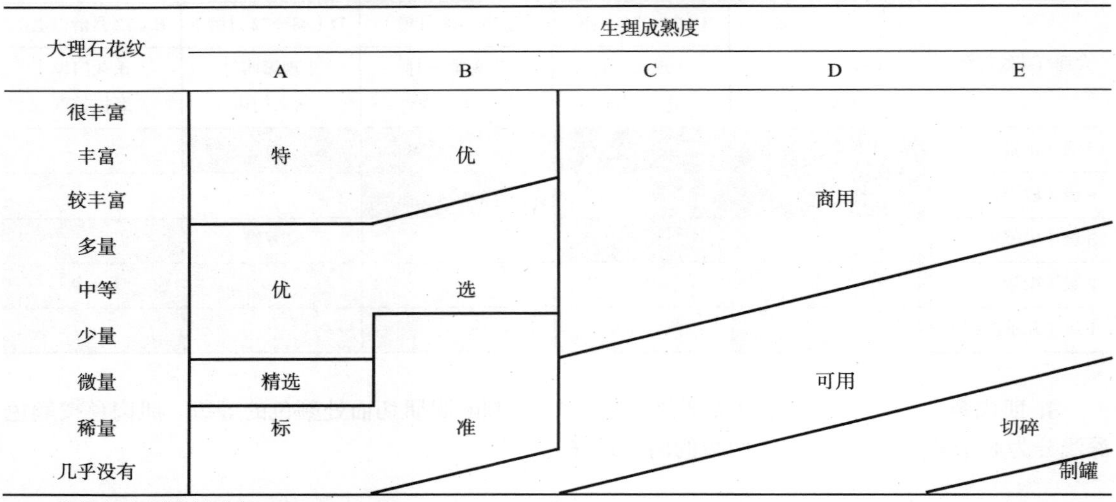

大理石花纹	生理成熟度				
	A	B	C	D	E
很丰富					
丰富	特	优			
较丰富				商用	
多量					
中等	优	选			
少量					
微量	精选			可用	
稀量	标	准			切碎
几乎没有					制罐

资料来源：美国农业部（USDA），1997

2）产量级：产量级以胴体出肉率为依据，后者定义为修整后去骨零售肉量与胴体的比例，简称%CTBRC。出肉率与产量级之间的关系见表 3-5。

表 3-5　美国牛胴体出肉率与产量级之间的关系

产量级（YG）	出肉率（%CTBRC）
1	52.3%以上
2	50.0%～52.3%
3	47.7%～50.0%
4	45.4%～47.7%
5	45.4%以下

资料来源：美国农业部（USDA），1997

2. 日本牛胴体分级　日本牛胴体分级标准也包括质量级和产量级两方面，最后将二者结合起来得出最终等级。

1）质量级：质量级包括大理石花纹、肉的色泽、肉的质地和脂肪色泽 4 个指标。每个指标均分为 5 级，1 级最差，5 级最好，最终的质量等级要按照 4 个指标中最低的一个确定。例如，其他3个指标是5级，肉色为3级，则最终等级为3级。

2）产量级：产量级是以出肉率为衡量标准，可按下式计算。

$$
\begin{aligned}
\text{产量百分数（\%）} = & 67.37 + 0.13\times\text{眼肌面积（cm}^2\text{）} \\
& + 0.667\times\text{腹壁厚（cm）} \\
& - 0.025\times\text{冷牛胴体重（kg）} \\
& - 0.896\times\text{皮下脂肪厚度（cm）}
\end{aligned}
$$

根据产量百分数将胴体产量级分为三级：A级在72%以上；B级为69%～72%；C级在69%以下。结合胴体质量级和产量级，最终牛胴体的等级标准见表3-6，共分15个等级，A5最高，C1最低。

表3-6　日本牛胴体最终等级的确定

产量评分	肉质评分				
	5	4	3	2	1
A	A5	A4	A3	A2	A1
B	B5	B4	B3	B2	B1
C	C5	C4	C3	C2	C1

资料来源：日本食肉规格鉴定协会（JMGA），1988

3. 法国（欧洲经济共同体）牛胴体分级　欧洲经济共同体肉牛胴体的分级标准，是根据胴体的肥瘦、胴体的结构和肥度来划分的。根据肥度共分为7个等级，即1（最瘦）、2、3、4L、4H、5L、5H（最肥）。

4. 澳大利亚牛胴体分级　澳大利亚牛胴体基本上分为9级，以背膘厚、风味、香味三个方面来决定，澳大利亚牛肉的背膘厚从4～12共分为9级，平均是6级，达到9级以上就是很高级的肉了，数字越高，表示牛肉的肥瘦越像大理石花纹，12级就是最顶级了。M9级相当于日本的A3级水平，M12级牛肉相当于日本的A5级牛肉。

三、猪肉的分割与分级

（一）我国猪肉分割与分级（SB/T10656—2012）

1. 猪胴体分割　分割猪肉是指依据猪胴体形态结构和肌肉组织分布进行分割得到的不同部位的肉块。对猪肉体进行了详细的部位划分，如前肘、后肘、前腿、后腿、大排、小排、肋排等。

2. 猪肉分级　将感官指标、胴体质量、瘦肉率、背膘厚度作为评定指标（其中瘦肉率、背膘厚度可由企业根据自身情况选择1项或2项），将胴体等级从高到低分为1～6六个级别。

猪胴体的4个部位肉包括带皮带脂（或去皮带脂）前腿肌肉、带皮带脂（或去皮带脂）后腿肌肉、带皮带脂（或去皮带脂）大排肌肉、带皮带骨（或带皮去骨、去皮带骨、去皮去骨）中方肉。部位肉可以进行分级，并根据市场需求进行细分割，具体要求由企业结合市场自行确定。

（二）国外猪肉分割与分级

1. 美国猪胴体分割与分级　美国猪胴体分割为颊肉、前腿肉、肩部肉、肋排、通脊、肋腹和后腿肉。

美国主要对阉公猪、小母猪和母猪进行分级，对公猪胴体不进行分级。美国猪胴体等级分为质量级和产量级。就质量级而言，4 个优质切块（后腿肉、背腰肉、野餐肩肉和肩胛肉）的质量性状都合格的胴体才可参加评级（U.S.1～4 级）；4 个优质切块的质量性状不合格的胴体只能定为 U.S.实用级。

2. 日本猪胴体分割与分级　日本将猪胴体分成 7 个部位：肩部、背部、腹部、臀腿部、肩背部、腰部、臀部，同时按照其质量及外观将每个部分分为上等和标准两个等级。

猪胴体分为带皮和剥皮半胴体两种等级。主要以半胴体重、9～13 胸椎处最薄的皮下脂肪厚度、外观和肉质 4 个方面作为判定要素，分为极好、好、中等、差 4 个等级。

四、羊肉的分割与分级

（一）我国羊肉分割与分级

1. 我国羊肉分割方法（NY/T1564—2007）　分割羊肉是指鲜胴体羊肉、冷却胴体羊肉、冷胴体羊肉在特定环境下按部位分割，并在特定环境下储存、运输和销售的带骨或去骨切块，见图 3-9。

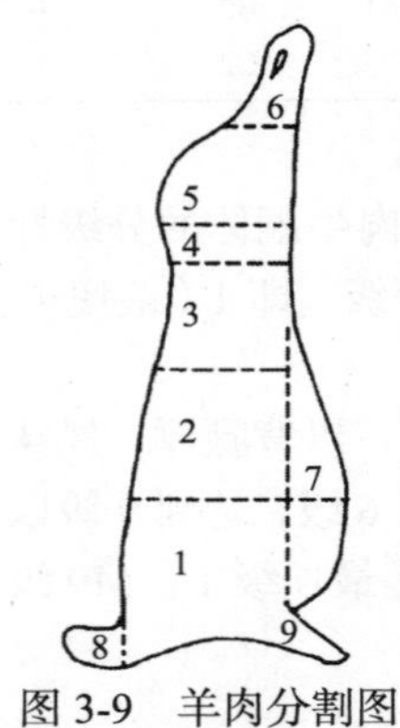

图 3-9　羊肉分割图

1. 前 1/4 胴体；2. 羊肋脊排；3. 腰肉；4. 臀腰肉；5. 带臀腿；6. 后腿腱；7. 胸腹腩；8. 羊颈；9. 羊前腱

2. 我国羊胴体分级（NY/T630—2002）　我国羊胴体分级标准主要根据羊的年龄分为大羊肉（12 月龄以上）、羔羊肉（12 月龄以内）和肥羔肉（4～6 月龄），再根据胴体质量、肥度、肋肉厚度、肉脂硬度、肌肉发育程度、生理成熟度和肉脂色泽等指标分为特等级、优等级、良好级和可用级。

（二）国外羊肉分割与分级

1. 国外羊胴体分割　以美国羊胴体分割为代表进行介绍，美国羊胴体的分割方法为：羊胴体可被分割成腿部肉、腰部肉、腹部肉、胸部肉、肋部肉、前腿肉、颈部肉、肩部肉（图 3-10）。

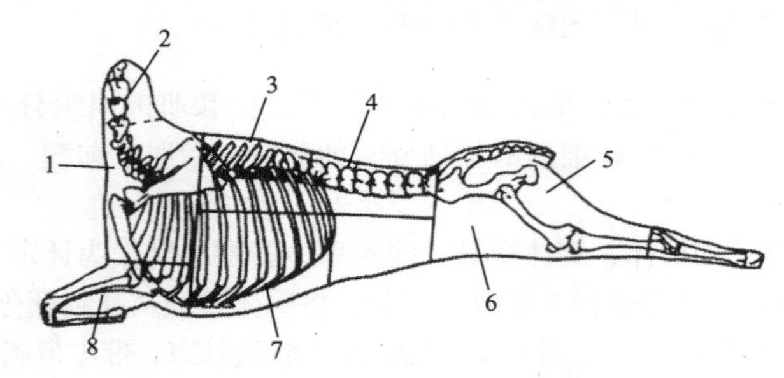

图 3-10　美国羊胴体的分割图

1. 肩部肉；2. 颈部肉；3. 肋部肉；4. 腰部肉；5. 腿部肉；6. 腹部肉；7. 胸部肉；8. 前腿肉

2. 国外羊肉分级

（1）美国羊肉分级　首先通过观察腹股沟或乳房部位是否有阴囊脂肪或乳腺脂肪来判断胴体的性别，然后对胴体进行评级。美国羊胴体等级分为质量级和产量级。

1）质量级：根据生理成熟度、腹部夹层脂肪丰富度及硬度将羊胴体分为特选、优选、普通、可用、等外 5 级（USDA，2001）。

2）产量级：根据零售肉切块（腿肉、腰肉、颈肉和肩肉）的产量分为1～5级（USDA，2001），主要通过第12、13肋骨眼肌处背膘厚度计算。

（2）澳大利亚羊肉分级 澳大利亚主要根据羊的类别（羔羊肉、幼年羊肉、青年羊/成年羊）及胴体质量确定分级，主要分为轻（L）、中（M）、重（H）和特重（X）4级。

五、禽肉的分割与分级

1. 我国禽肉分割与分级 根据我国现有鸡胴体分割及质量分级标准，分割鸡肉主要包括白条鸡类、翅类、胸肉类、腿肉类和副产品五大部分（GB/T 24684—2010）。

鸡胴体主要根据胴体完整程度、胴体胸部形态、胴体肤色、胴体皮下脂肪分布状态和羽毛残留状态5项指标进行评价，分为1～3等；鸡分割肉根据其形态、肉色、分割肉脂肪沉积程度分为1～3等（NY/T 631—2002）。

2. 国外禽肉分割与分级 以美国为例，可以获得多种不同类型的分割肉：半胴体、1/4鸡胸肉、1/4鸡腿肉、鸡翅、鸡胸肉、鸡大腿、鸡小腿、翅根、翅中、整个鸡胸、龙骨架、脊肉、整个腿、鸡背肉或带骨鸡背肉、鸡胸的一半或前半部分、鸡腿的一半或后半段或脊肉。同时按照整个胴体和分割块的消费等级分为A、B、C三级。

思考题

1. 畜禽屠宰前为什么要休息、禁食及饮水？
2. 畜禽屠宰前击昏有什么益处？
3. 畜禽屠宰副产品有哪些？如何利用？
4. 简述畜禽胴体分割及分级的必要性。

主要参考文献

周光宏. 2011. 畜产品加工学. 北京：中国农业出版社

GB/T 19480—2009 肉与肉制品术语

GB/T 29392—2012 普通肉牛上脑、眼肉、外脊、里脊等级划分

GB 12694—1990 肉类加工厂卫生规范

HJ/T 81—2001 畜禽养殖业污染防治技术规范

JMGA. 1988. New beef carcass grading standards. Tokyo: Japan Meat Grading Association

NY/T 1564—2007 羊肉分割技术规范

NY/T 676—2010 牛肉等级规格

Sparvey JM, Wotton SB. 1997. The design of pig stunning tong electrodes—A review. Meat Science, 47(1-2): 125-133

USDA. 1997. Official united states standards for grades of carcass beef. Washington D. C: Agricultural Marketing Service

第4章 肉的组织结构和特性

本章学习目标：了解肉的组织结构特点及其与肉品质的关系；掌握肉的加工特性及其影响因素。

广义的肉品是指能够供人类食用的构成动物机体的多种组织和器官，包括肌肉组织、脂肪组织、结缔组织和骨组织，还包括内脏器官、横膈肉、四肢下部和动物的皮组织。狭义的肉品是指畜禽宰后的躯干部分，也叫胴体。商业上，畜禽的胴体（carcass）是指畜禽屠宰放血后，除去毛（或剥皮）、头、四肢下部、尾及内脏后的整个躯体部分，俗称“白条肉”。肉畜胴体主要是由肌肉组织、结缔组织、脂肪组织和骨组织四大部分组成。一般而言，成年畜类的骨组织质量分数比较恒定，约占 20%；而脂肪组织的质量分数变动幅度较大，低至 2%～5%，高者可达 40%～50%，这主要取决于育肥程度；肌肉组织占 40%～60%，结缔组织占 9%～13%。这些组织的构造、性质及其含量直接影响肉品质量、加工用途和商品价值，这 4 部分在胴体中的比率随肉畜的种类、品种、年龄、性别和营养状况等因素而有很大差异。

第一节 肌肉的构造

一、肌肉组织

肌肉组织（muscle）是动物的基本组织，由特殊分化的肌细胞构成。根据肌细胞的形态与分布的不同，将肌肉组织分为 3 种：骨骼肌、心肌与平滑肌。骨骼肌一般通过筋腱附于骨骼上，但也有例外，如食管上部的肌层及面部表情肌并不附于骨骼上。心肌分布于心脏，构成心房、心室壁上的心肌层，也见于靠近心脏的大血管壁上。平滑肌分布于内脏和血管壁。从数量上讲，骨骼肌占绝大多数，骨骼肌与心肌的肌纤维在显微镜下观察有阴暗相间条纹，又称横纹肌。肌肉组织具有收缩特性，是躯体和四肢运动，以及体内消化、呼吸、循环和排泄等生理过程的组织基础。骨骼肌的收缩受中枢神经系统支配，又称随意肌，而心肌与平滑肌受自主性神经支配，属于不随意肌。

本章中提及的肌肉是指骨骼肌，俗称“瘦肉”或“精肉”，为胴体的主要组成部分，占胴体的 40%～60%，具有较高的食用价值和商品价值。

1. 一般结构 家畜体内有 300 块以上形状、大小各异的肌肉，但其基本结构是一样的（图 4-1）。肌肉的基本构造单位是肌纤维，肌纤维与肌纤维之间被一层很薄的结缔组织膜围绕隔开，此膜称为肌内膜（endomysium）。每 50～150 条肌纤维聚集成束，称为初级肌束（primary bundle）。初级肌束被一层结缔组织膜所包裹，此膜称为肌束膜（perimysium）。由数十条初级肌束集结在一起并由较厚的结缔组织膜包围就形成了次级肌束（或称为二级肌束）。由许多二级肌束集结在一起形成肌肉块。其外面包有一层较厚的结缔组织膜[肌外膜（epimysium）]。这些分布在肌肉中的结缔组织膜既起着支架的作用，又起着保护作用，血管、神经通过 3 层膜穿行其中，伸到肌纤维的表面，以提供营养和传导神经冲动。此外，还有脂肪沉积其中，使肌肉断面呈现大理石样纹理。

2. 肌肉的微观结构　肌肉组织由细胞构成，如图 4-1 所示。肌肉细胞是一种相当特殊化的细胞，呈长线状，不分支，两端逐渐尖细，也称为肌纤维。肌纤维直径为 10～100μm，长度为 1～40mm，最长可达 100mm。肌纤维外层的膜称为肌纤维膜，简称肌膜。一个肌纤维含有 1000～2000 根肌原纤维，它们并列排布并在某一区域形成重叠，从而形成了横纹，即俗称的“横纹肌”。

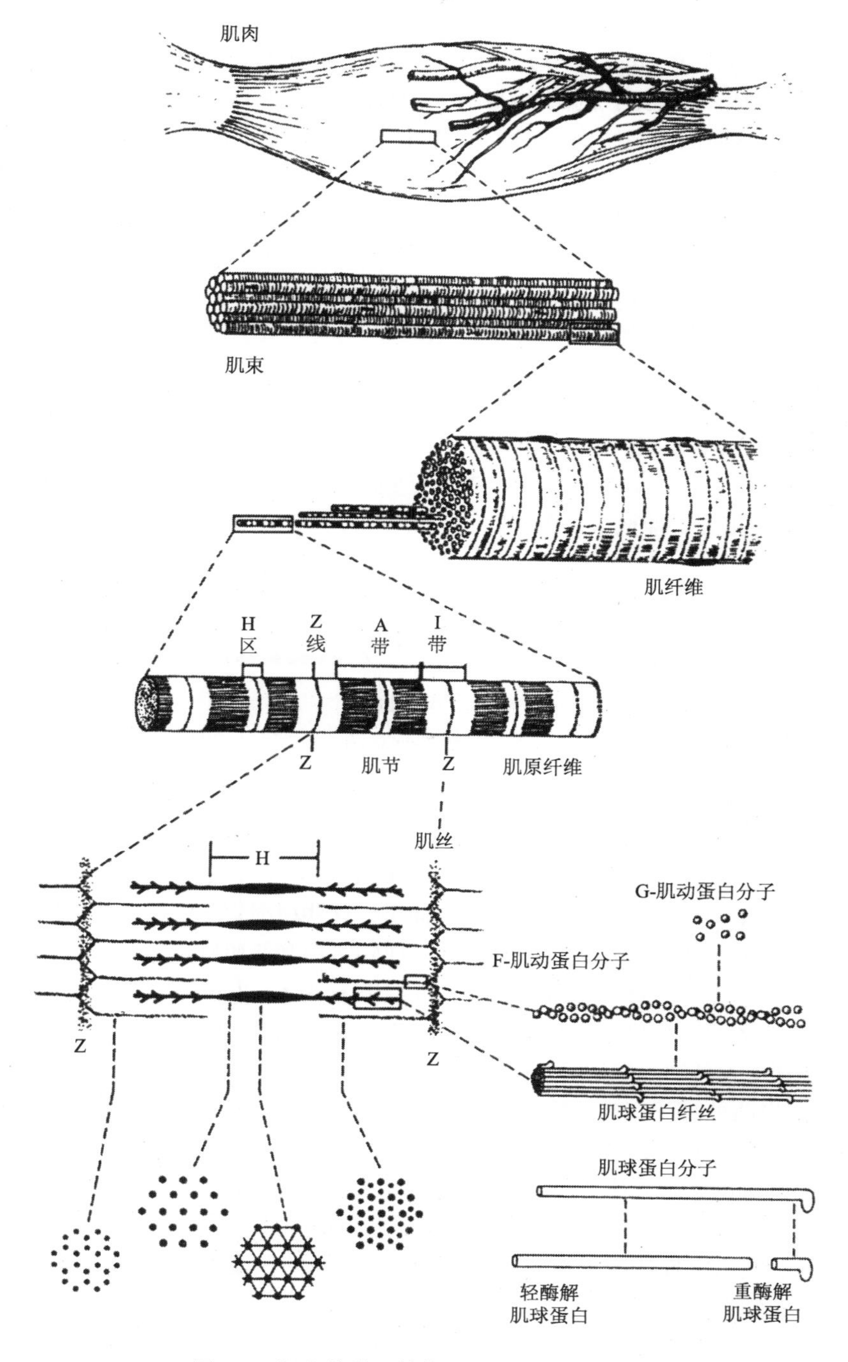

图 4-1　肌肉的微观结构示意图（周光宏，2011）

二、肌纤维

（一）肌纤维的构造

1. 肌膜　肌膜即肌纤维外层的膜，主要是由蛋白质和脂质组成的，具有很好的韧性，因而可承受肌纤维的伸长和收缩。肌膜的构造、组成和性质，相当于体内其他细胞膜。肌纤维膜向内凹陷形成网状的管，称为横小管（transverse tubule），通常称为 T 系统（T-system）或 T 小管（T-tubule）。

2. 肌原纤维　肌原纤维（myofibril）是肌细胞独有的细胞器，占肌纤维固形成分的 60%～70%，是肌肉的伸缩装置。它呈细长的圆柱状结构，直径为 1～2μm，其长轴与肌纤维的长轴相平行并浸润于肌质中。从肌肉微观结构中（图 4-2）可以观察到肌原纤维呈现出明暗相间的条纹，其中光线较暗的区域称为暗带（A 带），A 带的中央有一颜色较浅的区域，称为 H 区，它的中央有一条暗线将 A 带平分为左右两半，H 区的这条暗线称为 M 线。光线较亮的区域称为明带（I 带）。I 带的中央有一条暗线，称为 Z 线，它将 I 带从中间平分为左右两半。两个相邻 Z 线间的肌原纤维称为肌节（sarcomere），它包括一个完整的 A 带和两个位于 A 带两边的半个 I 带。肌节是肌原纤维的重复构造单位，也是肌肉收缩、松弛交替发生的基本单位。肌节的长度取决于肌肉所处的收缩状态，平均长度是 1.5～2.0μm，当肌肉收缩时，肌节变短；松弛时，肌节变长。哺乳动物肌肉放松时典型的肌节长度为 2.5μm。

3. 肌丝　肌丝（myofilament）是组成肌原纤维的基本结构。肌丝可分为粗肌丝（thick myofilament）和细肌丝（thin myofilament）。两者均平行整齐地排列于整个肌原纤维。粗肌丝和细肌丝在某一区域形成重叠，即横纹（图 4-2）。

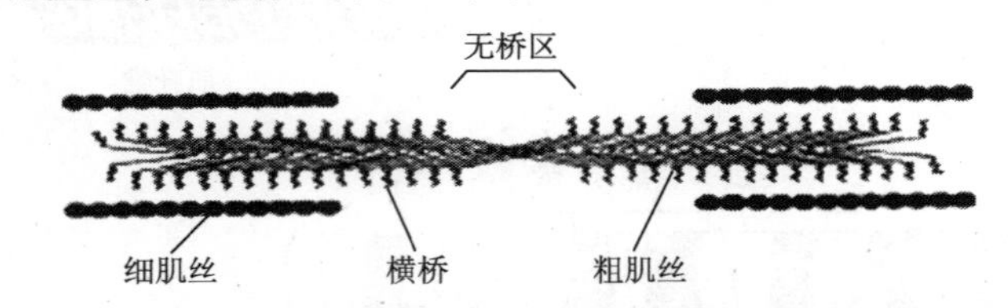

图 4-2　粗肌丝、细肌丝及其排列示意图（彭增起，2014）

构成肌原纤维的粗肌丝和细肌丝不仅大小形态不同，它们的组成性质和在肌节中的位置也不同。A 带主要由平行排列的粗肌丝构成，另外有部分细肌丝插入。粗肌丝主要由肌球蛋白组成，故又称为肌球蛋白丝（myosin filament），直径约为 10nm，长约为 1.5μm。每条粗肌丝中段略粗，形成光镜下的中线及 H 区。粗肌丝上有许多横突伸出，这些横突实际上是肌球蛋白分子的头部（图 4-1）。I 带主要是细肌丝，细肌丝由肌动蛋白、肌钙蛋白和原肌球蛋白分子组成，肌动蛋白是主要成分，所以称为肌动蛋白丝（actin filament），直径为 6～8nm，自 Z 线向两旁各扩张约 1.0μm。每条细肌丝从 Z 线上伸出，插入粗肌丝间一定距离。在细肌丝与粗肌丝交错穿插的区域，粗肌丝上的横突分别与 6 条细肌丝相对。因此，从肌原纤维的横断面上看 I 带只有细肌丝，呈六角形分布；但在 A 带两种微丝交错穿插的区域，横截面可以看到每一条粗肌丝周围有 6 条细肌丝，呈六角形包绕，而 A 带的 H 区则只有粗肌丝呈三角形排列（图 4-1，图 4-3）。

4. 肌质　肌纤维的细胞质称为肌质（sarcoplasm），填充于肌原纤维间和核的周围，是细胞内的胶体物质，含水分 75%～80%。肌质内富含肌红蛋白、酶、肌糖原及其代谢产物和无机盐类等。骨骼肌的肌质内有发达的线粒体分布，说明骨骼肌的代谢十分旺盛，习惯上把肌纤维内的线粒体称为“肌粒”。

肌质中还有一种重要的细胞器称为溶酶体（lysosomes），它是一种小胞体，内含有多种能消化细胞和细胞内容物的酶。在这种酶系中，能分解蛋白质的酶称为组织蛋白酶（cathepsin），有几种组织蛋白酶均对某些肌肉蛋白质有分解作用，它们对肉的排酸具有很重要的意义。

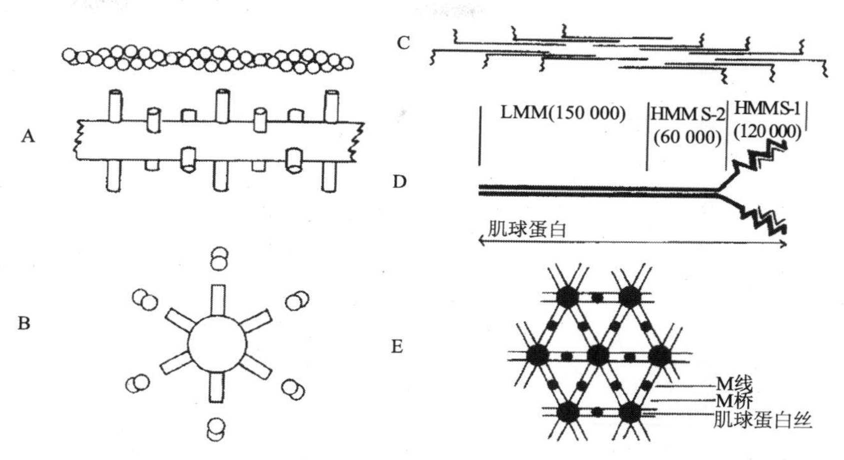

图 4-3　肌丝的显微结构示意图（Lawrie & Ledward，2006）

A. 利用 X 射线观察的肌球蛋白丝片段与 F-肌动蛋白双链；B. 肌球蛋白丝及其周围环绕的 6 条肌动蛋白丝剖面图；C.肌球蛋白分子尾尾交联聚集形成肌球蛋白丝；D. 单个肌球蛋白分子的双链结构，包括重酶解肌球蛋白（HMM S-1，HMM S-2）和轻酶解肌球蛋白（LMM）；E. 肌原纤维 M 线处的剖面图，包括了重叠的肌球蛋白丝、M 线和 M 桥

5. 肌细胞核　骨骼肌纤维为多核细胞，但因其长度变化大，所以每条肌纤维所含核的数目不定，一条几厘米的肌纤维可能有数百个核。核呈椭圆形，位于肌纤维的周边，紧贴在肌纤维膜下，呈有规则的分布，核长约 5μm。

（二）肌纤维分类

根据肌纤维外观和代谢特点的不同，可分为红肌纤维、白肌纤维和中间型纤维三类，三种肌纤维的收缩特性、利用能量方式、结构、色泽、ATP 酶活性等方面都存在差异（表 4-1）。有些肌肉全部由红肌纤维或白肌纤维构成，但大多数肉用家畜的肌肉是由两种或三种肌纤维混合而成的。

表 4-1　肌纤维类型及其特性

性状	红肌	中间型肌	白肌	主要指标和特性
色泽	红色	红色	白色	—
肌红蛋白含量	高	高	低	马背最长肌 0.465%，腰大肌 0.705%； 猪背最长肌 0.208%，腰大肌 0.435%
低离子强度可溶性蛋白	低	中等	高	肌质蛋白中：白肌 52mg/g；红肌 23mg/g
结缔组织	低	中等	高	胶原蛋白比率（湿重）：缝匠肌（红）1.36%，桡骨肌（白）2.63%
纤维直径	小	小至中等	大	肌纤维粗细不均，但白肌纤维的平均值较高
收缩特点	收缩缓慢、连续紧张、持久	收缩快、连续紧张	收缩快、断续、易疲劳	慢肌的舒张时间为 90ms，快肌的舒张时间为 40ms
线粒体数量	多	中等	少	肌纤维间、肌膜下和 I 带处含有许多红肌，白肌仅存在于 Z 线
线粒体大小	大	中等	小	—
Z 线宽度	宽	中等	窄	猪红肌 120nm，白肌 62.5nm，中间肌 77.5nm

续表

性状	红肌	中间型肌	白肌	主要指标和特性
毛细管密度	高	中等	低	—
细胞色素氧化酶活性	强	强	—	—
ATP 酶活性	弱	弱	强	ATP 含量快肌比慢肌高 60%
有氧代谢	高	中等	低	红肌纤维好氧
无氧酵解	低	中等	高	白肌纤维厌氧
脂质含量	高	中等	低	红肌：白肌=2.5：1
RNA 含量	高	中等	低	红肌纤维 RNA 含量高，且蛋白质转化率是白肌纤维的 2～5 倍
钙含量	高	中等	低	禽胸肌（白）38.9μg/g，腿肌（红）54.6μg/g
糖原含量	低	中等	高	兔白肌：红肌=3.7：1；猪白肌：红肌=5：1

1. 红肌纤维　其肌红蛋白、线粒体的含量高，从而使肌肉显红色。红肌网状组织的含量是白肌的 50%，与肌肉收缩密切关联的 Ca^{2+}向网状组织内的输送及释放也比白肌慢数倍。因此，与白肌收缩速度快呈明显的对照，红肌是以持续、缓慢的收缩为主，又称为慢肌，主要有心肌、横隔膜、呼吸肌及维持机体状态的肌肉。

2. 白肌纤维　白肌纤维也称白色肌肉，是指颜色比较白的肌肉，是针对红肌而言的，其特点是肌红蛋白含量少，线粒体的大小与数量均比红肌少。收缩速度快，肌原纤维非常发达，又称快肌。

第二节　结缔组织的构造

结缔组织是将动物体内不同部分连接和固定在一起的组织，分布于体内各个部位，构成器官、血管和淋巴管的支架；包围和支撑着肌肉、筋腱和神经束；将皮肤连接于机体。

结缔组织由少量的细胞和大量的细胞外基质构成，后者的性质变异很大，可以是柔软的胶体，也可以是坚韧的纤维。在软骨，它的质地如橡皮，在骨骼中因充满钙盐而变得非常坚硬。肉中的结缔组织由基质、细胞和细胞外纤维组成，胶原纤维和弹性纤维都属于细胞外纤维。结缔组织中的细胞很少，占很大比例的是细胞外的基质和纤维。

一、胞外基质

基质由黏稠的蛋白多糖构成，还有结缔组织代谢产物和底物，如胶原蛋白和弹性蛋白的前体物。蛋白多糖是一类大分子化合物，含有许多氨基葡聚糖（黏多糖）。氨基葡聚糖中最典型的是透明质酸和硫酸软骨素。透明质酸非常黏稠，存在于关节和结缔组织纤维之间。硫酸软骨素则存在于软骨、筋腱和骨骼中。这两种物质及有关蛋白质具有润滑和连接作用。

二、纤维

1. 胶原纤维　胶原纤维是结缔组织中最常见、分布最广的一种纤维，新鲜时呈白色，故又称白纤维。纤维呈波纹状，分布于基质内。纤维长度不定，粗细不等，直径为 1～12μm，有韧性和弹性，每条纤维由更细的原胶原纤维和少量黏合物质粘连而成。每条原胶原纤维上有明暗交替的周期性横纹。胶原纤维的主要化学成分是胶原蛋白（图 4-4）。

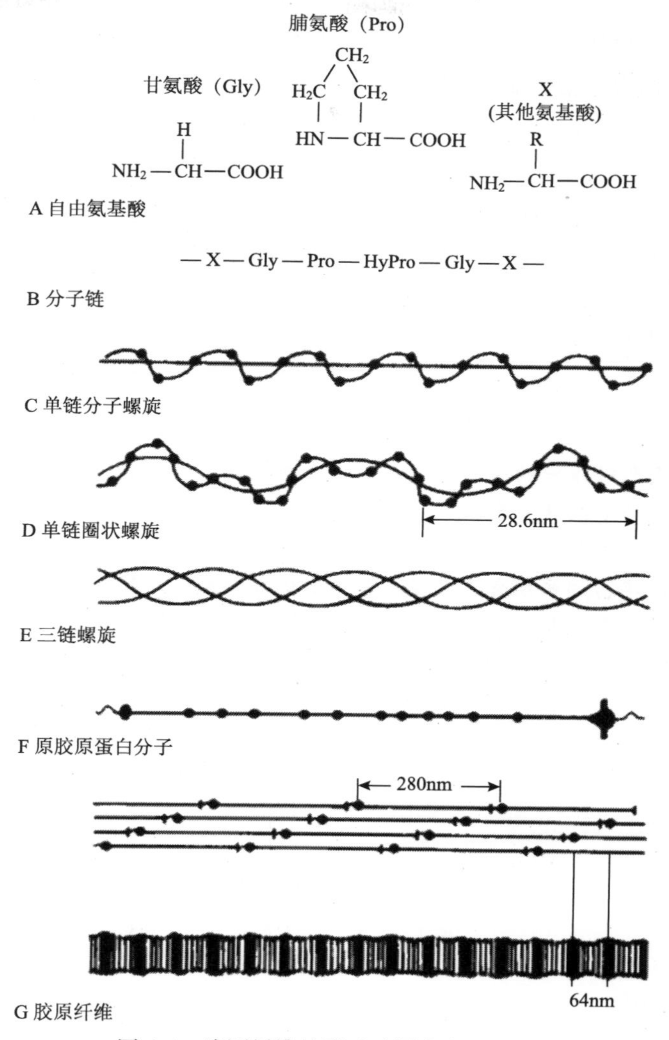

图 4-4　胶原纤维的形成（周光宏，2011）

2. 弹性纤维　弹性纤维呈黄色，所以又称黄纤维，一般比胶原纤维少而细，有分支，互相交织成网状，弹性大，易拉长。弹性纤维由弹性蛋白（elastin）组成。

3. 网状纤维　网状纤维很细，有分支，相互交织成网状。网状纤维和胶原纤维的化学性质相似，主要成分是胶原蛋白，也有周期性横纹，在原纤维上附有黏性蛋白多糖。

第三节　脂 肪 组 织

一、脂肪的构造

脂肪的构造单位是脂肪细胞。脂肪细胞或单个或成群地借助于疏松结缔组织连在一起。细胞中心充满脂肪滴，细胞核被挤到周边。脂肪细胞外层有一层膜，膜由胶状的原生质构成，细胞核即位于原生质中。脂肪细胞是动物体内最大的细胞，直径为 30～120μm，最大者可达 250μm，脂肪细胞越大，里面的脂肪滴越多，因而出油率也越高。脂肪细胞的大小与畜禽的育肥程度及不同部位有关。例如，育肥牛肾周围的脂肪细胞直径为 90μm，而瘦牛只有 50μm；猪皮下脂肪细胞的直径为 152μm，而腹腔脂肪细胞的直径为 100μm。

二、脂肪的分布

脂肪在体内的蓄积，依动物种类、品种、年龄和育肥程度不同而异。猪多蓄积在皮下、肾周围及大网膜；羊多蓄积在尾根、肋间；牛主要蓄积在肌肉内；鸡蓄积在皮下、腹腔及肌胃周围。脂肪蓄积在肌束内最为理想，这样的肉呈大理石样纹理，肉质较好。脂肪在活体组织内起着保护组织器官和提供能量的作用，在肉中，脂肪是风味的前体物质之一。

延伸阅读 4-1　牛肉的大理石花纹

牛肉和猪肉肌纤维中的脂肪沉积在肌肉纤维之间，形成明显的红、白相间的图案，类似一种白色大理石纹状分布，称为大理石花纹。一般来说，大理石花纹越多越丰富，表明牛肉越嫩，品质越好，价格也越高。

大理石花纹丰富的牛肉含有大量人体所需的脂肪酸，大理石花纹越丰富，肉的等级越高，其脂肪含量也越高（表 4-2）。随着牛肉中脂肪含量升高，胆固醇的含量减少。1kg 大理石花纹含量超过 30%的牛肉，其胆固醇的含量仅相当于一枚鸡蛋黄中胆固醇的含量。

表 4-2　眼肌内脂肪含量与等级

等级	眼肌内脂肪含量	
	判定标准	脂肪含量
5	丰富	23.6%～30.5%
4	中量	16.6%～23.5%
3	普通量	9.6%～16.5%
2	少量	2.5%～9.5%
1	微量	2.4%以下

第四节　骨　组　织

一、骨骼的构造

骨组织和结缔组织一样，也是由细胞、纤维性成分和基质组成，但不同的是其基质已被钙化，所以很坚硬，起着支撑机体和保护器官的作用，同时又是钙、镁、钠等元素的贮存组织。成年动物骨骼含量比较恒定，变动幅度较小。猪骨占胴体的 5%～9%，牛占 15%～20%，羊占 8%～17%，兔占 12%～15%，鸡占 8%～17%。

二、骨骼的基本组成

骨由骨膜、骨质和骨髓构成，骨膜是由致密结缔组织包围在骨骼表面的一层硬膜，里面有神经、血管。骨质根据构造的致密程度分为骨密质和骨松质，骨密质主要分布于长骨的骨干和其他类型骨的表面，致密而坚硬；骨松质分布于长骨的内部、骺及其他类型骨的内部，疏松而多孔。按形状，骨骼又分为管状骨、扁平骨和不规则骨，管状骨密质层厚，扁平骨密质层薄。在管状骨的骨髓腔及其他骨的骨松质层孔隙内充满着骨髓。骨髓分红骨髓和黄骨髓，红骨髓主要存在于胎儿和幼龄动物的骨骼中，含各种血细胞和大量的毛细血管；成年动物黄骨髓含量较多，黄骨髓主要是脂类成分。

骨的化学成分中水分占 40%～50%，胶原蛋白占 20%～30%，无机质占 20%，无机质的成分主要是钙和磷。骨骼可以制成骨粉或骨泥，作为饲料添加剂或钙和磷的强化剂，此外还可提取骨油和骨胶。

第五节　肉的化学组成及其影响因素

一、肉的化学组成

肉主要由水分、蛋白质、脂肪、矿物质、浸出物和维生素 6 种化学成分组成。一般来说，猪、牛、羊的分割肉块含水 55%～70%，含粗蛋白 15%～20%，含脂肪 10%～30%。家禽肉含水 73%左右，胸肉脂肪少，为 1%～2%，而腿肉在 6%左右，前者粗蛋白约为 23%，后者为 18%～19%。

（一）水分

水分是肉中含量最多的成分，不同组织水分含量差异很大，肌肉含水 70%，皮肤为 60%，骨骼为 12%～15%，脂肪组织含水甚少，所以动物越肥，其胴体水分含量越低。肉品中的水分含量及其持水性能直接影响到肉及肉制品的组织状态、品质，甚至风味。

肉中的水分并非像纯水那样以游离的状态存在，其存在的形式大致可以分为以下三种。

1. 结合水　约占水分总量的 5%，由肌肉蛋白质亲水基所吸引的水分子形成紧密结合的水层。结合水通过本身的极性与蛋白质亲水基的极性而结合，水分子排列有序，不易受肌肉蛋白质结构或电荷变化的影响，甚至在施加外力条件下，也不能改变其与蛋白质分子紧密结合的状态。该水层无溶剂特性，冰点很低（－40℃）。

2. 不易流动水　肌肉中 80%的水分是以不易流动水的状态存在于纤丝、肌原纤维及肌细胞膜之间。此水层距离蛋白质亲水基较远，水分子虽然有一定朝向性，但排列不够有序。不易流动水容易受蛋白质结构和电荷变化的影响，肉的保水性能主要取决于肌肉对此类水的保持能力。不易流动水能溶解盐及溶质，在−1.5～0℃结冰。

3. 自由水　指存在于细胞外间隙中能自由流动的水，它们不依电荷而定位排序，仅靠毛细管作用力而保持，自由水约占总水分的 15%。

（二）蛋白质

肌肉中蛋白质约占 20%，分为三类：肌原纤维蛋白，占总蛋白质的 40%～60%；肌质蛋白，占 20%～30%；结缔组织蛋白，约占 10%。这些蛋白质的含量因动物种类、解剖部位等不同而有一定差异。

1. 肌原纤维蛋白 肌原纤维蛋白（myofibrillar protein）是构成肌原纤维的蛋白质，支撑着肌纤维的形状，因此也称为结构蛋白或不溶性蛋白质。根据其在活体中的作用，肌原纤维蛋白又可分为收缩蛋白、调节蛋白和支架蛋白。收缩蛋白（包括肌球蛋白和肌动蛋白）直接参与肌肉收缩，构成肌原纤维。调节蛋白包括原肌球蛋白、肌原蛋白和其他小分子蛋白，参与肌肉收缩的启动和控制。支架蛋白包括伴肌球蛋白或肌联蛋白、C-蛋白、肌间线蛋白和一些其他小分子蛋白。顾名思义，支架蛋白起支撑作用。

（1）肌球蛋白 肌球蛋白（myosin）是肌肉中含量最高，也是食品加工中最重要的蛋白质，约占肌肉总蛋白质的 1/3，占肌原纤维蛋白的 55%～60%。肌球蛋白构成粗肌丝，分子质量为 470～510kDa，形状很像"豆芽"，由两条肽链相互盘旋构成，全长约为 160nm，头部直径约为 8nm，尾部直径为 1.5～2nm。在胰蛋白酶的作用下，肌球蛋白裂解为两部分（图 4-5），即由头部与一部分尾部构成的重酶解肌球蛋白（heavy meromyosin，HMM）和尾部的轻酶解肌球蛋白（light meromyosin，LMM）。在肌球蛋白的头部有 4 个轻链，分别为两个 LC-1、一个 LC-2 和一个 LC-3。肌球蛋白不溶于水或微溶于水，可溶解于离子强度为 0.3 以上的中性盐溶液中，等电点为 5.4。肌球蛋白可形成具有立体网络结构的热诱导凝胶和高压诱导凝胶。肌球蛋白的溶解性和形成凝胶的能力与其所在溶液的 pH、离子强度、离子类型等有密切的关系。肌球蛋白形成热诱导凝胶是非常重要的工艺特性，直接影响碎肉或肉糜类制品的质地、保水性和感官品质等。

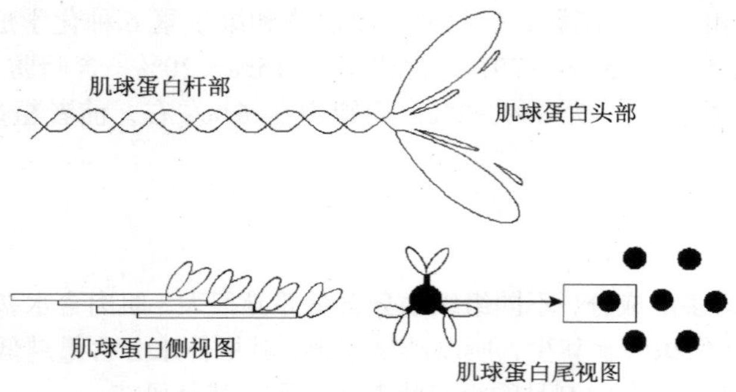

图 4-5 肌球蛋白结构示意图

肌纤维粗丝主要是由肌球蛋白杆部的 LMM 部分构成的

在饱和的 NaCl 或$(NH_4)_2SO_4$溶液中可盐析沉淀。肌球蛋白的头部有 ATP 酶活性，可以分解 ATP，并可与肌动蛋白结合形成肌动球蛋白。ATP 酶对肌球蛋白的变性和凝集程度很敏感，所以，可用 ATP 酶的活性大小指示肌球蛋白的变性程度。

（2）肌动蛋白 肌动蛋白（actin）约占肌原纤维蛋白的 20%，是构成细肌丝的主要成分。肌动蛋白只由一条多肽链构成，其分子质量为 41.8～61kDa。肌动蛋白能溶于水及稀的盐溶液中，在半饱和的$(NH_4)_2SO_4$溶液中可盐析沉淀，等电点为 4.7。肌动蛋白单体为球形结构的蛋白质分子，称为 G-肌动蛋白，分子质量为 43kDa。在磷酸盐和 ATP 的存在下，G-肌动蛋白聚合成 F-肌动蛋白，其形状像"串珠"（图 4-6），后者与原肌球蛋白等结合成细肌丝。肌动蛋白不具备凝胶形成能力。

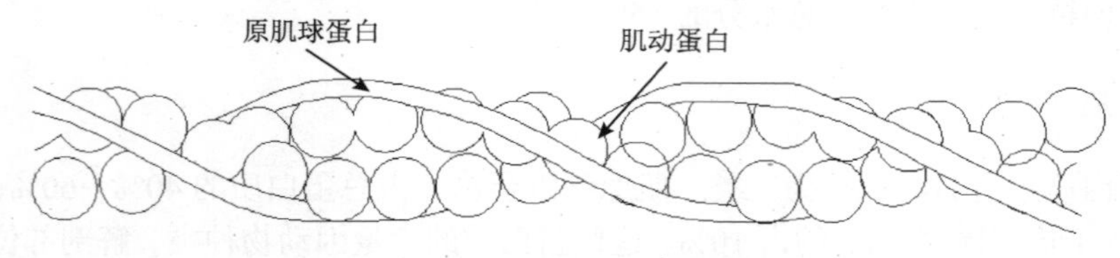

图 4-6 肌动蛋白结构示意图

（3）肌动球蛋白　动物屠宰后，肌球蛋白与细肌丝或肌动蛋白紧紧结合，形成肌球蛋白和肌动蛋白复合物，即肌动球蛋白（actomyosin）。肌动球蛋白的黏度很高，由于聚合度不同，其分子质量不定。肌动蛋白与肌球蛋白的结合比例为 1：（2.5～4）。肌动球蛋白也具有 ATP 酶活性，但与肌球蛋白不同，Ca^{2+}和 Mg^{2+}都能激活它。肌动球蛋白能形成热诱导凝胶，影响肉的加工特性。肉制品加工中，肌动球蛋白是主要的蛋白质，其浓度和性质决定着肉蛋白凝胶的性质。加工中，如果肌球蛋白变性不明显，可向肉糜中添加多聚磷酸盐化合物，使肌动球蛋白分解为肌球蛋白和肌动蛋白。

（4）原肌球蛋白　原肌球蛋白（tropomyosin）占肌原纤维蛋白的 4%～5%，形为杆状分子，构成细丝的支架（图 4-6）。每分子原肌球蛋白结合 7 分子的肌动蛋白和 1 分子的肌钙蛋白，分子质量为 65～80kDa。

（5）肌钙蛋白　肌钙蛋白（troponin）又叫肌原蛋白，占肌原纤维蛋白的 5%～6%。肌钙蛋白对 Ca^{2+}有很高的敏感性，每个蛋白质分子具有 4 个 Ca^{2+}结合位点。肌钙蛋白沿着细肌丝以 38.5nm 的周期结合在原肌球蛋白分子上，分子质量为 69～81kDa。肌原蛋白有三个亚基，各有自己的功能特性。它们分别是：钙结合亚基，分子质量为 18～21kDa，是 Ca^{2+}的结合部位；抑制亚基，分子质量为 20.5～24kDa，能高度抑制肌球蛋白中 ATP 酶的活性，从而阻止肌动蛋白与肌球蛋白结合；原肌球蛋白结合亚基，分子质量为 30～37kDa，能结合原肌球蛋白，起连接作用。

（6）M 蛋白　M 蛋白（myomesin）占肌原纤维蛋白的 2%～3%，分子质量为 160kDa，存在于 M 线上，其作用是将粗肌丝连接在一起，以维持粗肌丝的排列（稳定 A 带的格子结构）。

（7）C-蛋白　C-蛋白（C-protein）约占肌原纤维蛋白的 2%，分子质量为 135～140kDa。它是粗肌丝的一个组成部分，结合于 LMM 部分，按 42.9～43.0nm 的周期结合在粗丝上。C-蛋白的功能是维持粗丝的稳定，并有调节横桥的功能。

（8）肌动素　肌动素（actinin）约占蛋白质的 2.5%，分为α、β 和γ三种类型。α-肌动素为 Z 线上的主要蛋白质，分子质量为 190～210kDa，由两条肽链组成，在 Z 线上起着固定邻近细丝的作用；β-肌动素的分子质量为 62～71kDa，位于细肌丝的自由端上，有阻止肌动蛋白连接起来的作用，因而可能与控制细肌丝的长度有关；γ-肌动素的分子质量为 70～80kDa，能竞争性地与 F-肌动蛋白结合，从而阻止 G-肌动蛋白聚合成 F-肌动蛋白。

（9）I-蛋白　I-蛋白（I-protein）存在于 A 带，I-蛋白在肌动球蛋白缺乏 Ca^{2+}时，会阻止 Mg^{2+}激活 ATP 酶，但若 Ca^{2+}存在，则不会如此，因此，I-蛋白可以阻止休止状态的肌肉水解 ATP。

（10）肌联蛋白　肌联蛋白（connectin）的分子质量为 0.7～1kDa，位于 Z 线以外的整个肌节，起连接作用。

（11）肌间线蛋白　肌间线蛋白（desmin）位于 Z 线及 Z 线和肌细胞膜之间，直径为 10nm，是一种不溶性蛋白质，其亚基的分子质量约为 53kDa。肌间线蛋白的作用是维持肌原纤维的有序排列和肌细胞的完整性。肌间线蛋白在肉的排酸过程中发生降解。

（12）伴肌球蛋白　伴肌球蛋白（titin）不溶于水，分子长度大于 1μm，分子质量为 2800～3000kDa，位于 Z 线和 M 线之间。伴肌球蛋白在活体组织中具有稳定粗肌丝、调节粗肌丝长度、保持肌节和肌细胞完整性等功能。伴肌球蛋白在肉的排酸过程中被钙蛋白酶降解，肌原纤维结构受到破坏。

（13）伴肌动蛋白　伴肌动蛋白（nebulin）难溶于水，分子质量为 600～900kDa。伴肌动蛋白从 Z 线伸出，伴随细肌丝并延伸到细肌丝的自由端。它在活体肌肉中的作用是稳定细肌丝，控制和调节细肌丝的排列。伴肌动蛋白在肉的排酸过程中被降解，其降解速度大于伴肌球蛋白。

2. 肌质蛋白　肌质是指在肌纤维中环绕并渗透到肌原纤维的液体和悬浮于其中的各种有

机物、无机物及亚细胞结构的细胞器等。通常把肌肉磨碎压榨便可挤出肌质，肌质蛋白（myogen）是水溶性的，溶解于低离子强度的水溶液（离子强度为 0.05～0.15，pH6.5～7.5），主要包括参与肌纤维代谢的酶类，其特点是分子质量较小，等电点较高，绝大多数的肌质蛋白为球状。肌质蛋白中主要包括肌溶蛋白、肌红蛋白、肌质酶、肌粒蛋白、肌质网蛋白等，是肉中最容易提取的蛋白质，30～40℃凝固，黏度较低。

一般认为，肌质蛋白的主要功能是参与肌细胞中的物质代谢。肌质蛋白不参与肌肉蛋白质热诱导凝胶的形成，并且其结合水的能力也较弱，有可能对凝胶的形成产生影响。例如，肌质蛋白中的一些蛋白酶能降解蛋白质，破坏蛋白质的结构，所以对肌原纤维蛋白的凝胶形成有不利影响。

（1）肌红蛋白　肌红蛋白（myoglobin）是一种复合性的色素蛋白质，由一分子的珠蛋白和一个血色素结合而成，为肌肉呈现红色的主要成分，相对分子质量为 17 000，等电点为 6.78。

（2）肌质酶　肌质中还存在大量可溶性肌质酶，其中糖酵解占 2/3 以上。白肌纤维中糖酵解酶含量比红肌纤维多 5 倍，这是因为白肌纤维主要依靠无氧的糖酵解产生能量，而红肌纤维则以氧化产生能量，所以红肌纤维糖酵解酶含量少，而红肌纤维中肌红蛋白、乳酸脱氢酶含量高。

（3）肌溶蛋白　肌溶蛋白是一种清蛋白，存在于肌原纤维中，因溶于水，故容易从肌肉中分离出来，肌溶蛋白在 52℃即凝固。

3. 结缔组织蛋白　结缔组织构成肌内膜、肌束膜、肌外膜和筋腱，其本身由有形成分和无形的基质组成，前者主要有三种，即胶原蛋白、弹性蛋白和网状蛋白，它们是结缔组织中主要的蛋白质。

（1）胶原蛋白

1）胶原蛋白的形成和成熟交联（HP/LP）：胶原蛋白（collage）分子由三条多肽链组成，它们之间由氢键连接形成超螺旋结构。每一个分子含有螺旋区和非螺旋区。胶原蛋白分子通过疏水作用和静电作用，按头尾相连的方式排列。每个胶原蛋白分子与相邻的胶原蛋白分子相互交错大约自身长度的 1/4，形成胶原纤维。

胶原蛋白呈白色，是一种多糖蛋白，含有少量的半乳糖和葡萄糖。甘氨酸占总氨基酸的 1/3，是其最重要的组成部分，其次是羟脯氨酸和脯氨酸，两者合起来也有 1/3，其中羟脯氨酸含量稳定，一般为 13%～14%，所以可以通过测定它来推算胶原蛋白的含量。

胶原蛋白分为纤维状、非纤维状和纤丝状胶原蛋白三种，Ⅰ和Ⅲ型主要存在于肌外膜、肌束膜和肌内膜中，且肌外膜中以Ⅰ型为主。少量Ⅲ型存在于肌内膜中，肌束膜中Ⅲ型胶原蛋白含量较高。非纤维状胶原蛋白只有Ⅳ型，存在于肌内膜基质中；纤丝状胶原蛋白有Ⅵ和Ⅶ型两种基因型，Ⅵ型存在于肌束膜中，Ⅶ型存在于肌内膜中，此外，肌内膜和肌束膜中还有少量的Ⅴ型胶原蛋白。

在生物体内，胶原蛋白分子主要形成两种类型的共价交联，一种是基于半胱氨酸的二硫键，另一种是基于赖氨酸和羟赖氨酸的吡啶交联。其中二硫键只存在于胶原蛋白链的 C 端非螺旋结构区，是两条链之间形成的二价键；吡啶交联存在于 N 端和 C 端非螺旋结构区，是连接三条链的三价键。

肌束膜胶原蛋白的主要类型是Ⅰ型和Ⅲ型，其链的 N 端和 C 端非螺旋结构区的长度为 20～25 个氨基酸残基。胶原纤维内（Ⅰ型和Ⅲ型），已有 4 个交联位点得到确定，一对位于 N 端，一个在前肽区，另一个在螺旋区；另一对位于 C 端，一个在螺旋区，另一个在前肽区。胶原分子间这种以首尾 1/4 交错相连的排列方式，使得胶原蛋白肽链之间容易形成共价交联。

生物体内胶原蛋白分子之间形成吡啶交联的途径主要有两种方式：①醛亚胺途径，由一条链的赖氨酸和另外两条链上的羟赖氨酸缩合生成赖氨酸吡啶嗡（lysyl pyridinium，LP）；②胺基酮途径，由三条链上的羟赖氨酸缩合形成羟赖酰吡啶嗡（hydroxylysyl pyridinium，HP）（图 4-7）。HP 和 LP 的结构极为相似，但胺基酮途径形成的 HP 的热稳定性比醛亚胺途径形成的 LP 的热稳定性高。因为 HP 交联具有较强的热稳定性，通过它肌肉内的胶原蛋白可以加强由变性皱缩引起的力度变化，从而使胶原明胶化所需要的时间延长和温度升高，使肉的嫩度降低。

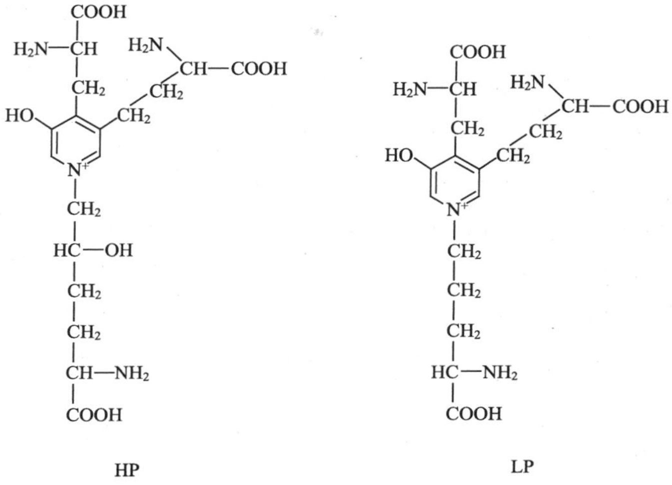

HP　　LP

图 4-7　HP 和 LP 的化学结构

2）胶原蛋白性质对肉品质的影响：胶原蛋白含量与肌肉嫩度的关系十分复杂，早期的研究表明肌肉嫩度主要由胶原蛋白含量决定。对不同分割肉进行研究发现，年龄相同的牛肉，背最长肌、半腱肌、股二头肌和半膜肌中的胶原蛋白含量存在明显的差异，且这种差异能够反映肌肉嫩度的变化。对于分割胴体来说，前四分体比后四分体中的胶原蛋白含量高，且后四分体中臀部肉的胶原蛋白含量明显高于腰部肉。通过比较发现，胶原蛋白含量在一定范围内与肌肉嫩度呈高度负相关。这个范围指动物的生长阶段，一般在个体排酸以前，不同的品种差异较大。动物生长发育完全以后，其肌肉内的胶原蛋白总量不再变化。胶原蛋白含量的变化能够很好地解释幼龄动物肌肉嫩度变化的规律。

随着动物年龄的增长，虽然胶原蛋白总量并未发生很大变化，但是胶原蛋白的溶解性显著降低，肌肉嫩度也变差。肉在加热处理过程中，由于不同肌肉组织中胶原蛋白类型不同，其空间结构差异较大，有些受热容易降解，有些较难。通常把 75℃、一定时间条件下，胶原蛋白降解的比例称为胶原蛋白的热溶解性，胶原蛋白的热溶解性反映的是胶原蛋白受热降解能力的强弱。

在宰后排酸嫩化的过程中，随着时间的延长，V 型胶原蛋白的溶解性显著提高。同时，分割部位和宰后排酸时间均对胶原蛋白的热溶解性有所影响，半腱肌中胶原蛋白的热溶解性不如背最长肌的高，且在宰后排酸 10d 之前，胶原蛋白的热溶解性没有发生显著变化。这说明，胶原蛋白的热溶解性在宰后十分稳定，对肉基础硬度的影响持续时间较长。因此，胶原蛋白的热溶解性是影响肌肉嫩度的重要因素。

在胶原蛋白水平上，分子之间的成熟交联（主要是 HP 和 LP）能够显著改善胶原蛋白的性质，甚至进一步影响肉的嫩度。成熟交联的含量随着肌内脂肪的沉积逐渐减少了，成熟交联的减少意味着分子间将缺少足够的“桥梁”去连接三个胶原蛋白分子，这在一定程度上将会减弱肌内结缔组织的机械强度。

稳定性交联越多，胶原蛋白的热不溶解性越强，其机械强度越大，肉的嫩度越差。非还原性的成熟交联是三个共价键，连接 3 个胶原蛋白分子，使胶原纤维网状结构更加稳定。随着年龄的增长，HP交联逐渐增加，LP交联先增加后减少，胶原蛋白的热溶解性下降，牛肉的剪切力值增加；脂肪沉积量增加，花纹等级提高，HP交联含量逐渐减少，胶原蛋白的热溶解性升高，牛肉的剪切力值下降。在脂肪沉积过程中，胶原蛋白中HP交联受抑，胶原蛋白未能形成丰富的成熟交联，加热时更容易形成明胶，使牛肉的剪切力值下降，嫩度提高。

（2）蛋白多糖

1）核心蛋白多糖、糖胺聚糖等对胶原蛋白的修饰作用及对胶原蛋白性质的影响：结缔组织中，除胶原蛋白外，蛋白多糖（proteoglycan，PG）为胞外基质的主要成分。这种大分子是由一个核心蛋白多糖（decorin）和若干条共价结合在核心蛋白上的糖胺聚糖链（glycosaminoglycan）组成的。

蛋白多糖可以在细胞的周围提供一定的水合空间，一部分结合水分子可以束缚在无定形的蛋白多糖周围，这就对结缔组织的稳定性起到一定作用。一般来说，蛋白多糖周围的糖胺聚糖链可以有1～100个，分布在核心蛋白周围。这些链高度硫酸化并带有负电荷。蛋白多糖主要有4种形式，分别为硫酸软骨素、硫酸皮肤素、硫酸透明质酸和硫酸角质素。

核心蛋白多糖为主要的一种蛋白多糖，被研究者划归为PG-Ⅱ型或者微型糖胺聚糖，占蛋白多糖总含量的44%～67%，广泛分布于肌束膜、肌内膜中，它由一个核心蛋白和一条糖胺聚糖链构成。

因分子间作用力，整个核心蛋白多糖呈一个弓形，整个蛋白尺寸为6.5nm×4.5nm×3.0nm，在其中部分寡糖链位点上连有糖胺聚糖链。这样的结构使糖胺聚糖链可以在空间上向任何一个方向延伸。与此同时，弓形内部的空间刚好容纳一个高度螺旋的胶原纤维。5个胶原分子周期性地聚集在一起，核心蛋白多糖恰好锁在其中一根胶原分子上方。核心蛋白多糖这种排列方式一方面封闭了相连的胶原分子，使其不能再与其他的核心蛋白多糖相连；另一方面杜绝了胶原纤维的彼此聚集，并可以按着一定的规则排列（图4-8）。

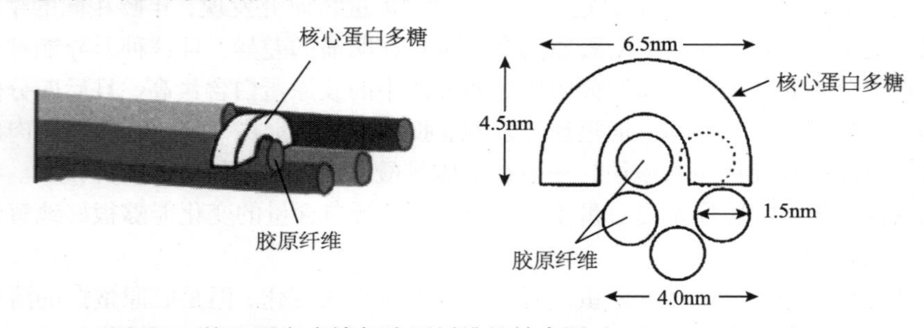

图4-8 核心蛋白多糖与胶原纤维的结合图（Liu et al.，1994）

不同年龄的鸡胚胎随着年龄增加，其中的胶原蛋白的交联总数是增加的，但是胶原蛋白的总量保持不变，主要是蛋白多糖含量增加。这说明交联数的增加实际上源于蛋白多糖对胶原纤维的修饰，从而稳定胶原纤维结构。

2）蛋白多糖对肉品质的影响：蛋白多糖对组织中水的保持起到重要作用，从而会对肉的嫩度和质构起到一定的影响。低质鸡肉和普通鸡肉肌节长度的不同会导致鸡肉品质不同，主要是由于核心蛋白多糖对胶原蛋白的修饰作用而非肌纤维变化导致的肌节长度的变化，因此单纯研究肌纤维直径并不能充分反映肉的嫩度。蛋白多糖（尤其是核心蛋白多糖）的作用是促使胶原纤维成熟，并构成更大的胶原纤维网络，对肉的品质起到一定作用。

肌肉宰后排酸过程中，肌束膜和肌内膜的热不稳定性胶原蛋白的组成基本不发生变化（α1、α2、β1、β2、γ条带比例变化不明显），这就意味着宰后排酸期结缔组织骨架胶原蛋白基本上不发生变化，但肌束膜和肌内膜发生一定程度的弱化。蛋白多糖的含量在0～28d的过程中锐减，蛋白多糖的十二烷基硫酸钠-聚丙烯酰胺凝胶电泳（SDS-PAGE）电泳中42kDa以下和300kDa以上的蛋白质条带呈现先增加后降低的趋势，说明宰后排酸过程中肌束膜和肌内膜间充当桥梁作用的蛋白多糖的降解是导致结缔组织结构弱化的一个重要原因，从而对于嫩度的改善做出一定的贡献（图 4-9）。

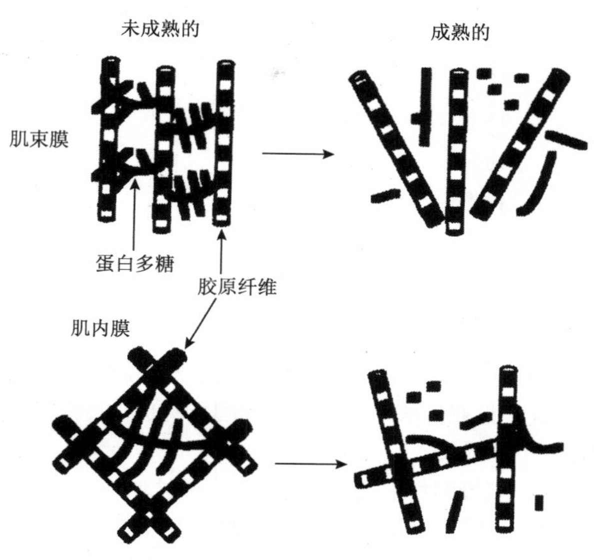

图 4-9　宰后排酸过程中的蛋白多糖和胶原纤维（Weber et al.，1996）

（3）弹性蛋白　弹性蛋白（elastin）因含有色素残基而呈黄色。相对分子质量为 70 000，约占弹性纤维固形物的 75%，胶原纤维的 7%。其氨基酸组成有 1/3 为甘氨酸，脯氨酸、缬氨酸占 40%～50%，不含色氨酸和羟脯氨酸，另外，它还含特有的羟赖氨酸。因其具有高度不可溶性，所以也称为硬蛋白，它对酸、碱、盐都稳定，不被胃蛋白酶、胰蛋白酶水解，可被弹性蛋白酶（存于胰腺中）水解。和胶原蛋白及网状蛋白不一样，弹性蛋白加热不能分解，因而其营养价值极低。

（4）网状蛋白　网状蛋白（reticulin）的氨基酸组成与胶原蛋白相似，水解后可产生与胶原蛋白相同的肽类。网状蛋白呈黑色，胶原蛋白呈棕色。网状蛋白对酸、碱比较稳定。

（三）脂肪

脂肪是肉中仅次于肌肉的另一个重要组织，对肉的食用品质影响甚大，肉内脂肪的多少直接影响肉的多汁性和嫩度，脂肪酸的组成在一定程度上决定了肉的风味。家畜的脂肪组织 90%为中性脂肪，7%～8%为水分，蛋白质占 3%～4%，此外还有少量的磷脂和固醇脂。

1. 动物体不同部位（胸腔、腹腔、肾）脂肪的脂肪酸组成　肌肉组织内的脂肪含量变化很大，少到 1%，多到 20%，这主要取决于畜禽的育肥程度。另外，品种和解剖部位、年龄等也对其有影响（表 4-3）。肌肉中的脂肪含量和水分含量呈负相关，脂肪越多，水分越少，反之亦然。

表 4-3　动物体不同部位脂肪的脂肪酸组成

来源	多不饱和脂肪酸/g					胆固醇/mg
	C18：2	C18：3	C20：3	C20：4	C22：5	
猪肉	7.4	0.9	微量	微量	微量	69
牛肉	2.0	1.3	微量	1.0	微量	59
羊肉	2.5	2.5	—	—	微量	79

续表

来源	多不饱和脂肪酸/g					胆固醇/mg
	C18：2	C18：3	C20：3	C20：4	C22：5	
猪脑	0.4	—	1.5	4.2	3.4	2200
猪肾	11.7	0.5	0.6	6.7	微量	410
牛肾	4.8	0.5	微量	2.6	—	400
羊肾	8.1	4.0	0.5	7.1	微量	400
猪肝	14.7	0.5	1.3	14.3	2.3	260
牛肝	7.4	2.5	4.6	6.4	5.6	270
羊肝	5.0	3.8	0.6	5.1	3.0	430

2. 脂肪酸种类　肉类脂肪有20多种脂肪酸。其中饱和脂肪酸以硬脂酸和软脂酸居多；不饱和脂肪酸以油酸居多，其次是亚油酸。磷脂及胆固醇所构成的脂肪酸酯类是能量来源之一，也是构成细胞的特殊成分。

（1）中性脂肪　中性脂肪即甘油三酯，是由一分子甘油与三分子脂肪酸化合而成的。

脂肪酸可分为两类，即饱和脂肪酸和不饱和脂肪酸。因为脂肪酸不同，所以动物脂肪都是混合甘油酯。含饱和脂肪酸多则熔点和凝固点高，脂肪组织比较硬、坚挺，含不饱和脂肪酸多则熔点和凝固点低，脂肪则比较软。因此，脂肪酸的性质决定了脂肪的性质。肉中脂肪含有20多种脂肪酸，最主要的有4种，两种饱和脂肪酸是棕榈酸和硬脂酸，两种不饱和脂肪酸是油酸和亚油酸。

（2）磷脂和固醇　磷脂的结构和中性脂肪相似，只是其中1～2个脂肪酸被磷酸取代，磷脂在组织脂肪中比例较高。另外，磷脂的不饱和脂肪酸比中性脂肪多，最高可达50%以上。

磷脂主要包括卵磷脂、脑磷脂、神经磷脂及其他磷脂类，卵磷脂多存在于内脏器官，脑磷脂大部分存在于脑神经和内脏器官，以上两种磷脂在肌肉中较少。

胆固醇除在脑中存在较多外，还广泛存在于动物体内（表4-3）。

3. 脂质氧化对风味形成的影响　脂质氧化是一个多级的反应过程，肉品加工过程中影响脂质氧化的因素有很多，对肉制品的风味形成有着重要作用，产生了许多挥发性风味化合物。肉中脂肪的氧化在很大程度上取决于其所含脂肪酸的不饱和程度，脂肪酸不饱和程度越高，越容易发生氧化，脂肪氧合酶可以催化多不饱和脂肪酸氧化形成氢过氧化物，也可以促进脂质的二次氧化形成风味化合物。猪肉香肠经过发酵后生成较多的风味物质，如1-戊烯、己烷、丙醛、戊醛、己醛、3-庚酮、1-戊醇、环己酮、1-己醇、1-庚醇等，其中己醛主要来自于亚油酸的氧化，在食品的挥发性化合物组成中含量较高，且比较稳定，因此在所有挥发性化合物中最常被用作氧化指标来评价肉品中脂质的氧化程度。

（四）矿物质

矿物质是指一些无机盐类和微量元素，质量分数为1.5%左右，肌肉中尤以钾、磷含量最多（表4-4）。这些无机盐在肉中有的以游离状态存在，如镁离子、钙离子；有的以螯合状态存在，如肌红蛋白中含的铁，核蛋白中含的磷。肉中尚含有微量的锰、铜、锌、镍、硒等。

表 4-4　100g 肉及其制品中矿物质的含量　（单位：mg）

名称	钠	钾	钙	镁	铁	磷	铜	锌
生牛肉	69.0	334.0	5.0	24.5	2.3	276.0	0.1	4.3
生羊肉	75.0	246.0	13.0	18.7	1.0	173.0	0.1	2.1
生猪肉	45.0	400.0	4.0	26.1	1.4	223.0	0.1	2.4

（五）浸出物

浸出物是指除蛋白质、盐类、维生素外能溶于水的可浸出性物质，包括含氮浸出物和无氮浸出物。

1. 含氮浸出物　含氮浸出物为非蛋白质的含氮物质，如游离氨基酸、磷酸肌酸、核苷酸类及肌苷、尿素等。这些物质为肉滋味的主要来源。例如，ATP 除供给肌肉收缩的能量外，会逐级降解为肌苷酸（IMP），是肉鲜味的成分；磷酸肌酸分解成肌酸，肌酸在酸性条件下加热则变为肌酐，可增强热肉的风味。

2. 无氮浸出物　无氮浸出物为不含氮的可浸出性有机化合物，包括碳水化合物和有机酸。

碳水化合物包括糖原、葡萄糖、核糖，有机酸主要是乳酸及少量的甲酸、乙酸、丁酸、延胡索酸等。

糖原主要存在于肝和肌肉中，肌肉中含 0.3%～0.8%，肝中含 2%～8%。肌肉中糖原含量的多少，对宰后肌肉的 pH、持水性、色泽、风味和贮藏性等有明显影响，是导致肉品质变化的主要原因之一。动物应激反应和疲劳会降低肉中糖原含量。

（六）维生素

肉中的维生素主要有维生素 A、维生素 B_1、维生素 B_2、维生素 PP（烟酸）、维生素 B_9（叶酸）、维生素 C（抗坏血酸）、维生素 D 等。其中脂溶性维生素较少，但水溶性 B 族维生素含量丰富。猪肉中维生素 B_1 的含量比其他肉类要高出许多，而牛肉中叶酸的含量又比猪肉和羊肉高。此外，在动物的肝中，几乎各种维生素含量都很高（表 4-5）。

表 4-5　100g 肉中维生素的含量

维生素种类	牛肉	小牛肉	猪肉	腌猪肉	羊肉
维生素 A/IU	微量	微量	微量	微量	微量
维生素 B_1/mg	0.07	0.10	1.00	0.40	0.15
维生素 B_2/mg	0.20	0.25	0.20	0.15	0.25
烟酸/mg	5.0	7.0	5.0	1.5	5.0
维生素 B_5（泛酸）/μg	0.4	0.6	0.6	0.3	0.5
维生素 H（生物素）/μg	3.0	5.0	4.0	7.0	3.0
叶酸/mg	10	5	3	0	3
维生素 B_6/mg	0.3	0.3	0.5	0.3	0.4
维生素 B_{12}/μg	2	0	2	0	2
维生素 C/mg	0	0	0	0	0
维生素 D/IU	微量	微量	微量	微量	微量

二、影响基本化学组成的因素

（一）种类

不同种类动物肌肉的化学组成是存在差异的，不同动物肌肉的水分、蛋白质和灰分含量比较接近，但脂肪含量差异较大。而不同动物肌肉中的肌红蛋白含量有着较大差别，牛和羊的肌红蛋白远高于猪和家兔，所以牛、羊肌肉颜色比猪深，而蓝鲸肌红蛋白含量特别高，其肉色为黑红色（表 4-6）。

表 4-6　不同动物肌肉中肌红蛋白含量（%）

动物种类	肌红蛋白含量
猪	0.06
牛	0.50
羊	0.25
家兔	0.02
鸡	—
蓝鲸	0.91

（二）性别

一般来说，雄性动物比雌性动物的肌内脂肪含量少，而动物经阉割后，其肌内脂肪比未处理的要多。小公牛与小母牛相比，小公牛肌肉中的饱和脂肪酸含量更高，小母牛脂肪中的油酸含量较高，但两者含有的胆固醇含量基本无差别。小公猪所含的肌内脂肪比同年龄的小母猪高约 30%，主要反映在它的不饱和脂肪酸部分，未阉割公猪背最长肌中的多不饱和脂肪酸含量也显著高于小母猪。性别除对动物体组成有一定影响外，因为受性激素影响，还会在肌肉中沉积一些异味物质，特别是在性成熟后，这种影响会加大。

（三）部位

动物体内有数百块肌肉，每块肌肉的生理功能不同，故在组成上存在一定的差异。水分和蛋白质含量差异不大，肌内脂肪、肌红蛋白和羟脯氨酸含量差异比较大。组成上的差异使它们在色泽、嫩度、pH 上也不相同，牛不同部位肌肉的不溶性胶原含量也存在较大差异。

（四）年龄

肉畜体内的化学组成会随着年龄的增长而发生变化，一般来说水分会下降，其他成分会有所增加，特别是脂肪。幼龄动物肌肉水分含量高，风味物质沉积少，一般不适合屠宰食用。随着肉畜（禽）年龄增长，肌肉中结缔组织的胶原蛋白发生交联会使肉质逐渐变得粗硬，同时异味也会随着年龄增长而增强。所以，肉用畜禽应在合适的月龄屠宰，在良好的饲养管理条件下，一般以猪 8～10 月龄、牛 1.5～2 岁、肉鸡 60～80 日龄屠宰为宜。

（五）脂肪沉积

一般来说，营养状况好的肉畜，其体成分中脂肪比例较高，水分较少。脂肪除沉积在皮下以外，还会沉积在肌肉内，使肉的横切面呈现大理石花纹状，此性状是影响肉食用品质的重要指标之一。特别是牛肉，一般优质牛肉都有较丰富的大理石花纹。

（六）饲养水平

饲养水平的差异会反映在肌肉组成中，脂肪组织含量升高，肌内脂肪和肉的嫩度都会随之升高。饲养水平越高，动物体内的碳水化合物越易于转化为脂肪，此类脂肪的碘值较低。饲养水平的降低，会提高脂肪中亚油酸的含量，使棕榈酸的含量下降，但脂肪含量下降会导致肉的嫩度及凝聚性下降，皮下脂肪易分离。

较高的饲养水平不仅可以提高各年龄段动物肌肉中的肌内脂肪含量，同时也会降低肌肉中的水分含量。营养状况良好的12月龄猪含水量为74%，而营养不良的12月龄猪含水量较高，达到83%。

第六节　肉中的酶

食品原料的生长和成熟过程都离不开酶的作用，从而影响食品的品质，包括颜色、质地、风味和营养等多个方面。食物内源酶对食品质量的影响很大，包括对食品的感官指标、理化指标及卫生要求等都可能产生影响，既包括产生好的效果，也可能起到坏的作用。经过排酸，肉的嫩度得到了极大改善。这主要是由于肌肉中的内源酶对肌原纤维蛋白的降解作用，这些内源酶包括钙激活酶系统、组织蛋白酶等。使用外源蛋白酶可以达到加速排酸的效果。为了加快肉的排酸速度，通过外源酶来改善肉的嫩度在生产中也得到了广泛的应用。常用的酶有木瓜蛋白酶、菠萝蛋白酶、无花果蛋白酶。蛋白酶制剂也可用于加工处理肉制品，如酱牛肉、罐藏肉等。纯的木瓜蛋白酶对肌原纤维降解效果没有菠萝蛋白酶、无花果蛋白酶好，但是粗制的木瓜蛋白酶具有安全、价格低廉等特点，所以作为肉的嫩化剂使用得最为广泛。

（一）钙蛋白酶-钙激活酶系统

钙蛋白酶家族（EC 3.4.22.17）是一个中性蛋白水解酶家族，是以不同的形式存在于各种组织中的半胱氨酸肽酶，其中最重要的两个酶类是μ-钙蛋白酶和m-钙蛋白酶。

1. μ-钙蛋白酶　大量研究证实，μ-钙蛋白酶（μ-calpain）在肉的排酸嫩化过程中被激活，并产生重要作用。有研究指出，排酸过程中μ-钙蛋白酶转移到肌原纤维上，从而起到使肉嫩化的作用。对μ-钙蛋白酶的基因敲除小鼠的研究表明，μ-钙蛋白酶在肉的嫩化过程中起到了主要作用。使用的基质辅助激光解析电离飞行时间质谱（MALDI-TOF）显示，肌间线蛋白、肌动蛋白、肌球蛋白重链、肌球蛋白轻链、肌钙蛋白T、原肌球蛋白α1、原肌球蛋白α4、硫氧还蛋白和CapZ在体外都可以被μ-钙蛋白酶降解。因此，μ-钙蛋白酶对肌原纤维蛋白，如伴肌动蛋白、伴肌球蛋白、肌间线蛋白、细丝蛋白和肌钙蛋白T的降解，有力地证明了μ-钙蛋白酶在肉排酸嫩化中的作用。

2. m-钙蛋白酶　m-钙蛋白酶（m-calpain）诱导肌原纤维超微结构的变化与肌肉宰后1～2d排酸初期所引起的变化相似；m-钙蛋白酶可以降解Z线蛋白，如原肌球蛋白、肌钙蛋白T、肌钙蛋白I、α-辅肌动蛋白、伴肌球蛋白与伴肌动蛋白。此外，m-钙蛋白酶还能降解结缔组织中的蛋白多糖。所以，m-钙蛋白酶同样被认为在动物宰后肉的排酸嫩化中发挥着重要作用。m-钙蛋白酶在成肌细胞融合成肌管过程中起着重要作用，但μ-钙蛋白酶在肌肉生成中的作用不明。还有另外一个说法是，只有宰后肉内钙离子的浓度达到 mmol/L 的水平，才能激活 m-钙蛋白酶。所以其在宰后肉的嫩化过程中的作用受到了限制。

3. 钙蛋白酶-3　肌肉特异性钙蛋白酶-3（calpain-3）与 μ-钙蛋白酶及 m-钙蛋白酶的特定结构域的序列同源，其中包括钙结合域等。钙蛋白酶-3 对钙离子敏感性的研究发现，钙离子是以一种剂量反应方式对钙蛋白酶-3 进行调节的：钙蛋白酶-3 的自分解仅需要低于微摩尔的钙离子浓度，甚至低于 500nmol/L 的钙离子也可以引起其自分解；而 2mmol/L 的钙离子可以引起钙蛋白酶-3 快速自溶；在 10 mmol/L 乙二醇双（2-氨基乙醚）四乙酸（EGTA）存在下其没有自溶现象。

由于钙蛋白酶-3是一种骨骼肌特异性钙蛋白酶，所以钙蛋白酶-3（p94）也与肉排酸嫩化有关。钙蛋白酶-3可以与肌小结N_2线上的伴肌球蛋白结合，这个位点与动物宰后肉的排酸嫩化有着密切的关系。伴肌球蛋白与N_2线连接区域是动物宰后肉排酸早期肌原纤维蛋白分解最脆弱的位置。与此同时，钙蛋白酶-3或其调节蛋白酶可以在N_2线上剪切伴肌球蛋白，这个剪切片段又称为T_2伴肌球蛋白。另外，钙蛋白酶-3还可以与伴肌球蛋白的C端（M线区域）结合，并且和Z线上一个身份不明的蛋白质结合。钙蛋白酶-3和伴肌球蛋白结合是非常复杂的，其和伴肌球蛋白在C端结合是通过一些细微的连接而跳过一些肌肉组织。同时钙蛋白酶-3对伴肌球蛋白组织特异性地控制肌原纤维稳定也起着重要作用。

（二）组织蛋白酶

溶酶体存在于肌细胞的肌质中，pH在被宰杀的牲畜体内并不是固定不变的，而是在宰杀后，由于糖原的分解作用及肌肉内产生乳酸，pH会随之下降。当被宰杀牲畜体内pH降至5.5时，不但能减缓钙蛋白酶的活性，而且随着乳酸的增多，能引起细胞内另一种极为重要的变化，即破坏溶酶体。这一变化会导致溶酶体释放出相当数量的酶，其中也有组织蛋白酶（cathepsin）。

溶酶体组织蛋白酶的作用是降解细胞内的蛋白质，这类降解对于活组织有着重要的生理和病理意义，对畜禽宰后肌肉的排酸嫩化也起着至关重要的作用。已知的13种溶酶体组织蛋白酶中，8种已证实从骨骼肌中分离到，它们是A、B_1、B_2（溶酶体羧肽酶B）、C、D、E、H和L。而组织蛋白酶B、D、H及L是引起宰后肌肉降解的主要酶类。

溶酶体组织蛋白酶B、H、L和D虽然可以在各处表达，但仍然表现出组织特异性分类。组织蛋白酶在肾、脾、肝、胎盘等组织中的表达水平很高，这些组织中都发现了高速率的组织蛋白酶周转，然而，组织蛋白酶在骨骼肌中却表现出低浓度的缓慢周转。

虽然组织蛋白酶在成人骨骼肌中的表达量很小，但是许多研究表明组织蛋白酶存在于这个组织中。肌肉组织蛋白酶按各个种分类，包括人类、老鼠、小鼠、牛、猪、鸡、鱼，不同的肌肉中得到相似的酶特性，其不依赖于它们新陈代谢和收缩的类型。

1. 组织蛋白酶B　组织蛋白酶B（cathepsin B）是研究最多、了解最透彻的溶酶体硫醇蛋白酶。最初是从肝溶酶体中分离得到，后来发现是由两个分子结构组成：组织蛋白酶B_1和组织蛋白酶B_2。组织蛋白酶B_1是一种硫醇内切酶，分子质量为24～28kDa，pI为5.0～5.2，最适pH为6.0，在pH7.0以上不稳定。与之相反，组织蛋白酶B_2的分子质量为47～52kDa，在pH5.5～6.0，能水解Bz-Gly-Arg，在pH5.6表现出酰胺酶活性。另外据报道，组织蛋白酶B_1能水解4种不同组成的底物[*N*-α-苯-L-精氨酸（BAA）、苯甲酰-DL-精氨酸对硝基苯胺（BAPA）、苯甲酰精氨酸萘酰胺（BANA）和苯甲酰精氨酸乙酯（BAEE）]，而组织蛋白酶B_2只能水解BAA。

组织蛋白酶B需要被活化，活化物有硫醇化合物如2-巯基乙醇、半胱氨酸和谷胱甘肽，或金属螯合试剂如乙二胺四乙酸（EDTA）、EGTA或柠檬酸等。其中半胱氨酸最有效，而2-巯基乙醇效果最差。碘乙酸、氨基碘乙酰、氨基氯代甲苯磺酰基庚酮（TLCK）和甲苯黄酰氨基苯乙基氯甲基酮（TPCK）对组织蛋白酶B有较强的抑制作用。不同来源的组织蛋白酶B对各种底物有不同的水解特性。鲤鱼组织蛋白酶B能降解肌肉肌球蛋白重链、肌动蛋白、肌钙蛋白T（TN-T），但对原肌球蛋白不起作用。在55℃时，太平洋鳕鱼中组织蛋白酶B的活力是组织蛋白酶L的170%。然而组织蛋白酶B在鱼糜加工过程中会大量流失，这可能是因为该酶存在于鱼体肌质液中。

2. 组织蛋白酶 L　组织蛋白酶 L（cathepsin L）（24kDa）首次是从兔骨骼肌中提纯的，其对肌球蛋白的最适 pH 为 4.1。该酶降解肌球蛋白重链、肌动蛋白、α-辅肌动蛋白、肌钙蛋白 T 和肌钙蛋白 I。据估计，一分子组织蛋白酶 L 降解肌球蛋白的能力是一分子组织蛋白酶 B 的 10 倍。该酶有几种复合结构（pI 5.8～6.1），其活性适宜 pH 范围较广（3.0～6.5）。碘乙酸、亮抑肽素和抗蛋白酶对其有很强的抑制作用，而不受抑肽素、磺酰甲苯氟化物的抑制。有研究指出，组织蛋白酶 L 对产卵洄游的鲑鱼宰后肌肉软化起着主要作用。在 3～5 的低 pH 发生的蛋白自溶，80%是归因于组织蛋白酶 L，而其余则与组织蛋白酶 D 和组织蛋白酶 E 有关。太平洋鳕鱼的鱼片和鱼糜中的组织蛋白酶 L 在 55℃时活力最高，故可在常规鱼糜加热过程中降解凝胶结构。鱼片白肌中高活力的组织蛋白酶（B、H 和 L）中，组织蛋白酶 L 在鱼糜中起着主要作用，而组织蛋白酶 B 在完整的鱼片中活力最高。这说明组织蛋白酶 L 在鱼糜加工过程中经多次冲洗后仍然存在，而其他组织蛋白酶则从肌原纤维蛋白中滤洗掉了。太平洋鳕鱼中提取的组织蛋白酶 L 由一条单链组成，分子质量为 28.8kDa，最适 pH 在 5.5 左右，但其在近中性的 pH 环境中最易降解肌原纤维。

（三）多聚磷酸酶

多聚磷酸酶（polyphosphatase）主要有以下两种。

1. 焦磷酸酶　焦磷酸酶（pyrophosphatase）的最适 pH 为 5.2，而中性磷酸酶则是一种水溶性酶，最适 pH 为 7.4 左右。Mg^{2+}是中性焦磷酸酶的激活剂和稳定剂，而对酸性磷酸酶影响不大。Mg^{2+}浓度对鱼肉焦磷酸酶活性的影响呈 S 形曲线。当 Mg^{2+}浓度大于底物时，焦磷酸酶活性将会饱和，达到最大。当 Mg^{2+}浓度低于 3mmol/kg 时，增加底物浓度会抑制焦磷酸酶活性。鸡胸大肌中的焦磷酸酶有较强的底物专一性，只对添加到肉中的焦磷酸四钠起作用。Mg^{2+}不仅是其激活剂，还影响其稳定性，但高浓度的 Mg^{2+}对焦磷酸酶活性有抑制作用，而 Ca^{2+}、EDTA-Na_2 对酶活性也有抑制作用。在鳙鱼中纯化的肌肉焦磷酸酶，经实验后发现其最适 pH 在 8.0 左右，最适反应温度为 50℃，激活剂为 Mg^{2+}，低浓度的 EDTA 对酶有一定的激活作用，而高浓度的 EDTA 强烈抑制焦磷酸酶的活性。牛肉半腱肌中焦磷酸酶对焦磷酸四钠水解作用强，Mg^{2+}是其激活剂，Ca^{2+}、EDTA-Na_2 和 EDTA-Na_4 是其抑制剂；以焦磷酸为底物，测得该酶最适 pH 为 6.8，最适温度为 47℃。不同来源的焦磷酸酶的最适反应温度差异很大，这与该物种的生存环境温度和体温有很大关系，是自然选择的结果。不同来源的焦磷酸酶的最适反应 pH 大多在 7.4，Mg^{2+}是大多焦磷酸酶的激活剂，EDTA 是焦磷酸酶的抑制剂。

2. 肌球蛋白三聚磷酸酶　兔腰大肌肌球蛋白三聚磷酸酶（myosin-tripolyphosphatase）的最适 pH 为 6.5，最适温度为 35℃。Mg^{2+}是三聚磷酸酶的激活剂，在 Mg^{2+}浓度为 3mmol/L 左右时有最佳激活效果，Ca^{2+}对三聚磷酸酶也有激活作用，在 0～6mmol/L 时，三聚磷酸酶活性随 Ca^{2+}浓度的增加而升高，当 Ca^{2+}浓度大于 6mmol/L 后，三聚磷酸酶活性趋于稳定。EDTA-Na_2 对三聚磷酸酶活性无显著影响，EDTA-Na_4 和 KIO_3 对三聚磷酸酶具有抑制作用，且 KIO_3 的抑制效果比 EDTA-Na_4 好。兔腰大肌和鸡胸大肌的三聚磷酸酶的最适温度分别为 35℃和 30℃；最适 pH 分别为 6.0 和 5.0。Mg^{2+}对兔腰大肌和鸡胸大肌的三聚磷酸酶都有激活作用，在 0～20mmol/L 时，鸡胸大肌三聚磷酸酶活性随 Mg^{2+}浓度增加而缓慢上升，3mmol/L Mg^{2+}对兔腰大肌三聚磷酸酶的激活作用最明显。Ca^{2+}对兔腰大肌三聚磷酸酶有激活作用，而对鸡胸大肌三聚磷酸酶有抑制作用。高浓度的 EDTA-Na_4 和 KIO_3 对两种肉三聚磷酸酶都有明显的抑制效果。EDTA-Na_2 对兔腰大肌三聚磷酸酶的活性没有显著影响，但在高于 0.5mmol/L 时，对鸡胸大肌三聚磷酸酶的活性抑制效果明显。综合结果显示，不同物种间三聚磷酸酶的酶学特性差异很大。

3. 焦磷酸盐和三聚磷酸盐的水解机制　在肉中，添加的焦磷酸盐把肌动球蛋白解离为肌球蛋白和肌动蛋白，同时被焦磷酸酶水解为正磷酸盐。添加的三聚磷酸盐被肌球蛋白三聚磷酸酶水解为焦磷酸盐和正磷酸盐。派生的焦磷酸盐的不断生成反馈抑制肌球蛋白三聚磷酸酶的水解活性。肌球蛋白三聚磷酸酶则又抑制焦磷酸酶的水解活性。多聚磷酸盐混合物的使用效果优于单一多聚磷酸盐的根本原因是延缓了焦磷酸盐和三聚磷酸盐的水解进程（图 4-10）。

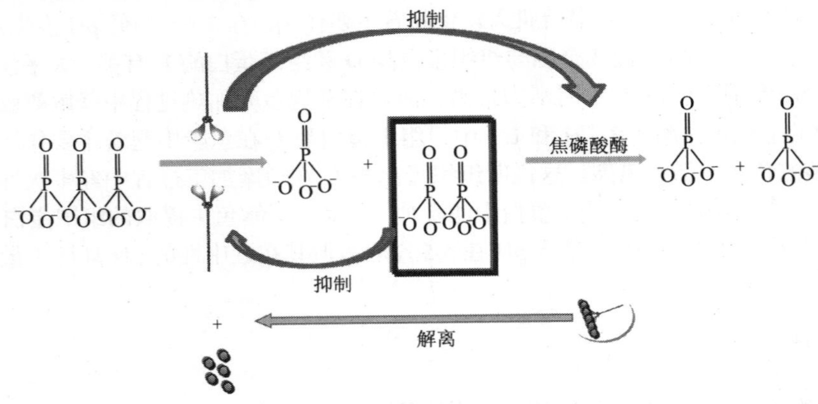

图 4-10　焦磷酸盐和三聚磷酸盐的水解机制

（四）核苷酸降解酶

畜禽死后，肌肉的外观、质构、化学性质和氧化还原电位都会发生明显的变化。在缺氧的情况下，肌肉可以利用的主要能量是腺苷三磷酸（ATP），随着肌肉尸僵的发展，ATP 很快耗尽。核苷酸降解酶（nucleotidase）包括参与 ATP 降解的酶，如肌激酶、AMP 脱氨酶、5′-核苷酸酶、核苷酸磷酸化酶、次黄嘌呤氧化酶等。在僵直前的肌肉中，AMP 脱氨酶主要以水溶性肌质蛋白的形式存在，在僵直后期，该酶与肌肉纤维蛋白紧密结合，ATP 和 K^+会激活 AMP 脱氨酶。贮藏时间、贮藏温度、肉的种类和肉的部位不同，都会影响核苷酸的降解速率。此外，对于鱼类，捕捞、鱼肉分割、切片和绞肉等加工处理方式也会对核苷酸的降解速率产生影响。

（五）脂肪酶类

在肉类中，食用鱼类的重要能量来源是脂类，其中的多不饱和 *n*-3 脂肪酸如二十碳五烯酸（EPA）和二十二碳六烯酸（DHA），是鱼类生长发育所必需的。鱼肌肉组织有红纤维和白纤维。虹鳟鱼暗色鱼肉中的长链三酰甘油（TAG）经脂肪酶水解后产生游离脂肪酸（FFA）。沙丁鱼和带鱼在−18℃贮存 6 个月后仍有脂肪酶的活性。脂类成分、贮藏时间和温度都会影响肉中脂肪的水解。−5℃时，以磷脂水解为主；−40℃时，磷脂和中性脂肪水解参半；−12℃以上时，磷脂水解比中性脂肪水解快，而−12℃以下时，中性脂肪比磷脂水解快。鱼类在冻藏过程中，由于脂肪的水解，游离脂肪酸积累，促使脂类变性，从而引起鱼肉质构发生改变，同时脂类氧化会产生不好的异味。

（六）肌球蛋白 ATP 酶

肌球蛋白 ATP 酶（myosin ATPase EC3.6.1.3）的活性位点存在于肌球蛋白分子的头部，可将 ATP 水解成 ADP 和正磷酸盐。肌动球蛋白、粗肌丝和肌原纤维蛋白也具有 ATP 酶的活性。Ca^{2+}-ATP 酶活性可作为评价肌肉蛋白质品质和变性程度的主要指标。肌球蛋白单独存在时，Ca^{2+} 可激活肌球蛋白 ATP 酶，Ca^{2+}的浓度为 3～5mmol/L 时，其活性最大。而在肌动蛋白存在时，Mg^{2+}和 Ca^{2+}两者均可激活肌球蛋白 ATP 酶。当肌质中的 Ca^{2+}含量大于 1μmol/L 时，Ca^{2+}-ATP 酶降解肌质中的游离 ATP 释放能量，肌动蛋白和肌球蛋白发生交联，肌肉收缩。当肌质中的 Ca^{2+}小于 0.5μmol/L 时，Ca^{2+}-ATP 酶失活，ATP 将不再水解。

（七）细胞凋亡酶-3

畜禽宰后排酸与细胞凋亡有一定的关联。畜禽被屠宰以后，在很短的时间内就被放光了几乎所有的血液，此种情况下，动物体的肌细胞不可避免地处于缺氧缺血的状态，这将导致肌细胞出现称作细胞凋亡的程序化死亡过程。细胞凋亡过程中，多种细胞凋亡效应因子相互作用产生一系列的级联放大反应，最终激活细胞凋亡酶-3（caspase-3）。

第七节　肉的加工特性

肉的加工特性包括蛋白质的溶解性、凝胶性、乳化性、保水性等，在肉制品加工过程中对产品品质起着重要作用。通过研究影响肌肉加工特性的因素，如肌肉蛋白质的变化、辅料的添加等，以提高最终产品质量。

一、溶解性

（一）溶解性对凝胶性、乳化性和保水性的影响

肌肉蛋白质的溶解性是指在特定的提取条件下，溶解到溶液里的蛋白质占总蛋白质的百分比。肌肉蛋白质在饱和状态下的溶解性是溶质（蛋白质）和溶剂（水）达到平衡的结果。蛋白质的溶解性在肉的加工中有特殊的重要性，因为它和蛋白质的许多加工特性有关。随着蛋白质溶解性的提高，蛋白质的凝胶性、乳化性和保水性都得到了相应的提高。蛋白质的溶解性可表达为氮溶解指数（NSI）和蛋白质分散指数（PDI）两种。肌原纤维蛋白凝胶的强度随蛋白质在盐水中溶解性的增加而提高。

$$\text{NSI}=\frac{\text{水溶性氮}}{\text{样品中总氮}}\times 100\%$$

$$\text{PDI}=\frac{\text{水分散蛋白质}}{\text{样品中总蛋白质}}\times 100\%$$

（二）影响蛋白质溶解性的因素

蛋白质的自身结构、pH、磷酸盐、离子强度、离子类型和肌纤维类型等都是蛋白质溶解性重要的影响因素。

1. 蛋白质结构　肌质蛋白表面带电荷和不带电荷的极性基团使肌质蛋白的等电点接近于

中性，氨基酸的分布和蛋白质的三级结构使肌质蛋白有高度亲水性，在水中和稀的盐溶液中呈可溶状态。

2. pH 研究发现，在 pH6.5 时鸡胸肉和鸡腿肉盐溶蛋白质中肌球蛋白的浓度比 pH6.0 时的高。pH 的提高可以使肌原纤维蛋白，特别是肌球蛋白偏离其等电点，肌球蛋白的净负电荷数增加，结果，电荷的排斥作用克服了静电吸引作用，蛋白质与水的相互作用加强，蛋白质与蛋白质的相互作用减弱，因此肌球蛋白的溶解度大，提取充分。

3. 磷酸盐 磷酸盐作为品质改良剂常用于肉制品中，当加入三聚磷酸钠或焦磷酸四钠后，肌肉体系的 pH 提高，有利于功能性蛋白质的提取，同时多聚磷酸盐能把肌动球蛋白分解为肌动蛋白和肌球蛋白，有利于增进肌球蛋白的溶解性。

4. 离子强度 离子强度是影响盐溶蛋白质溶解性的重要因素。当 NaCl 离子强度由 0.4 提高到 0.6 时，鸡胸肉、牛背最长肌和猪背最长肌的盐溶蛋白质的溶解性都增加了。当 NaCl 浓度由 0 增加到 4%（离子强度约 0.849）时，鸡胸肉盐溶蛋白质的溶解性提高了 25%。氯化钠浓度的增加提高了肌球蛋白和肌动蛋白的溶解性，特别是肌球蛋白，也许是因为提高了静电排斥作用和解离了肌球蛋白聚合物，也可能是由于高浓度氯化钠促进了肌动球蛋白的解离。

5. 离子类型 Ca^{2+}可以使肌原纤维蛋白的电荷密度发生变化，从而影响肌原纤维的结构。Mg^{2+}能提高火鸡胸肉肌原纤维蛋白的提取率，主要是由于 Mg^{2+}的电负性比 Ca^{2+}大，Mg^{2+}的这种性质使其能与蛋白质表面的极性基团结合得更紧密，从而产生较强的蛋白质互作。Zn^{2+}会抑制肌球蛋白的提取，而且随着 Zn^{2+}浓度的增加表现出更强的抑制作用，但是对小分子质量蛋白质的溶解性影响不大，其原因可能是锌与肌球蛋白结合，加强了蛋白质之间的相互作用，使得蛋白质与蛋白质的互作过强，引起蛋白质凝集，从而使总蛋白质的溶解度下降。

6. 肌纤维类型 在重组肉制品中，白肌比红肌有更优的结构和结合力，白肌比红肌有更高的膨润性，更易提取。肌球蛋白溶解度的不同也会造成红肌和白肌可提取蛋白质数量的差异。

7. 氨基酸 L-组氨酸、L-赖氨酸能显著提高肌球蛋白的溶解度。在一定盐浓度条件下，L-赖氨酸对肌球蛋白溶解度的影响显著高于 L-组氨酸。L-组氨酸、L-赖氨酸能够引起肌球蛋白分子解折叠，导致肌球蛋白构象发生转变，α 螺旋结构转变成其他二级结构，暴露埋藏的疏水基团及巯基基团，使得肌球蛋白纤丝解离，从而增加肌球蛋白的溶解度，而其他氨基酸对蛋白质的溶解度无显著影响。

二、凝胶性

蛋白质凝胶可以定义为提取出来（可溶）的蛋白质分子解聚后交联而形成的集聚体。在这种聚集过程中，吸引力和排斥力处于平衡，以至于形成能保持大量水分的高度有序的三维网络结构或基体（matrix），这个网络由交联肽构成。如果吸引力占主导，则形成凝结物，水分从凝胶基体排出来。如果排斥力占主导，便难以形成网络结构。

肉制品中的肌原纤维蛋白凝胶一般都由热诱导产生，肌原纤维蛋白可以形成两种类型的凝胶：肌球蛋白凝胶和混合肌原纤维蛋白凝胶。其中肌球蛋白对热诱导凝胶是必需的。

肉制品凝胶强度的强弱是衡量凝胶质量优劣的一个重要指标，蛋白质凝胶形成能力和凝胶强度存在直接关系。

凝胶的形成过程直接决定了凝胶强度的大小。同时肌原纤维蛋白含量的高低与其制品弹性的强弱有密切关系。凝胶应力和表观弹性率实际上取决于肌球蛋白含量，随肌球蛋白含量的增加而提高。

三、乳化性

乳化是有不易混溶的两种液体（如水和脂肪）时，将其中一种以小滴状或小球状均匀分散于另一种液体中的过程。其中以小滴状分散的称为分散相，容纳分散相的液体则称为连续相。肌肉的乳化性对稳定乳化型肉制品中的脂肪具有重要作用。

（一）乳化能力

肌肉中对脂肪乳化起主要作用的蛋白质是肌原纤维蛋白，特别是肌球蛋白。经典乳化理论认为，脂肪球周围的蛋白质包衣使肉糜稳定，一定条件下（蛋白质浓度为 5mg/mL，NaCl 浓度为 0.3mol/L 或 0.6mol/L）不同肌肉蛋白的乳化能力依次为：肌球蛋白>肌动球蛋白>肌质蛋白>肌动蛋白>结缔组织蛋白。

（二）乳化稳定性

由于乳化型肉制品是由水、蛋白质、脂肪及碳水化合物等成分组成的多相体系，乳化稳定性取决于两个方面：一方面是油水界面中蛋白质膜的形成；另一方面是乳化颗粒之间的彼此排斥。因此加工过程若操作不当，就会造成体系不稳定，导致产品出现跑水跑油等不良现象，进而造成产品乳化性的不稳定，以下几种情况是生产过程中经常发生的。

1）蛋白质对脂肪或蛋白质对水比例不平衡。

2）脂肪含量较高，瘦肉较少。

3）过度斩拌，脂肪颗粒增多，表面积增大，盐溶性蛋白不足以包裹脂肪颗粒。

4）体系不够稳定，加热后蛋白质发生变性，脂肪颗粒融化、聚集、迁移出来。

四、保水性

广义上讲，肌肉的保水性（water holding capacity，WHC）或系水力是指当肌肉受到外力作用时，其保持原有水分与添加水分的能力。所谓外力是指压力、切碎、冷冻、解冻、贮藏、加工等。衡量保水性的主要指标有肉汁损失（drip loss）、蒸煮损失（cooking loss）、贮藏损失（purge loss）等。保水性的实质是肌肉蛋白质形成网状结构，单位空间物理状态所捕获的水分量的反映。捕获水量越多，则保水性越好。

影响保水性的因素很多，宰前因素包括品种、年龄、宰前运输等；宰后因素主要有屠宰工艺、尸僵过程、熟化、解剖部位、脂肪厚度、pH 变化；加工因素主要有切碎、盐渍、加热、冷冻、融冻、干燥、包装等。

——思考题——

1. 简述肌肉的构造和肌原纤维、胶原纤维的结构。
2. 肌纤维的类型有哪几种，其区别是什么？
3. 肉类最基本的化学组成是什么？其中蛋白质主要有哪些种类，各自有何作用？
4. 什么是肉的溶解性、凝胶性、乳化性和保水性？分别有哪些影响因素？

主要参考文献

彭增起，刘承初，邓尚贵，等. 2014. 水产品加工学. 北京：中国轻工业出版社

周光宏. 2011. 畜产品加工学. 北京: 中国农业出版社

Lawrie RA, Ledward DA. 2006. Lawrie's Meat Science. 7th ed. Abington: Woodhead Publishing Limited

Liu A, Nishimura T, Takahashi K. 1994. Structural changes in endomysium and perimysium during post-mortem aging of chicken semitendinosus muscle-contribution of structural weakening of intramuscular connective tissue to meat tenderization. Meat Science, 38(2): 315-328

Weber IT, Harrison RW, Iozzo RV. 1996. Model structure of decorin and implications for collagen fibrillogenesis. Journal of Biological Chemistry, 271(50): 31767-31770

第 5 章 肌肉的收缩及宰后变化

本章学习目标：认识肌肉收缩的基本原理，以及其与肌肉的组织结构之间的关系；了解畜禽屠宰后肌肉的变化过程；掌握肉的尸僵过程、成熟机制，以及尸僵、解僵与成熟过程对肉品质的影响。

许多研究表明，嫩度是肉最重要的感官特性之一，并且是消费者判断肉质量好坏的重要指标之一。大部分消费者可以比较容易地分辨出肉的老嫩。同时，如果可以保证肉的嫩度，消费者大都愿意支付额外的费用。所以，更好地研究影响嫩度的各种因素，可以帮助食品生产者保证肉品良好的嫩度品质，以满足消费者的需求。除了选择适当的牲畜和家禽，以及规范的宰前和宰后的肉品加工处理程序外，肉嫩度的提高通常通过肌肉的宰后成熟过程来完成，一般通过在冰柜中冷藏胴体的方法来完成成熟过程。例如，牛肉理想的成熟时间一般为 10d，猪肉为 5～6d，而鸡肉则较短，为 1～3d。

第一节　肌肉的收缩及宰后变化

一、肌肉的收缩

1. 肌丝滑行学说　目前公认的骨骼肌的收缩机制是肌丝滑行学说。该学说认为，肌纤维收缩并不是肌纤维中肌丝本身的缩短或卷曲，而是细肌丝在粗肌丝之间滑行的结果。肌丝滑行使肌节长度缩短，肌原纤维缩短表现为肌纤维收缩。肌肉收缩时，肌球蛋白横桥周期性地与肌动蛋白结合、解离和水解 ATP。水解 ATP 释放的能量转为肌动蛋白细丝的运动。在收缩过程中，肌球蛋白粗肌丝和肌动蛋白细肌丝本身长度不发生变化，肌肉缩短只是由于肌动蛋白细肌丝插入肌球蛋白粗肌丝所在的 A 带，I 带变狭所致（图 5-1）。生理上，肌肉的收缩和舒张是可逆的。

2. 收缩机制　畜禽宰后，ATP 减少，肌纤维中的肌质网功能受到破坏，其中的 Ca^{2+}顺着浓度梯度释放入肌质中，激活肌球蛋白 ATP 酶，释放能量，从而引起肌球蛋白与肌动蛋白结合形成肌动球蛋白，进一步引起肌丝滑行。宰后的肌肉收缩是不可逆的。

二、宰后变化

动物经过屠宰放血后，机体内原有的平衡被打破，从而使其抵抗外界因素影响、维持机体内部原有环境、适应各种不利条件的能力丧失，最终导致动物的死亡。但是，动物在死亡后，其各个器官和组织的机能并没有立即停止，许多组织和细胞仍然在进行各种活动。

机体的死亡首先引起了呼吸与血液循环的停止、氧气供应的中断，因而肌肉组织内的各种需氧性生物化学反应停止，并转变成厌氧性活动，这是动物体在宰后最显著的一个变化。肌肉在死后所发生的各种反应与活体肌肉完全处于不同状态，进行着不同性质的反应，因此研究这些特性对于人们了解肉的性质、改善肉的品质及指导肉制品的加工起着重要的作用。

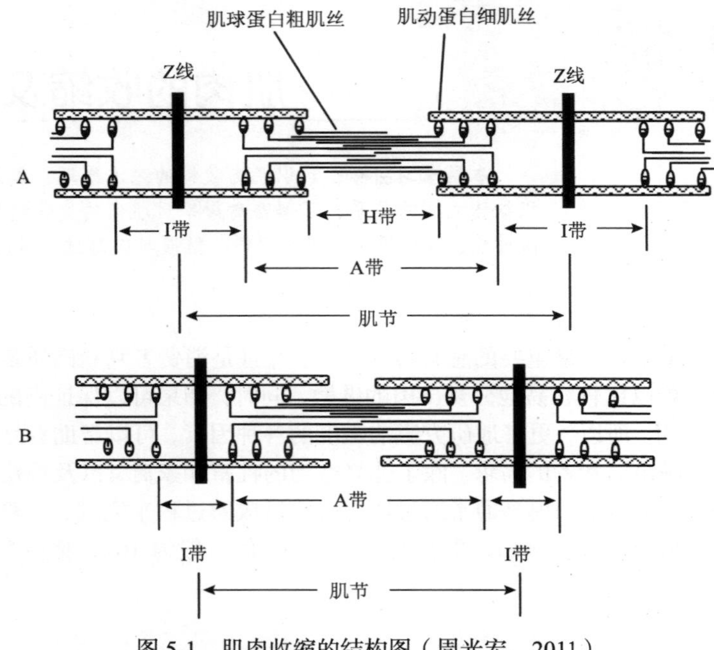

图 5-1　肌肉收缩的结构图（周光宏，2011）

A. 静息状态下的肌纤维；B. 收缩状态下的肌纤维

（一）物理变化

1. 宰后僵直　刚刚宰后的肌肉，其各种细胞内的生物化学等反应仍在继续进行，但是放血导致体液平衡破坏、供氧停止，整个细胞内很快变成无氧状态，进一步使葡萄糖及糖原的有氧分解（最终氧化成 CO_2、H_2O 和 ATP）很快变成无氧酵解产生乳酸。在有氧的条件下，每个葡萄糖分子可以产生 39 分子 ATP，而无氧酵解则只能产生 3 分子 ATP，从而使 ATP 的供应受阻，但体内（肌肉内）ATP 的消耗造成宰后肌肉内的 ATP 含量迅速下降。由于 ATP 水平的下降和乳酸浓度的提高（pH 降低），肌质网钙泵的功能丧失，使肌质网中 Ca^{2+}逐渐释放而得不到回收，致使 Ca^{2+}浓度升高，最终引起肌动蛋白沿着肌球蛋白滑动收缩；另外，引起肌球蛋白头部的 ATP 酶活化，加快 ATP 的分解并减少。由于 ATP 的分解，同时由于 ATP 的丧失又促使肌动蛋白细肌丝和肌球蛋白粗肌丝之间交联结合形成不可逆性的肌动球蛋白（actomyosin），从而引起肌肉的连续且不可逆的收缩。当收缩达到最大限度时，即形成了肌肉的宰后僵直，也称为尸僵。宰后僵直所需要的时间与动物的种类、肌肉的种类和性质及宰前状态等都有一定的关系。

达到宰后僵直时期的肌肉在进行加热等加工工艺时，肉会变硬、肉的保水性小、加热损失多、肉的风味差，因此不适合于肉制品的各类加工。但是，达到宰后僵直的肉如果继续贮藏，肌肉内仍将发生诸多化学反应，导致肌肉的成分、结构发生变化，使肉变软，同时肉的保水性、风味等都将增加。

不同品种、不同类型的肌肉，其僵直时间有很大的差异，它与肌肉中 ATP 的降解速度有密切的关系。肌肉从屠宰至达到最大僵直的过程，根据其不同的表现可以分为三个阶段：僵直迟滞期、僵直急速形成期和僵直后期。在屠宰初期，肌肉内 ATP 的含量虽然减少，但在一定时间内几乎恒定，因为肌肉中还含有另一种高能磷酸化合物——磷酸肌酸（CP），在磷酸激酶存在并作用下，磷酸肌酸将其能量转给 ADP，再合成 ATP，以补充减少的 ATP。正是由于 ATP 的存在，肌动蛋白细肌丝在一定程度上还能沿着肌球蛋白粗肌丝进行可逆性的收缩与松弛，从而使这一阶段的肌肉还保持一定的伸缩性和弹性，这一时期称为僵直迟滞期。随着宰后时间的延长，磷酸肌酸的能量被耗尽，肌肉 ATP 的来源主要依靠葡萄糖的无氧酵解，致使 ATP 的水平下降，同时乳酸浓度增加，肌质网中的 Ca^{2+}被释放，从而快速引起肌肉的不可逆性收缩，使肌肉的弹性逐渐消失，肌肉的僵直进入急速形成期。当肌肉内的 ATP 含量降到原含量的 15%～20%时，肌肉的伸缩性几乎消失殆尽，从而进入僵直后期。进入僵直后期时的硬度要比僵直前增加 10～40 倍。

2. 冷收缩与解冻僵直 畜禽宰后冷却的目的是使肌肉的温度迅速降低，最大限度地延长肉的保质期。冷收缩是指在肌肉的 pH 降到 6.2 之前，肌肉的温度降到 12℃以下时，肌肉发生的过度收缩现象。冷收缩是由于不适当的冷却程序引发肌节因强烈收缩而产生的肌肉韧化的收缩方式。冷收缩发生的机制目前被认为是低温的强烈刺激（0～15℃），导致肌质网不能维持其正常的功能，大量钙离子从肌质网中释放出来，低温下钙泵又不能很好地泵回钙离子，使得肌质中钙离子浓度迅速升高。在 1～2℃时，肌质网的功能最差。升高的钙离子激活肌动球蛋白 ATP 酶，导致肌肉的过度收缩。由于白肌有丰富的肌质网、更多的糖原储备，其 pH 下降速度更快，所以白肌对冷收缩不敏感。

冷收缩不同于发生在适当温度时的正常收缩，其收缩更剧烈，可逆性更小，所以肉的韧度更大。如果宰后迅速冷冻，这时肌肉还没有达到最大僵直，在肌肉内仍含有糖原和 ATP。在解冻时，残存的糖原和 ATP 作为能量源使肌肉收缩形成僵直，这种现象称为解冻僵直（图 5-2A）。此时达到僵直的速度要比鲜肉在同样环境时快得多，收缩激烈，肉变得更硬，并有很多的肉汁流出，这种现象称为解冻僵直收缩（图 5-2B）。收缩是由 Ca^{2+}突然释放到肌质中引起的，会导致游离肌肉的长度物理性缩短为原来长度的 80%。而解冻僵直会使肌肉缩短 60%，收缩会伴随肉汁的渗出和质地变硬。因此，为了避免解冻僵直收缩现象，最好是在肉的最大僵直后期进行冷冻（图 5-2C），解冻后肌肉基本无收缩现象（图 5-2D）。

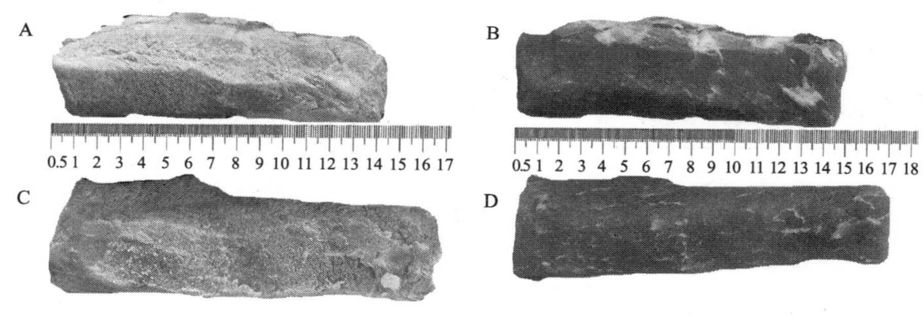

图 5-2 猪肉的冷收缩与解冻僵直

A. 热分割后在−18℃冻结 24h；B. 热分割后在−18℃冻结 24h 再自然解冻；
C. 0～4℃排酸 24h 后在−18℃冻结 24h；D. 0～4℃排酸 24h 后在−18℃冻结 24h 再自然解冻

3. 解僵与自溶 一般来说，肉嫩度的改变包含两个阶段：僵直期和排酸期。僵直期很短，而排酸期相对时间长一些。僵直过程中肌小节收缩，是宰畜禽背最长肌变硬的主要原因，称为僵直阶段。此外，如果背最长肌的肌小节在僵直阶段不发生收缩，那么其剪切力就不会增加。僵直阶段后，把肉储存在 4℃左右一段时间，这个过程可以充分使肉的嫩度得到提高。肉的排酸阶段是肉嫩度提高的关键时期。解僵是指肌肉在宰后僵直达到最大限度并维持一段时间后，其僵直缓慢解除、肉质地变软的过程。解僵所需要的时间，因动物种类、肌肉种类、温度及其他条件不同而不同。一般情况下，0～4℃条件下，鸡需要 3～4h，猪需要 2～3d，牛需要 7～10d。

（二）化学变化

动物一旦死亡，氧气和血液循环会中断，肌肉组织内部一系列复杂的变化即启动。但是，动物死后，其各组织还在各自的功能区继续代谢。此时肌肉不会主动收缩，能量用来维持温度和细胞的完整性。这其中会产生一系列的化学变化，非收缩肌球蛋白 ATP 酶是参与这一过程的酶之一。放血后血液所携带的氧气供应停止，氧化还原电位下降。细胞色素系统无法运转，不能再合成 ATP。非收缩性肌球蛋白消耗 ATP，同时生产无机磷，激发糖原分解为乳糖。糖原酵解不能维持 ATP 正常水平，ATP 水平降低时，肌动球蛋白复合体形成，尸僵开始。

1. ATP 的降解　死后肌肉中肌糖原分解产生的能量转移给 ADP 生成 ATP。ATP 又经过 ATP 分解酶分解成 ADP 和磷酸，同时释放出能量。机体死亡之后，这些能量不能用于体内各种化学反应和运动，只能转化为热能，同时由于死后呼吸停止产生的热量不能及时排除，蓄积在体内造成体温上升，即形成僵直产热。死后 ATP 在肌质中的分解是一系列的反应，多种分解酶参与了这一过程。ATP 的耗尽使得动物体内的蛋白质很难维持原有结构的完整性。乳酸的积累引起肌肉 pH 的下降，使蛋白质更加容易变性。蛋白质变性通常会伴随着肉质持水力的下降，pH 下降使得肌原纤维蛋白接近等电点，导致肉的汁液流失增加。IMP 是重要的呈味物质，对肌肉死后及其排酸过程中风味的改善起着重要的作用。由 ATP 转化成 IMP 的反应在肌肉达到僵直以前一直在进行，IMP 的含量在僵直期达到最高峰，但是其最高浓度不会超过 ATP 的浓度。

2. 糖原分解与乳酸生成　糖原是动物细胞的主要储能形式之一，按其分布可以分为肝糖原和肌糖原，肌糖原与运动状态有关，在休息期占肌肉的 0.1%～1%。肌肉中有十多种酶参与肌糖原的分解与能量的产生，在活体时体内的能量代谢主要是通过一系列的有氧分解最终产生 CO_2、H_2O 和 ATP。刚刚宰后的肌肉及各种细胞内的生物化学等反应仍在继续进行，但是放血带来了体液平衡的破坏、供氧的停止，整个细胞内很快变成厌氧环境，从而使葡萄糖和肌糖原有氧分解代谢很快转变为无氧酵解，产生乳酸（图 5-3）。

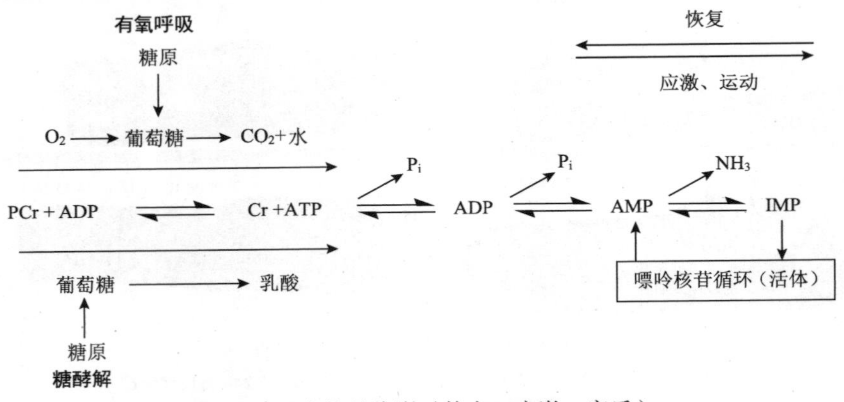

图 5-3　肌肉能量代谢（静息、应激、宰后）

3. pH 的下降　宰后肌肉内 pH 的下降是由肌糖原的无氧酵解产生乳酸，ATP 分解产生的磷酸根离子等造成的，通常当 pH 降到 5.4 左右的时候，就不再继续下降了。因为肌糖原无氧酵解过程中的酶会被肌糖原无氧酵解时产生的酸所抑制而失活，使肌糖原不能再继续分解，乳酸也不能再产生。这时的 pH 是死后肌肉的最低 pH，称为极限 pH。肉的保水性与 pH 有密切的关系，实验表明当 pH 从 7.0 下降到 5.0 时，保水性也随之下降，在极限 pH 时，肉的保水性最差。所以，宰后肌肉 pH 的降低是肉保水性差的主要原因，但是，肉在充分排酸后，其保水性有所增加。如果宰后肌肉 pH 的下降过快，会导致肉色变得苍白、持水力降低、切面湿润而质地柔软，即所谓的 PSE 肉。如果宰后 pH 一直维持在较高的水平，则会出现肉色发暗、切面干燥、质地坚硬，即所谓的 DFD（dark、firm、dry）肉。

4. 肌原纤维蛋白的变化　由于畜禽宰后各种蛋白水解酶的作用，肌钙蛋白 T、肌间线蛋白、伴肌球蛋白、伴肌动蛋白发生降解，肌原纤维中的 Z 线弱化、断裂，使肌肉组织变软。

5. 胶原纤维蛋白的变化　由于结缔组织结构特殊，同时性质十分稳定，因而，虽然肌肉中结缔组织的含量仅占总蛋白质的 5%以下，但是其在维持肉的弹性和强度上起着非常重要的作用。在排酸过程中，胶原纤维的网状结构变得松弛，由规则、致密的结构变成无序、松散的状态（图 5-4）。同时，造成胶原纤维结构变化的主要原因是存在于胶原纤维间及胶原纤维上的黏多糖被分解。另外，结缔组织中的胶原蛋白的水解也能导致嫩度的增加，直接引起了胶原纤维剪切力的下降，从而使整个肌肉的嫩度得以改善。

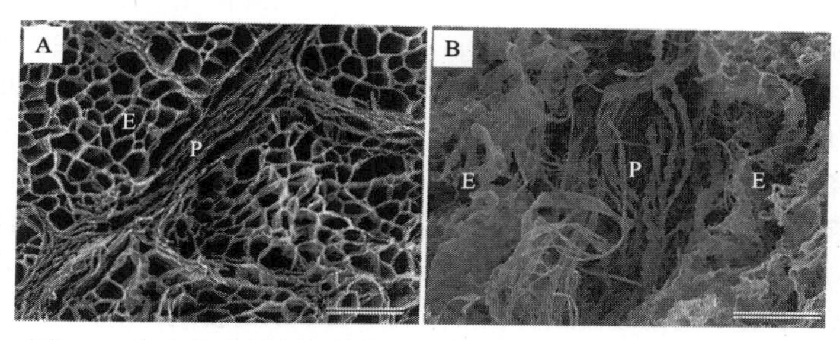

图 5-4　牛肉排酸过程中结缔组织结构的变化（周光宏，2011）

A. 屠宰后；B. 5℃成熟 28d；E. 肌内膜；P.肌束膜

第二节　肉 的 排 酸

一、肉的排酸机制

肉的排酸是一个复杂的物理化学（包括 pH 和离子强度）和生物化学（细胞内蛋白水解酶）过程，在这个过程中，肌原纤维结构会降解，细胞骨架会消失。肉类的嫩度取决于骨骼肌纤维，特别是肌原纤维、肌间结缔组织及肌内膜和肌束膜的结构和生化特性，因为这些蛋白质决定着肉类组织的变化。大量研究表明，动物宰后肉类在冷藏贮存过程中嫩度的增加，最主要的是由于肌原纤维的结构弱化，即肌原纤维蛋白的水解过程。肉类的嫩度取决于几个因素，如结缔组织的溶解度、肌节长度、僵直阶段肌小结的收缩、最终 pH 等，其中宰后肌原纤维蛋白水解被视为最关键的因素。

研究发现宰后肉嫩化过程中，肌原纤维的 Z 线区蛋白发生剧烈降解。鉴于宰后肌肉蛋白质水解对肌原纤维超微结构的影响，伴肌球蛋白与肌间线蛋白的降解很可能是决定肉类嫩度的关键。目前已经进行了大量关于肌原纤维蛋白在宰后肉排酸中的变化，以及这些变化与肉嫩化关系的研究。

经过多年的研究，对排酸过程中肉的肌原纤维蛋白降解机制的了解有了极大的进展。

1）钙离子的肉品嫩化理论：1996 年，Takahashi 提出了“钙离子的肉品嫩化理论”，但是这个理论一直存在争议。

2）钙蛋白酶（calpain）：又称为钙离子激活中性蛋白酶，大量研究表明，钙蛋白酶对动物宰后排酸过程中的肌原纤维水解起着至关重要的作用。另外，普遍认为钙离子在此嫩化机制中具有激活钙蛋白酶的作用。

3）溶酶体酶和蛋白酶体：此外，已被证明除了钙蛋白酶外，溶酶体酶（蛋白酶）和蛋白酶体也对动物宰后排酸过程中的肌原纤维水解起着至关重要的作用。

二、排酸期间胴体的变化

1. 排酸期间胴体温度的变化　在肉的冷却排酸过程中，温度对于牛肉品质的影响至关重要，温度的高低不仅会引起肌肉发生不同程度的收缩，同时温度的变化也会影响酶的活性，会对蛋白质降解产生影响，进而会影响到肉的持水力等肉用品质。

一般来说，胴体不同部位肉温度变化的初始和最终温度差异不大，但是变化速率上中部>后部>前部。排酸过程中较低的温度会造成酶活性下降，使肌原纤维蛋白降解减少，引起肉的嫩度降低。此外，胴体宰后温度是逐渐降低的过程，且其温度的降低受牛体型大小、脂肪厚度及胖瘦等因素的影响，因此胴体同一块肌肉不同部位在由正常体温（37℃）降低至排酸环境温度的过程所需的时间不同。有研究发现，牛胴体在低于2℃排酸温度下，经历24h后肉中心温度仍然高于4℃。因此，在冷却排酸的过程中，宰后肌肉温度变化的不同会引起酶活的差异性变化，从而影响肌原纤维蛋白降解，进一步影响牛肉的嫩度。

2. 排酸期间糖蛋白结构的变化　糖原储存在肌肉中，占肌肉质量的1%左右，可以分解为葡萄糖。根据肌肉功能的途径，1分子1-磷酸葡萄糖通过糖酵解途径、三羧酸循环、电子传递链降解为CO_2和H_2O。但是，运动缓慢或者在畜禽刚刚被宰杀的初期，有氧代谢所需要的氧气不足时，无氧代谢将在短时期内提供能量，无氧代谢的主要特征是乳酸的积累，当氧气供应不足时，糖酵解释放出H^+，但是三羧酸循环无法及时地提供氧气与之结合。这样，它们就在肌肉中积累，过量的H^+被用于将丙酮酸还原成乳酸，使糖酵解快速进行。每个葡萄糖分子在糖酵解中产生3个ATP，所以，无氧代谢可以为肌肉功能提供能量。然而，无氧代谢能够提供的能量是有限的。乳酸堆积，从而使pH降低，达到6.0～6.5，成为极限pH。这时候，糖酵解及相应的ATP合成速率都会大幅度降低，肌肉因为功能不足和酸度过高而不再收缩。

3. 排酸期间pH的变化　在所设定的pH条件下，温度升高会导致肌质蛋白的沉淀增加。在所有温度范围中，最大沉淀发生在pH为4.8～5.2时；但是在37～45℃时，高极限pH肉中的肌质蛋白也发生沉淀。达到极限pH后，肌质蛋白的原有组分大都会发生变化。肌肉中的主要色素成分肌红蛋白也是一种肌质蛋白。

正常极限pH时，肌质蛋白变性导致的持水能力下降，不能通过高pH的缓冲能力重新恢复。因此，即使将低极限pH肌肉的pH调高，其持水能力增加，但仍比高极限pH肉低。也就是说，在极限pH时肌肉的持水能力最差，但是在肉的排酸过程中，持水能力逐渐增加。这可能是由于蛋白质分子被分解成更小的亚基。pH的改变伴随着离子和蛋白质关系的改变，有研究指出肌肉蛋白的Na^+、K^+被连续释放到肌质中，K^+在24h内被吸收。因为大量的K^+被吸收到肌肉蛋白上，肌肉蛋白的静电荷增加，持水能力也随之增加。

三、肉的品质变化

1. 排酸期间保水性的变化　肉的保水性取决于肌肉细胞结构的完整性及蛋白质的空间结构。对于生鲜肉而言，通常宰后24h内形成的汁液损失很小，可以忽略不计。而肌细胞膜的完整性受到破坏是导致肌肉保水性下降的一个根本原因，宰后排酸过程中细胞骨架蛋白的降解，破坏了细胞内部微结构之间的联系，当内部结构发生收缩时产生了较大的空隙，细胞内液被挤压在内部空隙中，游离性增大，容易外渗，造成汁液损失。

肌肉的 pH 接近蛋白质等电点时（pH5.4），正、负电荷基数接近，反应基数减少到最低值，这时肌肉的系水力也最低。而处于尸僵期的肉，pH 与肌肉蛋白质的等电点接近，因此保水性很差，不利于加工。

2. 排酸期间嫩度的变化　随着肉的排酸，肉的嫩度发生明显改善。刚屠宰肉的嫩度最好，极限 pH 时最差。肉嫩度的变化不仅是肉品科学家非常关心的问题，同时也受到肉类企业的广泛关注。许多研究都致力于寻找影响肉嫩化的根本因素。嫩度迅速增加主要是由于肌原纤维结构弱化，而缓慢的过程是以内膜和肌束膜的结构弱化为主。此外，有研究指出肉嫩度的改善主要源于骨骼肌的结构和生化特性的变化，特别是肌原纤维、肌间结缔组织的中间纤维、肌内膜和肌束膜。但是也有学者认为虽然结缔组织会对嫩度的改善起到一定的作用，但这些变化在动物宰后储存过程中是非常有限的。

3. 排酸期间风味的变化　排酸过程改善肉风味的物质主要有两类：一类是 ATP 的降解产物 IMP，另一类是组织蛋白酶类的水解产物氨基酸。次黄嘌呤或其前体肌苷酸添加到肉中，肉的风味会增强。随着肉的排酸过程的进行，肉中的沁出物和游离氨基酸较多，谷氨酸、精氨酸、亮氨酸、缬氨酸和甘氨酸较多，这些氨基酸有增加肉滋味和改善肉香气的作用。排酸过程中肌肉的蛋白质和脂肪会分解产生 H_2S、氨、乙醛、丙酮、二乙酰等物质，有助于风味的形成。但是，随着脂肪氧化和酸败的产生，会对肉的风味产生负面影响。

4. 排酸期间加工特性的变化　肌肉 pH 高时，有利于肌纤维蛋白的提取，从尸僵前的肉中可以提取出 50%以上的盐溶性蛋白，而盐溶性蛋白易于形成稳定的肉糊，所以尸僵前肉的乳化特性比尸僵后的肉要好。肌原纤维蛋白的凝胶强度随着蛋白质浓度的增加而增加，同时肌原纤维蛋白在 pH6.0 时凝胶能力最佳，另外 Ca^{2+}浓度也能在一定程度上促进肌原纤维蛋白凝胶的形成，但是内源蛋白酶（H、B、L 等）可以使 45～60℃加热后的蛋白质凝胶强度降低，所以宰后排酸时间对肌肉的凝胶特性有着重要的影响。

四、肉的排酸技术

1. 物理拉伸　肌节越长，或者肌节发生断裂，肉的质地就会越嫩，肌原纤维的肌小节连接状态对嫩度同样有影响。拉伸嫩化通常是指将屠宰后的动物胴体吊挂起来，利用其本身重力的作用，根据不同吊挂方式使相应部位的肌肉肌节拉长，从而使肉质得到嫩化。传统的吊挂方法为后腿吊挂法，后来又发展为盆腔吊挂和剔骨吊挂。

后腿吊挂：该方法是将胴体后腿朝上，吊挂在10℃以下的低温库中进行自动排酸，完成宰后肉的僵直、解僵和排酸过程。这种方法是传统的吊挂方式，目前我国高档牛肉生产主要采用此方法，可使背最长肌、半腱肌和半膜肌的肌节拉长，腰大肌的肌节缩短。但存在占用冷库时间长、耗能大、易氧化、干耗高、易受嗜冷性细菌污染、费用高等缺点。

盆腔吊挂：在用这种吊挂方法时，胴体前肢放开，后腿与脊椎的角度为90º。时间选择在放血后45～90min，这时的肌肉仍处于有弹性的尸僵前期。如果后腿与脊椎的角度小于90º，则说明肌肉已开始收缩，这时再采用盆腔吊挂就为时过晚了。有学者研究了不同嫩化方法对肉嫩度的影响，其中采用的方法有吊挂、在脊椎不同部位剔骨、在胴体下方悬挂重物，发现这些方法都比吊挂跟腱效果要好。有研究发现对于没有劈半的羊胴体，采用吊挂盆骨带的方法对肉嫩化的效果不错。

剔骨吊挂：是指将屠宰后的动物胴体的大部分骨头剔下，再进行传统的吊挂。

有研究用牛肉做实验，对牛肉进行了20%、40%、60%的拉伸，结果发现20%的拉伸对肉嫩度提高已起到显著作用，而40%、60%的拉伸并不能使肉的嫩度进一步提高；而对羊肉进行5%、

15%的拉伸实验，发现5%的拉伸可使肉的嫩度提高20%，而15%的拉伸并不能进一步改善肉的嫩度。还有研究指出，对牛肉采用嫩化吊挂，发现吊挂可以增加胴体上大部分肌肉的嫩度，但对少部分肌肉无效。许多研究人员还发现对于未经排酸的肉，嫩化吊挂可以提高肉的平均嫩度，可使其嫩度与排酸21d的肉嫩度相似。

另外，嫩化吊挂对于结缔组织含量高的肉的嫩化效果不佳，而对易于发生冷收缩的肉效果显著。猪肉要比牛、羊肉易于嫩化，这主要是因为猪肉pH下降，糖原消耗快，从而发生冷收缩的机会小得多。采用嫩化吊挂仍可使猪肉嫩度显著提高。

2. 电刺激　电刺激可以加快牛肉的排酸嫩化过程，减少肉的排酸时间，因此可以作为一种肉的快速排酸技术。目前在工业上和学术研究中应用的电刺激电压为32～1600V。习惯上按照刺激电压的大小，将电刺激分为高压电刺激、中压电刺激和低压电刺激。一般欧洲国家多采用低压电刺激，即在屠宰放血后，立即实施电刺激。澳大利亚、新西兰和美国多采用高压电刺激，多在剥皮之后进行。由于高压电刺激和低压电刺激实施的时间不同，因此很难对这两种电刺激的效果进行比较，但有文献指出高压电刺激的效果比较好。

电刺激是指利用一定的电压、频率对屠宰后的牛、羊胴体作用一段时间。刺激电流通过神经系统（宰后4～6min）或是直接使肌膜去极化，引起肌肉收缩，使肉的糖酵解速率提高大约100倍，导致肉的pH快速降低，从而使肉在较高的温度下进入尸僵状态，避免冷收缩的发生。电刺激会激发肌肉产生强烈的收缩，使肌原纤维断裂，或者肌原纤维间的结构松弛，因此可以容纳更多的水分，使肉的嫩度增加。电刺激还可以使肉的pH下降，促使肌细胞溶酶体中多种水解酶释放，进而使肌肉中的结构化组分降解；同时还会促进酸性蛋白酶的活性，使蛋白酶分解能力增强，最终增加肉的嫩度。电刺激通过肌纤维的物理破坏作用如形成挛缩带和（或者）加快蛋白质的降解速度两方面影响、改善肉的嫩度。

——思考题

1. 提高肉的嫩度有哪些有用的方法？其原理是什么？
2. 简述肉的排酸过程。谈一谈自己对肉排酸理论的新看法。

主要参考文献

陈琳, 徐幸莲, 周光宏. 2009. 应用于肉品嫩化的组织蛋白酶的研究进展. 食品科学, 30(01): 271-274
彭增起, 刘承初, 邓尚贵, 等. 2014. 水产品加工学. 北京: 中国轻工业出版社
周光宏. 2008. 肉品加工学. 北京: 中国农业出版社
周光宏. 2011. 畜产品加工学. 北京: 中国农业出版社
Lawrie RA, Ledward DA. 2006. Lawrie's Meat Science. 7th ed. Abington: Woodhead Publishing Limited

第6章 肉的食用品质

本章学习目标：了解肉中色素的组成，熟悉肌肉色泽变化机制及影响肉色的因素，掌握嫩度的概念、影响因素、测定方法和改善嫩度的方法；熟悉肉品风味的产生途径，了解多汁性与肉的嫩度、风味、脂肪含量等的关系，掌握综合评定肉品质量的方法。

第一节 肉 色

色泽是肉及肉制品的主要感官品质之一，是肌肉的生理学、生物化学和微生物学变化的外部综合表观。对于普通消费者来说，色泽尤为直观，且在非接触状态下，色泽可能是消费者评判质量的唯一指标。一般认为，肉褪色代表着品质变差。本节主要介绍肉中的色素物质、影响因素和肉色测定方法。

一、肉中的色素物质

肉的色泽主要取决于肌肉中色素物质肌红蛋白和血红蛋白，如果放血充分，前者占肉中色素的80%～90%，占主导地位。肉受肌红蛋白含量、氧化状态和表面光线反射能力的影响，不同动物、不同部位肌肉的色泽深浅不一，肉的色泽千变万化，从紫红色（肌红蛋白色泽）到鲜红色（氧合肌红蛋白色泽，消费者喜爱），从褐色到灰色，甚至出现绿色。

（一）肌红蛋白

1. 肌红蛋白结构 肌红蛋白（myoglobin，Mb）是由单条含153个氨基酸残基的多肽链组成的一个球状蛋白质，即由一条多肽链构成的珠蛋白和一个血红素组成（图6-1）。血红素是一种卟啉类化合物（图6-2），卟啉环中心的Fe^{2+}含有6个配位部位，4个配位部位分别与4个吡咯环上的氮原子配位结合，第5个和第6个配位键可与各种配基的电负性原子（如O_2）结合。铁离子可处于还原态（Fe^{2+}）或氧化态（Fe^{3+}），处于还原态的铁离子能与O_2结合，氧化后则失去O_2。因此，肌红蛋白是否结合配位体、其结合配位体的种类及铁原子价位的不同均会影响肌肉色泽。

2. 肌红蛋白含量 肌肉中肌红蛋白含量受动物种类、肌肉部位、运动程度、年龄和性别的影响。一般来说，牛、羊肉深红，猪肉次之，兔肉几乎接近于白色。同种动物不同部位肌肉的肌红蛋白含量差异很大，红肌纤维富含Mb，肉色较红，白肌纤维Mb含量较少，肉色较淡。最典型的是鸡的腿肉（红肌纤维）和胸脯肉（白肌纤维），前者肌红蛋白含量是后者的5～10倍，所以前者肉色红，后者肉色白。动物年龄越大，肌肉中Mb含量越多，肉色越红。据测定，5～7月龄猪背最长肌Mb含量分别为0.3mg/g、0.38mg/g和0.44mg/g。运动越多的动物或肌肉部位，Mb含量越高，肉色越红，这是因为运动消耗氧，而Mb的主要生理功能就是载氧。

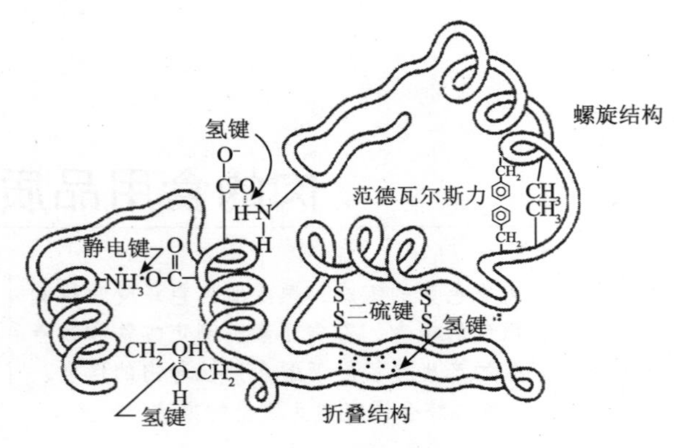

图 6-1 肌红蛋白构造图

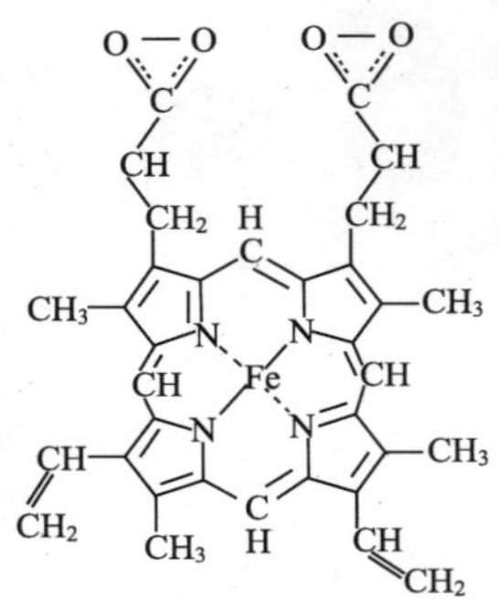
图 6-2 血红素分子结构图

3. 肌红蛋白化学状态转化 肌红蛋白本身是紫红色，与氧结合可生成氧合肌红蛋白，为鲜红色，是新鲜肉的象征；Mb 和氧合 Mb 均可以被氧化生成高铁肌红蛋白，呈褐色，使肉色变暗；有硫化物存在时，Mb 可被氧化生成硫代肌红蛋白，呈绿色（异色）；Mb 与亚硝酸盐反应可生成亚硝基肌红蛋白，呈粉红色，是腌肉的典型色泽；Mb 加热后蛋白质变性形成球蛋白氯化血色原，呈灰褐色，是熟肉的典型色泽。图 6-3 是不同化学状态肌红蛋白之间的转化关系。

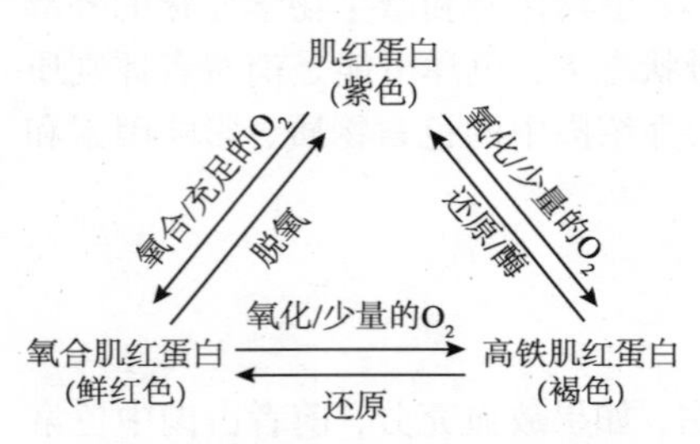

图 6-3 肌红蛋白、氧合肌红蛋白和高铁肌红蛋白之间的转化

氧合肌红蛋白和高铁肌红蛋白的形成和转化对肉色最为重要。刚屠宰肉直接暴露在空气中，先是由紫红色转变为鲜红色，再由鲜红色转变为褐色。前者变化需要肉暴露在空气中 30min 内就能发生，后者变化快者几小时，慢者几天完成。当高铁肌红蛋白含量≤20%时，肉仍呈鲜红色，达 30%时肉显示出稍暗色泽，达 50%时肉呈红褐色，达到 70%时肉就变成褐色。因此，防止和减少高铁肌红蛋白的形成（即由鲜红色转为褐色）是保持肉色的关键所在。

（二）血红蛋白

血红蛋白（hemoglobin，Hb）是由 4 分子珠蛋白和 4 分子亚铁血红素组成的 4 条链（$\alpha_2\beta_2$）。珠蛋白约占 96%，血红素占 4%。每条链有一个包含一个铁原子的环状血红素。氧含量高时，Hb 容易与氧结合；氧含量低时，Hb 容易与氧分离。

血红蛋白绝大部分存在于动脉、静脉和毛细血管中，约占肌肉色素的 20%。血红蛋白对肉颜色的影响要视放血的好坏而定。在肉中血液残留多，则血红蛋白含量也多，肉色深。放血充分，肉色正常；放血不充分或不放血（冷宰），肉色深且暗。因此，绝大多数血红蛋白在宰杀、放血过程中流失。从某种意义上说，肉及肉制品的色泽主要取决于肉中 Mb 含量及其存在的化学状态。

（三）叶啉锌

最早在意大利火腿中发现叶啉锌（zinc protoporphyrin，ZnPP）可以提高肉制品颜色，传统意大利火腿在腌制期间仅添加了食盐，并没有添加亚硝酸盐等显色物质，却呈现鲜红的色泽，且在加工过程中颜色稳定。日本学者通过高效液相色谱和电喷雾离子化高分辨率质谱测定，确定火腿中稳定的红色素是叶啉锌，而不是通常肉制品中存在的显色物质氧合肌动蛋白和亚硝基肌红蛋白等物质。

关于传统意大利火腿卟啉锌的合成假说，人们最初是通过研究生物体内的合成机制来判断的。大多数学者研究认为，肌肉中内源酶——锌离子螯合酶参与了卟啉锌的合成，是卟啉锌生成所必需的催化剂。该酶的最适温度为 37℃，最适 pH 为 5.5～6.0，0～80g/L 氯化钠对该酶活性均有不同的促进作用，原料肉内源性锌离子是该酶的激活剂。在该酶催化下，锌离子与卟啉环独立结合，而不是血红素中铁离子与锌离子直接互换。但也有少数学者研究认为，这种干腌火腿稳定、鲜艳的亮红色是火腿中形成锌-原卟啉Ⅸ复合体较大发色团的缘故。这种色素聚合被认为是锌在无需酶催化条件下即能比较容易地与卟啉环形成卟啉锌，随着加工过程的延续，火腿肉中锌-原卟啉Ⅸ含量不断上升，在陈化成熟期火腿肉中锌-原卟啉Ⅸ含量上升最快，完全陈化成熟的火腿肉中锌-原卟啉Ⅸ含量达到最高。

（四）彩虹色斑

彩虹色斑主要是牛肉及其制品中出现的一种异常颜色，外观表现以绿色为主，这很容易使人认为是微生物或其代谢产物的作用结果。而由微生物引起的色变只是一种血红色素的改变，腐败变绿肉的特点和具有彩虹色斑的肉有很多不同之处，从目前研究和推测文献综述来看，基本排除了微生物的作用。

Swatland（1984）用透、反射显微镜和纤维光学分光光度计测定了不同情况下鲜肉和熟肉制品中彩虹色斑的光学特征，结果表明绿色是彩虹色斑中的主要颜色，并且在 560nm 处有一个最大吸收峰；其次是橘红色，在 650nm 和 460nm 处各有一个吸收峰。这和带有彩虹色斑肉品的外观特点是一致的。彩虹色斑只有在具有完整肌肉片的肉制品中发现，火腿肠、肉糜等制品中却没有发现。脱水或冷冻情况下，彩虹色斑消失了，但是在复水和解冻后又出现了。即使横切样品时出现彩虹色斑，但纵向切片或切割方向与肌纤维的方向小于 40°时，没有彩虹色斑出现。这些特征和腐败变质的肉及带有荧光细菌的肉完全不同。

Wang（1991）用过氧化氢从薄片的熟牛肉中去除了表面色素，但彩虹色斑依然存在。在有彩虹色斑的牛肉表面添加薄层的植物油或用乙醚去除表面薄层脂肪对彩虹色斑都没有影响。同时他还使用甲醛、甲酰胺、甲醇、正乙烷和乙醇溶液浸泡处理样品，结果发现对彩虹色斑均没有影响。这就说明了肉品中彩虹色斑的产生不是肌肉色素引起的，也不是化学因素引起的。

Swatland（1988）发现由微生物引起色变的熟肉在透射光下或当肉样在旋转时不消失，而彩虹色斑却消失了，推测这可能是肌原纤维微结构的光学衍射作用。骨骼肌具有光学衍射现象，在研究的实验过程中，发现 X 射线的方向一般都正交于肌纤维束，并且通过粗肌丝、细肌丝和横纹产生不同的衍射图样。Swatland（1989）进一步指出彩虹色的出现和肌小节的长度有很小或几乎没有联系，且可能和肌肉的水合状态有关。Wang（1991）在实验中也证实了这种观点：脱水或冷冻可以使彩虹色斑消除，但是在复水和解冻后又出现了，彩虹色斑随着肌肉系水力的减少而增加。此外，不同部位的肌肉，其组织结构如肌纤维的粗细等会不同，不同的成熟度、最终 pH、色泽值不同，肌肉结构也会有所不同，这些生化特征与彩虹色斑的联系最终也应归结为肌肉的组织结构与彩虹色斑的联系。

二、影响肉色稳定性的因素

（一）氧气压

形成氧合肌红蛋白需要充足的氧气，氧气分压越高，越有利于氧合肌红蛋白的形成。而肌红蛋白氧化成高铁肌红蛋白（褐色）需要少量氧气。一般来说，氧分压越低，越有利于高铁肌红蛋白的形成；氧分压越高，则越抑制高铁肌红蛋白的形成。已有实验证实，氧分压在 5～7mmHg 时，氧合肌红蛋白被氧化成高铁肌红蛋白的氧化速度最快。

（二）微生物

微生物繁殖加速肉色的变化，特别是高铁肌红蛋白的形成。这是因为微生物消耗了氧气，使肉表面氧分压下降，有利于高铁肌红蛋白的生成。但当微生物繁殖到一定程度时（>10^7cfu/g），大量微生物消耗了肉表面所有氧气，使肉表面成为缺氧层，高铁肌红蛋白又被还原，此时大量微生物污染肉面反而只有很少的高铁肌红蛋白。另外，在低氧（1%）和高 pH（>6.0）时，有的细菌会产生硫化氢，后者与肌红蛋白结合生成绿色的硫代肌红蛋白，使肉变绿等。

（三）pH

动物肌肉 pH 在宰前呈中性，为 7.2～7.4，宰后由于糖酵解作用，乳酸在肌肉中累积，pH 下降。一般而言，pH 均速下降，终 pH 为 5.6 左右，肉的色泽正常。pH 下降过快，会造成肌肉蛋白质变性，肌肉失水，肉色灰白，产生 PSE 肉，这种肉在猪肉较为常见；终 pH 一般是指成熟结束时肌肉的最终 pH，主要与动物屠宰时肌糖原含量有关。肌糖原含量过低时，肌肉终 pH 偏高（>6.0），肌肉呈深色（黑色），在牛肉中较为常见，如 DFD 肉、黑切牛肉和牛胴体黑色斑纹等；肌糖原含量过高时，肌肉终 pH 偏低（<5.5），会产生酸肉或 RSE（red、soft、exudative）肉，这种肉的色泽正常，但质地和保水性较差。

肌肉 pH 对血红蛋白亲氧性有较大影响，低 pH 有利于氧合血红蛋白对 O_2 的释放。实验表明，虽然 pH 对肌红蛋白氧合作用没有影响，但对其氧化有影响。低 pH 可减弱其血色素与结构蛋白的联系，加快其氧化。

（四）温度

温度升高有利于肉表面的细菌繁殖，加快 Mb 氧化，温度与高铁肌红蛋白的形成，即与肉色深浅呈正相关。据报道，在−3～30℃时，每提高 10℃，氧合肌红蛋白氧化成高铁肌红蛋白的速率提高 5 倍。此外，温度直接影响肌肉中酶的活性，影响动物宰后肌糖原的降解速度和肌肉 pH 的下降速度，对肉色（如 PSE 肉）产生重要影响。

（五）熟制

对于熟肉颜色来说，肌红蛋白的氧化还原状态起到重要作用。据报道，氧合肌红蛋白、高铁肌红蛋白与脱氧肌红蛋白、碳氧肌红蛋白相比，热稳定性更差。具体表现在高氧气调包装的牛排在蒸煮中，将更早呈现出棕色状态；经注射的牛排用高氧气调包装 7d 后，加热到 71.1℃时即呈现出棕褐色等。已有研究表明，提高加热终温和加热时间将降低蒸煮牛肉馅饼的红色。牛肉馅饼厚度和加热温度上升速率也会影响蒸煮颜色。

（六）腌制

由于氧气在食盐溶液中溶解度低，以食盐为主的腌制剂会降低肌肉中氧气浓度，加速肌红蛋白（Mb）氧化形成高铁肌红蛋白（MetMb），对保持肉色不利。

腌制肉制品中常添加硝酸盐或亚硝酸盐，对腌肉制品产生粉红色起到决定性作用。硝酸盐或亚硝酸盐的发色机制大体上是通过一个歧化反应生成NO，NO与肌红蛋白结合，取代肌红蛋白中与铁离子相连的水分子，形成亚硝基肌红蛋白（NO-Mb），该物质与空气中氧气接触变成灰绿色，但加热后变为稳定的亚硝基血色原，呈粉红色。酸性环境、高温和还原剂（如葡萄糖、抗坏血酸或异抗坏血酸及其钠盐、烟酰胺等）有利于亚硝基肌红蛋白的形成，但磷酸盐会导致肌肉pH升高而降低硝酸盐或亚硝酸盐的发色效果。

三、肉色评定方法

（一）感官评定

肉色感官评定生产上主要采用比色板法，即1分=灰白色（异常肉色泽），2分=轻度灰白（倾向异常肉色泽），3分=正常鲜红色，4分=稍深红色（属于正常肉色泽），5分=暗黑色（异常肉色泽）。一般大致操作步骤为：取屠宰后1～2h鲜肉样（胸腰椎接合处背最长肌肉的横断面），或宰后24h在冰箱中存放的冷却肉样，切开肉样（厚度不得小于1.5cm），新鲜切面上覆盖透氧薄膜，在0～4℃条件下静置1h，使表面色素充分氧化，对照比色板给出肉色分值。要求在白天室内正常光度条件下现场测定，不要让阳光直射肉样，也不要在室内阴暗处评定。

（二）色差计法评定

将肉样放在菜案上压平，用利刀水平切去表层使表面平整，然后再用刀平行于肉的表面将肉切成厚度3mm左右、厚薄均匀的肉片，并根据色差计样品盒直径将肉片修成圆形，平整地放入样品盒中，备用。

按照色差计操作说明，先将色差计调整到L^*（亮度值）、a^*（红度值）、b^*（黄度值）表色系统，用标准色度标板调整校准并调零后，根据色差计提示进行操作，将放好样品的样品盒放入机器进行测定，读取并记录各样品的L^*、a^*和b^*，根据色度值并结合pH等指标测定结果判断肉的色泽。

（三）化学测定法

采用分光光度计比色测定肉中肌红蛋白和血红蛋白含量，对肉的色泽进行评定。

四、异常色泽肉

（一）灰白色肉（PSE肉）

PSE即灰白、柔软和多渗出水的意思。PSE肉是动物应激导致肌肉pH下降过快造成的。产生PSE肉大多是混合纤维型，具有较强的无氧糖酵解潜能。环境对应激敏感动物产生PSE肉具有重要作用，特别是高温容易诱发PSE肉，快速冷却有助于减缓PSE肉的发生。由于PSE肉容易在高温低酸下发生，建议不用电刺激处理。

（二）黑色肉（DFD肉）

黑色肉除肉色发黑外，还有pH高、质地硬、系水力高、氧的穿透能力差等特征。应激是产生黑色肉的主要原因，任何使牛应激的因素都在不同程度上影响黑色肉的发生。

黑色肉容易发生于公牛，一般防范措施是减少应激，如上市前给予较好的饲养、尽量减少运输时间、长途运输后要及时补饲、注意分群、避免打斗等。

第二节　嫩　　度

一、肉的嫩度

嫩度（tenderness）是肉的主要感官品质之一。肉的嫩度是指肉在食用时口感的老嫩，是肌肉中肌原纤维蛋白和结缔组织蛋白（胶原）物理及生化状态的综合反映。大量研究表明，肌纤维直径越小（肌纤维越细），肌节长度越长，肉质越嫩。

二、影响肉嫩度的因素

（一）宰前因素

影响肉嫩度的宰前因素很多，有动物种、品种、年龄和性别及肌肉部位等多种因素。

一般来说，动物年龄越小，肌纤维越细，结缔组织中成熟交联数量越少，肉质越嫩；随着年龄的增长，结缔组织成熟交联增加，肌纤维变粗，胶原蛋白的溶解度和钙蛋白酶活性下降，肉的嫩度下降。运动越多、负荷越大的肌肉（腿部肌肉），越有强壮致密的结缔组织（即成熟交联数量多）支持，肉质越老；畜禽体格越大，肌纤维越粗大，肉越老；猪和鸡肉一般比牛肉嫩度大；公畜禽生长较快，胴体脂肪少，肌肉多，嫩度较母畜低。

（二）宰后因素

动物被屠宰后，由有氧呼吸变为无氧酵解，肌细胞产能剧减，肌动球蛋白缺乏能量不能分解成肌球蛋白和肌动蛋白，肌肉自身的收缩和延伸性丧失，导致肌肉僵直，肉嫩度变差。

1. 温度　肌肉收缩程度与贮藏温度有很大关系。一般来说，在 15℃以上，与贮藏温度呈正相关，温度越高，肌肉收缩越剧烈，肉质越老。在 15℃以下，肌肉的收缩程度与贮藏温度呈负相关，也就是说，温度越低，收缩程度越大，肉质越老。所谓的冷收缩就是在低温条件下形成的肌肉收缩现象，经测定在 2℃条件下肌肉的收缩程度与 40℃一样大。

2. 排酸　排酸肉又称冷鲜肉，是指严格执行兽医检疫制度，对屠宰后的畜禽胴体迅速进行冷却处理，使胴体温度（以后腿肉中心为测量点）在 24h 内降为 0～4℃，且在后续加工、流通和销售过程中始终保持在 0～4℃的生鲜肉。经排酸后，肉中大多数微生物生长繁殖受到抑制，肌肉中内源酶在排酸过程中降解肌钙蛋白，T、Z 线肌间蛋白，蛋白交联弱化，破坏肌肉原有结构支持体系，结缔组织变得松散、纤维状细胞骨架分解、Z 线断裂，肉质变嫩。但由于酶本身是一种蛋白质，所以在降解肌肉中其他蛋白质的同时也会发生自身降解，因此随着时间延长，钙蛋白酶在肌肉中含量逐渐减少，对肉的嫩度影响作用逐渐降低。嫩化在一开始较为强烈，随着时间延长，嫩化速度减弱。

3. 加热和烹调方式　一般来说，随着加热温度升高，蛋白质发生变性，影响着肉嫩度的大小。在 40～50℃，肉硬度随着温度增加而增大，这主要是变性肌动球蛋白凝聚所致。在 60～75℃，胶原蛋白变性收缩导致切割力第二次增加，肉硬度增大。以后随着温度继续升高，切割力下降，肉硬度下降，这是肽键水解和变性、胶原蛋白交联破裂及纤维蛋白降解的缘故；胶原蛋白纤维在持续加热下逐步降解，并部分转化为明胶，使肉的嫩度得到改善。

烹调加热方式也影响肉的嫩度。一般来说，烤肉嫩度较好，而煮制肉的嫩度取决于煮制温度，以肉中心温度 60～80℃时煮制肉的嫩度较好，随温度升高，嫩度下降，但高温高压煮制时，由于完全破坏了肌肉纤维和结缔组织结构，肉的嫩度反而会大大提高。

三、肉的嫩化方法

肌肉的嫩化方法包括物理、化学和生物酶嫩化技术。目前，越来越多的研究致力于在单一嫩化技术的基础上，进行多种技术的结合，以达到更好的肌肉嫩化效果。

（一）物理嫩化法

生产上肌肉常见的物理嫩化法主要有拉伸嫩化法和电刺激法。

1. 拉伸嫩化法　一般来说，肌纤维的肌小节越长或断裂越厉害，肉质越嫩。拉伸嫩化是指把屠宰后的胴体吊挂起来，利用其本身重力作用，根据不同吊挂方式拉长相应部位的肌节，从而使肉得到嫩化。传统拉伸方式主要采用吊挂式，可使背最长肌、半腱肌和半膜肌的肌节拉长，腰大肌的肌节缩短。但肉体悬挂在冷藏条件下，且需要时间长，冷库费用较高，肉汁损失也较多，容易受嗜冷微生物的侵扰，往往会带来一定的经济损失。

2. 电刺激法　对牛胴体进行电刺激有利于加快排酸作用，加速嫩化过程，这主要是因为电刺激可使肌肉 ATP 降解，加快糖酵解速度，使肌肉僵直快速出现，进而避免冷收缩；引起 Z 线断裂，导致肌原纤维间结构松弛，更多水分被容纳进去；激活了酸性蛋白酶活性等。

（二）化学嫩化法

肌肉的化学嫩化法主要有盐类嫩化法和有机酸嫩化法。

1. 盐类嫩化法　盐类嫩化法是指采用盐溶液（如钠盐、钾盐、镁盐和钙盐等）浸泡或注射畜禽胴体，通过缩短钙蛋白酶的激活时间来达到嫩化肌肉的效果。这是由于盐溶液处理畜禽肌肉后能够提高肌肉的离子强度和肌球蛋白的溶解性，甚至能够使肌肉肌原纤维结构发生裂解，达到嫩化肌肉的效果。

2. 有机酸嫩化法　将肉在酸性（如柠檬酸、乳酸和乙酸等有机酸）溶液中浸泡可以改善肉的嫩度。这是由于低 pH 下有机酸不仅能够弱化肌束膜中的结缔组织，还可以降低肌肉的机械抵抗力，加速肌肉内源性蛋白酶嫩化肌肉。利用酸性红酒和醋来浸泡肉的方法较为常见，可以改善嫩度，增加肉的风味，其中以溶液 pH 介于 4.1～4.6 时嫩化效果最佳。

（三）生物酶嫩化法

目前用于肉类嫩化的酶类主要来源于植物提取和微生物培养。植物中提取的酶类主要有木瓜蛋白酶、菠萝蛋白酶、无花果蛋白酶和生姜蛋白酶等，这类酶对结缔组织有较强的分解作用，嫩化效果显著。其中，木瓜蛋白酶和菠萝蛋白酶是目前商品酶类的主要种类。微生物培养的嫩化酶主要有蛋白酶 15、枯草杆菌蛋白酶、链霉蛋白酶和水解蛋白酶 D 等，这类酶主要具有分解肌纤维膜和肌原纤维蛋白的作用。肉的酶嫩化处理通常是将肉浸泡在上述酶溶液中；或将含酶溶液直接泵入肌肉血管系统，通过微血管等使其溶入肉中，使用非常方便。

但目前所用的酶大多数具有广泛的底物专一性，易导致肉质过嫩或不均匀，空间结构塌陷，达不到理想的风味，且增加生产成本，往往对肉质总体评价造成负面影响。

四、嫩度的评定

（一）感官评定

感官评定主要是通过视觉、嗅觉、触觉、味觉和听觉而感知产品感官特性的一种科学方法。

感官评定在仪器的测量、定位和评估中非常有用，可以用来确定商品的价值，甚至商品的可接受性，主要应用在质量控制、产品研究开发等多个方面，它与仪器测定法相互补充。

肉嫩度的感官评定主要依靠人的咀嚼、和舌与颊对肌肉的柔软性、嚼碎容易性和可咽性等的综合感觉，是主观评定方法。柔软性即舌头和颊接触肉时产生触觉，如嫩肉感觉软糊，老肉有木质化感觉；易碎性是指牙齿咬断肌纤维的容易程度，嫩度很好的肉对牙齿的抵抗力小，很容易被嚼碎；可咽性通过咀嚼后肉渣剩余的多少及吞咽的容易程度来衡量。肉的感官评定可以根据咀嚼次数（可正常吐咽程度时），结缔组织的嫩度，对牙、舌和颊的柔软性和剩余残渣等项目进行打分。肉嫩度感官评定的优势是比较接近食用正常条件下对肉嫩度进行评定，且感官评定小组通常由经过培训且有经验的专业评审人员组成。

（二）仪器测定法

肌肉嫩度仪器测定法主要借助特殊仪器（如嫩度计、物性测定仪）衡量切断力、穿透力、咬力、剁碎力、压缩力、弹力和拉力等指标，而最通用的是切断力，又称剪切力（shear force）。剪切力值越大，肉质越老；剪切力值越小，肉质越嫩。一般来说，剪切力值大于4kg时肉就比较老了，难以被消费者接受。

用嫩度计测定肉嫩度的操作如下。

1）用直径1.27cm的圆形取样器顺肌纤维平行方向切取被测试样。

2）剔除肌肉表面附着的脂肪，80～85℃恒温水浴锅中加热至肌肉中心温度达到70℃，维持约30min，取出后自然冷却至室温。

3）先校准肌肉嫩度计置于零位置，调节刀高度，露出放样孔，将肉样放入刀孔，按动开关使刀移动，至肉样被完全切断时停止，记录最大剪切力值。

$$\text{相对剪切力}=\frac{\text{样品剪切力(kg)}}{\text{样品横截面(cm}^2\text{)}}\times 100\%$$

测定时，取肉样时间、部位、大小、加热方法等多种因素尽量采用国际通用方法和要求，如测试样品需按与肌纤维平行方向切取长方形的2～3个样品，测定时切刀要与肉样垂直剪切，直至切断为止。只有这样，才能保证实验结果具有可比性。

第三节　肉的风味及影响因素

肉的风味主要包括滋味和香气两个方面。滋味的呈味物质是非挥发性的，主要靠人的舌面味蕾（味觉器官）感觉，经神经传导到大脑反应出味感。香气的呈味物质主要是挥发性的芳香物质，主要靠人的嗅觉细胞感受，经神经传导到大脑产生芳香感觉。

一、风味

（一）滋味

肉的滋味（或味道），与肉及肉制品中的一些非挥发性物质有关，主要来源于蛋白质和核酸的降解产物、糖、有机酸、矿物盐类离子等，包括游离氨基酸、小肽、核苷酸、单糖、乳酸、磷酸、氯离子等，其中游离氨基酸和核苷酸是肉类中最主要的滋味呈味物质。甜味主要来自于葡萄糖、核糖和果糖等；咸味主要来自于无机盐和谷氨酸盐及天冬氨酸盐；酸味主要来自于乳酸和谷氨酸等有机酸；苦味主要来自于一些游离氨基酸（如组氨酸、精氨酸、蛋氨酸、缬氨酸、亮氨酸、异亮氨酸、苯丙氨酸、色氨酸、酪氨酸）和肽类物质（如次黄嘌呤、鹅肌肽和肌肽等）；鲜味主要来自于谷氨酸钠（MSG）及肌苷酸（IMP）。而 IMP 是肉成熟过程中由 ATP 分解产生的。IMP 和 MSG 既是肉的鲜味物质，又是肉的风味增强剂，主要表现在对肉的口感、鲜味、收敛感有较强促进作用。MSG 和 IMP 在肉烹饪加工过程中虽有所损失，但在熟肉制品中仍然是重要的鲜味物质，且两者本身也具有协同作用，还和甘氨酸等氨基酸和天冬酰胺等具有协同作用。

近些年来，科学家发现“人类第 6 味觉”——脂肪的味道（简称脂肪味），人类舌头味蕾中存在一种可以识别脂肪分子的特殊化学受体 CD36，且 CD36 的敏感度存在个性差异。一个人的 CD36 越多，对食物中脂肪的敏感度就越高，越能避免摄入脂肪，从而不易肥胖。一旦 CD36 减少一半，人们对脂肪的感知能力就会降低 8 倍。

（二）香气

生肉不具备芳香性，烹调加热后一些芳香前体物质主要经过脂肪氧化、美拉德反应（Maillard reaction）和硫胺素降解产生挥发性物质等 3 种途径赋予熟肉芳香性。与肉的香味有关的物质很多，有上千种化合物。近年来研究发现，对肉的香气起决定性作用的物质主要有十几种，如 2-甲基-3-呋喃硫醇、糠基硫醇、3-巯基-2-戊酮和甲硫丁氨醛，被认为是肉香气的基本物质。禽肉香味受脂肪氧化产物影响最大，其中最主要的是 2(E),4(E)癸-二烯醛、2-十一（烷）醛和 2,4-癸二烯醛及其他不饱和醛类物质。纯正的牛肉和猪肉香味来自于瘦肉，受脂肪影响很小。羊肉膻味来自于 4-乙基辛酸和 4-甲基辛酸等支链脂肪酸和其他短链脂肪酸，公猪腥味则来自于 C_{19}-Δ^{17}-类固醇。

二、常见畜禽肉的风味特点

（一）猪肉的风味

猪肉香气主要来自猪肉中风味前体物质脂肪、蛋白质、碳水化合物、一些微量矿物质和维生素等，其中脂肪起着关键性的作用。这些风味前体物质在酶、微生物及加工条件等的作用下，发生美拉德反应、脂质氧化反应、斯特勒克（Strecker）降解反应及缩合反应产生不同的香气物质。猪肉硫胺素含量丰富，而硫胺素在烧烤加热过程中产生的呋喃酮、呋喃硫醇和二甲基二硫等多硫化物是烤猪肉中的典型香味物质。硫胺素水解产物能形成噻唑，具有熟猪肉的芳香。现已测定出，猪肉中的可鉴定挥发性物质的主要成分为碳氢化合物、醛、酮、醇、酯、呋喃、吡嗪、硫化物等，这些物质共同作用形成猪肉的特有风味。公猪的膻味来自公猪肉和饲养加工环境不良的阉猪肉。此风味在本质上是挥发性异味（香味的对立面），不属于口感滋味的范畴。

（二）牛肉的风味

酯类在牛肉挥发性成分中比较多，以油香气息占主导。内酯在牛脂肪挥发性成分中较多，有五元环和六元环两类内酯：γ-内酯和 δ-内酯，有油、奶油、脂肪和果香的气味。还有一些不饱和内酯在牛肉的风味中被发现，如丁烯酸内酯（4-羟基-2-丁烯酸内酯）。这种内酯与甲硫醇反应产生 3-甲硫基-4-羟基丁酸内酯，具有葱的硫化物气味。牛肉肉香中所含的硫化物有噻吩类、噻唑类、硫醇类、硫醚类、二硫化物及其他的含硫杂环化合物等 100 多种成分。若从加热牛肉所得的挥发性成分中除去硫化物，加热所形成的肉香气味几乎完全消失。由此可见硫化物在牛肉香中的重要作用。在其他杂环硫化物中，1,4-二硫杂环己烷在煮牛肉的挥发性成分中被发现；三聚己硫醛（2,4,6-三甲基-1,3,5-三硫杂环己烷）和三聚己硫酮（六甲基-1,3,5-三硫杂环己烷）在高压煮牛肉的挥发性成分中存在。5,6-二氢-2,4,6-三甲基-1,3,5-二硫嗪在牛肉的挥发性成分中存在，该化合物有烤牛肉的香气味。

（三）羊肉的风味

已报道，羊肉挥发性主体香味物质有10种醛、3种酮和1种内酯，包括烷烃、醛、酮、醇、内酯及杂环化合物。其中以3,5-二甲基-1,2,4-三硫杂环戊烷含量较高。羊肉致膻与羊肉中短链脂肪酸、硬脂酸和某些脂溶性物质种类和含量密切相关。其中C_6、C_8和C_{10}短链脂肪酸对熟羊肉的特征气味有非常强的贡献作用，以4-基辛酸和4-甲基壬酸含量最高。现已查明绵羊脂肪特殊风味与2-异丙基酚、3,4-二甲基酚、百里酚、甲基异丙基酚及3-异丙基酚有关。山羊的膻味与4-甲基辛酸、4-甲基癸酸等甲基侧链的脂肪酸有关。公山羊的膻味可能与高浓度的噻吩有关。

延伸阅读6-1 除羊肉膻味的方法

1. 物理去膻法

（1）高温加热处理法　由于膻味的主要成分具有挥发性，可通过某种形式的高温高压处理，降低膻味强度，如采用蒸汽直接喷射超高温灭菌，同时可结合真空急骤蒸发进行脱膻。

（2）物理包埋法　采用环状糊精CD包埋法。羔羊的膻味物质主要是由羰基化合物、含硫化合物及主碳链8～10位上有侧链的不饱和脂肪酸产生。这些化合物都属易挥发有机物，易被环糊精分子洞的疏水空腔所包埋，大大降低羊肉膻味。

2. 化学去膻法

由于膻味的主要成分是脂肪酸，可利用某些化学试剂进行中和酯化，但这种方法往往受某些食品法规约束。有报道称可采用环醚型脱膻剂与低级脂肪酸发生酯化反应，去除羊肉膻味。

3. 微生物去膻法

利用某些特定微生物（如乳酸菌）及其分泌的微生物酶的作用，改变羊肉膻味分子构型及其存在形式，达到脱膻效果。

4. 传统去膻法

传统上多采用山羊肉与萝卜或红枣同水共煮后，弃去萝卜和水，再行烹调，可减轻膻味，或将羊肉与大蒜、辣椒、醋等同煮，也有去膻效果。也可利用白芷、砂仁、山楂、核桃、杏仁、绿豆等进行脱膻，但产品经冷却贮藏后，膻味又重新恢复。这说明中草药脱膻只能起到暂时掩盖作用。

（四）鸡肉的风味

鸡肉的风味主要由鸡脂香、鸡肉香、肉香、鲜甜味构成。一般性气味成分主要为2-甲基-3-呋喃硫醇、2-呋喃硫醇等含硫和含氮化合物，这主要是鸡肉中含硫化合物蛋氨酸、半胱氨酸、肌苷酸等物质与还原性糖发生反应产生的。鸡肉的特征性气味成分包括2,4-葵二烯醛及其他醛酮类物质，主要为鸡油中的不饱和脂肪酸氧化降解产生的。

鸡肉的羰基化合物形成油性香味、肉味、辛辣味和薄荷味。羰基化合物被视为鸡肉风味和挥发性香味的来源。在家禽的挥发性化合物中，丁二酮和癸二烯是赋予香味的重要化合物。在羰基化合物的形成过程中，脂肪、脂肪酸、氨基酸起着重要的作用。其他化合物如糖类、脂肪族和芳香族的碳水化合物也起着不可忽视的作用。肌苷酸是一种重要的助香性物质。在烹调的过程中，pH 影响肉汤的风味和挥发性化合物的形成，低 pH 可以加强鸡肉的风味。

三、影响肉风味的因素

1. 水分活度、pH、温度　一般来说，切面干爽又富有弹性的瘦肉保水能力强，肌肉中的水溶性滋味物质不易流失，烹饪时发挥最大的致鲜作用。与良好系水力起协同作用的是肌质 pH。当终 pH > 5.5 时，肌质蛋白微观结构的保水力才能有效保证肌质中滋味物质与肌质水分同时滞留在肌细胞内。缓冲能力强、pH 正常（pH6.0～6.4）的肌质能增强 MSG 的鲜味感和延长半衰期。pH 过低（PSE）的猪肉不利于鲜味物质呈现稳定活性。pH 过高（DFD）的肉易产生异味，在烹饪时易产生硫化氢等难闻气味。

2. 品种和部位差异　不同畜禽各有特殊的肉品风味，同类动物的肉味也会因品种的不同而异。这主要是由不同畜禽通过脂肪组成和代谢的遗传控制实现的。且肉中脂肪氧化产物碳酰化合物种类和数量的种间差异也是造成风味差异的主要原因。总的来说，肌肉组成的种间和部位差异较小，其风味前体物组成基本相同，但加热其脂肪组织可以很好地表现出不同程度的差异。

3. 年龄和性别差异　肌肉的化学成分随着年龄的增加而发生变化，一般来说，除水分下降外，别的成分含量均增加。幼年动物水分含量高，缺乏风味，年龄越大，风味越浓。性别不同主要影响肉的质地和风味。未去势公猪，因性激素缘故，有强烈异味。

4. 饲养和营养因素　饲养因素主要分为饲料成分和日粮调控。饲料中鱼粉的腥味、牧草味均可带入肉中。饲料含有的硫丙烯、二硫丙烯、丙烯-丙基二硫化物等会一直在肉中散发特殊气味。生长育肥不同阶段和不同的日粮营养水平也将影响不同部位风味物质的沉淀。用三叶草饲养的羊比黑麦草饲养的风味重，而给羊饲喂苜蓿，有外来异味和香味，减少了这种羊肉的接受性。

5. 肌肉脂肪含量　肉的风味与肌肉中脂肪含量密切相关。大理石花纹（小肌束间结缔组织和脂肪）和肌内脂肪丰富的肌肉意味着芳香物质的前体物质丰富，是浓郁风味的先兆。肌内脂肪也是猪肉多汁性的必要条件。例如，红烧肉主要通过丰富的肌内和肌间脂肪（雪花里脊或软肋五花肉）来促成熟肉脂肪降解，而形成浓郁的芳香特色。

脂肪对肉类风味的影响有以下两种方式：①不饱和脂肪酸氧化形成羰基化合物，这种羰基化合物含量适宜时，口感风味甚佳，如低于或高于一定的含量则形成异味的感觉；②脂肪中含有脂溶性化合物，热加工时产生挥发性物质，使得肉类的风味酣浓。

6. 肉的冷却与成熟　屠宰后畜禽肉经过冷却、产酸、成熟的过程，其肉的风味好，这是因为肉在冷却、产酸和成熟的过程中经过一系列的物理化学变化，使肉变得柔软而芬芳。

7. 贮藏环境条件　肉及肉制品在低温条件下长时间贮藏，肉中脂肪会被空气中氧气氧化成醛酮类过氧化物，出现不同程度的哈喇味；空气中微生物附着在生（熟）肉表面繁殖，产生一些自溶酶溶解肉中的蛋白质和脂肪，也会使肉产生酸败味或尸臭味等。

第四节　多　汁　性

多汁性（juiciness）也是影响肉食用品质的一个重要因素，尤其对肉的质地影响较大，据测算，10%～40%肉质地的差异是由多汁性好坏决定的。

一、多汁性的概念

肉的口感发干与否，或多汁性好坏，主要是指咀嚼期间熟肉刺激唾液腺分泌唾液的能力。口感发干表示多汁性差。根据 Lawrie（2006）和 Warriss（2001）在 *Meat Science* 中的描述，多汁性是熟肉的感官属性，包括咀嚼初期肉所释放的汁液感和咀嚼过程中肉的持续性汁液感，后者主要是脂肪刺激唾液分泌而产生的效应。多汁性可通过测定肉中的脂肪含量进行估计。

二、多汁性的评定

1. 感官评定　目前，对于多汁性的评价方法，应用较为普遍的仍然是感官评定。肉的多汁性感官评定是感官评定人员咀嚼时根据肉制品释放水分和刺激唾液分泌多少的综合反映，是以人的口腔感知和评价产品多汁性的方法，在进行感官评定时，感官评定人员首先要对多汁性的等级做出描述和评分，再选择合适的统计学方法做出判断。

2. 人工口腔法　基于感官评定具有一定的主观性，导致结果产生不可预测和避免的误差，即使是经验丰富的专家型评价员，也很难完全把握感官主观性。张伟力等（1997）提出用人工口腔法来客观评定猪肉多汁性的方法，即实验采用两种水泥盘、假牙和海绵舌组成的人工口腔，对75℃水浴加热 15min 的猪肉咬合 1s，将这种咬合导致的肉汁损失量用作衡量猪肉的多汁性，该方法相对比较客观，与主观度量相比更准确，而且客观度量使不同国家、不同时间的测定结果更加有可比性。

3. 化学测定法　肌内脂肪（intramuscular fat，IMF）是指肌肉结缔组织膜内瘦肉中含的脂肪。一般而言，肌内脂肪含量越少，肉的多汁性越差；肌内脂肪含量越多，肉的多汁性越好。肌内脂肪测定最经典的方法是索氏提取法。多汁性最好的猪肉一般含有 2%～5%肌内脂肪。

三、影响多汁性的因素

（一）脂肪含量和类型

肌肉中脂肪分为肌间脂肪和肌内脂肪，但二者不可混为一谈。其中，肌间脂肪（intermuscular fat）是指肌肉结缔组织膜外肌肉间沉积的脂肪，主要化学成分为甘油三酯，其含量多少与大理石花纹和肉的嫩度有密切关系。肌内脂肪主要存在于肌外膜、肌束膜和肌内膜中，脂肪含有 60%～70%磷脂，是反映肉质滋润多汁的物理因子。一般而言，肌内脂肪含量越少，肉的多汁性越差；肌内脂肪含量越多，肉的多汁性越好。

（二）加热温度

一般认为，肉制品的中心温度越高，多汁性越差。例如，60℃结束的牛排就比 80℃牛排多汁，而后者又比 100℃结束的牛排多汁。为了使肉制品获得良好的多汁性，加热终温度一般不超过 80℃。高温杀菌的肉制品多汁性差。

（三）烹调方法和加热速度

不同烹调方法对多汁性有较大影响，同样将肉加热到 70℃，采用烘烤方法处理的肉最为多汁，其次是蒸煮，然后是油炸，多汁性最差的是加压烹调。这可能与加热速度有关，加压和油炸速度最快，而烘烤最慢。

四、脂肪对肉多汁性、风味和嫩度的贡献

（一）脂肪对肉多汁性的贡献

对肉多汁性的评价主要来自两方面：一是最初咀嚼时从肉块中释放出的肉汁数量；二是继续咀嚼，肉块多汁性的持续性。前者是肉块自身的游离汁液产生的，后者是肌肉内脂肪刺激唾液腺造成的。因此，肉的多汁性取决于肉的持水性和肌内脂肪的含量。Latif（1998）研究表明，肌内脂肪与系水力呈负相关。这是由于肌内脂肪含量高引起 pH 下降，从而导致蛋白质带净负电荷减少，肉吸附水的能力下降。

（二）脂肪对肉风味的贡献

脂肪对肉风味的贡献主要集中在肌内脂肪。肌内脂肪的主要成分是磷脂，其中富含的不饱和脂肪酸特别是多不饱和脂肪酸极易被氧化，当这些氧化产物积累到一定程度时，直接影响肉的风味。同时，脂肪氧化产物也可以与其他物质反应而影响肉的风味。

肌内脂肪含量和脂肪酸组成对肌内脂肪在形成风味中的作用也有一定的影响。研究表明，肌内脂肪在 2%～2.5%时，猪肉品质最好。研究表明，脂肪酸类型与风味的产生有很大关系，如中性脂肪脂肪酸中 C18：2（*n*–6）、C18：3（*n*–3）、C20：4（*n*–6）、C20：5（*n*–3）、C22：5（*n*–3）、C22：6（*n*–3）脂肪酸与风味呈负相关，而 C16：1、C18：1ω9、C18：1ω11 脂肪酸与风味呈正相关；但在磷脂中，C18：2（*n*–6）、C20：4（*n*–6）、C22：4（*n*–6）脂肪酸与肉的风味呈正相关。

（三）脂肪对肉嫩度的贡献

肌内脂肪一般存在于肌内纤维的肌外膜、肌束膜及肌内膜上，所以肌纤维密度越大，肌内脂肪的沉积也会越多。同时，肌内脂肪的存在也使肌肉表现出大理石花纹状，而大理石花纹出现的程度与肌内脂肪的数量和分布有关。肌内脂肪与结缔组织交叉存在，使结缔组织变得稀疏，相互间作用变小，使结缔组织容易分离，从而改变嫩度。

——思考题——

1. 简述肉色的变化机制。
2. 简述影响肉嫩度的因素。
3. 简述常见畜禽肉的风味特点。
4. 简述影响肉多汁性的因素。
5. 如何综合评定肉品质量？

主要参考文献

彭增起. 2007. 肉制品配方原理与技术. 北京：化学工业出版社

张伟力，蒋模有，陈宏权. 1997. 利用人工口腔来客观评定猪肉多汁性的新方法. 安徽农业大学学报，24(1): 58-61

周光宏. 2011. 畜产品加工学. 北京：中国农业出版社

Swatland HJ. 1984. Optical characteristics of natural iridescence in meat. Journal of Food Science, 49(3): 685-686
Swatland HJ. 1988. Interference colors of beef fasciculi in circularly polarized light. Journal of Animal Science, 66(2): 379-384
Swatland HJ. 1989. X-ray diffraction measurements measurement of reflectance and sarcomere length of myofilament lattice spacing and optical in commercial pork loins. J Animal Science, 67: 152-156
Wang HJ. 1991. Causes and Solutions of Iridescence in Precooked Meat. Manhattan: PhD dissertation of Kansas State University

第7章

肉的贮藏与保鲜

本章学习目标：通过本章的学习，了解肉中的微生物及其对肉品质量的影响；掌握冷却保鲜、冷冻保鲜、辐射保鲜、充气保鲜、真空保鲜用于肉类保鲜的技术和方法；重点掌握冷却肉与肉制品在贮运过程中颜色、风味、质构、贮藏损失和微生物的变化。

食品质量安全控制体系包括危害分析和关键控制点（HACCP）、良好操作规范（GMP）、卫生标准操作程序（SSOP）、ISO9000和可追溯系统。将整个食品安全控制体系视作一个整体，GMP 就是整个体系的地基，将食品生产管理、包装贮藏要求都做了详细的、责任明确的规定；SSOP是基于GMP中关于卫生方面的要求而专门制定的卫生控制程序；HACCP是食品安全控制的关键技术，是以GMP与SSOP为基础建立起来的。

通过对生产、包装及贮藏过程中肉与肉制品中有害微生物的控制，并探讨影响品质变化的因素，在生产过程中结合使用 ISO9000、HACCP、GMP，保证肉与肉制品的品质安全，也能使消费者清楚了解产品的生产信息，做到生产透明、流通透明、销售透明，生产安全、质量安全、消费安全。

第一节　肉中的微生物和肉的腐败

一、肉中的微生物

肉的营养物质丰富，是微生物生长的良好培养基，如果控制不当，很容易受到微生物污染，导致腐败变质，从而缩短了肉的货架期。

1. 鲜肉中的微生物　胴体表面初始污染的微生物主要来源于动物的皮表、被毛及屠宰环境，皮表或被毛上的微生物来源于土壤、水、植物及动物粪便等。胴体表面初始污染的微生物大多是革兰氏阳性嗜温微生物，主要有小球菌、葡萄球菌和芽孢杆菌，主要来自粪便和表皮。少部分是革兰氏阴性微生物，主要为来自土壤、水和植物的假单胞杆菌，也有少量来自粪便的肠道致病菌。在屠宰期间，屠宰工具、工作台和人体也会将细菌带给胴体。在卫生状况良好的条件下屠宰的动物肉，每平方厘米表面上的初始细菌数为 10^2～10^4cfu/cm^2，其中 1%～10%能在低温下生长。猪肉初始污染的微生物数不同于牛、羊肉，热烫褪毛可使胴体表面微生物数减少到 $<10^3$cfu/cm^2，而且存活的主要是耐热微生物。动物体的清洁状况和屠宰车间卫生状况影响微生物的污染程度，肉的初始载菌数越少，保鲜期越长。

2. 冻结肉中的微生物　冻结肉的细菌总数明显减少，微生物种类也发生明显变化。例如，冻结前牛肉的平均细菌总数大约为 10^5cfu/g，而经–30℃冻结后，平均细菌总数减少到 10cfu/g。一般革兰氏阴性菌比革兰氏阳性菌、繁殖体比芽孢对冻结致死更敏感。例如，牛肉冻结前革兰氏阳性菌占 15%，革兰氏阴性菌占 85%，经–30℃冻结后，革兰氏阳性菌的比例上升到 70%，革兰氏阴性菌下降为 30%。在商业冻藏温度下（–15℃以下），细菌不仅不能生长，其总数也会减少。

但长期冻藏对细菌芽孢基本上没有影响，酵母和霉菌对冻结和冻藏的抗性也很强。因而，在通风不良的冻藏条件下，胴体表面会有霉菌生长，形成黑点或白点。

3. 真空包装鲜肉中的微生物　20 世纪 80 年代中期，美国市场上 80%以上的牛肉采用真空包装。不透氧的真空包装袋可使鲜牛肉的货架期达到 15 周以上，而透氧薄膜仅能使货架期达到 2～4 周。在不透氧真空包装袋内，O_2很快消耗殆尽，CO_2趋于增加，氧化还原电位（Eh）降低。真空包装的鲜肉贮藏于 0～5℃时，微生物生长受到抑制，一般 3d 之后微生物缓慢生长。贮藏后期的优势菌是乳酸菌，占细菌总数的 50%～90%，主要包括革兰氏阳性乳杆菌和明串珠菌。革兰氏阴性假单胞杆菌的生长则受到抑制，相对数目减少。腌肉的盐分高，室温下主要的微生物类群是微球菌。真空包装的腌肉在贮藏后期的优势菌仍然是微球菌，链球菌（如肠球菌）、乳杆菌和明串珠菌也占一定比例。

4. 解冻肉中的微生物　在正常冻结冻藏条件下，经过长期保存的冻结肉，其细菌总数明显减少，即肉在解冻时的初始细菌数比其原料肉的细菌数要少。在解冻期间，肉的表面很快达到解冻介质的温度。解冻形状不规则的肉时，微生物的生长依肉块部位不同而有差异，同时取决于解冻方法、肉表面的水分活度、温度及肉的形状和大小。

正常解冻时，当温度达到微生物的生长要求时，由于延迟期（即少量微生物接种到新鲜培养基质，一段时间内细胞数目不增加的时期）的原因，微生物并不立即开始生长。延迟期的长短取决于微生物本身、解冻温度和肉表面的小环境。–20℃条件下冻藏的肉在 10℃条件下解冻时，假单胞杆菌的延迟期为 10～15h；在 7℃条件下解冻时的延迟期为 2～5d。与鲜肉相比，解冻后的肉更易腐败，应尽快加工处理。

二、肉的腐败

肉类腐败变质时，往往在肉的表面产生明显的感官变化，这些都是由腐败性微生物引起的。这些肉品的腐败特征与腐败微生物自身的生物学特性及其致腐特性密切相关。

1. 发黏　微生物在肉表面大量繁殖后，使肉体表面有黏液状物质产生，拉出时如丝状，并有较强的臭味，这是微生物繁殖后所形成的菌落，以及微生物分解蛋白质的产物。这主要是由革兰氏阴性细菌、乳酸菌和酵母菌所产生的。当肉的表面有发黏、拉丝现象时，其表面含菌数一般为 10^7cfu/cm^2。

2. 变色　肉类腐败时，肉的表面常出现各种颜色变化。最常见的是绿色，这是由于蛋白质分解产生的硫化氢与肉中的血红蛋白结合后形成硫化血红蛋白，这种化合物积蓄在肌肉和脂肪表面即显示暗绿色。另外，黏质赛氏杆菌在肉表面产生红色斑点，深蓝色假单胞杆菌能产生蓝色斑点，黄杆菌能产生黄色斑点。

3. 霉斑　肉表面有霉菌生长时，往往形成霉斑，特别是一些干腌肉制品，更为多见。例如，枝霉和刺枝霉在肉表面产生羽毛状菌丝，白色侧孢霉和白地霉产生白色霉斑，扩展青霉、草酸青霉产生绿色霉斑，蜡叶芽枝霉在冷冻肉上产生黑色斑点。

4. 变味　肉类腐败时往往伴随一些不正常或难闻的气味。一般来说，当肉表面菌落数达到 10^7cfu/cm^2时，就会产生腐败味。革兰氏阴性菌在 10^5～10^6cfu/cm^2就可能察觉出异味。这些气味的产生主要是由腐败型细菌产生的酶类分解蛋白质产生的高碱性代谢副产物引起的，这些物质主要包括氨、胺、硫化氢和一些其他的含硫化合物（如二甲基硫醚）。假单胞菌属的某些种，首先利用肉中的氧和葡萄糖作为能源，一旦葡萄糖耗尽，它们便开始代谢蛋白质作为碳源。荧光假单胞菌可以降解甲硫氨酸、半胱氨酸等含硫氨基酸。细菌产生的高碱性代谢副产物可以使肉的 pH 在较短的时间内升到 6.5 以上，从而引起肉的最后腐败。

第二节　鲜肉的贮藏与保鲜

肉是易腐败食品，处理不当就会变质，为延长肉的货架期，不但要改善原料肉的卫生状况，而且要采取控制措施阻止微生物生长繁殖。原料肉的贮藏保鲜方法正确与否直接影响肉品质量。

一、冷却保鲜

冷却保鲜是常用的肉和肉制品保存方法之一。这种方法将肉品冷却到 0℃左右，并在此温度下进行短期贮藏，由于冷却保存耗能少，投资较低，适宜于保存在短期内加工的肉类和不宜冻藏的肉制品。

（一）肉的冷却

1. 冷却目的　刚屠宰完的胴体，其温度一般在 38～41℃，这个温度范围正适合微生物生长繁殖和肉中酶的活性，对肉的保存很不利。肉冷却的目的就是在一定温度范围内使肉的温度迅速下降，使微生物在肉表面的生长繁殖减弱到最低程度，并在肉的表面形成一层皮膜；减弱酶的活性，延缓肉的成熟时间；减少肉内水分蒸发，延长肉的保存时间。

肉的冷却是肉冻结过程的准备阶段。在此阶段，胴体或肉逐渐成熟。

2. 冷却条件和方法　目前，畜肉的冷却主要采用空气冷却，即通过各种类型的冷却设备，使室内温度保持在 0～4℃。冷却时间取决于冷却室温度、湿度和空气流速，以及胴体大小、肥度、数量、胴体初温和终温等。禽肉可采用液体冷却法，即以冷水和冷盐水为介质进行冷却，也可采用浸泡或喷洒的方法进行冷却，此法冷却速度快，但必须进行包装，否则肉中的可溶性物质会损失。

冷却终温一般在 0～4℃，牛肉多冷却到 3～4℃，然后移到 0～1℃冷藏室内，使肉温逐渐下降；分割胴体，先冷却到 12～15℃，再进行分割，然后冷却到 1～4℃。

（1）冷却条件的选择

1）冷却间温度：热鲜肉易腐败，为尽快抑制微生物生长繁殖和酶的活性，保证肉的质量、延长保存期，要尽快把肉温降低到一定范围。肉的冰点在–1℃左右，冷却终温以 0℃左右为好。因而冷却间在进肉之前，应使空气温度保持在–4℃左右。在进肉结束之后，即使初始放热快，冷却间温度也不会很快升高，使冷却过程保持在 0℃左右。

对于牛、羊肉来说，在肉的 pH 尚未降到 6.0 以下时，肉温不得低于 10℃，否则会发生冷收缩。

2）冷却间相对湿度（Rh）：冷却间的 Rh 对微生物的生长繁殖和肉的干耗（一般为胴体重的 3%）起着十分重要的作用。湿度大，有利于降低肉的干耗，但微生物生长繁殖加快，且肉表面不易形成皮膜；湿度小，微生物活动减弱，有利于肉表面皮膜的形成，但肉的干耗大。在整个冷却过程中，水分不断蒸发，总水分蒸发量的 50%以上是在冷却初期（最初 1/4 冷却时间内）完成的。因此在冷却初期，空气与胴体之间温差大，冷却速度快，Rh 宜在 95%以上，之后宜维持在 90%～95%，冷却后期 Rh 以维持在 90%左右为宜。这种阶段性地选择相对湿度，不但可缩短冷却时间，减少水分蒸发，抑制微生物大量繁殖，而且可使肉表面形成良好的皮膜，不致产生严重干耗，达到冷却目的。

对于刚屠宰的胴体，由于肉温高，要先经冷晾，再进行冷却。

3）空气流速：空气流速对干耗和冷却时间也极为重要。相对湿度高，空气流速低，虽然能使干耗降到最低程度，但容易使胴体长霉和发黏。为及时把由胴体表面转移到空气中的热量带走，并保持冷却间温度和相对湿度均匀分布，要保持一定速度的空气循环。冷却过程中，空气流速一般应控制在0.5～1m/s，最高不超过2m/s，否则会显著提高肉的干耗。

（2）*冷却方法*　冷却方法有空气冷却、水冷却、冰冷却和真空冷却等。我国主要采用空气冷却法。

进肉之前，冷却间温度降至–4℃左右。进行冷却时，把经过冷晾的胴体沿吊轨推入冷却间，胴体间距保持3～5cm，以利于空气循环和较快散热，当胴体最厚部位中心温度达到0～4℃时，冷却过程即可完成。冷却操作时要注意以下几点。

1）胴体要经过修整、检验和分级。

2）冷却间符合卫生要求。

3）吊轨间的胴体按“品”字形排列。

4）不同等级的肉，要根据其肥度和质量的不同，分别吊挂在不同位置。肥重的胴体应挂在靠近冷源和风口处。薄而轻的胴体挂在距排风口较远处。

5）进出速度快，并应一次完成进肉。

6）冷却过程中尽量减少人员进出冷却间，保持冷却条件稳定，减少微生物污染。

7）在冷却间按每立方米平均1W的功率安装紫外线灯，每昼夜连续或间隔照射5h。

8）冷却终温的检查：胴体最厚部位中心温度达到0～4℃，即达到冷却终点。

一般冷却条件下，牛半片胴体的冷却时间为48h，猪半片胴体为24h左右，羊半片胴体约为18h。

（二）冷却肉的贮藏

经过冷却的肉类，一般存放在–1～1℃的冷藏间（或排酸库），一方面可以完成肉的成熟（或排酸），另一方面达到短期贮藏的目的。冷藏期间温度要保持相对稳定，以不超过上述范围为宜。进肉或出肉时温度不得超过3℃，相对湿度保持在90%左右，空气流速保持自然循环。冷却肉的贮藏期见表7-1。

表7-1　冷却肉的贮藏条件和贮藏期

品名	温度/℃	相对湿度/%	贮藏期/d
牛肉	–1.5～0	90	28～35
小牛肉	–1～0	90	7～21
羊肉	–1～0	85～90	7～14
猪肉	–1.5～0	85～90	7～14
全净膛鸡	0	80～90	7～11
腊肉	–3～1	80～90	30
腌猪肉	–1～0	80～90	120～180

冷却肉在贮藏期间常见的变化有干耗、表面发黏和长霉、变色、变软等。在良好卫生条件下屠宰的畜肉初始微生物总数为10^3～10^4cfu/cm^2，其中1%～10%能在0～4℃条件下生长。

贮藏期间发黏和长霉是常见的现象，先在表面形成块状灰色菌落，呈半透明，然后逐渐扩大成片状，表面发黏，有异味。防止或延续肉表面长霉发黏的主要措施是尽量减少胴体最初污染程度和防止冷藏间温度升高。

肉在贮藏期间一般都会发生色泽变化。红肉表面由于冷藏间空气温度、湿度、氧化等因素的影响，由紫红色逐渐变为褐色，存放时间越长，褐变肉的厚度越大；温度越高、湿度越低、空气流速越大，则褐变越快。此外，由于微生物的作用，有时肉表面会出现变绿、变黄、变青等现象。

（三）冷却肉加工工艺

随着肉类工业现代化技术的应用、卫生条件的改进和节约能源等方面的考虑，猪胴体冷却工艺趋于向快速冷却和急速冷却方向发展。其指导性工艺参数见表 7-2。

表 7-2 猪胴体冷却工艺参数

工艺参数	快速冷却	急速冷却		超急速冷却	
		第一阶段	第二阶段	第一阶段	第二阶段
制冷功率/（W/m^3）	250	450	110	600	500
室温/℃	0～2	−10～−6	0～2	−30～−25	4～6
制冷风温/℃	−10	−20	−10	40	−5
风速/（m/s）	2～4	1～2	0.2～0.5	3	自然循环
冷却时间/h	12～20	1.5	8	1.5	8
胴体温度/℃	7～4	−7	—	7	—
干耗/%	1.80（7℃）	0.95	—	0.95	—

急速冷却采用两段冷却法，即在第一阶段采用低于肉冻结点的温度和较高的风速，时间为 1.5h。第二阶段转入 0～2℃的冷却间经过 8h，使胴体温度均衡并最终降至 7℃以下。两段冷却法有利于抑制微生物的生长繁殖，冷却时间短，干耗小，但肉汁流失（drip-loss）较多。

改进冷却工艺需遵循的原则是：中心温度在 16～24h 降至 7℃（或 4℃）以下，尽可能降低干耗和肉汁流失，保持良好的肉品质量（色泽、质构），节约能源和人力。

二、冷冻

由于冷却肉的贮藏温度在肉的冰点以上，微生物和酶的活动只受到部分抑制，冷藏期短。当肉在 0℃以下冷藏时，随着冻藏温度的降低，肌肉中冻结水的含量逐渐增加，肉的水分活度（A_w）逐渐下降（表 7-3），使细菌的活动受到抑制。当温度降到−10℃以下时，冻肉则相当于中等水分食品。大多数细菌在此 A_w 下不能生长繁殖。当温度下降到−30℃时，肉的 A_w 在 0.75 以下，霉菌和酵母的活动也受到抑制。所以冻藏能有效地延长肉的保藏期，防止肉品质量下降，在肉类工业中得到广泛应用。

表 7-3 温度与肉 A_w 之间的关系

温度/℃	肌肉（含水 75%）中冻结水百分比/%	A_w
0	0	0.993
−1	2	0.990
−2	50	0.981
−3	64	0.971
−4	71	0.962

续表

温度/℃	肌肉（含水 75%）中冻结水百分比/%	A_w
−5	80	0.953
−10	83	0.907
−20	88	0.823
−30	89	0.746

（一）肉的冻结

肉的水分部分或全部变成冰的过程叫作肉的冻结。从物理化学的角度看，肉是充满组织液的蛋白质胶体系统，其初始冰点比纯水的冰点低（表 7-4）。初始冻结后，肉所处的温度越低，冻结水越多，从而使剩余的水相中溶质浓度越来越高。所以需要逐渐降低温度才能使剩余的水变成冰。

表 7-4　几种肉类食品的含水量和初始冰点

品名	含水量/%	初始冰点/℃
瘦肉	74	−1.5
腌肉（含 3%食盐）	73	−4.0
瘦鱼肉	80	−1.1
肥鱼肉	65	−0.8
鸡肉	74	−1.5

一般对于瘦肉来说，初始冰点时肉中冻结水约占 50%。而在−5℃时，冻结水的百分比约占 80%。由此可见，从初始冰点到−5℃时，肉中约 80%的水冻结成冰。从−5℃到−30℃，虽然温度下降很多，但由于溶质浓度的增加，其冰点相应地降低，冻结水的百分比只增加 10%。因而，从初始冰点到−5℃这个大量形成冰结晶的温度范围叫作最大冰结晶生成带。肉在通过其最大冰晶生成带时，要放出大量的热量，因而需要的时间较长。

1. 缓慢冻结　瘦肉中冰形成过程的研究表明，冻结过程越快，所形成的冰晶越小。在肉冻结期间，冰结晶先在肌纤维之间形成，这是因为肌细胞外液的冰点比肌细胞内液的冰点高。缓慢冻结时，冰结晶先在肌细胞之间形成和生长，从而使肌细胞外液浓度增加。由于渗透压的作用，肌细胞会失去水分而发生脱水收缩，结果，在收缩了的细胞之间形成相对少而大的冰晶。

2. 快速冻结　快速冻结时，肉的热量散失很快，使得肌细胞来不及脱水便在细胞内形成了冰晶。换句话说，肉内冰层推进速度大于水移动速度。结果，在肌细胞内外形成了大量的小冰晶。冰晶在肉中的分布和大小是很重要的。缓慢冻结的肉类因为水分不能返回到其原来的位置，在解冻时会失去较多的肉汁，而快速冻结的肉类不会产生这样的问题，所以冻肉的质量高。此外，冰晶的形状有针状、棒状等不规则形状，冰晶大小为 10～800μm。如果肉块较厚，冻肉的表层和深层所形成的冰晶不同，表层形成的冰晶体积小、数量多，深层形成的冰晶少而大。

3. 冻结速度　冻结速度对冻肉的质量影响很大，常用冻结时间和单位时间内形成冰层的厚度表示冻结速度。

1）用冻结时间表示：食品中心温度通过最大冰晶生成带所需时间在 30min 之内者，称为快速冻结，在 30min 以上者称为缓慢冻结。冻结期间从肉的表面到中心，温度的变化或下降极为不

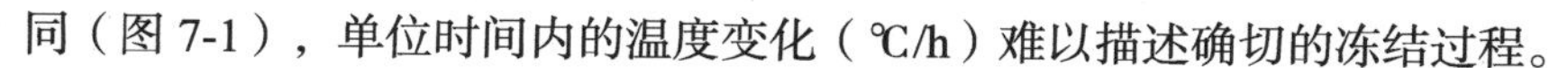

同（图 7-1），单位时间内的温度变化（℃/h）难以描述确切的冻结过程。

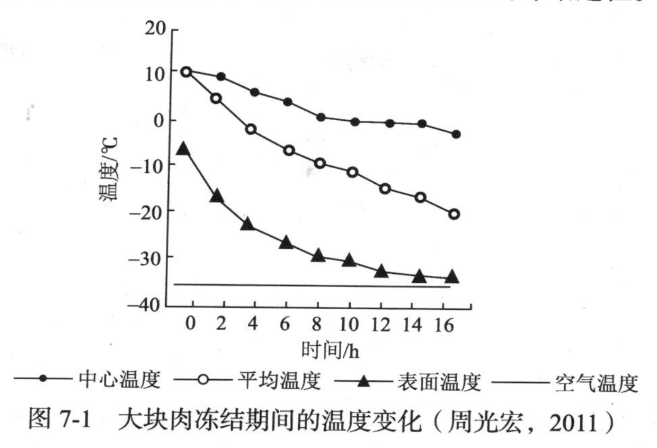

图 7-1　大块肉冻结期间的温度变化（周光宏，2011）

2）用单位时间内形成冰层的厚度表示：因为产品的形状和大小差异很大，如牛胴体和鹌鹑胴体，比较其冻结时间没有实际意义。通常，把冻结速度表示为由肉品表面向热中心形成冰的平均速度。实践中，平均冻结速度可表示为由肉块表面向热中心形成的冰层厚度与冻结时间之比。国际制冷协会规定，冻结时间是品温从表面达到 0℃开始，到中心温度达到−10℃所需的时间。冰层厚度和冰结时间的单位分别用 cm 和 h 表示，则冻结速度（V）为

$$V=\frac{\text{冰层厚度}}{\text{冻结时间}}$$

冻结速度为 10cm/h 以上者，称为超快速冻结，用液氯或液态 CO_2 冻结小块物品属于超快速冻结；5～10cm/h 为快速冻结，用平板式冻结机或流化床冻结机可实现快速冻结；1～5cm/h 为中速冻结，常见于大部分鼓风冻结装置；1cm/h 以下为慢速冻结，纸箱装肉品在鼓风冻结期间多处在缓慢冻结状态。

4. 冻结方法　　肉类的冻结方法多采用空气冻结法、板式冻结法和浸渍冻结法。其中空气冻结法最为常用。根据空气所处的状态和流速的不同，又分为静止空气冻结法和鼓风冻结法。

1）静止空气冻结法：这种冻结方法是把食品放入−30～−10℃的冻结室内，利用静止冷空气进行冻结。由于冻结室内自然对流的空气流速很低（0.03～0.12m/s）和空气的导热系数小，肉类食品冻结时间一般在 1～3d，因而这种方法属于缓慢冻结。冻结时间与食品的类型、包装大小、堆放方式等因素有关。

2）板式冻结法：这种方法是把薄片状食品（如肉排、肉饼）装盘或直接与冻结室中的金属板架接触，冻结室温度一般为−30～−10℃。由于金属板直接作为蒸发器传递热量，冻结速度比静止空气冻结法快、传热效率高、食品干耗少。

3）鼓风冻结法：工业生产上普遍使用的方法是在冻结室或隧道内安装鼓风设备，强制空气流动，加快冻结速度。鼓风冻结法常用的工艺条件是：空气流速一般为 2～10m/s，冷空气温度为−40～−25℃，空气相对湿度为 90%左右。这是一种速冻方法，主要是利用低温和冷空气的高速流动，食品与冷空气密切接触，促使其快速散热。这种方法冻结速度快，冻结的肉类质量高。

4）浸渍冻结法：这种方法是商业上用来冻结禽肉所常用的方法，也用于冻结鱼类。此法热量转移速度慢于鼓风冻结法。热传导介质必须无毒，成本低，黏性低，冻结点低，热传导性能好。一般常用液氮、食盐溶液、甘油、甘油醇和丙烯醇等，但值得注意的是，食盐水常引起金属槽和设备的腐蚀。

（二）冻肉的冻藏

冻肉冻藏的主要目的是阻止冻肉发生各种变化，以达到长期贮藏的目的。冻肉品质的变化不仅与肉的状态、冻结工艺有关，与冻藏条件也有密切的关系。温度、相对湿度和空气流速是决定贮藏期和冻肉质量的重要因素。

1. 冻藏条件及冻藏期　冻藏间的温度一般保持在−21～−18℃，温度波动不超过 ± 1℃，冻结肉的中心温度保持在−15℃以下。为减少干耗，冻结间空气相对湿度保持在 95%～98%。空气流速采用自然循环即可。

冻肉在冻藏室内的堆放方式也很重要。对于胴体肉，可堆叠成约 3m 高的肉垛，其周围空气流畅，避免胴体直接与墙壁和地面接触。对于箱装的塑料袋小包装分割肉，堆放时也要保持周围有流动的空气。

因为冻藏条件、堆放方式和原料肉品质、包装方式都影响冻肉的冻藏期，很难制定准确的冻肉贮藏期。冻牛肉比冻猪肉的贮藏期长，脂肪含量高的鱼贮藏期短。各种肉类的冻藏条件和冻藏期如表 7-5 所示。

表 7-5　各种肉类的冻藏条件和冻藏期

类别	冻结点/℃	温度/℃	相对湿度/%	冻藏期/月
牛肉	−1.7	−23～−18	90～95	9～12
猪肉	−1.7	−23～−18	90～95	4～6
羊肉	−1.7	−23～−18	90～95	8～10
小牛肉	−1.7	−23～−18	90～95	8～10
兔肉	—	−23～−18	90～95	4～6

2. 肉在冻结和冻藏期间的变化　各种肉类经过冻结和冻藏后，都会发生一些物理变化和化学变化，肉的品质受到影响。冻结肉的功能特性不如鲜肉。长期冻藏可使猪肉和牛肉的功能特性显著降低。

（1）物理变化

1）容积：水变成冰所引起的容积增加大约是 9%，而冻肉由于冰的形成所造成的体积增加约为 6%。肉的含水量越高，冻结率越大，则体积增加越多。在选择包装方法和包装材料时，要考虑到冻肉体积的增加。

2）干耗：肉在冻结、冻藏和解冻期间都会发生脱水现象。对于未包装的肉类，在冻结过程中，肉中水分减少 0.5%～2%，快速冻结可减少水分蒸发。同时，在冻藏期间质量也会减少。冻藏期间空气流速小，温度尽量保持不变，有利于减少水分蒸发。

3）冻结烧：在冻藏期间由于肉表层冰晶的升华，形成了较多的微细孔洞，增加了脂肪与空气中氧的接触机会，最终导致冻肉产生酸败味，肉表面发生黄褐色变化，表层组织结构粗糙，这就是所谓的冻结烧。冻结烧与肉的种类和冻藏温度的高低有密切关系。禽肉和鱼肉脂肪稳定性差，易发生冻结烧。猪肉脂肪在−8℃条件下贮藏 6 个月，表面有明显的酸败味，且呈黄色。而在−18℃条件下贮藏 12 个月也无冻结烧发生。采用聚乙烯塑料薄膜密封包装，隔绝氧气，可有效地防止冻结烧。

4）重结晶：冻藏期间冻肉中冰晶的大小和形状会发生变化。特别是冻藏室内的温度高于−18℃，且温度波动的情况下，微细的冰晶不断减少或消失，形成大冰晶。实际上，冰晶的生长是不可避免的。经过几个月的冻藏，由于冰晶生长的原因，肌纤维受到机械损伤，组织结构受到破坏，解冻时引起大量肉汁损失，肉的质量下降。

采用快速冻结，并在–18℃条件下贮藏，尽量减少波动次数和减小波动幅度，可使冰晶生长减慢。

（2）化学变化　速冻所引起的化学变化不大。而肉在冻藏期间会发生一些化学变化，从而引起肉的组织结构、外观、气味和营养价值发生变化。

1）蛋白质变性：与盐类电解质浓度的提高有关，冻结往往使鱼肉蛋白质尤其是肌球蛋白发生一定程度的变性，从而导致韧化和脱水。牛肉和禽肉的肌球蛋白比鱼肉肌球蛋白稳定得多。

2）肌肉颜色：冻藏期间冻肉表面颜色逐渐变暗。同时，颜色变化与包装材料的透氧性有关。

3）风味和营养成分的变化：大多数食品在冻藏期间会发生风味和味道的变化，尤其是脂肪含量高的食品。多不饱和脂肪酸经过一系列化学反应发生氧化而酸败，产生许多有机化合物，如醛类、酮类和醇类。醛类是使风味和味道异常的主要原因。冻结烧、Cu^{2+}、Fe^{2+}、血红蛋白也会使酸败加快。添加抗氧化剂或采用真空包装可防止酸败。对于未包装的腌肉来说，由于低温浓缩效应，即使低温腌制，也会发生酸败。

（三）冻结肉的解冻

解冻是冻结的逆过程，使冻结肉中的冰晶溶化成水，肉恢复到冻前的新鲜状态，以便于加工。冻肉完全恢复到冻前状态是不可能的。随着温度升高，肉会发生一系列变化。

1. 解冻的条件和方法　解冻方法有多种，如空气解冻、水或盐水解冻、真空解冻、微波解冻等。在肉类工业中大多采用空气解冻和水解冻。解冻的条件主要是控制温度、湿度和解冻速度。

（1）空气解冻　空气解冻又分自然解冻和流动空气解冻。空气温度、湿度和流速都影响解冻的质量。

自然解冻又称静止空气解冻，是一种在室温条件下解冻的方法，解冻速度慢。随着解冻温度的提高，解冻时间变短。在4℃和相对湿度90%条件下解冻时，冻结肉由–18℃上升到2℃，解冻时间为2～3d；在12～20℃和相对湿度50%～60%条件下解冻，需15～20h。解冻速度也与肉块的形状和大小有关。流动空气解冻是采用强制送风，加快空气循环，缩短解冻时间。采用空气-蒸气混合介质解冻则比单纯空气解冻所需时间短。

空气解冻的优点是不需特殊设备，适合解冻任何形状和大小的肉块，缺点是解冻速度慢，水分蒸发多，质量损失大。

（2）水解冻　水的导热系数比空气大得多，用水作解冻介质，可提高解冻速度。用4～20℃的水解冻猪肉半胴体，比空气解冻快7～8倍，如在10℃水中解冻半胴体，解冻时间为13～15h。家禽胴体在5℃空气中自然解冻，解冻时间为24～30h，而在相同温度的静水中解冻，仅需3～4h。流水解冻比静水解冻快。

水解冻法还可采用喷淋解冻。根据肉的形状、大小和包装方式，也可采用空气解冻与喷淋解冻相结合的方法。

水解冻的肉表面色泽呈浅粉红或近乎白色，湿润；表面吸收水分，使肉的质量增加3%左右。静水浸渍解冻时水中微生物数量明显增加。包装的分割肉在水中解冻较好。

生产实践中要根据肉的形状、大小、包装方式、肉的质量、污染程度及生产需要等，采取适宜的解冻方法。而且要根据生产的需要，将肉解冻到完全解冻状态或半解冻状态。

2. 解冻肉的质量变化　肉汁流失是解冻中常出现的对肉的质量影响最大的问题。

（1）肉汁流失　影响肉汁流失的因素是多方面的，通过对这些影响因素的控制，可使肉汁流失量减少到最低。

1）肉汁流失的内在因素。

A. 肉的成熟阶段与 pH：肉的成熟阶段对肉汁流失有很大的影响。处于极限 pH 的肉，解冻时肉汁流失最多，为肉重的 8%～10%。成熟肉在同样条件下肉汁流失为 3%～4%。换句话说，肉的 pH 愈接近其肌球蛋白的等电点，肉汁流失愈多。

B. 肉组织的机械性损伤和肌纤维脱水：冰晶越大，肌肉组织的损伤程度越大，流失的肉汁越多。同时，由于冰晶的形成和增大，细胞内脱水，盐类浓度增大，导致蛋白质变性。解冻时，变性的蛋白质分子空间结构不能复原，不能重新吸附水分，造成肉汁流失。

2）工艺条件对肉汁流失的影响。

A. 冻结速度和冻藏时间：缓慢冻结的肉，解冻时可逆性小，肉汁流失多。不同温度下冻结的肉在同一温度（20℃）解冻时，肉汁流失差异很大。例如，在–8℃、–20℃和–43℃三种不同条件下冻结的肉块，在 20℃的空气中解冻，肉汁流失分别为 11%、6%和 3%。

冻藏温度和冻藏时间不同，解冻时肉汁流失各异。冻藏温度低且稳定，解冻时肉汁流失少，否则反之。例如，在–20℃条件下冻结的肉块，分别在–1.5～–1℃、–9～–3℃和–19℃的不同温度下保存 3d，然后自然解冻，肉汁流失量分别为 12%～17%、8%和 3%。

B. 解冻速度：缓慢解冻肉汁流失少，快速解冻肉汁流失多。例如，在–23℃冻结的肉块，在–20℃条件下冻藏 4 个月后，分别在 1℃、10℃条件下自然解冻，肉汁流失量分别为 1.76%和 3.27%。一般认为，10℃以下的低温解冻可使肉保持较少的肉汁流失量和较少的微生物数。

（2）营养成分的变化　由于解冻造成的肉汁流失，肉的质量减轻，水溶性维生素和肌质蛋白等营养成分减少。此外，反复冻结会导致肉的品质恶化，如组织结构变差、形成胆固醇氧化物等。

三、辐射保鲜

辐射保鲜是利用原子能射线的辐射能量对食品进行杀菌处理保存食品的一种物理方法，是一种安全卫生、经济有效的食品保存技术。1980 年，由联合国粮食及农业组织（FAO）、国际原子能机构（LAEA）、世界卫生组织（WHO）组成的“辐照食品卫生安全性联合专家委员会”就辐照食品的安全性得出结论：食品经不超过 10kGy 的辐照，没有任何毒理学危害，也没有任何特殊的营养或微生物学问题。

只有合理的辐照工艺，才能获得理想的效果。其工艺流程是：前处理→包装→剂量的确定→辐照→检验→运输→保存。

1. 前处理　辐照保藏的原料肉必须新鲜、优质、卫生，这是辐照保鲜的基础。辐照前对肉品进行挑选和品质检查，要求质量合格，原始含菌量、含虫量低。

2. 包装　屠宰后的胴体必须剔骨，去掉不可食部分，然后进行包装。包装可采用真空或充入氮气。包装材料可选用金属罐或塑料袋。塑料袋一般选用薄膜复合结构，有时在中层夹铝箔效果更好。

3. 辐照　常用辐射源有 ^{60}Co、^{137}Cs 和电子加速器三种，其中 ^{60}Co 辐照源释放的γ射线穿透力强，设备较简单，因而多用于肉品辐照。辐照条件根据辐照肉品的要求而定，如为减少辐照过程中某些营养成分的损失，可采用高温辐照。在辐照方法上，为了提高辐照效果，经常使用复合处理的方法，如与红外线、微波等物理方法相结合。

4. 剂量的确定　辐照处理的剂量和处理后的贮藏条件往往会直接影响其效果。辐照剂量越高，保存时间越长。各种肉类的辐照剂量与保藏时间见表 7-6。

表 7-6　各种肉类的辐照剂量与保藏时间

肉类	辐照剂量/Gy	保藏时间
鲜猪肉	^{60}Co γ射线 1500	常温保存 2 个月
鸡肉	γ射线 200～700	延长保藏时间
牛肉	γ射线 500	3～4 周
	γ射线 1000～2000	3～6 个月
羊肉	γ射线 4700～5300	3 个月
猪肉肠	γ射线 4700～5300	6 个月
腊肉罐头	^{60}Co γ射线 4500～5600	2 年

5. 辐照后的保藏　肉品辐照后可在常温下贮藏。采用辐照耐贮杀菌法处理的肉类，结合低温保藏效果较好。

延伸阅读 7-1　“辐射污染的食品”与“辐射处理的食品”

辐射污染的食品是指含有了放射性物质的食物。当人们吃下这些食物时，其中的放射性元素继续产生射线，破坏人体细胞结构和 DNA，最后导致癌变。需要注意的是，由于放射性元素的广泛存在，通常的食物中也能检测到放射性。也就是说，问题不是“有没有放射性”，而是“放射性有多强”。正常的环境中生产出来的食物如果不会有超过常规强度的放射性，一般不进行检测。如果出现了放射性物质的泄漏，它们就有可能通过水和土壤进入植物体内，再进入动物体内。于是，这个地方生产的任何食物都可能被污染。这种情况下，就需要对食物进行放射性的检测。如果明显高于通常值，这些食物就是“辐射污染的食物”，不能再食用了。跟细菌等污染不同，不管是食品加工技术还是烹饪方法，都无法破坏这些放射性元素。

辐射处理的食物，通常被称为“辐照食物”，它主要是让食物通过射线存在的区域，用射线破坏细菌或者食物细胞的 DNA。DNA 被破坏，细菌就无法繁殖，种子被抑制发芽。放射性物质并不与食物接触，也没有机会进入食物中。辐照并不会使食物获得放射性。它对食物的改变甚至没有加热来得大。

自然界存在辐射，就像有高温天气一样；人体在高强度的辐射环境中，相当于被放在火上烤；吃“辐射污染的食物”，就像把着火的食物吃到嘴里，而且它到了胃里还在燃烧；而“辐射处理的食物”，则像精心烤好的红薯，可以安心享用。

四、充气包装

充气包装是通过特殊的气体或气体混合物，抑制微生物生长和酶促腐败，延长食品货架期的一种方法。充气包装可使鲜肉保持良好色泽，减少肉汁渗出。

充气包装所用的气体主要为 O_2、N_2、CO_2。O_2 性质活泼，容易与其他物质发生氧化作用。N_2 惰性强，性质稳定。CO_2 对于嗜低温菌有抑制作用。所谓包装内部气体成分的控制，是指调整鲜肉周围的气体成分，使其与正常的空气组成成分不同，以达到延长鲜肉保存期的目的。

1. 充气包装使用的气体　肉品充气包装常用的气体主要为氧气（O_2）、二氧化碳（CO_2）、氮气（N_2）、一氧化碳（CO）和臭氧（O_3）。

（1）O_2　肌肉中肌红蛋白与氧分子结合后，成为氧合肌红蛋白而呈鲜红色。混合气体中O_2一般在50%以上才能保持这种肉色。鲜红色的氧合肌红蛋白的形成还与肉表面潮湿与否有关。表面潮湿，则溶氧量多，易于形成鲜红色。但O_2的存在有利于好氧性假单胞菌生长，使不饱和脂肪酸氧化酸败，致使肌肉褐变。

（2）CO_2　CO_2是一种稳定的化合物，无色、无味，在空气中约占0.03%。在充气包装中，它的主要作用是抑菌。提高CO_2浓度可使好气性细菌、某些酵母菌和厌气性菌的生长受到抑制。早在20世纪30年代，澳大利亚和新西兰就用高浓度CO_2保存鲜肉。

（3）CO　CO对肉呈鲜红色比CO_2效果更好，也有很好的抑菌作用，但因危险性较大，尚未应用。

（4）N_2　N_2惰性强，性质稳定，对肉的色泽和微生物没有影响，主要作填充和缓冲用。

2. 充气包装中各种气体的最适比例　在充气包装中，CO_2、O_2、N_2必须保持合适比例，才能使肉品保藏期长，且各方面均能达到良好状态。欧美大多以80% O_2+20% CO_2方式零售包装，其货架期为4～6d。英国在1970年有两项专利，其气体混合比例为70%～90% O_2与10%～30% CO_2或50%～70% O_2与50%～70% CO_2，而一般多用20% CO_2+80% O_2，具有8～14d的鲜红色效果。表7-7为各种肉制品所用充气包装的气体混合比例。

表7-7　充气包装肉及肉制品所用气体比例

肉的品种	混合比例	国家和地区
新鲜肉（5～12d）	70% O_2+20% CO_2+10% N_2 或 75% O_2+25% CO_2	欧洲
鲜碎肉制品和香肠	33.3% O_2+33.3% CO_2+33.3% N_2	瑞士
新鲜斩拌肉馅	70% O_2+30% CO_2	英国
熏制香肠	75% O_2+25% CO_2	德国及北欧四国
香肠及熟肉（4～8周）	75% O_2+25% CO_2	德国及北欧四国
家禽（6～14d）	50% O_2+25% CO_2+25% N_2	德国及北欧四国

五、真空包装

真空包装是指除去包装袋内的空气，经过密封，使包装袋内的食品与外界隔绝。在真空状态下，好氧性微生物的生长减缓或受到抑制，减少了蛋白质的降解和脂肪的氧化酸败。另外，经过真空包装，使乳酸菌和厌气菌增殖，pH降低至5.6～5.8，进一步抑制了其他菌的生长，从而延长了产品的贮存期。

1. 真空包装的作用　对于鲜肉，真空包装的作用主要有以下几个。

1）抑制微生物生长，并避免外界微生物的污染。食品的腐败变质主要是由于微生物的生长，特别是需氧微生物。抽真空后可以造成缺氧环境，抑制许多腐败性微生物的生长。

2）减缓肉中脂肪的氧化速度，对酶活性也有一定的抑制作用。

3）减少产品失水，保持产品质量。

4）可以和其他方法结合使用，如抽真空后再充入CO_2等气体。还可与一些常用的防腐方法结合使用，如脱水、腌制、热加工、冷冻和化学保藏等。

5）产品整洁，增加市场效果，较好地实现市场目的。

2. 对真空包装材料的要求

1）阻气性：主要目的是防止大气中的氧重新进入真空的包装袋内，避免需氧菌生长，乙烯、乙烯-乙烯醇共聚物都有较好的阻气性，若要求非常严格时，可采用一层铝箔。

2）水蒸气阻隔性：即应能防止产品水分蒸发，最常用的材料是聚乙烯、聚苯乙烯、聚丙乙烯、聚偏二氯乙烯等薄膜。

3）香味阻隔性能：应能保持产品本身的香味，并能防止外部的一些不良气味渗透到包装产品中，聚酰胺和聚乙烯混合材料一般可满足这方面的要求。

4）遮光性：光线会促使肉品氧化，影响肉的色泽。只要产品不直接暴露于阳光下，通常用没有遮光性的透明膜即可。按照遮光效能递增的顺序，采用的方式有印刷、着色、涂聚偏二氯乙烯、上金、加一层铝箔等。

5）机械性能：包装材料最重要的机械性能是具有防撕裂和防封口破损的能力。

3. 真空包装存在的问题　真空包装虽然能延长产品的贮存期，但也有质量缺陷，主要存在以下几个问题。

1）色泽：肉的色泽是决定鲜肉货架寿命长短的主要因素之一。鲜肉经过真空包装，氧分压低，肌红蛋白生成高铁肌红蛋白，鲜肉呈红褐色。真空包装鲜肉的颜色问题可以通过双层包装，即内层为一层透气性好的薄膜，外层用真空包装袋包装，销售前拆除外层包装，由于内层包装通气性好，与空气充分接触形成氧合肌红蛋白，肉呈鲜红色。

2）抑菌方面：真空包装虽能抑制大部分需氧菌生长，但即使氧气含量降到0.8%，仍无法抑制好气性假单胞菌的生长。但在低温下，假单胞菌会逐渐被乳酸菌所取代。

3）肉汁渗出及失重问题：真空包装易造成产品变形和肉汁渗出，感官品质下降，失重明显。国外采用特殊制造的吸水垫吸附渗出的肉汁，使感官品质得到改善。

第三节　肉在贮运过程中的变化

一、冻肉在贮运过程中的变化

1. 脂质氧化　冻结会改变肉的品质，组织中的水分以冰晶形式存在，使肉中脂质失去水膜的保护，水分发生升华后，空气填充因水分蒸发所留的空隙，致使脂肪与氧的接触面增大，因而发生氧化反应，随着时间的推移，而发生脂质的氧化酸败。

脂肪的氧化可因库温过高，储存时间过久而加剧，如库温高于−15℃，库房温度不稳定，忽高忽低；库内肉品经常大进大出，库门频繁开闭；肉品经多次转运；受温度、空气、阳光、风吹、雨淋等影响；以及冻肉解冻再冻结等。脂肪在上述条件下就易发生水解和氧化，其色泽变黄，气味刺鼻，滋味苦涩。在冻藏过程中，可通过镀冰衣、采用透湿性小的包装材料、提高冷库内空气的相对湿度、控制冷库内部的空气流速等方式来延缓肉的冻藏氧化。

2. 贮运过程中温度和湿度的波动　库温的波动会造成贮藏货物的干耗增大，因此商品在冻结时，库温应保持在设计时要求的最低温度，同时为了保证冷藏间的温度稳定，商品的冻结温度必须降低到库房温度加3℃范围内，然后再转库才较为合理。温度的波动会造成肉中冰晶的重结晶，使小冰晶减少，大冰晶逐渐增大，肌肉细胞发生机械损伤，解冻后加速汁液的流失。要求经常检查库房的密封性，保持合理的库内空气流速。冻藏库湿度也十分重要，一般湿度越高越好，维持在98%左右，将对冷冻干耗有所抑制。

二、肉制品在贮运过程中的变化

（一）风味

1. 陈腐味　肉的陈腐味是一种令人不愉快的异味，在欧美国家则称为过热味（warmed-over flavor，WOF）。WOF的概念最初是1958年由Tims和Watts提出来的，是指熟肉制品冷藏过程中因脂质氧化而引起肉风味变差的现象。这种异味在肌肉加热后的几小时内便很明显，冷藏的熟肉制品重新加热时过热味尤其明显。过热味主要表现为纸味（cardboard-like）、油漆味（painty）、酸败味（rancid）。生鲜肉冷冻一段时间后也可产生过热味。生鲜肉在冷冻过程中产生的异味多为冰箱味（icebox）、酸败味、冻结烧味（freezer-burn）。

（1）WOF的形成　通常认为，任何破坏肌肉组织完整性的加工方法，如加热、斩拌、剔骨、重组或冷冻都会促进WOF的发生。WOF的发展是一个动态过程，主要基于氧化作用，因此，WOF发生的机制及如何阻止WOF现象的发生是肉品研究者最关心的两个问题。WOF的形成主要包括脂肪酸的氧化和蛋白质的氧化。

1）脂肪酸的氧化：通常认为膜磷脂的自动氧化是WOF发生的主要原因。加热前肌肉中脂质的氧化基本遵循脂质自动氧化的机制，影响着肉的风味和颜色，WOF的现象要几天后才可察觉。然而，当肌肉经过切碎、加热处理后，细胞膜和肌肉组织的完整性被破坏，氧化催化剂亚铁血红素、非血红素铁离子和细胞膜中的磷脂被释放，WOF几小时后已很明显。有研究表明，WOF发生过程中，皮下脂肪可产生近50种挥发性化合物，而肌内磷脂可产生200多种挥发性化合物，证明了磷脂的氧化是WOF发生过程中异味物质的主要来源。

2）蛋白质的氧化：20世纪80年代末，一些科学家指出熟肉冷藏过程中风味的变化不仅是陈腐味，也与蛋白质的降解有关，蛋白质中巯基与二硫键的相互转化，含硫杂原子化合物的降解均可导致贮藏过程中肉香味的减少或消失。研究表明，贮藏过程中异味的强弱与脂质氧化反应过程中形成的羰基含量呈正相关，也可能与对肉香味有贡献的挥发性物质含量的减少有关，同时脂质氧化过程中形成的大量异味氧化产物在感官上也掩盖了肉的香气。在冷藏前期，含硫杂环化合物的变化可能是引起肉香味减少或消失的主要原因；冷藏后期，WOF的发生已很明显，此时脂质氧化产生的异味物质对肉香味的掩盖作用是异味产生的主要原因。

（2）WOF的控制　通过在肉制品中加入食品级的抗氧化剂或具有抗氧化活性的添加剂以减少或阻止WOF的发生是目前使用的主要方法。这些抗氧化剂作为自由基的受体或氢原子的供体，延长脂质氧化的诱导期或推迟脂肪酸氧化的开始。常用的合成抗氧化剂有叔丁基对苯二酚（TBHQ）、丁基羟基茴香醚（BHA）、二丁基羟基甲苯（BHT）和没食子酸丙酯（PG）。它们的抗氧化效果不仅与其浓度有关，还与其在脂肪中溶解度的大小、分子中抗氧化位点的多少有关。它们的用量都有严格的限制。过去几年中，对于合成抗氧化剂的安全性问题比较关注，天然抗氧化剂越来越多地被用于抑制WOF的发生。常用的天然抗氧化剂有维生素E、迷迭香和鼠尾草的提取物、类胡萝卜素（β-胡萝卜素、番茄红素）。另外，一些香料、水果、蔬菜中也含有抗氧化成分，可作为抗氧剂添加到肉制品中。需要注意的是，保存过程中应尽量减少这些抗氧化剂与光和氧的接触，以最大限度地发挥其在肉制品中的抗氧化作用，减少WOF的发生。

2. 风味货架期　肉制品的风味是加工贮藏过程中由一系列复杂的生物化学反应所产生的多种化合物形成的，包括氨基酸和多肽的热解、碳水化合物的降解、核苷酸的降解、还原糖与氨基酸或肽的美拉德（Maillard）反应、脂类及硫胺素的热降解等。

（1）脂质的水解氧化　除了在加热比较剧烈的烧烤条件下，肉类加热产生的挥发性产物中，脂肪加热后产生的挥发性物质在数量上占据了很大比例。不饱和脂肪本身就可以发生氧化，在经水解形成游离脂肪酸之后，这种氧化作用就更加容易进行了。不饱和脂肪酸氧化的一级产物是形成脂肪酸的过氧化物，以及脂肪和磷脂的自动氧化、水解、脱水及脱羧等反应而形成醛、酮、醇、呋喃和内酯等化合物。

（2）美拉德反应 肉制品在加工过程中，蛋白质水解形成的肽、游离氨基酸，以及其进一步的变化对肉制品滋味和部分风味的形成产生了很大作用。氨基酸和还原糖发生美拉德反应形成呋喃衍生物、内酯、醛、酮及二羰基化合物等挥发性物质。此外，当二羰基化合物存在时，氨基酸还可能通过斯特勒克降解而产生吡嗪衍生物、乙醛、甲硫醇等有机物。

（3）各物质及其反应间的相互作用 脂质降解生成的化合物可能与氨基酸或美拉德反应的中间产物进行后续反应，生成风味化合物，它们对肉的整体芳香气味有贡献。一些长链的烷基取代的杂环化合物已经在肉的风味中被鉴定出来，这些化合物可能来自由脂质降解的醛与由美拉德反应生成的杂环化合物之间的反应。

延伸阅读 7-2 鼻子问：红烧肉怎么就这么香？

从食品技术的角度，“红烧肉”有两个基本元素：“红烧”和“肉”。而这个“肉”，在这道菜里一般是肥肉，至少也要半肥半瘦的。肉中含有丰富的蛋白质，其中氨基酸与糖加热发生的美拉德反应，是各种肉类香气的来源。除了烧烤和油炸外，红烧大概是最能让美拉德反应发生的“低温烹饪”了。红烧里脊不正宗，一定要红烧肥肉或者五花肉的原因，在于脂肪在美拉德反应中是重要的参与者。分子美食学的创始人蒂斯探讨过这个问题，发现主要是脂肪中的磷脂容易发生氧化，产物在纷繁复杂的美拉德反应产物中占据了一席之地。一个实验是用半胱氨酸和核糖进行美拉德反应。在其中分别加脂肪酸或者磷脂，把得到的“肉味香精”用色谱进行分析，着重比较产生肉味的杂环化合物和脂肪氧化产物的谱峰。结果证实，磷脂在美拉德反应产生“肉香”中具有重要作用。于是，在完全不懂化学、不懂生物的时代，老祖宗琢磨出的红烧肥肉被后世的科学证实了其合理性。

（二）质构

加工过程中不同添加物改变了肉糜制品蛋白质的空间网络结构，提高了肉制品的保水性，并对肉制品质构特性有较大影响。例如，大豆蛋白/卡拉胶改善了肉制品的硬度，并使其胶黏性、咀嚼性下降。

贮藏过程中肉制品表面的水分蒸发，易产生干耗，使产品质量降低。这主要是由于肉体表层与空气介质之间存在温度差和湿度差，故有水分从肉体表面蒸发，使肉的质量减轻，发生干耗。肉在冻结过程中的干耗与肉的肥度、冻结温度和速度有关。肥度很高的肉，因其表面有脂肪覆盖，这是肉体内水分最好的保护层，可以减少水分的蒸发。而且冻结过程越快，干缩损耗越少。

（三）颜色

对肉类工业和消费者来说，肉色是一个很重要的质量指标。肉的颜色是由许多因素决定的，如血色素的浓度，尤其是肌红蛋白的浓度，肉的物理特性，以及血色素所处的化学状态。

在宰后不久和贮藏期间，肉色主要取决于还原态（或脱氧）肌红蛋白（Mb、Fe^{2+}）、氧合肌红蛋白（MbO_2、Fe^{2+}）、高铁肌红蛋白（MetMb、Fe^{3+}）三种肌红蛋白状态的相对含量。肉表面高铁肌红蛋白的积累速率受许多内在因子（如 pH、动物种类、年龄、品种、性别、饲料等）、外在因子（如温度、光照、表面微生物、包装方式等）及这些因子组合的影响。

延伸阅读 7-3　肉色常见测定方法的比较

肉色常用感官评定和不同仪器测定，主要有比色板法、化学测定法、色差仪测定法等。比色板法评定肉色属于主观评定法。用标准肉色谱比色板与肉样对照，并目测肉样评分。传统的比色板评定方法直观、易操作，但易受外界光源和人为主观因素的影响，导致结果存在较大偏差。

化学测定是对肉样进行三维立体度量，测定肉样的总色素含量。通过生化比色手段测定肌肉色素浓度有相当的准确度，但同时样本处理都较费时费工，而且需要大量的化学试剂。目前，国内外多采用色差仪直接测定肉样颜色，这种仪器将原始的三刺激值（X、Y、Z），通过一系列数学关系转换，表示成易于理解的颜色数值，如 L^*、a^*（正值表示红色，负值表示绿色）、b^*（正值为黄色，负值为蓝色）等，从而获得肉色的客观量化指标。色差仪测定肉色具有明显优势：快速准确的色差数值有助于对原料肉进行肉色评定及等级划分；监测原料肉的新鲜程度；及时了解工艺过程对样品的影响等。

（四）贮藏损失

贮藏损失（purge loss）通常是指肉类加工制品在贮运过程中出现的包装袋中汁液渗出的现象，俗称“跑水”或“跑油”。此种现象多出现在高档肉制品中，其中添加的淀粉、大豆分离蛋白、胶体较少，蛋白质三维网络结构中包裹的水分随着贮藏时间的延长逐步析出。贮藏损失纯属肉类制品的正常现象，但大多数消费者认为其是一种腐败变质的现象，故而国内肉类制品中通过外源蛋白质及亲水胶体的添加以提高蛋白质的保水性，但同时却降低了产品的口感及档次。

目前，国内外研究中主要将贮藏损失作为乳化肠类制品品质优劣的一个判断指标，通过加工工艺的调整尽可能减少汁液的析出，但对于其析出机制并未有详细解释。贮藏损失受到多种加工因素的影响，其中最重要的是蛋白质浓度，蛋白质含量越高，在贮藏过程中流失的液体会越少，在加热的过程中，由于原料中蛋白质含量的增加，析出蛋白质含量的增多，引起了多肽链相互作用能力的增强，这样就形成了一个更加稳定的蛋白质凝胶矩阵，它只允许少量水分和脂肪的释放，从而降低了流出的总液体量和贮藏损失。其次，原料中的脂肪含量也是影响贮藏损失的主要因素，原料肉中的脂肪含量越高，乳化的连续相浓度会越大、越密集，水分含量越低，就会形成具有较高保水性的结构，能显著降低贮藏损失。再次，利用不同的原料肉制作火腿时，若 PSE 肉的含量越多，则贮藏损失越高，因为 PSE 肉的数量越多，蛋白质的功能特性越差，保水性就越低。最后，加工过程中温度的控制也显著影响贮藏损失，低温斩拌加工而成的肉制品贮藏损失也较低。另外，外源蛋白质、淀粉及亲水胶体的添加均有降低贮藏损失的效果，如添加乳清蛋白可以形成三维结构的热诱导凝胶，从而增加保水性，改变质构，但是随着乳清蛋白含量的增加，贮藏损失也会增加；木薯淀粉和凝胶的结合作用虽然可以降低贮藏损失，但是作用并不明显；利用卡拉胶和高浓度大豆蛋白凝胶共同作用时，对于减少贮藏损失效果最佳，主要由于大豆蛋白同时具有亲水基团和亲油基团的特性，对水和油脂具有良好的亲和能力，能吸附水和油脂形成较为稳定的网络结构，从而使肉制品中的水和油脂不游离出来，在加工和存放的过程中不发生跑水跑油现象。

（五）微生物的变化

栅栏理论是德国 Leistner 教授和 Roble 教授在长期研究的基础上，于 1976 年首先提出的一套系统科学地控制食品保质期的理论。

食品在贮藏期间，与防腐有关的内在和外在栅栏因子的效应及这些因子的互作效应决定了食品中微生物的稳定性，各种食品有其独特的抑菌防腐栅栏因子，它们发挥各自的功能。栅栏因子间的相互作用及与食品中微生物相互作用的结果，不仅是这些因子单独效应的简单叠加，而是相乘作用，这种效应称为栅栏效应（hurdle effect）。

栅栏效应模式如图 7-2 所示。某一食品中共含有 6 种强度相同的栅栏，即食品热处理温度（T_1）、pH、水分活度（A_w）、氧化还原势（Eh）、贮藏温度（T_2）和防腐剂（Pres）。微生物可以跨越前 5 个栅栏，但无法跨越最后一个栅栏（防腐剂），因此该食品是稳定和安全的。

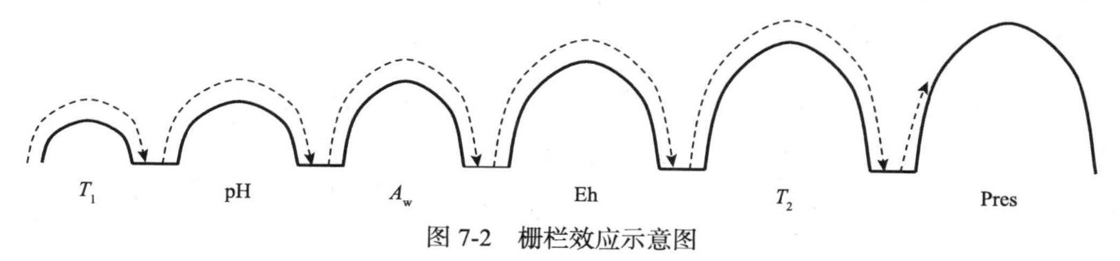

图 7-2　栅栏效应示意图

思考题

1. 肉的腐败是如何引起的？常见的腐败现象有哪些？
2. 常见的肉的冻结方法有哪些？冻结会对肉造成什么影响？
3. 鲜肉真空包装有何优缺点？
4. 肉在贮藏过程中出现的过热味是如何形成的？应如何进行调控？
5. 试述主要栅栏因子及其互作对肉品保鲜防腐的作用机制。

主要参考文献

郑永华. 2010. 食品保藏学. 北京：中国农业出版社

周光宏. 2011. 畜产品加工学. 北京：中国农业出版社

Leistner L, Gorris LGM. 1995. Food preservation by hurdle technology. Trends in Food Science & Technology, 6: 41-46

第 8 章 肉制品加工的单元操作

本章学习目标：了解肉制品加工工艺的发展趋势；掌握肉制品加工中常用工艺的原理及方法。

第一节 绞 碎

一、绞肉

绞肉是将不同原料肉经机械作用按要求的大小切碎。通过绞肉可以改善制品的均一性，提高制品的嫩度。绞肉一般在绞肉机中进行，肉温不能超过10℃。绞肉前最好把原料肉微冻并切成小块。用绞肉机绞制瘦肉时，选用孔板孔径大小要适宜。孔径过小，造成瘦肉绞成肉泥，可能导致后续肠衣阻塞或刺孔现象；孔径过大，绞制肉粒也过大，影响成品的切片性。绞脂肪时应少量投入，防止脂肪熔化（图 8-1）。

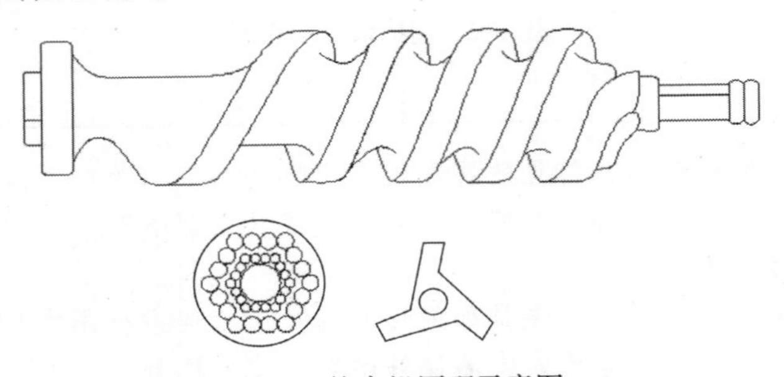

图 8-1 绞肉机原理示意图

二、切丁

肥膘切丁可采用手工切丁或切丁机切丁。切丁前，应先将肥肉预冷，肉温控制在-4～-2℃。肥膘切丁后需漂洗去油，避免在灌肠后脂肪集结在肉馅表面和肠衣内壁，干燥时阻碍肉馅水分散发，造成产品酸败变质。漂洗时选用35℃左右的温水，水温过高能将肥膘丁烫熟，水温过低则达不到除油的目的。漂洗后用冷水冲洗，沥干。

第二节 搅 拌

一、搅拌的概念

搅拌是利用机械方法将切割好的肉馅或肉粒与辅料添加剂（如食盐、亚硝酸盐、料酒、糖、香辛料等）在较短时间内充分混合均匀。经过搅拌，肉馅黏度增加，富有弹性。因此，搅拌是生产灌制品的一道重要工序。

二、加料顺序

一般在搅拌过程中，首先将瘦肉放入搅拌机中，依次放入食盐、硝酸盐、磷酸盐和水等，迅速搅拌数分钟后，再添加肥丁，继续搅拌，然后加淀粉、辅料和剩余的水，直至搅拌均匀，符合工艺要求为止。为防止升温，可在搅拌过程中加入冰水或冰屑。

三、真空搅拌

为除去肉馅中的气泡，一般采用真空搅拌，有利于减缓蛋白质分解，加速肉馅乳化，使肉馅具有更好的黏结性、保水性，达到混合均匀的效果，微生物处于相对稳定状态，同时缩短搅拌时间，防止脂肪氧化，色泽变化小，质地稳定性好，有利于延长肉制品的货架期。

对温度要求高的物料（如用馅料制作肉饼）进行搅拌时，可通过液氮制冷再真空搅拌，实现 −5℃条件下搅拌运行。

四、搅拌的作用

搅拌过程中原辅料经过充分混合均匀，有利于肉中蛋白质的溶解、吸水膨胀，形成相对稳定的肉糜凝胶网络结构（蛋白质、脂肪和水形成的混合物），肉糜的黏结性和保水性都得到相应的提高。

第三节　斩拌与乳化

斩拌是乳化型肉制品加工过程中的重要工序之一，主要利用高速旋转斩切刀产生的斩切力，在短时间内将肉块（去皮去骨）、辅料和冰屑等物质斩切搅拌成均匀的肉馅或肉泥。斩拌除斩切和搅拌的一般功能外，还有乳化功能（如高速斩拌）。因此，从某种意义上说，肉的乳化起始于斩拌且贯穿于斩拌的全过程，且这种作用一直持续到加热形成凝胶结束后。

一、斩拌

肉的斩拌（图 8-2）主要靠斩拌机工作完成。斩拌机主要是由机架、刀轴组件（如斩切刀等）、刀盖、出料机构、转盘、电器控制系统和操作面板等主要部件组成的。真空斩拌机还另加一套真空装置。斩切刀和转盘的组合运动是斩拌机的工作动力。斩拌刀是由一组专用刀片组成的，成对地安装在刀轴上。根据斩拌机型号、工艺要求和产品特点，斩拌刀组数量和刀刃形状各有不同。刀片数量有 2 片、3 片、4 片、6 片、8 片和 10 片等，小型斩拌机一般安装 3～4 片，大中型斩拌机至少安装 6 片。刀刃形状有弯曲形、多边形和圆弧形等。弯曲形切刀主要用于加工粗肉馅、粗干香肠等产品，通常采用 3 片组合；多边形切刀用于细颗粒肉馅、色拉米香肠的加工；圆弧形切刀用于对细度要求非常高的乳化肉馅的加工。

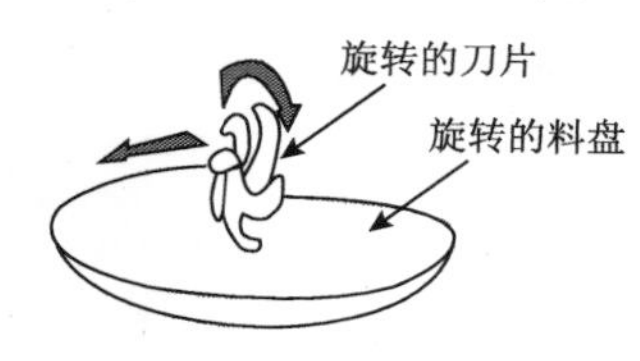

图 8-2　斩拌示意图

二、斩拌作用

斩拌是乳化香肠生产尤为关键的工序，主要利用高速旋转斩切刀产生的斩切力，瞬间将瘦肉、脂肪组织、辅料和冰屑等物质斩切搅拌成均匀的肉馅或肉泥乳化物。通过斩拌可以实现以下功能。

1. 提取盐溶性肌原纤维蛋白 在斩拌剪切条件下，瘦肉中一些盐溶性蛋白质（如肌球蛋白）被高浓度盐溶液萃取出来，形成一种黏性物质，通过疏水作用包围在脂肪球周围，使肉糜相对稳定存在。斩拌时间不充分，瘦肉中盐溶性肌原纤维蛋白提取不充分；斩拌时间过长，肌肉蛋白质变性。这两种情况均达不到理想的乳化效果。

2. 剪切成脂肪滴或脂肪颗粒 在肉糜剪切过程中，质地较软的脂肪组织被剪切破碎释放出脂肪滴，质地较硬的脂肪组织被剪切成大小和形状不同的脂肪颗粒。脂肪组织剪切得越细，游离出来的脂肪滴越多，脂肪颗粒直径越小。脂肪剪切不充分，脂肪颗粒直径太大（ϕ>50μm），达不到乳化要求；脂肪剪切过度，颗粒很小，总表面积增大，蛋白质不足以包围所有脂肪颗粒，加热时会出现跑油现象。

3. 混合和乳化作用 大量盐溶性肌原纤维蛋白在高速斩切搅拌下通过疏水作用包围在形态和大小不同的脂肪颗粒或脂肪球周围，形成一层蛋白膜，使其相对稳定存在。这种复合体系中可溶性及不溶性成分乳化为半固体糊状物，称为“肉糜”或“肉糊”，如法兰克福香肠（frankfurter）、维也纳香肠（wiener）和波罗尼亚香肠（bologna）等。

4. 真空斩拌的优点 真空斩拌除具有上述普通斩拌功能外，还能有效避免斩拌时将空气带入肉糜中，有效防止肌红蛋白和脂肪氧化，保证产品色泽和风味俱佳；避免空气中细菌进入产品，延长产品货架期；使肉馅浸提出更多蛋白质，达到较佳的乳化效果；减少肉糜中夹杂的气体，减少肉糜体积，从而减少灌肠中的孔洞。

三、肉的乳化机制

目前关于肉的乳化机制主要有两种学说：水包油型乳化学说（oil-in-water theory）和物理镶嵌固定学说（physical entrapment theory）。

1. 水包油型乳化学说 经典乳化学说认为：肌肉蛋白“乳状液”属于水包油型乳状液，在脂肪球周围表面包裹着一层较厚的界面蛋白膜（interfacial protein film，IPF）（图 8-3），能有效地防止脂肪球凝聚。肉糜中可溶性蛋白质包裹着脂肪球，分散在基质中，充当乳化剂。水包油型乳化学说忽视其他不溶性肌肉蛋白质在肉糜中所起的作用，且理想化地认为乳化肉糜中脂肪球直径大小都为 0.1～50μm。但实际生产中肉糜脂肪球直径大小往往超过 50μm，有的甚至达到 200μm 以上。从严格意义上说，大多数肉糜并不是真正意义上的经典乳状液，且这种学说也不能完全解释肉糜中所有脂肪球的稳定性。

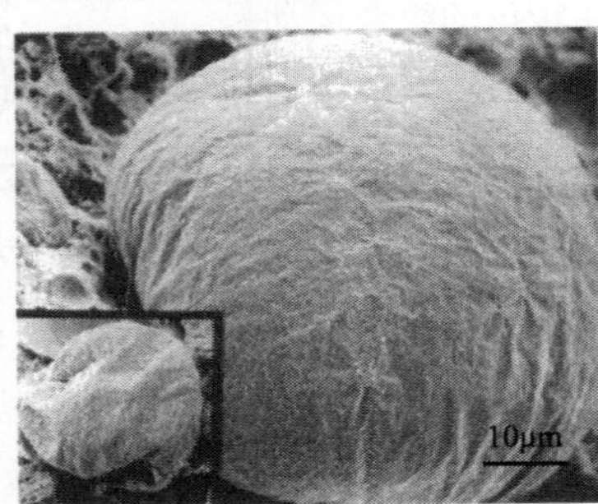

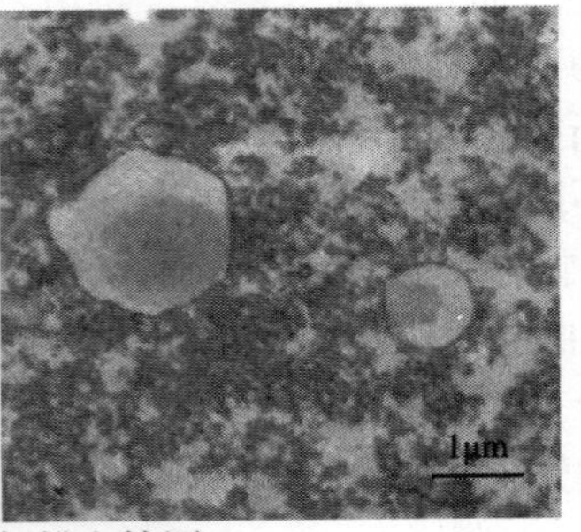

图 8-3 脂肪球扫描电镜图

方框内为乳化凝胶加热后油滴流失后残留的不完整蛋白膜；方框外为乳化凝胶加热后完整的蛋白膜包裹脂肪球/脂肪滴

2. 物理镶嵌固定学说　物理镶嵌固定学说认为：肌肉组织在高速斩拌过程中，经剪切萃取出蛋白质、肌纤维碎片、肌原纤维及胶原纤丝间发生相互作用，形成一种高度黏稠的体系，而破碎的脂肪颗粒或脂肪球被这些蛋白基质物理镶嵌包埋固定（图 8-4），得到相对稳定的乳状液，且在煮制过程中，肌原纤维蛋白聚集形成凝胶，脂肪被物理性地镶嵌固定。物理镶嵌固定学说虽然能够很好地解释肉的乳化机理，但它没有考虑客观存在的脂肪球表面的 IPF 作用。

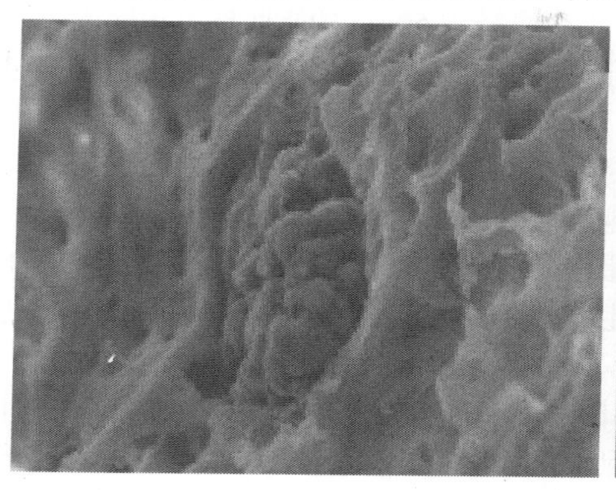
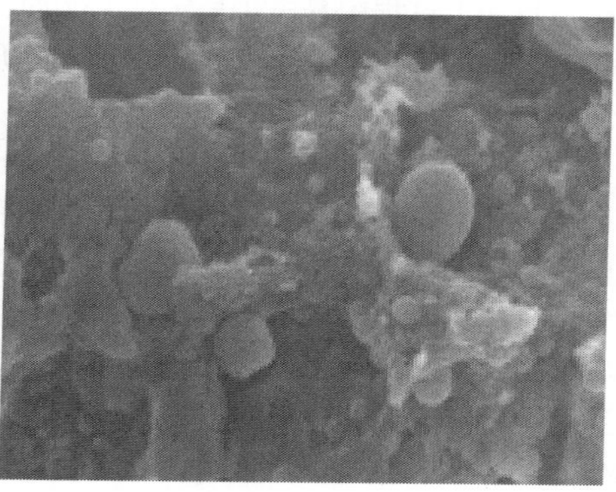

图 8-4　肌肉蛋白质凝胶中脂肪颗粒的扫描电镜图

3. 肌肉蛋白质乳化学说的发展　乳化肉糜是一种混合物，含有大小不同的纤维状颗粒、肌纤维、肌原纤维、脂肪球或脂肪颗粒、可溶性蛋白质等。在剪切作用下，肉糜中的脂肪球和脂肪颗粒及其聚集物均被一层界面蛋白膜包裹，而且构成界面蛋白膜的蛋白质是肌球蛋白、肌动蛋白、α-肌动素、C-蛋白、肌钙蛋白 T 及原肌球蛋白等。这些蛋白质在乳化界面发生构象转换，α 螺旋比例降低，β 折叠比例增加，致使疏水基团暴露，吸附于脂肪球或脂肪颗粒表面，形成界面蛋白膜。界面蛋白膜包裹的脂肪均匀分散于肉糜中，形成稳定的乳化体系（图 8-5）。该学说弥补了经典乳化学说和物理镶嵌固定学说的缺陷，发展了肌肉蛋白质乳化理论。

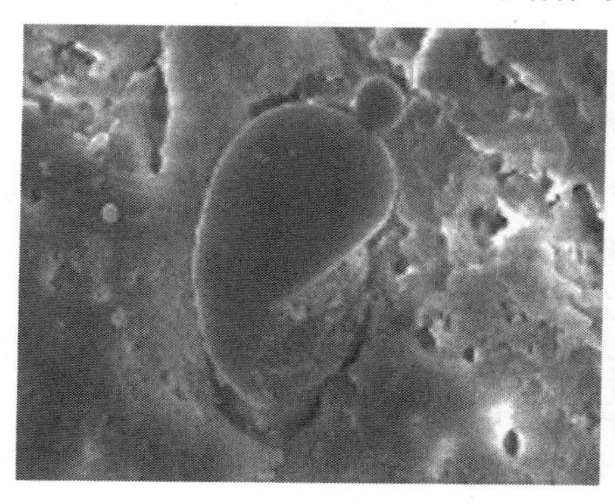
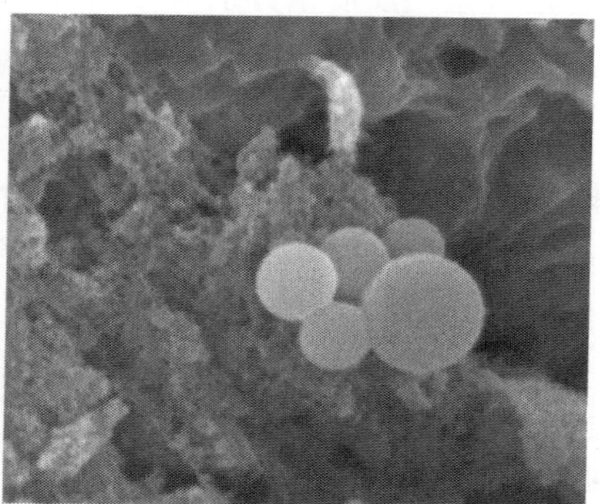

图 8-5　乳化肉糜中脂肪微粒的扫描电镜图

四、影响肉的乳化体系形成和稳定性的因素

影响肉糜形成和稳定性的因素有工艺和原辅料及添加剂等两大类。工艺方面包括斩拌温度、斩拌速度、斩拌时间、pH 等；原辅料及添加剂方面包括肉的种类、非肉蛋白、乳化剂、亲水性胶体等。

1. 斩拌温度　原料肉在剪切斩拌乳化过程中，刀片摩擦温度升高，周围脂肪发生熔化。但摩擦温度过高，盐溶性蛋白质变性，失去乳化作用，降低乳化物黏度，同时也会使脂肪颗粒熔化成更小的颗粒，脂肪表面积急剧增加，可溶性蛋白质不能完全包裹脂肪颗粒，肉糜在热加工过程中常出现跑水跑油现象。为控制温度，要求环境温度不超过18℃，开机后应加冰屑或冷水，斩拌要迅速，尽量缩短时间，以保证乳化肠质量。

2. 脂肪微粒大小　要想形成乳化性能好的肉糜，脂肪必须斩成大小适宜的脂肪颗粒。过度斩拌，脂肪颗粒或脂肪球直径过小，总表面积大幅度增加，可溶性蛋白质无法完全包裹脂肪颗粒，肉糜在热加工过程中易失去稳定性。例如，1个直径为50μm的脂肪球可粉碎成125个直径为10μm的脂肪颗粒，总表面积从7850μm^2上升到39 250μm^2，需要5倍可溶性蛋白质包裹脂肪球和脂肪颗粒。

3. 脂肪蛋白比　脂肪蛋白比越大，包裹脂肪球（或脂肪颗粒）的蛋白质数量越少，产品越松散易碎；脂肪蛋白比越小，蒸煮损失下降越多，产品多汁性越不好，生产成本越大。

4. pH　宰后肉pH下降至等电点，影响蛋白质的乳化持水性。研究发现，肉糜pH逐渐增大至中性时，牛肉糜凝胶的硬度、弹性和黏聚性均逐渐增大。因而，应选择成熟排酸后的原料肉（pH>5.7）来生产肉糜制品。

5. 可溶性蛋白质的数量和类型　不同部位牛肉和猪肉的乳化能力存在差异，长时间存放也会降低乳化能力；热鲜肉比冷鲜肉有更好的保水保油性。一般来说，提取出的盐溶性蛋白质越多，肉糜稳定性越好；肌球蛋白含量越多，肌肉蛋白质的乳化能力越大，肉糜乳化越稳定。肉糜生产中肌原纤维蛋白含量不足或乳化性能较差，可向肉糜中加入非肉蛋白（如酪蛋白钠），增强肉糜乳化稳定性。

6. 肉糜黏度　肉糜黏度大，脂肪分离（出油）少；肉糜黏度小，出油多。肉糜不稳定性通常发生在热处理时，未被蛋白质完全包裹的脂肪颗粒熔化，会重新聚合成较大的、易见的脂肪颗粒，但这种现象可能直到产品冷却时才被发现。

7. 盐浓度　在糜类肉制品生产中，通常采用盐（NaCl）来提取肌肉组织中盐溶性肌原纤维蛋白。研究发现，当NaCl离子强度由0.4mol/L提高到0.6mol/L时，鸡胸肉、牛背最长肌和猪背最长肌中盐溶性蛋白质质量分别增加18.4%、57.56%和5.493%。

五、斩拌对乳化效果的影响

1. 斩拌对肉糜保水保油性的影响　斩拌速度过快，刀片与肉摩擦，肉糜温度升高，蛋白质变性，产品的致密性和保水（油）效果差；斩拌速度过慢也会导致产品出现析油现象。斩拌时间延长，乳化温度升高，蛋白质发生变性，乳化体系被破坏，肉糜的保水保油性降低。研究发现，斩拌温度从10℃增加到21℃时，肉糜保水保油性相应增加，以15～21℃时保水保油性最好，但温度高于21℃时，肉糜保水保油性下降，且保水性下降先于保油性。

2. 斩拌对肉糜颜色的影响　将光纤探针技术应用于肉糜 L^*值与乳化稳定性相关研究，发现肉糜L^*值随着斩拌时间增加，先上升后下降，但颜色突变拐点发生在乳化体系崩溃前，这说明肉糜中L^*值与蒸煮损失有关；以猪肉糜为模型，研究发现斩拌温度在5～50℃时，L^*值能够很好地预测肉糜的乳化稳定性和凝胶特性。

3. 斩拌对肉糜质构的影响　斩拌时间长，肉糜温度升高，蛋白质变性，影响着糜类制品质构特性。随着斩拌温度增加，煮制后肉糜逐渐丧失变形性，弹性变差；斩拌温度越高，肉糜硬度和咀嚼性越差，剪切力越小；有研究报道斩拌温度在9～15℃的法兰克福肠的剪切力无明显差别，但斩拌温度为12℃时，香肠剪切力峰值最高，硬度最大。

4. 斩拌对肉糜微观结构的影响　斩拌终点温度（16℃、21℃和 26℃）对肉糜微观结构有一定的影响，结果表明斩拌温度为16℃时，肉糜脂肪微粒均匀地分布在蛋白质基质中，无脂肪凝聚现象；斩拌温度上升到 21℃时，脂肪开始软化，部分脂肪凝聚成团块；斩拌温度继续上升到 26℃时，脂肪微粒大部分凝聚成脂肪团。对其分别进行煮制处理，斩拌终点温度 21℃和 26℃时凝胶中均出现脂肪微粒凝聚成团现象，斩拌终点温度为 16℃时，肉糜煮制后未发现这种现象。

六、糜类肉制品的跑水跑油问题

生产乳化肉制品的关键技术是如何结合水和脂肪的问题。前者是利用肌肉蛋白质来热稳定地结合肌肉本身和外加的水分，后者是利用肌肉蛋白质和水构成蛋白质网状结构吸附脂肪。肉制品加工中，需要添加食盐和水，有时还需添加多聚磷酸盐。盐和水添加进去，蛋白质分子易于溶解。磷酸盐添加进去，肌动球蛋白大量解离，肌丝网络结构弱化，部分断裂。肉没有斩拌或切碎时，肌纤维易于保持原来形式，采用一些加工工序（如混合和均质），溶出蛋白质数量增加，保水性也提高。加水过多，浓度过低，就会出现跑水跑油现象。

对于肉制品配方来说，如果从感官和营养品质角度来考虑，肉含量越高越好，保水保油性能够达到要求。如果从经济角度考虑，肉含量应越少越好。考虑到健康问题，过多添加食盐和脂肪的乳化香肠已不受欢迎，所以有必要减少食盐和脂肪含量。但食盐和脂肪含量同时减少，会引起肉制品保水性和凝胶形成能力显著降低，难以维持良好的感官品质。当食盐含量减少到 2%以下时，保水性呈线性下降。如果食盐和多聚磷酸盐结合使用，NaCl 减少至 1.5%时，保水性会急剧下降。当食盐含量减少到接近 1%时，即使添加任何含量的脂肪和水分，也不能形成乳化肠类型结构。因此，在实际生产加工过程中，科学合理地确定肉、食盐和多聚磷酸盐等添加物比例，还要考虑到各种添加物、pH、离子强度、二价阳离子间的相互作用，对确保乳化香肠品质和企业经济效益非常重要。

第四节　腌　　制

腌制是肉制品加工中一个重要的工艺环节。根据《肉品科学百科全书》（*Encyclopedia of Meat Sciences*），肉类腌制（curing）是指在不同工序中，把硝酸盐和（或）亚硝酸盐与食盐（NaCl）加入不同粒径大小的肉中制成肉制品的方法。

一、腌肉的色泽

1. 腌肉色泽形成的机制　肉在腌制时会加速血红蛋白（Hb）和肌红蛋白（Mb）的氧化，加入硝酸盐（或亚硝酸盐）后，硝酸盐或亚硝酸盐在腌制过程中形成亚硝基（O═N—），它与肌肉中色素蛋白反应形成鲜艳的亚硝基肌红蛋白（NO-Mb），加工中会形成稳定的粉红色亚硝基血色原。亚硝基肌红蛋白是构成腌肉颜色的主要成分。

硝酸盐在酸性条件和还原性细菌作用下形成亚硝酸盐。

$$NaNO_3 \xrightarrow[+2H]{\text{细菌还原作用}} NaNO_2 + H_2O$$

亚硝酸盐在微酸性条件下形成亚硝酸。

$$NaNO_2 \xrightarrow[H^+]{} HNO_2 + Na^+$$

亚硝酸在还原性物质作用下形成NO。

$$3HNO_2 \xrightarrow{\text{还原物}} H^+ + NO_3^- + H_2O + 2NO$$

$$NO + Mb \longrightarrow NO\text{-}MMb$$

$$NO\text{-}MMb \longrightarrow NO\text{-}Mb$$

$$NO\text{-}Mb \xrightarrow[\text{烟熏}]{\text{热}} NO\text{-}\text{血色原（稳定的血色素）}$$

NO 形成速度与介质的酸度、温度及还原性物质的存在有关，所以形成亚硝基肌红蛋白（NO-Mb）需要一定时间。直接使用亚硝酸盐比使用硝酸盐的呈色速度要快。图 8-6 反映的是煮制腌肉颜色的形成过程。

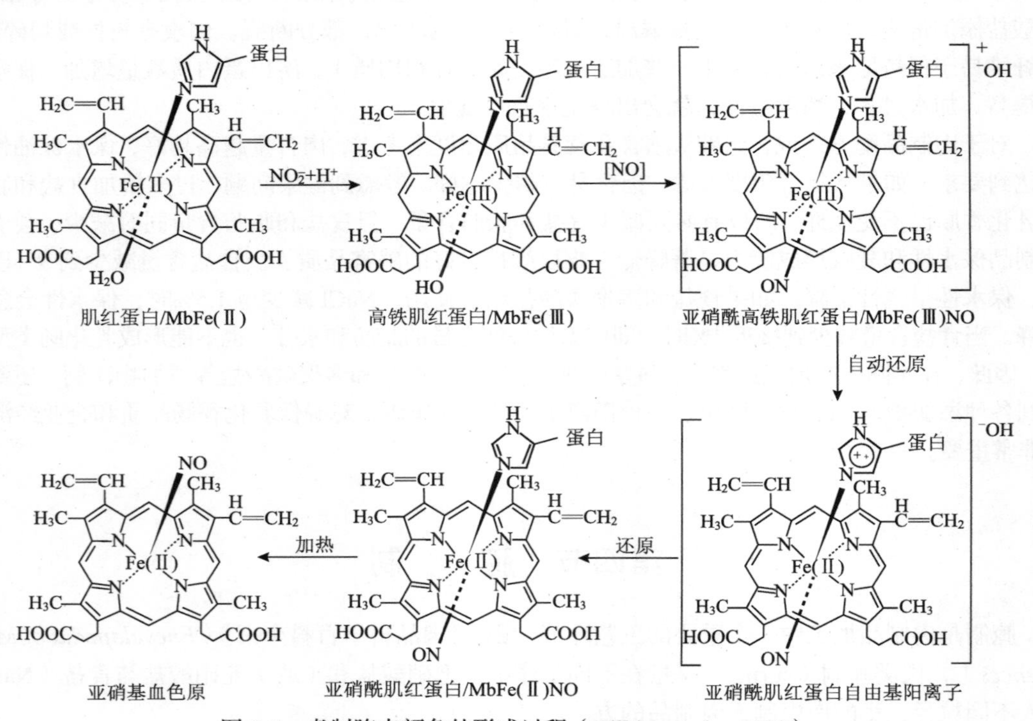

图 8-6　煮制腌肉颜色的形成过程（Killday et al.，1988）

2. 影响腌肉色泽的因素

（1）亚硝酸盐的使用量　　亚硝酸盐的使用量不足，产品颜色淡而不均，空气氧化后迅速变色，造成贮藏后色泽出现恶劣变化；用量过大，过量亚硝酸根又使血红素中卟啉环 α-甲炔键硝基化，生成绿色衍生物。我国规定，肉类制品中亚硝酸盐最大使用量为 0.15g/kg。

（2）肉 pH　　肉 pH 影响亚硝酸盐的发色作用。亚硝酸钠只有在酸性介质中才能还原成 NO。过低 pH 环境，亚硝酸盐消耗量增大，使用亚硝酸盐过量，又容易引起绿变。一般发色的最适宜 pH 为 5.6～6.0。

（3）温度　　生肉呈色过程比较缓慢，经过烘烤、加热后，则反应速度加快，而配好料后不及时处理，生肉就会褪色，特别是灌肠机中回料，因氧化作用而褪色，这就要求迅速操作，及时加热。

（4）腌制添加剂　　抗坏血酸用量高于亚硝酸盐用量时，有助于呈色，在贮藏时起护色作用；

蔗糖和葡萄糖具有还原性，可影响肉色强度和稳定性；加烟酸、烟酰胺可形成比较稳定的红色。有些香辛料（如丁香）对亚硝酸盐有消色作用。

（5）其他因素　切开正常腌制的肉置于空气中，切面会褪色发黄，这是因为亚硝基肌红蛋白在微生物作用下引起卟啉环改变。亚硝基肌红蛋白对可见光线也不稳定，在光作用下，NO-血色原失去 NO，氧化成高铁血色原，在微生物等作用下，血色素中卟啉环发生变化，生成绿色、黄色、无色衍生物。这种褪色、变色现象在脂肪酸败（有过氧化物）时会加速发生。

二、腌肉的风味

腌肉形成的风味物质主要为羰基化合物、挥发性脂肪酸、游离氨基酸、含硫化合物等物质，当腌肉加热时就会释放出来，形成特有风味。腌肉的风味需腌制 10～14d 后出现，40～50d 达到最大程度。

一般认为，腌肉制品的成熟过程不仅是蛋白质和脂肪分解形成特有风味的过程，腌肉在贮藏过程中游离脂肪酸总量几乎呈直线上升。同时腌制剂如食盐、硝酸盐、亚硝酸盐、异抗坏血酸盐及糖等均匀扩散，和肉成分进一步反应形成风味物质。盐水浓度也会影响风味形成，低浓度盐水腌制猪肉风味比高浓度盐水好。

三、腌肉的保水性和黏着性

保水性是指肉类在加工过程中，肉中的水分及添加到肉中的水分的保持能力。黏着性表示肉自身具有的黏着物质形成弹性的能力，以对扭转、拉伸、破碎的抵抗程度来表示黏着性的大小。未经腌制的肌肉结构蛋白质处于非溶解状态，而腌制后由于受到离子强度作用，非溶解状态蛋白质转变为溶解状态，也就是腌制提取肌球蛋白或肌动球蛋白是增加保水性和黏着性的根本原因。从这种意义上说，肉的黏着性和保水性通常是相辅相成的。

复合磷酸盐和食盐是腌制过程中广泛使用的增加保水性和黏着性的腌制材料。腌肉时添加焦磷酸盐，可直接作用于肌动球蛋白，使肌球蛋白解离出来，是增加黏着性的直接原因。添加复合磷酸盐还可以提高 pH，增强离子强度及螯合金属离子，提高腌制肉制品的保水性和黏着性。还有实验表明，绞碎肉中加入 NaCl 使其离子强度为 0.8～1.0，相当于 4.6%～5.8% NaCl 保水性（最强），超过此范围反而下降。

四、腌制方法

肉类腌制方法可分为干腌、湿腌、混合腌制和滚揉腌制 4 种方法。

1. 干腌　干腌是把食盐或混合盐涂擦在肉的表面，然后层堆在腌制架上或层装在腌制容器内，依靠外渗汁液形成盐液进行腌制的方法。干腌法腌制时间较长，但腌制品有独特的风味和质地。我国名产火腿、咸肉、烟熏肋肉均采用此法腌制。

由于这种方法腌制时间长（如金华火腿需 1 个月以上，培根需 8～14d），食盐进入深层的速度缓慢，容易造成肉内部变质。干腌法腌制还要经过长时间成熟过程，如金华火腿成熟时间为 5 个月，才有利于风味的形成。此外，干腌法失水较大，通常火腿失重 5%～7%。

2. 湿腌　湿腌是将肉浸泡在预先配制好的腌制液中，通过扩散和水分转移，渗入肉内部，获得比较均匀的分布。常用于腌制分割肉、肋部肉等。

一般采用老卤（主要含有食盐和硝酸盐）腌制，先调整好浓度，再用于腌制新鲜肉，食盐和硝酸盐向肉中扩散，减少营养和风味的损失，同时赋予腌肉老卤特有风味。湿腌的缺点是制品的色泽和风味不及干腌制品，腌制时间长，蛋白质流失多（0.8%～0.9%），含水分多，不宜保藏。卤水也容易变质，较难保存。

3. 混合腌制　混合腌制是利用干腌和湿腌互补性的一种腌制方法。干腌和湿腌相结合可以避免湿腌因食品水分外渗而降低浓度，因干腌可及时溶解外渗水分；同时混合腌制时不像干腌那样促进食品表面发生脱水现象；内部发酵或腐败也能被有效阻止。肉类腌制时可先干腌后盐水湿腌，如南京板鸭、西式培根的加工。

4. 滚揉腌制

（1）盐水注射　盐水注射多采用专业设备，一排针头可多达 20 枚，每一针头中有多个小孔，平均每小时可注射 60 000 多次，由于针头数量大，两针相距很近，注射至肉内的盐液分布较好。盐水注射腌制可以通过注射前后称重，严格控制盐水的注射量，保证产品质量的稳定，注射量一般控制在 20%～25%（肉重），在 8～10℃冷库内进行。盐水注射法可以缩短腌制时间（如由过去的 72h 可缩至现在的 8h），提高生产效率，降低生产成本，但成品质量不及干腌制品，风味略差。

（2）滚揉　滚揉是利用物理冲击的原理，让肉在滚揉机滚筒内上下翻动，相互撞击、摔打，达到按摩、腌渍的作用。滚揉的目的是通过翻动碰撞使肌肉纤维变得疏松，加速盐水的扩散和均匀分布，缩短腌制时间。同时，通过滚揉促使肉中盐溶性蛋白质的提取，改进成品的黏着性和组织状况。滚揉能使肉块表面破裂，增强肉的吸水能力，提高产品的嫩度和多汁性。

为加快腌制速度和盐液吸收，注射后通常采用按摩（massaging）或滚揉（tumbling）操作，促进盐溶性蛋白质的抽提，提高制品的保水性，改善肉质。滚揉装入量一般为容器的 60%。滚揉程序包括滚揉和间歇两个过程。间歇可减少机械对肉组织的损伤，使产品保持良好的外观和口感。一般盐水注射量在 25%情况下，需要一个 16h 滚揉程序。每小时 20min，间歇 40min，即 16h 内滚揉 5h 左右。在实际生产中，滚揉程序随盐水注射量增加适当调整。滚揉环境温度控制在 6～8℃。

案例 8-1　盐水鸭的盐渍

先将调味料（如花椒、五香粉等）和食盐按一定比例混合加热炒制，洗净原料鸭胚，沥干水，再将上述混合盐均匀涂抹在鸭体腔内和周身，根据鸭胚质量和产品要求确定盐用量。用手涂抹过程中要轻轻搓擦，机械定量撒盐时需要翻转鸭胚或轻拍，以保证盐的渗入。盐涂抹均匀后，将鸭胚放置在缸内。干腌时间为 4～6h，室温控制在 6～8℃。在盐渍过程中定期地将缸内鸭胚上下层依次翻转，称为翻缸。干腌过后，将鸭胚浸入调制好的卤水中，盐渍 2～3h。

第五节　充　　填

在肉制品加工行业中，通常把混合、乳化或滚揉好的肉馅、肉糜或肉块灌入肠衣或模具，主要借助灌肠机和（或）其他充填设备来完成成型操作过程，也叫充填。实验室通常采用小型绞肉机（去掉绞刀）或液压、气压传动半自动灌肠机进行充填；现代工业生产中普遍采用真空自动灌肠机，能够连续、自动灌肠并实现手动或自动打结。

一、肠衣

1. 天然肠衣　天然肠衣也称动物肠衣，主要是由猪、牛、羊等动物小肠脏器通过刮去黏膜、浆膜和肌肉等油脂杂物而形成的半透明坚韧薄膜。天然肠衣多为浅红色、白色或乳白色，具有良好的韧性、坚实性、弹性、保水性、安全性、可食性、水气透过性、烟熏味渗入性、热收缩性和对肉馅的黏着性等多种优点。

因加工方法不同，天然肠衣又分干制肠衣和盐渍肠衣两种。干制肠衣在使用前应用 40℃温水浸泡变软方可使用。盐渍肠衣使用前用清水反复漂洗干净，除去黏着在肠衣上的污物和盐分，以免在灌肠制品熟加工过程中产生“盐霜”现象。

2. 人造肠衣　人造肠衣又称合成肠衣，即由塑料、纤维、动物皮等加工成片状或筒状薄膜。人造肠衣已实现生产规格化，充填和加工使用方便，对灌肠制品加工成型、保持风味、减少干耗、延长产品货架期具有明显优势。目前市场上的人造肠衣主要有纤维素肠衣、再生胶质肠衣、塑料肠衣和玻璃纸肠衣 4 种形式。

（1）纤维素肠衣　一般是由棉绒、木屑、亚麻和其他植物纤维制成大小相同规格的肠衣。这种肠衣具有良好的韧性和透气性，在湿润情况下也能熏烤和上色，但不可食用，也不能随肉馅收缩。

（2）再生胶质肠衣　主要是由家畜的皮和肌腱提炼出的胶质制成的肠衣。这种肠衣透气性好，易上色，分可食用和不可食用两种。可食用再生胶质肠衣能够吸收少量水分，柔嫩，大小规格较一致，适合用于鲜肉灌肠和小灌肠的制作；不可食用再生胶质肠衣比较厚，大小和形状不一致，主要用于灌制风干香肠的制作。

（3）塑料肠衣　主要是由聚偏二氯乙烯（PVDC）和尼龙等材料制成肠衣。这类肠衣品种规格多，可印刷，使用方便，光洁美观，适合于蒸煮类产品生产，但不能熏，也不可食。

（4）玻璃纸肠衣　是一种纤维素薄膜，纸质柔软，有伸缩性，其纤维素微晶体呈纵向平行排列，故纵向强度大、横向强度小。生产成本比天然肠衣低，但使用不当容易破裂。

二、充填设备

充填机又称灌肠机，是根据产品要求把已搅拌混合后的肉糜或腌制滚揉后的肉料灌入肠衣或包装袋中的一类机械。目前常用的主要有液压式充填机、定量充填机和真空充填机等几种。

（1）液压式充填机　这种充填机主要采用活塞式液压驱动，在液压缸作用下，筒内物料产生压力后将料挤出（图 8-7）。该设备的最大特点是不破坏肉块颗粒和膘丁外形，结构简单、操作方便、工作平稳、安全系数高，非常适合于中小型肉类加工企业和熟食店（餐厅）的肉制品加工。

（2）定量充填机　这种充填机的模具大小一般是固定不变的，充填定量工序靠人工完成，即先由人工将已称量好的肉料放入存肉槽中，在出料端套上收缩膜包装袋，再套上模具，依靠气缸活塞一次性将肉料真空充填于包装袋内，自动打卡封口，压盖后蒸煮。

（3）真空充填机　真空充填机是集定量灌装、高速扭结于一身的真空充填机，使用前先设定充填压力、速度、定量、扭结圈数、充填数量等参数，安装好相应的充填管、扭结器和自动上肠装置，然后在真空下完成原料肉馅的定量、分份和扭结充填灌装等多道工序，这种设备能与打卡机和挂肠等多种机器连接形成连续生产线。

真空充填机是在真空下完成灌装过程，有效地防止脂肪氧化，避免蛋白质水解，减少细菌存活量，保证产品颜色鲜亮、味道纯正，延长货架期，是工业化规模生产中使用最多的一种机械设备（图 8-8）。

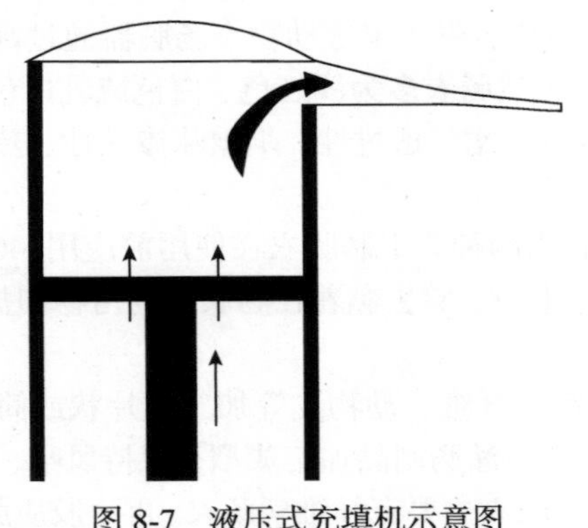

图 8-7　液压式充填机示意图

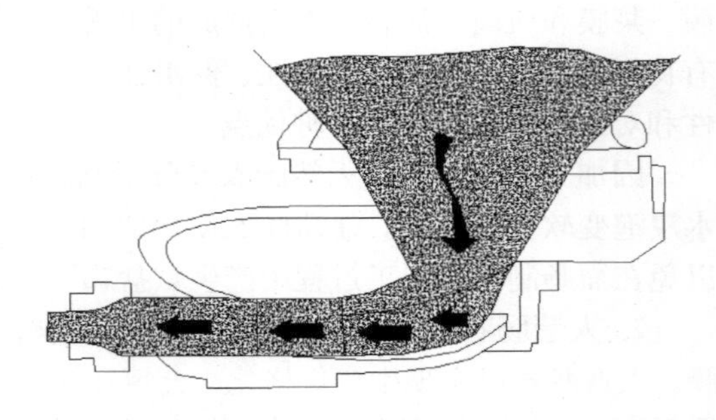

图 8-8　真空充填机示意图

三、自动高速扭结机

企业生产流水线上常常把高速扭结机、打卡机和挂肠机等多种机器与自动真空定量充填机连接起来，形成连续生产线。自动高速扭结机是一种能够自动识别和检测肠衣的设备，一旦发现前方充填机有肠衣进入时，扭结器立即自动翻转，实现连续自动化生产，提高生产效率。

第六节　肉的热处理

一、肉在加热过程中的一般变化

肉类在加热过程中最明显的变化是肉中汁液流失，质量减轻，肌肉收缩，体积缩小。一般而言，40～53℃时，单个肌纤维中水分流出慢；60℃时，蛋白质变性收缩，肌纤维中 60%的水分被排出；64～90℃时，肉发生热收缩，蒸煮损失增加；90℃时，70%的水分被排出。肌肉收缩程度与加热方法、加热时间和加热温度有关。例如，在相同中心温度下，肉快速加热时蒸煮损失小，多汁性好。

加热时脂肪熔化，包围脂肪滴的结缔组织由于受热收缩，脂肪细胞受到较大的压力，细胞膜破裂，脂肪熔化流出。随着脂肪流出，释放出有关的挥发性化合物，这些物质给肉汤增补了香气。脂肪在加热过程中发生水解，生成甘油和脂肪酸，酸价升高，同时发生氧化作用，生成氧化物和过氧化物。

经过热处理，蛋白质营养价值得到提高。在适宜的加热条件下，蛋白质发生变性，容易受到消化酶的作用，提高了蛋白质的消化率和必需氨基酸的生物利用率。

经过加热处理，肉质先变硬，后变嫩，有利于咀嚼。此外，加热处理能够杀灭腐败微生物，延长肉制品的保质期。通常肉内部温度达到 65～75℃时大多数微生物可被杀死，在 121℃高温条件下，肉中的微生物几乎全部被杀死，即使存在极少数微生物也不致引起肉的腐败变质。

二、肌肉蛋白质凝胶的形成

凝胶形成在蛋白质食品加工中的作用十分重要。蛋白质凝胶的形成是指蛋白质在一定条件下发生一定程度的变性、凝集并形成蛋白质三维网络（凝胶）的过程，或者说，凝胶形成（凝胶化）是溶胶（sol）转变为凝胶的过程。食品蛋白质经过这个过程能够形成凝胶制品，如凝胶类肉制品、酸奶、鱼糜制品、豆腐等。蛋白质凝胶形成的方式主要有热诱导和压力诱导。热诱导凝胶形成的第一步是蛋白质受热变性发生解折叠，第二步是展开的蛋白质发生聚集形成三维网状结构。蛋白质的这种热诱导凝胶作用在很大程度上决定了肉糜制品的质地、外观和出品率。

（一）肌球蛋白热诱导凝胶的形成

肌球蛋白分子的头-头凝集、头-尾凝集和尾-尾凝集是凝胶形成的基本机制。35℃凝胶开始形成时，头部与头部发生疏水交联（图 8-9）；当温度升高到 40～50℃时，肌球蛋白的尾部构象发生变化，疏水基团进一步暴露出来，肌球蛋白发生尾-尾凝集，从而形成了凝胶。

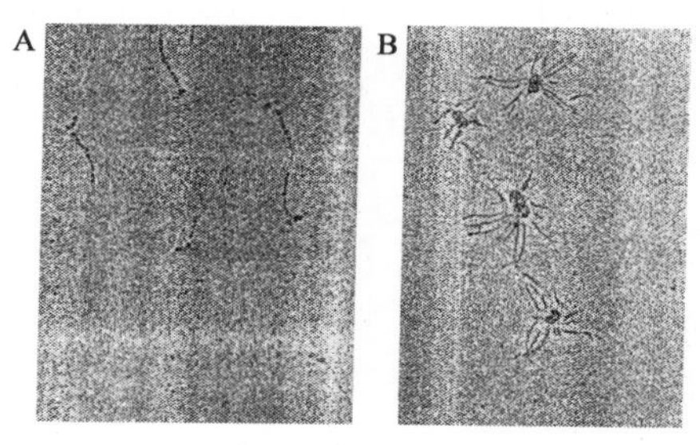

图 8-9　肌球蛋白分子凝聚过程
A. 肌球蛋白分子单体；B. 加热形成的多聚体

（二）肌原纤维蛋白热诱导凝胶的形成

肌原纤维蛋白纤丝在热诱导作用下的“肩并肩”交联是肌原纤维蛋白凝胶形成的基本机制。在 0～4℃，肌原纤维蛋白纤丝呈长短不一且光滑的线状结构，与附着的球状蛋白呈现出相互交错且相对均一的网状分布；25℃时纤维状蛋白开始断裂，纤丝两端轻微弯曲呈异向分布，球状蛋白聚集成更大的球状蛋白簇；45℃时，大多数肌原纤维蛋白纤丝有规律地以“肩并肩”形式聚集成簇状，随着温度进一步升高，簇状球状蛋白与簇状原纤维蛋白纤丝发生交联，最终形成三维网络结构（图 8-10）。

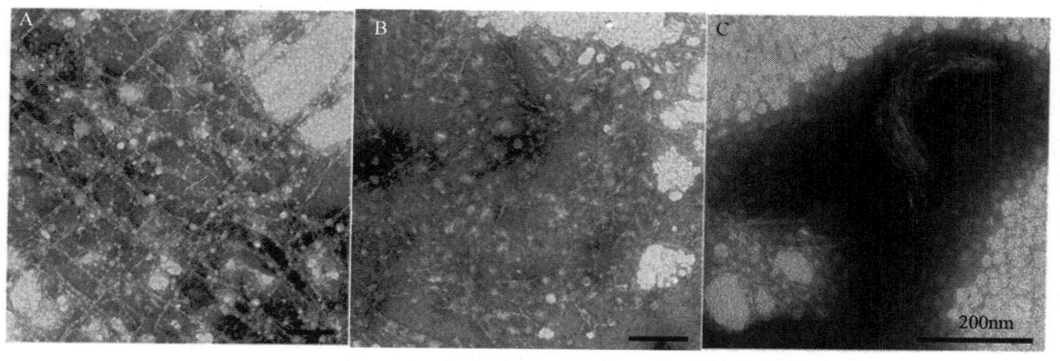

图 8-10　肌原纤维蛋白纤丝热诱导下的形态变化
A. 0～4℃；B. 25℃；C. 45℃

1. 热诱导凝胶形成中的化学键

（1）疏水相互作用　在肌肉肌原纤维蛋白溶胶向凝胶转变过程中，蛋白分子间的疏水作用是重要的作用力，且疏水作用随着温度的升高（至少达 60℃）逐渐增强。

在蛋白质溶胶中，蛋白质表面暴露于水中。由于热力学反应，蛋白质就会在分子内或分子间发生疏水互作。在未变性的蛋白质内部有大量疏水氨基酸，蛋白质表面则分布有大量亲水性氨基酸。通过这种排布，蛋白质分子在水溶液中便达到热力学平衡。当蛋白质在受热变性展开时，内部的疏水结构便暴露于水中，使得这些疏水基团附近的水分子通过分子间氢键定向排列，致使水分子的流动性降低。因此，溶胶体系变得有序化，熵值降低，形成热力学上更稳定的体系，相邻蛋白质分子间疏水部分便发生紧密结合，发生疏水互作，引起蛋白质凝集，在合适条件下形成凝胶。

（2）*二硫键* 二硫键是共价键，是蛋白质分子间通过共用电子对形成的牢固的化学键，共价键一旦形成，很难被破坏。蛋白质分子间的疏水作用和加热过程中形成的二硫键是肌肉肌原纤维蛋白热诱导凝胶形成的主要化学作用，也是压力（≥300MPa）诱导凝胶形成的主要机制。

半胱氨酸含有活性巯基，同条肽链相近的半胱氨酸通过氧化作用形成分子内二硫键，或相邻蛋白质链上的两个半胱氨酸通过氧化作用形成分子间二硫键，从而发生交联。如果蛋白质分子内含有大量胱氨酸或活性巯基，添加半胱氨酸或胱氨酸后，可促进分子内二硫键向分子间二硫键的转化（图 8-11）。

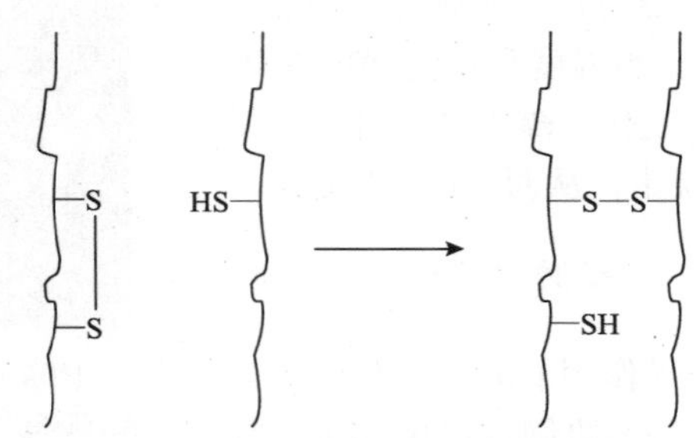

图 8-11 分子内和分子间二硫键的形成（彭增起等，2014）

（3）*氢键* 氢键是偶极键，结合力弱。氢键在蛋白质凝胶体系中的数量极大，是成为稳定结合水、增加凝胶强度的重要化学键。加热期间，维持蛋白质空间结构的大量氢键被破坏，从而使得多肽链更易于发生广泛的水合作用，减少水分子的移动性。所以，裸露的多肽链的水合作用就成为影响凝胶保水性的重要因素。冷却促进蛋白质间更多氢键的形成，导致凝胶强度增大。

（4）*离子键（盐键）* 离子键是蛋白质表面正电荷的位点与负电荷的位点相互吸引而形成的。肌肉的正常 pH 接近中性。此时，蛋白质链上谷氨酸和天冬氨酸的羧基带负电荷，而赖氨酸和精氨酸的氨基带正电荷。这些氨基酸间便可形成离子键，使肌原纤维蛋白相互结合，形成不溶于水的凝集物。为形成良好的凝胶，必须添加食盐，破坏离子键，促进蛋白质均匀分散。随着肌肉蛋白质离子强度的增加，Na^+和 Cl^-选择性地与蛋白质表面电荷结合，肌原纤维蛋白分子间离子键遭到破坏，蛋白质对水的亲和力增加，蛋白质的溶解度增大，有利于良好凝胶的形成。

2. 影响凝胶特性的因素 影响肌球蛋白热诱导凝胶功能特性的因素很多，包括加热条件、蛋白质浓度、pH、离子强度和肌肉类型等。

（1）*加热条件* 加热温度及加热方式对肌球蛋白凝胶特性有显著影响。据报道，加热温度升高会使牛肉肌球蛋白凝胶收缩变形，特别是链状凝胶结构。肌球蛋白重链加热到 35℃时形成一个很弱的胶，但是升温到 60℃时凝胶强度呈指数上升。恒温加热和温度迅速升高时，蛋白质发生随机的相互作用而不是有序的相互作用，而有序的相互作用才能形成三维网络凝胶。

（2）*蛋白质浓度* 肌球蛋白浓度影响热诱导凝胶的硬度。只有当溶液中存在足量的蛋白质（如肌球蛋白）分子时才能形成足够的蛋白质分子内和分子间的相互作用，进而在加热的同时在一些化学键的作用下变性、凝聚形成三维网状结构的凝胶。无论肌肉类型如何，蛋白质浓度升高，肌球蛋白分子间距离减小，它们很容易通过各种化学键发生相互作用产生凝集，形成的热诱导凝胶的硬度会增大，肌球蛋白的结合性会提高。

（3）*pH 和离子强度* pH 和离子强度能够改变氨基酸侧链电荷的分布，改变肌球蛋白在溶液中的存在状态，降低或增加蛋白质间的相互作用，影响肌球蛋白的凝胶特性。肌球蛋白的等电点为 5～5.5，在高盐浓度（如 0.6mol/L KCl）条件下可溶，呈单体或二聚体形式，在低盐浓度（如 0.03mol/L KCl）下则不溶。只要保持高的离子强度和合适的 pH，肌球蛋白就呈可溶状态。在 0.6mol/L KCl 高离子强度时，蛋白质形成球状颗粒并交联形成网络结构，且加热温度从 30℃升高到 70℃，凝胶强度逐渐增大。

（4）肌肉类型　在适合的 pH 和离子条件下，对于红肌纤维而言，猪肉肌球蛋白凝胶结构比牛肉致密。与红肌肌原纤维比，白肌肌原纤维更可溶且能形成弹性更高的凝胶，凝胶强度也高。胸肉凝胶为纤丝状，类似于肌球蛋白在低离子强度下形成肌球蛋白粗肌丝，而腿肉则显示更小更少的纤丝，腿肉和胸肉凝胶性能不同可能是肌球蛋白的不同异构体所致。

3. 凝胶形成期间蛋白质流变特性的变化　肌肉蛋白质分散体系或肌肉蛋白质热诱导凝胶都具有黏弹性。在由液体→固体或溶胶→凝胶转化期间，随着时间和热的变化而发生许多化学变化和物理变化，进一步引起内部结构的改变。在热处理作用下，蛋白质相互发生键合作用，分散体系内的液体运动、溶质浓度乃至于液体黏度也会改变。这些变化会影响溶液或凝胶的机械性质，所以要使其变形，就需要一定的外力，就会有不同比例的变形能成为非弹性变形能，并以热形式消散。

如果流体是黏性体，如肌肉匀浆物，则其黏度η为

$$\eta = \frac{\text{剪应力}(\tau)}{\text{剪应变}(\gamma)}(\text{Pa}\cdot\text{s})$$

如果是弹性体或固体，如肌原纤维蛋白凝胶和肌肉匀浆物凝胶，剪应变很小，则其剪切模量或刚性模量 G 为

$$G = \frac{\text{剪应力}(\tau)}{\text{剪应变}(\gamma)}(\text{Pa})$$

动态（振荡）流变特性能很好地反映蛋白质食品的黏弹性，如可以给出弹性模量和机械阻尼的大小。机械阻尼与能量损失、加热和物质的刚性有关，能提供大分子聚合物的分子结构和化学组成的信息。当蛋白质分散体系或蛋白质热诱导凝胶受到以正弦波变化的剪应力时，受试样品受应力的作用而变形，在线性黏弹性范围内，应变也会随之发生周期性变化，只是相位不同步（图 8-12）。

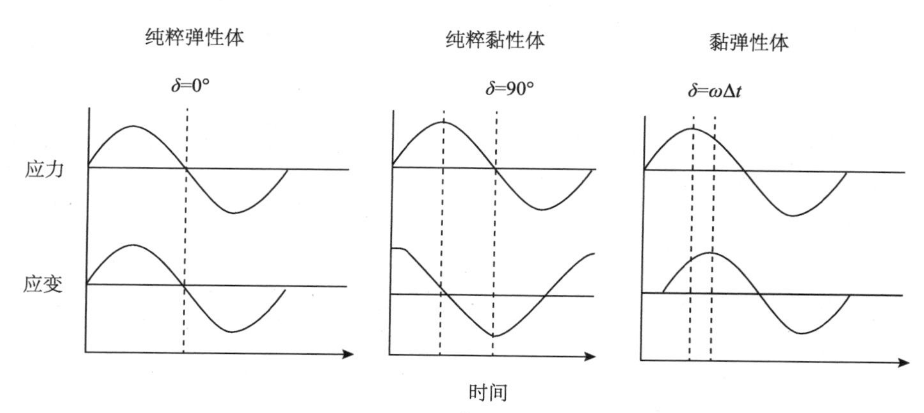

图 8-12　正弦波振动时应力-应变曲线（彭增起等，2014）

于是，就会产生一个频率依变型的模量 G^*。G^*是复数模量，其实数部分 G'与能量贮存有关；

其虚数部分 G'' 与能量损失有关。

$$G^* = \frac{\sigma_{\max}}{\varepsilon_{\max}}(\cos\delta + i\sin\delta) = G' + iG''$$

$$\delta = \omega\Delta t$$

式中，i 是虚数；G' 是贮能模量；G'' 是损失模量；$\sigma_{\max}$ 是应力-应变曲线中的最大应力；$\varepsilon_{\max}$ 是最大应变；δ 是相位角；ω 是角频率（弧度/秒）；Δt 是应力-应变曲线中最大应力与最大应变的时间差。$\sigma_{\max}$ 与 $\varepsilon_{\max}$ 的比值是复数模量的绝对值 $|G^*|$，是单位剪切变形阻力的度量。

当频率不变时，G''、G' 和 $\tan\delta$ 是温度的函数；当温度不变时，G''、G' 和 $\tan\delta$ 是频率的函数；当频率和温度不变时，G''、G' 和 $\tan\delta$ 是时间的函数。实际上，在食品蛋白质凝胶形成的研究中，多采用温度和时间变化，而频率不变（一般不超过 1Hz）。

$$G' = |G^*| \cos\delta$$
$$G'' = |G^*| \sin\delta$$
$$\tan\delta = G''/G'$$

$\tan\delta$ 或 δ 的大小与 G'' 成正比，与 G' 成反比。对于理想弹性体，$\delta = 0°$，输入的机械能贮存起来；而对于理想黏性体，$\delta = 90°$，$G' = 0$，变形所做的功都转化为热而消散。通常，肌肉蛋白质凝胶的弹性很好，δ 小于 10°。现代流变仪能把弹性阻力与黏性阻力，或贮能模量 G' 与损失模量 G'' 区分开来，并能把阻力、变形和变形速率量化。在肌肉蛋白质凝胶形成的初始阶段，蛋白质分散体系的黏性占优势，随着三维网络结构的逐渐形成，贮能模量 G' 逐渐增加。与此同时，相位角 δ 也会相应地由大变小。

蛋白质凝胶类食品的质构特性是最重要的品质因素。流变特性和热特性可作为蛋白质凝胶类食品加工中控制产品质量的主要参数。如今，动态流变参数如 G' 和 G''，已广泛用于描述食品蛋白质凝胶的特点。

三、风味物质的产生

生肉一般只有咸味、金属味和血腥味。加热后，肉中风味前体物质反应生成各种呈味物质，赋予肉以滋味和芳香味。这些物质主要是通过美拉德反应、脂质氧化和一些物质的热降解这三种途径形成的。

美拉德反应能产生很多有肉香味的化合物，这些化合物主要是含氮、硫、氧的杂环化合物及其他的含硫化合物，主要包括呋喃、吡嗪、吡咯、噻吩、噻唑、咪唑、吡啶及环烯硫化物。另外，在美拉德反应的中间产物中有一些二羰基化合物，它们可以进一步和脂质及硫胺素降解产物反应，生成肉香味的化合物。在肉的风味物质形成的过程中，Strecker 氨基酸反应与美拉德反应密切相关。美拉德反应产生一些含有羰基的戊糖和丁糖降解产物，如 2-氧代丙醛、2,3-丁二酮等，这些二羰基化合物可以促进 Strecker 氨基酸反应生成醛，而半胱氨酸的 Strecker 反应还会产生 H_2S，为肉中大量挥发性杂环化合物形成提供反应物。美拉德反应产物 5-甲基-4-羟基-3（2H）-呋喃酮可以和 H_2S 反应生成 2-甲基-3-呋喃硫醇、2-甲基-3-噻吩硫醇及它们的二氢同系物，这一反应被认为是形成肉香味的重要反应之一。

脂肪氧化是产生风味物质的主要途径。现在普遍认为脂肪在加热过程中发生氧化反应，生成过氧化物，过氧化物进一步分解生成几百种香气阈值很低的挥发性化合物，包括脂肪族烃、醛类、酮类、醇类、羟酸和脂。脂肪不仅在加热反应中产生香味，还与美拉德反应的产物相互作用，产生一些含有长链烷基取代基（C_5-C_{15}）的 *O*-杂环、*N*-杂环或 *S*-杂环挥发性化合物，使肉香味更加和谐和浓郁。但脂质氧化、脂肪酸败也会产生不良的气味。熟肉中常出现过热味，主要是由脂肪氧化造成的，即由肉中血色素铁和非血色素铁催化的磷脂氧化所致。脂肪族羟胺化合物加热时产生吡嗪，是肉中风味物质的重要成分，但二环吡嗪具有烤肉味。

四、色泽的变化

鲜肉肌肉表面氧合肌红蛋白呈鲜红色，加热成熟后为褐色（球蛋白血色素原），是消费者乐意接受的品质特征。加热温度影响色素转化的程度。在加热过程中，牛肉的中心温度为 60℃时内部呈鲜红色，60～70℃时呈粉红色，70～80℃或更高温度时呈淡褐色。肌红蛋白是热稳定性的肌质蛋白之一。65℃以下，肌红蛋白的变性（色素的提取）主要是由酶的作用或协同作用而非温度导致的，80～85℃时则完全变性。加热过程中熟肉色的形成还包括碳水化合物的焦糖化和还原糖与氨基化合物之间的美拉德反应。

五、保水性及其影响因素

广义上讲，肌肉的保水性（water holding capacity，WHC）或系水力是指当肌肉受到外力作用时，其保持原有水分与添加水分的能力。所谓外力是指压力、切碎、冷冻、解冻、贮藏、加工等。衡量保水性的主要指标有肉汁损失（drip loss）、蒸煮损失（cooking loss）、贮藏损失（purge loss）等。保水性的实质是肌肉蛋白质形成网状结构，单位空间物理状态所捕获的水分量的反映。捕获水量越多，则保水性越好。

影响保水性的因素很多，宰前因素包括品种、年龄、宰前运输等；宰后因素主要有屠宰工艺、尸僵过程、熟化、解剖部位、脂肪厚度、pH 变化；加工因素主要有切碎、盐渍、加热、冷冻、融冻、干燥、包装等。

品种：动物的种和品种对肌肉的蛋白质和脂肪等化学组成影响很大，并进而影响到肉的系水力。不同动物肌肉的保水性有明显差别，一般情况下，兔肉的系水力最好，其余依次为猪肉、牛肉、羊肉、禽肉、马肉。

部位：位于不同部位的肌肉，因其生理功能不同，其肌纤维构成类型、肌细胞代谢速度及代谢方式都存在差异，如红肌纤维代谢速度慢，以有氧代谢供能为主，而白肌纤维与之正好相反。这些结构和生理功能的差异会对肉的品质产生很大影响。因此，即使是同种动物，肌肉因存在的部位不同，其保水性也会存在明显的差异。

性别和年龄：性别和年龄对几乎所有胴体特征都有很大影响，也影响肉的品质特性。研究发现，性别对猪肉的保水性无明显影响，而对牛肉的保水性影响显著；幼龄动物肌肉的保水性比成年的高。

冷却和冻结：高 pH 的肉解冻后比低 pH 的肉汁液流失量少，冷冻、解冻的速度及冷冻贮藏的温度都对肉的保水性有明显影响。冻结速率越快，则解冻损失就越少。冻结后贮存时间也影响猪肉质量。与鲜猪肉相比，冻结猪肉经 1 个月贮存后保水性几乎下降一半。在冻结鲜猪肉时，要使用速冻方法，使中心温度迅速下降，而且冻结猪肉不宜贮存过长的时间。

pH 和离子强度：pH 的影响实质是蛋白质分子的净电荷效应。蛋白质分子所带有的净电荷对系水力有双重意义：第一，净电荷是蛋白质分子吸引水分的强有力中心；第二，净电荷增加蛋白质分子之间的静电斥力，使结构松散开，留下容水的空间。当净电荷下降时，蛋白质分子间发生凝聚紧缩，系水力下降。肌肉 pH 接近蛋白质等电点（5.0～5.4），正、负电荷基数接近，反应基减少到最低值，这时肌肉的系水力也最低。因此，运用碱式盐来提高肌肉的 pH 是提高肌肉保水性的一个有效的途径。离子强度对肌肉系水力的影响也取决于肌肉的 pH。当 pH>pI（等电点）时，盐可提高系水力，当 pH<pI 时，盐起脱水作用使系水力下降，这是因为当 pH>pI 时，Cl^-提高净电斥力，蛋白质分子的内聚力下降，网状结构松弛，保留了较多的水分；当 pH<pI 时，Cl^-降低净电斥力，使网状结构紧缩，导致系水力下降。

六、微生物的杀灭和有害物质的形成

经过适当加热后，肉中微生物（如食源性微生物和腐败微生物）等被杀灭，微生物产生毒素变性失活，保证肉的安全卫生品质。肉在加热过程中可能产生某些有害物质，影响食用安全性。例如，肉中蛋白质、肽、氨基酸等含氮化合物在高温（100～300℃）加热时分解产生杂环胺化合物，具有致突变性和致癌性；熏制、烘烤、油炸等加热处理会使肉中致癌物质苯并芘含量增加。

第七节　煮　　制

煮制是以水为介质对产品实行热加工的过程。其目的是对产品进行调味，通过熟制杀死微生物和寄生虫，防止产品腐败变质，延长产品的货架期。

一、火候

火候是指煮制过程中所用火力的大小和时间的长短。火候一般来说有大火和小火之分，即旺火和文火。旺火的火力较大，汤汁剧烈沸腾，产生大量蒸汽；文火的火力较小，汤汁温度为 90℃左右，气泡不连续，蒸汽不明显。肉制品的加工通常采用先旺火再小火的方式，先将汤汁煮沸，撇去浮沫、加入调味料后再改用文火煨炖入味。生产加工时，一方面要从燃烧烈度鉴别火力的大小，另一方面要根据原料性质掌握成熟时间的长短，两者统一，才能使肉制品的加工达到标准。肉质较嫩、肉块较小，短时间即可炖熟入味；肉质较老、肉块较大，需延长煨炖时间。生产中煨炖时间通常为 1～4h。酱牛肉等产品在煨炖结束后还需将肉置于汤汁中继续浸泡过夜，以增进产品风味。

二、调味

调味是使肉制品获得稳定而良好风味的关键。煮制环节直接影响产品的口感和外形，必须严格控制煮制火候和时间。根据加入调料的时间和作用，大致可分为基本调味、定性调味和辅助调味三种。基本调味是原料经整理后，在加热前用盐、酱油或其他腌制料，奠定咸味的过程。定性调味是在煮制时，加入各种调味料和香辛料，赋予产品香味和滋味的过程。辅助调味是在原料肉出锅前或煮制后，加入糖、味精、香油等，以增进产品色泽和风味的过程。

三、肉在煮制过程中的变化

1. 质量减轻　肉在煮制过程中最明显的变化是失去水分、质量减轻，其程度可用出品率

表示。失水越多，保水性越差，则出品率越低。为了提高出品率，在原料加热前可将其放入沸水中短时间预煮，使产品表面的蛋白质凝固，形成保护层，可减少营养成分的损失。煮制结束时，肉汤中干物质可达肉重的2.5%～3.5%，主要是含氮浸出物和盐类物质。

2. 蛋白质热变性　肉煮制时，温度达到30℃左右时蛋白质开始凝固；40～50℃时肉汁开始流出，保水性急剧下降；60～70℃时热变性基本结束，由红色变为灰白色；80℃呈酸性反应时，结缔组织开始水解，胶原转变为可溶于水的明胶，肉质变软；90℃稍长时间煮制，蛋白质凝固硬化，盐类及浸出物由肉中析出，肌纤维强烈收缩，肉变硬；继续煮沸（100℃），蛋白质、碳水化合物部分水解，肌纤维断裂，肉被煮熟（烂）。

在煮制时约有2.5%的可溶性蛋白质进入肉汤中，此蛋白质受热凝固成污灰色泡沫，浮于肉汤表面，在实际操作中往往把它撇掉。

3. 脂肪的溶出和分解　不同动物煮制时分离出来所需的温度不同，牛脂为42～52℃，羊脂为44～55℃，猪脂为28～48℃，禽脂为26～40℃。脂肪在加热过程中有一部分发生水解，生成甘油和脂肪酸，酸价升高，同时发生氧化作用，生成氧化物和过氧化物。加热水煮时，如肉量过多或剧烈沸腾，易形成脂肪乳化，使肉汤呈浑浊状态，脂肪易于被氧化，生成二羧基酸类，使肉汤带有不良气味。

延伸阅读 8-1　现代科技看老卤

老卤是指反复卤煮肉制品所产生的卤汁。传统观念认为，随着老卤使用次数的增加，即老卤连续使用时间越长，原料肉中可溶性蛋白质、呈味核苷酸等物质越来越多地溶解在卤汁中，产品风味越浓厚。企业在生产加工时常常强调老卤质量，认为老卤越老越好，将百年老卤视为珍品，在产品宣传上大为宣扬。然而，老卤储藏不当往往会酸败霉变，严重影响产品质量。在反复使用过程中，随着氨基酸、肌酸、肌酸酐和葡萄糖的富集，会产生一类叫作杂环胺的致癌、致突变性化合物。杂环胺在Ames试验中表现出强烈的致突变性，能引发猕猴和啮齿动物肝、结肠、乳腺等多种靶器官产生肿瘤。

研究表明，加工时间对杂环胺的形成具有重要影响，加工时间越长，形成的杂环胺就越多。例如，猪肉添加酱油和冰糖后煮制1h能产生2-氨基-3-甲基咪唑并（4,5-f）喹啉（IQ）、2-氨基-3,4-二甲基咪唑并（4,5-f）喹啉（MeIQ）、2-氨基-3,8-二甲基咪唑并（4,5-f）喹喔啉（MeIQx）、2-氨基-3,4,8-三甲基咪唑并（4,5-f）喹喔啉（4,8-DiMeIQx）、3-氨基-1,4-二甲基-5H-吡啶并（4,3-b）吲哚（Trp-P-1）、2-氨基-1-甲基-6-苯基咪唑并（4,5-b）吡啶（PhIP）和2-氨基-9H-吡啶并（2,3-b）吲哚（AαC），7种杂环胺总量为7.05ng/g，经过2h、4h、8h、16h和32h煮制，杂环胺总量为10.03ng/g、13.92ng/g、20.24ng/g、25.71ng/g和32.98ng/g，分别为1h的1.42倍、1.97倍、2.87倍、3.65倍和4.68倍。同时，猪肉的卤汁杂环胺总含量也随加工时间的延长而上升，且均高于猪肉本身20%左右。在盐水鸭的老卤也检测到了杂环胺，总含量为19.14ng/g。酱牛肉的老卤中也有杂环胺，含量略低于牛肉本身，且随连续使用时间延长而提高。

因此，应减少老卤连续使用时间，用老卤卤制肉制品一段时间后应及时更换，同时避免摄入过多的肉汤，以减少杂环胺的暴露量。

第八节 烧 烤

烧烤是历史最为悠久的加工方式。自从燧人氏钻木取火以后，古人吃上了香喷喷的烤肉，烧烤作为一种饮食文化流传至今，其实质没有改变，都是利用高热空气对食物进行加热，赋予肉制品特殊的香气和表皮的酥脆性，提升口感，并在烧烤过程中对产品进行脱水干燥、杀菌消毒，提高产品的贮藏性。同时，世界各国烧烤文化呈现出多样性的特征。例如，以新疆烧烤为代表的中式烧烤，多将现宰的羊肉切成小块穿成串撒盐后再烤，多加孜然；韩式烧烤加调料腌制再烤；美式烧烤是在烤肉上涂抹各种各样的调味酱；巴西烧烤肉品种类繁多，将大块肉直接烧烤一段时间后，切下表面烤熟部分使用后接着再烤。

一、烧烤方法

（一）炭烤

以炭火为加热介质，把原料肉放在明火上烤制的方法称为炭烤。从串肉的方式上看，炭烤又分为两种：一是将肉串在铁签上，架在火槽上，边烤边翻动，如烤乳猪、烤羊肉串；二是把铁架置于明火上，再把肉放在架子上烤。在西方国家，当人们在户外举行野餐或外出露营时的烧烤“barbecue”即为此种方式。炭烤设备简单，操作方便，但烤制时间较长，需要较多的劳动力，产生的多环芳烃、杂环胺等致癌、致突变物质也相对较多。

（二）电烤

电烤是指用电烤炉通电而加热的烤制方法，具体有以下三种方式：一是红外线电烤炉，通过无级限旋钮、皮膜或轻触微电脑对红外线强度进行控制，比碳/煤气类电烤炉的加热速度加快 1.5 倍，为无烟无灰的双重安全设置，适用于所有烧烤类食物。二是陶瓷板电烤炉，采用镍铬金属发热体，进行开放式发热，具备烧水、烧烤、爆炒、火锅等不同功能，可选性强。三是电炉丝电烤炉，具有煎、烤、炸功能，小巧玲珑，加热时热量快速传递，烤肉受热均匀、操作方便、环保节能。

（三）炉烤

把原料肉放在封闭烤炉中，不让肉与热源直接接触，利用炉内高温使肉烤熟的方法称为炉烤。从热源的角度来说，炭火、电、红外线均可。炉烤通常包括两种形式：一是用耐热砖砌成带门的炉子，炉内顶上设有挂钩可吊挂原料，炉内底部放炭火或者用电加热，烤制时关闭炉门。此方法设备投资少、保温性能好，但热源不能移动。二是使用电烤炉或者红外线烤炉，烤制时间、温度、旋转速度均可设定，操作方便，节省人力，产生的环芳烃、杂环胺等致癌、致突变物质也相对较少。

二、肉在烧烤过程中的变化

（一）烧烤风味物质的形成

原料肉在高温烧烤过程中，肉中蛋白质、糖类、脂肪等有机物经过降解、氧化、脱水、脱胺等变化，生成醛类、酮类、醚类、内酯、硫化物、低级脂肪酸等化合物。特别是糖与氨基酸之间的美拉德反应，不仅会生成棕色物质，同时伴随着许多香味物质的形成，使产品具有诱人的颜色和香味。脂肪在高温下分解生成的二烯类化合物，赋予肉制品特殊香味；蛋白质分解产生谷氨酸，使肉制品带有鲜味。此外，在加工过程中加入的辅料也有上色增香作用。腌肉时使用的五香粉，含有醛、酮、醚、酚等成分；葱、蒜等含有硫化物，能增进烤肉的香味。而在烤制过程中浇淋的麦芽糖是一种还原糖，能和肉表面的蛋白质、氨基酸发生美拉德反应，增进产品的色泽和风味。

在熟肉制品中，烤肉以咸淡适中、鲜香嫩脆、色泽红黄兼备、稍具烟熏风味为特色。对牛肉、猪肉和鸡肉的烤肉香气进行分离鉴定，结果发现，由于所含氨基酸、还原糖及脂肪的种类和含量有差异，产生的烧烤香气也有差别。但三种烤肉香气成分中都含有大量二甲基二硫、二甲基三硫、硫醇和噻吩等含硫化合物，以及呋喃、吡咯等含氧、氮的杂环化合物，它们多数呈烤肉香、焦香和坚果香等，其综合作用形成特征的烤肉风味。吡嗪、噻唑及噁唑等杂环化合物阈值低，是烤肉制品最重要的风味呈味物。吡嗪在烤肉中是主要的挥发物；噻唑及噁唑的形成是α-二羰基化合物或羟基酮，以及其与通过半胱氨酸和醛的水解或 Strecker 降解形成的硫化氢及氨之间的反应。选用不同的氨基酸和糖在不同的温度、时间等条件下反应，可有目的性地获得含吡嗪类、吡咯类、呋喃类等不同香型的香味料。

（二）有害物的形成与减控

对于肉制品加工而言，美拉德反应是一把双刃剑，一方面会产生一类化合物，使食品产生某些独特的色、香、味，同时又能增强食品的防腐性、抗氧化性；另一方面也会产生一类致癌、致畸、致突变的有害物质，如杂环胺、多环芳烃等。

1. 多环芳烃类化合物　多环芳烃（polycyclic aromatic hydrocarbon，PAH）是指由 2 个或 2 个以上苯环稠合在一起的芳香族化合物及其衍生物，是一种广泛存在于环境、食品及生物体内的污染物。多环芳烃具有较强的致癌性，可通过皮肤、呼吸道及食品进入人体，导致皮肤、食管、胃等部位的癌变。研究表明，肉制品中多环芳烃的含量与烹调方式有很大关系，其中高温烧烤方式会使肉制品中有机质受热分解，经环化、聚合而形成大量多环芳烃。目前已有 16 种 PAH 被美国环境保护总署归类为优先监测污染物，其中 3,4-苯并芘和二苯并（a、h）蒽被国际癌症研究中心认定为强致癌物质。德国已对肉制品中 3,4-苯并芘的残留制定了 1μg/kg 的限量标准，欧盟对于烟熏肉制品中 3,4-苯并芘设定上限为 0.03μg/kg，我国国家标准限定 3,4-苯并芘在肉制品中的最高残留量为 5μg/kg。

2. 杂环胺类化合物　杂环胺（HAA）是在肉制品的热加工过程中形成的一类具有多环芳香族结构的化合物。迄今为止，已经发现有 20 多种杂环胺，按生成方式的不同可分为两类：第一类是由肉制品中 4 种前体物（葡萄糖、氨基酸、肌酸、肌酸酐）经热反应产生的，称为氨基咪唑氮杂芳烃（aminoimidazole-azaarene，AIA）；第二类是由氨基酸或蛋白质在 250℃以上高温条件下直接热解产生的，称为氨基咔啉（amino-carboline，AC）。经过 Ames 试验及长期的动物实验表明，杂环胺具有强烈的致突变性和致癌性，对人体健康构成威胁。杂环胺的形成与加工方式密切相关。一般而言，使食物直接与明火接触或与灼热的金属表面接触的烹调方法，如烧烤、油煎等，有助于致突变性杂环胺的形成，因为这种条件下食物表面自由水大量快速蒸发而发生褐变反应，然而通过间接热传导方式或在较低温度并有水蒸气存在的烹调条件下，如清蒸、闷煮等，杂环胺的形成量就相对较少。

3. 烧烤烟气中的 $PM_{2.5}$　传统观念认为，$PM_{2.5}$ 产生于化工厂废气、汽车尾气排放、建筑扬尘等，但最近的研究发现，烧烤、油炸等传统食品加工也是 $PM_{2.5}$ 的重要来源之一。有研究者测定了南京某烤鸭店排气口 1m 处的 $PM_{2.5}$ 浓度，实验结果让人大吃一惊。烤鸭烟气的 $PM_{2.5}$ 浓度高达 1807～2300μg/m³，而国家规定日平均 $PM_{2.5}$ 一级浓度限值为 35μg/m³，二级浓度限值是 75μg/m³。这也就是说，烤鸭加工所产生的烟气 $PM_{2.5}$ 超过国家限量标准 30 多倍。有记者手持专业仪器对青岛露天烧烤周边空气进行了实地检测，结果表明在烧烤重灾区的云霄路和麦岛路，同一地点烧烤前后的 $PM_{2.5}$ 值竟然相差 40 倍，在烧烤摊“开火”的时间内，周围环境中的 $PM_{2.5}$ 全部过百，空气质量均为“重度污染”和“严重污染”。

4. 有害物的减控技术——肉制品绿色制造技术　美拉德反应机制十分复杂，不仅与参与反应的糖类等羰基化合物及氨基酸等氨基化合物的种类有关，同时还受到温度、氧气、水分及金属离子等环境因素的影响。控制这些因素，就能实现美拉德反应的定向控制，使反应朝着人们需要的方向进行。肉制品绿色制造技术，是通过对产品配方的绿色设计、反应介质条件控制、加工设备的改造及热力场优化与控制，借助绿色化工原理和手段，使配方组分与原料肉表皮成分发生定向美拉德反应，从而减少或消除对人体健康和环境产生危害的物质形成的一种方法。不用油炸、烧烤、老卤煮制和烟熏而生产出的苏鸡、烤肉等，色泽红润鲜亮，风味清香诱人，经高温灭菌后仍然保持脆嫩口感，其产品率为 68%～70%，3,4-苯并芘残留量小于德国标准的 1μg/kg，杂环胺残留量低于 1.51μg/kg。此外，勤换烤架，剔除产品表面烧焦部分的肉，也能有效减少致癌物质的摄入。

第九节　油　　炸

油炸是以油脂为介质在较高温度下对肉品进行热加工的过程，能使原料快速致熟，赋予产品特有的油香味和金黄色泽。公元 1 世纪，地中海沿岸出现肉类油炸食品，中国三国时期出现了麻油煎食物的烹饪方法。在 8～15 世纪的阿拉伯，动植物油和油炸食品在饮食文化中有着举足轻重的地位。同一时期，黎巴嫩、西亚、马格里布和叙利亚盛产的橄榄油也变得远近闻名，这些国家出产的橄榄油甚至还出口到伊拉克和埃及。油炸食品的兴盛源自近代英国的殖民扩张，英国的殖民者着迷于油炸一切食品：油炸火腿、油炸猪肝、油炸牛排、油炸鱼、油炸土豆片、油炸牡蛎，以及油炸剁碎的各色食品。如今，伴随着快餐文化的传播，以炸鸡块、炸薯条为代表的油炸食品成了许多国家的流行食品，油炸也广泛应用在食品工业生产方面，成为肉制品加工的重要方法之一。

一、油炸方法

（一）常见的油炸方法

常压油炸是在常压、开放式容器中进行，主要包括以下几种形式。

1）清炸：取质嫩的动物原料，切成适合菜肴要求的块状，用精盐、葱、姜、水、料酒等煨底口，用急火高热油炸 3 次，称为清炸。例如，清炸鱼块、清炸猪肝的成品外脆里嫩，清爽利落。

2）干炸：取动物肌肉，切成段、块等形状，加水、淀粉、鸡蛋、挂硬糊或上浆，用 190～220℃热油锅内炸熟即干炸，如干炸里脊。其特点是干爽、味咸麻香、外脆里嫩、色泽红黄。

3）软炸：选用质嫩的猪里脊、鲜鱼肉、鲜虾等，经细加工切成片、条、馅料，上浆入味，蘸干粉面、拖蛋白糊，放入 90～120℃热油锅内炸熟装盘。把蛋清打成泡状后加淀粉、面粉调匀，经温油炸制，菜肴色白，细腻松软。如软炸鱼条，其特点是成品表面松软、质地细嫩、清淡、味咸麻香、色白微黄美观。

4）酥炸：将动物性的原料，经刀技处理后，入味、蘸面粉、拖全蛋糊、蘸面包渣，放入 150℃的热油内，炸至表面呈深黄色起酥，成品外松内软熟或细嫩，如酥炸鱼排、香酥仔鸡。

5）松炸：松炸是将原料去骨加工成片或块形，经入味蘸面粉挂上全蛋糊后，放入 150～160℃，即五六成热的油内慢炸成熟的一种烹调方法。制品膨松饱满、里嫩、味咸不腻。

6）卷包炸：卷包炸是把质嫩的动物性原料切成大片，入味后卷入各种调好口味的馅，包卷起来，根据要求有的拖上蛋粉糊，有的不拖糊，放入 150℃，即五成热油内炸制的一种烹调方法。成品外酥脆、里鲜嫩、色泽金黄、滋味咸鲜。

7）脆炸：将整鸡、整鸭褪毛后，除去内脏洗净，再用沸水烧烫，使表面胶原蛋白遇热缩合绷紧，然后在表皮上挂一层含少许饴糖的淀粉水，经过晾胚后，放入 200～210℃高热油锅内炸制，待主料呈红黄色时，将锅端离火口，直至主料在油内浸熟捞出，待油温升高到 210℃时，投入主料炸表皮，使鸡、鸭皮脆、肉嫩，故名脆炸。

8）纸包炸：将质地细嫩的猪里脊、鸡鸭脯、鲜虾等高档原料切成薄片、丝或细泥，煨底口上足浆，用糯米纸或玻璃纸等包成长方形，投入 80～100℃的温油炸熟捞出。其特点是形状美观，包内含鲜汁，质嫩不腻。

（二）其他油炸方法

1. 高压油炸　高压油炸是油锅内的压力高于常压的油炸方法。由于压力提高，炸油的沸点也提高，提高油炸温度，缩短油炸时间，解决常压油炸因时间长而影响产品品质的问题。该方法温度高，水分和油的挥发损失少，产品外酥里嫩，最适合肉制品的油炸。

2. 减压油炸　减压油炸是在负压条件下进行油炸脱水干燥的过程。油炸时油温一般采用 80～120℃，食品中水分汽化温度降低，能在短时间内迅速脱水，实现低温低压条件下对食品的油炸。此外，真空减压油炸具有以下特点：①温度低、营养损失小；②水分蒸发快、干燥时间短；③原料风味保留多、复水性好；④油耗少、产品耐贮藏。

二、影响油炸食品质量的因素

1. 油炸温度　油可以提供快速和均匀的导热。油炸传热的速率取决于油温与食物内部之间的温度差和食物的导热系数。将食物置于一定温度的热油中，食物表面温度迅速升高，水分汽化，表面出现一层干燥层，形成硬壳。然后，水分汽化层向食物内部迁移，当食物表面温度升至油温时，发生焦糖化反应，产生独特的油炸香味。原料炸制时在不同温度情况下的变化如表 8-1 所示。

表 8-1　油温及原料变化情况

炸制温度/℃	变化情况
100	表面水分蒸发强烈，蛋白质凝结，食品体积缩小
105～130	表面形成硬膜层，脂质、蛋白质降解形成的芳香物质及美拉德反应产生油炸香味
135～145	表面呈深金黄色，焦糖化，有轻微烟雾形成
150～160	有大量烟雾产生，食品质量指标劣化，游离脂肪酸增加，产生丙烯醛，有不良气味
>180	游离脂肪酸超过 1.0%，食品表面开始碳化

在油炸过程中，食物表面干燥层具有多孔结构，其空隙大小不等。油炸过程中水合水蒸气首先

从这些大孔隙中逸出。由于油炸时食物表层硬化成壳，使其食物内部水蒸气蒸发受阻，形成一定的蒸汽压，水蒸气穿透作用增强，致使食物快速熟化，因此油炸肉制品具有外脆里嫩的特点。

油炸有效温度一般控制在100～220℃。手工生产通常根据经验来判断油温。根据油面的不同特征，可分为温油、热油、旺油。一般温油温度为70～100℃，油面较平静、无青烟、无响声；热油温度为100～180℃，油面微有青烟，四周向中间翻动；旺油温度为180～220℃，油面冒青烟，仍较平静，搅动时有爆裂响声；沸油温度达到220℃以上，油面冒青烟，翻滚并伴有剧烈的爆裂响声。掌握油温最好使用自动控温装置。

2. 油炸时间　油炸时间应根据成品的质量要求和原料的性质、切块大小、下锅数量的多少及油温来确定。只有恰当地掌握油炸时间，才能生产出合格产品，否则会出现产品不熟、不脆不嫩、过焦等情况。

3. 油与肉的比例　油炸用油量的确定与产品的性质和质量要求及容器的形状有关，一般油：肉=（1～3）：1，使油能够浸没原料肉即可。

4. 煎炸油的品质　油炸一般选用熔点低、过氧化值低的新鲜植物油，如使用不饱和脂肪酸含量低的花生油、棕榈油，亚油酸含量低的葵花籽油，在油炸时可以得到较高的稳定性。未氢化的大豆油炸出的产品带有豆腥味，但若油炸后立即消费，异味并不大。如果大豆油先氢化去掉一些亚麻酸，更易被消费者接受。目前肉制品炸制用油主要是大豆油、菜籽油和葵花籽油。

三、肉在油炸过程中的变化

（一）油炸风味

人们已经鉴定了深度油炸中形成的多种挥发性物质，包括很多酸、醇、醛、烃、酮、酯、内酯、芳香化合物及其杂环化合物等。表8-2总结了油炸食品风味产生的途径及其产物。

表8-2　油炸食品风味产生的途径及其产物

反应大类	反应途径	产物	代表产物
美拉德反应	脱氧糖、酮脱水	呋喃型化合物	4-羟基-5-甲基-3-呋喃酮、麦芽酚
	碳水化合物裂解	醛、酮等小分子	乙二醛、丙酮醛、丁二酮
	斯特勒克降解	醛类物质	乙醛、异丁醛、甲硫醛、苯乙醛
	缩合反应	各种风味物质	吡嗪、吡啶、吡咯烷、噻唑、硫醇烷
脂肪氧化降解	游离脂肪酸氧化降解	醛、酮、酸等小分子	甲基酮、γ-羟丁酸
	脱水环化	内酯类化合物	γ-内酯、δ-内酯
焦糖化反应	糖受热降解	低分子挥发性物质	内酯、丙酮醛、甘油醛、乙二醛
氨基酸降解	氨基酸受热降解	低分子挥发性物质	噻唑、噻吩、吡嗪、吡啶、吡咯

（二）油脂含量增加

油炸过程也就是原料内部的水分蒸发、油脂渗入的过程，油炸时原料细胞表面脱水，油分子就会进入细胞中的空隙，油脂增加5%～15%。密度大的原料，干物质含量越大，原料含水量相对越小，油炸时油分子可占原料空间越小，产品的含油量就越低，反之则越高。

（三）有害物质的形成与减控

随着油炸时间的延长，煎炸油发生很多复杂的物理化学变化，如氧化反应、水解反应、聚合反应等，导致煎炸油品质劣化，且经过长期高温加热的油脂中由于油脂劣变，不仅破坏维生素 B，使维生素 A、维生素 E、维生素 D、维生素 K 及亚麻酸、亚油酸等必需脂肪酸氧化，还会使油脂颜色变深，黏度增加，导热下降，产生反式脂肪酸、多环芳烃、杂环胺等有害物质，更严重者，油脂会裂解形成醛基、羰基、酮基、羧基等化合物，产生哈败味、肥皂味、辛辣味、油腻味等刺鼻或不愉快的气味，影响油脂及油炸食品的感官品质。

1. 反式脂肪酸的形成　脂肪酸是构成三酰基甘油酯的基本结构之一，可以分为饱和脂肪酸和不饱和脂肪酸。后者又可根据不饱和键的数量不同，分为单不饱和脂肪酸和多不饱和脂肪酸。在饱和脂肪酸的碳链中不含有双键，碳原子间以单键相连，而不饱和脂肪酸中所含双键限制空间构型，使其可以因双键两侧碳原子所连的氢原子是否在同一侧而形成顺式结构（*cis*-，氢原子在同侧，碳链以盘旋结构构成空间构型）或反式结构（*trans*-，氢原子在异侧，碳链以直线结构构成空间构型）（图 8-13），形成多种空间异构体。

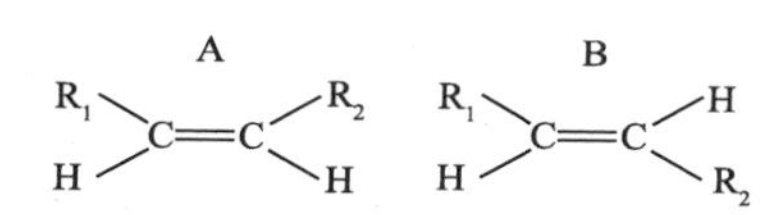

图 8-13　顺、反式脂肪酸结构示意图

A. 顺式脂肪酸；B. 反式脂肪酸

反式脂肪酸（trans fatty acid，TFA）是分子中至少含有一个反式双键的非共轭不饱和脂肪酸。一般天然的不饱和脂肪酸大多为顺式结构，但油脂在精炼和氢化的过程中，一部分双键被饱和，另一部分双键异构成反式构型而产生 TFA。在高温、长时间加热的条件下，不饱和脂肪酸双键旁边的碳失去一个氢，形成自由基，自由基发生共振，达到稳定的反式状态，这时自由基与氢自由基结合就形成了 TFA。

相关的实验研究和流行病学调查数据显示，相比于摄入相同数量的饱和脂肪酸，TFA 对人体危害更大，不仅对人体不利的低密度脂蛋白胆固醇（low-density lipoprotein，LDL）会增加，对人体有益的高密度脂蛋白（high-density lipoprotein，HDL）还会降低，引起系统炎症及血管内皮功能障碍、心肌梗死，提高冠心病、动脉硬化及血栓等的患病风险。TFA 摄入量过多还可能会使脂肪细胞对胰岛素的敏感性下降，增大胰腺负担，容易诱发Ⅱ型糖尿病，增加妇女患Ⅱ型糖尿病的概率。TFA 可以抑制花生四烯酸的生物合成，干扰新生儿或儿童生长所必需的脂肪酸的组成结构及代谢，造成必需脂肪酸的缺乏，甚至影响到婴幼儿的正常生长发育。此外，TFA 可能与某些癌症的发生有一定关系，如乳腺癌、结肠癌等。

2. 多环芳烃的形成　温度是影响多环芳烃产生的重要因素。由于煎炸时温度较高，肉中脂肪等有机物质受热分解，也经环化、聚合而形成 PAH。反复使用油脂，PAH 在其中不断积累，对人体的危害更大，而商家为节省成本通常都会使用这种老油，或者将食物残渣过滤后仅添加部分新油，其健康风险不容忽视。

3. 杂环胺的形成　加工时间与温度是影响杂环胺形成的重要因素。加工温度越高，时间越长，产物的杂环胺就越多。Balogh 等研究碎牛肉饼在不同煎炸温度及时间下杂环胺的含量，结果发现随着温度升高，杂环胺显著增加，在每煎 10min 条件下，加工温度为 175℃时，样品总杂环胺含量为 9.5ng/g；当温度达到 225℃时，杂环胺达到了 50.8ng/g，约为原来的 5 倍。在每煎 6min 的样品中，这一差别甚至达到了 8 倍。从不同加工时间角度看，每煎 10min 的样品杂环胺含量明显比每加工 6min 的样品高，其差别分别为煎 10min 产生的杂环胺是煎 6min 的 3 倍，煎 20min 产生的杂环胺是煎 12min 的 5 倍，煎 30min 产生的杂环胺是煎 18min 的 2 倍。对草鱼在 150℃、170℃、190℃、210℃油炸条件下 IQ、MeIQx、PhIP、Norharman、Harman 等 12 种杂环胺的形成进行测定，结果发现在 150℃时仅检测到了 Norharman 和 Harman 两种杂环胺，总量也仅为 0.23ng/g，而随着温度的升高，还检测到了 MeIQx 和 PhIP，总量分别为 2.69ng/g、6.16ng/g、9.85ng/g。

4. 油炸烟气中的 $PM_{2.5}$　食品在油炸过程中挥发的油脂、有机质及热氧化和热裂解产生的混合物形成了食品加工油烟。这些油烟在形态组成上包括颗粒物及气态污染物两类，其中颗粒物粒径较小，一般小于 10μm。在物质组成上，油烟中含有大量的有机成分，如多环芳烃、杂环胺类化合物和甲醛等，这些物质多具有致癌、致畸和致突变性。研究表明，厨师等肺癌的发病率显著高于普通人群，这与经常接触油烟有着紧密的联系。石金明等在南京某肉制品加工企业烧鸡生产线油炸工序排烟口外 1m 处设置采样点，收集烧鸡油炸工序排放的烟气，并测定了烧鸡在油炸期间产生的烟气中 $PM_{2.5}$、甲醛的质量浓度及烟气颗粒物中有害成分 3，4-苯并芘、杂环胺类化合物的含量。结果表明：油炸烟气中 $PM_{2.5}$ 最高检出质量浓度为 2440μg/m^3，甲醛最高检出质量浓度为 0.270mg/m^3，分别超过我国空气质量标准中 $PM_{2.5}$ 二级质量浓度限值（75μg/m^3）和大气污染物排放标准中甲醛排放限值（0.20mg/m^3）的 31.5 倍和 0.35 倍；$PM_{2.5}$ 颗粒物中 3,4-苯并芘检出含量为 18.35～30.68μg/g，杂环胺检出含量为 14.87～37.72μg/g。

5. 有害物质的减控　温度是多环芳烃、杂环胺等有害物质形成的重要因素。在油炸过程中，首先应控制好加工温度，使其保持在 150～180℃，最好不要超过 200℃。其次应控制好油炸时间，采取经常间断煎炸的方法，火不要烧得过旺，油连续煎炸的时间不应超过 4h。同时，在使用中应除去油脂中的漂浮物和底部沉渣，减少使用次数，油炸一段时间后就应更换新油。此外，在需煎炸的鱼、肉外面抹上一层淀粉糊，减少可溶性有机物与油的接触和食材在油炸后油的吸收量，也能有效预防致癌、致突变物质的形成。

第十节　熏　　制

熏制（smoking）是肉制品加工的主要手段之一，其历史可以追溯到人类开始用火的时代。许多肉制品，如西式肉制品中的灌肠、火腿、培根，中国的传统名吃北京天德居熏鸡、辽宁沟帮子熏鸡、新疆熏马肉等均需经过烟熏。烟熏不但使肉制品获得了特有的烟熏色泽和风味，除去了一些肉制品中的膻味或其他异常风味，而且延长了贮藏期与货架期，因此在肉制品加工中占有重要地位。

一、熏烟的成分与作用

1. 熏烟的产生　熏烟主要是硬木不完全燃烧产生的。烟气实质上是由空气、水蒸气和没有完全燃烧的固体颗粒所形成的气-固溶胶系统。熏制的实质就是产品吸收木材分解产物的过程，因此木材的分解产物是烟熏作用的关键。木材在高温燃烧时产生烟气的过程可分为两步：第一步是木材的高温分解；第二步是高温分解产物的变化，形成环状或多环状化合物，发生聚合反应、缩合反应及形成产物的进一步热分解。

木材和木屑热分解时表面和中心存在着温度梯度，外表面正在氧化时内部却正在进行着氧化前的脱水，在脱水过程中外表面温度稍高于 100℃，脱水或蒸馏过程中外逸的化合物有 CO、CO_2 及乙酸等挥发性短链有机酸。当木屑中心水分接近零时，温度就迅速上升到 300～400℃，发生热分解并出现熏烟。实际上大多数木材在 200～260℃时已有熏烟发生，温度达到 260～310℃时则产生焦木液和一些焦油，温度再上升到 310℃以上时则木质素裂解产生酚及其衍生物。

2. 熏烟的成分　已知的 200 多种烟气成分并不是熏烟中都存在，受很多因素影响，如木材种类、供氧量、燃烧温度等。一般来说，硬木特别是果木风味较佳，经常使用，而软木、松叶类因树脂含量多，燃烧时产生大量黑烟，使肉制品表面发黑，并含有多萜烯类的不良气味，因此不宜使用。熏烟中包括固体颗粒、液体小滴和各种气体，其中颗粒大小一般在 50～800μm，气相大约占总体含量的 10%，包括具有致癌性的固体颗粒（煤灰）、多环烃和焦油等。水溶性部分大都是有用的熏烟成分，对生产液态烟熏制剂具有重要的意义。熏烟成分还可受温度和静电处理的影响，在烟气进入熏室内之前通过冷却烟气，可去除一部分高沸点成分，如焦油、多环烃等；将烟气通过静电处理，可以分离出固体颗粒。具体来说，熏烟中包括酚类、有机酸、醇类、羰基化合物、羟类及一些气体物质。

（1）酚类　从木材熏烟中分离出来并经鉴定的酚类达 20 种之多，如愈创木酚（邻甲氧基苯酚）、4-甲基愈创木酚、4-乙基愈创木酚、邻位甲酚、间位甲酚、对位甲酚、4-丙基愈创木酚、香兰素（烯丙基愈创木酚）、2,5-双甲氧基-4-丙基酚、2,5-双甲氧基-4-乙基酚、2,5-双甲氧基-4-甲基酚。酚类有三种作用：抗氧化作用、呈色呈味作用和抑菌防腐作用。值得注意的是，酚类具有较强的抑菌能力，然而熏烟成分渗入制品深度有限，主要对制品表面的细菌有抑制作用。

（2）有机酸　熏烟中存在含 1～10 个碳原子的简单有机酸，其中含 1～4 个碳原子的酸为气相，常见的为蚁酸、乙酸、丙酸、丁酸和异丁酸，而含 5～10 个碳原子的长链有机酸多附着在固体微粒上，常见的有戊酸、异戊酸、己酸、庚酸、辛酸、壬酸和癸酸。有机酸对熏烟制品的风味影响不大，聚积在产品表面，使产品具有微弱的防腐作用。

（3）羰基化合物　熏烟中存在大量的羰基化合物。现已确定的化合物有 20 种以上：甲醛、2-戊酮、戊醛、2-丁酮、丁醛、丙酮、丙醛、丁烯醛、乙醛、异戊醛、丙烯醛、异丁醛、丁二酮（双乙酰）、3-甲基-2-丁酮、3,3-二甲基丁酮、4-甲基-3-戊酮、α-甲基戊醛、2-己酮、3-己酮、5-甲基糠醛、丁烯酮、糠醛、异丁烯醛、丙酮醛等。同有机酸一样，它们既存在于气相组分内，也存在于熏烟内的颗粒上。其中简单短链气相组分虽然较固体组分少，但由于其有着非常典型的烟熏风味，而且能和胺基化合物发生美拉德反应，形成典型的烟熏色泽。

（4）醇类　木材熏烟中醇的种类繁多，最常见、最简单的醇是甲醇。由于它为木材分解蒸馏中主要产物之一，因此又被称为木醇。此外，还含有伯醇、仲醇和叔醇等，但它们常被氧化成相应的酸。醇类对色、香、味不起作用，仅成为挥发性物质的载体，杀菌能力较弱。

（5）烃类　从烟熏食品中能分离出多种多环芳烃类物质，无防腐作用，也不能产生特有的风味，它们通常附在熏烟颗粒上，可通过过滤除去。其中包括芘、苯并芘、苯并蒽、二苯并蒽及4-甲基芘等，其中 3,4-苯并芘和二苯并蒽是已经经过动物实验证明的强致癌物质。波罗的海渔民和冰岛居民习惯以烟熏鱼作为日常食品，他们的癌症发病率比其他地区高，进一步表明这类化合物有导致人体发生癌症的可能性。

（6）气体物质　熏烟中产生的气体物质如 CO_2、CO、N_2、N_2O 等，其作用还不甚明了，大多数对熏制无关紧要。CO 可能被吸收到鲜肉的表面，形成 CO-肌红蛋白而使产品产生亮红色，NO 可在熏制时形成亚硝胺或亚硝酸，碱性条件则有利于亚硝胺的形成，但还没有证据证明熏制过程会发生这些反应。

3. 熏烟的沉积和渗透　熏烟过程中，熏烟成分最初在表面沉积，随后各种熏烟成分向内部渗透，使制品呈现特有的色、香、味。影响熏烟沉积量的因素有食品表面的含水量、熏烟的密度、烟熏室内的空气流速和相对湿度。一般食品表面越湿润，熏烟的密度越大，气流速度越低，熏烟的沉积量越大，但湿度过大时不利于色泽的形成。实际操作中要求既能保证熏烟和食品的接触，又不致使密度明显下降，常采用 7.5～15m/min 的空气流速。影响熏烟成分渗透的因素是多方面的，包括熏烟的成分、浓度、温度，产品的组织结构、脂肪和肌肉的比例，水分的含量、熏制的方法和时间等。

4. 熏烟的作用　总体来说，烟熏能够增加食品的色泽和风味，延长食品的保质期，具体来讲有以下 5 个方面的作用。

（1）呈味　熏烟中的醛、酯、酚类等物质能沉积在产品表面及表层肉中，特别是酚类中的愈创木酚和4-甲基愈创木酚（图 8-14）是最重要的风味物质，赋予产品诱人的烟熏风味。

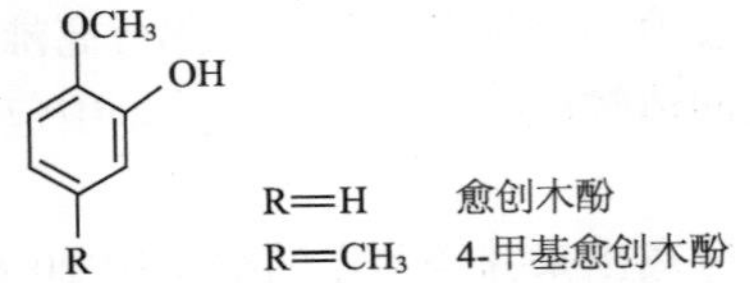

OCH_3　OH

R　$R=H$　愈创木酚

$R=CH_3$　4-甲基愈创木酚

图 8-14　愈创木酚结构图

延伸阅读 8-2　愈 创 木 酚

愈创木酚（guaiacol）是一种白色或微黄色结晶或无色至淡黄色透明油状液体，有特殊芳香气味，学名为邻羟基茴香醚，自然存在于愈创木树脂、松油和硬木干馏油中，是一种重要的精细化工中间体，广泛应用于医药、香料及染料的合成等领域。

（2）发色　对于色泽，一方面，木材烟熏时产生的羰基化合物和蛋白质或其他含氮物中的游离氨基发生美拉德反应，使产品从鲜肉的红褐色变成金黄至棕黑色；另一方面，随着烟熏的进行、肉温提高，加速了一氧化氮血色原形成稳定的颜色。另外，还会因受热有脂肪外渗而起到润色作用。色泽的形成常因燃料种类、熏烟浓度、树脂成分及含量、加热温度及被熏食品水分含量的不同而有所差异。例如，以山毛榉作熏材，肉呈金黄色，用赤杨、栎树作熏材，肉呈深黄色或棕色；食品表面干燥时色淡，潮湿时色深；温度较低时呈淡褐色，温度较高时则呈深褐色。

（3）干燥　肉制品在烟熏时会失去部分水分，使组织结构致密，特别是制品表面蛋白质干燥凝固时能形成一层薄薄的硬皮，抑制微生物的侵入、生长和繁殖。

（4）杀菌　烟熏时大肠杆菌、葡萄球菌等热敏感细菌受热死亡，同时熏烟中的有机酸、醛类和酚类等物质具有杀菌能力，具有较好的贮藏性。

（5）抗氧化　熏烟中许多成分具有抗氧化作用，特别是酚类物质如邻苯二酚及其衍生物等，能延长产品的货架期。

二、烟熏方法

1. 冷熏法　将原料经过较长时间的腌制，然后吊挂在离热源较远处，经低温（30℃以下）长时间（4～7d）熏干的方法称为冷熏法。适宜在冬季进行，夏季由于气温较高，因此温度难以控制。冷熏法生产产品的水分含量在 40%左右，贮藏性好，但风味不及温熏制品。其主要用于干制香肠、带骨火腿及培根的熏制。

2. 温熏法　温熏法是将原料置于添加适量食盐的调味液中短时间浸渍，然后在比较接近热源之处，用较高温度（30℃以上）烟熏的方法，进一步可细分为中温温熏和高温温熏两种。

1）中温温熏法：30～50℃熏制 1～2d，熏制时注意控制温度缓慢上升。产品质量损失少、风味好，但此温度条件有利于微生物的繁殖，耐贮藏性较差。常用于脱骨火腿、通脊火腿及培根的加工。

2）高温温熏法：50～90℃熏制 4～6h。产品在短时间内即可获得烟熏色泽和风味，应用广泛，特别是灌肠类产品。熏制时注意控制上升速度，否则发色不均匀。

3. 焙熏法　又称熏烤法，90～120℃熏制 1h 左右，包含蒸煮或烤熟的过程。产品在熏制过程中完成熟制，不需要重新加工即可食用，耐贮藏性很差，应及时食用。

4. 电熏法　在烟熏室配上电线，电线上吊挂原料后，在送烟的同时通以 10～20kV 高压直流或交流电，把产品本身作为电极放点。熏烟颗粒由于放电而带有电荷，能快速深入产品内部，缩短烟熏时间，增进风味，延长产品的贮藏期。但由于烟附着不均匀，产品尖端沉积熏烟较多，中部较少，设备成本较高，因此电熏法至今尚未普及。

5. 液熏法　液熏法是将木材在烟熏、干馏过程中所产生的风味物质进行收集加工所制成的烟熏液，或经过复配制得的烟熏液应用于产品的制作中。此方法目前已在国内外广泛使用，代表着烟熏技术的先进发展方向。

具体来说，液熏法主要分为两种操作方式：一是用烟熏液代替熏烟材料，用加热方法使其挥发并吸附在产品上。这种方法仍需要熏烟设备，与天然熏烟时需要经常清洗焦油或其他残渣沉积相比，设备容易保持清洁状态。二是省去全部的熏烟工序，通过浸渍或喷洒法，将烟熏液直接加入制品中。采用浸渍法时，将烟熏液加水稀释，并加入 0.5%左右食盐，将制品在其中浸渍数小时，然后取出蒸煮干燥。浸渍时间根据制品的大小、形状及烟熏液浓度而定。

和天然熏烟相比，液熏法具有不少优点：采用浸渍或喷洒方式时不再需要熏烟发生器，减少大量投资费用；产品重复性较好；制得的液态烟熏制剂中固相成分已去除，致癌风险大大降低。

三、传统烟熏的危害和有害物质的减控

1. 传统烟熏的危害　传统方法简单易行，易污染环境，若管理不当，容易形成火灾。此外，烟的产生和使用不便，熏制不均匀，熏制时间长，且很难实现机械化连续化生产。更重要的是，在形成烟熏风味和色泽的同时，产品受到了许多有害物质的污染。

（1）多环芳烃的污染　多环芳烃是指两个以上苯环连在一起的化合物，主要是由于有机物质的不完全燃烧产生的。目前已查出的 500 多种主要致癌物中，有 200 多种属于多环芳烃。其中 3,4-苯并芘是多环芳烃中的代表，不仅毒性最大，对兔、豚鼠、大鼠、鸭、猴等多种动物均能引起胃癌，也可经胎盘使子代发生肿瘤，在多环芳烃中所占比例还较大，被用作多环芳烃总体污染的标志。

（2）甲醛的污染　甲醛是细胞原生质毒物，直接作用于氨基、巯基、羟基及羧基，生成次甲基衍生物，破坏机体的蛋白质和酶类。近年来，由于甲醛被发现对眼睛及上呼吸道的毒性，甚至引发鼻窦癌、白血病，引起了人们的广泛关注。美国环境保护署确立了甲醛的每日最大参考剂量为 0.2mg/kg，高于此值时对健康造成不利影响的风险会增加。在烟熏过程中，木材在缺氧状态下干馏会生成甲醇，甲醇可以进一步氧化成甲醛，吸附聚集在产品表面。研究表明，传统熏肉制品表面也含有大量的甲醛，表层的甲醛含量为 21～124mg/kg，内部的甲醛含量为 8～22mg/kg。

2. 有害物质的减控　烟熏法具有杀菌防腐、抗氧化及增进食品色、香、味品质的优点，因而在肉类、鱼类食品中广泛采用。但如果采用工艺技术不当，烟气中的有害成分会污染食品，危害人体健康，因此，必须采取措施减少熏烟中有害成分的产生及对制品的污染，以确保产品的食用安全。

（1）控制发烟温度　发烟温度直接影响 3,4-苯并芘的形成。温度低于 400℃时有极微量的 3,4-苯并芘产生，高于 400℃时，便形成大量的 3,4-苯并芘。因此，控制好发烟温度，使熏材轻度燃烧，对降低致癌物是极为有利的。一般认为理想的发烟温度为 340～350℃，既能达到烟熏目的，又能降低毒性。

（2）过滤熏烟　3,4-苯并芘分子比烟气成分中其他物质的分子要大得多，大部分附着在固体微粒上。因此，可通过过滤、冷气淋洗及静电沉淀等处理后，阻隔 3,4-苯并芘，而不妨碍烟气有益成分渗入制品中，达到烟熏目的。其有效措施是使用肠衣，特别是人造肠衣，如纤维素肠衣，对有害物有良好的阻隔作用。

（3）采用液熏法　前已所述，液态烟熏制剂制备时，一般用过滤等方法已除去了焦油小滴和多环烃。因此，液熏法的使用是目前的发展趋势。

（4）食用时去除表层焦黑部分　多环芳烃和甲醛等有害物质对产品的污染部位主要集中在表层，特别是焦黑的煤焦油中。因此，食用时去除表层焦黑部分，能大大减少有害物质的摄入。

思考题

1. 试述肉的乳化机制及影响稳定性的因素。
2. 如何解决糜类肉制品的跑水跑油问题？
3. 简述腌肉的呈色机制及影响腌肉制品色泽的因素。
4. 简述肉在加热过程中的一般变化。
5. 简述肌肉蛋白质凝胶的形成机制。
6. 热诱导凝胶形成过程中的化学键变化及其影响因素有哪些？
7. 煮制、烧烤、油炸及烟熏过程中有害物的形成与减控方法有哪些？
8. 简述常用的烟熏方法及其优缺点。

主要参考文献

阚建全. 2008. 食品化学. 北京：中国农业大学出版社
孔保华，韩建春. 2011. 肉品科学与技术. 北京：中国轻工业出版社
彭增起，刘承初，邓尚贵，等. 2014. 水产品加工学. 北京：中国轻工业出版社
张坤生. 2005. 肉制品加工原理与技术. 北京：中国轻工业出版社
周光宏. 2011. 畜产品加工学. 北京：中国农业出版社

第 9 章　肉制品加工

本章学习目标：了解肉制品的种类和特点；掌握典型肉制品的加工工艺。

世界各国传统加工肉制品的热处理一般包括油炸、煮制、烟熏、烧烤等工序。随着社会的发展和科技的进步，人们发现肉在烟熏、烧烤、油炸和煮制过程中会产生或沉积一些有害物质。为了减少或消除加工对环境和健康带来的危害，肉制品绿色制造技术研究浪潮正在兴起。肉制品绿色制造技术是指以优质肉为原料，利用绿色化学原理和绿色化工手段，对产品进行绿色工艺设计，从而使产品在加工、包装、贮运、销售过程中，把对人体健康和环境的危害降到最低，并使经济效益和社会效益得到协调优化的一种现代化制造方法。食品绿色制造技术的基本内涵就是对健康友好、对环境友好。

第一节　肉制品分类

肉制品的类型和品种十分庞大。在我国，名优特产就有 500 余种；在德国，香肠产品有 1550 种，仅热烫类香肠就有 240 种；在瑞士的巴塞尔等色拉米厂有 750 种色拉米香肠。肉制品品种繁杂，从世界范围看还没有一个统一的分类方法。大部分先进工业国家由于生产设计等方面的需要，按基本国情做了一些粗略的分类，其中有些作为标准公布。

一、德国肉制品分类

德国将肉制品分为香肠、腌制品、罐头制品及其他类（表 9-1）。香肠又分为鲜香肠、蒸煮香肠、产香香肠和烫香肠 4 类；腌制品又分为生腌制品和熟腌制品两类；罐头制品又分为低温、中温、高温及耐热高温罐制品。

表 9-1　德国肉制品系统分类表

门类	工艺特点	类型或加工特性
香肠	鲜香肠	煎、炸、烤
	蒸煮香肠	小香肠、细馅肠、干酪肠
	产香香肠	干香肠、半干香肠
	烫香肠	肝香肠、血香肠、水晶香肠
腌制品	生腌制品	生熏火腿、生熏肉
	熟腌制品	培根、熟火腿、圆火腿、挤压火腿
罐头制品	低温罐制品	杀菌至中心温度为 75～80℃
	中温罐制品	杀菌至中心温度为 100～110℃
	高温罐制品	杀菌至中心温度为 100～110℃后保温 5min

续表

门类	工艺特点	类型或加工特性
罐头制品	耐热高温罐制品	杀菌至中心温度为100～110℃后保温15min
其他类		肉卷、肉饼、肉糕、烤肉、色拉肉菜

二、美国肉制品分类

美国对肉制品分类较为粗略，而且美国农业部与加工界的分类标准又不同。美国农业部把肉制品分为6类，即腌制类，烟熏、干燥、蒸煮类，普通肠类，法兰克福肠和维也纳肠类，波洛尼亚香肠类，切片制品类。美国加工界把肉制品分为3类，即肠类（有生鲜肠类、干或半干肠类、熟肠类、蒸煮肠类、烟熏肠类和其他类），午餐肉和肉冻类，煮火腿和罐头肉类。

三、日本肉制品分类

日本肉制品分类标准也尚未统一，如纵向划分为肉块制品、肉糜制品两类，横向划分为加热制品、非加热制品和焙烤制品三类；而日本JAS①标准则把肉制品分为培根、火腿、压缩火腿、香肠和混合制品5类（表9-2）。

表9-2　日本JAS标准中的肉制品分类表

类型	产品
培根类	培根、背肉培根、肩肉培根
火腿类	去骨火腿、带骨火腿、肩肉火腿、腹肉火腿、拉库斯火腿
压缩火腿类	压缩火腿
香肠类	大香肠、法兰克福香肠、维也纳香肠、留拉香肠、肝香肠、软香肠、半干香肠、加压加热香肠、无盐香肠
混合制品类	混合压缩火腿、混合香肠、提尔德汉堡肉排、汉堡肉饼

四、我国肉制品分类

我国地域辽阔，各民族、各地区人民的饮食文化差异悬殊，肉制品品种极其丰富。GB/T 26604—2011 将肉制品分为腌腊肉制品、酱卤肉制品、熏烧焙烤肉制品、干肉制品、油炸肉类制品、肠类肉制品、火腿肉制品、调制肉制品、其他肉制品九大类。本教材按肉制品的加工方法将肉制品分为十大类。

第二节　盐 渍 制 品

盐渍制品是指在不同工序中把食盐（NaCl）或其替代物加入不同粒径的肉中并进一步加工而得到的肉制品。

---

① JAS是指由日本农林水产省制定通过，后经多次修订的《农林物资规格化和质量表示标准法规》，或指《日本有机农业标准》，是日本对食品农产品最高级别的认证

一、金华火腿

传统金华火腿是以我国著名地方猪种——金华猪（俗称“两头乌”）的后腿为原料，经手工修整、冷却、盐渍、浸洗、晒腿、整形、产香、堆叠后熟等工艺过程加工而成，具体加工工序极为繁杂，全部过程包括90多道工序，其中盐渍、洗晒和成熟是其关键工艺过程。一般情况下，金华火腿不添加硝酸盐和亚硝酸盐。加工工艺为：鲜腿收购→修胚→摊晾→盐渍→洗腿→晒腿、整形→产香→堆叠后熟→成品。

1. 环境要求 金华火腿的传统加工是在自然条件下进行的，对气候条件有独特的要求，只能在浙江省金华地区进行加工。该地区约70%为山区，四季分明，气温升降有序，波动不大；冬季较冷，气温为0～10℃，有利于火腿的盐渍；春季多雨，湿度较大，气温逐渐升高至20℃以上；夏季湿度下降，气温在30℃以上，最高可达37℃，这种温度和湿度变化过程有利于火腿的产香；秋季气温下降，金华火腿也进入后熟期。金华火腿从冬季盐渍开始至秋季加工成成品，整个过程需要8～10个月。

2. 原料要求 严格选择原料腿是保证火腿质量的重要环节。金华火腿的原料腿要求是金华两头乌猪或其杂交后代的后腿。原料腿要新鲜，皮薄、骨细，无伤无破、无断骨、无脱臼；腿心饱满，肌肉完整而鲜红，肥膘较薄而洁白；大小适当，经修胚后质量以5.5～7.5kg为宜。原料腿在盐渍前应充分冷却，在修胚前或修胚后应摊开或悬挂自然冷却至少18h。

3. 主要加工技术

（1）修胚 修胚即将原料腿初步修整成近似竹叶形的金华火腿成品形状的过程。修胚包括削骨、开面、修腿边和挤淤血4个主要步骤。将原料腿肉面向上置于台案上，首先用削骨刀将突出肉面的耻骨和髂骨部分削去，使其与肉面平行，然后从尾骨和荐骨结合处劈开，割去尾骨，斩去突出肉面的腰椎和荐椎部分，使肉面平整。削骨后，用割皮刀于胫骨上方肉皮与肉面结合处将肉皮切开成月牙形，割去皮层、肉面脂肪及筋膜，但不能割破肌肉。然后用割皮刀刀锋向外在腿两边沿弧形各划一刀，割去多余肥膘和皮层，最后挤出血管中的淤血，以保证卫生安全。

（2）盐渍 盐渍是金华火腿加工中最关键的环节，控制不好可导致腿胚变质。盐渍库的温度和湿度对盐渍效果影响很大。温度低于0℃则食盐不能渗入肌肉内部，高于15℃则难以控制微生物繁殖，腿胚容易变质；相对湿度低于70%，肌肉失水较快，食盐渗入不足，影响后期加工；相对湿度高于90%，食盐流失严重，微生物繁殖加快，腿胚发黏，影响产品质量。盐渍库气温5～10℃、相对湿度75%～85%时，盐渍效果最好。因此，金华火腿的盐渍通常在冬季进行，温湿度适宜，是自然盐渍的最佳季节。

腿胚的盐渍时间为30d左右，5kg以下的腿可盐渍25d，8kg以上的腿需盐渍35d。盐渍期间上盐5～7次，所用食盐一般不添加硝酸盐或亚硝酸盐，如果添加，通常于第一次或第二次上盐时均匀混合于食盐中一次用完。上盐的数量和部位各不相同，其要求为：头盐上滚盐，大盐雪花飞，三盐四盐扣骨头，五盐六盐保签头。

（3）晒腿、整形 经过盐渍和浸洗的腿含有大量的水分，容易腐败变质，在产香前要日晒脱水。晒腿对火腿的质量至关重要，日晒脱水不足可导致腿在产香期间变质。晒腿时将大小相似的两条左右腿配对套在绳子两端，一上一下均匀悬挂在晒架上进行日晒，挂腿间隔30～40cm，以利于通风。悬挂1～2h即可除去悬蹄壳，刮去皮面水迹和油污，并加盖厂名和商标等印章。待印章稍干后需要对腿进行整形，即将腿从晒架上取下，借助整形工具将小腿关节扳直，脚爪向内压弯，肉面向中间挤压，使肌肉隆起。然后再将腿成对挂起，并将脚爪套住固定在小腿下方，使脚爪向内压弯 45°。晒腿期间要经常查看，阴雨天气加盖防淋，遇连续阴雨天，腿表面可能会出现黄色黏稠物，天晴后要沾水洗去。晒腿时间因天气状况、日照强弱、气温高低、湿度大小及风速等情况而定，一般经 7d 左右晴天日晒，肌肉表面出油，失重占腌后腿重的 10%左右即可进入产香室产香。将晒好的腿移入产香室一定要在晴天进行，从晒架上取下之前进行 1 次火焰燎毛。

（4）产香　成熟产香室一般设在楼的上层，内部安装有火腿产香架（俗称“蜈蚣架”）。火腿上楼后成对固定在产香架上进行自然产香，肉面对窗，间距 5cm 左右，确保任何两腿都不相接触。在正常情况下，上楼 20～30d 后肉面开始生长各种霉菌，并且逐步被优势菌布满。研究表明，虽然霉菌的生长可能对火腿风味的形成有一定作用，但并不起主要作用，火腿的风味形成也并非必须有霉菌生长，但一些优势霉菌生长过程中消耗大量氧气，并产生抑菌物质，有助于防止腐败菌的繁殖。霉菌的生长情况可以反映火腿的产香状况。一般情况下，如果肉面霉菌以绿霉为主，黄绿相间，俗称“油花”，表明火腿产香正常，肌肉中食盐含量、水分活度及产香室温湿度适宜；如果以白色霉菌为主，俗称“水花”，表明腿中水分含量过高或食盐含量不足；如果肉面没有霉菌生长，俗称“盐花”，表明腿中食盐含量过高。

产香是火腿风味形成的关键时期。在此期间，产香室内气温逐渐上升，相对湿度逐渐下降，肌肉蛋白质和脂肪在内源酶的作用下，发生降解和氧化反应产生低级产物，如多肽、游离氨基酸、游离脂肪酸等，这些物质继续降解或相互作用，形成火腿特有的香气物质。通常通过开关门窗以调节室内小气候，即晴天开窗通风，雨天关窗防潮，高温天气则昼关夜开，以确保室内温湿度稳定。在火腿产香期间，由于水分散失，腿皮和肌肉干缩，骨头外露，影响火腿外观，因此通常于 4 月 10 日左右要将腿从产香架上取下进行修割整形，即“修干刀”。

（5）落架　堆叠火腿产香结束后即可落架并移入成品库堆叠后熟。火腿经过数月产香后，肌肉干硬，表面附着一层霉菌孢子和灰尘，落架后要先刷拭干净，涂上一层植物油以促使肌肉回软，阻止火腿脂肪继续氧化，然后再运往成品库进行堆叠后熟。不能及时出售的成品火腿要堆叠存放，每月翻一次堆。成品火腿的出品率为 60%左右，但在存放期间水分会继续散失，香味物质继续产生，一般存放 1 年以上的金华火腿香气更浓。

二、宣威火腿

1. 工艺流程　鲜腿修整→盐渍→堆码→上挂→成熟管理→成品。

2. 操作要点及成品率

（1）鲜腿修整　宣威火腿采用乌金猪后腿加工而成。选择 90～100kg 健康猪的后腿，在倒数第 1～3 根腰椎处，沿关节砍断，用薄皮刀由腰椎切下，下腿时耻骨要砍得均匀整齐，呈椭圆形。鲜腿要求毛光、血净、洁白，肌肉丰满，骨肉无损坏，卫生合格，重以 7～10kg 为宜。

热的鲜腿，应放在阴凉通风处晾 12～24h，至手摸发凉、完全凉透为止，然后修割成柳叶形。先修去肌膜外和骨盆上附着的脂肪、结缔组织，除净渍血，在瘦肉外侧留 4～5cm 肥肉，多余的全部割掉，修割时注意不要割破肉表面的肌膜，也不能伤到骨骼。经过修整后的鲜腿，外表美观。把冷凉修整好的鲜腿放在干净桌子上，先把耻骨旁边的血筋切断，左手捏住蹄爪，右手顺腿向上反复挤压多次，使血管中的积血排出。

（2）盐渍　宣威火腿的盐渍采用干腌法，用盐量为 7%，不加任何发色剂，擦盐 3 次，翻码 3 次即可完成。

擦头道盐：将鲜腿放在木板上，从脚干擦起，由上而下，先皮面后肉面，皮面可用力来回搓出水（搓 10 次左右，腿中部肉厚的地方要多擦几次盐）。肉面顺着股骨向上，从下而上顺搓，并顺着血筋揉搓排出血水，擦至湿润后敷上盐。在血筋、膝关节、荐椎和肌肉厚的部位多擦多敷盐，但用力勿过猛，以免损伤肌肉组织，每只腿约擦5min，腌完头道后，将火腿堆码好。第一次用盐量为鲜腿重的0.5%。

（3）堆码　通常堆码在木板或篾笆上。膝关节向外，腿干互相压在血筋上，每层之间用竹片隔开，堆叠8～10层，使火腿受到均匀压力。擦完头道盐后，堆码2～3d，擦二道盐。

擦二道盐：盐渍方法同前。用盐量为鲜腿重的3%，在3次用盐量中最大。由于皮面回潮变软，盐易擦上，比擦头道盐省力。

擦三道盐：擦完二道盐后，堆码3d，即可擦三道盐。用盐量为鲜腿重的1.5%。腿干处只将盐水涂匀，少敷或不敷盐，肉面除只在肉厚处和骨头关节处进行揉搓和敷盐外，其余的地方仅将盐水及盐敷均匀。堆码盐渍12d。每隔3～5d将上下层倒换堆叠（俗称翻码）1次。翻码时要注意上层腌腿脚干压住下层腿部血管处，通过压力使淤血排出，否则会影响成品质量或保存期。

鲜腿经17～18d干腌后，肌肉由暗红色转为鲜艳的红色，肌肉组织坚硬，小腿部呈橘黄色且坚硬，此时表明已腌好腌透，可进行上挂。

（4）上挂　上挂前要逐条检查是否腌透腌好。用长20cm的草绳，大双套结于火腿的趾骨部位，挂在通风室内，成串上挂的要大条挂上，小条挂下，或大中小条分挂成串，皮面和腹面一致，条与条之间隔有一定距离，挂与挂之间应有人行通道，便于管理检查，通风透气，逐步风干。

（5）成熟管理　当地老百姓常说产火腿“臭不臭在于腌，香不香在于管”。可见盐渍和管理是保证火腿质量的关键所在。应掌握3个环节：一是上挂初期即清明节前，严防春风对火腿侵入，造成火腿暴干开裂；若发现已有裂缝，随即用火腿的油补平。二是早上打开门窗1～2h，保持室内通风干燥，使火腿逐步风干。三是立夏后，要注意开关门窗，使室内保持一定的湿度，让其产香；产香后，要适时开窗保持火腿干燥结实。这段时间室内月平均温度为13.3～15.6℃，相对湿度为72.5%～79.8%。火腿的特性与其他腌腊肉不同，整个加工周期需6个月。火腿产香后，食用时才有应有的香味和滋味。

（6）成品率　鲜腿平均重7kg，成品腿平均重5.75kg，成品率为78%。2年的老腿成品率为75%左右。3年及3年以上的老腿成品率为74.5%左右。

3. 成品特点和规格标准　成熟较好的宣威火腿，其特点是脚细直伸，皮薄肉嫩，琵琶形或柳叶形；皮面黄色或淡黄色，肌肉切面玫瑰红色，油润而有光泽；脂肪乳白色或微红色；肉面无裂缝，皮与肉不分离；品尝味鲜美酥脆，嚼后无渣，香而回甜，油而不腻，盐度适中；三签清香。

三、咸肉

（一）简介

咸肉通常指我国的盐渍肉，是指用猪肋条肉经食盐及其他调料盐渍，不加熏煮脱水工序加工而成的生肉制品，食用时需经热加工。我国不少地方都有生产，其中以浙江咸肉、四川咸肉、上海咸肉等较为著名。咸肉按猪胴体不同部位分连片、段头和咸腿3种。连片是指整个半片猪胴体，无头尾，带脚爪，腌成后每片质量在13kg以上。段头是不带后腿及猪头的猪肉体，腌成后质量在9kg以上。咸腿也称香腿，是猪的后腿，腌成后质量不低于2.5kg。

（二）特点

咸肉是以鲜肉为原料盐渍而成的肉品。它既是一种贮存保鲜的方法，又是传统的大众化肉食品。咸肉有带骨和不带骨之分。带骨肉按加工原料的不同又有连片、段片、小块、成腿之别。连片是指猪半胴体去头尾，带脚爪、带骨、带皮盐渍的产品。段片是半胴体去头尾和后腿，带前脚爪、带骨、带皮的盐渍制品。小块咸肉是带骨、带皮，重 2.5kg 左右的长方肉块。成腿也称香腿，是带爪猪后腿的盐渍制品。

咸肉的加工在我国各地都有生产。而以南方诸省最多，较有名的是浙江生产的咸肉，称为南肉；苏北生产的咸肉，称为北肉。

（三）加工

1. 加工工艺　咸肉的加工技术各地大致相同，可概括为选料、修整、盐渍三个主要程序。现以连片肉盐渍为例加以介绍。

（1）选料　鲜、冻肉均可作为原料，卫生检验合格。用鲜肉加工，应注意摊晾，不可堆叠，待凉透后方可加工。用冻肉作原料，应将肉片平摊在加工场地，在 15℃温度条件下经 24h 可以解冻。

（2）修整　剥去肉片上的碎肉、污血、淋巴、碎油等。为了加快食盐渗透，可在肉厚的部位割成刀口，俗称开刀门。刀口的大小、深浅和多少依气温及肌肉厚薄而定。例如，气温超过 15℃，刀口可大些、多些，以促进食盐渗透，缩短盐渍时间。

（3）盐渍　盐渍一般分 4 次擦盐，用盐量按 100kg 鲜肉用盐 15～18kg。

1）初盐。第一次擦盐为初盐，在原料肉表面均匀敷一层薄盐，有刀口的部位必须将盐塞入刀口内。上初盐的目的是排出肉中自由水，用盐约 4kg。擦盐后将肉片皮面向下，分层交叉堆叠，以高不过 1.2m 为宜。堆叠排血时间为 24h。

2）大盐。初盐的次日要上大盐，这是盐渍过程的重要环节，也是用盐量最多的一次。先将初盐的肉片逐块倒去血迹，移到台板上撒盐，注意撒盐均匀。刀口处留心塞盐，夹心、背脊、后腿等肉厚部位用盐略多，奶脯擦盐可略少。大盐的用量约 7kg。上盐后继续堆叠。

3）复盐。上大盐后 4～5d，肉面上盐粒已大部分溶化渗入肉内，肉色转为淡红色，这时就必须翻倒并上复盐。先把肉面盐卤倒掉，然后拿到台板上撒盐，刀口塞盐，还应注意夹心、后腿等肌肉较厚部位的变化，如发现有腥气等异味，应及时增加刀口塞盐，并做好标记随时检查，确保质量。复盐用量约 3kg，擦盐后再行堆叠。

4）再复盐。复盐之后 7d 左右再复盐。做法是边翻倒，边复盐，并检查肌肉较厚部位的好坏，遇有气温忽高忽低时，肉堆容易出现内热外冷，这时翻堆倒垛就格外重要，以调节肉堆内温度。如气温寒冷，则须关好门窗，防止寒风侵入，影响盐粒溶解而延长盐渍时间。再复盐的用量视肉的盐渍情况而定，约 3kg。

整个盐渍过程，从选料到成品的时间，取决于气温高低和肉块大小。例如，气温高，肉块小，盐汁渗透快，时间就短；反之气温低，肉块大，盐分渗透慢，时间要长。一般气温在 15℃左右时，一个加工周期约需 25d，成品率约为 91%。

2. 贮藏方法　咸肉的贮藏可采用堆垛和浸卤两种方法。

堆垛是待成肉水分减少以后，堆放在−8～−5℃冷库中贮藏。堆垛时片与片间适当撒盐以防粘连，贮藏期一般为半年。损耗 2%～3%，冬季气温较低，可用仓库堆垛贮存。

浸卤是将咸肉浸泡在 24～25°Bé（波美度）盐水中，是夏秋雨季贮藏咸肉的有效方法。如果盐水有混浊或异味时，说明已经变质，必须及时处理。将盐水最新煮沸后凉透再用，这种方法贮藏一般以不超过 6 个月为宜，时间过长会引起咸肉发苦，影响食用。

四、板鸭

板鸭又称“贡鸭”，是咸鸭的一种。在我国，南京板鸭最为盛名。板鸭有腊板鸭和春板鸭两种。腊板鸭是从小雪到立春时段加工的产品，这种板鸭盐渍透彻，能保藏3个月之久；春板鸭是从立春到清明时段加工的产品，这种板鸭保藏期一般只有1个月左右。板鸭体肥、皮白、肉红、肉质细嫩、风味鲜美，是一种久负盛名的传统产品。

（一）工艺过程

原料→宰杀及前处理→干腌→卤制→滴卤叠坯→晾挂。

（二）加工工艺

（1）原料　板鸭要选择体长身高，胸腿肉发达，两翅下有核桃肉，体重在1.75kg以上的活鸭作原料。活鸭在屠宰前用稻谷饲养一段时间使之膘肥肉嫩。这种经过稻谷催肥的鸭叫白油板鸭，是板鸭中的上品。

（2）宰杀及前处理　育肥好的鸭子宰杀前停食12～24h，充分饮水。用麻电法（60～70V）将活鸭致昏，采用颈部或口腔宰杀法进行宰杀放血。宰杀后5～6min，用65～68℃热水浸烫脱毛，用冰水浸洗3次，时间分别为10min、20min和1h，除去皮表残留的污垢，使鸭皮洁白，降低鸭体温度，达到“四挺”，即头、颈、胸、腿挺直，外形美观。去除翅、脚，在右翅下开一约4cm长的直形口子，摘除内脏，用冷水清洗，至肌肉洁白。压折鸭胸前三叉骨，使鸭体呈扁长形。

（3）干腌　前处理后的光鸭沥干水分，进行擦盐处理。擦盐前，100kg食盐中加入125g茴香或其他香辛料炒制，可增加产品风味。盐渍时每2kg光鸭加盐125g左右。先将90g盐从右翅下开口处装入腔内，将鸭反复翻动，使盐均匀布满腔体，剩余的食盐用于体外，其中大腿、胸部两旁肌肉较厚处及颈部刀口处需较多食盐。于盐渍缸内盐渍约20h。为使腔体内盐水快速排出，需进行抠卤：提起鸭腿，撑开肛门，放出盐水。擦盐后12h进行第一次抠卤操作，之后再叠入盐渍缸中，再经8h进行第二次抠卤操作。其目的是使鸭体腌透同时渗出肌肉中血水，使肌肉洁白美观。

（4）卤制　也称复卤。第二次扣卤后，从刀口处灌入配好的老卤，叠入盐渍缸中。并在上层鸭体表层稍微施压，将鸭体压入卤缸内距卤面1cm以下，使鸭体不浮于卤汁上面。经24h左右即可。

卤的配制：卤有新卤和老卤之分。新卤配制时每50kg水加炒制的食盐35kg，煮沸成饱和溶液，澄清过滤后加入生姜100g、茴香25g、葱150g，冷却后即新卤。用过一次后的卤俗称老卤，环境温度高时，每次用过后，盐卤需加热煮沸杀菌；环境温度低时，盐卤用4～5次后需重新煮沸；煮沸时要撇去上浮血污，同时补盐，维持盐卤密度为1.180～1.210。

（5）滴卤叠胚　把滴净卤水的鸭体压成扁平形，叠入容器中。叠放时鸭头朝向缸中心，以免刀口渗出血水污染鸭体。叠胚时间为2～4d，接着进行排胚与晾挂。

（6）排胚与晾挂　把叠在容器中的鸭子取出，用清水清洗鸭体，悬挂于晾挂架上，同时对鸭体整形：拉平鸭颈，拍平胸部，挑起腹肌。排胚的目的是使鸭体肥大好看，同时使鸭子内部通风。然后挂于通风处风干。晾挂间需通风良好，不受日晒雨淋，鸭体互不接触，经过2～3周即成品。

第三节　腌腊肉制品

腌腊肉制品是以畜禽肉或其可食副产品等为原料，添加或不添加辅料，经腌制、晾晒（或不晾晒）、烘焙（或不烘焙）等工艺制成的肉制品。

一、腊肉

（一）简介

腊肉是以鲜肉为原料，经腌制、烘烤而成的肉制品。由于各地消费习惯不同，产品的品种和风味也各具特色。按产地不同分为广式腊肉（广东）、川味腊肉（四川）和三湘腊肉（湖南）等。广式腊肉的特点是选料严格，制作精细，色泽鲜艳，咸甜爽口。川味腊肉色泽鲜明，皮黄肉红，脂肪乳白，腊香浓郁，咸鲜绵长。三湘腊肉皮呈酱紫色，肥肉淡黄，肉质透明，瘦肉棕红，味香利口，食而不腻。各地加工腊肉的方法大同小异，原理基本相同。

（二）特点

腊制方法颇多，各有其特点。广式腊肉色泽鲜美，刀口整齐，滋味甘香。川味腊肉色、味兼优，食用时不感到有烟熏、哈喇味。三湘腊肉是湖南特产之一，其皮色金黄，脂肪似蜡，肌肉橙红，又具有特殊的烟熏香味，口味适中。三湘腊肉分为有骨和无骨两种，有骨腊肉是湖南民间传统的腊味制品，无骨腊肉是当地吸收了广式腊肉和川味腊肉的优点制成的腊肉。

（三）一般加工工艺

选料→修整→腌制→翻缸→清洗→沥干→烘烤→成品。

（四）常见腊肉制品

1. 广式腊肉的加工

（1）原料配方　猪肉100kg，细盐3kg，白糖4kg，红酱油3kg，白酒2kg，大茴香0.2kg，桂皮0.2kg，花椒0.2kg，硝酸钠0.025kg。

（2）加工方法

1）选料、修整：选用卫生检验合格、皮薄肉嫩的鲜肋条猪肉，剔去肋骨、奶脯、碎肉，然后切成长33～38cm、宽1.5～2cm的肉条，在肉条上端刺一小孔，以备穿绳悬挂。

2）腌制：将切好的肉条用40～45℃温水浸泡，冲淡浮油、污物，沥干水分，放入大容器内。将盐、糖、酱油、白酒等辅料按比例混合，与肉条拌和均匀，在大缸中腌制。每隔2h，上下翻动1次，使其腌制均匀。经8～10h，即可腌好。

3）烘烤：将腌好的肉条取出后，在穿孔处结绳，依次挂在竹竿上，保持3～4cm距离，放入烘房进行烘烤。烘房温度保持在45～50℃，并掌握先高温然后温度逐渐降低。烘烤时应每隔几小时，进行上下内外调换位置，使之烘烤均匀。

经3d左右的烘烤，便成为腊肉制品，成品率为72%～75%。若不用烘房烘烤，也可放在日光下曝晒，一直晒到表面流油时为止。

4）保藏：烘好的腊肉冷却后，从竹竿上取下，另用麻绳将腊肉串起捆成小扎，每扎约2.5kg。然后悬挂在木架上，置于干燥通风处贮藏。

（3）产品特点　刀口整齐，不带碎肉。外表有光泽，肥肉金黄，瘦肉深红，香味浓郁。

2. 川式腊肉的加工

（1）原料与配方　鲜猪肉100kg，盐7～7.5kg，土硝1.5g，五香粉、糖、酒等配料适量。

（2）操作要点

1）修整：将鲜猪肉拔净猪毛，割去头尾和猪脚，剔去骨头，按规格切成长方形块。

2）腌制：先将盐用火炒热，冷凉后加入土硝、香料调拌均匀。将配料一次擦于肉及肉皮上，再将肉块放入缸内或池里，皮面向下，肉面向上。最后一层皮面向上，肉面向下整齐平放，以装满为止。并将余盐和硝、香料洒在缸或池的上层。

3）翻缸、清洗：腌制2～3d后进行翻缸，翻缸后再腌2～3d，即可出缸。用清水洗净皮肉上的白沫，在肉的上端穿洞，用麻绳结套拴扣，悬挂在竹竿上，沥去水分，然后放进烘房进行烘烤。

4）烘烤：将晾干水汽的肉连竹竿携入烘房，肉与肉之间保持一定的距离，以互相不挤压为宜。木炭装入瓦盆点燃，然后放在烘房四角及中间共5处，烘烤32h，烘房内的温度保持在42℃左右。表皮已干硬，瘦肉内部呈酱红色，将烤好的腊肉从烘房中取出，悬挂在空气流通处，吹凉后，即成品。

3. 三湘腊肉的加工

（1）配方　猪肉50kg，食盐3500g，花椒50g，硝酸钠25g。

（2）割块剔骨　将经卫生检验合格的猪白条肉悬挂在肉案上，割成每块重500～750g的肉条，割至腿部，要除去腿肉的棒骨及扇子骨，即成肉坯。做无骨腊肉时，要预先将脊椎骨及排骨全部剔除，再行割块。

（3）腌制　将食盐及硝酸钠拌均匀后揉擦在肉坯上，春秋季腌96h，冬季腌144h，中间要翻缸1次，使肉坯腌制均匀，出缸时用麻绳穿于肉坯的腹端，冲洗干净，晾干后即送入烘房烘烤。

（4）烘烤　将肉坯串在竹竿上送入烘房烘烤24h，中间要翻倒位置1～2次，出炉后冷却即成品。

（5）保管方法　有库藏和缸藏两种。库藏方法是先用木箱或篾篓包装成件，存放于无潮、通风、有地板的仓库内，底面及四周平放石灰块一层，堆码最高不超过5层。冷时可贮藏3个月，热时可贮藏半个月至1个月。缸藏方法是在缸底铺放石灰块一层，灰面再平铺一层松柴，平整散装，缸面加盖，盖缝外用纸糊严，使其不通空气。春秋季可贮存两个月，色、香、味均不变。

每块腊肉重0.5～1.25kg，条形、无腐败气味。有骨、无骨腊肉均呈金黄色，带腊香味。色泽鲜明，咸度适中。

二、培根

（一）简介

培根（bacon），即烟熏咸猪肉，因大多是猪的肋条肉制成，也称烟熏肋肉。培根是将猪肋条肉经过整形、盐渍，再经熏干而成。加拿大的培根中也有加入胡椒和辣椒的。培根为半成品，相当于我国的咸肉，但多了一种烟熏味，咸味较咸肉轻，有皮无骨。培根为西餐菜肴原料，食用时需再加工。

（二）培根的分类

培根根据原料不同，分为大培根（或称丹麦式培根）、奶培根、排培根、肩肉培根、肘肉培根和牛肉培根等。

1）大培根是以猪的第三肋骨至第一节腰椎骨处猪体的中段为原料，去骨整形后，经腌制、烟熏而成，成品为金黄色，割开瘦肉部分色泽鲜艳，每块重 7～10kg。

2）奶培根是以去奶脯、脊椎骨的猪方肉（肋条）为原料，去骨整形后，经腌制、烟熏而成。肉质一层肥、一层瘦，成品为金黄色，无硬骨，刀口整齐，不焦苦。分带皮和无皮两种规格，带皮的每块重 2～4kg，去皮的每块不低于 500g。

3）排培根是以猪的大排骨（脊背）为原料，去骨整形后，经腌制、烟熏而成。肉质细嫩，口感鲜美。它是培根中质量最好的一种，成品为半熟品，金黄色，带皮，无硬骨，刀工整齐，不焦苦。每块重 2～4kg。

4）肩肉培根以猪的前肩、后臀肉作原料。

5）肘肉培根用猪肘子肉作原料。

（三）加工工艺

各种培根的加工方法基本相同，其工艺流程如下：选料和剔骨→初步整形→冷藏腌制→浸泡整形→再整形→烟熏。

1. 选料和剔骨　原料规格、质量和产品有直接关系。一般选用经兽医检验合格，肥膘厚 1.5cm左右的细皮白肉猪身。在条件许可时，以选择瘦肉型猪种为宜。去骨操作的主要要求：在保持肉皮完整、不破坏整块原料、基本保持原形的前提下，尽量做到骨上不带肉，肉中无碎骨遗留。

2. 初步整形　将剔骨后的原料，用修割方法使表面和四周整齐、光滑。整形决定产品的规格和形状，培根成方形，应注意每一边是否成直线。如果有一边不整齐，可用刀修成直线条，修去碎肉、碎油、筋膜、血块等杂物，刮尽皮上残毛，割去过高、过厚肉层。

3. 冷藏腌制　腌制需在 2～4℃冷库中进行。先用盐及亚硝酸钠揉擦原料肉表面（每 100kg 肉用盐 3.5～4.0kg、亚硝酸钠 5g 拌和），腌制 12h 以上。次日再将肉泡在 15～16°Bé 的盐水中。

盐水配制：食盐 50kg，白糖 3.5kg 和适量亚硝酸钠，加水溶解而成，每隔 5d 将生坯上下翻动一次，腌制 12d。

4. 浸泡整形　腌好的肉出缸后，浸在水中 2～3h，再用清水洗 1 次，刮净皮面上的细毛杂质。修整边缘和肉面的碎肉、碎油。穿绳，即在肉条的一端穿麻绳，便于串入串竿，每竿挂肉 4～5 块，保持一定间距后熏烤。

5. 烟熏　将串上串竿的肉块挂上烘房铁架，推入烘房，用干柴生火，盖上木屑，温度保持在 60～70℃，经 10h 熏烤（木屑可分成 2～3 次添加），待皮面上呈金黄色后取出即为成品。如果是无皮培根，熏烤时则在生坯下面挂一层纱布，以防木屑灰尘污染产品。

（四）改进技术

近些年，培根产品的加工方法得到不断改进，以降低成本和改进产品的质量。主要采用多针头盐水注射和滚揉按摩，提高了腌制速度，而且在腌制中添加聚磷酸盐等品质改良剂提高了产品的出品率，缩短了加工时间。

第四节　酱卤肉制品

酱卤肉制品是指原料肉加调味料和香辛料水煮而成的熟肉制品。其主要特点是酥润软烂，风味浓郁，有的带有卤汁，不易包装和保藏，适于就地生产和销售，目前在我国各地均有生产。由于各地消费习惯和加工过程中所用的配料及操作技术不同，形成了许多地方特色品种，有的已成为地方名特产，如北京月盛斋酱牛肉、苏州酱汁肉、河南道口烧鸡、安徽符离集烧鸡等。

按照加工工艺的不同，一般将其分为三种：酱卤肉类（如酱肉、盐水鸭、酱鸭、扒鸡等）、糟肉类（如糟肉、糟鸡、糟翅等）和白煮肉类（包括白切羊肉、白切鸡等）。

一、酱卤肉类的加工

1. 酱牛肉　酱牛肉在全国各地均有生产，其中以北京月盛斋酱牛肉最为有名。创办于清乾隆四十年（公元1775年）的月盛斋距今已有200多年的历史，是京城著名老字号，京韵饮食文化的代表。产品在综合吸收了清宫御膳房酱肉技术和民间传统技艺的基础上，借鉴了传统中医药食同源的养生理论，形成了具有肉香、酱香、药香、油香融为一体的独有特色。月盛斋的制作技艺世称“三精三绝”，即选料精良，绝不省事；配方精致，绝不省钱；制作精细，绝不省工。在火候的控制与运用上，讲究的是“三味”，即旺火煮去味、文火煨进味、兑老汤增味。具体的工艺流程为：选料→调酱打粉→装锅→煮制→保藏。

1）选料：选用膘肉丰满的牛腿部、腰窝、脖子部位的肉，切成0.5kg的肉块，洗净后将老嫩肉分别存放。

2）调酱打粉：将一定量的黄酱加入水中搅拌均匀，煮沸，撇去浮沫，捞出酱渣，盛入容器内，备用。同时将各种香辛料打成粉末状。

3）装锅：锅底预先垫以竹篾，然后将切好的肉块放入锅中。其中结缔组织较多、肉质坚韧的部位放在底部，结缔组织较少、肉质较嫩的牛肉放在上层。接着倒入调好的汤汁，并在肉上加盖竹篾将肉完全浸没在汤汁中。

4）煮制：加入香辛料粉末，加热煮沸4h左右。注意在初煮时撇去上层浮沫消除膻味，在煮制过程中，注意加入汤汁和食盐，务必使每块肉浸没在汤汁中。接着用小火煨煮，待汤汁减少时封火煨焖。出锅时注意保持肉块完整，并将浮油浇洒在肉块上，上架晾干即成品。

5）保藏：酱制好的牛肉可鲜销、冷藏保存，也可真空包装后灭菌保存。

2. 盐水鸭　南京素有“鸭都”之称，“无鸭不成食，无鸭不待客”已成为南京人的习惯。盐水鸭是南京著名特产，久负盛名。盐水鸭外形饱满，体肥皮白，肉质细嫩紧密，香味扑鼻。每年中秋节前后的盐水鸭色味最佳，而此时正值桂花盛开季节，美其名曰“桂花鸭”。其加工工艺为：选料→宰杀净膛→干腌→复卤→挂沥→煮制→包装。

1）选料：选择3～5月龄，体重2kg左右，体表羽毛丰满无伤残，经过检疫检验合格的白羽樱桃谷瘦肉型育肥仔鸭、麻鸭或其他优良杂交品种鸭。

2）宰杀净膛：宰前经过12～24h禁食，在宰杀时在颈部切断食管、气管、血管，待血放干净后用70℃热水烫毛，拔毛干净后洗净全身。沿着关节处切下两鸭掌和两鸭翅，然后在右翅下纵切一个6～8cm长的口子，从开口处取出内脏，拉出三管，将鸭膛内清洗干净。接着将鸭子放入10℃以下冷水中浸泡1～2h，浸出残留的血液，使鸭体肌肉洁白。注意鸭体腔内灌满水并浸没在水面以下，然后把鸭子挂起沥水，晾干。

3）干腌：在锅内放入食盐、花椒、八角（每千克食盐中加入八角、花椒各 30g）不断翻炒，温度控制在 95～100℃，直至食盐呈微黄色即可。取鸭重 6%～8%上述炒制过的盐涂抹在鸭子上，其中 3/4 的盐从右翅开口处放入腹腔，并前后左右翻动鸭体，使盐均匀布满整个腔体，其余 1/4 的盐用于体表。之后将鸭子腹面向上逐层堆叠在缸中，腌制 2～4h。

4）复卤：又称湿腌，其卤汁有老卤和新卤之分。每 100kg 水中加入盐 6～8kg，八角、姜片各 100g，葱 200g，加热煮沸，冷却至室温后即新卤。每 100kg 盐卤可复卤鸭子约 35 只，每复卤一次要补加适量食盐，使盐浓度始终保持在饱和状态。盐卤每用 5 次后必须煮沸一次，去除浮沫、杂质等，同时加盐或水调整浓度，并补充香辛料调味。新卤经煮沸后连续使用即老卤。复卤时，将鸭子浸没在盐卤中，使盐卤灌满鸭体腔，最后用竹篾压在最上面，使鸭体浸没在液面以下。复卤 2～4h 即可出缸挂起。

5）挂沥：将复卤后的鸭体沥干卤水，将钩子穿过鸭鼻孔后逐只挂在架子上，推至沥干房内挂沥 24h。沥干房内温度保持在 15℃左右。

6）煮制：在清水中加入适量葱、姜、八角并加热，煮开后放入挂沥好的鸭子，大火煮沸后撇去浮沫，再用小火焖煮 1h 左右，待大腿和胸部肌肉绵软出油即可。

7）包装：待鸭子冷却到 30℃左右即可真空包装。

3. 烧鸡　烧鸡是我国传统特色酱卤制品，其造型美观，色泽诱人，肉质细腻，回味无穷，深受广大消费者欢迎。烧鸡在全国各地均有生产，有的已经成为当地名优特产。例如，山东德州扒鸡、河南道口烧鸡、安徽符离集烧鸡、辽宁沟帮子熏鸡被列为我国“四大烧鸡”。其加工工艺基本类似，即选料→宰杀造型→上色油炸→卤煮入味→保藏。

1）选料：选择 6～24 月龄、活重 1.5kg 左右的鸡，要求两腿肥壮，健康无病。

2）宰杀造型：把鸡两腿倒挂在钩上使鸡头下垂，割断三管放血，然后 70℃热水浸泡 1min 左右，拔毛后洗净全身。在鸡尾腹侧上方开一个二指宽的小口，小心掏出内脏并把腹腔清洗干净。把鸡两腿交叉后塞入上述小口中，一个鸡翅膀从颈脖开刀放血处穿出并打一个结，摆出“睡美人”造型。

3）上色油炸：1∶1 调制饴糖水或蜂蜜水涂抹于鸡身，于 180℃植物油中油炸 1～2min，待鸡皮颜色金黄即可捞出。

4）卤煮入味：先用香辛料和盐熬制卤汁，每 100kg 鸡加砂仁 15g、陈皮 30g、肉桂 90g、白芷 90g、草果 30g、丁香 3g、良姜 90g、豆蔻 15g、食盐 2～3kg，加热煮沸后把鸡放入卤汁中，大火烧开后小火慢炖 2～4h 以入味。

5）保藏：卤制好的鸡可鲜销；也可真空包装后巴氏杀菌，于 2～4℃贮藏销售，或高压杀菌后常温销售。

二、白煮肉类的加工

白切鸡在南方菜系中普遍存在，以粤菜、上海本帮菜中的白斩鸡最知名。其外形美观，皮黄肉白，肥嫩鲜美，食时佐以芥末酱或特制酱油，别有风味。始于清代的民间酒店，因烹鸡时不加调味白煮而成，食用时随吃随斩，故称“白切鸡”，又叫“白斩鸡”。又因其用料是脚黄、皮黄、嘴黄的三黄鸡，故又称“三黄油鸡”。

白切鸡的工艺流程为：选料→宰杀造型→烫鸡→冰浴→煮制→冰浴→冷藏。

1）选料：选择体重为 2kg 左右的健康三黄鸡。

2）宰杀造型：采用三管切断法宰杀，放净血后用 70℃热水烫毛，将鸡毛拔干净后洗净全身。在腹部距离肛门 2cm 处开一个二指宽的小口，小心掏出内脏，把腹腔清洗干净，并把鸡两腿交叉后塞入上述小口中。

3）烫鸡：在水中放入姜片和大葱段，煮沸后将鸡放入烫 1min，随即捞出。

4）冰浴：把鸡捞出置于冰水中冷却数分钟，使鸡皮骤然收缩，皮脆柔嫩。

5）煮制：将鸡置于锅中继续煮制 3min，随后立即关火焖 45min。

6）冰浴：把鸡捞出置于冰水中冷却数分钟后即成品。

7）冷藏：把鸡分为左右两片，每片再分为前后两部分，带皮斩块包装，可鲜销，也可于 4℃冷藏。

三、糟肉类的加工

我国一些地区的农户素有酿酒的习俗。选用自家种的糯谷，取糯米蒸熟，冷却后拌入麦曲，然后放进缸内产香制作米酒。经过一段时间的产香、开耙，过滤出酒汁，剩下的就是酒糟。酒糟有一种诱人的酒香，醇厚柔和。糟肉一般选用猪肉为原料，经过熟制后用酒或酒糟进行糟醉而制得，产品色泽洁白，糟香浓郁，软糯细腻，鲜美可口。具体加工工艺为：选料→煮制→制卤汁→制糟卤→糟制。

1）选料：选择皮薄肉嫩的猪腿肉为原料，切成长 15cm、宽 10cm 的长方形肉块。

2）煮制：将肉置于锅中，加入适量食盐煮沸 0.5h 左右，直至肉熟透为止。

3）制卤汁：先将煮制后汤汁中的浮油和杂质撇去，然后加入肉重 1%的糖、盐，2%的葱、姜，0.5%的五香粉等辅料，搅拌均匀，用旺火煮沸，冷却，倒入容器内，备用。

4）制糟卤：在容器内放入酒糟、黄酒及冷却的卤汁，搅拌均匀。

5）糟制：将煮好的肉放入容器内，倒入糟卤并密封好，低温放置 4～6h 即成品。食用时，将肉块切成厚片装盘，浇上适量糟卤即可。

第五节　熏烧焙烤肉制品

熏烧焙烤肉制品是以畜禽肉或其可食副产品为原料，添加相关辅料，经腌、煮等工序进行前处理，再以烟气、热空气、火苗或热固体等介质进行熏烧、焙烤等工艺制成的肉制品。产品色泽焦黄诱人，风味咸香浓郁，口感皮脆柔嫩，深受广大消费者的喜爱。主要包括熏烤肉类（如熏肉、烤肉、熏肚、熏肠、烤鸡腿、熟培根等）、烧烤肉类（如烤鸭、叉烧肉等）和焙烤肉类（如肉脯）三大类。

1. 北京烤鸭　北京烤鸭是我国著名特产，历史悠久，以其色泽红艳、肉质细嫩、味道醇厚、肥而不腻的特色被誉为“天下美味”而驰名中外。按照烤制方法的不同，可以分为闷炉烤鸭和挂炉烤鸭两种。闷炉烤鸭以“便宜坊”饭店为代表，其创立于明代嘉靖年间，距今已有 400 多年的历史。挂炉烤鸭以“全聚德”为代表，其始建于清代咸丰年间，在国内外开有多家分店，已成为世界品牌。挂炉烤鸭由于炉中炭火闪烁，烤鸭诱人的香味在空气中流淌，人们在品尝美味的同时还具有一定的观赏成分，因此成为北京烤鸭的主流。

（1）挂炉烤鸭的工艺流程　选料→宰杀→造型→冲洗烫皮→浇挂糖色→晾坯→灌汤打色→挂炉烤制。

1）选料：原料必须是经过填肥的北京鸭，饲养期为 55～65 日龄，活重以 2.5kg 以上为佳。

2）宰杀：将鸭倒挂，用刀在鸭脖处切一花生米大小的小口，以切断气管、食管、血管为准，随即用手捏住鸭嘴，把颈脖拉直使血滴尽，然后把填鸭置于 60～65℃热水中烫毛。

3）造型：剥离颈部食管周围的结缔组织，在刀口处插入气筒的气嘴给鸭充气，使皮下脂肪与结缔组织之间充气，鸭体保持膨大壮实的外形。然后从腋下开膛，取出全部内脏。把一根 8～10cm 的秸秆由刀口处放入膛内，下端放置在脊柱上并向前倾斜，使鸭体腔充实，造型美观。

4）冲洗烫皮：通过腋下切口用清水反复冲洗胸腔内外，直至洗净为止。拿钩勾住鸭胸部上端 4～5cm 处的颈椎骨，提起鸭坯用 100℃的沸水淋烫表皮，使表皮蛋白质受热凝固，减少烤制时的脂肪流出，并达到烤制后表皮酥脆的目的。烫制时先烫刀口处，使鸭皮紧缩防止跑气，然后再烫其他部位。一般 3～4 勺沸水即能把鸭坯烫好。

5）浇挂糖色：以 1 份麦芽糖兑 4 份水的比例调制成糖水溶液浇淋在鸭坯上，一般 3 勺即可。其目的是使鸭坯在烤制时发生美拉德反应，形成诱人的枣红色，同时使烤制后的成品表皮酥脆，食之不腻。

6）晾坯：晾坯的目的是使鸭坯在烤制后表面膨化、酥脆。将鸭坯放在阴凉、干燥、通风的地方进行风干。晾坯间的温度应保持在 15～20℃。

7）灌汤打色：将 7～8cm 的带节高粱秆插入鸭体肛门处，然后体腔内灌入 80～100mL 汤水（100℃），使鸭坯在烤制时能剧烈汽化，达到“外焦里嫩”的目的。为弥补挂糖色时不均匀，鸭坯灌汤水后要再淋 3～4 勺糖水，俗称“打色”。

8）挂炉烤制：烤制的木材通常为苹果木、梨木等果木，以枣木为佳。炉温控制在 200～230℃，时间大致为 40min。炉温过高、时间过长会造成表皮焦煳，皮下脂肪大量流失，形成皮下空洞；炉温过低、时间过短会造成鸭皮收缩、胸部下陷、鸭肉不熟等缺陷，影响烤鸭的外观和使用品质。为使鸭子烤得熟透均匀，要用烤竿不断翻动鸭坯。

（2）闷炉烤鸭的工艺流程　闷炉与挂炉的区别是采用电加热，炉子带有炉门。闷炉烤鸭的工艺流程与挂炉烤鸭类似，先将闷炉预热到 200℃左右，再放入处理好的鸭坯，在 200～230℃条件下烤制 45min 左右。

延伸阅读 9-1　北京烤鸭的吃法

中华饮食文化博大精深，对吃法向来是讲究的。北京烤鸭的独特美味一半在烤制，另一半在吃法。经过复杂工序加工出来的北京烤鸭在吃法上也丰富多样。典型的吃法包括以下三种。

首先是鸭皮，应趁热上席，当着客人的面用刀片把鸭一片片切下，技术好的师傅可以切出 108 片。将片好的鸭皮根据个人的爱好加上适当的佐料，如葱段、甜面酱、黄瓜条、蒜泥等一起卷在荷叶饼里，以清口解腻；喜食甜味的，还可直接蘸着白糖吃。

其次是将鸭身肉剔下来，切成细丝，与韭菜、绿豆芽、胡萝卜丝一起炒成“鸭丝炒三丝”，或者将鸭肉切碎后与松子合炒，用生菜叶卷着吃，清淡鲜嫩里裹着浓香脆爽。

最后是鸭骨架，将鸭骨架加白菜或冬瓜熬汤，色浓味清淡，鸭腥全无，别具风味。

2. 叉烧肉　叉烧肉是我国南方的风味肉制品，起源于广东，一般称为广东叉烧肉。产品呈深红棕色，块形整齐，软硬适中，香甜可口。工艺流程为：选料→配料→腌制→烤制。

1）选料：选用去皮猪腿瘦肉，切成长约 35cm、宽约 3cm、厚约 1.5cm 的肉条，用温水洗净，沥干，备用。

2）配料：猪肉 100kg，精盐 2kg，酱油 5kg，白糖 6.5kg，五香粉 0.5kg，黄酒 2kg，生姜 1kg，饴糖或麦芽糖 5kg。

3）腌制：除黄酒和饴糖外，把其他所有调味料放入拌料容器内，搅拌均匀，然后把肉条倒入容器内搅拌均匀。低温腌制 6h，期间每隔 2h 搅拌一次，使肉条充分吸收调味料。之后加入黄酒充分搅拌，并置于铁架上适度晾干。

4）烤制：先将烤炉烧热，然后将铁架置于炉内，进行烤制，炉温控制在 250℃左右。约 15min 后打开炉盖翻动肉块，继续烤制 15min 左右。等肉稍冷却后，将肉在饴糖或麦芽糖中浸没片刻，继续烤制 3min 即可。

案例 9-1　加“硝”肉做烧烤，排档老板毒倒 14 名大学生

2014 年 6 月 10 日 21 时，学生陈某某等与同学聚餐，他们点了鸭心、鸭肫、猪肉脆骨等烧烤食品。陈某某吃后感觉头晕，手指甲和嘴唇发紫。随后，其他 13 名学生先后出现头晕、手口发紫、呕吐等现象。经检查，这 14 名学生全部被诊断为亚硝酸盐中毒。

经疾病预防控制中心鉴定，搜出食材中亚硝酸盐含量分别为：烤鸭心 1352mg/kg，生鸭心 810mg/kg，猪肉脆骨 3322mg/kg。国家规定的食品安全标准允许添加的亚硝酸盐残留量最多为 30mg/kg，上述食材中有的超标竟高达 100 倍。人体每天安全摄入亚硝酸盐的量为 0.06 mg/kg 体重。一般讲，3g 是一个成年人的致死剂量。亚硝酸盐有护色作用，会使肉类发红，并有防腐作用，很多小摊贩喜欢添加这类物质。但国家食品添加剂使用标准 GB2760—2014 中规定，硝酸盐在肉类中的最大添加量为 0.15g/kg。除了肉的腐败变质和亚硝酸盐超标问题外，肉类在烧烤过程中还会产生 3, 4-苯并芘、杂环胺等致癌、致突变性物质，串制肉类的竹签也可能因为重复使用或没有经过消毒而发霉。此外，很多消费者喜欢用啤酒就着烧烤一起吃，使体内嘌呤含量急剧上升，增加患痛风病的可能性。因此，消费者应提高警惕，拒绝食用路边无证烧烤，应去正规餐馆或者自家烤制，以白开水代替啤酒吃，降低烧烤食品的风险。

3. 肉脯　肉脯种类多样，按照原料进行分类，有猪肉脯、牛肉脯、鸡肉脯、兔肉脯等，按照原料预处理方式进行分类，有肉片脯和肉糜脯之分。肉片脯为传统制品，采用新鲜精腿肉，经过切片、腌制、烘烤、压片、切片、检验、包装等工艺加工而成，产品韧性好、有嚼劲。其中江苏靖江素有“肉脯之乡”的美称，加工历史悠久，是肉片脯的代表。肉糜脯为现代肉脯制品，以碎肉为原料，经过绞碎、斩拌、成型、烘烤等工序加工而成，可充分利用肉类资源，成本低，调味方便。其工艺流程为：选料→冷冻→切片→腌制→摊筛→烘干→烘烤→压片成型。

1）选料：选择健康生猪后腿肉为原料，去掉骨、皮、脂肪、结缔组织等非肌肉成分，洗净后顺着肌纤维方向切成 1kg 左右的肉块。

2）冷冻：将肉块移入-20～-10℃的冷库中速冻，使肉块的深层温度达到-5～-3℃为止，以便成型切片。

3）切片：将冷冻后的肉块放入切片机中切片，厚度控制在 1～3mm。注意切片时应顺着肌纤维方向，以保证肉片的完整性。

4）腌制：将各种调料混合均匀，然后与切好的肉片拌匀，在 4℃冷库腌制 2h。调料配方为：猪瘦肉 100kg，盐 2.5kg，白糖 1.5kg，五香粉 200g，亚硝酸钠 10g，酱油 2kg，料酒 2kg。

5）摊筛：在竹筛或不锈钢筛网上涂植物油，将腌制好的肉片整齐地平铺在网上，晾干。

6）烘干：将筛框肉片置于 55～75℃烘房中烘 2～3h，使肉脯均匀脱水。

7）烘烤：在肉脯表面刷一层植物油，然后将肉片置于 150℃烤箱中烤制 2min 左右，直至肉脯呈棕红色。

8）压片成型：肉脯烤熟后用压平机压平，然后按一定规格切成一定形状（一般为 8cm×12cm）。

第六节　干 肉 制 品

干肉制品是肉经过预加工后再脱水干制而成的一类熟肉制品。产品多呈片状、条状、粒状、团粒状、絮状。干肉制品主要包括肉干和肉松两类，其营养丰富、风味浓郁、色泽美观，是深受大众喜爱的休闲方便食品。由于其水分含量低，因此与同等质量的鲜肉相比，具有更高的营养价值。

一、肉干

肉干是以精选瘦肉为原料，经过煮制、干制等工艺加工而成的干肉制品。按照原料进行分类，有猪肉干、牛肉干、鱼肉干等；按照形状进行分类，有片状肉干、条状肉干、丁状肉干；按照风味进行分类，有五香风味、麻辣风味、沙嗲风味、孜然风味等。其工艺流程为：选料→预煮→复煮→烘烤→包装。

1）选料：选择健康、育肥肉牛的新鲜腿肉，去掉骨、皮、脂肪、结缔组织等非肌肉成分，洗净后切成 0.5kg 左右的肉块。

2）预煮：将肉块投入沸水中预煮 1h，注意撇去上层浮沫，煮好后捞出，自然冷却后按照产品规格要求切成一定的形状。姜、八角、小茴香等香辛料用纱布包扎成香料包，和肉一起入锅，加入与肉等质量水大火煮制。注意加水并翻动肉条以防止煳锅，同时撇去上层浮沫。当煮至肉软烂时，继续加入料酒、白糖、味精等调料以入味，整个煮制时间为 3～4h。

3）复煮：取约为半成品一半质量的预煮汤汁，加入配料加热煮沸，然后将预煮后的半成品倒入锅内，用小火煨煮，并及时翻动。待汤汁快收干时，将肉捞出。配料的配方为：牛瘦肉 100kg，盐 2kg，白糖 5kg，香葱、甘草粉各 250g，味精 200g，酱油 6kg，料酒 1kg。

4）烘烤：将沥干后的肉片（丁、条）平铺在不锈钢网盘上，然后置于 60～80℃烘房中烘 4～6h。烘烤过程中注意及时翻动肉片（丁、条），以防止烤焦。

5）包装：肉干水分含量低，吸湿性强，烘好后应及时包装。

二、肉松

肉松是我国著名特产之一，深受广大消费者喜爱。按照原料进行分类，有猪肉松、牛肉松、鱼肉松等，其中以猪肉松最为常见。按照形状进行分类，有绒状肉松和粉状肉松之分，分别以太仓肉松和福建肉松为代表。其工艺流程为：选料→煮制→炒松→搓松→包装。

1）选料：选择健康猪后腿新鲜精瘦肉为原料，洗净，顺着肌纤维方向切成 0.5kg 左右的肉条。

2）煮制：将姜、八角、小茴香等香辛料用纱布包扎成香料包，和肉一起入锅，加入与肉等质量水大火煮制。注意加水并翻动肉条以防止糊锅，同时撇去上层浮沫。当煮至肉软烂时，继续加入料酒、白糖、味精等调料以入味，整个煮制时间为 3～4h。

3）炒松：将肉条捞出，沥干汤汁后置于炒松机中，用钉耙压散肉块，加热翻炒，直至肉块松散，颜色由灰棕色变为金黄色，水分含量为 20%左右。

4）搓松：利用滚筒式搓松机将肌纤维搓开，使炒制好的肉松进一步蓬松。

5）包装：肉松水分含量低，吸湿性强，贮藏时可用塑料袋真空包装，马口铁罐包装。

第七节　油炸肉制品

油炸肉制品是指经过加工调味或挂糊后的肉（包括生原料、成品、熟制品）或只经干制的生原料，以食用油为加热介质，经过高温炸制或浇淋而成的熟肉制品。主要包括炸肉排、炸鸡翅、炸肉串、炸肉丸、炸乳鸽等肉类制品。具有香、嫩、酥、松、脆、色泽金黄等特点。

一、油炸猪肉排

其工艺流程为：选料→清洗→切片→腌制→油炸→冷却→包装。

选用带骨猪排，将猪排洗净，剁成片状，用刀背拍松，利用盐、胡椒粉等进行腌制，然后裹上鸡蛋液和面包屑待用。油加热至 160～180℃，放入猪排，炸至熟透，取出冷却、包装。

二、真空低温油炸肉干

其工艺流程为：原料验收→分割→清洗→预煮→切条→腌制→冻结→解冻→真空低温油炸→脱油→包装→成品。

1）原料验收：原料肉新鲜，无污染，有合格的兽医检验合格证。

2）分割、清洗：将原料肉剔除杂质，分割成均匀的肉块，用清水清洗干净。

3）预煮、切条：将切好的肉块放入锅中，加水淹没肉条，煮制至肉块中心无血水，撇除浮沫，煮后捞出冷却，切成整齐的条状。

4）腌制：将切好的肉条放入腌制料中进行腌制。

5）冻结、解冻：腌好的肉条取出装盘、沥干，冷冻，2h 后取出，低温下解冻。

6）真空低温油炸：将解冻后的肉条送入真空油炸机，打开真空泵将油炸罐内抽成真空，泵入植物油，进行油炸处理。控制油温，保持油温 125℃左右，保证肉干的脱水率、风味、色泽及营养成分。

7）脱油：将油从油罐中排出，将肉条在 100r/min 离心脱油 2min，控制肉干含油率小于 15%，取出肉干。

8）包装、成品：真空包装，包装过程中保证清洁卫生。

第八节　肠类肉制品

一、肠类制品的分类

肠类制品是以畜禽鱼肉或其可食副产品为主要原料，经腌制（或不腌制）、绞切、斩拌、乳化，添加相关辅料后，充填入肠衣（或模具中）成型，再经烘烤、蒸煮、烟熏、发酵、干晾等工艺制成的肉制品。

主要包括火腿肠类（如猪肉肠、鸡肉肠、鱼肉肠等）、熏煮香肠类（如热狗肠、法兰克福香肠、维也纳香肠、红肠、香肚、血肠等）、中式香肠类（如风干肠、腊肠、腊香肚等）、发酵香肠类（如萨拉米香肠等）、调制香肠类（如松花蛋肠、肝肠等）、其他肠类（如台湾烤肠等）。

二、常见的肠类制品

1. 广式腊肠　广式腊肠成品特点是色泽鲜明，整齐，长短一致，粗细均匀，入口爽适，香甜可口。加工工艺流程为：原料整理→晾晒和烘烤→拌料→灌肠→晾晒→烘烤→成品。

（1）原料　广式腊肠选用上等猪前后腿及大排精肉，分割后去掉筋膜、油膘、血块，将瘦肉切成 10～12mm 厚薄片，冷水浸洗 10min，沥干，切成肉丁，肥肉切成 9～10mm 方形丁，肥肉不能成糊状，粒应大小均匀，用温水洗净，以除去表面浮油、杂物，使肉干爽。

（2）拌料　广式香肠的瘦肉与肥肉的比例为（2～2.5）∶1，每 50kg 原料肉（肥肉 15kg，瘦肉 35kg）加精盐 1.4～1.5kg、白糖 4.5～5kg、白酱油 1～1.5kg、白酒 1.5～2kg、硝酸钠（土硝）0.025kg、水 7.5～10kg。拌料时，先用温水将白糖、精盐、硝酸钠、白酱油等溶解、过滤，然后先与瘦肉、再与肥肉混合，最后将水、白酒加入搅拌均匀，即可进入灌肠工序。

（3）灌肠　广式腊肠选用猪小肠衣，口径 24mm 左右，使用前，先将干肠衣浸泡，灌肠时应随时排出肠衣内空气，灌满一条肠衣后，以 23cm 为一截，等距离用细绳扎住，在每两节中间用麻绳套在肠子上，再用清水洗净灌肠表面的肉汁和料液，以保持表面清洁。

（4）晾晒和烘烤　灌肠清洗后，先在太阳下晒半天，然后转入烘房，烘房一般分为三层，湿肠进入烘房时，放入底层，温度 55℃左右，中间温度 45℃左右，根据烘烤情况，调整灌肠位置，一般经 48h 左右可终止烘烤。

2. 色拉米肠　色拉米肠是一种高级灌肠，流行于西欧各国，该肠最早在军队中生产，后传至民间。色拉米肠分生、熟两种。生色拉米肠食用时需要煮熟，但德国人却喜生食。

（1）工艺流程　腌制→拌和→灌肠→烘烤→煮制→烟熏→成品。

（2）原料配方　牛肉 70kg，猪肉 15kg，白膘丁 15kg，白砂糖 0.5kg，精盐 3.5kg，朗姆酒 0.5kg，大蒜末少许，玉果粉 125g，白胡椒粉 200g，硝酸钠 50g。

（3）制作方法

1）腌制：把牛肉和瘦肉上的脂肪、筋膜修割干净，切成条状，混合在一起，撒上 3%食盐，装盘送入 0℃左右冷库，腌制 12h。取出后用绞肉机（筛孔直径 3mm）绞成肉糜，装盘再送入冷库，继续冷却腌制 12h 以上。猪肥膘肉切成或绞成 3mm 方丁，用 3%食盐揉搓拌和，盛盘放入 0℃冷库，冷却腌制 12h 以上。

2）拌和：把白酒、玉果粉、胡椒碎块、白胡椒粉、白糖、大蒜末等混合均匀，与肥膘丁一起倒入腌好的肉糜里，用拌馅机搅拌 2～3min，充分搅拌成黏浆状，即肠馅。

3）灌肠：选用牛直肠衣，放在温水里泡软、洗净，剪成 45cm 长的节段，用线绳系住一端，将肠馅灌入，再把另一端系住，留一绳套，以便串竿吊挂。也可用套管肠衣或玻璃纸肠衣进行灌制。肠体内发现气泡，用针板打孔放气。

4）烘烤：烘烤温度65～80℃，烤制1h。烤制表皮干燥光滑、用手摸时无黏着感、肉馅色泽外露、呈绛红色时为止。

5）煮制：煮制时水温95℃、时间1.5h，每隔0.5h翻一次，肠出锅时水温不得低于70℃。

6）烟熏：熏制用温熏法，60～65℃熏5h后停止烟熏，间隔1d再烟熏，时间、温度不变。反复连续烟熏4～6次，需12～14d即成品。在条件许可时，挂在太阳下晾晒，或通风处晾干，可缩短烟熏干燥时间，生色拉米肠无需煮制可直接进行烟熏。

3. 红肠

（1）大红肠　大红肠又称茶肠，是具有上海风味的特色产品。肉质细嫩，鲜嫩可口，具有蒜味，每根长45cm，以牛盲肠为肠衣，形状粗大，表面红色。

1）配方。

配方1：牛肉22.5kg，猪精肉20kg，猪肥膘7.5kg，淀粉2.5kg，白胡椒粉0.1kg，玉果（豆蔻）粉65g，大蒜粉0.1kg，精盐1.75kg，鸡蛋5kg，胭脂红0.6g。

配方2：牛肉31kg，猪瘦肉12.5kg，肥膘丁6.5kg，淀粉2kg，玉米粉65kg，胡椒粉95g，桂皮粉30g，大蒜30g，精盐1.75kg，硝酸钠25g。

配方3：肥膘25kg，瘦肉25kg（也可用牛肉配比），大豆分离蛋白5kg，玉米淀粉5kg，多聚磷酸钠300g，水35kg（冰屑20kg，水15kg），血水200g，熟猪皮2.1kg，玉果粉100g，胡椒粉100g，味精100g，盐500g（腌制时，按50kg肉料计算加盐1.75kg）。

2）加工方法：配方1的生产工艺如下。

A. 腌制。精肉切成小块加精盐1.35kg，搅拌均匀装盘，送入0～1℃冷库，腌制12h以上，取出绞碎，再入冷库腌制12h。肥膘切成0.6cm^{3}左右方丁，用0.4kg精盐拌匀后，置于冷库腌制12h以上，备用。

B. 绞肉。将腌制的精肉绞碎，放入斩拌机内斩成肉糜，斩拌时加水≤15kg（夏天加冰水）。然后将经水溶解的配料全部加入，斩拌均匀。

C. 搅拌。斩拌好的肉糜移入搅拌机，加上肥膘丁拌匀，即成肉馅。

D. 灌制。把牛盲肠肠衣剪成50cm长的段，灌入肉馅，用线绳扎口，并在腰间用麻绳打扣，挂于约12cm长的棒上，每棒10根。

E. 烘烤。置于70℃烘房内逐步升高至80℃，烘50min，至灌肠外表干燥光滑，呈浅黄色即可。

F. 煮制。煮制时，将水加热到95℃，加入胭脂红溶解均匀后，放入灌肠，关闭蒸汽，并活动一下肠身，以免互相粘连影响煮制质量。每隔0.5h翻动一次，煮制时间共1.5h，注意出锅时水温不得低于70℃。

G. 出锅后的大红肠用砂滤水冲淋降温，挂于阴凉通风处冷却，在2～3℃冷库中保存。

注意：按配方3生产时，腌后的瘦肉加血水和大豆分离蛋白斩拌，熟猪皮加多聚磷酸盐、血水、辅料、肥肉、玉米淀粉斩拌，混合均匀灌制。

（2）小红肠　小红肠首创于奥地利首都维也纳，故又名维也纳肠。国外多将小红肠夹在面包中作为快餐方便食品，食用、携带均很方便。由于小红肠夹入面包后形状像夏天的狗吐出舌头的样子，所以国外通称“热狗”。每根长10～12cm，用羊肠衣灌制，形似手指，长短均匀，外表呈橙黄色，色泽均匀，肉馅稍带红色，细腻，鲜嫩无比，已成为世界消费量最大的食品之一。

1）配方：猪肉（肥瘦比 4∶6）50kg，精盐 1.75kg，淀粉 2.5kg，白胡椒粉 0.1kg，玉果粉 0.065kg，味精、姜粉各 0.05kg，亚硝水 0.1kg，胭脂红 3%，水溶液 75mL。

2）加工工艺：腌制方法同大红肠，腌后瘦肉和肥膘分别用绞肉机绞碎。绞碎的瘦肉加配料及冰水斩拌成肉糜后再加白膘斩拌均匀，斩拌中加冰水约 20kg。斩后肉馅灌入直径 1.8～2cm 羊肠衣中，绕折成节，每节 12cm，串竿后置于 65～80℃烘房烘 10min，至表皮干燥光滑，呈黄色不走油即可。煮制时，水温加热到 90℃，放入胭脂红，搅拌均匀，放入肠体，生肠约煮 10min 即可出锅。用砂滤水冷却，挂于通风处晾干，于 2～3℃冷库冷却 12h 即可包装。

4. 乳化肠　乳化肠是典型的凝胶类肉制品，以鲜或冻畜肉、禽肉、鱼肉为主要原料，经腌制、搅拌、斩拌（或乳化），灌入肠衣，再经高温杀菌制成的灌肠肉制品。

（1）配方　猪瘦肉 60kg，牛肉 10kg，新鲜猪背膘 30kg，玉米淀粉 10kg，变性淀粉 10kg，卡拉胶 0.5kg，大豆分离蛋白 2kg，鲜蛋液 5kg，冰水 55kg，盐 3.3kg，白砂糖 3.3kg，味精 0.3kg，亚硝酸钠 12g，白胡椒粉 0.2kg，五香粉 0.3kg，山梨酸钾 0.32kg，鲜洋葱 2kg，特纯乙基麦芽酚 12g，红曲红色素 12g，异抗坏血酸钠 50g，三聚磷酸钠 0.715kg，焦磷酸钠 0.2kg。原辅料合计质量约为 193kg。

（2）原料肉　将猪肉筋膜、脂肪修整干净。原料肉肥瘦比为 2∶8 时，产品脆感强，剥皮性好，但成本高、口味一般。原料肉肥瘦比为 4∶6 时，产品脆感稍差，剥皮性差，但成本低、口味好、香气浓郁。原料肉肥瘦比为 3∶7 时，产品的脆感、口味及剥皮性、成本等都能兼顾，达到综合平衡的效果。原料肉肥瘦比为 5∶5 或 6∶4 时，仍能加工出满意产品，且瘦肉可全部用猪肉，肥膘可用鸡皮代替，可明显降低成本，生产出香气浓郁的产品，而且不出油，这要求工艺控制相当严格。

（3）绞肉　将瘦肉与猪背膘用 12mm 孔板绞肉，要求绞肉机刀刃锋利，刀与孔板配合紧实，绞出的肉粒完整，勿成糊状，否则成品口感发黏、脂肪出油。

（4）腌制　经绞碎的肉放入搅拌机中，同时加入食盐、亚硝酸钠、复合磷酸盐、异抗坏血酸钠、各种香辛料和调味料等。搅拌完毕，放入腌制间腌制。腌制间温度为 0～4℃，腌制 24h。腌制好的肉颜色鲜红，变得富有弹性和黏性。

（5）斩拌　要求斩拌机刀刃锋利，刀与锅的间隙为 3mm。

第一步，先斩瘦肉，并加入盐、糖、味精、亚硝酸钠、磷酸盐及 1/3 冰水，斩到瘦肉成泥状，时间 2～3min。

第二步，加入肥膘、1/3 冰水、卡拉胶、大豆分离蛋白等，将肥膘斩至细颗粒状，时间 2～3min。

第三步，将剩余辅料及冰水全部加入，斩至肉馅均匀、细腻、黏稠有光泽，温度 10℃，时间 2～3min。

第四步，加入淀粉，斩拌均匀，温度小于 12℃，时间 30s。

（6）充填　用温水清洗干净肠衣，放在水中浸泡 2h 再用，充填时注意肠体松紧适度，充填完毕用水将肠体表面冲洗干净。

（7）干燥　其目的是发色及使肠衣变得结实，以防止在蒸煮过程中肠体爆裂。干燥温度 55～60℃，时间 30min 以上，要求肠体表面手感爽滑、不沾手。干燥温度不宜高，否则易出油。

（8）蒸煮　82～83℃蒸煮 30min 以上，温度过高，肠体易爆裂，时间过长（80min 以上）也易导致肠体爆裂。

（9）冷却　如果要使肠体饱满无皱褶，蒸煮结束后，立即用冷水冲淋肠体 10～20s，产品在冷却过程中要求室内相对湿度为 75%～80%，太干、太湿容易使肠衣不脆，难剥皮。

（10）定量包装　用真空袋定量包装，抽真空，时间 30s，热合时间 2～3s。

（11）产品质量指标

1）感官指标：色泽红棕色，肠衣饱满有光泽，结构紧密有弹性，香气浓郁，口味纯正，口感脆嫩。

2）理化指标：NaCl 含量≤2%，亚硝酸钠含量≤30mg/kg。

3）微生物指标：细菌总数（个/g）≤2000，大肠菌群（个/100g）<30，致病菌不得检出。

第九节　熟火腿制品

熟火腿（cooked ham），也称为西式火腿，是指用大块肉经整形修割、盐水注射腌制、嫩化、滚揉、充填，再经熟制、烟熏（或不烟熏）、冷却等工艺制成的熟肉制品。其选料精良、对生产工艺要求高，产品保持了原料肉的鲜香味，产品组织细嫩、色泽均匀鲜艳、口感良好，深受消费者喜爱，已成为肉制品的主要产品之一。

熟火腿具有生产周期短、成品率高、黏合性强、色味俱佳、食用方便等优点，成为欧美各国人民喜爱的肉制品，也是西式肉制品中的主要产品之一。我国自 20 世纪 80 年代中期引进国外先进设备及加工技术以来，根据化学原理并使用物理方法，不断优化生产工艺，调整配方，使之更适合我国居民的口味，因此熟火腿也深受我国消费者的欢迎，生产量逐年大幅度提高。

一、里脊火腿

里脊火腿是以猪背腰肉为原料加工而成的肉制品。

（1）加工工艺　整形→腌制→浸水→卷紧→干燥→烟熏→水煮→冷却→包装。

（2）工艺要点与质量控制

1）整形。里脊火腿是将猪背部肌肉分割为 2～3 块，削去周围不良部分后切成整齐的长方形。

2）腌制。用干腌、湿腌或盐水注射法均可，大量生产时一般多采用注射法。食盐用量可以无骨火腿为准或稍少。

3）浸水。处理方法及要求与带骨火腿相同。

4）卷紧。用棉布卷时，布端与脂肪面相接，包好后用细绳扎紧两端，自右向左缠绕成粗细均匀的圆柱状。

5）干燥、烟熏。约 50℃干燥 2h，再用 55～60℃烟熏 2h 左右。

6）水煮。70～75℃水中煮 3～4h，使肉中心温度达 62～75℃，保持 30min。

7）冷却、包装。水煮后置于通风处略干燥后，换用塑料膜包装后送入冷库贮藏。

二、成型火腿

混合成型火腿是日本开发的一种具有特色的肉制品，其原料不仅可选用生产高档火腿和培根时的碎猪肉，还可以用牛肉、马肉、山羊肉、兔肉和鸡肉。

（1）工艺流程　原料肉整理→腌制→混合调味→充填→干燥、烟熏→水煮→冷却→包装。

（2）工艺要点与质量控制

1）原料肉选择。在日本，猪后腿、里脊肉通常用于生产去骨火腿和里脊火腿。肩肉中结缔组织较多、肉质较硬、色泽较深，是猪肉中较差的部位。但因其结着力强，非常适宜做混合火腿。日本的混合成型火腿就是随着肩肉的利用而发展起来的。

牛肉的价格较高，只能用肩肉等质量较差的部位。小牛肉水分较多，是常用的原料肉。一般羊肉及山羊肉没有大块肉，是较常用的原料肉，但羊肉有膻味，要除去脂肪，仅用精瘦肉较好。兔肉的结着力非常强，绞碎的兔肉常用作黏结剂。家禽肉块小，结着力强，是混合火腿的理想原料。金枪鱼、旗鱼等鱼肉的结着力强，一直是混合火腿的原料肉，主要作黏结剂，用量在15%左右。

2）原料肉的处理和配方。按肉色的深浅、肌肉的软硬等可将切成小块的猪瘦肉分为4个等级。色浅、肉硬的为一级，比一级色深肉软的为二级，再差为三级、四级。混合火腿最好选用一级肉，二级也可以，三级以下的肉只能做灌肠用。

将选好的肉切成$3cm^3$的正方体，每块不得超过20g，沿肌纤维方向切割，可稍薄，肉块大小不宜相差太大。另外，还需加20%～30%猪脂肪，常用背脂或其他皮下脂肪，切成$1\sim2cm^3$的立方体。猪肉的黏结性较差，在混合火腿中一般要加5%～10%结着力强的肉糜作黏着剂。最常用作黏结剂的肉是兔肉，其次是牛肉。如果全是猪肉，则用肩肉作黏结剂。

3）腌制。将腌制用的食盐、亚硝酸盐、复合磷酸盐、砂糖与经处理的肉混合均匀，在4℃条件下腌制2～3d。混合盐中各成分的比例（%）为：食盐85，硝酸钾5，砂糖10。为加速发色，混合盐中常用亚硝酸钠代替部分硝酸钾，其用量为硝酸钾的1/10。另外，还需加入肉重0.1%～0.3%的磷酸盐、0.03%的抗坏血酸及0.02%的烟酰胺。

4）混合调味。将调味料、香辛料和冰水按比例加入肉中，在搅拌机中混合直至肉馅黏结性良好为止。调味料的配比见表9-3。

表9-3　混合火腿中常用调味料的配比（%）

第一种		第二种		第三种		第四种	
调味料	用量	调味料	用量	调味料	用量	调味料	用量
白胡椒	0.3	白胡椒	0.3	白胡椒	0.3	白胡椒	0.3
小豆蔻	0.1	小豆蔻	0.1	多香果	0.1	羊肉香精	0.2
肉豆蔻	0.1	调味料	0.3	生姜	0.1	调味料	0.3
洋葱	0.1			鼠尾草	0.05		
调味料	0.3			大葱	0.01		
				洋葱	0.1		
				调味料	0.3		

5）充填。调味料混合后最好在2～3℃条件下冷藏12h后再充填。肠衣可用牛、猪、羊等的盲肠，但日本用得不多。最初用玻璃纸作肠衣，这种肠衣既可烟熏，又可染色。

6）干燥、烟熏。充填后吊于烟熏架移入烟熏室，在50℃干燥30～60min，使肠衣表面干燥，肉表面形成孔洞，利于烟熏成分的渗入。干燥后60℃热熏2～3h，烟熏材料和熏培根等制品一样，常用樱、栎等硬木屑或木片。为避免长时间烟熏造成严重损耗，倾向于轻度烟熏。

7）水煮、冷却。烟熏结束后在 75℃热水中煮制，水煮时间依制品大小而异。1.5～2.0kg需煮 2.0～2.5h，中心温度达 65℃后保持 30min 即可。水煮后用冷水冷却，可防止质量损失及表面皱纹形成。

三、方火腿

成品呈长方形，故称方火腿，有简装和听装两种。

（1）工艺流程　原料选择→去骨、修整→盐水注射→腌制滚揉→充填成型→蒸煮→冷却→包装贮藏。

（2）工艺要点与质量控制

1）原料选择。选用猪后腿，每只约 6kg，经 2～5℃排酸 24h，不得使用配种猪、黄膘猪、二次冷冻和质量不好（如 PSE 肉和 DFD 肉）的腿肉。

2）去骨、修整。去皮和脂肪后，修去筋腱、血斑、软骨、骨衣。剔骨过程中避免损伤肌肉。为了增加风味，可保留 10%～15%的肥膘。整个操作过程温度不宜超过 10℃。

3）盐水注射。用盐水注射机注射，盐水注射量为 20%。盐水配制：混合粉 10kg、食盐 8kg、白糖 1.8kg、水 100kg。先将混合粉加入 5℃水中搅匀溶解，加入食盐、糖溶解。必要时加适量调味品。所加混合粉的主要成分有盐、亚硝酸钠、磷酸盐、抗坏血酸及乳化剂等。

4）腌制滚揉。用间歇式腌制滚揉，每小时滚揉 20min，正转 10min，反转 10min，停机 40min，腌制 24～36h，腌制结束前加入适量淀粉和味精，再滚揉 30min。腌制间温度控制在 2～3℃，肉温 3～5℃。

5）充填成型。充填间温度控制在 10～12℃，充填时每只模内的充填量应留有余地，以便称量检查时添补。在装填时把肥肉包在外面，以防影响成品质量。

6）蒸煮。水温控制在 75～78℃，中心温度达 60℃时保持 30min，一般蒸煮时间为 1h。

7）冷却。将产品放入冷却池，由循环水冷却至室温，然后在 2℃冷却间冷却至中心温度 4～6℃，即可脱模、包装，在 0～4℃冷藏库中贮藏。

四、碎肉火腿

碎肉火腿是用质量低于 10g 的小肉块，通过添加淀粉等充填物制作而成的，成本较低，我国目前生产的大部分熟火腿都是碎肉火腿。

（1）工艺流程　原料选择→斩碎→滚揉按摩→真空包装→打卡→装模→蒸煮→冷却→脱模→包装贮藏。

（2）原料配方　一级猪肉 50kg，精盐 2kg，混合磷酸盐 0.3～0.4kg，味素 0.15～0.2kg，亚硝酸钠 6g，混合调味料 250g，淀粉 8～10kg，肉用改良剂 3kg，糖 1kg，食用色素适量。

（3）操作要点

1）选择经兽医卫生检验合格的猪精肉，用斩拌机斩成小肉块。与腌制液及淀粉一起倒入滚揉机中，在 4～8℃条件下滚揉 18～20h。

2）用真空灌肠机定量充填到 CN510 塑料肠衣中，手工排气打卡。然后装于模具中，加上盖子压紧。

3）放入水煮槽中，在 90℃条件下煮制 2～3h，中心温度达到 72～74℃即可。

4）煮制完成后，火腿带模具一起喷淋冷却，自然冷却到 10～12℃，包装销售或者贮存。

第十节　调理肉制品

一、调理肉制品的分类及特点

调理肉制品是指肉类或肉类与面食、蔬菜等经调味加工，打开包装后直接食用或加热即食的一类肉制品。调理制品实质是一种方便食品，有一定的保质期，其包装内容物预先经过了程度和方式不同的调理，食用非常方便。由于调理程度不同，或者为了适应消费者的某种喜好，各种不同的调理制品有不同的“方便”内涵。可以购后即食的调理制品又称快餐，如三明治、汉堡包等；食用前仅需短时、简单处理的速冻调理制品，如速冻肉制品、速冻点心、速冻配菜等；经过了原料处理和部分调理，直接加热烹制后就可食用的，如各种调味料腌渍、浸渍或卤制的免洗、免切调理肉等。

速冻调理制品是指在工厂中将主辅原料进行筛选、洗净、除去不可食部分、整形等前处理，再进行调味、成型（包括裹涂）、加热（包括蒸煮、烘烤、油炸）等调理（工业烹调），然后经冷却、速冻处理、包装、金属或异物探测，在低温冷冻链下，可以长期保存和流通、销售的一大类制品，是目前调理制品的主要组成部分。该类产品由消费者购买后可在家用冰箱的冷冻箱（−18℃）中长期保存；食用前，再经微波炉加热或其他简便烹调即可食用。

速冻调理制品种类很多，通常分为三种类型。

1）未经加热熟制调理的制品如人工或机器预处理好的肉块（或肉片、肉条、肉馅等），经过浸渍或滚揉入味，有的包皮如水饺、小笼包等，但未经过熟制即行冷冻的食品，食用前必须进行加热熟制。

2）部分加热熟制后再经过调理的制品也属于调理肉制品的一部分，在冷冻前，经过加热熟制，但熟制品外部又蘸涂生的扑粉或淀粉浆料后又蘸上面包屑的冷冻制品，食用前还需熟制调理。

3）完全经过加热熟制的速冻调理制品如油炸鸡柳（肉串、肉丸）、烧卖、春卷、藕夹、肉粽等。

二、冷冻调理制品的加工工艺

（一）工艺流程

原料肉及配料处理→调理（成型、加热、冻结）→包装→金属或异物探测→冻藏。

（二）操作要点

1. 原料肉及配料处理

（1）原料肉及配料的品质　　对原料肉的新鲜度、有无异常肉、寄生虫害等进行感官检查、细菌检查和必要的调理试验。各种肉类等冷冻原料保存在−18℃以下的冷冻库，蔬菜类在 0～5℃冷藏库，面包粉、淀粉、小麦粉、调味料等应在常温 10～18℃。

（2）原料肉的解冻　　肉类等冷冻原料要采取防止其污染，并且达到规定的工艺标准的合适方式进行解冻，解冻时间要短，解冻状态均一，并要求解冻后品质良好、卫生。

（3）配料前处理　　配料的选择、解冻、切断或切细、滚揉、称量、混合均称为前处理，并根据工艺和配方组成批量生产。

（4）原料肉及配料混合　　将原料肉及配料等根据配方正确称量，然后按顺序一一放到混合机内，要混合均匀；混合时间应为 2～5min，同时肉温控制在 5℃以下。

2. 调理（成型、加热、冻结）

（1）成型　对于不同的产品，成型的要求不同。土豆饼、汉堡包、肉丸等是一次成型，而烧卖、水饺、春卷等是采用皮和馅分别成型后再由皮来包裹成型。夹心制品一般由共挤成型装置来完成。有些制品还需要裹涂处理，如撒粉、上浆、挂糊或面包屑等。成型机的结构应由不破坏原材料、合乎卫生标准的材质制作，使用后容易洗涤和杀菌等。挂糊操作中要求面糊黏度一定低温管理（≤5℃），使用黏度计、温度计进行黏度的调节。

（2）加热　加热包括蒸煮、烘烤、油炸等操作，不但会影响产品的味道、口感、外观等重要品质，同时对冷冻调理制品的卫生与品质保鲜管理也至关重要。按照某类产品的良好操作规范（GMP）、危害分析和关键控制点（HACCP）与产品标准所设定的加热条件，必须能够有效地实现杀菌。从卫生管理角度看，加热品温越高越好，但加热过度会使脂肪和肉汁流出、出品率下降、风味劣变等。一般要求产品中心温度为70～80℃。

（3）冻结　在对速冻调理制品的品质设计时，一定要充分考虑到满足消费者对食品的质地、风味等感官品质的要求。制品要经过速冻机快速冻结。食品冻结时间必须根据其种类、形态而定，要采取合适的冻结条件。

3. 包装

（1）真空袋包装　真空袋包装在速冻调理制品中被广泛使用。包装材料主体大多用成型性好且无伸展性的尼龙/聚乙烯（PA/PE）复合材料，外部薄膜采用对光电标志灵敏、适合印刷的聚酯/聚乙烯（PET/PE）复合材料。

（2）纸盒包装　冷冻制品的纸盒包装分为上部装载和内部装载两种方式。前者采用由PE或PP塑料薄膜与纸板压合在一起的材料，经小型包装机冲压裁剪、制盒机制盒、内容物从上部充填后，机械自动封盖。后者采用盒盖与盒身连成一体的片形体，机械将其上、下分开时，内容物从侧面进入，再自动封口，这种方式采用得较多。

（3）铝箔包装　铝箔作为包装材料具有耐热、耐寒、良好的阻隔性等优点，能够防止食品吸收外部的不良气味，防止食品干燥和质量减少等。这种材料热传导性好，适合作为解冻再加热的容器。

（4）微波炉用包装　包装容器主要采用可加热的塑料盒，这种塑料盒的材料在微波炉和烤箱中都可使用。由美国开发的压合容器，用长纤维的原纸和聚酯挤压成型，纸厚0.43～0.69mm，涂层厚25～38mm，一般能够耐受200～300℃高温。日本微波炉加热专用的包装材料采用的是聚酯/纸、聚丙烯（PP）和耐热的聚酯等。

4. 金属或异物探测　速冻调理制品包装后一般进行金属或异物探测，确保食品质量与安全。

5. 冻藏　速冻调理制品放入−18℃或以下冷冻库中进行冻藏。

6. 烹制　速冻调理制品一经解冻，应立即加工烹制。中式速冻调理制品，以传统饮食为基础，菜肴类以煎、炒、烹、炸为主，面点类以蒸煮加工为主。微波炉是目前较好的速冻制品解冻烹制设备，它使制品的内外受热一致，解冻迅速，烹制方便，并保持制品原形。实验证明，微波炉与常规炉烹调方法比较，其营养素的损失并无显著差别。

三、常见速冻调理制品的加工

（一）速冻肉丸

速冻肉丸是以鸡肉、猪肉或牛肉为主要原料，添加辅料，经高速斩拌、成型、煮熟后速冻包装的产品。

鸡肉丸配方：鸡肉 16kg，猪肥膘 2kg，鸡皮 2kg，食盐 500g，蔗糖 300g，磷酸盐 100g，生姜粉 60g，洋葱 1.8kg，味精 200g，鸡肉香精 200g，白胡椒粉 75g，鸡蛋液 3kg，玉米淀粉 5kg，冰水 5～6kg。

猪肉丸配方：瘦肉 14kg，肥膘 6kg，豌豆淀粉 3kg，食盐 400g，味精 250g，白胡椒粉 150g，生姜粉 50g，肉豆蔻粉 40g，蔗糖 100g，磷酸盐 100g，冰水 6kg。

1. 原料肉的选择 选择新鲜肉、猪肥膘作为原料肉。将瘦肉微冻，肥膘冷冻，再用 12～20mm 孔板的绞肉机将瘦肉、肥膘分别绞碎。

2. 打浆 将绞碎的瘦肉放入斩拌机中斩拌成泥状，再加入用水调好的各种辅料、肥膘高速斩拌成黏稠的细馅，最后加入用水调好的玉米淀粉，低速搅拌均匀即可。在打浆过程中注意用冰水控制温度，使肉浆的温度始终控制在 10℃以下。

3. 成型 肉丸成型是肉浆低温凝胶的过程，将肉浆用肉丸成型机成型，从成型机出来的肉丸立即放入 40～50℃温水中浸泡 30～50min 成型。也可将成型机出来的肉丸随即放入滚热的油锅里油炸，炸至外壳呈浅棕色或黄褐色后捞出。

4. 煮制 煮制是高温凝胶的过程。将成型后的肉丸在 80～90℃热水中煮 5～10min 即可。经两段凝胶的肉类制品弹性和脆度好。煮制时间不宜过长，否则会导致肉丸出油而影响风味和口感。

5. 冷却 肉丸经煮制后立即放于 0～4℃环境中冷却至中心温度到 8℃以下。

6. 速冻 将冷却后的肉丸放入速冻库中冷冻。冻库间温度为–36℃，待中心温度达–18℃时出库。

7. 包装贮存 包装后产品放于–18℃冻库中贮存。

（二）速冻涮羊肉片

涮羊肉是我国传统食品，是把切成薄片的羊肉在滚烫汤中涮熟，然后蘸着调味酱进食。随着速冻技术的发展，我国传统食品涮羊肉成为超市中的畅销品。

1. 配料 羊肉 2kg，芝麻酱 20g，黄酒 10g，腐乳 10g，韭菜花 20g，酱油 15g，辣椒油 15g，虾油 20g。

2. 原料选择 选用羊后腿肉，将羊肉切成 3cm 厚、13cm 宽的长方块，剔除骨和筋膜，用浸湿的干净薄布包上羊肉块。

3. 速冻 将肉块置于–30℃条件下的速冻机或速冻间中速冻 20～35min 后取出。

4. 切片 将从速冻机中取出的冻肉块在水中浸洗一下，立即揭去薄布，用切片机切成厚约 1mm 的薄片。

5. 分装调料包 将调料按固液等不同形态和比例混合均匀，分装成固态和液态小调料包。

6. 包装、冻藏 将羊肉片和调料包一起封装于塑料袋中。经检验合格后送入–18℃冻库冻藏。

第十一节 其他肉制品

一、肉糕类制品

（一）镇江肴肉

1. 工艺流程 原料的选择和整理→腌制→煮制→压蹄。

2. 配方　去爪猪蹄10只，绍酒25g，葱25g，大盐1.35kg，姜片12.5g，花椒7.5g，大茴香7.5g，硝水300g，明矾3g。

3. 工艺要点

1）原料的选择和整理：选用符合卫生检验要求的新鲜去爪猪蹄，清洗干净，沥干水分。

2）腌制：将蹄膀平放在案板上，皮朝下，用铁钎在每只蹄膀的瘦肉上戳若干个小孔，撒上硝水和精盐，揉匀擦透，平放入有老卤的缸内腌制。夏天每只蹄膀用大盐125g，腌制6～8h；冬天用盐95g，腌制7～10d；春秋季用盐110g，腌制3～4d。腌好出缸后，在冷水中浸泡8h，除去涩味，用清水冲洗干净。

3）煮制：将葱段、姜片、花椒、大茴香等拌匀，分装在两只纱布袋中，在锅内放入清水5kg，加大盐400g、明矾1.5g，用旺火烧开，撇去浮沫，放入猪蹄膀，皮朝下，逐层相叠，用旺火烧开，撇去浮沫，放入纱布袋，加上绍酒，在蹄膀上盖上箅子，用重物压着，用文火煮约1.5h，将蹄膀上下翻换，重新放入锅内再煮3h至九成烂时出锅。

4）压蹄：取长宽均为40cm、边高4.3cm的平盆50只，每盆平放猪蹄膀2只，皮朝下，每5只盆叠压在一起，上面再盖一只空盆。20min后上下倒换一次，如此3次以后，即被压平。然后将盆取下放平，冷却。把各盆内的油卤倒入锅中，旺火将汤卤烧开，撇去浮油，放入明矾15g、清水2.5kg，再烧开并撇去浮油，将汤卤舀入蹄盆，淹满肉面，放在阴凉处冷却凝冻（天热时可等凉透后放入冰箱凝冻）成半透明的淡琥珀状，即成水晶肴蹄。煮沸的卤汁即老卤，可供下次继续使用。

4. 质量标准　肴肉具有香、酥、鲜、嫩四大特色，瘦肉色红，香酥适口，食不塞牙，食而不腻。

（二）小牛肉糕

1. 配方　小牛肉30kg，亚硝酸钠7g，猪肉（肥瘦各半）20kg，硝酸钠28g，荞麦粉5kg，异抗坏血酸钠25g，脱脂奶粉2.5kg，味精56g，食盐1.5kg，洋葱粉85g，葡萄糖0.5kg，胡椒粉110g，甜椒罐头（斩拌）2kg，肉豆蔻油2mL，碎冰23～25kg，鼠尾草油4mL。

2. 工艺要点

1）混合：把胡椒粉、玉米淀粉和油混合在一起。

2）冷却：所有的肉都预冷至0～4℃。

3）绞碎、斩拌、混合：小牛肉用筛孔直径为1/8英寸（in）[①]绞肉机绞碎，猪肉用1/4in绞肉机绞碎。小牛肉放入斩拌机中，加入5～7.5kg碎冰，旋转几周后，添加食盐，再加入腌制剂和调味料。在斩拌过程中，要不断添加碎冰，保持温度低于4℃。添加荞麦粉和脱脂奶粉，混合均匀。最后，添加切好的甜椒，继续旋转几周。把混合好的肉糜加入真空混合机中，真空条件下混合3min。

4）焙烤：斩拌好的肉糜表面涂抹植物油或动物油，向长方形的托盘喷植物油或热猪油，并把肉糕做成想要的形状。

把肉糕转入预热至74℃烟熏室（或烤箱）中，在此温度下烟熏1h。然后逐步升温至90～95℃，在此温度焙烤至肉糕中心温度为72℃。专门用于焙烤肉糕的烤箱，预热到90℃，焙烤30～40min，然后升温至95℃，在此温度焙烤至肉糕中心温度为72℃即可。

① 1英寸=2.54cm

5）冷却：把肉糕从烟熏室（或烤箱）中转移出来，放在室温下冷却 2h，再转入 4～8℃的冷却室中，过夜。第二天，进行切片真空包装，即可出售。

（三）奶味肝肉糕

1. 配方　小牛肉 25kg，白胡椒粉 0.225kg，猪肉 20kg，芹菜粉 0.056kg，鲜猪肝 5kg，芥末粉 0.056kg，冷冻猪肝 5kg，小豆蔻粉 0.056kg，脱脂奶粉 6kg，大蒜 0.056kg，新鲜鸡蛋 3kg，碎冰 22kg，食盐 1.8kg，配制的腌制液 1.4kg。

2. 工艺要点

1）腌制液配制：硝酸钠 200g，亚硝酸钠 130g，玉米淀粉 5kg，水 20L。每 100kg 肉添加以上腌制液 2.5L。

2）把猪肝和小牛肉分别用筛孔直径为 1/8in 的绞碎机绞碎，把猪肉用筛孔直径为 1/4in 的绞碎机绞碎，把大蒜尽可能地切碎，并放入所配制的腌制液中。

3）把绞碎的猪肝斩拌，添加食盐和所配制的腌制液，斩拌直到表面出现小气泡，然后添加小牛肉、碎冰和脱脂奶粉，继续斩拌，再添加猪肉、鸡蛋和调味料。斩拌过程中不断添加碎冰，直到肉糜的状态达到与香肠状态一样。将肉糜填充到模具中煮制。煮制温度 80～85℃，直到中心温度达到 72℃，煮制完成。然后冷却使肉糕表面变硬，包装和冷藏。

（四）高档肉糕

1. 配方　牛肉 22.4 kg，开心果 1kg，猪肉（四号肉）17kg，鼠尾草粉 0.03kg，碎猪肉和背膘丁（肥瘦各半）10kg，白胡椒粉 0.17kg，脱脂奶粉 6kg，红甜椒粉 0.03kg，多香果 2.5kg，肉豆蔻粉 0.085kg，食盐 1.5kg，配好的腌制液 1.8kg。

2. 工艺要点

1）斩拌：先斩拌牛肉，然后斩拌大块猪肉，最后斩拌碎猪肉。加入背膘后继续斩拌，直到可以成型。加入脱脂奶粉、配好的腌制液、香料，同时斩拌过程中不时地添加碎冰，再加入辣椒，斩拌均匀。

2）焙烤：将肉糜转到涂有植物油的托盘中，再转入 27～30℃条件下腌制 2h，然后将肉糕转入焙烤箱中，在 110～120℃条件下焙烤 3h，焙烤至肉糕中心温度为 72℃，取出冷却即可。

（五）焙烤胡椒肉糕

1. 配方　猪瘦肉 40kg，大豆浓缩蛋白 1kg，牛瘦肉 10kg，味精 0.056kg，食盐 1.5kg，亚硝酸钠 0.007kg，玉米淀粉 1kg，硝酸钠 0.03kg，碎冰 10kg，异抗坏血酸钠 0.025kg，小麦粉 1kg，白胡椒粉 0.11kg。

2. 工艺要点

1）确保所有的肉都预冷至 0～2℃。

2）绞碎、斩拌、混合：把牛肉用筛孔直径为 1/8in 绞肉机绞碎；猪肉用 1/2in 绞肉机绞碎。把牛肉放入斩拌机中，加入 1/3 碎冰、全部食盐和腌制液，继续斩拌 2min，添加玉米淀粉和调味料。在斩拌过程中，要不断添加碎冰，以保持温度低于 4℃。添加剩余的碎冰，把面粉和浓缩蛋白慢慢加入斩拌机中，继续斩拌直到肉糜达到 8℃。把肉糜转入搅拌机中，添加碎猪肉，继续斩拌 2～3min，直至成良好的肉糜状态即可。

3）腌制和再混合：把肉糜转入一个大容器内，然后推入 0～1℃冷藏室中冷藏过夜，进行腌制。第二天，再混合3min。

4）装盘：在托盘上涂上植物油或热猪油，将混合好的肉糜放入托盘，做好形状。然后将白胡椒粉用筛子均匀地撒在每一个肉糕的上面。

5）焙烤：把肉糕转入预热至74℃的烟熏室（或烤箱）中，在此温度下烟熏1h。然后逐步升温至88～90℃，此温度焙烤至肉糕中心温度为72℃。专门用于焙烤肉糕的烤箱，预热温度到80℃，焙烤2h，然后升温至95℃，此温度焙烤至肉糕中心温度为72℃即可。

6）冷却：把肉糕从烟熏室（或烤箱）中转移出来，室温下冷却2h。取出肉糕，放入4～8℃冷却室过夜。第二天，切片并真空包装，或者以整块肉糕出售。

（六）奶味荷兰肉糕

1. 配方 猪瘦肉22kg，辣酱沙司0.17kg，去皮腊肉丁7.5kg，白胡椒粉0.056kg，小牛肉12.5kg，甘牛至粉0.056kg，猪肝2.5kg，鼠尾草粉0.056kg，脱脂奶粉6kg，大蒜0.056kg，食盐2.1kg，腌制液1.4kg，洋葱2kg，碎冰10kg。

2. 工艺要点

1）配制腌制液：硝酸钠200g，亚硝酸钠130g，玉米淀粉5kg，水20L。

2）绞肉：碎牛肉、猪肝和洋葱用筛孔直径为18in绞肉机绞碎；碎猪肉用1/4in绞肉机绞碎；去皮腊肉丁用3/8in绞肉机绞碎。把大蒜加入配好的腌制液中，添加到斩拌机中斩碎。

3）斩拌：把小牛肉、猪肝和食盐放入斩拌机斩拌。添加碎冰和脱脂奶粉，继续斩拌。斩拌过程中要不断添加碎冰，直到所有的脱脂奶粉都添加进去。接着添加腊肉丁和调味料，继续斩拌成良好的肉糜状态。然后装入搅拌机，再加入瘦碎猪肉，搅拌均匀。将其制成理想的形状后，在121～135℃焙烤至中心温度为72℃，焙烤后冷却、包装、销售。也可以装入模具中煮制。

二、肉冻类制品

（一）肉皮冻

1. 原料 猪肉皮1000g，酱油100g，精盐10g，葱段20g，姜片10g，花椒1g，大料3g，桂皮2g，香油、辣椒油、醋、蒜末各适量。

2. 制作方法

1）将肉皮刮洗干净，放入沸水锅内稍烫一下，用清水过凉，沥水备用。把花椒、大料、桂皮用纱布包成香料袋。

2）将炒锅置于火上，放入肉皮，加入清水（以漫过肉皮为度）、酱油、精盐、葱段、姜片、香料袋，烧开后撇去浮沫，转文火炖2h。待肉皮熟烂，去掉葱、姜、香料袋，连汤倒入白瓷盘或盆内，冷却凝固即成。

3）食用时，将肉皮冻切成小块，加入蒜末、醋、香油、辣椒油等调料拌匀即成。

3. 特点 色泽金红透明，咸酸香辣。

（二）水晶肠

1. 配方 猪肉皮3kg，猪精肉2kg，精盐100g，味素10g，亚硝酸钠0.15g。

2. 制作方法

1）选料：选用新鲜猪精肉和猪肉皮，猪精肉剔去筋膜，切成长约10cm、宽1cm的肉条。

猪皮去净皮上脂肪，切成1cm方块。

2）腌制：在切好的猪精肉条中加入精盐和亚硝酸钠，腌制24～48h。

3）煮制：将腌制好的猪精肉条放入沸水中，煮制30～40min至熟。猪皮放入锅中，加入皮重3倍的清水，旺火烧沸，加入余下的精盐。再改用文火煮制3～4h，皮煮化成胨时，捞出皮渣，加入煮熟的肉条，煮沸。然后倒入盆中冷却，制成馅料。

4）灌制：将透明塑料肠衣截成15cm长短，一头用线绳扎牢，灌入35℃馅料，扎紧另一头。放在低温处晾12h，在皮冻冷凝前应注意对肠体翻倒，防止肉条偏向一面。肠内皮冻冷凝结实，即成品。

此产品的特点是肠体透明，口感清脆。

思考题

1. 简述腌腊肉制品的加工、保藏原理。
2. 简述盐渍火腿和熟火腿加工制作的异同点。
3. 试述板鸭的加工工艺及操作要点。
4. 制作酱卤制品有哪几道重要工序?应如何控制?
5. 简述北京烤鸭的制作工艺。
6. 简述道口烧鸡的制作工艺。
7. 各种培根的原料是怎样选择及处理的?
8. 举例说明1～2种当前消费者喜欢的油炸制品的加工工艺及质量控制。
9. 肉干、肉松和肉脯在加工工艺上有何显著不同?

主要参考文献

浮吟梅, 吴晓彤. 2008. 肉制品加工技术. 北京: 化学工业出版社

龚正时. 2006. 农家腌腊熏食品技术. 南昌: 江西科学技术出版社

孔保华, 马丽珍. 2003. 肉品科学与技术. 北京: 中国轻工业出版社

李慧. 2003. 灌肠制品451例——食品配方与制作丛书. 北京: 科学技术文献出版社

李慧东, 严佩峰. 2008. 畜产品加工技术. 北京: 化学工业出版社

励建荣. 2009. 意大利和西班牙火腿生产技术与金华火腿之对比及其启发. 中国调味品, 34(2): 36-39

马美湖. 2005. 腌腊肉制品加工. 北京: 金盾出版社

马涛, 李哲. 2011. 烧烤食品生产工艺与配方. 北京: 化学工业出版社

彭增起. 2007. 肉制品配方原理与技术. 北京: 化学工业出版社

彭增起, 吕慧超. 2013. 绿色制造技术: 肉类工业面临的挑战与机遇. 食品科学, 34(7): 345-347

王卫, 彭其德. 2002. 现代肉制品加工实用技术手册. 北京: 科学技术文献出版社

王玉田. 2005. 畜产品加工畜牧兽医类—食品类专业用. 北京: 中国农业出版社

武杰. 2001. 风味食品加工工艺与配方. 北京: 科学技术文献出版社

杨廷位. 2011.畜禽产品加工新技术与营销. 北京: 金盾出版社

岳晓禹, 李自刚. 2011. 酱卤腌腊肉加工技术. 北京: 化学工业出版社

张明进. 2001. 农副产品贮藏和深加工技术. 郑州: 河南科学技术出版社

章银良. 2006. 食品检验教程. 北京: 化学工业出版社

周光宏. 2008. 肉品加工学. 北京: 中国农业出版社

周光宏. 2011. 畜产品加工学. 北京: 中国农业出版社

GB/T 26604—2011 肉制品分类

第三篇　乳和乳制品加工

乳和乳制品是能够改善和提高国民身体素质的营养食品，从 1977 年起，印度开展了“白色革命”。他们引进、培育、推广优良水牛品种，建立牛奶生产合作社，使牛奶产量有了很大提高，当前在我国中小学生中，有 30%左右存在营养不良，有 6%左右患有肥胖症，而在日本学生中，两者均在 1%以下，日本人在总结以奶强国的经验时，提出了“一杯牛奶，强壮一个民族”的响亮口号。同样，我们的邻邦泰国，从国王、王后到王室成员，全都致力于儿童每天应喝牛奶的宣传，提出“一天一杯奶”运动。

第 10 章　乳的化学组成及特性

本章学习目标：了解牛乳中的化学组成及其存在的状态；了解牛乳的理化特性及其与牛乳加工的关系；掌握乳中微生物的种类及避免牛乳微生物污染的方法；了解异常乳的概念和产生原因。

第一节　乳的化学组成及存在状态

乳是哺乳动物分娩后由乳腺分泌出来的一种白色或微黄色的不透明液体。乳的成分主要包括水分、脂肪、蛋白质、乳糖、盐类及维生素、酶类、气体等。其中，以水为分散剂，其他成分分散在乳中，形成一个复杂的胶体体系。图 10-1 为牛乳的组成成分及形态。

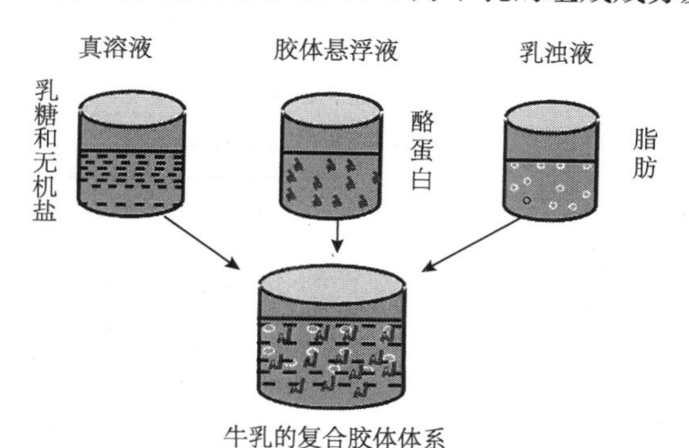

图 10-1　牛乳的组成成分及形态（李凤林和崔福顺，2007）

一、乳蛋白质

（一）酪蛋白

乳中在 pH4.6 时沉淀的一类蛋白质称为酪蛋白（casein），酪蛋白不是球状蛋白质，是以酪蛋白胶束的形式存在（图 10-2）。根据酪蛋白的主要结构可将其分为 α_{s1}-酪蛋白、α_{s2}-酪蛋白、β-酪蛋白和 κ-酪蛋白。α_s-酪蛋白和 β-酪蛋白含有许多带有丝氨酸残基的磷酸基团，加入 Ca^{2+}可使其沉淀，但是 κ-酪蛋白可以保护其不形成沉淀。在干酪制造过程中，首先就是通过凝乳酶水解 κ-酪蛋白，进而使酪蛋白聚集沉淀，发生凝乳。

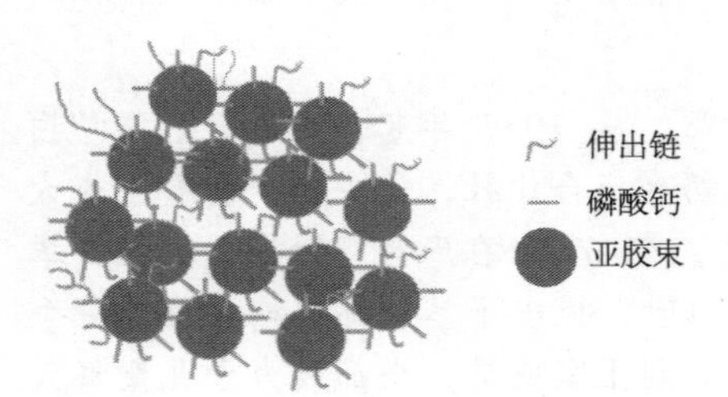

图 10-2　酪蛋白结构示意图
（郭本恒，2001）

（二）乳清蛋白

乳清蛋白是指溶解分散在乳清中的蛋白，其在初乳中含量非常高，主要包括 α-乳白蛋白和 β-乳球蛋白。乳清蛋白是典型的球状蛋白质，其疏水性较高，当 pH<6.5 时，加热乳可观察到乳清蛋白析出。α-乳白蛋白含有一个特定、非暴露的钙离子结合位点，与钙结合紧密，可使蛋白质构象稳定。β-乳球蛋白是另一种主要的乳清蛋白，其溶解度很大程度上取决于 pH 和离子强度。

二、乳脂肪

乳中几乎所有的脂肪都是以乳脂肪球的形式存在的，大约 98%是甘油三酯（图 10-3），很大程度上决定了乳脂肪的特性。这些特性会随着脂肪酸组成变化而改变，由于脂肪酸残基数量多，因此组成的甘油三酯数量更多。例如，11 种主要的脂肪酸残基可形成 11^3 种不同的甘油三酯。脂肪酸残基在甘油三酯分子中的位置并不是随机的，其位置的不同可以严重影响乳脂肪的结晶。乳脂肪除了甘油三酯外，还含有少量的单甘酯、双甘酯、游离脂肪酸、磷脂等。其中，亚油酸和亚麻酸是必需脂肪酸，是维持人体正常发育和健康必不可少的。

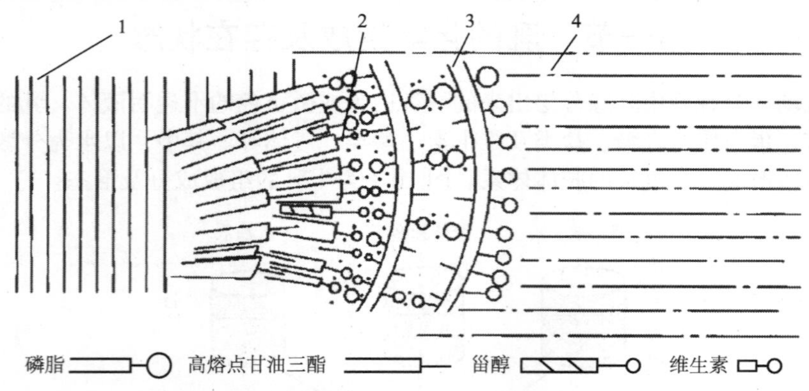

图 10-3　脂肪球膜结构示意图（武建新，2010）
1. 脂肪；2. 结合水；3. 蛋白质；4. 乳浆

乳脂肪易消化吸收，可提供大量热量（37kJ/g），但是在钙存在条件下，长链脂肪酸如硬脂酸并不能完全吸收，因为硬脂酸钙在中性条件下是不可溶的。除了作为能量载体外，乳脂肪还可以促进脂溶性维生素的吸收（如维生素 A、维生素 D 和维生素 E）。

三、碳水化合物

乳中的碳水化合物主要指乳糖，占乳中碳水化合物的 99.8%以上。乳糖为 D-葡萄糖与 D-半乳糖以 β-1,4-键结合的双糖，又称 1,4-半乳糖苷葡萄糖。两个糖的结合主要是通过呋喃糖环形式，因其分子中有醛基，属还原糖。乳糖有 α-乳糖和 β-乳糖两种异构体。另外，α-乳糖易与一分子结晶水结合，变为 α-乳糖水合物，所以乳糖实际上共有三种形态。乳糖几乎在所有哺乳动物的乳中都存在。葡萄糖和半乳糖在哺乳动物新陈代谢过程中非常常见，但是乳糖仅在泌乳细胞的高尔基小泡中合成，这是因为 α-乳清蛋白的存在。α-乳清蛋白可以修正半乳糖基转移酶催化半乳糖和葡萄糖生成乳糖这个反应。

乳糖的主要功能是为动物幼体提供能量（17kJ/g），此外乳的甜味主要是乳糖的作用。乳糖不能进入血液，必须先分解成葡萄糖和半乳糖。乳糖的水解需要乳糖水解酶作用，但一部分人随着年龄的增长，消化道内会缺乏乳糖酶，不能分解和吸收乳糖，饮用牛乳后会出现呕吐、腹胀和腹泻等不适症状，称为乳糖不耐症。在乳品加工中可利用乳糖酶将乳中的乳糖分解为葡萄糖和半乳糖；或利用乳酸菌将乳糖转化为乳酸，可避免乳糖不耐症。

在工业生产中，乳糖可以通过结晶从乳清中分离得到。结晶乳糖在食品和药品生产中应用广泛，几乎所有药片都用乳糖作为填充物。此外，乳糖也被用作化学和酶衍生品的原料，如乳糖醇、半乳糖苷果糖和低聚糖。乳中除了乳糖外，还含有葡萄糖、半乳糖和寡糖。此外，糖苷类物质如氨基已糖和 *N*-乙酰神经氨酸在乳中也比较常见，通常是与蛋白质结合。

四、乳中的盐类

乳中的盐类包括无机盐和有机盐，其中以磷酸盐、酪酸盐和柠檬酸盐为主。钙、镁与酪蛋白、磷酸和柠檬酸结合，一部分呈胶态，另一部分呈溶解状态。乳及乳制品的营养价值在一定程度上受盐类的影响。以钙而言，由于牛乳中的钙含量较人乳多 3～4 倍，因此牛乳在婴儿胃内所形成的蛋白凝块相对人乳坚硬，不易消化。牛乳中的铁含量为 10～90μg/100mL，较人乳中少，所以人工哺育幼儿时应补充铁。

五、乳中的维生素

乳中含有几乎所有已知的维生素，其中包括脂溶性的维生素 A、维生素 D、维生素 E、维生素 K 和水溶性的维生素 B_1、维生素 B_2、维生素 B_6、维生素 B_{12}、维生素 C 等两大类。因此，乳是人体摄入维生素的重要来源，特别是维生素 A 和 B 族维生素。

维生素在乳和乳制品中扮演着重要角色。胡萝卜素使乳脂肪呈黄色。核黄素是一种荧光染料，使乳清呈淡黄色，另外核黄素也参与氧化还原反应、单线态氧的形成及光氧化导致的乳变质过程。

六、乳中的酶

乳中酶类的来源有三个：乳腺分泌、源自血液或白细胞中、微生物代谢生成。由乳腺分泌的酶主要分布在脂肪球膜上，其他酶呈溶解状态分散在乳清中。

（一）过氧化物酶

过氧化物酶能够把过氧化氢（H_2O_2）的氧原子转移到其他易被氧化的物质中，如芳香胺、酚类化合物、维生素 C 和硫氰酸盐等。乳中过氧化物酶含量较高，硫氰酸盐浓度变化很大。

（二）氧化还原酶

氧化还原酶主要包括黄嘌呤氧化酶和过氧化物歧化酶。除了黄嘌呤外，黄嘌呤氧化酶也可催化其他物质氧化。这种酶可使硝酸盐转变为亚硝酸盐，这一性质可应用于奶酪生产，因为亚硝酸盐可抑制丁酸菌的生长。过氧化物歧化酶可催化超氧阴离子生成过氧化氢和三线态氧，其生物学功能是保护细胞免受氧化损伤。

（三）磷酸酶

碱性磷酸酶可催化磷酸酯分解。常规的巴氏杀菌（72℃，保温 15～20s）可破坏碱性磷酸酶，因此磷酸酶试验可检测杀菌是否确实达到巴氏杀菌温度，以保证乳中所有无芽孢的致病菌在热处理过程中被杀死。酸性磷酸酶分布在乳清中，耐热性强。它可以促进某些高磷脂分解，但速度缓慢。

（四）脂解酶

脂解酶能把脂肪分解为丙三醇和游离脂肪酸，乳和乳制品存在的过量游离脂肪酸会使产品带有脂肪分解的哈喇味。虽然在某些乳中脂解酶活性很强，但多数情况下脂解酶活性十分微弱。

七、乳中的其他成分

（一）水

一般牛乳中的水分含量为 85%左右。牛乳中的水可分为游离水、结合水和结晶水。其中占绝大部分的是游离水，可作为乳中各种组成成分的分散介质。结合水以结合乳中蛋白质、乳糖及某些盐类的形式存在，没有溶解其他物质的作用，而且一般的处理条件难以除去。结晶水则是作为分子的组成成分，按一定数量比例与乳中物质结合的水，是三种水分存在形式中最稳定的。

（二）有机酸

乳中的有机酸主要是柠檬酸，此外，还有微量的乳酸、丙酮酸及马尿酸等。细菌作用会大大提高乳中这些有机酸的浓度。

（三）含氮化合物

乳中大约 5%的含氮化合物是非蛋白氮（NPN）。NPN 主要包括尿素、肌酸、肌酸酐、乳清酸、氨基酸和多肽等，这些物质大多数都是蛋白质代谢的中间产物。

（四）激素和细胞成分

乳中含有许多激素，如催乳素、生长素和甾醇类。而乳中所含的细胞成分主要是白细胞和一些乳房分泌组织的上皮细胞，也有少量的红细胞。牛乳中体细胞含量的多少是衡量乳房健康状况及牛乳卫生质量的标志之一，一般常牛乳中体细胞数≤50×10^4个/mL。

（五）气体

乳中大约含有 16mg/kg 氮气和 6mg/kg 氧气，分别占总体积的 1.3%和 0.4%。牛乳挤出时，100mL 乳中大约含有 7mL 气体，主要为 CO_2、O_2 和 N_2 等。在挤乳及贮存过程中，CO_2 由于溢出而减少，而 O_2 和 N_2 因与大气接触而增多。

案例 10-1　酪蛋白的工业应用

1）因酪蛋白具有较高的营养价值，因此在肉制品、烘焙食品中添加酪蛋白产品可以强化蛋白质，但一般添加量少于 5%；另外，酪蛋白制品还可以用来生产乳饮料，适合乳糖不耐症人群饮用。

2）酪蛋白的持水性能较强，可在水中形成胶体，具有一定的黏度，因此在冰淇淋生产中添加酪蛋白酸钠作稳定剂，以达到提高脂肪乳化、保湿、改善黏度等作用；而去磷酸根的酪蛋白和冻结酪蛋白具有良好的凝胶性，用其制作的干酪更有弹性。

3）酪蛋白中存在明显的疏水区和亲水区，因此有较好的乳化性和发泡性。在饮料工业中，酪蛋白可以作为啤酒的澄清剂、苹果汁的脱色剂使用。由于酪蛋白制品具有乳化性能，可作为乳化剂应用于牙膏、护手霜等产品中。

第二节　乳的理化特性

本章第一节中介绍了乳中主要的化学成分，它们的含量和结构影响着乳的理化特性，乳的理化特性对乳制品的加工及液态乳制品的质量有重要影响，本节将着重介绍乳的主要理化特性。

一、乳的相对密度

密度是指单位体积物质的质量，国际单位为 kg/m^3，常用单位为 g/mL，用 ρ 或 d 表示。相对密度与密度不同，是指一定体积的物质质量与等体积参考物质的质量之比，用 s.g.表示。乳的相对密度通常以水为参考，即 s.g.（T_1/T_2）$=\rho_{乳}T_1/\rho_{水}T_2$，由于 $\rho_{水}$（4℃）=1g/mL，相对密度是无量纲物理量，所以乳在一定温度下对水的相对密度在数值上等于它在该温度下的密度。

乳的密度与其中各组分的密度有关，下面给出一种乳密度的计算方法。

$$\frac{1}{\rho}=\sum\frac{m_X}{\rho_X}$$

式中，m_X 是乳中 X 组分的质量分数；ρ_X 是 X 组分的表观密度。

20℃时乳中各组分密度可近似取以下值：水密度为 998.2kg/m^3，脂肪密度为 918kg/m^3，蛋白质密度为 1400kg/m^3，乳糖密度为 1780kg/m^3，其他成分的密度为 1850kg/m^3。应注意的是，上述表观密度均为各物质在溶液中的密度，而不是在干燥状态下的密度。

乳的密度是变化的，新鲜全乳在 20℃时的密度约为 1029kg/m^3，该密度是在乳中脂肪为液态时测得的，在操作时先将乳样加热至 40℃，再降温至 20℃测定，以保证乳中脂肪为液态。脂肪的结晶会使乳密度增大。例如，在 10℃时全乳的密度约为 1031kg/m^3。

乳的密度随乳中非脂乳固体（solid-not-fat，SNF）含量增大而增大，随乳脂肪含量减少而增大，由乳脂肪含量（F）和 20℃的乳密度（ρ^{20}）可以近似计算乳的干物质含量（D）：

$$D = 1.23F + \frac{260\left(\rho^{20} - 998\right)}{\rho^{20}} \pm 0.25\%(m/m)$$

式中，ρ^{20} 是 20℃时乳的密度；998 是 20℃时水的密度。

二、乳的氧化还原电势

25℃时系统的氧化还原电势（E_h）由下式给出。

$$E_h = E_0 + 0.059n^{-1}\log[Ox]/[Red]$$

式中，E_0 是系统的标准氧化还原电势，与系统温度和 pH 有关；n 为每分子氧化还原反应中电子转移数量；[Ox]和[Red]分别为氧化还原反应中物质的浓度。

在新鲜的无氧牛乳中，$E_h \approx +0.05V$，牛乳的氧化还原电势主要由维生素 C 产生，在生产实践中，鲜奶常常含有氧气，因此 E_h 较高，达到+0.2～+0.3V。加热后的乳产生游离的巯基，会导致氧化还原电势降低至约 0.05V。

微生物活动会影响乳的氧化还原电势。例如，乳酸菌发酵消耗乳中的氧气，产生有还原性的产物，导致乳的氧化还原电势逐步降低，最终达到−0.2～−0.1V，根据微生物种类的不同而不同。在乳中加入亚甲基蓝可以测试乳的氧化还原电势。

三、乳的冰点和沸点

乳是许多物质组成的溶液，如糖、盐、蛋白质等，因此乳的冰点比水有所降低。乳的冰点降低 0.53K，相当于浓度 0.90%的氯化钠溶液。乳的冰点平均约为−0.53℃，一般为−0.55～−0.515℃。乳的冰点降低数值非常稳定，在不同乳样间相对标准差约为 1%。相对应的，乳的沸点升高约 0.15K。在 101.33kPa 条件下乳的沸点为 100.15℃，当浓缩到原体积一半时沸点约为 101.05℃。

当乳经高温处理时（超高温灭菌或三次灭菌处理），一些磷酸盐沉淀，导致冰点升高。溶液或水的内压或渗透压也决定了溶液或溶剂冰点的不同，因此，冰点降低是衡量渗透压的方法。酸化的乳中，溶解的盐发生变化，主要是因为磷酸钙胶体进入溶液及不同盐类的解离，浓度变化导致冰点下降增大，1L 乳中增加 1mmol 酸，冰点下降的幅度增大约 2mK。

四、乳的表面张力

从力学的角度看，物质表面分子与内部分子的受力情况不同，如气-液界面，液体表面分子受到内部分子的引力较大，因此受到垂直指向液体内部的引力，这个引力总试图将表面分子拉向内部，因此液体表面总有自动缩小的趋势，以达到最小的界面自由能。假设一外力使液膜拉伸，当外力与液膜收缩的力相等时，测得外力（F）与液膜作用边界总长度（l）的关系为

$$F = \gamma \cdot 2l$$

此时的力称为表面张力。如果界面是流体，则表面张力可以测得，单位长度的表面张力用

γ 表示，单位为 N/m。固体也有表面张力，但无法测得。

牛乳表面张力在 20℃时为 0.04～0.06N/cm^2。牛乳的表面张力随温度上升而降低，随含脂率下降而升高。乳经均质处理，脂肪球表面积增大，由于表面活性物质吸附于脂肪球界面处，从而增加了表面张力，但如果不将脂酶先经加热处理而使其钝化，均质处理会使脂肪酶活性增加，使乳脂水解生成游离脂肪酸，使表面张力降低，表面张力与乳的起泡性有关。加工冰激凌或搅打发泡稀奶油时希望有浓厚而稳定的泡沫形成，但运送乳、净化乳、稀奶油分离、杀菌时则不希望形成泡沫。

五、乳的酸度

乳的酸度通常用 pH 表示，一些条件和过程会影响 pH。乳是缓冲溶液，其缓冲能力与 pH 有关。在乳中加入 HCl，胶束磷酸钙进入溶液中，一旦再次提高 pH，胶束磷酸钙通常不会回到酪蛋白胶束中，至少不是在同样的 pH 下。这定性地解释了在乳的滴定中观察到的迟滞现象。出于类似的原因，滴定值依赖于滴定液的添加率（mmol/s）。温度显著影响着牛乳的 pH。水的 pH 也会随着温度的增加而降低，并达到酸碱平衡（该 pH 下，H^+和 OH^-的活度是相等的）。大多数可电离组分的分解依赖于温度，但是依赖程度十分不同。牛乳的酸度也会因为热处理而降低，原因是二氧化碳的损失，但是在高温（>100℃）条件下，由于酸的合成，酸度会缓慢增加。

在实践中，滴定酸度经常被用于牛乳和牛乳制品。它的定义是每升牛乳自身滴定到 pH8.3 消耗的氢氧化钠的毫摩尔数，常用°N=毫摩尔氢氧化钠/升牛乳或牛乳制品表示。在大多数鲜奶样本中，可滴定酸为 14～21°N（平均约为 17°N）。在哺乳期开始时，酸度一般较高，一般高出约 3°N。乳脂的可滴定酸比牛乳的可滴定酸要低，因为脂肪球几乎不对酸度做贡献。自然情况下，乳清蛋白的缓冲能力要比牛乳的缓冲能力低。脂肪分解物（甘油三酯的酶解物）会造成滴定酸度的增加，特别是在高脂肪含量的奶油中。

当牛乳中加入酸，或者细菌产酸，牛乳的可滴定酸度成比例增加，而 pH 降低。乳酸（以及其他大多数有机酸）在 pH 大于 5.5 时大量解离。滴定到这个 pH 以下消耗等摩尔的乳酸或者盐酸。合成 0.1%的乳酸增加滴定酸度为 11.4°N。因此，滴定提供了一个检测乳酸形成的简便方法。需要注意的是，被滴定的结果是酸性基团解离的减少和碱性基团解离的增加，而不是直接滴定乳酸。本质上说，对于表征牛乳的酸度，pH 相对于滴定酸度是一个更加有意义的参数，pH 决定了蛋白质的构成、酶的活动、牛乳中酸的分解等。

六、乳的电导率

乳中含有电解质而能传导电流，乳的电导率与其成分，特别是氯离子和乳糖的含量有关。乳的电导率约为 0.5 A/（V·m），25℃时为 0.4～0.55 A/（V·m），大约相当于 0.25%（*m*/*m*）的氯化钠溶液。

在酸化的乳中，每 1mol/L 的酸会使电导率增大 4mA/（V·m），即在 pH=4.6 时，乳的电导率会增大 0.2A/（V·m）。乳房炎乳中钠离子、氯离子等离子增多，电导率上升，一般电导率超过 6A/（V·m）即可认为是乳房炎乳。

七、乳的热力学和光学性质

牛乳中主要成分的比热分别为：乳蛋白 2.09kJ/（kg·K），乳糖 1.25kJ/（kg·K），盐类 2.93kJ/（kg·K），牛乳的比热为所含各成分之比的总和，因此根据乳成分的百分比计算得到牛乳的比热约为 3.89kJ/（kg · K）。

透明液体的折射率是指光在空气中的速率与光在该液体中的速率之比，用 n 表示，n 与光的波长和温度有关，一般折射率在波长 589.3nm、温度 20℃条件下测定。牛乳的折射率由于有溶质的存在而比水的折射率大，但在全乳中脂肪球的不规则反射影响下，牛乳的折射率不易准确测定。脱脂乳的折射率测定较准确，折射率为 1.344～1.348。大于 0.1μm 的颗粒对折射率没有影响，因此乳和乳制品中的脂肪球、气泡和乳糖结晶等大颗粒对折射率没有影响，但会对折射率的测定造成干扰。酪蛋白胶束会对折射率产生影响，就是使大部分胶束都大于 0.1μm，原因是酪蛋白胶束由更小的部分组成，是不均匀的，并且酪蛋白胶束没有清楚的边界。

由于 n 容易准确测定（标准差 10^{-4} 或更小），所以可以根据折射率变化判断乳中非脂乳固体的变化。

乳在紫外区有双键的强吸收，特别是在波长小于 300nm 的区域。在近红外区有较多由水形成的吸收带，但仍有很多吸收区可以用来测定脂肪、蛋白质和乳糖的含量。

脱脂乳的光吸收很弱，但呈淡蓝色，原因是酪蛋白胶束对蓝光（短波长）相对于红光（长波长）有强的散射。乳清呈淡黄色是由于核黄素的存在。全脂乳对光的散射主要是由于脂肪球的存在，脂肪球对光的散射与波长关系不大，因此乳不呈淡蓝色。牛乳脂肪呈现黄色，这是由于 β-胡萝卜素的存在，但羊乳脂肪不含有 β-胡萝卜素，因此呈白色。

牛乳成分的定量可以通过漫散射光谱实现。用一束白光照射乳样，会发生透射、散射，并且光强度由于散射和吸收而降低，光强度的变化和波长具有一定的函数关系。

第三节　乳中的微生物

一、乳中微生物的来源及种类

牛乳中的微生物形式多种多样，会因特定的生产、加工及保存条件而有所不同。微生物发挥有益或者有害作用需根据它们在乳制品中所处的环境及所进行的活动而定。

牛奶中微生物的有利方面主要适用于发酵乳制品，因其中的微生物能降解乳糖变为乳酸和其他化合物如乙酸、丙酸、乙醛和双乙酰，并且双乙酰在乳制品行业常用作发酵剂。对菌种适当的选择和发酵对于制造各种各样的奶酪、酸奶和其他的牛奶产品极其重要。

牛奶中微生物的重要性为大众所知，控制微生物的细菌总数和大肠杆菌计数对于牛乳质量等级的划分至关重要。因为牛奶可以提供营养，pH 接近中性，拥有较高的水分活度（A_w），因此常被作为微生物繁殖的首选基质，因为它可以作为各种各样微生物的生长介质。

乳制品中的微生物可以根据其形态特征划分在不同的组别中，划分的依据可为：微生物的形状、大小，是否存在特定的细胞结构——鞭毛、孢子和胶囊，革兰氏反应结果等。酵母菌和霉菌算是最大的微生物，是细菌体积的数倍。病毒和立克次体比细菌更小。细菌是牛奶和乳制品中最重要的微生物。

存放于外界环境的生牛乳是一个开放的环境，可包含很多细菌。在一个温度适中且没有制冷条件的环境中，乳酸菌容易繁殖并成为主要菌群。受益于大量制冷设备的引进，乳酸菌所造成的牛乳腐败现已减少。嗜冷菌成为如今主要的腐败菌群。嗜冷菌是指可在 7℃生长的微生物，是造成牛乳及乳制品腐败的主要物质。虽然它们大部分具有热敏性，并且在常规的巴氏杀菌中已经灭活，但耐热及已形成芽孢的嗜冷菌会对长货架期的乳制品造成风味、质构的损失及造成腐败，并且嗜冷菌中的假单胞菌在生长过程中可在牛乳巴氏杀菌前产生热稳定的酶，这些酶会对使用该牛乳作为原料的产品质量和产量造成不良影响。

1. 细菌　革兰氏阴性、需氧、球菌包括假单胞菌属、黄单孢菌属、产碱杆菌属和布鲁菌属。其中，假单胞菌是革兰氏阴性菌，含极性鞭毛，可产生热稳定的蛋白酶，导致牛乳及乳制品风味和质构的改变。假单胞菌是在冷藏温度下造成保存的乳及乳制品腐败的主要微生物。大多数假单胞菌是专性需氧菌，有些菌株可以作为硝酸盐的受体。假单胞菌的最佳生长温度为25～30℃，有些菌株可在 4℃生长。另外，布鲁菌属的主要影响对象是屠宰场工人、兽医、畜牧生产商等，布鲁菌很容易在牛奶的巴氏杀菌过程中被杀死。

革兰氏阴性菌、兼性厌氧菌包括埃希菌属、肠杆菌属、沙门菌属、耶尔森菌属、气单胞菌属及立克次体和衣原体。此类微生物呈氧化酶阴性和过氧化氢酶阳性，可通过碳水化合物产酸产气。多存在于人与动物的肠道，并在乳制品和食品微生物学中具有指示作用。大肠杆菌测试是一个在乳制品微生物学中用于评价牛奶质量的测试,可于 32℃在 48h 内发酵乳糖并产酸产气。其中，沙门菌属可以分为三类—— *Salmonella typhi*、*S. cholerasuis* 和 *S. enteridis*。沙门菌是兼性厌氧的革兰氏阴性菌，存在周身性鞭毛，可运动。它可利用葡萄糖来产气且可将柠檬酸作为碳源。生化指标中氧化酶阴性，过氧化氢酶阳性，可产硫化氢，脱羧基赖氨酸、鸟氨酸反应呈阴性，不产吲哚。通常不发酵乳糖，但发酵乳糖的菌株例外。

食源性沙门菌病暴发来源于各种各样的食物，主要是家禽、鸡蛋和肉类。牛奶和乳制品也有发生，多为生的或不当巴氏杀菌的液态奶、冰淇淋和奶酪。沙门菌最适生长温度为 35～37℃，许多菌株在 5～7℃也能进行生长。具有热敏性，易被传统的巴氏杀菌灭活。然而，沙门菌 *Seftenberg* 公认比其他大多数沙门菌耐热。沙门菌的热失活取决于食物热处理的时间-温度参数、pH 和水分活度。此外，大肠杆菌可发酵乳糖、葡萄糖和其他碳水化合物并产酸产气，此细菌通常表明存在潜在的病原体污染。

革兰氏阳性球菌包括需氧或兼性厌氧的革兰氏阳性菌，通常是食源性病原体、乳房炎的病原体、耐热的有害微生物，也有的用于乳制品的乳酸发酵剂中，如金黄色葡萄球菌、链球菌、乳球菌属和明串珠菌属。其中，可产生热稳定的肠毒素，与食源性疾病暴发有关。呈凝固酶阳性，可产溶血素和耐热性的核酸酶。金黄色葡萄球菌污染的牛奶和乳制品的污染来源于人类。

其他细菌包括芽孢杆菌、乳杆菌、李斯特属菌。其中，芽孢杆菌均为革兰氏阳性，需氧或兼性厌氧，杆状，可通过葡萄糖产过氧化氢酶和酸但不产气。存在于土壤、空气、水、灰尘、饲料中。一些杆菌具有水解蛋白和分解脂肪的能力，可导致牛奶和乳制品变质。此菌是超高温灭菌（UHT）及炼乳制品中主要的腐败菌。在有氧条件下，细菌内孢子不活跃或呈休眠状态。孢子耐热，可经受包括巴氏杀菌在内的各种热处理。乳杆菌为兼性或微量需氧的革兰氏阳性菌，属异型发酵代谢。一般为喜温的发酵剂，用在酸奶、瑞士和意大利奶酪的生产中，需要维生素和氨基酸作为生长因子。最适生长温度约为 40℃。李斯特菌属广泛存在于自然界中，可在不正规发酵的青贮饲料和奶牛棚环境中存在，也可存在于患有乳房炎的奶牛中。商业杀菌高温短时灭菌处理可使产单核细胞李斯特菌活性消失。李斯特菌属含有 8 种菌，革兰氏阳性，短链状、平行或呈“V”字排列。当生长在 20℃的固体培养基上，李斯特菌产生典型的蓝灰色菌落。

2. 酵母菌和霉菌　酵母菌和霉菌是单细胞或多细胞的微生物，统称为真菌。它们无处不在——土壤、空气、水、腐烂的有机物质和多种食物中。酵母呈卵圆形或椭圆形、球形，体积较大。可生长在较广的 pH、温度和乙醇浓度下，限制酵母活性的水分活度为 0.88。

酵母通过无性孢子和厚垣孢子进行有性繁殖。相比之下，假酵母或野生酵母不存在有性繁殖。它们由菌丝体的芽孢产生孢子或萌芽。乳与乳制品中常见的酵母有脆壁酵母（*Sachar frahilis*）、膜醭毕赤氏酵母（*Pichia membranaefaciens*）、汉逊氏酵母（*Deb. hansenii*）和圆酵母属及假丝酵母属等。

1）脆壁酵母能发酵乳糖形成乙醇和二氧化碳，是生产牛乳酒、酸马奶酒的珍贵菌种。

2）膜醭毕赤氏酵母能使低浓度的乙醇饮料表面形成干燥皮膜，有“产膜酵母”之称，主要存在于酸凝乳及发酵奶油中。

3）汉逊氏酵母多存在于干酪及乳房炎乳中。

4）圆酵母属是无孢子酵母的代表，能使乳糖发酵，污染有此酵母的乳和乳制品，产生酵母味，并能使干酪和炼乳罐头膨胀。

5）假丝酵母属的氧化分解能力很强，能使乳酸分解形成二氧化碳和水。由于乙醇的发酵能力较强，因此也用于开菲尔乳（Kefir）和乙醇发酵。

霉菌是多细胞生物，以一团由丝状结构构成菌丝体的形式存在。有隔膜的或无隔膜的菌丝体是霉菌的重要形态特征。与真细菌和酵母相比，霉菌通过子囊、孢子、合子等进行有性生殖。无性生殖的霉菌借助于分生孢子、分节孢子、厚垣孢子等。牛乳及乳制品中存在的霉菌主要有根霉、毛霉、曲霉、青霉、串珠霉等，大多数（如污染于奶油、干酪表面的霉菌）属于有害菌。与乳品有关的主要有白地霉、毛霉及根霉属等，如生产卡门培尔（camembert）干酪、罗奎福特（roquefort）干酪和青纹干酪时需要依靠霉菌。

3. 病毒 病毒需要通过宿主细胞进行生长和繁殖。可根据形态、宿主范围、理化特性、血清学特性及复制和细胞溶解宿主细胞的能力进行分组。噬菌体存在宿主专一性。除了噬菌体，乳制品中主要病毒包括引起脊髓灰质炎、牛痘和肝炎的病毒。当乳制品发酵剂受噬菌体污染后，就会导致发酵失败，是干酪、发酵乳生产中必须注意的问题。

二、乳中微生物的生长特性

（一）乳中微生物生长的影响因素

影响微生物生长的因素可分为物理因素、化学因素、生物因素三类。

1）物理因素：温度、压力、音波、放射线。

2）化学因素：水分、pH；营养物质（水、含氮物、含碳物、无机盐、B族维生素）与生长促进因子（微量成分）；生长抑制因子（二价阳离子）；抗生素（青霉素、四环素、链霉素、氯霉素）。

3）生物因素：共生、拮抗作用。

（二）室温贮存期间乳中微生物的变化

1）抑制期：细菌数下降，若温度升高，杀菌或抑菌作用增强，但持续时间缩短。

2）乳链球菌期：抗菌物质减少或消失后，微生物迅速生长繁殖，且细菌繁殖占优势，主要是乳链球菌、大肠杆菌和蛋白质分解菌，其中前者生长特别旺盛。

3）乳酸杆菌期：pH 下降至 6，乳酸杆菌活性增强，下降至 4.5 或更低时，因其耐酸性较强，尚能继续繁殖并产酸，产生大量凝块并有乳清析出。

4）真菌期：pH=3.0～3.5，绝大多数微生物被抑制甚至死亡，仅酵母和霉菌尚能适应高酸环境，并能利用乳酸及其他一些有机酸，pH 会上升至近中性。

5）腐败期：乳中乳糖大量被消耗，但还有一定量的蛋白质和脂肪，一些蛋白质分解菌、脂肪分解菌开始生长繁殖，产生的凝块被消化（液化）。乳的 pH 向碱性转移，并有腐败臭味产生。

（三）冷藏时乳中微生物的变化

0℃时贮藏，鲜乳中低温微生物增殖但较缓慢，一周内细菌数减少，一周后，逐渐增加。主要变化是乳脂的分解——多数假单胞菌属中的细菌均产脂肪酶，许多细菌可使蛋白质分解，有的可产生黏稠现象，并有苦味。

三、乳中微生物的控制

从牛奶离开母牛乳房到加工、包装及分装均有可能被微生物污染。若这些微生物过度繁殖，最终会导致牛乳及乳制品的腐败。有很多方法可以阻止微生物生长：使用天然抗菌系统、抑菌剂及物理方法等，其中利用物理方法杀死或去除微生物是最常见的防止牛奶变质的方法。

1. 天然抗菌系统　乳中的多种成分构成了天然抗菌系统。乳过氧化物酶可形成一个以过氧化氢和硫氰酸为主的抗菌系统。溶菌酶是一种可以直接或间接影响微生物酶或非酶反应的蛋白质。黄嘌呤氧化酶参与过氧化氢的生成，可以用于乳过氧化物酶体系或直接用作抗菌剂。

2. 乳酸菌及细菌素　乳酸菌可通过产生一些化合物来阻碍微生物的生长。传统防腐剂使用碳水化合物和后续产生的乳酸和乙酸等来降低食物的 pH。另外，乳酸菌也可产生抑制性化合物，如过氧化氢、双乙酰等。

3. 山梨酸钾　山梨酸钾本身或与其他物质发生化学结合可控制乳制品中霉菌的生长。常将山梨酸钾喷于奶酪表面来抑制霉菌生长。

4. 物理方法　常用的两种方法是热杀菌和离心分离。

热杀菌是对牛乳进行热处理，可降低牛乳中嗜冷菌的数量及延长保存期限，可在一定程度上减少蛋白质和脂肪的降解。细菌的离心分离用在欧洲生产奶酪所用的牛奶预处理中。有报道称，在 60℃使用离心机去除细菌，可减少 98%～99%导致奶酪后期发酵的厌氧孢子。离心分离可以用于从牛奶中去除细菌，但会导致牛奶中一定程度上蛋白质的损失。

案例 10-2　日本某公司牛奶中毒事件

2000 年，日本发生了第二次世界大战以后最大规模的食物中毒事件，从 2000 年 6 月 26 日到 7 月 10 日的近半个月内，共有 1.4 万人由于饮用日本某公司生产的低脂牛奶而中毒发病，出现不同程度的上吐下泻现象。一名 84 岁的老太太，在喝了该公司牛奶产品中毒后引发其他疾病而去世。经过查证，问题牛奶的起因是生产牛奶的脱脂奶粉受到金黄色葡萄球菌感染。而奶粉之所以受到感染，是因为该公司工厂突然停电 3h，造成加热生产线上的牛奶中致病菌大量繁殖。

第四节　异　常　乳

乳分为常乳和异常乳。常乳是指产犊 7d 以后至停止泌乳前一周所产的乳，为乳制品常规加工的原料乳。异常乳泛指所有不适宜用于加工乳制品的乳。异常乳主要包括微生物污染乳、化学成分异常乳、生理异常乳和病理异常乳。

一、微生物污染乳

微生物污染乳是由于挤乳前后的环境或操作污染，挤出的鲜乳不及时冷却，或器具的洗涤杀菌不完全等原因，鲜乳被大量微生物污染的乳。

乳中微生物的来源主要有三种：乳房内部、乳房外部（包括牛体和空气）、挤奶和贮存设备。其中，鲜乳中常见的微生物包括乳酸菌、肠内细菌、低温细菌、球菌类等（表 10-1）。

为防止微生物污染鲜乳，应着重做好以下几点。

1）每次挤奶时第一把和第二把乳汁应废弃或存放于专用的容器中，不能与之后挤出的乳汁混合。因为在动物的乳池及乳头导管中，经常有少量的微生物存在。即使在理想的卫生条件下获得的乳汁，也不是无菌的。

2）加强动物的体表卫生。经常清洗刷拭畜体，对于避免乳汁受大量微生物污染起到非常重要的作用。

3）定期修剪乳房周围浓密的被毛、用温水清洗、消毒、擦拭乳房，保持乳房卫生。

4）保持挤乳间卫生清洁、通风良好。挤乳前 30min 清扫畜舍，冲洗地面。舍内空气中的含菌量通常是 50～100 个/cm^2。当污染达到 1000 个/cm^2时，会严重污染到乳汁。

5）延缓鲜乳的腐败变质，尽早杀灭腐败菌和病原菌。杀菌方法包括低温长时灭菌、高温短时灭菌、超高温灭菌。此外，鲜乳包装要无菌、避光、密封和耐压，并在低温下贮存和运输鲜乳，方可确保产品的风味和质量。

表 10-1　鲜乳中常见的微生物污染

微生物类别	污染变化
乳酸菌	产酸凝固
大肠杆菌	产气
芽孢杆菌	胨化、碱化、腐败味
低温细菌	胨化、碱化
脂肪分解菌	脂肪分解味、苦味、非酸凝固

二、化学成分异常乳

（一）酒精阳性乳

酒精阳性乳分为高酸度酒精阳性乳和低酸度酒精阳性乳。

酒精阳性乳的鉴别需要通过酒精试验，即将 70%或 72%的乙醇滴加入少量乳中时，乳若出现絮状沉淀，说明该乳为酒精阳性乳。其中，酒精试验为阳性，且酸度在 20°T 以上的乳，称为高酸度酒精阳性乳。酒精试验为阳性，但酸度在 16°T 以下的乳，称为低酸度酒精阳性乳。

酒精阳性乳的产生有如下原因。

1）日粮不平衡。饲料总量不足或过高，或饲料发霉变质。长期使用劣质的青贮饲料，会使奶牛的维生素及多种微量元素缺乏；长期饲喂低钠饲料，会造成奶牛体内 Na^+、K^+不平衡，在酒精阳性乳的检测中，钠离子浓度明显低于正常乳。此外，当饲料中钙、磷比例失调，且日粮中钙量过高时，会使乳中的钙离子含量升高，同时酒精阳性反应也高。

2）应激因素。热应激、冷应激、惊吓应激、饲料应激等都可造成酒精阳性乳的产生。在生产中，随着温度的升高，特别是高温季节，发生率将达到最高。奶牛对热一般非常敏感，受惊吓时，刺激交感神经，肾上腺素分泌增加，抑制垂体后叶素分泌催乳素，从而使乳汁分泌量减少，乳汁潴留于乳腺组织中，易引起酒精阳性乳的产生。另外，冷空气和突然改变饲料也是重要的应激因素，都会引起酒精阳性乳的产生。

3）泌乳期。第一个泌乳月和干乳前两个月，奶牛经过妊娠期体内胎儿的生长和长期泌乳会消耗大量的营养物质，使奶牛处于极度疲劳状态，易产生酒精阳性乳。

4）内分泌。奶牛在发情期或注射催情雌激素时会造成内分泌失调。在雌激素的作用下，子宫、乳腺毛细血管的通透性改变，乳汁中钙的含量升高，易产生酒精阳性乳。

5）加工贮运因素。鲜奶受气候或运输的影响，因为低温环境而冻结，乳中一部分酪蛋白变性。同时因温度和时间的影响，酸度相应升高，易产生酒精阳性乳。

6）其他因素。奶牛患隐性乳房炎、肝机能障碍、酮病、软骨症、钙磷代谢紊乱、繁殖疾病、胃肠疾病、乳汁的合成紊乱等，极易产生酒精阳性乳。

（二）冷冻乳

冷冻乳多因受冬季气候和运输的影响，使鲜乳发生冻结，导致乳中一部分酪蛋白变性而产生此现象。这种乳在处理时因受温度和时间的影响，酸度相应升高，也会产生酒精阳性乳。但这种酒精阳性乳的耐热性要比因受其他因素影响而产生的酒精阳性乳高。

（三）低成分乳

低成分乳是指乳中的成分明显低于常乳的乳。这种乳的产生主要受遗传、饲养管理、季节和气温的影响。例如，粉末和颗粒状饲料使唾液分泌减少，使第一胃的 pH 下降，导致乳中含脂率下降。

（四）混入异物乳

混入异物乳是指在乳中混入原来不存在的物质的乳。其中，有人为混入异常乳和因预防、治疗、促进发育及食品保藏过程中在乳中加入抗生素和激素等的乳，还有因饲料和饮水等使农药混入的乳。

案例 10-3　抗生素残留的影响及预防措施

在奶牛饲料或病畜治疗中使用的抗生素均会残留在乳汁、肌肉或组织器官中。鲜乳中含有诸如青霉素等抗生素，可能导致免疫力低下的人发生过敏，以及产生抗药性等不良影响。因而，正在使用抗生素治疗的奶牛和停药 5d 内所产的乳，不得混入正常乳中。同时，为了减少药物残留的可能，在生产实践中应遵循以下原则：①根据奶牛年龄、疾病情况选择适宜的治疗方案，禁止滥用抗生素。②产乳家畜使用抗生素时，兽医应按规定做好记录，标明药物的名称、剂量、投药方式、次数及停药时间。③停用抗生素 5d 后对乳中的药物残留进行检测，达标后方可食用（董瑞等，2014）。

（五）风味异常乳

造成乳风味异常的因素有很多。例如，通过机体转移或从空气中吸收而来的饲料味，通过酶作用而产生的脂肪分解味，通过挤乳后从外界污染或吸收的牛体味或金属味等。

三、生理异常乳

（一）营养不良乳

营养不良乳是指由饲料不足、营养不良的奶牛所产的乳。这种乳对皱胃酶几乎不凝固，所以这种乳不能用于制造干酪。当喂以充足的饲料，加强营养之后，乳即可恢复正常。

（二）初乳

奶牛分娩后一周所分泌的乳叫初乳。初乳呈黄褐色（β-胡萝卜素所致），有异臭、苦味、咸味（Na^+、Cl^-所致），黏度大。分娩 3d 之内的初乳，其特征更为显著。初乳的过氧化氢酶和过氧化物酶的含量高（多用于抑菌），灰分含量高，脂肪和蛋白质含量极高，而乳糖含量低。其明显特点是白蛋白和球蛋白含量很高，因而初乳在加热时易凝固。初乳中含有许多生物活性物质，如免疫球蛋白。它可以保护幼畜免受感染，直至幼畜的免疫系统建立。初乳中含铁量为常乳的 3～5 倍，铜含量约为常乳的 6 倍。

我国原轻工业部部颁标准规定产犊后 7d 内的乳，即初乳不得用于加工一般性乳制品，但可作为特殊乳制品原料使用。

（三）末乳

末乳是指母畜干奶期前 14d 所产的乳，也称为老乳。其成分除脂肪外，均较常乳高，有苦而微咸的味道，含脂酶多，常有油脂氧化味。一般末乳期的乳，pH 可达到 7.0 左右，细菌数明显增加，所以不能作为加工乳制品的原料。

四、病理异常乳

（一）乳房炎乳

乳房炎乳是指由于外伤或者细菌感染，使乳房发生炎症时所产生的乳。其成分和性质都发生变化，包括乳糖含量降低、氯含量增加、球蛋白含量升高、酪蛋白含量下降、上皮细胞数量增多等，上述一系列因素导致乳房炎乳的无脂干物质含量较常乳少。乳房炎乳又分为慢性乳房炎乳和急性乳房炎乳。其中，慢性乳房炎乳是由无乳链球菌引起的，多不易诊断。急性乳房炎乳多由葡萄球菌或大肠杆菌引起。

引起乳房炎的病原微生物主要有无乳链球菌、乳房炎链球菌、停乳链球菌、葡萄球菌、化脓性棒状杆菌、绿脓杆菌、结核杆菌、布氏杆菌、支原体、巴氏杆菌、霉菌、病毒等。此外，在挤奶过程中机械抽力过大，频率不定，空挤时间过长或经常性空挤，会引起乳头裂伤、出血；乳杯大小不合适，内壁弹性低，机器配套不适等；机器用完未及时清刷，或刷洗不彻底而使细菌滋生。手工挤奶时，没有严格地按操作规程挤奶，如挤奶员的手法不对，或将乳头拉得过长，或过度压迫乳头管等。上述情况都可引起乳头黏膜的损伤导致乳房炎。资料报道，遗传也是患病因素之一，患有乳房炎奶牛的后代患乳房炎的概率也高。

乳房炎乳会使凝乳酶凝固乳所需的时间变长，对其他乳制品的品质均会造成影响（表 10-2）。此外，乳房炎乳中维生素 B_1、维生素 B_2 的含量减少，而维生素 A、维生素 C 的含量变化不显著。

表 10-2　乳房炎乳对乳制品的影响

产品	效果
干酪	产率降低，水分含量升高，凝乳时间延长，干酪变软，质构缺陷，乳清中固体损失大，成品感官品质差
超高温灭菌乳	加速凝胶化
巴氏杀菌液体乳	保质期缩短，感官品质下降
发酵产品	增加凝乳时间，感官品质下降
黄油	延长搅乳时间，保质期缩短，感官品质下降
乳粉	改变热稳定性，保质期缩短
奶油	改变搅打品质

案例 10-4　乳企业全力避免乳房炎乳的产生

媒体报道，我国奶牛患隐性乳房炎的比例是 46%～80%。这么高的患病比例，使我国消费者不得不开始担心我国乳制品的质量。尽管如此，消费者也不必担心所喝的牛奶是来自乳房炎奶牛的。因为在乳品企业，乳房炎是造成企业损失最严重的疾病之一，生产商会尽最大可能避免这一问题。牛奶场的效益就是来自于牛奶，一旦奶牛得了乳房炎，牛奶的产量会减少到 1/10，牧场的效益必然也会产生影响。举例来讲，每头奶牛的日产奶量能达到四五十公斤，但是如果奶牛得了乳房炎，那么它每天的产奶量只有几公斤。

（二）其他病畜乳

其他病畜乳主要有由患口蹄疫、布氏杆菌病等的奶牛所产的乳，这种乳的质量变化大致与乳房炎乳相类似。

思考题

1. 试总结乳中主要组成成分及其作用。
2. 乳的哪些理化特性可以作为鉴别乳样是否掺水的指标？
3. 乳中存在的有害菌种类及特点有哪些？
4. 如何对奶酪、冰激凌等乳制品进行微生物的质量控制？
5. 为什么在挤乳时，前两把奶要弃掉？
6. 乳房炎乳的判断条件是什么？

主要参考文献

董瑞，张占忠，李青梅. 2014. 鲜乳变质的原因与控制. 畜牧与饲料科学, 35(11): 80
郭本恒. 2001. 乳品化学. 北京: 中国轻工业出版社
李凤林，崔福顺. 2007. 乳及发酵乳制品工艺学. 北京: 中国轻工业出版社
李永志. 2007. 奶牛乳房炎综合防制措施. 中国畜牧兽医, 34(9): 71-72
赵新瑞. 2006. 酒精阳性乳发生的原因及防治措施. 云南畜牧兽医, (1): 31

Constituents M. 2003. Advanced Dairy Chemistry. New York: Springer
Mossel DAA. 1995. An Advanced and Comprehensive Textbook on Food Microbiology, Including Aspects of Milk. New York: Wiley
Robinsin RKE. 1990. Microbiology of Milk (and Some Milk Products). Amsterdam: Elsevier
Sherbon JW. 1988. Physical Properties of Milk/Fundamentals of Dairy Chemistry. New York: Springer
Walstra P. 1984. Dairy Chemistry and Physics. New York: Wiley
Wong NP. 1988. Fundamentals of Dairy Chemistry. 3rd ed. New York: Van Nostrand Reinholt

第11章 乳制品生产中常用的加工单元操作

本章学习目标： 学习原料乳的质量检验、运输及验收，乳的真空脱气与离心分离，乳的标准化概念和原理，乳均质的概念、基本原理、方法及对乳的影响，乳的热处理，乳的真空浓缩与干燥等。

第一节　原料乳的收集、运输及验收

一、原料乳的质量检验

制造优质的乳制品，必须选用优质原料乳。原料乳的验收主要有感官检验、理化检验和微生物检验等3个方面。在国家标准GB 19301—2010《生乳》中对感官指标、理化指标、微生物等指标均有明确规定。

此外，许多乳品收购单位还规定有下述情况之一者不得收购。

1）产犊前15d内的末乳和产犊后7d的初乳。

2）生乳颜色有变化，呈红色、绿色或显著黄色者。

3）生乳有肉眼可见杂质者。

4）生乳中有凝块或絮状沉淀者。

5）生乳中有畜舍味、苦味、霉味、臭味、涩味、煮沸味及其他异味者。

6）用抗生素或其他对生乳有影响的药物治疗期间母牛所产的乳和停药后3d内的乳。

7）添加有防腐剂、抗生素和其他任何有碍食品卫生的乳。

8）酸度超过20°T，个别特殊者，可使用不高于22°T的生乳。

二、乳的收集与运输

目前，我国乳源分散的地方多采用奶桶运输；而奶源集中的区域或运输距离较远的地方，则多采用奶槽车运输。

奶桶一般由不锈钢或铝合金制造，容量为40～50L。要求桶身有足够的强度，耐酸碱；内壁光滑，便于清洗；桶盖与桶身结合紧密，保证运输途中无泄漏。

奶槽由不锈钢制成，其容量为5～10t。内外壁之间有保温材料，以避免运输途中乳温上升。奶泵室内有离心泵、流量计、输乳管等。在收乳时，奶槽车可开到贮乳间。将输乳管与生乳冷却罐的出口阀相连。流量计和奶泵自动记录收乳的数量（也可根据奶槽的液位来计算收乳量）。冷却罐一经抽空，应立即停止奶泵，以避免空气混入生乳。奶槽车的奶槽分成若干个间隔，每个间隔需依次充满，以防生乳在运输时晃动。当奶槽车按收乳路线收完乳之后，应立即送往乳品厂。

无论采用哪种方式收集和运输生乳，都应该注意以下几点。

1）防止乳在途中温度升高。特别在夏季，运输途中往往使温度很快升高，因此运输时间最好安排在夜间或早晨，或用隔热材料遮盖奶桶。

2）保持清洁。运输时所用的容器必须保持清洁卫生，并加以严格杀菌；奶桶盖应有特殊的闭锁扣，盖内应有橡皮衬垫，不要用布块、油纸、纸张等作奶桶的衬热物。

3）夏季必须装满盖严，以防震荡；冬季不得装得太满，避免因冻结而使容器破裂。

4）严格执行责任制，按路程计算时间，尽量缩短中途停留时间，以免鲜乳变质。

5）长距离运送生乳时，最好采用乳槽车。国产乳槽车有 SPB-30 型，容量为 3100kg，乳槽为不锈钢，车后部带有离心式奶泵，装卸方便。国外有塑料乳槽车，车体轻便，价格低廉，隔热效果良好，使用极为方便。

三、乳的接收与贮存

乳品厂有专门的收乳部门，处理从奶场或收奶站运来的生牛乳时，生乳先通过过滤器和脱气泵送进缓冲贮存罐内暂存，再经离心净乳，除去体细胞、灰尘及其他杂质，经冷却器冷却至贮存温度后送至贮奶罐贮存。

为了保证工厂连续生产的需要，必须有一定的生乳贮存量。原料乳贮存量应根据每天牛乳总收纳量、收乳时间、运输时间及能力等因素决定。一般贮乳罐的总容量应为日收纳总量的 2/3～1。而且每只贮乳罐的容量应与每班生产能力相适应。每班的处理量一般相当于两个贮乳罐的乳容量，否则会增加调罐、清洗的工作量和增加牛乳的损耗。贮乳罐使用前应彻底清洗、杀菌、待冷却后贮入生乳。每罐须放满，并加盖密封。若只装半罐，会加快乳温上升，不利于原料乳的贮存。在贮存期间要定时搅拌乳液，防止乳脂肪上浮而造成分布不均匀。在 24h 内搅拌 20min，乳脂率的变化在 0.1%以下。冷却后的乳应尽可能保持低温，以防止温度升高保存性降低。

第二节　乳的真空脱气与离心分离

一、乳的真空脱气

（一）脱气目的

牛乳刚被挤出后含 5.5%～7%的气体，经贮存、运输和收购后，其气体含量一般在 10%以上，且绝大多数为非结合的分散气体。这些气体对生乳的加工具有一定的破坏作用，主要表现有：影响牛乳计量的分离效率；影响牛乳标准化的准确度；影响奶油的产量；促使脂肪球聚合；促使游离脂肪吸附于奶油包装的内层及发酵乳中的乳清析出。通过脱气处理则可以消除这些气体的有害作用。

（二）脱气方法

根据目的，脱气可在牛乳的不同处理阶段进行。首先，要在奶罐车上安装脱气设备，以避免泵送生乳时影响流量计的准确度。其次，在乳品厂收乳间流量计之前安装脱气设备。但是上述两种方法对乳中细小的分散气泡作用较小，因此在进一步处理牛乳的过程当中，还应使用真空脱气罐，以除去细小的分散气泡及溶解氧。

生产上将牛乳预热至 68℃后，泵入真空脱气罐，在此牛乳温度立刻降到 60℃，这时牛乳中空气和部分牛乳蒸发到罐顶部，遇到罐冷凝器后，蒸发的牛乳冷凝回到罐底部，而空气及一些非冷凝气体（异味）由真空泵抽吸除去。

二、乳的离心分离

在乳制品的加工操作过程中，对原料乳进行部分或全部分离是非常重要的操作环节之一。目前，常用的方法有重力分离和离心力分离两种方法。由于离心力分离具有分离速度高、分离效果好、便于实现自动控制和连续生产等特点，生产中多使用离心分离机进行牛奶的分离。

（一）碟式分离机的分类

牛奶中使用的分离机为碟式分离机，按其进料和排液操作中的压力状态不同，可以分为开放式、半封闭式和封闭式三种类型。开放式也称敞开式，进料和出料均在常压重力条件下进行；半封闭式一般采用常压重力进料，封闭式压力出料；封闭式是指在分离过程中，牛奶的进入及分离后所得稀奶油和脱脂乳的出料均在封闭环境中形成一定压力的条件下完成。

在实际生产过程中，一般都尽可能选用封闭式离心机，以适应食品加工的卫生要求和实现连续化生产。

碟式分离机的转鼓如图 11-1 所示，转鼓内装有许多互相保持一定间距的锥形碟片，使液体在碟片间形成薄层流动而进行分离。在碟片中部开有一些小孔，称为“中性孔”。物料从中心管加入，由底部分配到碟片层的“中性孔”位置，分别进入各碟片之间，形成薄层分离。密度小的稀奶油在内侧，沿碟片上表面向中心流动，由稀奶油出口排出；重的脱脂乳则在外侧，沿碟片下表面流向四周，经脱脂奶出口排出。少量的杂质颗粒沉积于转鼓内壁，定期排出。

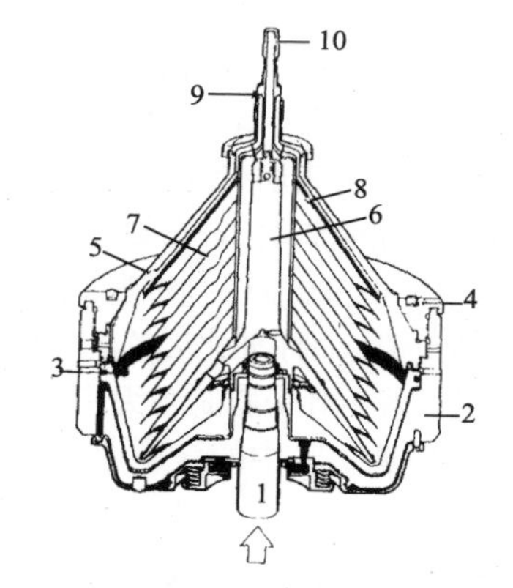

图 11-1　封闭式离心分离机碟片组合示意图（武建新，2000）

1. 通过空心轴进料；2. 转筒主体；3. 沉积物的空间；4. 锁定环；5. 转筒上罩；6. 分布器；7. 转盘堵；8. 顶部转盘；9. 脱脂牛奶出口；10. 奶油出口

（二）影响牛奶分离效果的因素

1）转速：分离机转速越快，则分离效果越好。但转速的提高受到分离机械和材料强度的限制，一般控制在 7000r/min 以下。

2）牛奶流量：进入分离机中牛奶的流量应低于分离机的生产能力。若流量过大，分离效果差，造成脱脂不完全影响稀奶油的得率。

3）脂肪球大小：脂肪球直径越大，分离效果越好，但设计或选用分离机时应考虑需要分离的大量的小脂肪球。目前可以分离出的最小脂肪球直径为 1μm 左右。

4）牛奶的清洁度：牛奶中的杂质会在分离时沉积在转鼓的四周内壁上，使转鼓的有效容积减小，影响分离效果。因此，应注意分离前的净化和分离中的定时清洗。

5）牛奶的温度：牛奶的温度提高，黏度降低，脂肪球和脱脂奶的密度差大，有利于提高分离效果。但温度过高，会引起蛋白质凝固或气泡。一般，奶温控制在 35～40℃，有时封闭式分离机可高达 50℃。

6）碟片的结构：碟片的最大直径与最小直径之差和碟片的仰角对分离效果影响很大。一般碟片平均半径与高度的比值为 0.45～0.70，仰角以 45°～60°为佳。

7）稀奶油含脂率：根据生产质量要求可以调节。稀奶油含脂率低时，密度大，易分离获得；含脂率高时，密度小，分离难度大一些。

（三）牛奶分离机的操作要点

1）要严格控制进料量，进料量不能超过生产能力，否则将影响分离效果。

2）采用空载启动，即在分离机达到规定转速后，再开始进料，以减少启动负荷。

3）牛奶分离前应预热，并经过过滤净化，避免碟片堵塞，影响分离。

4）分离过程中应注意观察脱脂奶和稀奶油的质量，及时取样测定。一般脱脂乳中残留的脂肪含量应在0.01%～0.05%或以下。

5）在分离机的稀奶油出口处有一调节器，内有一细小的调节螺钉，向里旋入，减少稀奶油回转内侧半径，可得密度小、含脂率高的稀奶油；向外旋转则得密度大、含脂率低的稀奶油。

第三节　乳的标准化

一、乳标准化的概念及原理

为使产品符合规格要求，乳制品中脂肪与非脂乳固体含量要求保持一定的比例。调整原料乳中脂肪与非脂乳固体的比例关系，使其比值符合制品要求的调整过程称为原料乳的标准化。当原料乳中脂肪含量不足时，应添加稀奶油或分离一部分脱脂乳；当原料乳中脂肪含量过高时，则可添加脱脂乳或提取一部分稀奶油。标准化在贮乳缸的牛乳中进行或在标准化机中连续进行。

标准化的原理：乳制品中脂肪与无脂干物质间的比值取决于标准化后乳中脂肪与无脂干物质之间的比值，而标准化后的乳中脂肪与无脂干物质之间的比值取决于牛乳中脂肪与无脂干物质之间的比例。若牛乳中脂肪与无脂干物质之间的比值不符合要求，则要对其进行调整，使其符合要求。若设：F 是牛乳中的含脂率（%），SNF 是牛乳中无脂干物质的含量（%），F_1 是标准化后乳中的含脂率（%），SNF_1 是标准化后乳中无脂干物质的含量（%），F_2 是乳制品中的含脂率（%），SNF_2 是乳制品中无脂干物质含量（%），则

$$\frac{F}{SNF}\xrightarrow{\text{调整}}\frac{F_1}{SNF_1}=\frac{F_2}{SNF_2}$$

二、标准化的设备与方法

（一）标准化设备

1. 手动操作设备　标准化可采用三用分离机实现，一级稀奶油流量计指示出总的稀奶油流量，在此之后，管线上安装了一个二级稀奶油流量计，它指示出回流到脱脂乳中的稀奶油量。这个稀奶油量由二级节流阀控制，而且可以从稀奶油流量计的标尺上读数。通过一级节流阀，可以选定稀奶油的含脂率。通过三级节流阀可以选定脱脂乳压力（最小为0.35MPa），由此可实现标准化操作。此外，通过改变三通阀，可阻止稀奶油流向脱脂乳，即为脱脂操作；或者将所有稀奶油加回到脱脂乳中，该过程称为净乳操作。

2. 在线标准化

（1）脂肪在线标准化　脂肪在线标准化是基于脂肪含量的连续在线检测技术，而控制脂肪含量的关键手段是控制流量。脂肪含量的在线检测可通过密度传感器或光度法实现，一般可在30s内检测一次。通过密度传感器测定稀奶油的含脂率；密度数值经信号转换，传输至控制

台。控制台则会启动离心分离机出口处的调节阀来调整稀奶油的含脂率，并通过流量计传感器确定了稀奶油回加到脱脂乳中的流量，再通过控制调节阀转移多余的稀奶油。而脱脂乳的压力和流速则由压力传感器和节流阀控制。最后，标准化乳的流速由标准化乳流量计控制。

（2）蛋白质和脂肪同时标准化　在现代化乳品厂，通常采用超滤和离心分离技术同时对牛乳的脂肪与蛋白质含量进行标准化处理。原料乳、标准化乳及中间产品（稀奶油、脱脂乳、超滤浓缩物、超滤透过物）的脂肪和蛋白质含量都是通过传感器在线连续检测，数据通过计算机连续化处理后转化为控制参数。也可采用标准方法进行分批检测，将所测得数据人工输入计算机之后，再执行标准化操作。

牛乳经离心分离机脱脂，确定出所需要的脂肪含量。用于脂肪标准化所需稀奶油的量经过控制阀和稀奶油混合阀加入要进行蛋白质标准化的脱脂乳中，多余的稀奶油排除。分离出的脱脂乳经过三通阀转移到超虑（UF）设备，浓缩后经过控制阀和浓缩物混合阀回加到未处理脱脂乳中。如有需要时，尤其是需进行微调时，用控制阀和透过物混合阀将一部分牛乳透过物（含乳糖和盐类成分部分）回加到脱脂乳中。另外，透过物还可用于反渗透（RO）单元操作。标准化脂肪和蛋白质的牛乳还可以进行下一步处理。

（二）标准化方法

在生产上通常采用比较简单的皮尔逊法进行计算，皮尔逊法适合于液态乳与乳粉的标准化，其原理是设原料中的含脂率为 F（%），脱脂乳或稀奶油的含脂率为 q（%），按比例混合后乳（标准化乳）的含脂率为 F_1（%），鲜乳的数量为 X，脱脂乳或稀奶油量为 Y 时，对脂肪进行物料衡算，则形成下列关系式，即鲜乳和稀奶油（或脱脂乳）的脂肪总量等于混合乳的脂肪总量。

第四节　乳 的 均 质

一、均质的概念及基本原理

均质是指通过强烈的机械作用，对脂肪球进行机械处理，使它们变成较小的脂肪球均匀分散在乳中。自然状态的牛乳，其脂肪球直径大小不均匀，直径为 1～10μm，一般为 2～5μm。如经均质之后，脂肪球直径可控制在 1μm 左右，这时乳脂肪的表面积增大，浮力下降，减少颗粒的沉淀。另外，经均质后的牛乳脂肪球直径减小，易于消化吸收。图 11-2 为均质前后乳中脂肪球的变化。

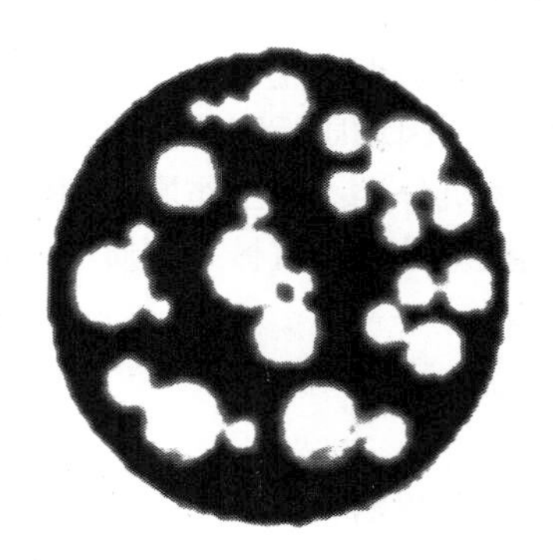

均质前

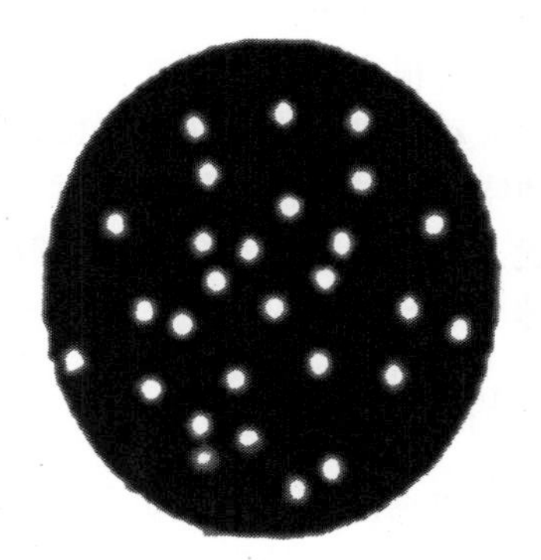

均质后

图 11-2　均质前后乳中脂肪球的变化（张兰威，2011）

均质使牛乳蛋白质的物理性状发生变化。经均质处理后，牛乳脂肪球数目增加，脂肪球表面积增加，最终导致脂肪球表面吸附的酪蛋白量增加，均质乳比未均质乳在凝乳反应时凝固得更快更均匀。

均质作用是由三个因素协调作用而产生的（图 11-3）。

1）牛乳以高速度通过均质头中的窄缝对脂肪球产生巨大的剪切力，此力使脂肪球变形、伸长和粉碎。

2）牛乳液体在间隙中加速的同时，静压能下降，可能降至脂肪的蒸汽压以下，这就产生了气穴现象，使脂肪产生非常强的爆破力。

3）当脂肪球以高速冲击均质环时会产生进一步的剪切力。

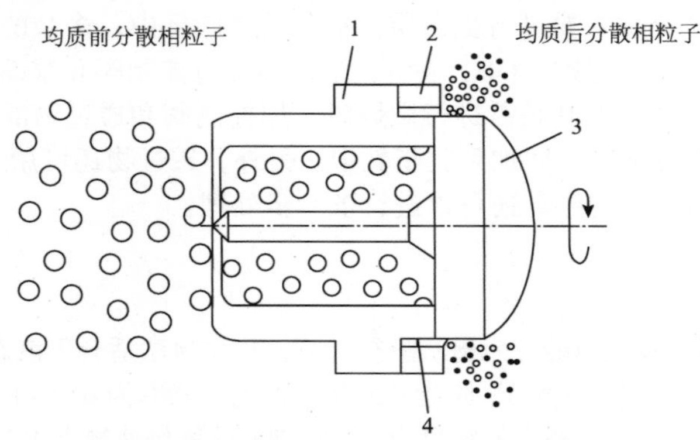

图 11-3　均质工作原理图（张志胜等，2014）

1. 阀座；2. 均质环；3. 阀芯；4. 隙缝

在均质过程中，脂肪球的变化经历三个阶段：①原来的脂肪球破碎；②吸收成膜物质构成新的脂肪球膜；③分散成新的小脂肪球。脂肪球被打碎之后，在新的脂肪球膜形成之前，许多脂肪球都得不到保护，很容易相互碰撞，重新结合到一起，形成大颗粒。所以，为了达到较好的均质效果，必须创造条件，使吸收成膜速度大于脂肪球之间的相互碰撞速度。

二、均质设备

（一）均质机及其工作原理

均质机由一个高压泵和均质阀组成。其操作原理是在一个适合的均质压力下，料液通过窄小的均质阀而获得很高的速度，这导致了剧烈的湍流，形成的小涡流中产生了较高的料液流速梯度引起压力波动，打散许多液滴颗粒，形成细小的球体。因均质后脂肪球的大部分表面被酪蛋白覆盖，使脂肪球具有像酪蛋白胶束一样的性质。均质机分类：按工作原理和构造，均质机可分为机械式、喷射式、离心式和超声波式及搅拌乳化机。其中以机械式均质机应用最多，它又可分为胶体磨和均质机。

（二）高压均质机

高压均质机以高压往复泵为动力传递及物料输送机构，将物料输送至工作阀（一级均质阀及二级乳化阀）部分。待处理物料在通过工作阀的过程中，在高压下产生强烈的剪切、撞击和空穴作用，从而使液态物质或以液体为载体的固体颗粒得到超微细化。

1. 工作阀原理示意图及颗粒细化原理　如图 11-4 所示，物料在尚未通过工作阀时，一级均质阀和二级乳化阀的阀芯和阀座在力 F_1 和 F_2 的作用下均紧密地贴合在一起。物料在通过工作阀时（图 11-5），阀芯和阀座（序号 4 和 5）都被物料强制地挤开一条狭缝，同时分别产生压力 P_1 和 P_2 以平衡力 F_1 和 F_2。物料在通过一级均质阀（序号 1～3）时，压力从 P_1 突降至 P_2，也就随着压力能的突然释放，在阀芯、阀座和冲击环这三者组成的狭小区域内产生类似爆炸效应的强烈的空穴作用，同时伴随着物料通过阀芯和阀座间的狭缝产生的剪切作用及与冲击环撞击产生的高速撞击作用，如此强烈地综合作用，从而使颗粒得到超微细化。一般来说，P_2 的压力（即乳化压力）调得很低，二级乳化阀的作用主要是使已经细化的颗粒分布得更加均匀一些。

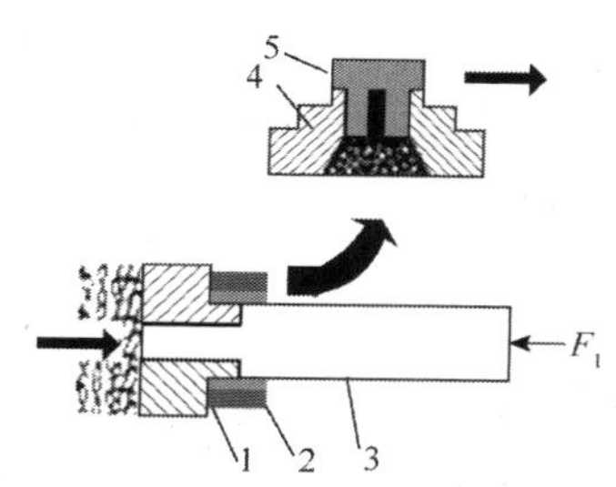

图 11-4　物料被输送至工作阀进口
（张志胜等，2014）

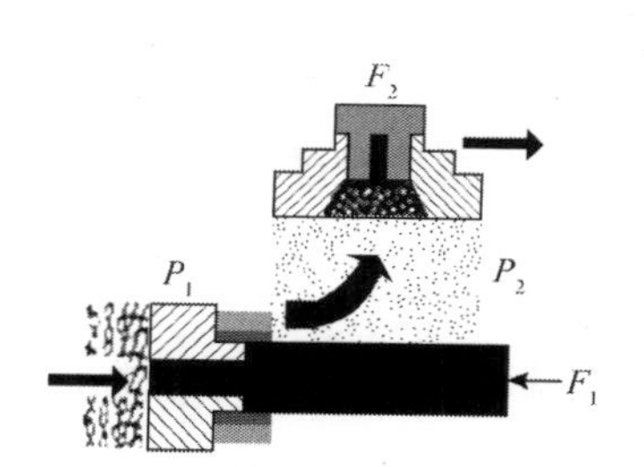

图 11-5　物料源源不断地通过一级均质阀和二级乳化阀
（张志胜等，2014）

相对于离心式分散乳化设备（如胶体磨、高剪切混合乳化机等），高压均质机的细化作用更为强烈。其原因在于工作阀的阀芯和阀座之间在初始位是紧密贴合的，只是在工作时被料液强制挤出了一条狭缝；而离心式乳化设备的转定子之间为满足高速旋转并且不产生过多的热量，必然有较大的间隙（相对均质阀而言）；同时，由于均质机的传动机构是容积式往复泵，所以从理论上说，均质压力可无限提高，而压力越高，细化效果就越好。均质机的细化作用主要是利用了物料间的相互作用，所以物料的发热量较小，因而能保持物料的性能基本不变；均质机依靠往复泵送料，因此能够定量输送物料；均质机耗能较大；均质机的易损情况较多，维护工作量较大，特别是在压力很高的情况下。因此，均质机不适合于黏度很高的情况。

2. 均质机的清洗消毒　在炼乳及冰淇淋等乳制品生产工艺中，通常需采用均质设备。所有均质机在生产前，应彻底地进行清洗消毒，在生产中，每周至少进行 1～2 次彻底消毒，以防止细菌繁殖，其清洗与消毒方法可按下列次序进行。

1）将均质机头上零件全部拆下，用温水刷洗干净。

2）将各零件用 65℃左右的碱性溶液刷洗一遍，再用温水冲洗除去碱渍。

3）用蒸气直接喷射一遍洗净后的零部件及机身，进行初步消毒，然后将零件装好。

4）开动电动机，将 200L 左右沸水注入均质机中，进行 10min 左右灭菌。

均质机每次使用后，应立即清洗，不得留下任何污垢及杂质，并用 90℃以下的热水通入机器，时间约 10min，以达到消毒目的。也有用巴氏消毒液进行消毒灭菌的保洁处理工厂。

三、均质对乳的影响

均质的作用主要体现为以下 4 个方面，即防止脂肪分离，使吸附于脂肪球表面的酪蛋白量增加而改进黏度，提高蛋白质的可消化性和增加成品光泽。

（一）降低乳脂肪的分离程度

经过均质处理，可将脂肪球结合形成的团块打碎，并将直径大的脂肪球破碎成直径小的脂肪球，减少脂肪球在液态物料中的浮力，从而降低乳脂肪的分离程度。将含脂率 3%的原料乳在 18.0～20.0MPa 压力下均质后，取试样标为样品 A，取含脂率 3.0%的原料乳标为样品 B。将样品 A 和 B 分别置于 250mL 量筒内，并在相同环境条件下静置，在同样时间间隔内分别从其底部吸取样品，采用盖勃法测定脂肪含量，然后用公式$\left[\left(F_u-F_x\right)/F_0\right]\times100\%$计算不同静置时间后的脂肪分离率，式中，$F_u$和$F_x$是静置不同时间后所测得的脂肪含量，$F_0$是样品初始脂肪含量。

（二）脂肪球膜的组成成分发生变化

在牛乳中，脂肪球膜的厚度一般为 5～10nm，其组成成分为：蛋白质占 2/3，磷脂占 1/3（以卵磷脂为主）。牛乳经过均质之后，在新的脂肪球膜中，酪蛋白含量增加，而磷脂含量减少。

（三）黏度的改进

乳与乳制品经过均质后，其糙度会有所增加。

（四）均质对牛乳其他方面的作用

在均质过程中及均质之后，由于脂肪球膜已经破碎，因此脂肪酶与酪蛋白结合在一起，很容易进入脂肪球内，对脂肪产生作用，导致腐败味的产生。为了防止这一现象的发生，在均质之前必须将脂肪酶破坏掉。有时在均质之后会出现鱼腥味，其主要原因是脂肪球膜破裂时，释放出卵磷脂，当某些微生物（如假单胞菌属）对其发生作用时，就会产生鱼腥味。均质可以减少乳中的重金属味及天然油脂味。均质从营养生理学的角度来看，具有一定的意义，即对脂肪与蛋白质的吸收性有所增加。

第五节　乳的热处理

一、热处理的目的及杀菌方法

热处理是为了杀死微生物和使酶失活，或获得一些变化，主要为化学变化。这些变化取决于热处理强度，即加热温度和受热时间。但是热处理也会带来不好的变化，如褐变、风味变化、营养物质损失、菌抑制剂失活和对凝乳力的损害。因此，必须谨慎使用热处理。

（一）热处理的目的

1. 保证消费者的安全　杀死病原菌及进入乳中的潜在病原菌、腐败菌，其中很多菌耐高温。

2. 延长保质期　杀死腐败菌及其芽孢和灭活乳中天然的或微生物分泌酶。抑制脂肪自身氧化带来的化学变质，“凝乳素”失活可避免迅速形成稀奶油。

3. 形成产品的特性

1）提高炼乳杀菌期间的凝固稳定性。

2）失活细菌抑制剂，提高发酵剂菌的生长。

3）获得酸奶的理想黏度。

4）促进乳在酸化过程中乳清蛋白和酪蛋白凝集。

（二）加热引起的变化

1. 物理化学变化

1）包括 CO_2 在内的气体排除。

2）胶体磷酸盐增加，而 Ca^{2+} 浓度减少。

3）产生乳糖的同分异构体。

4）酪蛋白中的磷酸根、磷脂会降解而无机磷增加。

5）乳的 pH 降低，并且滴定酸度增加。

6）大部分的乳清蛋白变性导致不溶。

7）许多酶被钝化。

8）蛋白质与乳糖的美拉德反应，赖氨酸效价降低。

9）蛋白质中的二硫键断裂、游离巯基的形成，致使诸如氧化还原电势的降低。

10）蛋白质发生的其他化学反应。

11）酪蛋白胶束发生聚集，最终会导致凝固。

12）脂肪球膜发生变化，如 Cu^{2+} 含量变化。

13）甘油酯水解。

14）由脂肪形成内酯和甲基酮。

15）一些维生素会损失。

2. 加热处理综合变化

1）乳起初变得稍微白，加热强度增加，变为棕色。

2）黏度增加。

3）风味改变。

4）营养价值降低，如维生素损失、赖氨酸效价降低。

5）一些微生物在热处理过的乳中生长较快，细菌抑制剂钝化失活。此外，一定条件下热处理可以产生某些物质促进一些菌生长，相反抑制另一些菌生长。这取决于加热的强度。

6）浓缩乳的热凝固和稠化趋势会降低。

7）凝乳能力降低。

8）乳脂上浮趋势降低。

9）自动氧化趋势降低。

10）在均质或复原过程形成的脂肪球表面层物质组成受均质前加热强度的影响，如形成均质团的趋势有所增加。

（三）杀菌方法

1. 低温长时巴氏杀菌（low-temperature long-time pasteurization，LTLT）　这是一种间歇式的巴氏杀菌方法，即牛乳在 63～65℃条件下保持 30min，达到杀菌的目的。目前，这种方法已很少使用。

2. 高温短时巴氏杀菌（high-temperature short-time pasteurization，HTST）　新鲜原料乳的高温短时间杀菌工艺可以采用 72～75℃保持 15～20s 后再冷却。用碱性磷酸酶试验检查巴氏杀菌是否达到要求，碱性磷酸酶试验呈阴性，表明巴氏杀菌完全。

3. 超巴氏杀菌（ultra pasteurization） 经 125～138℃杀菌 2～4s，得到的产品称为超巴氏杀菌乳。该种产品需冷藏，一般在 4～6℃条件下贮存和销售。

二、热处理对乳成分及性质的影响

几乎所有液体乳和乳制品的生产都需要热处理。热处理的主要目的是杀死微生物和使酶失活，同时还会产生一些化学变化。牛乳由于加热而发生变化是加工极其重要的问题，其中蛋白质的变化尤为重要，因此对于各种乳制品质量都有很大的关系。

（一）一般变化

1. 形成薄膜 牛乳在 40℃以上加热时，表面生成薄膜。这是由于蛋白质在空气与液体的界面形成不可逆的沉淀物。随着加热时间的延长和温度的提高，从液面不断蒸发出水分，因而促进凝固物的形成，厚度也逐渐增加。这种凝固物中包含干物质 70%以上的脂肪和 20%～25%的蛋白质，蛋白质中以乳白蛋白占多数。为防止薄膜的形成，可在加热时进行搅拌或减少从液面蒸发水分。

2. 褐变 牛乳长时间的加热则产生褐变（特别是高温处理时）。褐变的原因一般认为是具有氨基（$—NH_2$）的化合物（主要为酪蛋白）和具有羰基（—C═O）的糖（乳糖）之间产生反应形成褐色物质。这种反应称为美拉德（Maillard）反应。由于乳糖经高温加热产生焦糖化也形成褐色物质。除此之外，牛乳中所含有的微量的尿素也认为是反应的重要原因。褐变反应的程度随温度、酸度及糖的种类而异，温度和酸度越高，棕色化越严重。糖的还原力越强（葡萄糖、转化糖），棕色化也越严重，这一点在生产加糖炼乳和乳粉时关系很大。例如，生产炼乳时使用含转化糖高的砂糖或混用葡萄糖时则产生严重的褐变。添加 0.01%左右的 L-半胱氨酸，对于抑制褐变反应具有一定的效果。

3. 蒸煮味 牛乳加热后会产生或轻或重的蒸煮味，蒸煮味的程度随加工处理的程度而异。例如，牛乳经 74℃加热 15min 后，则开始产生明显的蒸煮味。这主要是由于 β-乳球蛋白和脂肪球膜蛋白的热变性而产生巯基（—SH），甚至产生挥发性的硫化物和硫化氢（H_2S）而造成的。蒸煮味的程度随温度而异，如表 11-1 所示。

表 11-1 不同加热温度下牛乳的风味

加热温度	风味	加热温度	风味
未加热	正常	76.7℃，瞬间	蒸煮味+
62.8℃，30min	正常	82.2℃，瞬间	蒸煮味++
58.3℃，瞬间	正常	89.9℃，瞬间	蒸煮味+++

（二）各种成分的变化

1. 乳清蛋白的变化 占乳清蛋白质大部分的白蛋白和球蛋白对热都不稳定。牛乳以 62～63℃、30min 杀菌时产生蛋白质变性现象。例如，以 61.7℃、30min 杀菌处理后，约有 9%的白蛋白和 5%的球蛋白发生凝固。牛乳加热使白蛋白和球蛋白完全变性的条件为 80℃、60min，90℃、30min，95℃、10～15min，100℃、10min。

2. 酪蛋白的变化 正常牛乳的酪蛋白在低于 100℃的温度加热时化学性质不会受影响，140℃时开始凝固。100℃长时间加热或在 120℃加热时产生褐变，这在前面已经提到。100℃以下的温度加热，化学性质虽然没有变化，但对物理性质却有明显影响。在 63℃条件下，将牛乳加热后，加酸生成的凝块比生乳凝固所产生的凝块小，而且柔软；用皱胃酶凝固时，随加热温度的提高，凝乳时间延长，而且凝块也比较柔软。用 100℃处理时尤为显著。

3. 乳糖的变化　乳糖在 100℃以上的温度长时间加热则产生乳酸、乙酸、蚁酸等。离子平衡显著变化，此外也产生褐变，低于 100℃短时间加热时，乳糖的化学性质基本没有变化。

4. 脂肪的变化　牛乳即使以 100℃以上的温度加热，脂肪也不起化学变化，但是一些球蛋白上浮，促使形成脂肪球间的凝聚体。因此，高温加热后，牛乳、稀奶油就不容易分离。但经 62～63℃、30min 加热并立即冷却时，不致产生这种现象。

5. 无机成分的变化　牛乳加热时受影响的无机成分主要为钙和磷。在 63℃以上的温度加热时，由于可溶性的钙和磷成为不溶性的磷酸钙[$Ca_3(PO_4)_2$]而沉淀，也就是钙与磷的胶体性质发生了变化，导致可溶性钙与磷的减少。

第六节　乳的真空浓缩与干燥

一、乳的真空浓缩

（一）乳的浓缩

乳的浓缩就是指蒸发除去乳中部分水分的过程。乳的浓缩不同于干燥，乳经过浓缩，最终产品还是液态的乳。乳浓缩的主要目的如下。

1）减少干燥费用，如奶粉和乳清粉等。

2）增加结晶，如乳糖的生产。

3）减少贮藏和运输费用并提高保存质量，如浓缩乳、奶粉和炼乳。

4）降低水分的活性，以增加食品的微生物及化学方面的稳定性，如炼乳。

5）从废液中回收副产品，如从生产干酪的副产物乳清中制造乳糖和乳清粉等。

除去乳中水分的方法很多，包括高温加热浓缩、真空浓缩、膜过滤、冷冻浓缩等，目前普通的加热蒸发方法已经不再采用。

（二）真空浓缩的优点及原理

乳中的很多成分具有热敏性，蒸发温度要求低，因此一般采取真空浓缩。其优点是可以使乳的沸点降低，在低温下沸腾可避免成分损失。另外，真空浓缩热效率高而节能。

在 8～21kPa 减压条件下，采用蒸汽直接或间接法对牛乳进行加热，使其在低温条件下沸腾，乳中一部分水分汽化并不断地排除。若做到这一点要具备如下条件。

1）不断供给热量：在进入真空蒸发器前牛乳温度须保持在 65℃左右，但要维持牛乳的沸腾使水分汽化，还必须不断地供给热量，这部分热量一般由锅炉产生和蒸汽供给。

2）迅速排除二次蒸汽：牛乳水分汽化形成的二次蒸汽如果不及时排除，又会凝结成水分，蒸发就无法进行下去。一般是采用冷凝法使二次蒸汽冷却成水排掉。这种不再利用二次蒸汽的称为单效蒸发。如二次蒸汽引入另一小蒸发器作为热源利用的，则称为双效蒸发，依此类推。

（三）浓缩引起的变化

1. 溶解物的浓缩　浓缩程度用浓缩比 Q 表示，即浓缩产物中的干物质含量对原物质中干物质含量的比例。因此，浓缩后干物质质量是浓缩前干物质质量的 $1/Q$。

在浓缩过程中，一些物质可能呈过饱和状态，并可能结晶产生沉淀。例如，乳中磷酸钙盐在浓缩时出现饱和状态。室温下当 $Q \approx 2.8$ 时，乳中乳糖达饱和状态。

2. 浓缩乳产品的特性 浓缩物黏度是蒸发过程中的一个重要参数，黏度的增加超过干物质含量增加的比例。浓缩度通常用密度或折射指数来检测，这些参数可在浓缩过程中连续测定。

通过调节蒸汽或乳的流量可自动控制蒸发过程。乳在浓缩过程中应考虑如下产品特性。

1）高温高浓度下炼乳的稠化。

2）高浓度炼乳易发生美拉德反应。

3）如果产品高度浓缩、温度高、温差大、液体流动速度慢，易发生结垢。预热可明显减小在温段处的结垢，设备的结垢大大影响了结垢速度和清洗的难易程度；清洗成分随设备加热面积增加而增加，因此也就是随着多效蒸发器效数的增加而增加。

4）细菌可能在较高温度下生长，它主要对末效有意义。

5）泡沫主要是脱脂乳在相当低的温度下产生。

6）脂肪球的分裂，在第二蒸发器中尤其易发生。

7）乳糖的过早结晶会引起设备快速结垢，这在低温高浓缩的乳清中更易发生。

二、乳的干燥

干燥是通过水分蒸发直到使物质变成固体状的过程。干燥通常用来生产易于保存，加水后可还原其性质且与原始状态相似的食品。普遍用于处理水分含量高的原料如牛乳、脱脂乳、乳清、奶油、冰淇淋混合料、蛋白质浓缩物、婴儿食品等。

考虑到除水费用很高，尤其是能量的消耗大，因此原料在干燥前应先通过蒸发或反渗透使水分减少到相当低的程度。干燥对产品可能产生的影响有以下几点。

1. 香味保持 除水分之外，雾滴也失去其他的挥发性成分，包括香气成分。

2. 高干燥温度产生的影响 可导致不理想的变化。通常，只有在粉末被再溶解后，涉及的变化才能被注意到。

1）酶的钝化：在温度很低的情况下通常很慢，可以调整干燥条件而控制酶是否钝化。

2）微生物死亡：对热不稳定不能存活，但不可能杀死所有的细菌。

3）乳清蛋白的变性：可以通过选择温和的干燥条件来抑制。

4）粉末的不溶解：当水分的含量降低，即使不是非常低时，过高的干燥温度或较长时间的受热也会造成蛋白质部分不溶。

第七节 清洗与消毒

一、就地清洗

（一）就地清洗的概念和特点

20 世纪 80 年代以来，随着加工技术的不断提高特别是灭菌手段的改进（使用板式或管式换热器）及管道式输送技术的应用，就地清洗被乳品企业广泛应用。

1）概念：设备（罐体、管道、泵等）及整个生产线在无需人工拆开或打开的前提下，在闭合的回路中进行清洗，而清洗过程是在增加了湍动性和流速的条件下，对设备表面的喷淋或在管路中的循环，此项技术被称为就地清洗（cleaning in place，CIP）。

2）特点：CIP 系统能保证一定的清洗效果，提高产品的安全性；节约操作时间，提高效率；节约劳动力，保障操作安全；节约水、蒸汽等能源，减少洗涤剂的用量；生产设备可实现大型化，自动化水平高；延长生产设备的使用寿命。目前，CIP 系统在我国饮料、乳品、啤酒等企业中已得到广泛的应用。

（二）CIP 程序的设定

1. 冷管路及其设备的清洗程序　乳品生产中的冷管路主要包括收乳管线、原料乳储存罐等设备。牛乳在这类设备和连接管路中因为没有受到热处理，所以相对结垢较少。因此，建议的清洗程序如下。

1）用水冲洗 3～5min。

2）用 75～80℃热碱性洗涤剂循环 10～15min（若选择氢氧化钠，建议溶液浓度为 0.8%～1.2%）。

3）用水冲洗 3～5min。

4）建议每周用 65～70℃的酸循环一次（如浓度为 0.8%～1.0%的硝酸溶液）。

5）用 90～95℃热水消毒 5min。

6）逐步冷却 10min（储奶罐一般不需要冷却）。

2. 热管路及其设备的清洗程序　乳品生产中，由于各段热管路生产工艺目的的不同，牛乳在相应的设备和连接管路中的受热程度也就有所不同，因此要根据具体结垢情况，选择有效的清洗程序。

（1）受热设备的清洗　受热设备是指混料罐、发酵罐及受热管道等。

1）用水预冲洗 5～8min。

2）用 75～80℃热碱性洗涤剂循环 15～20min。

3）用水冲洗 5～8min。

4）用 65～70℃酸性洗涤剂循环 15～20min（如浓度为 0.8%～1.0%的硝酸或 2.0%的磷酸）。

5）用水冲洗 5min。

6）生产前一般用 90℃热水循环 15～20min，以便对管路进行杀菌。

（2）巴氏杀菌系统的清洗程序　对巴氏杀菌设备及其管路一般建议采用以下的清洗程序。

1）用水预冲洗 5～8min。

2）用 75～80℃热碱性洗涤剂（如浓度为 1.2%～1.5%的氢氧化钠溶液）循环 15～20min，用水冲洗 5min。

3）用 65～70℃酸性洗涤剂（如浓度为 0.8%～1.0%的硝酸溶液或 2.0%的磷酸溶液）循环 15～20min。

4）用水冲洗 5min。

3. UHT 系统的正常清洗程序

UHT 系统的正常清洗相对于其他热管路的清洗来说要复杂和困难。UHT系统的清洗程序与产品类型、加工系统工艺参数、原材料的质量、设备的类型等有很大的关系。针对我国现有的生产工艺条件，为达到良好的清洗效果，板式 UHT 系统可采取以下的清洗程序。

1）用清水冲洗 15 min。

2）用生产温度下的热碱性洗涤剂（如 137℃、浓度为 2.0%～2.5%的氢氧化钠溶液）循环 10～15min。

3）用清水冲洗至中性，pH 为 7。

4）用 80℃的酸性洗涤剂（如浓度为 1.0%～1.5%的硝酸溶液）循环 10～15min。

5）用清水冲洗至中性。

6）用 85℃的碱性洗涤剂（如浓度为 2.0%～2.5%的氢氧化钠溶液）循环 10～15min。

7）用清水冲洗至中性，pH 为 7。

对于管式 UHT 系统，则可采用以下的清洗程序。

1）用清水冲洗 10min。

2）用生产温度下的热碱性洗涤剂（如 137℃、浓度为 2.0%～2.5%的氢氧化钠溶液）循环 45～55min。

3）用清水冲洗至中性，pH 为 7。

4）用 105℃的酸性洗涤剂（如浓度为 1.0%～1.5%的硝酸溶液）循环 30～35min。

5）用清水冲洗至中性。

4. UHT 系统的中间清洗 UHT 生产过程中除以上的正常清洗程序外，还经常使用中间清洗（aseptic intermediate cleaning，AIC）。AIC 是指生产过程中在没有失去无菌状态的情况下，对热交换器进行清洗，而后续的灌装可在无菌罐供乳的情况下正常进行的过程。采用这种清洗是为了去除加热面上沉积的脂肪、蛋白质等垢层，降低系统内压力，有效延长运转时间。AIC 清洗程序如下。

1）用水顶出管道中的产品。

2）用碱性清洗液（如浓度为 2.0%的氢氧化钠溶液）按“正常清洗”状态在管道内循环，但循环时要保持正常的加工流速和温度，以便维持热交换器及其管道内的无菌状态。循环时间一般为 10min，但标准是热交换器中的压力下降到设备典型的清洁状况（即水循环时的正常压降）。

3）当压降降到正常水平时，即认为热交换器已清洗干净。此时用清洁的水替代清洗液，随后转回产品生产。当加工系统重新建立后，调整至正常的加工温度，热交换器可接回加工的顺流工序而继续正常生产。

（三）CIP 清洗效果的检验评估

1. 清洗效果检验的意义 定期对清洗效果进行检验具有以下三个方面的意义。

1）经济清洗，控制费用。

2）对可能出现的产品失败提前预警，把问题处理在事故之前。

3）长期、稳定、合格的清洗效果是生产高质量产品的基础。

2. 检验过程

（1）设定标准 若使检验结果有意义，必须依据一定的标准。基本要求如下。

1）气味：清新、无异味。对于特殊的处理过程或特殊阶段容许有轻微的气味，但不能影响到最终产品的安全和自身品质。

2）设备的视觉外观：不锈钢罐、管道、阀门等表面应光亮，无积水，表面无膜，无乳垢和其他异物（如砂砾或粉状堆积物）。同时，经过 CIP 处理后，设备的生产能力明显改变。

3）微生物指标。

A. 涂抹法检测，涂抹面积为 10cm × 10cm。理想结果：细菌总数<100cfu/100cm^2；大肠杆菌<1 MPN/100cm^2；酵母菌<1cfu/100cm^2。

B. 冲洗试验。理想结果：细菌总数<100cfu/100mL；大肠杆菌<1MPN/100mL。

（2）评定方法 由于自动化的发展，现代的加工线中肉眼检查是很难达到目的的，必须由集中在加工线上的若干关键点，以严格的细菌监测来代替。就地清洗的结果一般用培养大肠杆菌来检查，其标准为每 100cm^2 少于 1 个大肠杆菌。如果细菌数多于这个标准，清洗结果就不合格。这些试验可以在就地清洗程序完成后，在设备的工作面上进行。对罐和管道系统中可应用此种试验，特别是当产品中检查出过多的细菌数目时进行。通常是从第一批冲洗水或从清洗后第一批通过该线的产品中取样。为了实现生产过程的全面质量控制，所有产品必须从它们的包装材料开始就进行细菌学检验。完整的质量控制，除对大肠杆菌进行检查外，还包括细菌总数的检查和感官控制（品尝味道）。

（3）评估频率

1）奶槽车：原料乳送到乳品厂接收前和奶槽车经 CIP 后。

2）贮存罐（生乳罐、半成品罐、成品罐等）：一般每周检查一次。

3）板式热交换器：一般每月检查一次，或按供应商要求检查。

4）净乳机、均质机、泵类：净乳机、均质机、泵类也应检查，维修时，如怀疑有卫生问题，应立即拆开检查。

5）灌装机：对于手工清洗的部件，清洗后安装前一定要仔细检查并避免安装时的再污染。

（4）检测程序

1）取样人员的手应干净清洁，取样前及时消毒，取样容器应为无菌，确保取样在无菌条件下进行，取样过程中应尽可能地避免污染。

2）被取样品应通过外观检查、酸度滴定、风味等来判断是否被清洗消毒液污染。

3）热处理产品：热处理开始的产品应取样进行大肠菌群的检测，取样点包括巴氏杀菌器冷却出口、成品罐、罐装第一包装单元产品等。

4）包装的产品：罐装机是一个潜在的污染源，大部分罐装机都会有手工清洗消毒部分，这部分在安装时最易被污染的地方或消毒死角容易被再次污染，罐装的第一份产品应进行大肠杆菌检测，而且结果应呈阴性。

5）微生物检测：检查加工器具清洗消毒后的微生物状况，一般有两种方法。

A. 涂抹法：涂抹地点是最易出现问题的地方，涂抹面积为 10cm × 10cm。理想结果如下：细菌总数<100cfu/100cm^2；大肠杆菌<1MPN/100cm^2；酵母菌<1cfu/100cm^2；霉菌<1cfu/100cm^2。

B. 冲洗试验：即清洗消毒后取残留的水进行微生物检测。理想效果应达到如下标准：细菌总数<100cfu/100cm^2；大肠杆菌<1MPN/100cm^2。

（5）记录并报告检测结果　化验室对每一次检验结果都要有详细的记录，遇到问题和情况时应及时将信息反馈给相关部门。

（6）采取行动　发现清洗问题后应尽快采取措施，跟踪检查是必要的。同时也建议加工和品控人员及时总结，及时发现问题，防微杜渐，把问题解决在萌芽状态。

二、就地清洗的类型

CIP 设备一般包括清洗液贮罐、喷洗头、送液泵、管路管件及程序控制装置，连同待清洗的全套设备，组成一个清洗循环系统，根据所选定的最佳工艺条件，预先设定程序，输入电子计算机，进行全自动操作。这样不但无需拆卸设备，效率高，而且安全可靠，有效地减少了人为失误，同时降低了清洗成本。

在乳品厂中，就地清洗站包括贮存、监测和输送清洗液至各种就地清洗线路的所有必需的设备。

就地清洗一般有两种方式，即集中式就地清洗和分散式就地清洗。直到 20 世纪 50 年代末，清洗还是分散式的。

（一）集中式就地清洗

集中式系统主要用于连接线路相对较短的小型乳品厂，如图 11-6 所示。水和洗涤剂溶液从中央站的贮存罐泵至各个就地清洗线路。洗涤剂溶液和热水在保温罐中保温，通过热交换器达到要求的温度。最终的冲洗水被收集在冲洗水罐中，并作为下次清洗程序中的预洗水。来自第一段冲洗的牛乳和水的混合物被收集在冲洗乳罐中。

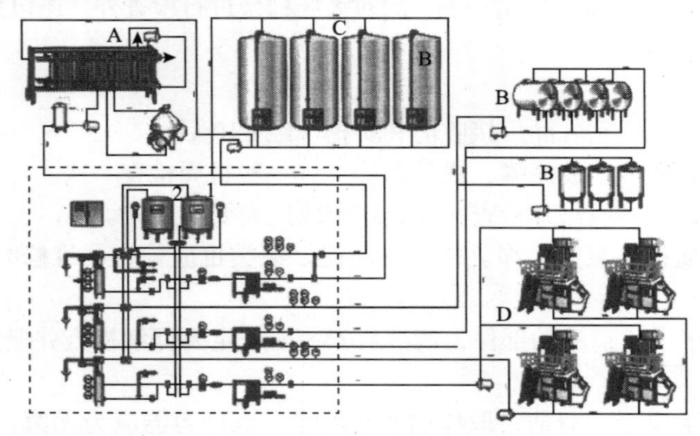

图 11-6　集中式就地清洗系统（潘道东和孟岳成，2013）

清洗单元（虚线之内的）：1.碱性洗涤剂罐；2.酸性洗涤剂罐

清洗对象：A. 牛乳处理；B. 罐组；C. 奶仓；D. 灌装机

洗涤剂溶液经重复使用变脏后必须排掉，贮存罐也必须进行清洗，再灌入新的溶液。每隔一定时间排空并清洗就地清洗站的水罐也很重要，不要使用污染的冲洗水，否则会使已经清洗干净的加工线受到污染。

（二）分散式就地清洗

大型的乳品厂由于集中安装的就地清洗站和周围的就地清洗线路之间距离太长，因此分散式就地清洗是一个有吸引力的选择。这样，大型的就地清洗站就被一些分散在各组加工设备附近的小型装置所取代。图 11-7 是分散式就地清洗系统的原理，也称卫星式就地清洗系统。其中仍有一个供碱性洗涤剂和酸性洗涤剂贮存的中心站。

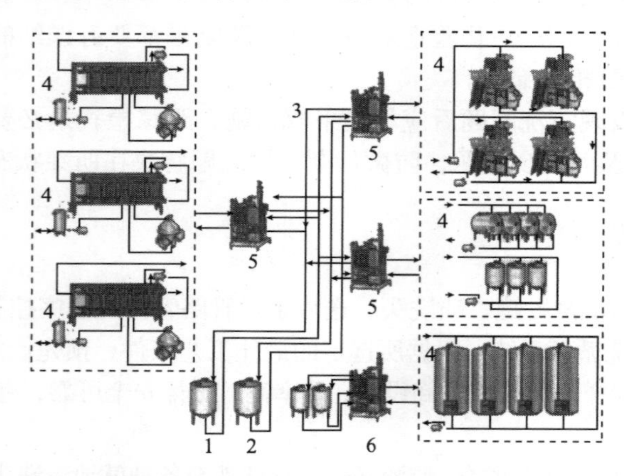

图 11-7　分散式就地清洗系统（潘道东和孟岳成，2013）

1. 碱性洗涤剂贮槽；2. 酸性洗涤剂贮槽；3. 洗涤剂的环线；4. 被清洗对象；
5. 分散式就地清洗单元；6. 带有自己洗涤剂贮槽的分散式就地清洗设备

碱性洗涤剂和酸性洗涤剂通过主管道分别被派送到各个就地清洗装置中，冲洗水的供应和加热（酸性洗涤剂的供给及加热）则在卫生站就地安排。

这些卫生站根据仔细测量，用最少液量来完成各阶段的清洗程序，即液体能够装满被清洗的线路。运用一台大功率循环泵，使洗涤剂高速流过线路。最少量清洗液循环有许多优点，水和蒸汽的消耗量无论瞬时的还是总的都会大大降低。第一次冲洗获得的残留牛乳浓度高，因此处理容易，蒸发费用低。分散式就地清洗比使用大量液体的集中式就地清洗对废水系统的压力要小。

（三）清洗喷头的类型

为获得良好的清洗效果，清洗喷头的设计和选择是十分重要的。乳品工厂常用的清洗喷头有两种，即球形喷头和涡轮旋转喷头。

——思考题

1. 原料乳的验收质量标准有哪些?
2. 原料乳如何验收？原料乳运输时应注意哪些事项?
3. 原料乳的预处理有哪些？如何处理?
4. 名词解释：酒精试验、煮沸试验、就地清洗。
5. 影响原料乳卫生的因素有哪些?
6. 加热对乳性质的影响有哪些?
7. 均质的原理是什么？影响均质效果的因素有哪些?
8. 乳浓缩的目的有哪些?
9. 简述就地清洗系统清洗程序的设计及清洗效果检验评估的方法。
10. 乳品设备清洗消毒的目的及常用的清洗消毒方法有哪些?
11. 什么是标准化？请举例说明如何进行乳的标准化。
12. 真空脱气的目的和方法有哪些?

主要参考文献

蒋爱民，南庆贤. 2008. 畜产食品工艺学. 北京：中国农业出版社

潘道东，孟岳成. 2013. 畜产食品工艺学. 北京：科学出版社

孙宝华，于海龙. 2008. 畜产品加工. 北京：中国农业科学技术出版社

武建新. 2000. 乳品技术装备. 北京：中国轻工业出版社

张和平，张佳程. 2007. 乳品工艺学. 北京：中国轻工业出版社

张兰成. 2011. 乳与乳制品工艺学. 北京：中国农业出版社

张志胜，李灿鹏，毛学英. 2014. 乳与乳制品工艺学. 北京：中国质检出版社

第12章 液态乳加工

> **本章学习目标：**掌握液态乳的概念和种类；了解巴氏杀菌、超高温灭菌和保持灭菌的概念与处理条件；掌握液态乳的加工工艺和生产技术。

（一）液态乳的概念及种类

1. 液态乳的概念 液态乳是指以健康奶牛所产的生鲜牛乳为原料，添加（或不添加）其他营养物质，经过净化、均质、杀菌等适当的加工处理后可供消费者直接饮用的一类液态乳制品。

2. 液态乳的种类 液态乳种类繁多，目前还没有一种统一的方法对其进行合理的分类。通常采用以下几种方法进行分类。

（1）根据组成分类 根据组成，液态乳可以分为普通乳、强化乳和调味乳。

1）普通乳：以合格的鲜乳为原料，不加任何添加剂加工而成的乳。

2）强化乳：乳中添加各种维生素或钙、磷、铁等无机盐类，以增加营养成分，但风味和外观与普通杀菌乳无区别。

3）调味乳：乳中添加咖啡、可可或各种果汁，其风味和外观均有别于普通乳。

（2）根据热处理方法分类 热处理是液态乳加工过程中最主要的工艺之一，根据产品在生产过程中采用的热处理方式的不同，液态乳分为巴氏杀菌乳、超巴氏杀菌乳、延长货架期乳、超高温灭菌乳、保持式灭菌乳。不同加热处理方法生产的液态乳制品的保质期如表 12-1 所示。

表 12-1 不同加热处理方法生产的液态乳制品的保质期

液态乳种类	热处理	最低温度/℃	最少时间	保质期/d	流通模式	工艺要求
巴氏杀菌乳（美国）	巴氏杀菌	72	15s	7～14	冷	净化灌装机
ESL 乳（英国）	巴氏杀菌	90	5s	14～30	冷	超净化灌装机
ESL 乳（美国）	超巴氏杀菌	138	2s	45～60	冷	超卫生灌装机
灌装灭菌乳	加压高温灭菌	120	20min	90	室温	净化灌装机及高压灭菌锅系统
超高温灭菌乳	超高温灭菌	140 149	4s 2s	90	室温	无菌灌装生产线

注：ESL（extended shelf life）为延长货架期

（3）根据脂肪含量分类 为了满足不同消费者的需求，常常生产不同脂肪含量的液态乳。不同国家对按脂肪分类的产品标准并不相同，我国液态乳依据产品中脂肪含量的不同，分类情况如表 12-2 所示。

表 12-2　中国液态乳的类型及脂肪含量

产品类型	脂肪含量/%
全脂乳	≥3.1
部分脱脂乳	1.0～2.0
脱脂乳	≤0.5
稀奶油	10～48

（4）根据营养成分或特性分类　液态乳依据营养成分或特性可分为如下几类。

1）纯牛乳：以生鲜牛乳为原料，不添加任何其他食品原料，产品保持了牛乳所固有的营养成分。

2）再制乳：以乳粉、奶油等为原料，加水还原而制成的与鲜乳组成、特性相似的乳产品。我国规定，再制乳必须在产品包装上予以标注。

3）成分调节乳：以不低于 80%的生牛（羊）乳或复原乳为主要原料，添加其他原料、食品添加剂或营养强化剂（维生素、矿物质、多不饱和脂肪酸等），用适当的杀菌或灭菌等工艺制成的液体产品。

4）含乳饮料：在牛乳中添加水和其他调味成分而制成的含乳量在 30%～80%的产品，根据国家标准，乳饮料中蛋白质的含量应在 1.0%以上。

（二）液态乳的一般加工工艺

液态乳产品的一般工艺流程如图 12-1 所示。

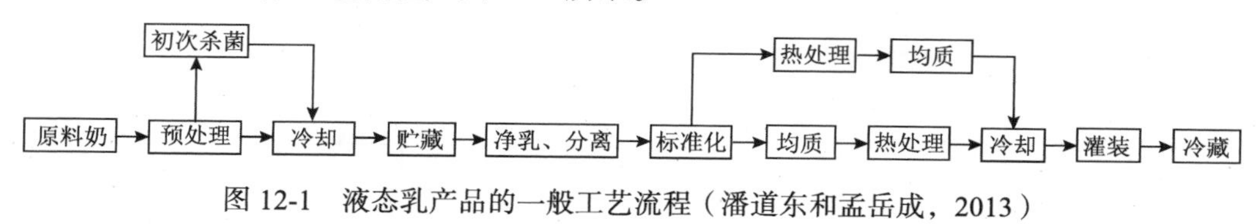

图 12-1　液态乳产品的一般工艺流程（潘道东和孟岳成，2013）

第一节　巴氏杀菌乳

根据 GB 19645—2010，将巴氏杀菌乳（Pasteurised milk）定义为仅以生牛（羊）乳为原料，经巴氏杀菌等工序制得的液体产品。巴氏杀菌的目的是通过热处理尽可能地将牛乳病原性微生物的危害降至最低，同时保证产品的物理、化学和感官的变化最低。巴氏杀菌处理后应及时冷却、包装，冷藏温度一般为 4～6℃，需在冷链进行配送。按杀菌工艺可将巴氏杀菌乳分为低温长时巴氏杀菌乳、高温短时巴氏杀菌乳和超巴氏杀菌乳。

一、巴氏杀菌乳的生产工艺流程

巴氏杀菌乳的生产工艺流程如图 12-2 所示。应根据实际生产情况进行适当调整。如就标准化而言，可以采用前标准化、后标准化或直接标准化；均质可以采用全部均质或部分均质。需注意的是，在部分均质后，脂肪球被破坏，游离脂肪易受到脂肪酶的分解作用。因此，均质后的稀奶油应立即与脱脂乳混合并进行巴氏杀菌。

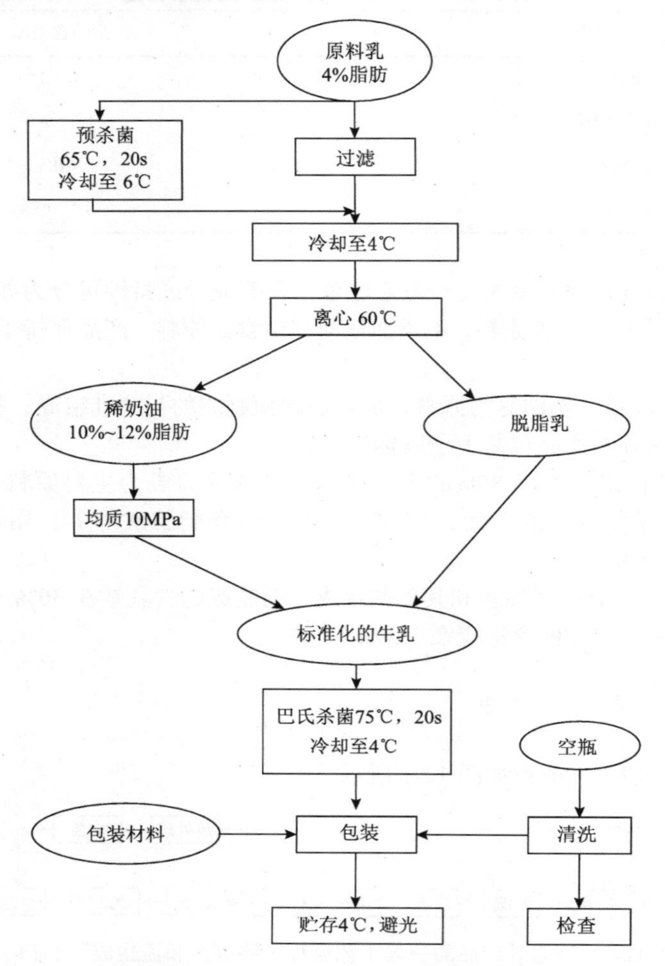

图 12-2 巴氏杀菌乳的生产工艺流程图（张和平和张佳程，2007）

二、关键生产工艺要求及质量控制

（一）原料乳验收

选用优质的原料乳是生产高质量产品的前提。乳品厂收购原料乳时，需对原料乳的质量进行严格检验，包括感官指标、理化指标和卫生质量等。原料乳的要求应符合 GB19301—2010 的要求，感官要求、理化指标和微生物限量分别如表 12-3～表 12-5 所示。

表 12-3 感官要求

项目	要求	检验方法
色泽	呈乳白色或黄色	取适量试样置于 50mL 烧杯中，在自然光下观察色泽和组织状态。闻其气味，用温开水漱口，品尝滋味
滋味、气味	具有乳固有的香味，无异味	
组织状态	呈均匀一致液体，无凝块，无沉淀，无正常视力可见异物	

表 12-4　理化指标

项目	指标	检验方法
冰点[a, b]/℃	−0.560～−0.500	GB 5413.38—2010
相对密度（20℃/4℃）	≥1.027	GB 5413.33—2010
蛋白质/（g/100g）	≥2.8	GB 5009.5—2010
脂肪/（g/100g）	≥3.1	GB 5413.3—2010
杂质度/（mg/kg）	≤4.0	GB 5413.30—2010
非脂乳固体/（g/kg）	≥8.1	GB 5413.39—2010
酸度/°T		
牛乳[b]	12～18	GB 5413.34—2010
羊乳	6～3	

注：a 挤出 3h 后检测
b 仅适用于荷斯坦奶牛

表 12-5　微生物限量

项目	限量/[cfu/g(mL)]	检验方法
菌落总数	$\leqslant 2\times10^6$	GB 4789.2—2016

（二）原料乳的预处理

1. 脱气　牛奶刚挤出后含 5.5%～7%的气体，而且绝大多数为非结合的分散气体，经贮存、运输和收购后，其含量还会增加。这些气体对乳品加工不利。所以，在牛乳处理的不同阶段进行脱气是非常必要的。一般除在奶槽车上和收奶间进行脱气外，还应使用真空脱气罐除去细小分散气泡和溶解氧。其方法是将牛乳预热至 60℃，泵入真空泵，部分牛乳和水蒸发、空气及一些非冷凝异味气体由真空泵抽吸除去。

2. 净乳　原料乳验收后必须进行净化处理，目的在于去除混入原料乳的机械杂质，并减少乳中的微生物数量。净乳的方法分为过滤法和离心净乳法两种。过滤处理虽然可以除去大部分杂质，但是难以去除乳中污染的微小的机械杂质和细菌细胞，尚需采用离心净乳机进一步处理。离心净乳即采用机械的离心力，将肉眼不可见的杂质除去，达到净化的目的。净乳温度影响净化效果，一般在 40～60℃的温度下进行，在低温下净化效果不佳，主要是因为在此条件下乳脂肪的黏度增大，流动性变差，且不利于尘埃的分离。

（三）标准化

标准化的目的是保证产品中含有规定的脂肪含量，以满足不同消费者的需求。为了保证达到法定要求的脂肪含量，凡不符合要求的原料乳都应进行标准化再进行相应巴氏杀菌乳产品的生产。

1. 标准化方法　标准化方法主要有三种：预标准化、后标准化和直接标准化。

（1）预标准化　预标准化是指在巴氏杀菌之前把全脂乳分离成稀奶油和脱脂乳。如果原料乳的脂肪含量低于标准化乳脂率，则需将稀奶油按计算比例与原料乳在罐中混合以达到要求的含脂率；如果原料乳的脂肪含量高于标准化乳脂率，则需将脱脂乳按计算比例与原料乳在罐中混合达到要求的脂肪含量。

（2）后标准化　后标准化是在巴氏杀菌之后进行的，原理和方法与标准化相同，但是其造成二次污染的可能性较预标准化法大。

（3）直接标准化　又称在线标准化，是一种最适合于现代化乳制品生产的方法。该法快速、稳定、精确，单位时间内可处理大量的乳。牛乳经分离成为脱脂乳和稀奶油两部分，然后通过再混合过程，控制脱脂乳和稀奶油的混合比例，使混合后的牛乳脂肪、蛋白质等指标符合产品要求，多余的稀奶油会流向稀奶油巴氏杀菌机。

2. 标准化计算　乳脂肪的标准化可通过添加稀奶油或脱脂乳进行调整以达到最终产品的脂肪含量要求，如将全脂乳与脱脂乳混合、将稀奶油和全脂乳混合、将稀奶油和脱脂乳混合及将脱脂乳和无水奶油混合等。混合的计算方法如图 12-3 所示。

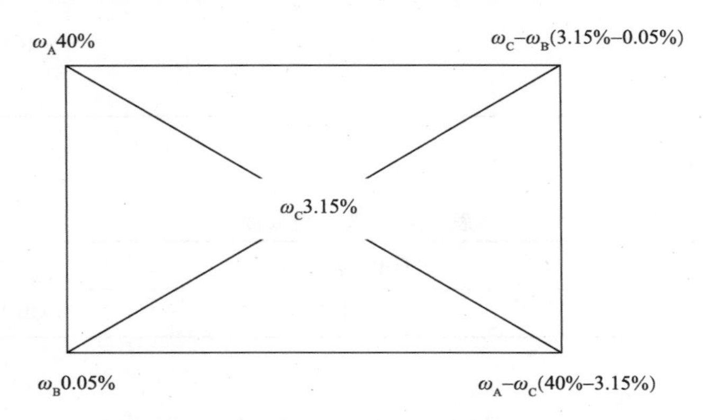

图 12-3　产品中脂肪含量计算（曾寿瀛，2003）

ω_A=稀奶油脂肪的质量分数=40%；ω_B=脱脂乳脂肪的质量分数=0.05%；ω_C=最终产品脂肪的质量分数=3.15%；$\omega_C-\omega_B$=3.1%；$\omega_A-\omega_C$=36.85%；在一般计算中省去百分号（%）

所以，稀奶油的需要量为

$$\frac{m\cdot(\omega_C-\omega_B)}{(\omega_C-\omega_B)+(\omega_A-\omega_C)}$$

脱脂乳的需要量为

$$\frac{m\cdot(\omega_A-\omega_C)}{(\omega_C-\omega_B)+(\omega_A-\omega_C)}$$

式中，m 是最终产品的质量（kg）。

（四）均质

均质的目的在于防止牛乳在贮存过程中出现脂肪上浮现象。自然状态的牛乳，其脂肪球直径为 1～10μm，一般为 2～5μm。放置一段时间后易出现凝结成块、脂肪上浮的现象，经均质处理后脂肪球直径可控制在 1μm 左右，这时乳脂肪的表面积增大，浮力下降，而且风味良好，口感细腻，表面张力降低，易于消化吸收。

（五）杀菌

巴氏杀菌的目的首先是杀死引起人类疾病的所有致病微生物，同时杀灭牛乳中可能影响产品风味和保质期的绝大多数其他微生物及酶类，以保证产品质量并延长产品的货架期。从杀死微生物的观点来看，牛乳的热处理强度是越强越好。但是，强烈的热处理对牛乳外观、味道和营养价值会产生不良影响。例如，牛乳中的蛋白质在高温下会变性；强烈的加热使牛乳味道改变，首先是出现“蒸煮味”，然后是焦味。因此，时间和温度组合的选择必须考虑到杀灭微生物和保持产品质量两方面，以达到最佳效果。表 12-6 列出了巴氏杀菌乳常用的杀菌方法。

表 12-6　巴氏杀菌乳常用的热处理方法

杀菌方法	温度/℃	时间
低温长时巴氏杀菌	63	30min
高温短时巴氏杀菌（牛乳）	72～75	15～20s
高温短时巴氏杀菌（稀奶油等）	>80	1～5s
超巴氏杀菌	125～138	2～4s

1. 低温长时巴氏杀菌　这是一种间歇式的巴氏杀菌方法，即牛乳在 63～65℃条件下保持 30min，达到杀菌的目的。目前，这种方法已很少使用。

2. 高温短时巴氏杀菌　高温短时巴氏杀菌热处理方式的具体时间和温度的组合，可根据所处理的产品类型不同而有所变化。新鲜原料乳的高温短时巴氏杀菌工艺可以采用 72～75℃，保持 15～20s 后再冷却。用碱性磷酸酶试验检查巴氏杀菌是否达到要求，碱性磷酸酶试验呈阴性，表明巴氏杀菌完全。

3. 超巴氏杀菌　经 125～138℃杀菌 2～4s，得到的产品称为超巴氏杀菌乳。该种产品需冷藏，一般在 4～6℃条件下贮存和销售。

（六）冷却

乳经杀菌后，虽然绝大部分细菌都已被杀灭，但在以后各项操作中还有被污染的可能。为了抑制牛乳中细菌的生长，增加保存性，需及时冷却后灌装。经过杀菌的牛乳必须尽快冷却到 4℃，冷却速度越快越好，以抑制残留微生物的生长和繁殖。

（七）包装

包装的目的是便于保存、分送和销售。包装材料应具有以下特性：保证产品的质量及其营养价值；保证产品的卫生及清洁，对所包装的产品没有任何污染；避光、密封，有一定的抗压强度；便于运输；便于携带和开启；降低食品腐败；有一定的装饰作用。巴氏杀菌乳的包装形式主要有玻璃瓶、聚乙烯塑料瓶、塑料袋、涂塑复合纸包装等。灌装后的乳制品及时送入冷库作销售前的暂存。冷库温度一般为 4～6℃。

（八）冷藏、运输

巴氏杀菌乳在贮存、运输和销售过程中，必须保持冷链的连续性。乳品厂至商店的运输过程及产品在商店的贮存过程是冷链的两个最薄弱环节，要特别引起重视。巴氏杀菌乳在冷藏和运输过程中的具体要求包括：①产品必须贮藏在 4℃以下；②巴氏杀菌乳必须在 6℃以下贮藏和运输；③产品应尽量在避光条件下贮藏、运输和销售；④产品应尽量在密闭条件下销售。

三、巴氏杀菌乳标准

巴氏杀菌乳需要符合我国巴氏杀菌乳食品安全标准 GB 19645—2010 中规定的主要质量标准。

第二节　延长货架期乳

一、概述

延长货架期（extended shelf-life，ESL）乳是在改善杀菌工艺和提高灌装设备卫生等级基础上生产出的介于普通巴氏杀菌乳和超高温灭菌乳之间的，在冷藏条件下货架期超过 15d 的液态乳制品。

ESL 乳本质上还是巴氏杀菌乳，但采取比巴氏杀菌更高的杀菌温度（即超巴氏杀菌，通常温度和时间组合是 125～130℃保持 2～4s），解决了巴氏杀菌乳货架期短的问题，最大可能地避免产品的二次污染，并结合较高的生产卫生条件和优良的冷链分销系统，满足了消费者对液态乳制品的口感和营养价值方面的要求，增加了销售效益等。

ESL 乳与超高温灭菌乳的区别在于超巴氏杀菌乳未达到商业无菌产品的要求，也不是无菌灌装，所以超巴氏杀菌乳产品不能在常温下贮存和分销。ESL 乳的生产是一项综合的生产技术，包括对原料乳的质量要求、杀菌方式的改变、灌装、产品贮藏销售条件的合理控制等关键技术。

二、延长货架期乳的基本生产工艺

为了延长乳的货架期，在生产中采用了高新技术和工艺，如 Pure-Lac™、微滤与巴氏杀菌相结合技术、填充 CO_2 技术等。下面主要介绍微滤与巴氏杀菌相结合技术。

（一）采用微滤与巴氏杀菌相结合技术生产 ESL 乳

采用微滤与巴氏杀菌相结合技术生产 ESL 乳的基本生产工艺和条件包括原料乳的验收、预处理、标准化、热处理、灌装及贮藏销售等。

微滤膜可以有效地截留乳中的细菌、酵母菌和霉菌，乳中的成分则可透过。随着陶瓷膜技术的发展，微滤处理用于乳品加工成为现实，脱脂乳可经孔径 1.0～1.4μm 的陶瓷膜过滤，除去乳中 99.84%～99.90%的细菌，将单独热处理的稀奶油与经过过滤除菌的脱脂乳混合、均质后杀菌，使乳中的酶失去活性，避免在储存过程中蛋白质分解而引起牛乳变质。该工艺将离心与微滤结合，其工艺流程见图 12-4。这种将膜技术与其他技术相结合的复合杀菌系统降低了对牛乳的热处理强度，在保证了杀菌效果的同时，还可以保持乳原有的风味并避免蛋白质的热变性，提高了产品的质量，延长了货架期。

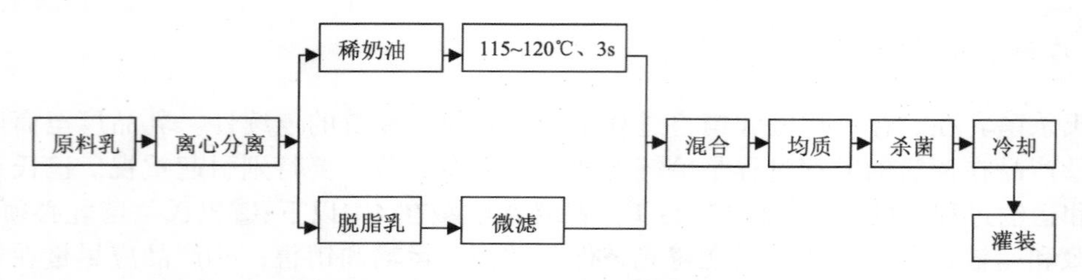

图 12-4　离心与微滤结合工艺流程（蒋爱民和南庆贤，2008）

（二）其他技术在 ESL 乳生产工艺中的应用

1. 二氧化碳的应用　二氧化碳可以有效抑制许多引起食物腐败的微生物的生长，尤其是革兰氏阴性嗜冷菌。在牛乳中充入适量的二氧化碳，不会改变乳的风味、外观特征和乳香味。许多研究发现，嗜冷菌产生的一些胞外酶能引起乳中蛋白质和脂肪的水解，而乳中溶解的二氧化碳能够延缓蛋白质和脂肪的水解，同时能延长细菌的生长周期，并在一定程度上抑制乳中嗜冷菌的生长。

2. 乳酸链球菌肽的应用　乳酸链球菌肽（nisin）是小分子肽，具有 34 个氨基酸残基，具有高效、安全、无毒性作用、无抗药性、与其他抗生素无交叉抗性、在食品中易扩散、使用方便、无污染等诸多优点，是一种绿色的食品添加剂。Tanaka 等的研究表明，在巴氏杀菌乳中添加乳酸链球菌肽解决了由于耐热芽孢繁殖而使牛乳变质的问题，并且只用较低浓度的乳酸链球菌肽便可以使其保质期大大延长，由于乳酸链球菌肽的作用降低了热处理温度，还可以改善牛乳由于高温加热出现的不良风味。

3. 超高压杀菌的应用　超高压杀菌加工技术是指利用 100MPa 以上压力，在常温或较低的温度下，使食品中的酶、蛋白质、核糖核酸和淀粉等物质改变活性、变性或糊化，同时杀死微生物，达到杀菌效果，而食品的天然味道、风味和营养价值不受或很少受影响，该方法具有低能耗、高效率、无毒素产生等优点。研究表明，牛乳中的多数微生物在 100MPa 以上加压处理即会死亡，且致死压力随微生物种类和实验条件的不同而有所差异。一般而言，细菌、霉菌、酵母的营养体在 300～400MPa 压力下可被杀死，而芽孢比其他营养体具有较强的抗压性，需要更高的压力才会被杀死。尽管超高压处理装置的设备投资要比热处理装置高，但其运行费用低，耗能低，对产品营养口感等特性影响小，是未来 ESL 乳生产中有应用前景的杀菌方式。

三、关键生产工艺要求及质量控制

采用微滤技术生产 ESL 乳时需要注意的是生产线中从原料乳验收到灌装系统都必须保持严格的卫生条件；产品储运过程中的温度不应超过 7℃。经离心分离后，脱脂乳被送到微滤机，部分稀奶油与脱脂乳重新混合。生产脂肪标准化的巴氏杀菌乳，多余的稀奶油单独加工。

案例 12-1　延长酸奶货架期的关键生产工艺要求及质量控制

以酸奶为例，酸奶是以优质鲜牛奶为原料，经杀菌后接入乳酸菌发酵而成的乳制品，经过乳酸菌的发酵，酸奶的营养成分比牛乳更趋完善，更易于消化吸收，酸奶中乳糖含量大大降低，对于体内缺少乳糖酶的人来说可安心食用，不会发生饮用牛奶时出现的腹泻、恶心等所谓的乳糖不耐症。酸奶含丰富的益生菌，尤其是乳酸和乳酸菌的存在，使肠道的 pH 和氧化还原电位降低，能抑制致病菌和有害菌的生长繁殖。若长期食用酸奶，调整肠道菌群，使有毒物质大大减少，则可达到预防与治疗肠道疾病的目的。

然而，作为存有活菌（乳酸菌等益生菌）的酸奶，保质期一般只有 3～4d（2～8℃），远不能满足消费者的需求。通过对酸奶加工中的质量控制，再采取一定的保质措施（如通过对酸度的控制，用稳定剂与钙盐相结合，并添加无毒、安全、无副作用的生物活性抑制剂藻酸丙二醇酯）可达到延长货架期的目的。

酸奶生产工艺流程的控制措施与方法中的危害因素分析如下。

在酸奶生产中可能发生危害的工序主要有以下几个。

1）巴氏杀菌：若原料乳或果汁受污染又杀菌不彻底，会残留一定数量的微生物，尤其是乳中耐热菌能耐过巴氏杀菌而继续存活。因此，原辅料巴氏杀菌过程的温度与时间控制非常重要。

2）发酵剂：发酵剂品质的好坏直接影响酸奶质量，因此菌种要纯且富有活力，鲜乳应无污染。如果发酵剂污染了杂菌，将使酸奶凝固不结实，乳清析出过多，并有气泡和异味出现。发酵剂质量取决于菌种和培养条件，需重点控制。

3）保温发酵：原料乳和果汁经90～95℃加热20min，可杀死其中大部分微生物，特别是大量混合后的原料乳应尽可能不含酵母菌。如果发酵剂污染了少量酵母，在40～45℃条件下保温发酵，因乳酸菌数量大且繁殖迅速，可抑制大多数酵母菌生长。但如果污染了能在40～45℃条件下生长良好的嗜热性酵母菌，则可能存在潜在危险。

第三节　超高温灭菌乳

一、概述

据GB 25190—2010定义，超高温灭菌（UHT）乳是指以生牛（羊）乳为原料，添加或不添加复原乳，在连续流动状态下，加热到至少132℃并保持很短时间的灭菌，再经无菌灌装等工序制成的液体产品。UHT产品能在常温条件下贮藏和销售。灭菌乳不是无菌乳，两者之间有严格的界限。无菌乳即产品绝对无菌，是一种理想状态，在实际生产中不可能获得。灭菌乳并非指产品绝对无菌，而是指产品达到商业无菌状态，即不含任何在产品贮存运输及销售期间能繁殖的微生物，不含危害公共健康的致病菌和毒素，在产品有效期内保持质量稳定和良好的商业价值，不变质。

二、超高温灭菌乳的基本生产工艺

UHT乳生产工艺流程：原料乳首先经验收、预处理、标准化、巴氏杀菌等过程，UHT乳的生产工艺通常包含巴氏杀菌过程，尤其在现有的条件下更为重要。巴氏杀菌可有效地提高生产的灵活性，及时杀灭嗜冷菌，避免其繁殖代谢产生的酶类影响产品的保质期。巴氏杀菌后的乳（一般为4℃左右）由平衡槽经离心泵进入预热段，牛乳经板式换热器升温至83℃进入脱气罐，在一定的真空度下脱气，以75℃离开脱气罐后进入均质机。均质通常采用二级均质，第一级均质压力为18～21MPa，第二级均质压力为5MPa。均质后的牛乳进入加热段，在这里牛乳被加热至灭菌温度（通常为138～142℃），在保温管中保持，然后进入热回收管，在这里牛乳被水冷却至灌装温度。冷却后的牛乳直接进入灌装机或无菌罐贮存。若牛乳的灭菌温度低于设定值，则牛乳返回平衡槽。

三、关键生产工艺要求及质量控制

（一）原料乳质量和预处理

用于生产UHT乳的原料乳必须符合以下要求：首先必须具有良好的蛋白质稳定性，乳蛋白的热稳定性直接影响UHT系统的连续运转时间和灭菌情况，因此对灭菌乳的加工相当重要。可通过酒精试验测定乳蛋白的热稳定性，一般要求牛乳至少要在75%酒精试验时具有良好的热稳定性。

牛乳微生物的种类及含量对灭菌乳品质的影响至关重要，原料乳必须具有很高的细菌学质量，包括细菌总数、嗜冷菌数、影响灭菌率的芽孢形成菌的数量。嗜冷菌会产生一些经灭菌处理也不会失活的耐热酶类，在产品贮存期间，这些酶类引起产品滋味改变，如酸辣味、苦味，严重时会凝胶化。

案例12-2 超高温灭菌技术在牛奶运输中的应用

为保证牛奶的美味奶香及营养成分，同时又使产品有一个较长的保质期，方便从法国运送至中国，兰特牛奶均采用超高温灭菌技术。正因为超高温灭菌技术，没有打开兰特牛奶前，消费者可以将其室温保存，无需冷藏。

案例12-3 巴氏还是UHT

在许多大城市，居民数十年喝的都是每天送上门的玻璃瓶装巴氏杀菌奶。但近年来常温保存的UHT乳异军突起，以其方便保存和携带的特性迅速占据了大片市场，伊利、蒙牛等品牌的成功相当程度上就依赖于UHT乳。统计资料表明，在中国，UHT乳占据超过70%的市场份额，巴氏杀菌奶占有率不到30%。而且，巴氏杀菌奶的增长速度缓慢，只有2%～3%，常温奶、酸奶和含乳饮料增幅均超过15%。

（二）生产前设备杀菌

生产前设备必须灭菌，先用水代替物料进入热交换器，水直接进入均质机、加热段、保温段、冷却段，全程保持超高温状态，设备灭菌时间为30min左右。

（三）灭菌、均质、冷却

原料乳经预热段预热到75℃后，进入均质机均质，均质通常采用二级均质。均质后的牛乳进入加热段加热到灭菌温度（140℃左右），保持4s左右，然后进入热回收段进行冷却。在间接加热的超高温灭菌乳生产中，均质位于灭菌之前；在直接加热的超高温灭菌乳生产中，均质位于灭菌之后，因此应使用无菌均质机。

大规模连续生产中，一定时间后，传热面上可能产生薄层沉淀，影响传热的正常进行。这时，可在无菌条件下进行30min的中间清洗，然后继续生产，中间不用停车，生产完毕后用清洗液进行循环流动清洗。

（四）无菌灌装

无菌灌装是指将灭菌后的牛乳在无菌条件下装入事先灭菌的容器内。经过超高温灭菌及冷却后的灭菌乳，应立即进行无菌灌装，无菌灌装系统是生产UHT产品不可缺少的。

无菌罐用于UHT处理乳制品的中间贮存。无菌罐的作用主要有：如果包装机中有一台意外停机，无菌罐用于停机期间产品的贮存；几种产品同时包装，首先将一个产品贮满无菌罐，足以保证整批包装，随后UHT设备转换生产另一种产品，并直接在包装机线上进行包装。因此，在生产线上有一个或多个无菌罐，为生产计划安排提供了灵活的空间。

另一种产品由UHT设备直接进行包装，UHT系统要求不大于20%的产品回流，同时适度的产品回流循环可以保持灌装压力的稳定。

四、超高温灭菌方法

超高温灭菌方法可以按物料与加热介质接触与否分为直接加热法和间接加热法。加热介质为蒸汽或热水。

（一）直接加热法

产品进入系统后与加热介质直接接触，随之在真空缸中闪蒸冷却，最后通过间接冷却系统冷却至包装温度。直接加热系统可分为蒸汽注射系统（图 12-5）和蒸汽混注系统（图 12-6）两种，前者工作时蒸汽注入产品中，后者工作时产品进入充满蒸汽的罐中。

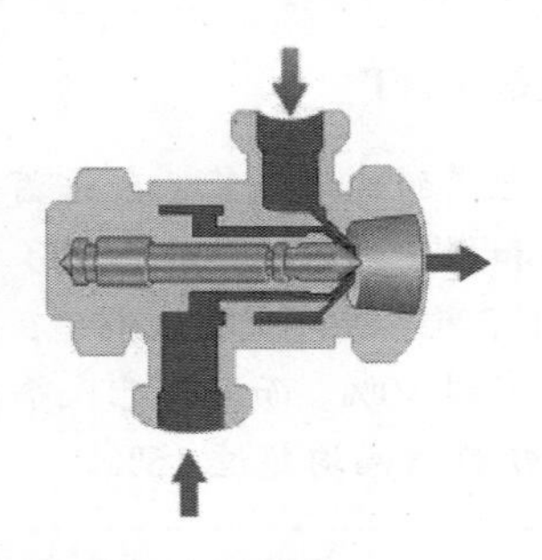

图 12-5　蒸汽注射系统（潘道东和孟岳成，2013）

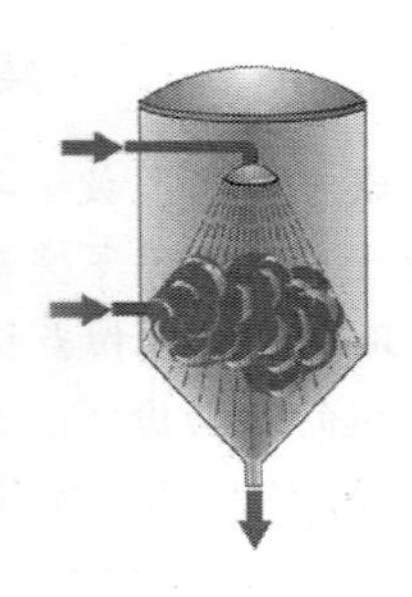

图 12-6　蒸汽混注系统（潘道东和孟岳成，2013）

直接加热法的优点是快速加热和快速冷却，最大限度地减少了超高温处理过程中可能发生的物理变化和化学变化，如产生蒸煮味、蛋白质变性、褐变等；另外，直接加热设备中有真空膨胀冷却装置可起脱臭作用，成品中残氧量低，风味较好，也不存在加热面结垢问题。但直接加热法设备比较复杂，且需纯净的蒸汽。

（二）间接加热法

间接加热法是指热量从加热介质中通过板片或管壁传送到产品中。间接加热系统分为板式热交换器、管式换热器、刮板式热交换器三种。在间接加热系统中牛乳不与加热或冷却介质接触，可以保证产品不受外界污染。

直接加热法中乳在超高温区所处时间极短，乳清蛋白变性程度小，成品质量好。间接加热法生产过程中传热面上可能产生一薄层沉淀物，可在无菌条件下进行 30min 清洗，再继续生产。超高温间接加热和直接加热的温度-时间曲线如图 12-7 所示。

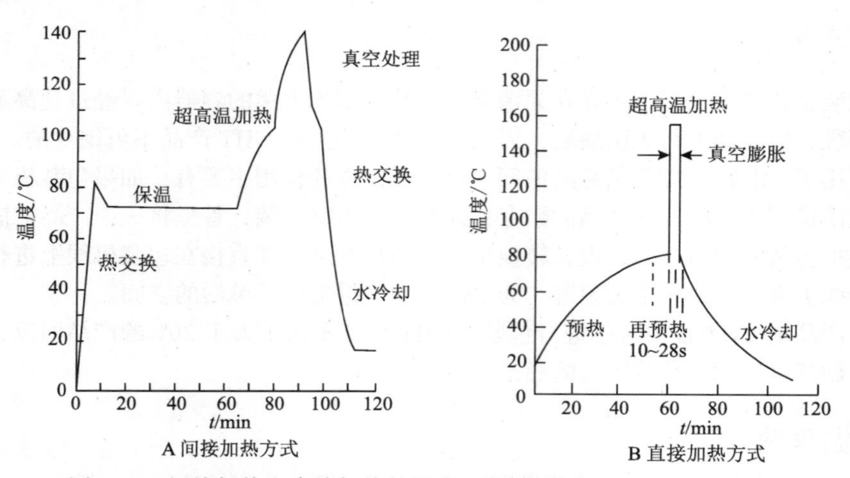

图 12-7　间接加热和直接加热的温度-时间曲线（Walzholz，1968）

第四节　保持式灭菌乳

一、概述

按 GB 25190—2010 定义，保持式灭菌乳是指以生牛（羊）乳为原料，添加或不添加复原乳，无论是否经过预热处理，在灌装并密封之后经灭菌等工序制成的液体产品。从加工工艺过程来看，物料在密闭容器中至少被加热到 116℃，保持 20min，经冷却后而制成产品。从成品的特性来看，经过加工处理后，产品不含任何在贮存、运输及销售期间能繁殖的微生物及对产品品质有影响的酶类。该法常用于塑料瓶包装的纯牛乳，更多地应用于塑料瓶包装的乳饮料的生产。

二、保持式灭菌乳的基本生产工艺

保持式灭菌乳的加工工艺如图 12-8 所示。

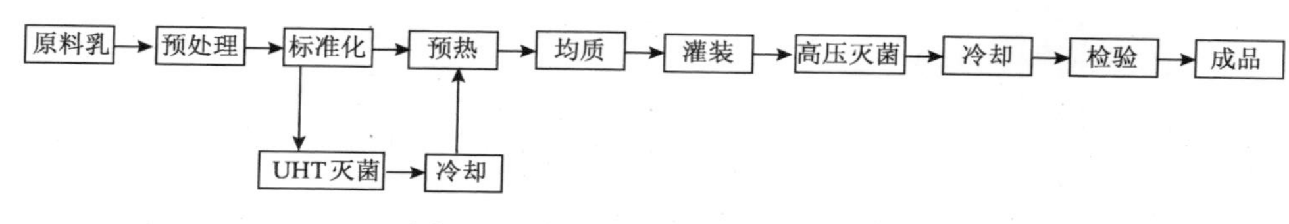

图 12-8　保持式灭菌乳的加工工艺

三、灭菌方法

灭菌方法分为间歇式灭菌和连续式灭菌两种。

（一）间歇式灭菌

这是一种最简单的加工类型，间歇式灭菌通常在灭菌釜中进行，牛乳首先预热到约80℃，再灌装于干净、经加热后的瓶（或其他容器）中，这些瓶随后封盖置于蒸汽灭菌釜中灭菌，釜内通入蒸汽加热至 110～120℃，保持 15～40min，冷却后取出，灭菌釜中放入下一批产品重复上述操作。该法不适合加工纯牛乳，因为加热温度或时间掌握不好，牛乳易产生褐变。当小批量生产含乳量少的乳饮料时可以采用间歇式灭菌。

在间歇式高压灭菌乳生产中，物料温度变化如图 12-9 所示。

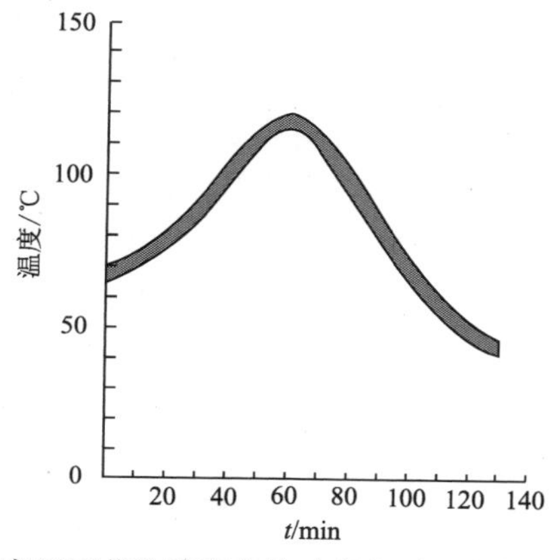

图 12-9　高压灭菌的温度变化（张和平和张佳程，2007）

（二）连续式灭菌

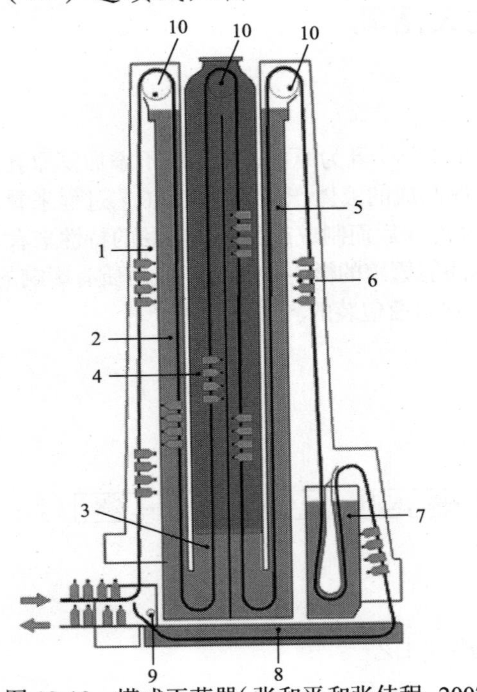

图 12-10　塔式灭菌器（张和平和张佳程，2007）

1.加热段；2.水封和第二加热段；3.第三加热段；4. 115～125℃灭菌段；5.第一冷却段；6.第二冷却段；7.第三冷却段；8.第四冷却段；9.最终冷却段；10.上部的轴和轮，分别驱动

生产量较大时，通常使用连续加工系统。在连续式生产中，灌装后的产品先经低温/低压条件进入相对高温/高压区域，随后进入逐步降低温度/压力的环境，最后用冰水或冷水冷却。连续加工系统分为水压立式和卧式灭菌隧道两种。

1. 水压立式灭菌　这种类型的灭菌器通常被称为塔式灭菌器，如图 12-10 所示。一般包括一个中心室，通入蒸汽，在一定压力下保持灭菌温度。在进口和出口处通过一定容积的水提供一相应的压力以保持平衡。在进口处水被加热，在出口处水被冷却，每一点都调整到瓶能接受和吸收最多热量的温度，而不致于热力因素使玻璃瓶破裂或变形。在水压塔中，牛乳容器被缓慢地传送到有效的加热和冷却区域。水压灭菌器的循环时间约为 1h，其中 20～30min 用于通过 115～125℃灭菌段。

2. 卧式灭菌隧道　产品由传送带送入，先到预热段，预热至 50～60℃，然后进入杀菌段加热至 85～90℃保持 25～30min 进行灭菌，再到冷却段冷却至 25℃以下，冷却后用热风吹干，由隧道出来进入贴标机进行贴标。

四、保持式灭菌对乳成分及产品特性的影响

生产灭菌乳采用的高温处理会使产品产生一系列的物理化学变化，包括产品的感官特性、营养价值、贮藏特性、商业价值等。

（一）感官特性

1）色泽：存在不同程度的褐变，色泽较巴氏杀菌乳和 UHT 乳色泽深。

2）风味：产品具有焦香味，灭菌不当时，常带有蒸煮味或焦煳味。

3）脂肪上浮：产品经长时间贮藏，常伴有脂肪上浮现象，严重时，会形成稀奶油层。

4）沉淀：产品中的沉积物与加热的程度及牛乳中钙离子的比例有关，并与牛乳的 pH、牛乳的质量和均质压力成反比。UHT 乳比保持式灭菌乳的沉淀物要少。

5）老化胶凝作用：产品在储藏过程中有时会发生老化胶凝作用，该过程是一个不可逆的过程，最终会使产品变成凝胶状，老化胶凝过程与原料乳品质、热处理强度等因素有关。

（二）蛋白质

乳清蛋白会发生变性（80%～90%），并在酪蛋白胶粒表面与 κ-酪蛋白形成复合物，酪蛋白胶粒发生一定的分解，形成单个酪蛋白；蛋白质在贮藏过程中会发生水解、聚合、非蛋白态

氮增加，并会形成乳糖基赖氨酸和果糖基赖氨酸，造成赖氨酸损失。

（三）矿物质

由于在加工过程中形成磷酸盐沉淀，可溶性钙和镁的量会降低。

（四）乳糖

乳糖会因剧烈热处理而发生美拉德反应，异构化形成乳果糖。

（五）凝乳酶凝乳时间

在UHT和保持式灭菌过程中凝乳酶凝乳时间增加，而UHT乳在贮藏过程中凝乳酶凝乳时间减少。

（六）其他

UHT乳在贮藏过程中对乙醇的敏感性增加；而保持式灭菌乳在贮藏过程中没有变化。UHT乳在贮藏过程中对钙的敏感性显著增加；而保持式灭菌乳在贮藏过程中也会存在一定程度的增加。UHT乳和保持式灭菌乳在贮藏过程中会发生脂肪氧化分解（由耐热性或重新激活的脂酶引起）。

思考题

1. 简述巴氏杀菌乳的概念及生产工艺流程。
2. 简述巴氏杀菌乳的特点及其在贮存过程中的变化。
3. 简述UHT乳的概念和灭菌方式。
4. UHT乳常见的缺陷及解决方法是什么？
5. 简述UHT乳的概念及加工工艺要点。
6. 保持式灭菌对乳成分及产品特性有哪些影响？

主要参考文献

郭成宇. 2004. 现代乳品工程技术. 北京：化学工业出版社
蒋爱民，南庆贤. 2008. 畜产食品工艺学. 北京：中国农业出版社
潘道东，孟岳成. 2013. 畜产食品工艺学. 北京：科学出版社
孙保华，于海龙. 2008. 畜产品加工. 北京：中国农业科学技术出版社
曾寿瀛. 2003. 现代乳与乳制品加工技术. 北京：中国农业出版社
张和平，张佳程. 2007. 乳品工艺学. 北京：中国轻工业出版社
张志胜，李灿鹏，毛学英. 2014. 乳与乳制品工艺学. 北京：中国质检出版社
Walzholz G. 1968. Technical questions in the management of ultra heat dairies. Milchwissenschaft, 23(5):264

第13章 发酵乳加工

本章学习目标：了解并掌握发酵乳和酸乳的概念及种类、发酵剂的概念及制备方法、凝固型和搅拌型酸乳的生产工艺；了解开菲尔乳、酸马奶、益生菌发酵乳的特点及主要生产工艺。

第一节　概　　述

一、发酵乳的定义与分类

（一）发酵乳的定义

根据国际乳品联合会（IDF）1992 年颁布的标准，发酵乳的定义为：乳或乳制品在特征菌的作用下发酵而成的酸性凝乳状产品。在保质期内，该类产品中的特征菌必须大量存在，并能继续存活和具有活性。

发酵乳制品是指以牛乳、羊乳、浓缩乳、乳粉与食品添加剂为原料，加入特定的乳酸菌或酵母菌及其他发酵剂，经发酵后制成的乳制品。广义的发酵乳制品实际上是一个综合名称，包括酸乳、开菲尔乳、发酵酪乳、酸性奶油、奶酒等经微生物发酵的乳制品。

（二）发酵乳的分类

按 IDF 的分类方式，发酵乳可分为两大类四小类。

（1）嗜热菌发酵乳

1）单菌发酵乳：如嗜热乳杆菌发酵乳、保加利亚乳杆菌发酵乳等。

2）复合菌发酵乳：如采用保加利亚乳杆菌和嗜热链球菌制备的酸奶就是其中最主要的一种。

（2）嗜温菌发酵乳

1）经乳酸发酵而成的产品：这种产品中常用的菌种有乳酸乳球菌及其亚属、肠膜状明串珠菌和干酪乳杆菌等。

2）经乳酸和乙醇发酵而成的产品：如开菲尔乳、酸马奶酒等。

二、发酵剂菌种与发酵剂制备

（一）发酵剂菌种

发酵剂是指用于制造酸乳、开菲尔乳等发酵乳制品及制作奶油、干酪等乳制品的微生物培养物。发酵剂添加到产品中，在一定控制条件下繁殖。发酵产生一些能赋予产品特性如酸度（pH）、滋味、香味和黏稠度等的物质。当乳酸菌发酵乳糖成乳酸时，引起 pH 下降，延长了产品的保存时间，同时改善了产品的营养价值和可消化性。

在发酵乳生产中，发酵剂菌种的特性及选择对发酵乳的质量和功能特性有很大的影响，选择适宜的菌种是制作优良发酵剂的前提条件，下面介绍一些参与乳制品发酵的相关微生物菌种。

1. 链球菌属　该属中唯一应用于乳品发酵中的菌种是嗜热链球菌（*Streptococcus thermophilus*）。与其他链球菌不同，嗜热链球菌有较高的抗热性，能在 52℃环境中生长，能仅发酵有限种类的碳水化合物，进行同型乳酸发酵。多数需要在高温下（>40℃）发酵的乳制品，其酸化过程均来源于嗜热链球菌和乳杆菌种的联合生长作用。通常，尽管嗜热链球菌拥有不同类型的蛋白水解酶，但它水解蛋白的能力较弱。

2. 乳球菌属　乳球菌是主要用于乳品发酵中进行酸化的嗜温型微生物。属于同型乳酸发酵，接种到乳中后，约 95%的最终产物是 L 型乳酸。乳球菌可以利用乳蛋白，但水解蛋白的活力较弱。乳球菌属有 5 个种，其中乳酸乳球菌在乳品发酵中最为重要。乳酸乳球菌有两个亚种，一个是乳酸乳球菌乳酸亚种（*Lactococcus lactis* subsp. *lactis*），另一个是乳酸乳球菌乳脂亚种（*Lac. lactis* subsp. *cremoris*）。两者中，乳酸乳球菌乳酸亚种有更高的耐盐性和耐热性。乳酸乳球菌乳酸亚种的一个变种是丁二酮乳酸球菌（*Lac. lactis* subsp. *lactis* var. *diacetylactis*），它能够转换柠檬酸到丁二酮、CO_2 和其他物质，赋予发酵乳品特殊的风味。部分乳酸球菌菌株也产生胞外多糖，常常被用来生产具有极黏稠特性的斯堪的纳维亚发酵乳制品，如 Villi、Taettamilk 和 Langmjolk 等。

3. 明串珠菌属　与其他乳酸菌相比，明串珠菌是独特的，属于乳酸异型发酵的嗜温型球菌。应用于乳品生产的明串珠菌能利用柠檬酸代谢生成丁二酮、CO_2、3-羟基丁酮等，某些菌株也能够利用蔗糖产生葡聚糖。仅有两个明串珠菌种可以作为乳品发酵剂，一个是肠膜明串珠菌乳脂亚种（*Leuconostoc mesenteroides* subsp. *cremoris*），另一个是乳酸明串珠菌（*Leu. lactis*）。因为明串珠菌缺乏足够的蛋白质水解能力，所以通常它在乳中的生长能力非常差。尽管肠膜明串珠菌乳脂亚种在乳中无法产生足够的乳酸而使乳凝固，但乳酸明串珠菌却可以使乳凝固。作为发酵剂，明串珠菌常与乳酸球菌搭配，可以使乳酸化并产生足够量的丁二酮和 CO_2，赋予发酵乳品特殊的香味。

4. 乳杆菌属　乳杆菌由一类遗传和生理特性多样的杆状乳酸菌构成。以发酵的最终产物为根据，将这个属的种划分为 3 组，即同型乳酸发酵的乳杆菌、兼性异型乳酸发酵的乳杆菌和专性异型乳酸发酵的乳杆菌。

同型乳酸发酵的乳杆菌通过糖酵解途径可以完全发酵已糖到乳酸，但不能发酵戊糖和葡萄糖酸。常见于乳品发酵剂中的这类乳杆菌有德式乳杆菌保加利亚亚种（*Lac. delbrueckii* subsp. *bugaricus*）、德式乳杆菌乳酸亚种（*Lac. delbrueckii* subsp. *lactis*）和瑞士乳杆菌（*Lac. helveticus*）等。它们能在高温（>45℃）条件下生长，属于嗜热型微生物。

兼性异型乳酸发酵的乳杆菌可以仅发酵已糖到乳酸；也可以当介质中的葡萄糖含量有限时，发酵已糖到乳酸、乙酸、乙醇和甲酸等物质；借助磷酸转酮酶途径，可以发酵戊糖到乳酸和乙酸。干酪乳杆菌（*Lac. casei*）属于这一组的微生物，常作为益生菌生产发酵乳制品。

典型的专性异型乳酸发酵的乳杆菌是高加索酸奶乳杆菌（*Lac. kefir*），常常是与生产开菲尔发酵剂有关的菌种。

乳杆菌对酸的忍耐力非常强，适于在酸性条件（pH5.5～6.2）下启动生长，且常常降低乳的 pH 到 4.0 以下。当乳杆菌以纯培养物接种到乳中时，生长较为缓慢。因此，为了快速启动乳的发酵过程，乳杆菌通常与嗜热链球菌联合使用。

5. 双歧杆菌属　双歧杆菌属属于放线菌科（Actinomycetaceae），其代谢产物是乳酸和乙酸，两者的比例为 2∶3。作为益生菌应用最多的是长双歧杆菌（*B. longum*）、双歧双歧杆菌（*B. bifidum*）和动物双歧杆菌（*B. animalis*）。双歧杆菌在乳中的生长能力非常弱，当在乳中添加酪蛋白水解物或酵母膏时，某些菌株可表现出较好的生长能力。由于双歧杆菌具有平衡人体肠道系统的作用，人们越来越有意识地将其投放到乳品中去。但因为双歧杆菌产酸较慢，所以常常和普通的酸奶菌种共同使用。

6. 酵母菌　除乳酸菌外，乳中的酵母菌也可进行乳酸和乙醇的发酵。在乳品生产中，这种类型的发酵仅限于 Kefir 奶和 Kumiss 奶的生产。开菲尔假丝酵母（*Candida kefir*）、高加索酸奶乳杆菌（*Lactobacillus kefir*）和马克斯克鲁维氏酵母菌（*Kluyveromyce marxianus* subsp. *marxianus*）都是开菲尔粒中经常能分离到的主要微生物种类。

（二）发酵剂制备

1. 与发酵剂相关的专有名词

1）商品发酵剂：指从微生物研究单位购入的纯菌种或纯培养物。

2）母发酵剂：指在生产厂中用纯培养菌种制备的发酵剂，也可以说是为了生产工作发酵剂而预先制备的发酵剂。

3）中间发酵剂：指在中间环节繁殖生产的大量发酵剂。

4）工作发酵剂：指直接用于生产的发酵剂。

5）直投式发酵剂（DVI 或 DVS）：指高度浓缩和标准化的冷冻或冷冻干燥发酵剂菌种，可供生产企业直接加到热处理的原料乳中进行发酵，无需进行活化、扩培等其他预处理工作的发酵剂。可以单独或混合使用。

6）发酵剂的活力：指构成发酵剂菌种的产酸能力。

2. 发酵剂的制备过程　发酵剂的制备是乳品厂最困难也是最主要的工艺之一，制备失败会导致重大的经济损失，因此必须慎重选择发酵剂的生产工艺及设备。发酵剂的制备要求极高的卫生条件，要把可能污染的酵母菌、霉菌、噬菌体的污染危险降到最低。对设备的清洗系统也必须仔细设计，以防清洗剂和消毒剂的残留物与发酵剂接触而污染发酵剂。中间发酵剂和生产发酵剂可以在离生产近一点的地方或在制备母发酵剂的房间里制备，发酵剂的每一次转接都要在无菌条件下进行。

（1）培养基的选择　制备发酵剂最常用的培养基是脱脂乳，也可用特级脱脂乳粉按 9%～12%的干物质制成的再制脱脂乳代替。用具有恒定成分的、无抗生素的再制脱脂乳作培养基更可靠，原因是此时发酵剂风味方面的反常现象更容易表现出来，某些乳品厂也使用精选的高质量鲜乳作培养基。

（2）培养基的热处理　用作乳酸菌培养的培养基必须预先杀菌，以消灭杂菌和破坏阻碍乳酸菌发酵的物质。常采用高压灭菌或间歇灭菌。高压灭菌条件为 121℃、15～20min；间歇灭菌条件为 100℃、30min。工作发酵剂培养基一般采用 90℃、60min 或 100℃、30～60min 杀菌，因为高温高压灭菌易使乳褐变和产生蒸煮味。

（3）冷却　热处理后，培养基冷却至接种温度，接种温度根据使用的发酵剂类型而定。常见的接种温度范围：嗜温型发酵剂为 20～30℃；嗜热型发酵剂为 42～45℃。

（4）菌种的复活与保存　从菌种单位取来的纯培养物，通常装在试管中。由于保存、寄送等影响，活力减弱，因此需要反复接种以恢复其活力。

接种时先将装菌种的试管口用火焰灭菌，然后打开棉塞，用灭菌吸管从试管底部吸取 1～2mL 纯培养物，立即移入预先准备好的灭菌培养基中，根据菌种的培养特性放入培养箱中进行培养，凝固后再取出 1～2mL，按上述方法移入灭菌培养基中。如此反复数次，待乳酸菌充分活化后，即可调制母发酵剂。如新取到的发酵剂是粉末状时，将瓶口充分灭菌后，用灭菌环取出少量，移入预先准备好的培养基中。在所需温度下培养，最初数小时徐徐加以振荡，使菌种与培养基（脱脂乳）均匀混合，然后静置使其凝固，再照上述方法反复移植活化后，即可用于调制母发酵剂。在活化过程中必须要严格按照无菌程序进行操作。

（5）母发酵剂和中间发酵剂的制备　母发酵剂和中间发酵剂的生产工艺流程如下。

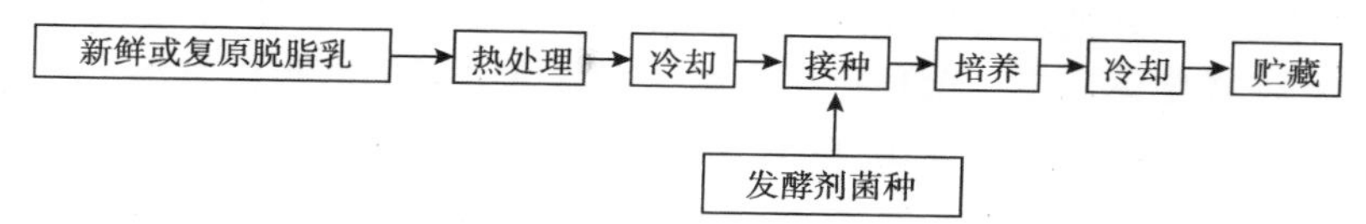

生产过程需在严格的卫生条件下操作，为尽量减少霉菌、酵母和噬菌体由空气进入造成污染的危险，操作间应具备经过过滤的正压空气。操作前小环境要用400～800mg/L的次氯酸钠溶液喷雾消毒，每次接种时容器口要用70%乙醇或200mg/L次氯酸钠溶液浸湿的干净纱布消毒。

母发酵剂一次制备后可于0～6℃冰箱中保存。对于混合菌种，每周活化一次即可。考虑到母发酵剂在活化过程中可能会带来杂菌、酵母、霉菌或噬菌体的污染，为保证产品质量，应定期更换，一般最长不超过一个月。中间发酵剂可依据生产发酵剂的生产时间及生产量来调制。

（6）工作发酵剂的制备　工作发酵剂的制备与母发酵剂的制备方法和工艺流程基本相同。调制工作发酵剂时，为了使菌种的生活环境不至急剧改变，所用的培养基最好与成品的原料相同。工作发酵剂室最好与生产车间隔离，要求有良好的卫生状况，最好有换气设备。为防止污染，每天喷雾200mg/L的次氯酸钠，操作人员在操作前也要用100～150mg/L的次氯酸钠溶液洗手消毒。

（7）发酵剂的保存　菌种保藏受诸多因素影响，其中水分和温度的影响至关重要。

水分影响生化反应和一切生命活动，可以通过干燥去除水分达到保藏菌种的目的。喷雾干燥法简单，可操作性强；真空干燥可以达到去氧、干燥双重效果；冷冻干燥可以大幅度提高菌种活力等。

低温会使细胞内的水分形成冰晶，从而引起细胞结构尤其是细胞膜的损伤，在冷冻干燥时显得尤为重要。因此，冷冻时选择的温度都很低，且采用速冻的方法，可以使生成的冰晶体积较小，减少对细胞膜的损害。

良好的菌种保藏方法的前提是必须保证原菌具有优良的性状，此外还需考虑方法的通用性和操作的简便性。可选择生长态或休眠态的细胞。

发酵剂菌种按物理形态不同可分为液体发酵剂、固态发酵剂和冷冻发酵剂。这三种不同物理形态的菌种可通过不同的处理方法获得。

1）液体发酵剂：选择合适的培养基，接种、培养后直接冰箱保藏。

2）固态发酵剂：培养至最多菌种量的液态，经真空冷冻干燥制成，是一种温和的处理方式，可使生产过程中的损失降至最低。

3）冷冻发酵剂：是在液态菌种处于最强活性时，通过深度冷冻制成的发酵剂。

这三种发酵剂在生产商推荐的条件下能保存相当长的时间。应该注意的是，冷冻发酵剂比固态发酵剂需要的贮存温度更低，且要求用装有干冰的绝热塑料盒包装运输，时间不超过12h，而固态发酵剂在20℃温度下运输10d也不会缩短原有的货架期。

发酵乳制品的制作历史悠久，自从20世纪初诺贝尔生理学或医学奖获得者俄国的梅契尼柯夫提出“酸乳长寿说”，一个世纪以来，人们越来越关注酸乳的保健功能和对人体健康的益处。与此同时，酸乳制作技术的发展和人们对相关领域的研究也越来越引起人们的重视。作为发酵乳制品制备的关键技术——乳酸菌发酵剂的制备也得到了相应的发展与提高，对乳酸菌发酵剂的品质、特性、种类与功能提出了更高的要求。发酵剂的制备也从原始的天然发酵剂发展到传统发酵剂、冷冻浓缩发酵剂，直到目前优良的真空冷冻浓缩干燥发酵剂（又称直投式发酵剂），极好地解决了发酵剂在传代过程中所造成的人力、物力方面的资源浪费，更为重要的是使噬菌体污染、菌种比例失衡、菌株变异等问题得以解决，克服了原始手工制作发酵乳及工业化大生产中可能出现的产品质量不稳定的难题，极大地推进了发酵乳制品行业的发展。

第二节　酸乳的加工

一、酸乳的概念和分类

（一）酸乳的概念

根据联合国粮食及农业组织（FAO）、世界卫生组织（WHO）、国际乳品联合会于 1977 年对酸乳做出的定义，酸乳是指在添加（或不添加）乳粉（或脱脂乳粉）的乳中（杀菌乳或浓缩乳），由于保加利亚乳杆菌和嗜热链球菌的作用进行乳酸发酵制成的凝乳状产品，成品中必须含有大量的、相应的活性微生物。与液态乳不同，酸乳制品在欧盟并无统一规定。酸乳制品的种类，由于所用原料和发酵剂的微生物不同，名目繁多，但其生产方法大同小异。

（二）酸乳的分类

1. 按成品的组织状态分类

1）凝固型酸乳：其发酵过程在包装容器中进行，从而使成品发酵而保留其凝乳状态。

2）搅拌型酸乳：成品是先发酵后灌装而制得的，发酵后的凝乳已在灌装前和灌装过程中搅碎成黏稠状组织状态，因此而得名。

2. 按成品口味及添加的成分分类

1）天然纯酸乳：产品只由原料乳加菌种发酵而成，不含任何辅料和添加剂。

2）加糖酸乳：产品由原料乳和糖加入菌种发酵而成。

3）调味酸乳：在天然酸乳或加糖酸乳中加入香料而成。

4）果料酸乳：成品由天然酸乳与糖、果料混合而成。

5）复合型或营养健康型酸乳：通常在酸乳中强化不同的营养素（维生素、食物纤维等）或在酸奶中混入不同的辅料（如谷物、干果等）而成。

3. 按原料中脂肪含量分类　据 FAO/WHO 规定，根据原料中脂肪含量，将乳分为以下几类。

1）全脂酸乳：脂肪含量为 3.0%。

2）部分脱脂酸乳：脂肪含量为 0.3%～0.5%。

3）脱脂酸乳：脂肪含量为 0.5%。

4. 按发酵后的加工工艺分类

1）浓缩酸乳：一种将正常酸乳中的部分乳清除去而得到的浓缩产品。

2）冷冻酸乳：在酸乳中加入果料、增稠剂或乳化剂，然后进行凝冻而得到的产品。

3）充气酸乳：发酵后，在酸乳中加入稳定剂和起泡剂（通常是碳酸盐），经均质处理而得到的产品。

4）酸乳粉：通常采用冷冻干燥法或喷雾干燥法将酸乳中约 95%的水分除去而制成的酸乳粉。

5. 按菌种种类分类

1）酸乳：通常指仅用保加利亚乳杆菌和嗜热链球菌发酵而得到的产品。

2）双歧杆菌酸乳：所用的酸乳菌种中含有双歧杆菌。

3）嗜酸乳杆菌酸乳：酸乳菌种中含有嗜酸乳杆菌。

4）干酪乳杆菌酸乳：酸乳菌种中含有干酪乳杆菌。

案例 13-1 酸乳的创新——红枣酸乳：酸乳的第二品类

2007 年 7 月，首款红枣酸乳上市试销，产品一经推出就以其独特的口感赢得了消费者的一致认可，在不到 3 个月的时间内，红枣酸乳便迅速风靡全国，当年单品销量和销售额更在行业中力拔头筹，荣获“全国十大最受欢迎饮品”。异军突起的红枣酸乳当年便聚焦了各大乳企的投资目光，2008 年，行业各品牌陆续跟进，开发出了各种红枣口味的酸乳，由此全国掀起了一股红色旋风。截至 2009 年 12 月，红枣口味已经远远超越其他口味酸乳，成为国内酸乳行业继原味之后的第二大品类。红枣酸乳的异军突起，是产品特质、市场需求、各品牌推广的共同结果。如今的红枣酸乳已经成为了事实上的酸乳行业第二大品类。尼尔森对红枣酸乳的调查数据“81%的市场渗透率，39%的市场占有率”有力地佐证了这一点。

案例分析：我国乳品企业在酸乳创新方面进展迅速，市面上出现了异彩纷呈的产品，如加入水果块的搅拌型果料酸乳、加入各种天然色素和香精的果味酸乳、五谷酸乳等。这些特色再加上酸乳独特的营养价值及促进营养物质消化吸收的保健价值等综合特征，使得酸乳深受广大消费者的喜爱。但需要注意的是企业不能盲目地追求奇特和市场细分，另外，消费者在选购酸乳时，也要注意不要被名字干扰，观察包装上“产品类别”一项，“发酵乳”才是真正的酸乳。如果酸奶中加了乳、糖、发酵菌种和增稠剂以外的配料，就叫作“风味发酵乳”。例如，加了果汁、果粒、麦芽、杂粮、椰果的大部分酸乳产品都是风味发酵乳。

二、凝固型酸乳和搅拌型酸乳的生产

（一）凝固型酸乳的生产

1. 生产工艺流程 凝固型酸乳的生产工艺流程如图 13-1 所示。

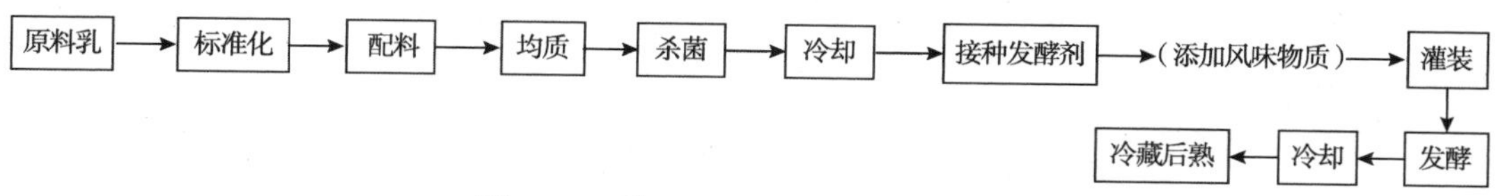

图 13-1 凝固型酸乳的生产工艺流程

2. 操作要点

（1）原料乳的质量要求 原料乳质量比一般乳制品原料乳要求高，要选用符合质量要求的新鲜乳、脱脂乳或再制乳，牛乳中不得含有抗生素、噬菌体、CIP 清洗剂残留物或杀菌剂。要求酸度≤18°T；乳固体≥11.5%；杂菌总数≤50 万个/mL。

（2）标准化　根据 FAO/WHO 准则，牛乳的脂肪和干物质含量通常都要标准化，基本原则如下。

1）脂肪：酸乳的含脂率为 0～10%，而 0.5%～3.5%的含脂率是最常见的。根据 FAO/WHO 的要求，普通酸乳最小含脂率为 3%；部分脱脂酸乳最大含脂率为 3%，最小含脂率为 0.5%；脱脂酸乳最大含脂率为 0.5%。

2）干物质：根据 FAO/WHO 标准，要求最小非脂乳固体含量为 8.2%。总干物质的增加，尤其是蛋白质和乳清蛋白比例的增加，将使酸乳凝固得更加结实，乳清也不容易析出。干物质标准化最常用的方法是：蒸发（经常蒸发掉占牛乳体积 10%～20%的水分）；添加脱脂乳粉（通常在 3%以上）；添加炼乳；添加脱脂乳的超滤剩余物。

（3）配料　国内生产的酸乳一般都要加糖，添加量为 4%～7%。加糖的方法是先将用于溶糖的原料乳加热到 50℃左右，再加入砂糖，待完全溶解后，经过滤除去杂质，再加到标准化乳罐中。生产凝固型酸乳一般不添加稳定剂，但如果原料乳质量不好，可考虑适当添加。

（4）均质　预热至 50～60℃再进行均质处理。均质的目的是使原料充分混合均匀、阻止奶油上浮、提高酸乳的稳定性和稠度，并保证乳脂肪均匀分布，从而获得质地细腻、口感良好的产品。

（5）杀菌及冷却　杀菌的目的是：①杀灭原料乳中的微生物，特别是致病菌，保证食品安全；②形成促进乳酸菌生长的物质，破坏乳中存在的阻碍乳酸菌生长的物质；③除去原料乳中的氧及由于乳清蛋白的变性而增加的—SH，从而使氧化还原电位下降，帮助乳酸菌生长；④使乳清蛋白变性膨润，从而改善酸乳的硬度和黏度，并阻止水分从变性酪蛋白凝聚成的网络结构中分离出来；⑤使乳中原本存在的酶失活，使发酵过程成为仅有乳酸菌的作用过程，易于控制生产；⑥为发酵剂的菌种创造一个杂菌少、有利于生长繁殖的外部条件。

杀菌结束后，按接种的要求温度进行冷却并加入发酵剂。例如，采用保加利亚乳杆菌和嗜热链球菌的混合发酵剂时，可冷却到 43～45℃；用乳链球菌作发酵剂时，可冷却到 30℃。

（6）接种发酵剂　接种指通过计量泵或手工将工作发酵剂连续地添加到经过预处理的原料乳中。接种前应将发酵剂充分搅拌，使之成为均匀细腻的状态，目的是使菌体从凝乳块中分离分散出来，所以要搅拌到使凝乳完全破坏的程度。接种是造成酸乳受微生物污染的主要环节之一，因此应严格注意操作卫生，防止霉菌、酵母、细菌、噬菌体及其他有害微生物的污染。发酵剂加入后，要充分搅拌 10min，使菌体能与杀菌冷却后的牛乳完全混匀。还要注意保持乳温，特别是对非连续灌装工艺或采用效率较低的灌装手段时，因灌装时间较长，保温就显得尤为重要。

发酵剂的用量要根据发酵剂的活力而定。一般生产发酵剂的产酸活力为 0.7%～1.0%，因此最适接种量应为 2%～4%。

（7）灌装　接种后经充分搅拌的牛乳应立即连续地灌装到零售容器中。零售容器主要有玻璃瓶、塑料杯和纸盒。凝固型酸乳的容器使用最多的是玻璃瓶，主要特点是能够很好地保持酸乳的组织状态，容器没有有害的浸出物质，但运输比较沉重，回收、清洗、消毒麻烦。而塑料杯和纸盒虽然不存在上述的缺点，但在凝固型酸乳“保形”方面不如玻璃瓶。

（8）发酵　灌装结束后进行发酵。发酵温度一般为 42～43℃，这是保加利亚乳杆菌和嗜热链球菌最适生长温度的折中值。发酵时间为 2.5～4h。发酵终点的判断非常重要，是制作凝固型酸乳的关键技术之一。一般发酵终点可以依据以下条件来判断。

1）滴定酸度达到 80°T 以上。但酸度的高低还要取决于当地消费者的喜好，在实际生产中，发酵时间的确定还应考虑冷却有一个过程，在此过程中，酸乳的酸度还会继续上升。

2）pH 低于 4.6。

3）表面有少量水痕。发酵过程中应注意避免振动，否则会影响其组织状态；发酵温度应恒定，避免忽高忽低；掌握好发酵时间，防止酸度不够或过度及乳清析出。

（9）*冷却*　冷却是为了终止发酵过程，迅速而有效地抑制酸乳中乳酸菌的生长，使酸乳的特征（质地、口味、酸度等）达到所设定的要求。

（10）*冷藏后熟*　冷藏温度一般为 2～7℃，冷藏除了可以达到冷却一项中所列举的目的外，还可以促进香味物质的产生，改善酸乳硬度。香味物质的高峰期一般是酸乳终止发酵后的第 4 小时，而有人研究的时间更长，特别是形成酸乳特征风味是多种风味物质相互平衡的结果，一般 12～24h 完成，这段时间就是后熟期。因此，发酵凝固后，必须在 4℃左右贮藏 24h 再出售，一般最长冷藏期为 1 周。

（二）搅拌型酸乳的生产

1. 生产工艺流程　搅拌型酸乳的生产工艺流程如图 13-2 所示。

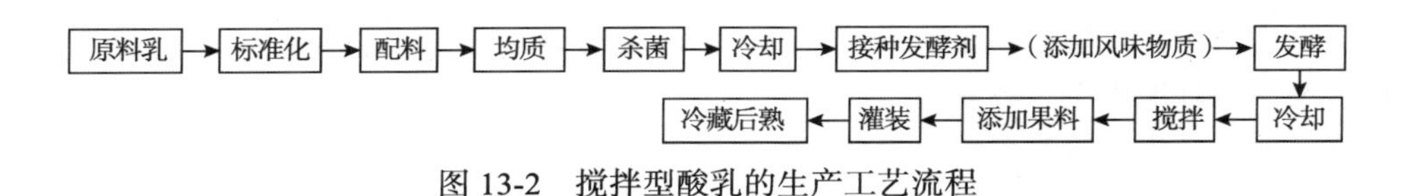

图 13-2　搅拌型酸乳的生产工艺流程

2. 操作要点　搅拌型酸乳生产中，从原料乳验收到接种，基本与凝固型酸乳相同。两者最大的区别在于凝固型酸乳是先灌装后发酵，而搅拌型酸乳是先大罐发酵后灌装。

（1）*发酵*　搅拌型酸乳生产中发酵通常是在专门的发酵罐中进行的。发酵罐带保温装置，并设有温度计和 pH 计。pH 计可控制罐中的酸度，当酸度达到一定值后，pH 就传出信号。这种发酵罐是利用罐体四周夹层里的热媒体来维持一定的温度。生产中应该注意，假设由于某种原因，热媒的温度过高或过低，则接近罐壁面部分的物料温度就会上升或下降，罐内产生温度梯度，不利于酸乳的正常培养。

典型的搅拌型酸乳生产的培养时间为 2.5～3h，培养温度为 42～43℃，使用的是普通型生产发酵剂（接种量 2.5%～3%）。当 pH 达到理想的值时，必须终止发酵，产品的温度应在 30min 内从 42～43℃冷却至 15～20℃；使用直投式菌种时，在 43℃培养 4～6h（考虑到其迟滞期较长）。

（2）*冷却破乳*　罐中酸乳终止发酵后应降温搅拌破乳，搅拌型酸乳可以采用间隙冷却（用夹套）或连续冷却（管式或板式冷却器）。凝乳在冷却过程的处理是很关键的。若采用夹套冷却，搅拌速度不应超过 48r/min，从而使凝乳组织结构的破坏减小到最低限度。如果采用连续冷却，应采用容积泵输送酸乳（从发酵罐到冷却器）。冷却温度的高低根据需要而定。通常发酵后的凝乳应先冷却至 15～20℃，然后混入香味剂或果料后灌装，再冷却至 10℃以下。冷却温度会影响灌装充填期间酸度的变化。当生产批量大时，充填所需的时间长，应尽可能降低冷却温度。为避免泵对酸乳凝乳组织的影响，冷却之后在往包装机输送时，应采用高位自流的方法，而不使用容积泵。

搅拌是通过机械力破坏凝胶体，使凝胶体的粒子直径达到 0.01～0.4mm，并使酸乳的硬度和黏度及组织状态发生变化，要注意不能速度过快、时间过长。

（3）果料混合、调香　酸乳与果料的混合方式有两种：一种是间隙生产法，在罐中将酸乳与杀菌的果料（或果酱）混匀，此法适用于生产规模较小的企业。另一种是连续混料法，用计量泵将杀菌的果料泵入在线混合器连续地添加到酸乳中去，混合非常均匀。

果料应尽可能均匀一致，并可以加入果胶作为增稠剂，果胶的添加量不能超过 0.15%，相当于在成品中含 0.005%～0.05%的果胶。果料在加入前应进行良好的热处理。带有固体颗粒的果料或整个浆果可以使用刮板式热交换器进行充分的巴氏杀菌，钝化所有有活性的微生物，而不影响水果的味道和结构。热处理后的果料在无菌条件下灌入灭菌的容器中。

（4）灌装　混合均匀的酸乳和果料，直接流入灌装机进行灌装。搅拌型酸乳通常采用塑料杯包装或屋顶形纸盒包装。

三、延长货架期酸乳的生产

由于酸乳趋向于大规模的集中生产，市场范围扩大，产品运输距离加大，以及维持冷链的完整性比较困难，因此需要对酸乳进行杀菌，延长酸乳的货架期，使它能在室温下保存。延长货架期有两种方法：在无菌条件下进行生产和包装；对包装前或包装后的成品进行热处理。

在无菌生产中，采取了防止酸乳被霉菌、酵母菌污染的措施。这些微生物会毁坏产品，因为它们能在酸性环境中生长和繁殖，使产品乳清析出，并带有异味。主要的措施是彻底清洗和对产品接触的所有表面进行灭菌。生产的特点是在无菌条件下进行，通过采用无菌空气加压的无菌罐、自控无菌阀、用于加果料的无菌计量装置和无菌灌装机等措施，防止空气中微生物的污染，大大延长了产品的保质期。

酸乳的热处理延长了它的货架期：在搅拌型酸乳生产中，从发酵罐里出来的酸乳与稳定剂混合后在热交换器中加热到 72～75℃，并保持几秒后冷却。为防止再次污染，应进行无菌包装。凝固型酸乳可在特殊的巴氏杀菌室中经 72～75℃加热 5～10min。两者在加热前需要添加稳定剂。

在许多国家，酸乳被定义为一种到消费时仍有微生物活性的产品，这就意味着不能对成品进行热处理。在某些国家，法律规定禁止使用添加剂或只允许限量使用。亲水性胶体能结合乳，它们能增加酸奶的稠度，防止乳清析出。正常情况下，天然酸乳不需要添加稳定剂，在果料酸乳里可加稳定剂，而巴氏杀菌酸乳则必须添加稳定剂。酸乳中最常见的稳定剂有果胶、明胶、淀粉、琼脂等，用量为 0.1%～0.5%。

案例 13-2　冷冻酸乳

冷冻酸乳是一种在酸乳中加入果料、增稠剂或乳化剂，然后进行凝冻而得到的产品。制作冷冻酸乳有两种方法，在进一步加工之前，酸乳与冰淇淋混合物混合，或者基料混合后再发酵加工。冷冻酸乳可分为软硬两种类型。两种基料有些不同，典型的配方如表 13-1 所示。

表 13-1　软、硬冷冻酸乳配方表

成分	软质/%	硬质/%
脂肪	4	6
糖	11～14	12～16
非脂乳固体	10～11	12
稳定剂、乳化剂	0.85	0.85
水	71	66

知识延伸：冷冻酸乳起源于20世纪70年代美国东北部，起初以“frogurt”命名。与一般的乳制品或冰淇淋相比，冷冻酸乳主要具有如下几个显著优点。

1）冷冻酸乳中的活性乳酸菌属于人类的益生菌，能刺激胃液分泌，有助于消化，增进食欲和肠胃功能，同时还能有效地防止人体肠道感染，提高人体的免疫功能，抑制寄生在人体肠道中产毒微生物的生长，清除肠道中的有害物质，促进维生素D和钙、铁微量元素的吸收，降低血液中胆固醇含量，预防心血管类疾病。

2）与普通牛奶相比，酸乳中的脂肪含量低、钙含量高，还富含维生素 B_2、维生素 B_{12} 及磷、钾微量元素，对人体大有裨益，具有延缓人体衰老的作用。

3）具有缓解乳糖不耐症、整肠作用、抗菌作用、改善便秘和降低胆固醇等作用。

4）产品货架期长、食用方式多样。普通酸乳的保质期短，在 4℃时最长可保存7d，在该温度下乳酸菌仍有发酵力，且易受霉菌污染，导致酸度升高而变质，从而限制了酸乳的生产和销售。而以冰淇淋状态出现的冷冻酸乳，在–18℃条件下，乳酸菌处于休眠状态不会继续发酵，保质期可达6个月，但乳酸菌一旦进入人体则会复活，能继续生长繁殖而发挥它的保健功能，因而有广阔的市场前景。

第三节　其他发酵乳

一、开菲尔乳

开菲尔乳（Kefir）是最古老的发酵乳制品之一，素有“发酵乳制品香槟”的美称，迄今已有上千年历史。它起源于高加索地区，是以牛乳为主要原料，添加含有乳酸菌和酵母的粒状发酵剂，经过发酵生成具有爽快的酸味和起泡性的乙醇性保健饮料。

“Kefir”一词的原意具有“健康”“安宁”及“爽快”“美好的口味”等意。开菲尔乳是黏稠、均匀、表面光滑的发酵产品，口味新鲜酸甜，略带一点酵母味。产品的pH通常为4.3～4.4。俄罗斯消费量最大，每人每年大约消费量为5L，在其他国家的产量也在逐年升高。俄罗斯、德国、瑞士、波兰及日本等国家已实现了开菲尔乳的产业化，在我国内蒙古、黑龙江、宁夏、山东等地区也有商品问世。产品的类型有全脂、脱脂、果味、果肉型等。

用于生产开菲尔乳的特殊发酵剂是开菲尔粒（Kefir grain，KG），是一种能使乳酸发酵和乙醇发酵同时进行的天然发酵剂。原始的开菲尔粒很难准确复原，它们通常是从酸性牛乳中获得的，然后重复使用。在不使用原粒的情况下，人们根本无法合成新的开菲尔粒。当开菲尔粒加到乳中后，体积膨大，变成白色，形成一种黏稠的类似果冻的产品。乳中的乳糖在乳酸菌的作用下生成乳酸，在酵母菌的作用下生成乙醇和CO_2。其反应式如下。

乳酸发酵：$C_{12}H_{22}O_{11} + H_2O \longrightarrow 2C_6H_{12}O_6$　　$C_6H_{12}O_6 \longrightarrow 2C_3H_6O_3$

乙醇发酵：$C_{12}H_{22}O_{11} + H_2O \longrightarrow 2C_6H_{12}O_6$　　$C_6H_{12}O_6 \longrightarrow 2C_2H_5OH + 2CO_2\uparrow$

（一）营养功效

开菲尔乳的营养价值较高，富含维生素 A、维生素 B_2、维生素 B_{12}、维生素 C、乳酸钙、泛酸、叶酸、核酸、氨基酸、各种游离脂肪酸及微量元素。开菲尔乳中的乳酸钙是 100% L（+）型，很容易被人体所吸收。除了对钙的吸收率很高之外，它也容易合成人体所需的能源——肝糖原，以备机体能量欠缺所需。开菲尔乳对肾、血液循环、糖尿病、贫血、神经系统等疾病均有疗效。开菲尔乳含有酪蛋白糖、微量CO_2和乙醇等物质，能促进唾液和胃液分泌，增强消化机能；开菲尔粒的多糖类在动物实验中显示强的抗肿瘤活性。开菲尔粒中的活菌对结核分歧杆菌、大肠杆菌、志贺菌、沙门菌等病原菌均有强烈的抑制作用，经常食用可在人体胃肠道中保持有益菌群的优势作用。由于开菲尔乳多样而独特的生理效果引起了世界各国的高度重视，因此各国正在积极进行保健性开菲尔乳的制造和开发工作。

（二）开菲尔粒

开菲尔粒呈淡黄色，直径 15～20mm，形状不规则，具有弯曲或不均匀的表面，它们的大颗粒物类似于蒸煮过的米粒，是由蛋白质、多糖和几种类型的微生物如酵母、产酸和产香形成菌等组成的混合菌块。菌块内的乳酸菌在菌体外蓄积黏质多糖类作为菌块的支撑体，其他的构成菌则附着结合在其上形成菌块。在整个菌落群中，酵母菌占 5%～10%。开菲尔粒中菌相比任何其他发酵剂发酵液中的菌相都要复杂，既包括乳酸菌，又有酵母菌和醋酸菌。

开菲尔粒的一般物质组成见表 13-2。开菲尔粒中的碳水化合物主要由微生物和它们的自溶物及乳蛋白和碳水化合物的凝聚物构成。碳水化合物是由细菌产生的黏稠物质，由多糖组成，也被称作开菲尔粒多糖。开菲尔粒不溶于水和大部分溶剂中，当它们浸泡在乳中时，该粒膨胀并变成白色。在发酵过程中，乳酸菌产生乳酸，而酵母菌发酵乳糖产生乙醇和二氧化碳。在酵母的新陈代谢过程中，某些蛋白质发生分解从而使开菲尔乳产生一种特殊的酵母香味。

表 13-2　开菲尔粒的物质组成（%）

项目	水分	蛋白质	脂肪	碳水化合物	灰分
湿重	83.7	5.7	0.3	9.4	1.0
干重	—	34.8	2.0	57.2	5.9

（三）开菲尔乳的生产工艺

1. 生产工艺流程　开菲尔乳的生产工艺与大多数发酵制品有许多相同之处，开菲尔乳的传统生产工艺流程如图 13-3 所示。

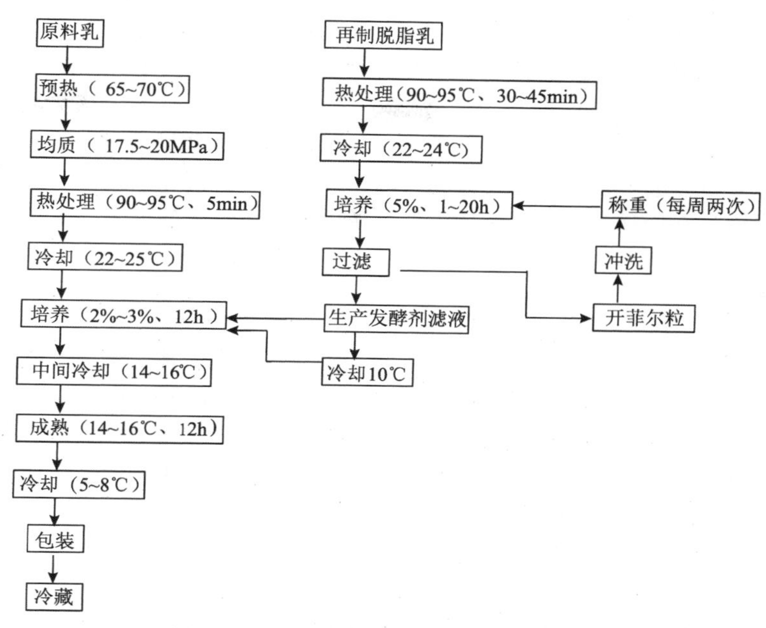

图 13-3　开菲尔乳的传统生产工艺流程

2. 工艺要求

（1）原料乳要求和脂肪标准化　和其他发酵乳制品一样，原料乳的质量十分重要，它不能含有抗生素和其他杀菌剂，用作开菲尔乳的原料可以是牛乳、山羊乳或绵羊乳。开菲尔乳的脂肪含量为 0.5%～6.0%，一般是利用原料乳中原有的脂肪含量，但是更常用 2.5%～3.5%的脂肪含量。脂肪标准化在某些情况下可以采用，但并不总采用。

（2）均质　标准化后，牛乳在 65～70℃、17.5～20MPa 条件下进行均质。

（3）热处理　热处理的方法与酸乳和大多数发酵乳一样，采用 90～95℃，保持 5min。

（4）接种　热处理后，牛乳被冷却至接种温度，通常为 23℃，添加 2%～3%发酵剂。

（5）发酵剂的制备　开菲尔乳发酵剂通常用含不同脂肪含量的牛乳来生产。但为了更好地控制开菲尔粒的微生物组成，近年来使用脱脂乳和再制脱脂乳制作发酵剂。发酵剂的繁殖和其他发酵乳制品一样，培养基必须进行完全的热处理，以灭活噬菌体。

生产分两个阶段，主要是因为开菲尔粒体积大，不易处理。体积相对较小的发酵剂更容易控制。

在第一阶段，经预热的牛乳用活性开菲尔粒接种，23℃培养，接种量为5%（1 份开菲尔粒加到 20 份牛乳中）或 3.5%（1 份开菲尔粒加到 30 份牛乳中），培养时间大约为 20h；这期间开菲尔粒逐渐沉降到底部，要求每隔 2～5h 间歇搅拌 10～15min。当达到理想的 pH（4.5）时，搅拌发酵剂，用过滤器把开菲尔粒从母发酵剂中滤出（滤液）。过滤器的孔径为 3～4mm。开菲尔粒在过滤器中用凉开水冲洗（有时用脱脂乳），它们能在培养新一批母发酵剂时再用。培养期间每周微生物总数增长 10%，所以它的质量一定增加了，在再次使用时要去掉多余的部分。

在第二阶段，如果滤液在使用前要贮存几小时，那么要把它冷却至大约 10℃。另外，如果要大量生产开菲尔酒，那么可以把滤液立刻接种到预热过的牛乳中制作生产发酵剂，剂量为 3%～5%，在 23℃温度下培养 20h 后，生产发酵剂准备接种到生产开菲尔的乳中。

（6）培养　正常情况下分酸化和后熟两个培养阶段。

1）酸化阶段：此阶段持续至 pH 到 4.5，或用酸度表示，到 85～110°T，大约要培养 12h，然后搅拌凝块，在罐里预冷。当温度达到 14～16℃时冷却停止，不停止搅拌。

2）成熟阶段：在随后的 12～14h 开始产生典型的轻微“酵母”味。当酸度达到 110～120°T（pH 约 4.4），开始最后的冷却。

（7）冷却　产品在板式热交换器中迅速冷却至 4～6℃，以防止 pH 的进一步下降。冷却和包装产品，非常重要的一点是处理要柔和。因此，在泵、管道和包装机中的机械搅动必须限制到最低程度。空气会增加产品分层的危险性，所以应避免空气的进入。

二、酸马奶酒

奶酒是以乳或乳制品如鲜乳、脱脂乳、乳清等为原料，发酵加工制成。酸马乳，也称酸马奶酒，在英文中称 Koumiss、Kumiss、Kumys 或 Coomys，在蒙古和中国，酸马乳也称 Airag、Arrag（艾日格）或 Chige（chegee）、Chigo（策格），意为“发酵马奶子”。酸马乳起源于西亚或中亚游牧民族。Koumiss 一词来源于居住于亚洲荒漠大草原 Kumane 河或 Kuma 河流域的一个名为 Kumanes 的部落，但也有可能来源于鞑靼人。早在 2000 多年前，我国的汉代就有制作酸马乳的记载了。巴·吉格木德著的《蒙医学简史》记载道，远在匈奴、东胡、乌桓、鲜卑时期，酸马乳就是北方少数民族牧民的上等饮料了。

酸马奶酒是以新鲜马奶为原料，经乳酸菌和酵母菌等微生物共同自然发酵形成的酸性低乙醇含量乳饮料。酸马奶酒是我国蒙古族、新疆哈萨克族和柯尔克孜族等少数民族地区的传统乳制品，呈乳白色或稍带黄色，是均匀的悬浮乳状液体，无杂质和凝块，酸度为 70～120°T，乙醇体积分数为 1%～3%，其风味微酸、醇厚浓郁、爽口解渴，具有很高的营养和医疗价值，因此，千百年来一直为牧民所喜爱，至今仍在东欧、蒙古和我国的内蒙古、新疆等地区盛行。

（一）酸马奶酒的分类

酸马奶酒中的微生物特别复杂，不同地区的产品，其微生物种类相差很大，酸马奶酒的成分也相差很大，即使是同一个地区同样的菌种，因发酵方式和发酵时间不同，其风味和微生物组成也相差很大。

根据酸马奶酒发酵方式和发酵时间的不同，将酸马奶酒分为酸马奶和马奶酒两种。两者所用的菌种大致相同，主要是乳酸菌和酵母菌的混合物，只是发酵方式有所不同。酸马奶以乳酸发酵为主，先进行乳酸发酵，而后进行轻微的乙醇发酵，成熟后酸度为 80～120°T，乙醇体积分数可达 1%～2%；马奶酒是以乙醇发酵为主，乙醇发酵比乳酸发酵强烈，即使冷却成熟期间也在进行乙醇发酵。成熟后酸度可达 80～100°T，乙醇体积分数最高可达 2.5%～2.7%。

马乳在酪蛋白等电点并不会凝固（因为马乳的酪蛋白含量很低），所以马奶酒不是一种凝乳状产品。酸马乳是由乳酸菌和酵母共同发酵而成的，根据发酵程度的不同，可分为弱发酵（乳酸 0.54%～0.72%，乙醇 0.7%～1.0%）、中发酵（乳酸 0.73%～0.90%，乙醇 1.1%～1.8%）、强发酵（乳酸 0.91%～1.8%，乙醇 1.8%～2.5%）。此外，Lozovich（1995）根据乙醇含量将酸马奶酒分为弱发酵、中发酵及强发酵，相对应的乙醇含量分别为 1.0%、1.5%和 3.0%。酸马奶酒中乳酸和乙醇的含量取决于发酵时间、发酵温度及菌相组成。

（二）酸马奶酒的营养价值

马乳的营养价值较高，其成分与牛乳和羊乳相比最接近人乳，含有丰富的乳清蛋白、蛋白胨、氨基酸、必需脂肪酸和相对较高的维生素 C、维生素 A、维生素 B_1、维生素 B_2、维生素

B_{12}及比例适宜的矿物质。马乳中的游离脂肪酸尤其是不饱和脂肪酸含量高，为牛乳的 4～5 倍，其中亚油酸和亚麻酸等人体必需脂肪酸含量更高。

乳经过发酵后成分会发生很大的变化，酸马奶酒中乳糖的含量减少，乳酸、乙醇、氨基酸、脂肪酸的含量明显增加，营养价值更高，更易被人体吸收。发酵过程中马乳主要成分变化见表 13-3 和表 13-4。同时发酵产生大量 CO_2 及其他风味物质如酸、醇、醛、酮、醚等，赋予酸马奶酒以特有的风味。

表 13-3 发酵过程中马乳主要成分变化

发酵前成分	发酵后成分	
	减少者	增加者
乳糖	乳糖	乳酸、有机酸、醇、羰基化合物
蛋白质	蛋白质	肽、游离氨基酸
脂肪	脂肪	挥发性游离脂肪酸及不饱和脂肪酸
微生物及其他成分	维生素 B_{12}、维生素 C、生物素、胆碱等	维生素（叶酸等）、核酸、风味成分、酶类菌体成分

表 13-4 马奶酒营养成分平均含量

脂肪/%	乳糖/%	蛋白质/%	乙醇体积分数（20℃）/%	总酸/°T	相对密度（20℃）	维生素 C 含量/（mg/kg）
1.9	2.8	2.2	2.2	100	1.006	78.4

乳糖可以经过同型发酵乳酸菌的糖酵解途径，以及异型发酵乳酸菌的磷酸酮酸和李洛尔氏途径被分解。此外，乳糖由酵母经乙醇发酵被利用。发酵的终产物乳酸及乙醇对形成酸马奶酒特殊的风味和口感是非常重要的。蛋白质的水解作用主要归于酵母菌和乳酸菌的作用。在有乳酸菌存在的情况下，发酵的最初几小时内，微生物对游离氨基酸的利用是强烈的，后期氨基酸有积累。维生素的增加主要是由酵母菌和醋酸菌引起的，其中，酵母菌可以合成维生素 B_1、维生素 B_2、维生素 B_{12}、维生素 C；醋酸菌可以合成维生素 B_2、烟酸等。抑菌物质的产生是乳酸菌、酵母菌、醋酸菌等共同作用的结果。研究表明，酸马奶对葡萄球菌、芽孢杆菌和结核杆菌有抑制作用。

（三）酸马奶酒的生产工艺

1. 生产工艺流程 马乳→验收→过滤→杀菌→添加发酵剂→搅拌→冷却→装瓶→成熟→成品。

2. 工艺要求

1）验收：验收的马乳要求新鲜卫生；最好用刚挤的新鲜马乳。

2）杀菌：采用 90℃、30min 杀菌条件。

3）发酵剂的制备：酸马奶的品质与发酵剂有着直接的关系。可使用天然发酵剂或用纯乳酸菌与纯酵母菌发酵。添加量以加入发酵剂后的马乳酸度 50～60°T 为宜。酸马奶发酵剂中含有保加利亚乳杆菌、乳酸球菌、酵母菌等。这些菌将乳糖分解成乳酸、二氧化碳，使 pH 降低，产生凝固和形成酸味，并能防止杂菌污染，分解蛋白质和脂肪等产生氨基酸等风味物质。

4）搅拌：发酵剂和马乳混合后，经 430～480r/min 搅拌 20min，在 35～37℃条件下静置发酵 1.0～3.5h，使酸度达到 68～72°T，然后再搅拌。

5）冷却、装瓶：冷却到 17℃，分装。

6）成熟：装瓶后置于 0～5℃的冷库中继续发酵，1.0～1.5d 即可成熟出售。这时酸度达 80～120°T。乙醇体积分数为 1%，最高达 2.5%～2.7%。

自然发酵的酸马奶酒中微生物的组成及含量受当地的环境、气候、发酵温度和发酵时间等因素的影响。由于马乳资源缺乏，没有工业化生产的酸马奶酒。但有研究报道，以牛乳为基本配料模拟马乳的化学组成，然后用纯菌种发酵制备模拟酸马奶酒。

三、益生菌发酵乳

（一）益生菌的定义

“probiotics”一词来源于希腊文，是“共生”的意思，与“antibiotic”（抗生素）相对立，意味着“在动物之间，于生命活动的维持上起到相互补益的作用”。1965 年，Lilley 和 Stillwell 首次提出益生菌一词，他们将其定义为“由一种微生物分泌，刺激另一种微生物生长的物质”。1974 年，美国学者 Parker 认为“益生菌是维持宿主肠道内微生物平衡的微生物或物质”。由于这一定义范围过大，易引起混乱，于是美国食品药品监督管理局（FDA）把这类产品定义为可以“直接饲用的微生物制品”（direct feed microbial product）。随着人们对益生菌作用认识的不断深入，有关益生菌的定义也处在发展之中。目前，大家普遍接受的益生菌定义是 1989 年英国学者 Fuller 提出的。Fuller 将益生菌概括为“某种或某一类通过改善宿主肠道菌群平衡，对宿主发挥有益作用的活的微生物添加剂”。随后，Sosaard（1990）又将益生菌定义为“摄入动物体内参与肠内微生物群落的阻碍作用，或者通过非特异性免疫功能来预防疾病而间接地起促进生长作用和提高饲料效率的活的微生物培养物”，是取代或平衡肠道微生态系统中由一种或多种菌系组成的微生物添加物。2002 年，欧洲权威机构——欧洲食品与饲料菌种协会（EFFCA）给出了最新的定义：益生菌是活的微生物，通过摄取充足的数量，对宿主产生一种或多种特殊且经论证的功能性健康益处。通常将益生菌简单地理解为一种通过改善肠内微生物平衡而有效地影响宿主的活性微生物制剂。最近，益生菌被定义为应用于动物及人体内，通过改善宿主体内的微生态平衡进而促进宿主健康的单一或混合的活的微生物制剂。该定义不仅强调了益生菌是一种活的微生物，而且指出，益生菌不只是应用于动物，也可以应用于人体，拓宽了益生菌的应用领域，是目前广为接受的说法。

（二）益生菌的种类

目前，常用的益生菌主要有双歧杆菌属和乳杆菌属的菌种。随着益生菌研究的不断深入，益生菌的种类正逐步增加，其应用范围也在进一步扩大。明串珠菌属、丙酸杆菌属、片球菌属、芽孢杆菌属的部分菌种（株）及部分霉菌、酵母菌等也被用作益生菌。在我国，目前用作生产的益生菌因其产品及品牌不同而略有差异，其中最常用的有乳杆菌属、双歧杆菌属、链球菌属和芽孢杆菌属等菌属中不同型或亚种的细菌，而蜡样芽孢杆菌和地衣芽孢杆菌是我国自行开发的生产菌，未见有国外报道。我国国家卫生和计划生育委员会批准的可用于保健食品的益生菌菌株有嗜酸乳杆菌、罗伊氏乳杆菌、德氏乳杆菌保加利亚亚种、干酪乳杆菌干酪亚种、短双歧杆菌、长双歧杆菌、婴儿双歧杆菌、双歧双歧杆菌、青春双歧杆菌和嗜热链球菌等。在国外，食品中尤其是发酵乳中常用的典型益生菌菌株见表 13-5。

表 13-5　常用于生产乳制品的典型益生菌菌株

菌株	来源	菌株	来源
嗜酸乳杆菌 NCFM（*Lactobacillus acidophilus* NCFM）	法国罗地亚	鼠李糖乳杆菌 GG（*L. rhamnosus* GG）	芬兰 Valio
嗜酸乳杆菌 DDS-1（*L. acidophilus* DDS-1）	纳贝斯克	鼠李糖乳杆菌 GR-1（*L. rhamnosus* GR-1）	加拿大 Urex
嗜酸乳杆菌 SBT-2062（*L. acidophilus* SBT-2062）	日本雪印	鼠李糖乳杆菌 271（*L. rhamnosus* 271）	瑞典 Probi AB
嗜酸乳杆菌 LA-1 和 LA-2（*L. acidophilus* LA-1 和 LA-2）	丹麦汉森	鼠李糖乳杆菌 LR21（*L. rhamnosus* LR21）	瑞典 Fssum
干酪乳杆菌 Shirota（*L. casei* Shirota）	日本 Yakult	唾液乳杆菌 UCC118(*L. salivarius* UCC118）	爱尔兰
干酪乳杆菌 Immunitas（*L. casei* Immunitas）	法国达能	德氏乳杆菌乳酸亚种 LIA（*L. delbrueckii* subsp.*lactis* LIA）	瑞典 Fssum
发酵乳杆菌 rc-14（*L. fermentum* rc-14）	加拿大 Urex	乳双歧杆菌 Bb12（*B. lactis* Bb12）	丹麦汉森
约氏乳杆菌 Lal 和 Lj1(*L. johnsonii* Lal 和 Lj1）	瑞士雀巢	长双歧杆菌 BB 536（*B. longum* BB 536）	日本 Morinnaga
类干酪乳杆菌（*L. paracasei* CRI431）	丹麦汉森	长双歧杆菌 SBT-2928(*B. longum* SBT-2928）	日本雪印
植物乳杆菌（*L. plantarum* 299V）	瑞典 Probi AB	短双歧杆菌（*B. breve* Yakult）	日本 Yakult
罗伊氏乳杆菌(*L. reuteri* SD 2112、MM2）	德国 Biogaia		

理论上，益生菌菌株的选择应依据如下标准。

1）益生菌应该来自于寄主，理想的是来自健康人肠道的自然菌群。

2）能顺利通过消化道，尤其是在上消化道极端条件（高胃酸、高胆汁）下具有较高的存活率。

3）具有对上皮细胞表面的黏附力，能在消化道内定植。

4）能与寄主肠道内菌群竞争，并具有生存发展的能力。

5）具有拮抗、免疫调节等有益于寄主健康的生理作用。

6）非致病性的，并且无毒素产生。

7）具有加工和贮藏的稳定性，在加工和贮藏过程中，仍保持较高的存活率。

（三）益生菌发酵乳的生产工艺

下面介绍几种益生菌发酵乳的生产工艺。

1. 养乐多　养乐多（Yakult）是 20 世纪 70 年代起源于日本的一种乳制品，是由从人体肠道中分离获得的干酪乳杆菌的一个特殊变异菌株（*Lactobacillus casei* Shirota）来发酵生产的，是日本市场上极受欢迎的乳饮料，近年来该产品在欧洲市场上也十分流行，近几年在我国也受到很多消费者的喜爱。

与其他的发酵型乳饮料相比，养乐多中的固形物含量相当低，它仅含有 1.2%的蛋白质、1.1%的乳糖和 1.1%的脂肪，为了提高总固形物的含量，可以加入蔗糖使总固形物含量接近 14.1%。养乐多的生产工艺流程见图 13-4。

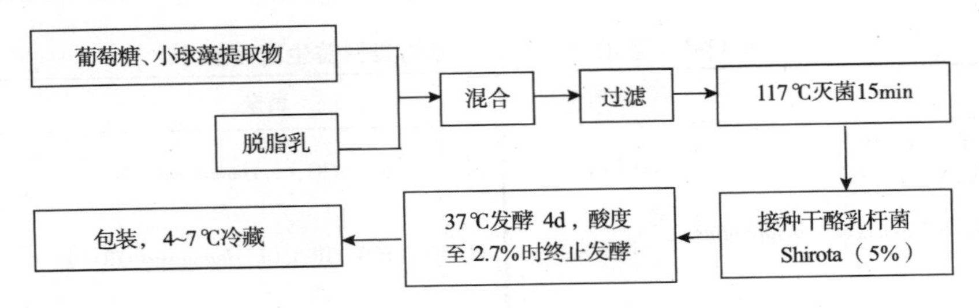

图 13-4　养乐多的生产工艺流程

2. 双歧杆菌酸乳　双歧杆菌是一类专性厌氧杆菌，要求的厌氧及营养条件较高，广泛存在于人及动物肠道中，母乳中含有双歧杆菌生长促进因子。双歧杆菌在母乳喂养的健康婴儿肠道中几乎以纯菌状态存在，占绝对优势。据报道，母乳喂养儿肠道中双歧杆菌量是人工喂养儿的 10 倍，健康人双歧杆菌量是患者的 50 倍。当患病、饮食不当或衰老时，双歧杆菌减少或消失。双歧杆菌在肠道中的数量成为婴幼儿和成人健康状况的标志，反映了双歧杆菌对人体健康的重要作用。双歧杆菌中最常用的发酵菌株是双歧双歧杆菌和短双歧杆菌。双歧杆菌在乳中产酸能力弱，凝乳时间长，属于异型发酵，产生 3∶2 的乙酸和乳酸，发酵终产品的口感与风味欠佳。所以，双歧杆菌发酵乳制品生产的技术难点是既要保证产品中含有一定数量的双歧杆菌，也要使产品的口感与风味被消费者接受。

（1）生产工艺流程　双歧杆菌酸乳的生产工艺流程见图 13-5。

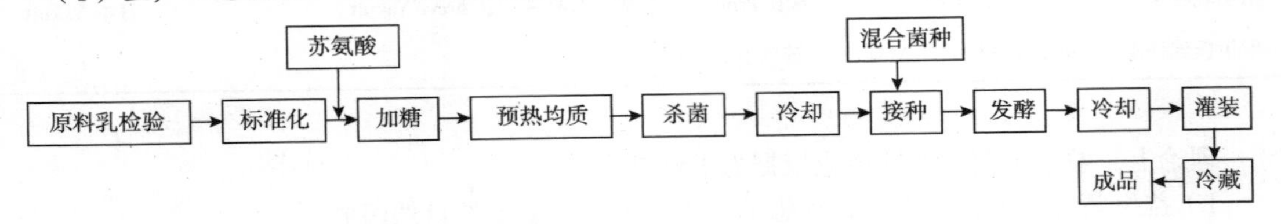

图 13-5　双歧杆菌酸乳的生产工艺流程

（2）操作要点

1）原料乳的标准化、添加苏氨酸：原料乳验收后，调整干物质为 13%，在乳中添加适量苏氨酸，提高乙醛的生成量，防止由于乙醇脱氢酶转换乙醛成乙醇。

2）加糖、均质：加入 2%蔗糖，预热到 60～65℃，在 16～18MPa 的压力下均质。

3）杀菌、冷却：采用 90～95℃、10～15min 的杀菌条件，然后冷却到 40℃准备接种。

4）菌种的选择：由于双歧杆菌具有产酸弱的缺点，为此选用由嗜热链球菌、嗜酸乳杆菌、双歧杆菌组成的混合菌种，不仅可以利用嗜热链球菌、嗜酸乳杆菌产酸强的特点，大大缩短发酵时间，促进双歧杆菌本身产酸，同时也可增加代谢产物中乙醛、丁二酮、乳酸、二乙酮酸的含量，改善产品的风味与组织状态。

5）接种、发酵：接种量为 6%，发酵温度为 40℃，时间为 3.5h。

6）冷却、灌装、冷藏：发酵结束后快速冷却至 10℃，在此期间搅拌要缓慢，可添加果料。然后在 6～8℃冷藏，成品中双歧杆菌活菌数能够达到 10^7 个/mL 以上。

3. 嗜酸乳杆菌酸乳　嗜酸乳杆菌酸乳是由单一的嗜酸乳杆菌作为发酵剂发酵制成的。嗜酸乳杆菌是广泛存在于人及一些动物肠道中的微生物，它在代谢过程中进行乳酸发酵产生乳酸、乙酸及抗生素，如嗜酸菌素、嗜酸乳菌素、乳酸杆菌素、乳酸杆菌乳素等。这些有机酸和抗生素能抑制大肠杆菌、腐败菌的异常发酵，从而具有整肠作用。美国、前苏联等将嗜酸乳杆菌酸乳作为治疗肠胃病的保健乳制品已有数十年的历史。近年来，还发现嗜酸乳杆菌具有降低血液中胆固醇含量和抑制某些癌细胞生长的作用，使嗜酸乳杆菌的研究和应用更为引人注目。由于该菌具有耐酸性和耐胆汁性而经胃肠道残存，因此，国内外对该菌在食品上的开发极为重视，称为第三代酸乳发酵剂，是一种保健功能极强的菌种。嗜酸乳杆菌酸乳的生产工艺流程见图 13-6。

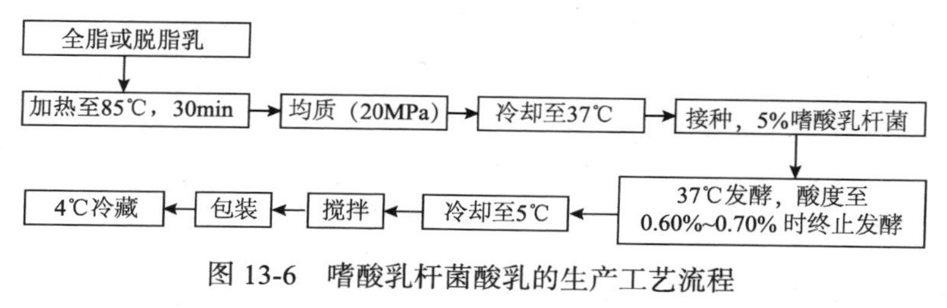

图 13-6　嗜酸乳杆菌酸乳的生产工艺流程

案例 13-3　中国益生菌发酵乳制品发展现状及应对策略

2013 年 9 月 28 日，一场别开生面的“益生菌与健康学术研讨会”在地处溧阳的江苏中关村科技产业园隆重举行。来自浙江大学、中国农业大学、山东大学、浙江工商大学、南京医科大学等的国内益生菌专家和教授及广州市奶业协会、常州和溧阳市科技与质监部门负责同志济济一堂，共同就益生菌与健康的主题展开研讨。同时，归国博士赵景阳自主研发益生菌“康乐优”系列产品在科技园区进行了试生产。这标志着我国首家自主研发并拥有知识产权的益生菌乳饮品“康乐优”即将面市，走进中国的千家万户。

案例分析：首先，目前国内益生菌发酵乳制品采用的菌种和发酵剂几乎完全被国外企业和产品垄断。例如，伊利公司采用了芬兰 Valio 公司开发的 LGG 菌株，蒙牛乳业则采用丹麦科汉森公司的 BB12 菌株。真正具有自主知识产权的、适合中国人群生理特性的益生菌产品几乎为零。我国乳品工业大规模地采用国外的益生菌发酵剂，不仅生产成本高，更重要的是长期下去必将制约我国益生乳酸菌产业和发酵乳制品产业的发展。解决这一问题的根本在于制定长远的战略目标，研究和开发具有自主知识产权的益生乳酸菌菌种和发酵剂的相关技术和产品。其次，我国目前尚无针对益生菌和益生菌发酵乳的明确的标准，出现了益生菌名称五花八门、夸大宣传益生功能等现象。因此，为了正确规范和引导我国益生菌及其发酵乳制品产业的健康发展，研究和制定适于益生菌菌株及益生菌发酵乳评价的技术标准是十分重要和迫切的。

此外，我们还应该加强乳酸菌资源的收集，建立专业化的乳酸菌菌种资源库，从生物学角度考虑益生菌对不同人种的适宜性，利用人体基因组学的研究成果，建立适合于中国人种生理特点的益生菌评价体系，进而开发适合于中国人种生理特点的益生菌，制定发酵乳的菌种筛选和产品的标准。为此，需要建立长效的科学研究机制，保证自主研发的持续性和人才队伍的建设。

思考题

1. 什么是发酵乳？有哪些类别？分类依据是什么？
2. 试述发酵乳的营养价值与保健功能。

3. 什么是发酵剂？简述发酵剂的制备过程。
4. 凝固型酸乳和搅拌型酸乳在工艺上的主要区别是什么？
5. 酸乳生产中，原料乳经过均质后杀菌的目的是什么？
6. 延长酸乳货架期的方法有哪几种？
7. 开菲尔乳的发酵剂有何特点？传统生产工艺中，培养分为几个阶段？
8. 什么是益生菌？如何选择益生菌？
9. 举例说明一种益生菌发酵乳的生产工艺。

主要参考文献

陈历俊. 2007. 乳品科学与技术. 北京: 中国轻工业出版社
顾瑞霞. 2006. 乳与乳制品工艺学. 北京: 中国计量出版社
郭本恒. 2001. 功能性乳制品. 北京: 中国轻工业出版社
江汉湖. 2002. 食品微生物学. 北京: 中国农业出版社
李凤林, 崔福顺. 2007. 乳及发酵乳制品工艺学. 北京: 中国轻工业出版社
曾寿瀛. 2003. 现代乳与乳制品. 北京: 中国农业出版社
张和平, 张佳程. 2012. 乳品工艺学. 北京: 中国轻工业出版社
赵新淮, 于国萍, 张永忠, 等. 2007. 乳品化学. 北京: 科学出版社

第 14 章 干酪加工

本章学习目标：了解并掌握干酪的概念及种类、干酪生产的基本原理和工艺流程；了解加工新技术在干酪生产中的应用。

第一节　干酪的定义与分类

干酪起源于公元前 6000～前 7000 年伊拉克的幼发拉底河和底格里斯河区域。当时该地区的游牧民族将多余的牛、羊乳通过自然发酵生产出酸凝乳，固态凝乳为利于长时间保存而加盐，制作成最早期的“干酪”，而排出的乳清可用于游牧时解渴。在欧洲、美洲及大洋洲的澳大利亚和新西兰，干酪作为一种常见的乳制品，种类达到 1000 多种，在城市和乡村普遍都有生产，所以人们将它们作为一种传统食品看待，欧洲也是干酪的主要生产国和消费国。干酪的生产量很大，在全球范围内，大约有 30%的牛乳被加工成为干酪，而在西方，这个比例则达到了 40%以上。

一、干酪的定义

干酪，又称为奶酪，是指在乳（牛乳、羊乳及其脱脂乳、稀奶油等）中加入适量的发酵剂和凝乳酶，使乳蛋白（主要是酪蛋白）凝固，之后排出乳清，并将凝块压成所需的形状而制成的产品。制成后未经发酵成熟的产品称为新鲜干酪；经长时间发酵成熟而制成的产品称为成熟干酪。

二、干酪的分类

（一）国际通用分类

1. 天然干酪　天然干酪是指以乳、稀奶油、部分脱脂乳、酪乳或混合乳为原料，经凝固后排出乳清而获得的新鲜或成熟的产品。天然干酪中允许添加天然香辛料以增加香味和滋味。根据原料不同，天然干酪又可划分成很多种。例如，乳清干酪是最早生产于挪威和瑞典的一种干酪，它是通过浓缩乳清并将浓缩后的乳清装模所得，可添加或不添加乳和乳脂肪；稀奶油干酪是一种不经成熟的软干酪，是经加工的稀奶油状的带有酸味和典型乳酸菌与产香菌发酵乳制品香味的产品，可涂布或混合于其他食品中。

2. 再制干酪　再制干酪是指以一种或几种天然干酪为原料，添加允许的添加剂（或不添加），经粉碎、混合、加热融化、乳化后而制成的产品，含乳固体 40%以上。此外，还规定：①允许添加稀奶油、奶油或乳脂肪以调整脂肪含量；②在添加香料、调味料及其他食品时必须控制在乳固体总量的 1/6 以内，但不得添加脱脂乳粉、全脂乳粉、乳糖、干酪素及非乳源的脂肪、蛋白质及碳水化合物。再制干酪具有所期望的风味、色泽和功能特性并可以作为涂抹食品和调味品等，具有营养丰富、风味温和、易储存的特点。其加工方式灵活多样，产品有糊状、粉状和片状，风味也可随意调配。

3. 干酪食品 干酪食品是指以一种或几种天然干酪或再制干酪为原料，添加添加剂（或不添加），经粉碎、混合、加热熔化而制成的产品，产品中的干酪数量需占50%以上。此外，还规定：①添加香料、调味料或其他食品时须控制在产品干物质总量的1/6以内；②可添加非乳源的脂肪、蛋白质或碳水化合物，但不得超过产品总质量的10%。

（二）以干酪中的水分含量分类

1）软质干酪：软质干酪水分含量高，大多为50%（质量分数）以上，有时甚至高达70%左右，如稀奶油干酪和农家干酪。

2）半硬质干酪：半硬质干酪水分含量为40%～50%（质量分数），如荷兰干酪和艾丹姆干酪。

3）硬质干酪：硬质干酪水分含量较低，一般为30%～40%（质量分数），如契达干酪。

4）特硬质干酪：特硬质干酪水分含量更低，一般为30%（质量分数）以下，如帕尔玛干酪。

（三）以干酪中的脂肪含量分类

1）脱脂干酪：是指FDM（脂肪质量/干物质质量）值在10%以下的干酪。

2）低脂干酪：是指FDM值为10%～25%的干酪，如农家干酪。

3）中等含脂干酪：是指FDM值为25%～45%的干酪，如莫扎瑞拉干酪。

4）全脂干酪：是指FDM值为45%～60%的干酪，如帕尔玛干酪。

5）高脂干酪：是指FDM值大于60%的干酪，如奶油干酪。这种干酪是通过在制作过程中向其中添加脂肪得到的。

（四）以干酪发酵成熟方式分类

1）新鲜干酪：新鲜干酪不经过成熟，水分含量高，如乳清干酪和农家干酪。

2）成熟干酪：成熟干酪在成熟过程中不加入其他成熟菌株，如契达干酪。

3）表面成熟干酪：表面成熟干酪在干酪制成后用白霉表面发酵成熟8～11d，如法国的布里奶酪和卡门培尔奶酪。

4）内部成熟或内部表面同时成熟干酪：内部成熟干酪或内部表面同时成熟干酪是在干酪制成后加青霉发酵成熟的，如蓝纹干酪。

5）洗浸成熟干酪：洗浸成熟干酪是在干酪制成后在表面涂布细菌发酵成熟的，如法国的埃波瓦斯奶酪和曼斯特奶酪。

（五）国家标准GB 5420—2010中规定的干酪分类

1）成熟干酪：成熟干酪是指生产后不能马上使（食）用，应在一定温度下储存一定时间，以通过生化和物理变化产生该类干酪特性的干酪。

2）霉菌成熟干酪：霉菌成熟干酪是指主要通过干酪内部和（或）表面的特征霉菌生长而促进其成熟的干酪。

3）未成熟干酪：未成熟干酪（包括新鲜干酪）是指生产后不久即可使（食）用的干酪。

三、干酪的营养价值

干酪中的脂肪和蛋白质含量与原料乳中相比提高了将近10倍。而且干酪中的蛋白质在发酵成熟过程中，由于凝乳酶和发酵剂微生物产生的蛋白酶的作用而逐渐被分解为肽、小肽、氨基酸等可溶性物质，极易被人体消化吸收。干酪中蛋白质的消化率为96%～98%。

除了蛋白质和脂肪外，干酪中还含有糖类、有机酸、常量矿物质元素（钙、磷、钠、钾、镁）和微量元素（铁、锌）等，以及脂溶性的维生素 A、胡萝卜素和水溶性的维生素 B_1、维生素 B_2、维生素 B_6、维生素 B_{12}、烟酸、叶酸、生物素等多种营养成分。干酪中的乳清残留少，乳糖不耐症者也能食用。在干酪加工过程中，乳凝固之后凝块与乳清分离，最后用凝乳制成干酪，而大部分的乳清则被排出。

近年来，人们开始追求具有营养价值高、保健功能全的食品，功能性食品的研究与开发在全球范围内都引起了重视。目前，功能性干酪食品已经开始生产并正在进行进一步的开发。功能性成分的添加给高营养价值的干酪制品增添了新的魅力，如一些成分能够促进人体对钙、磷等矿物质的吸收，还有一些成分具有降低血液中胆固醇的作用等。

第二节　干酪生产的基本原理

乳中含有的蛋白质主要包括酪蛋白（80%）和乳清蛋白（20%）。酪蛋白又分为 α_s-酪蛋白、β-酪蛋白和 κ-酪蛋白三种类型。α_s-酪蛋白和 β-酪蛋白通过疏水作用形成内核，称为亚胶束。亚胶束表面裸露的丝氨酸上带有磷酸基团，不同亚胶束上的磷酸基团通过钙离子连接，形成钙桥。亚胶束通过钙桥和氢键连接，并由 κ-酪蛋白附于表面进一步形成胶束。胶束内部的疏水区域越多，胶束表面的 κ-酪蛋白就越多。带负电荷的 κ-酪蛋白的羧基像头发一样分布在胶束的表面，κ-酪蛋白疏水的 N 端与内核蛋白质发生疏水相互作用，亲水的 C 端则暴露在周围的水溶性环境中并与水分子结合。这样，一方面由于未经破坏的酪蛋白胶束中带有过剩的负电荷，静电作用使它们彼此排斥，从而形成乳的稳定胶体结构；另一方面由于水分子被 κ-酪蛋白的亲水部分所结合，水的空间阻隔作用也使得酪蛋白胶束不能相互靠近。这两种作用使得酪蛋白胶束以胶体状态存在于溶液中，而不会沉降。

干酪的生产过程其实就是酪蛋白凝聚沉淀的过程，而酪蛋白要沉淀就必须破坏维持胶体结构稳定的上述两种作用。根据破坏这两种作用的方式不同分为酸凝和酶凝两种。

一、酸凝

（一）酸凝乳的机制

酸凝的原理就是通过加入正电荷（H^+）中和酪蛋白胶束表面的负电荷，破坏酪蛋白胶束之间的静电斥力，从而使其通过疏水作用凝聚，产生沉淀。酪蛋白在 pH5.3 时开始凝聚，在等电点 4.6 时完全沉淀。

（二）酸凝乳的影响因素

酸凝乳与温度、盐平衡密切相关。例如，脱脂乳在乳酸度为 0.25%、温度为 82℃时自发凝乳；在乳酸度为 0.35%、温度为 65℃时即可絮凝。脱脂乳在 2℃时即使接近等电点也不会有凝乳现象发生。钙和磷酸盐在 pH5.2 时呈溶解状态，胶体微粒的数量随可利用钙数量的增加而增加，因此钙的添加有利于凝乳的形成。0.07mol/L $CaCl_2$ 在 5℃时能形成很好的絮凝体。若温度较高（90℃，5min），乳清蛋白完全变性，对酪蛋白形成包埋，更有利于形成凝乳，但由于乳糖与蛋白质发生美拉德反应形成褐色物质，使产品颜色较深，因此不常用。一般 80℃热处理凝乳色泽很浅，高于 90℃时，其色泽很深。HTST 处理能产生好的凝乳（通过 $CaCl_2$ 的帮助），乳清排出也比较容易。

（三）酸凝乳常用沉淀剂

酸凝乳时可直接加酸，也可通过发酵产酸。直接加酸时，最常用的是食用醋、乙酸、柠檬酸、柠檬汁、乳酸，但很少用到盐酸。Ricotta 干酪就是由食醋和柠檬酸沉淀蛋白质形成凝乳加工而成的产品，但它也可由全乳用乳酸发酵剂酸化至 0.3%～0.32%乳酸度，然后加热至 80℃形成凝乳。Mozzarella 干酪生产时虽然也应用乳酸发酵剂，但仍然用乙酸或乳酸作为酸化剂。在 Impastata 干酪生产时，第一次凝乳用乳酸发酵剂，而剩余蛋白质的第二次絮凝则用白醋。

二、酶凝

（一）酶凝乳的机制

形成 κ-酪蛋白的氨基酸长链共有 169 个氨基酸，凝乳酶（包括一系列的酸性蛋白酶）能作用于 105 位苯丙氨酸和 106 位蛋氨酸的键位，通过切断 Phe^{105}-Met^{106} 键使 κ-酪蛋白部分水解，去除亲水巨肽（CMP）。这导致胶束的负电荷减少，疏水性增加，水分子离开酪蛋白胶束，使酪蛋白胶束失去可溶性，相互反应并生成新的化学键，这些键使酪蛋白胶束强烈疏水，胶束变得不稳定，胶束结构开始塌瘪、聚集并最终凝结（在有钙存在且温度高于 15℃的条件下）。因此，酪蛋白酶凝乳包括两个阶段：①κ-酪蛋白在酶的作用下，生成副酪蛋白和糖巨肽（CMP），此过程称为酶性变化；②α_s-酪蛋白与 β-酪蛋白丧失了亲水性的 κ-酪蛋白的保护，由于疏水作用而相互聚集。同时，钙在副酪蛋白分子之间形成“钙桥”，使酪蛋白的微粒发生团聚作用而产生凝胶体，发生凝固，此过程称为非酶变化。在实际操作中，室温以上的温度下，酶凝乳的两个过程有相互重叠现象，无法明显区分。副酪蛋白因凝乳酶作用时间的延长，会使酪蛋白进一步水解。这个过程在凝乳时很少考虑，但在干酪的成熟过程中是很重要的。

凝乳酶凝乳形成一个连续的酪蛋白胶束的网络结构，并将乳脂肪球、水、矿物质、乳糖和微生物包裹在其中。

（二）酶凝乳的影响因素（以皱胃酶为例）

1. pH 的影响 对于生产干酪来说，酶作用的最适 pH 为 4.8。在 pH 低于 4.8 的条件下，皱胃酶的活性升高，并使酪蛋白微球的稳定性降低，导致皱胃酶的作用时间缩短，形成的凝块较硬。而在弱碱（pH 为 9）、强酸、热、超声波的作用下，皱胃酶则会失活。

2. 温度的影响 凝乳酶的最适作用温度为 40～41℃，在 15℃以下或 60℃以上时则不发生作用。温度不仅对副酪蛋白的形成有影响，还对副酪蛋白形成凝块的过程有影响。温度高，某些乳酸菌的活力降低，影响干酪的凝聚时间；如果使用过量的皱胃酶、温度上升或延长时间，则会使凝块变硬。

3. 原料乳加热程度的影响 牛乳若先加热至42℃以上，再冷却到凝乳所需的正常温度后，添加皱胃酶，则凝乳时间会延长，凝块变软，这种现象称为“滞后现象”。这是因为牛乳在经过42℃以上温度的热处理时，酪蛋白胶粒中的磷酸盐和钙会游离出来。

4. 钙离子的影响 钙离子不仅对凝乳有影响，也影响副酪蛋白的形成。酪蛋白所含的胶质磷酸钙是凝块形成时所必需的成分。如果增加乳中的钙离子，则可缩短皱胃酶的凝乳时间，并使形成的凝块变硬。因此在许多干酪的生产中，会向杀菌乳中加入氯化钙。但如果钙的添加量太多则会产生苦味，常用的添加量为0.02%。

（三）常用凝乳酶

1. 传统凝乳酶（动物皱胃酶） 很早以前，人们就认识到利用小牛的第四胃（皱胃）分泌的一种具有凝乳功能的酶类，可以使小牛胃中的乳汁迅速凝结，从而减缓其流入小肠的速度。这种皱胃的提取物就称为粗制凝乳酶或皱胃酶，可以用来进行干酪加工。制备皱胃酶时一般应选择出生后数周（最好为两周）以内的犊牛，摘取第四胃，置通风处，干燥，切细。经浸出、结晶之后冷冻干燥成粉末状，即成为可长期保存的粉状制剂。

其他动物如小羊、水牛和猪的胃提取物也用于干酪凝乳。例如，水牛皱胃酶在菲律宾应用于Kesong Puti干酪的加工，但其在其他干酪中的应用并不广泛。小羊皱胃酶在加工干酪时的应用也不广泛，它加工的干酪与小牛皱胃酶加工的干酪相比风味较刺激，凝乳时需加由小羊的黏液和皱胃酶一起组成的膏状物（含脂酶），故产品脂解程度高，呈黏性。若单独使用该类皱胃酶，在凝乳前需添加酯酶才能获得和前面相同的产品。

2. 代用凝乳酶 20世纪以来，随着干酪加工业在世界范围内的兴起，先前以宰杀小牛而获得皱胃酶的方式已经不能满足工业生产的需要，而且成本较高。为此，人们开发了多种皱胃酶的替代品。代用凝乳酶按来源可分为动物性凝乳酶、植物性凝乳酶、微生物凝乳酶和利用遗传工程技术生产的皱胃酶等。

（1）*动物性凝乳酶* 动物性凝乳酶主要是胃蛋白酶。这种酶已经作为皱胃酶的代用酶应用到干酪的生产中，其性质在很多方面都与皱胃酶相似。但其蛋白质分解能力强，用其制作的干酪成品略带苦味，如果单独使用会使产品产生一定的缺陷。如果将胃蛋白酶与皱胃酶等量混合添加则可减少胃蛋白酶单独使用的缺陷。

另外，还有某些主要蛋白质分解酶，如胰蛋白酶和胰凝乳蛋白酶，其存在的缺陷是蛋白质分解能力强，凝乳强度差，产品略带苦味。

（2）*植物性凝乳酶*

1）无花果蛋白分解酶：无花果蛋白分解酶存在于无花果的乳汁中，可通过结晶进行分离。用无花果蛋白酶制作契达干酪时，凝乳速度快且成熟效果较好。但由于其蛋白质分解能力较强，脂肪损失多，所以干酪收率低且略带轻微的苦味。

2）木瓜蛋白分解酶：木瓜蛋白分解酶是从木瓜中提取获得的，其凝乳能力比蛋白分解能力强，但制成的干酪带有一定的苦味。

3）菠萝蛋白酶：菠萝蛋白酶是从菠萝的果实或叶中提取得到的，具有凝乳作用。

（3）*微生物凝乳酶* 微生物凝乳酶分为霉菌、细菌和担子菌三种来源。生产中主要用到的是霉菌性凝乳酶。其代表是从微小毛霉菌中分离出的凝乳酶，其凝乳的最适温度为56℃。它的蛋白质分解能力比皱胃酶强，但比其他蛋白质分解酶的蛋白质分解能力弱，对牛乳的凝固能力强。

微生物来源的凝乳酶主要缺陷是在凝乳作用强的同时，蛋白质分解能力比皱胃酶高，干酪的得率比用皱胃酶生产时要低，成熟后会产生苦味。另外，微生物凝乳酶的耐热性高，会给乳清的利用带来不便。

（4）利用遗传工程技术生产的皱胃酶　美国和日本等国利用遗传工程技术，将编码犊牛皱胃酶的DNA分离出来，导入微生物细胞内，利用微生物来合成皱胃酶获得成功，并得到美国食品药品监督管理局（FDA）的认定和批准（1990年3月）。美国Pfizer公司和Gist Brocades公司生产的生物合成酶制剂在美国、瑞士、英国、澳大利亚等国得到了广泛的推广应用。

案例14-1　凝乳酶在干酪生产中的应用现状

联合国粮食及农业组织的数据显示，在1961～2010年，世界干酪生产量平均年增长率达3.5%，高增长的干酪需要更多的凝乳酶。但是，由于新生小牛的皱胃数量有限，因此目前凝乳酶的生产供不应求，小牛皱胃凝乳酶仅能够满足凝乳酶需求量的20%～30%。最近几年来，对于其他反刍动物皱胃酶尤其是小羊皱胃酶的研究逐渐成为热点，但一直未进行商业化生产。另外，有人在具有原产地保护标志的意大利菠萝伏洛干酪中使用小羊皱胃酶，其结果表明，由于小羊皱胃酶含有脂肪分解酶，因此会分解脂肪产生游离脂肪酸，从而使干酪形成锐利、辛辣刺激的风味。尽管传统的动物性凝乳酶在市场上供不应求，但是由于不同种类的凝乳酶作用不同，特别是对于形成特征性风味的作用有差异，消费者还是习惯传统干酪的风味而不能接受这类酶应用在干酪中。所以，有些传统的凝乳酶在有原产地保护标志干酪的生产中仍具有不可替代的作用。然而，在我国，由于干酪产业的起步较低，目前生产重心主要停留在再制干酪加工与进口产品的分装上，且传统干酪如云南乳扇、广东姜撞奶等属于酸凝型干酪，对凝乳酶的需求量较小。因此，凝乳酶在我国尚未实现产业化生产。

案例分析： 随着我国奶业的高速发展与乳制品生产结构的调整，干酪已经成为中国乳品产业研究开发的热点及新的消费增长点。而凝乳酶作为干酪生产用的酶制剂，在干酪生产的带动下也必将成为我国研发与生产的重点之一。

第三节　干酪的加工工艺

大多数品种干酪的主要生产工序都是一样的，即通过凝乳去除乳中的水分，使其中的蛋白质、脂肪、矿物质和维生素浓缩6～10倍，然后收缩排出乳清，最终得到成品。但不同的品种间也有差异，而且有的还差别较大，这主要是由最终产品质量要求的不同造成的。

一、一般加工工艺流程

干酪的一般加工工艺流程如图14-1所示。

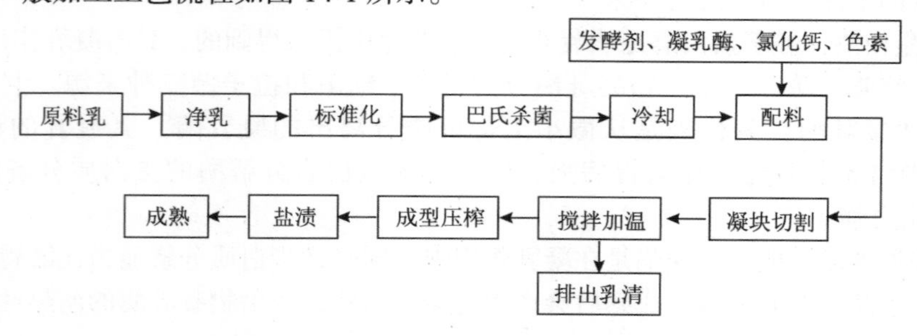

图14-1　干酪的一般加工工艺流程

（一）原料乳的预处理

1. 净乳 生乳中常含有杂质，因此必须进行净化。目前采用离心或过滤净化，在去除杂质的同时可减少微生物的数量。使用离心净乳机可以显著提高净化效果，有利于提高产品质量。离心净乳机还能将乳中的乳腺体细胞和某些微生物除去，并可去除90%带孢子的细菌（因为其密度大于不带孢子的细菌）。

2. 标准化

（1）什么是标准化 标准化就是指调节乳干物质中的脂肪含量、蛋白质/脂肪值、酪蛋白/脂肪值，使其在同一物种中保持相对稳定。

（2）为什么要进行标准化

1）酪蛋白和脂肪的比例决定着干酪的最终产率，而牛乳成分受季节、品种、饲料等的影响。

2）制作不同的干酪所要求的酪蛋白和脂肪的比例不同，因此也需要进行标准化。

（3）标准化的目的

1）减少或消除牛乳成分的季节性变化，从而保证生产出质量稳定的干酪。

2）遵从有关规定（FAO/WHO）中对干酪干物质中脂肪的要求，从而有利于干酪的生产。

3）实现从乳固形物到干酪最经济的转换。

4）赋予牛乳特有的质构特征。

（4）如何进行标准化

1）脂肪过多：可加入低脂乳、脱脂乳、脱脂乳粉（低热处理、无抗生素；添加前需完全溶解并经过过滤）、乳蛋白，或者直接离心去除部分脂肪以达到标准乳要求。

2）脂肪过少：可加入稀奶油、高脂乳，或对其脱脂得到稀奶油，然后将稀奶油添加于低脂乳中。

3. 热处理

（1）为什么要进行热处理 从食品安全的角度来说，热处理可以杀灭原料乳中的致病菌和有害菌。从最终产品品质的角度来说，热处理对干酪的凝乳和风味具有有利影响。乳在冷藏过程中，乳蛋白和盐离子的状态会发生改变，不利于凝乳。β-酪蛋白在冷藏过程中会从酪蛋白胶束中解离出来，而经过热处理之后就可以完全恢复；在5℃条件下放置24h后，约有25%的钙离子以磷酸钙沉淀的形式从乳中析出，不利于凝乳的形成。而经过热处理之后，钙离子就会重新溶解。在风味方面，原料乳中的一些微生物，尤其是假单胞菌，会分泌蛋白酶和脂肪酶，从而引发苦味和脂肪酸败等不良风味。热处理会使这些酶灭活，从而避免了不良风味的产生。

（2）过度热处理所带来的问题 若热处理温度>70℃，超过一定时间，则会引发乳清蛋白变性，β-乳球蛋白与κ-酪蛋白通过分子间二硫键发生结合，占据酶切位点，从而影响皱胃酶的凝乳效果，使凝块松软，收缩作用变弱，易形成水分含量过高的干酪。

（3）热处理的方式 生产干酪时牛乳的热处理通常选用巴氏杀菌，如63℃、30min的低温长时巴氏杀菌或71～75℃、15s的高温短时巴氏杀菌。这种处理足以破坏大部分致病菌和牛腐败菌，且对干酪制作工艺不会产生不良影响。虽然在欧洲一些传统干酪作坊的原料乳并不经过巴氏杀菌，但是人们已经证实，在各种不同类型干酪的成熟过程中，致病菌存在的时间较长，这说明在大规模地商业干酪生产中，为了保护消费者的利益，热处理温度应至少等于巴氏杀菌温度。

4. 均质 在乳均质的过程中，脂肪球变成更小的球体，其表面积至少增加10倍。原来的脂肪球膜不足以重新包裹小的脂肪球，需要新的蛋白质介入以形成新的脂肪球膜。新包裹的蛋白膜（大部分为酪蛋白）与凝乳网络中的酪蛋白相互连接，致使脂肪与蛋白质的结合力增强，干酪凝块的质地更为紧密，同时酪蛋白网状结构中更多的孔隙被脂肪球阻塞，乳清不易排出。因此，生产硬质和半硬质类型的干酪时一般不进行均质。针对这种情况，可以把乳分离成为脱脂乳和稀奶油，仅将稀奶油部分进行均质，在最后热处理前将其混合，这样就可以克服乳清不易排出的问题，且增加干酪产率和蛋白质、脂肪的回收率。

均质在软质干酪生产中应用广泛，尤其应用在使用牛乳替代传统羊乳所生产的干酪产品中。牛乳与羊乳的区别就在于：羊乳比牛乳更白，且有膻味。牛乳经均质之后，其脂肪球直径为 1～2μm，反射的光线比均质前多，因此能够促使干酪增白。另外，均质之后，脂肪球膜的破坏使脂酶较迅速地渗入脂肪球内部，促进脂肪的分解，加快风味物质的产生。在奶油干酪的生产中，均质可以增加脂肪的回收率，同时使得干酪质地细腻。

（二）添加发酵剂

1. 发酵剂的种类　在干酪的制作过程中，用来使干酪发酵与成熟的特定微生物培养物称为干酪发酵剂。发酵剂的选择在一定程度上决定了凝乳的风味和质构特征。干酪发酵剂主要分为细菌发酵剂和霉菌发酵剂两大类。细菌发酵剂主要以乳酸菌为主，应用的主要目的在于产酸和产生相应的风味物质，主要有乳酸乳球菌乳酸亚种、乳酸乳球菌乳脂亚种、干酪乳杆菌、丁二酮链球菌、嗜酸乳杆菌、保加利亚乳杆菌及嗜柠檬酸明串珠菌等。有时为了使干酪形成特有的组织状态，还要使用丙酸菌。

霉菌发酵剂主要是脂肪分解能力强的卡门培尔干酪青霉、干酪青霉、娄地青霉等。在一些品种的干酪中也应用了某些酵母，如解脂假丝酵母。

表 14-1 列出了一些发酵剂在干酪中的应用。

表 14-1　一些发酵剂在干酪中的应用

发酵剂种类	发酵剂		在干酪中的应用
	一般名	菌种名	
细菌发酵剂	乳酸球菌	嗜热乳链球菌	各种干酪，产酸及风味
		乳酸链球菌	各种干酪，产酸
		乳脂链球菌	各种干酪，产酸
		粪链球菌	契达干酪
	乳酸杆菌	乳酸杆菌	瑞士干酪
		干酪乳杆菌	各种干酪，产酸
		嗜热乳杆菌	各种干酪，产酸及风味
		胚芽乳杆菌	契达干酪
	丙酸菌	薛氏丙酸菌	瑞士干酪
霉菌发酵剂	短密青霉菌	短密青霉菌	砖状干酪
	曲霉类	米曲霉	林堡干酪
		娄地青霉	
		卡门培尔干酪青霉	法国绵羊乳干酪
			法国卡门培尔干酪
酵母	酵母类	解脂假丝酵母	青纹干酪
			瑞士干酪

2. 发酵剂的作用　发酵剂发酵乳糖产生乳酸，提高凝乳酶的活性，缩短凝乳时间，牛乳

的 pH 为 6.7～6.8，而凝乳酶作用的最适 pH 为 6.1～6.2，所以加入发酵剂使 pH 降低能够促进凝乳酶的凝乳作用；发酵产生的乳酸可促进凝块的收缩，产生良好的弹性，可以促进乳清的排出，赋予制品良好的组织状态；在成熟过程中，发酵剂可利用本身的各种酶类促进干酪的成熟；加工或成熟的过程中，发酵剂能产生一定浓度的乳酸，有的菌种还可以产生相应的抗生素，可以较好地防止杂菌的繁殖，保证最终产品的品质；丙酸菌的丙酸发酵能使乳酸菌所产生的乳酸还原，产生丙酸和二氧化碳气体，使某些硬质干酪产生特殊的孔洞特征。

3. 发酵剂的添加方法　首先应根据最终产品的质量和特征，选择合适的发酵剂种类和组成。添加时，将原料乳泵入干酪槽内，冷却至 30～32℃时加入发酵剂。接种量为原料乳量的 1%～2%，边搅拌边加入，并在 30～32℃条件下充分搅拌 3～5min。为了促进凝固和正常成熟，加入发酵剂后应进行短时间的发酵，以保证充足的乳酸菌数量，此过程称为预酸化。经 10～15min 的预酸化后，取样测定酸度。不同类型的干酪需要使用发酵剂的剂量有所不同。在所有的干酪生产过程中要避免原料乳进入干酪槽时裹入空气，因为这将影响凝块的质量，还可能会引起酪蛋白随乳清排出，造成损失。

（三）加入添加剂

1. $CaCl_2$　添加 $CaCl_2$ 可以减少凝乳酶的用量，提高凝乳性能。如果生产干酪的原料乳质量较差，形成的凝块松散，那么切割后会形成较多的碎粒，引起酪蛋白及脂肪的严重损失，同时排乳清困难，在干酪生产过程中具有很差的凝块收缩能力，干酪质量很难保证。为了改善凝固性能，提高干酪的质量，可在每 100kg 原料乳中添加 5～20g 的 $CaCl_2$，这样可以恒定凝固时间，并使凝块达到足够的硬度。但是 $CaCl_2$ 的添加量不能过量，过量会使凝块太硬，难以切割。对于低脂干酪，有些国家法律允许在加入 $CaCl_2$ 之前添加磷酸氢二钠（Na_2HPO_4），通常用量为 10～20g/kg，这会形成胶体磷酸钙[$Ca_3(PO_4)_2$]，增加凝块的塑性，与裹在凝块中的乳脂肪几乎具有相同的效果。

2. 色素　为了对干酪颜色进行标准化，有时需要添加色素。常用的色素有 β-胡萝卜素、胭脂红、辣椒色素。有时也会用到叶绿素，如在蓝纹干酪中，叶绿素与蓝霉干酪相比产生一种“灰色”；而在青纹干酪中，叶绿素可反衬霉菌产生青绿色条纹。在实际生产中，色素的添加量需要视季节和市场需要的变化而定。

3. 硝酸盐　如果生产干酪的原料乳中混入丁酸菌或产气菌时，就会产生异常发酵。这时可以利用硝酸盐（硝酸钠或硝酸钾）来抑制这些细菌生长。硝酸盐的用量需要根据乳成分和生产工艺精确计算，不可过多使用。因为过多的硝酸盐会抑制发酵剂中细菌的生长，从而影响干酪的成熟；同时使干酪容易变色，产生红色条纹和一种不纯的味道。通常每 100kg 原料乳中亚硝酸盐的添加量不超过 20g。

4. CO_2　添加 CO_2 是提高干酪用原料乳质量的一种方法。CO_2 天然存在于乳中，但在加工过程中大部分会逸失。通过人工手段加入 CO_2，可降低牛乳的 Ph（通常可使原始 pH 降低 0.1～0.3），并相应缩短凝乳时间，从而使得在使用少量凝乳酶的情况下，也能取得同样的凝乳时间。因而添加 CO_2 作为一种安全的加工技术手段迅速得到推广。

5. 脂肪酶　由于生乳中的脂肪酶在热处理过程中失活，因此为了通过水解脂肪来产生更多的风味物质，就需要添加脂肪酶，小山羊分泌的脂肪酶比较常用。

（四）调整酸度

在添加发酵剂并经 30～60min 发酵后，酸度为 0.18%～0.22%，但该乳酸发酵酸度很难控制。

为了使干酪成品质量一致，可用 1mol/L 的盐酸调整酸度，一般调整酸度至 0.21%左右，但具体的酸度值应根据干酪的品种而定。

（五）添加凝乳酶和凝乳的形成

1. 凝乳酶的添加　制造干酪时，凝乳酶的添加量应该通过预实验，根据凝乳酶的活力和预期的凝乳时间及凝乳效果来确定，通常以 30℃保温条件下，在 35～40min 能进行切割为宜。如果凝乳酶添加量太少，会造成凝乳强度差，蛋白质和脂肪等成分在乳清析出过程中损失过多，干酪产率低；如果凝乳酶添加量过多，滞留在干酪中的酶过多，会导致干酪成熟过程中水解过度，从而影响干酪的风味和功能特性。凝乳酶添加于乳中前需用清水稀释 10 倍，在加入酶之前乳要不断搅拌，通常需搅拌 5min，以便加入的皱胃酶能与乳很好地混合。若搅拌不充分则会导致脂肪上浮，造成切割时脂肪损失和乳清表面漂浮脂肪；但如果搅拌过于剧烈或时间过长则会引起新形成的凝乳破碎，使其乳清化而损失于乳清中。

2. 凝乳的形成　添加凝乳酶后，在 32℃条件下静置 30min 左右即可使乳凝固并达到凝乳的要求。判断凝乳终点时可将小刀刺入凝固后的乳表面以下，然后慢慢抬起，若裂纹出现玻璃样分裂状态则认为凝块已适宜进行切割。

（六）凝块切割

切割时需用干酪刀，先沿着干酪槽长轴用水平式刀平行切割，再用垂直式刀沿长轴垂直切割，使其成为 3～15mm 大小的颗粒（其大小取决于干酪的类型，切块越小，最终干酪中的水分含量越低）。切割过程应在 10min 内完成（最理想状况为<5min）。

（七）凝块搅拌与加温

这一步骤主要是针对硬质干酪而言的。在切割后要轻轻搅拌，防止凝块被搅碎而使蛋白质、脂肪损失。加热升温后，应严格控制升温温度与速度，若加热速度太快，则会导致凝块易碎，且使凝块致密，乳清不易排出。在加热过程中要不断搅拌，热和酸的共同作用会导致凝块脱水缩合，促使凝块收缩和乳清排出，防止凝块沉淀和相互粘连。

（八）排出乳清

搅拌升温后期，当乳清酸度达到 0.17%～0.18%时，凝块收缩至原来的一半，用手捏干酪粒感觉有适度弹性，或用手握一把干酪粒用力压出水分后放开，如果干酪粒富有弹性，搓开仍能重新分散时，即可排出全部乳清。此时应将干酪粒堆积在干酪槽两侧，促进乳清的进一步排出。

（九）堆积

乳清排出后，将干酪粒堆积在干酪槽的一端或专用的堆积槽中，利用自身重力压出乳清使其成块，即为堆积。在堆积过程中，pH 下降，CCP（酪蛋白磷酸肽）溶解，会影响干酪最终的质地。一般硬质干酪如 Cheddar、Mozzarella 等需要堆积；而软质干酪如 Camembert、Tilsit 等则不需要堆积。

（十）加盐

1. 加盐的方法　加盐的方法包括：①内部盐渍法，在定型压榨前将食盐撒布在干酪粒

（块）中，或者涂布于生干酪表面；②表面盐渍法，在定型压榨后，在干酪表面涂布食盐；③盐水浸渍法，在定型压榨后，将生干酪浸于盐水池中，在第1～2天食盐浓度为17%～18%，以后保持浓度为20%～23%，温度为8℃左右，浸渍4～6d。

2. 加盐的作用

1）盐水和干酪间的渗透压不同，导致一些溶于水的物质如乳清蛋白、乳酸和盐随水分从干酪中流出，增加干酪硬度。

2）在盐化时，松散键接的钙通过离子交换被钠所取代，松散键接的钙的数量决定了干酪的组织状态。在pH为5.2～5.6时，有足够的钙离子被钠离子所取代，使得干酪组织状态良好。

3）加盐能限制乳酸菌的活力，调节乳酸的生成，减缓发酵速率，控制成熟及风味的发展。

4）抑制病原菌，乳酸菌比病原菌或者腐败菌更加耐盐。

5）赋予干酪咸味。

（十一）成型压榨

1. 压榨的目的　协助最终乳清排出，提供组织状态，使干酪成型；在以后的长时间成熟阶段提供干酪表面的坚硬外皮。

2. 压榨的方法　将堆积后的干酪块切成方砖形或小立方体，装入成型器中进行定型压榨。先进行预压榨，压力为0.2～0.3MPa，时间为20～30min。最后将干酪反转后装入成型器内，在压力为0.4～0.5MPa、温度为15～20℃的条件下再压榨12～24h。

（十二）成熟

将新鲜干酪置于一定温度（10～12℃）和一定湿度（85%～90%）的条件下，经一定周期（3～6个月），在乳酸菌等有益微生物和凝乳酶的作用下，使干酪发生一系列的物理和生物化学变化的过程，称为干酪的成熟。成熟的目的是改善干酪的组织状态和营养价值，增加干酪的特有风味。

1. 成熟的条件　干酪的成熟通常在成熟库内进行。成熟时温度为5～15℃，低温比高温效果好。一般细菌成熟硬质和半硬质干酪相对湿度为85%～90%，而软质干酪及霉菌成熟干酪为95%。当相对湿度一定时，硬质干酪在7℃条件下需8个月以上的成熟，在10℃时需6个月以上，而在15℃时则需4个月左右。软质干酪或霉菌成熟干酪需20～30d。

2. 成熟的过程

（1）*前期成熟*　将待成熟的新鲜干酪放入温度、湿度适宜的成熟库中，每天用洁净的棉布擦拭其表面，防止霉菌的繁殖。为了使表面的水分蒸发得均匀，擦拭后要反转放置。此过程一般要持续15～20d。

（2）*上色挂蜡*　为了防止霉菌生长和增加美观，将前期成熟的干酪清洗干净后，用食用色素染色（也有不染色的）。待色素完全干燥后，在160℃的石蜡中进行挂蜡。

（3）*后期成熟和贮藏*　为了使干酪完全成熟，以形成良好的口感、风味，还要将干酪放在成熟库中继续成熟2～6个月。成品干酪在温度为−5℃、相对湿度为80%～90%的条件下贮藏。

3. 成熟过程中的变化

（1）*水分的减少*　成熟期间干酪的水分有不同程度的蒸发而使质量减轻。

（2）*乳糖的变化*　生干酪中含1%～2%的乳糖，其大部分在48h内被分解，在成熟后两周内消失。所生成的乳酸则变成丙酸或乙酸等挥发性酸。

（3）蛋白质的分解

1）凝乳时形成的不溶性副酪蛋白在凝乳酶和乳酸菌的蛋白水解酶作用下形成多肽、氨基酸等可溶性的含氮物。

2）蛋白质降解的程度在很大程度上影响着干酪的质量，尤其是组织状态和风味。引起蛋白质降解的酶系统为凝乳酶、微生物产生的酶、胞质素（纤维蛋白溶酶的一种）。

3）成熟期间蛋白质的变化程度常以总蛋白质中所含水溶性蛋白质和氨基酸的量为指标。水溶性氮与总氮的百分比称为干酪的成熟度。硬质干酪的成熟度约为30%，软质干酪则为60%。

（4）脂肪的分解　部分乳脂肪被解脂酶分解产生多种水溶性挥发脂肪酸及其他高级挥发性酸等，与干酪的风味形成有密切关系。

（5）气体的产生　在微生物作用下，干酪中会产生各种气体。有的干酪品种在丙酸菌作用下生成 CO_2，形成带孔眼的特殊组织结构。

（6）风味物质的形成　成熟中各种氨基酸及多种水溶性挥发脂肪酸是干酪风味物质的主体。

二、几种主要干酪的加工工艺

（一）农家干酪

农家干酪是以脱脂乳、浓缩脱脂乳或脱脂乳粉的还原乳为原料加工制成的一种不经成熟的新鲜软质干酪。成品的水分含量在80%以下（通常为70%～72%）。成品中常加入稀奶油、食盐、调味料等，作为佐餐干酪，一般多配制成色拉或糕点。以美国产量最大，法国、英国也有生产。

1. 工艺流程　农家干酪的工艺流程如图14-2所示。

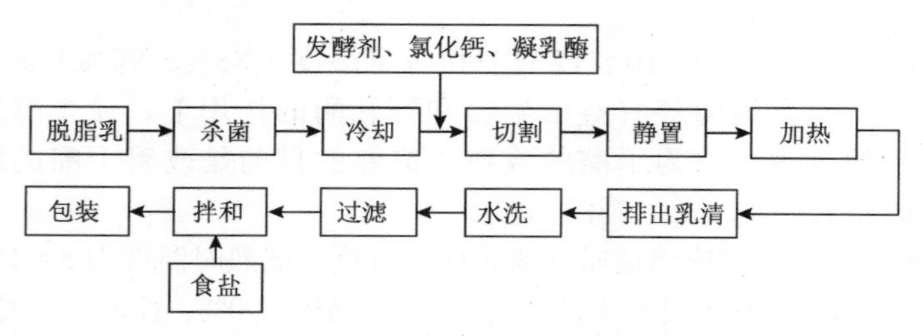

图14-2　农家干酪的工艺流程

2. 操作要点

（1）切割、静置　凝乳达到要求，乳清酸度为0.5%～0.6%时，用切割刀将凝乳切成10mm^{3}的立方体，切割完后静置15min。

（2）排出乳清、水洗　当温度达到55℃时，用滤网盖住干酪的排水口，开阀门使乳清排出，每次排出1/3左右的乳清，同时加入等量15℃的灭菌水，水洗3次。

（3）拌和、包装　将滤去水分的干酪与食盐一起搅拌均匀，若制作稀奶油干酪，经过标准化后使稀奶油含脂率达到一定要求，再进行90℃、30min灭菌。然后冷却至50℃进行均质，再冷却到2～3℃，最后与干酪粒一起拌和均匀。

（二）契达干酪

契达干酪原产于英国的Cheddar，是以牛乳为原料，经细菌成熟的硬质干酪。成品的水分含量在39%以下，脂肪含量为32%，蛋白质含量为25%，食盐含量为1.4%～1.8%。现在美国大量生产。

1. 工艺流程　契达干酪的工艺流程如图 14-3 所示。

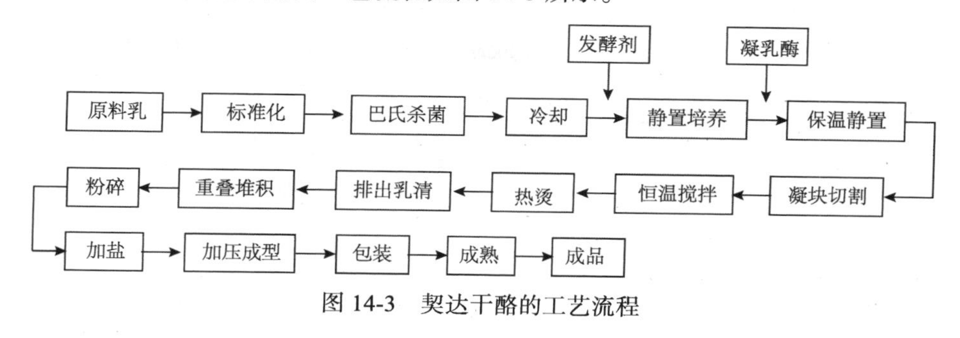

图 14-3　契达干酪的工艺流程

2. 操作要点

（1）*发酵剂和凝乳酶的添加*　热处理并冷却后将原料乳打入凝乳管内，到达凝乳管的乳温度不应低于 21℃，然后向乳中加入适量发酵剂。所使用的发酵剂菌株一般为同型乳酸发酵的嗜温型菌株，通常为乳酸乳球菌乳酸亚种和乳酸乳球菌乳脂亚种，静置培养 15～30min 后添加凝乳酶。在添加凝乳酶之前，为了弥补原料乳的不足，已达到足够的硬度，通常添加一定量的氯化钙。

（2）*凝乳形成、切割与乳清排出*　凝乳酶添加后，静置 20～40min，待凝乳充分形成后，进行切割，切割成大小为 0.5～0.8cm 的方块。然后对其缓慢升温，同时进行搅拌，以促进乳清从凝块中迅速排出。以每 5min 升高 0.5℃的速度对混合物进行加热，在 45min 之后，温度达到 39℃，之后的 45min 继续搅拌混合物，使凝块沉淀。升温过程不宜过快，否则会影响乳清排出。如果将温度控制在 39℃，并继续缓慢搅拌 45min 将会大大提高乳清排出的效率，发酵剂中乳酸菌的持续生长和代谢产酸也将起到同样的效果。当乳清的酸度和水分含量到达某一合适的水平时，便可利用生产设备中的排水系统将乳清排出干酪槽。

（3）*凝块的翻转堆积*　此过程对契达干酪生产尤为重要。排出乳清后，将干酪粒堆积、干酪槽加盖，放置 15～20min，使之凝结成厚度为 10～15cm 的凝块。将呈饼状的凝块切成 15cm×25cm 大小的板块，进行翻转堆积，即将两个独立的板块重叠堆放并翻转，以促进新板块的形成。根据酸度和凝块的状态，在干酪槽的夹层加温，一般为 38～40℃。每 10～15min 将切块翻转叠加一次，当酸度达到 0.5%～0.6%时即可。

（4）*粉碎与加盐*　将饼状凝块破碎成 1.5～2cm 大小的凝块，并搅拌以防黏结，这时温度保持在 30℃。破碎后 30min，当乳清酸度为 0.8%～0.9%、凝块温度为 29～31℃时，按照凝块质量加入 2%～3%的食盐，并保持均匀。

（5）*成型压榨*　将凝块装入专用的定型器中，在一定温度（27～29℃）条件下进行压榨。开始预压榨时压力要小，之后逐渐加大。用规定压力 0.35～0.40MPa 压榨 20～30min 后取出，整形，最后再压榨 1～2d。

（三）再制干酪

再制干酪是以硬质、软质或半硬质干酪及霉菌成熟干酪等多种类型的干酪为原料，经熔化、杀菌所制成的产品。与天然干酪相比，再制干酪具有以下特点：①再制干酪没有天然干酪的强烈气味，更容易被消费者接受；②保藏性良好，即使在炎热的夏天也能存放很长时间；③主要原料是天然干酪，因而具有很高的营养价值；④通过加热熔化、乳化等工艺，再制干酪的口感柔和均一；⑤再制干酪产品自由度大，品种多样，口味变化繁多，具有多种消费形式，适合在任何时间消费。

1. 工艺流程　再制干酪的工艺流程如图 14-4 所示。

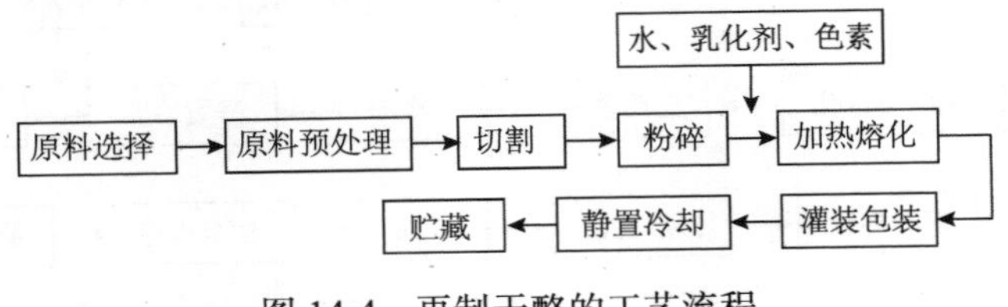

图 14-4　再制干酪的工艺流程

2. 操作要点

（1）*原料干酪的选择*　通常选择细菌成熟的硬质干酪，如契达干酪等。为满足制品的风味及组织成熟 7～8 月的风味浓的干酪占 20%～30%。为了保持组织润滑，则成熟 2～3 个月的干酪占 20%～30%，再搭配中间成熟度的干酪 50%，使平均成熟度为 4～5 个月。过熟的干酪及有霉菌污染、气体膨胀、异味等缺陷的干酪均不能使用。

（2）*切碎和粉碎*　用切碎机将原料干酪切成块状，再用混合机混合。然后用粉碎机粉碎成 4～5cm 的面条状，最后用磨碎机处理。

（3）*熔融、乳化*　向干酪熔融釜中加水，一般加水量为原料重的 5%～10%。按照配料要求加入调味料、色素等，然后加入粉碎的原料干酪，开始加热。当温度达到 50℃时加入 1%～3%的乳化剂。继续升温至 60～70℃，保温 20～30min，使原料干酪完全熔化。另外，需注意：加入乳化剂后，如果需要调整酸度，可用乳酸、柠檬酸、乙酸等调整。成品的 pH 为 5.6～5.8，不低于 5.3。

（4）*充填、包装*　经过乳化后的干酪应趁热进行充填、包装。必须选择与乳化机能力相适应的包装机。包装材料多使用玻璃纸或涂塑性蜡玻璃纸、铝箔、偏氯乙烯薄膜等。包装材料既要满足制品本身的保存需要，还要保证卫生安全。

（5）*冷却*　热灌装后的再制干酪要迅速冷却。再制干酪的种类不同，冷却方法也有所区别。对块状干酪，采用缓慢冷却法，以形成坚实的质地；对涂布型干酪，则采用迅速冷却，最好通过冷却隧道，以保证其良好的涂布性。

三、常见质量缺陷与质量控制

（一）干酪常见的缺陷及防止办法

1. 物理性缺陷及其防止办法

（1）*质地干燥*　凝乳在较高温度下“热烫”引起干酪中水分排出过多而导致制品干燥。另外，凝块切割过小、搅拌时温度过高、酸度过大、处理时间过长及原料含脂率低都会导致制品干燥。对此，可以通过改进工艺或采用石蜡、塑料包装及在高温条件下进行成熟。

（2）*组织疏松*　当酸度不够，乳清残留于凝块中压榨时或最初成熟时温度过高，都会引起这种缺陷。可以通过充分加压及低温成熟加以防止。

（3）*脂肪渗出*　这是由于凝块表面（或其中）存在过多脂肪。其原因大多是操作温度过高，凝乳处理不当（乳堆积过高）而使脂肪压出。可以通过调整生产工艺来防止。

（4）*斑点*　这是由操作不当所致的。特别是在切割及热烫工艺中操作过于剧烈或过于缓慢都会引起斑点的形成。在不同阶段的搅拌应该严格控制时间及转速。

（5）发汗 发汗是指在干酪成熟过程中有液体渗出。导致发汗的原因可能是干酪内部的游离液体数量及内部的压力过大。一般酸度过高的干酪容易发生这种情况，因此除了改进工艺外，酸度的控制也很重要。

2. 化学性缺陷及其防止办法

（1）金属性黑变 金属性黑变是由铁、铅等金属离子引起的，这些离子产生黑色硫化物，根据干酪的质地不同而呈现出绿、灰、褐等颜色。在操作时，除了考虑设备、模具本身外，还需注意外部污染。

（2）桃红或赤变 当使用色素时，色素与干酪中的硝酸盐结合而生成颜色更浓的有色化合物。对此，应认真控制所选色素的种类及其添加量。

3. 微生物性缺陷及其防止办法

（1）酸度过高 酸度过高是由发酵速度过快引起的。防止酸度过高可采用的方法有：①降低发酵温度并加入适量食盐以抑制发酵剂菌种的发育；②增加凝乳酶的添加量；③在干酪加工过程中将凝乳切成更小的颗粒、高温处理或迅速排出乳清以缩短制造时间。

（2）干酪液化 干酪液化多发生在干酪表面。干酪的外皮可被含气泡蜡衣下的细菌、霉菌或酵母分解、液化。引起液化的微生物一般在中性或酸性条件下发育。

（3）发酵产气 通常在干酪成熟过程中能缓慢生成微量气体，但其能在干酪中自行扩散，故不形成大量的气孔。而由微生物引起干酪产生大量气孔则是干酪的缺陷之一。在成熟前期产气是由于大肠杆菌污染，后期产气则是由于梭状芽孢杆菌、丙酸菌及酵母菌繁殖产生气体。防止的方法有：①将原料乳离心除菌；②使用产生乳酸链球菌肽的乳酸菌作为发酵剂；③添加硝酸盐，调整干酪水分和盐分。

（4）生成苦味 干酪产生苦味是其产品极为常见的质量缺陷。虽然极微弱的苦味可构成契达干酪的风味成分之一，但如果苦味很明显，令人不快，就需要加以改善。酵母或非发酵剂的杂菌都可以引起干酪的苦味，原料乳的酸度高、高温杀菌、凝乳酶添加量大及成熟温度高等也均可使干酪产品产生苦味。除了针对以上原因加以控制外，适当增加食盐添加量也可起到降低苦味的作用。

（5）恶臭 如果干酪中存在厌气性芽孢杆菌，则会分解蛋白质生成硫化氢、硫醇、亚胺等物质产生恶臭味。在生产加工过程中要防止这类菌的污染。

（6）酸败 污染微生物分解乳糖或脂肪等产酸会引起酸败。污染微生物主要来自原料乳、牛粪及土壤等。

（二）干酪的质量控制

1. 干酪的质量标准（以硬质干酪为例）

（1）感观指标

1）外观：外皮均匀，无裂缝，无损伤，无霉点和霉斑。

2）色泽和组织状态：色泽呈白色或淡黄色，有光泽。软硬适度，质地细腻均匀，有可塑性，切面湿润。

3）滋气味：具有该种干酪特有的香味，以香味浓郁者为佳。

（2）理化指标 理化指标应满足以下要求：水分含量≤42%，脂肪含量≥25%，食盐（以NaCl计）含量为1.5%～3.5%。

（3）微生物指标 大肠菌群（个/100g）≤40，霉菌总数（个/g）≤50，致病菌不得检出。

2. 干酪的卫生控制措施

1）对原料乳要严格进行检查验收，以保证原料乳的各种成分组成、微生物指标符合生产要求。

2）从农场到工厂的全程进行规范化操作。严格按照生产工艺要求进行操作，加强对各工艺指标的控制和管理。保证产品的成分组成、外观和组织状态，防止产生不良的组织和风味。

3）干酪生产所用的设备、器具等应及时进行清洗和消毒，防止微生物和噬菌体等的污染。

4）干酪的包装和贮藏应安全、卫生、方便，贮存条件应符合规定指标。

思考题

1. 什么是干酪？干酪都有哪些分类方式？其营养价值如何？
2. 简述干酪酶凝乳的基本原理及凝乳形成的影响因素。
3. 制作酶凝型干酪时可以使用奶粉制作的复原乳作原料吗？为什么？
4. 什么是干酪发酵剂？干酪发酵剂的作用是什么？
5. 在干酪的成熟过程中发生了哪些变化？
6. 简述干酪的一般生产工艺。
7. 简述再制干酪的加工工艺。

主要参考文献

陈历俊. 2007. 乳品科学与技术. 北京: 中国轻工业出版社
董暮萤, 任发政. 2004. 干酪文化鉴赏. 北京: 化学工业出版社
顾瑞霞. 2006. 乳与乳制品工艺学. 北京: 中国计量出版社
郭本恒. 2001. 乳制品. 北京: 化学工业出版社
罗红霞, 姜旭德. 2012. 乳制品加工技术. 北京: 中国质检出版社
阮征. 2005. 乳制品安全生产与品质控制. 北京: 化学工业出版社
王建. 2009. 乳制品加工技术. 北京: 中国社会出版社
薛效贤, 薛芹. 2004. 乳品加工技术及工艺配方. 北京: 科学技术文献出版社
杨贞耐. 2013. 乳品加工新技术. 北京: 中国农业出版社
姚亚平, 蒋爱民, 许可. 2004. 干酪及其加工和质量控制新技术. 中国乳品工业, (6): 44-49
尤玉茹. 2014. 乳品与饮料工艺学. 北京: 中国轻工业出版社
曾寿瀛. 2003. 现代乳与乳制品加工技术. 北京: 中国农业出版社
张孔海. 2007. 食品加工技术概论. 北京: 中国轻工业出版社
张玲, 张志国, 王成忠. 2011. 奶油干酪的发展现状及研究进展. 乳业科学与技术, (5): 243-245
赵新淮, 于国萍, 张永忠, 等. 2007. 乳品化学. 北京: 科学出版社
Barbosa-Canovas GV, Tapia MS, Pilar CM. 2010. 新型食品加工技术. 张慜译. 北京: 中国轻工业出版社
Farly R. 2002. 乳制品生产技术. 2 版. 张国农, 吕兵, 卢蓉蓉译. 北京: 中国轻工业出版社
Smit G. 2006. 现代乳品加工与质量控制. 任发政, 韩北忠, 罗永康, 等译. 北京: 中国农业大学出版社

第 15 章 浓缩乳制品加工

本章学习目标：本章介绍了甜炼乳与淡炼乳的概念、质量标准、工艺流程及加工要点，以及甜炼乳与淡炼乳的质量控制和常见的质量缺陷等；通过学习，了解和掌握两类炼乳的生产工艺及区别，以及影响产品质量的因素。

第一节 浓缩乳的概念

浓缩乳是将新鲜牛奶经过杀菌处理后，再经真空浓缩、蒸发而除去大部分水分后制得的产品，也称为炼乳。炼乳最初是以一种耐贮藏乳制品的形式出现的，后来炼乳的使用范围逐渐广泛起来，它常作为鲜奶的替代品来冲饮红茶或咖啡，人们在食用水果罐头和甜点时也常将它作为一种浇蘸用的辅料。

延伸阅读 15-1 炼乳的历史

1827 年，法国人阿佩尔（Appert）首先发明了浓缩牛奶制成炼乳的技术。阿佩尔曾把无糖炼乳装入罐头瓶送给当时的法国海军。但炼乳的工业化生产是 30 年后的事情。美国人博登（Borden）在一次海上旅行时，目睹了同船的几个婴儿因吃了变质牛奶而丧生的惨剧，于是萌发了研究牛奶保存技术的念头。他经过反复研制，并请教了许多人，终于研制出采用减压蒸馏方法将牛奶浓缩至原体积 1/3 左右的生产炼乳的技术。他还在炼乳中加入大量的糖，达到成品质量的 40%以上，这实际起到了抑制细菌生长的作用。1856 年，博登获得了加糖炼乳的发明专利。1858 年，博登在美国建起了世界上第一座炼乳工厂。博登生产的炼乳罐头在美国南北战争（1861～1865 年）中供军队食用，证明了它的实用性。

1866 年，美国人贝吉（Page）也建立了炼乳工厂，生产加糖炼乳。贝吉公司的技师迈恩伯格（Meyenberg）又进行了生产炼乳新方法的研究。在此前，人们并未了解鲜牛奶腐败变质的真正原因。1857 年，法国的著名生物学家和化学家巴斯德（Pasteur）首次发现食物腐败是由微生物繁殖所致，巴斯德于 1865 年和 1873 年先后发明了葡萄酒和啤酒加温灭菌法。迈恩伯格受此启发，于 1884 年发明了新的牛奶浓缩方法，并在炼乳装罐后再加高温进行灭菌处理，生产出了可长期保存的无糖炼乳。

第二节　淡　炼　乳

一、概述

淡炼乳在 GB 13102—2010 中的定义是：以生乳和（或）乳制品为原料，添加或不添加食品添加剂和营养强化剂，经加工制成的黏稠状产品。淡炼乳也称无糖炼乳，是将牛乳浓缩至原体积的 40%～45%并装罐，封罐后又经过高压灭菌，使其中的微生物及酶等都完全被杀死或破坏，所以如果在制造工艺操作过程中控制严格的话，淡炼乳可以在室温下长期保藏。淡炼乳分为全脂和脱脂两种，一般淡炼乳是指前者，后者称为脱脂淡炼乳。

二、生产工艺流程

淡炼乳的生产工艺流程如图 15-1 所示。

原料乳验收 → 标准化 → 加入稳定剂 → 预热杀菌 → 蒸发浓缩 → 再标准化 → 冷却结晶 → 装罐、封罐 → 包装 → 成品

图 15-1　淡炼乳的生产工艺流程

三、关键生产工艺要求

1. 原料乳验收　生产淡炼乳时对原料乳的要求比甜炼乳严格。因此，除做一般常规检验、采用 72%～75%乙醇试验外，还需做磷酸盐试验来测定原料乳中蛋白质的热稳定性，有必要时还要做细菌学检查。

2. 预处理　为了保证原料乳的质量，挤出的牛乳必须在牧场立即进行过滤净化、冷却和冷藏等初步处理。

3. 标准化　淡炼乳规定的乳脂和干物质含量通常为 8%脂肪和 18%非脂乳固体，脂肪、非脂乳固体的比率为 8：18 或 1：2.25，有时出于经济原因可能会调整此比率，但不可超出一定范围。

4. 加入稳定剂　加入稳定剂的主要目的是提高原料乳的热稳定性，防止在高温灭菌时蛋白质凝固。影响乳蛋白质热稳定性的因素很多，如乳清蛋白的含量、乳酸度及盐类平衡等。

5. 预热杀菌　牛乳浓缩前要预热，预热的主要目的是提高浓缩乳的热稳定性。

6. 均质　均质的目的是防止脂肪球的聚集，减少在贮存中稀奶油的上浮。淡炼乳大多采用二次均质，均质压力第一段为 14～16MPa，第二段为 3.5MPa，温度为 50～60℃。

7. 真空浓缩　乳的浓缩经常采用多效降膜蒸发器，主要考虑有效利用能源。尽管最后脂肪及总干物质的确定在浓缩和灭菌之间进行，但不应该过度浓缩，以避免降低热稳定性。

8. 再标准化　再标准化是把较高浓度的浓缩乳加水调整到所要求浓度的过程，因此，再标准化常被称为加水。加水量可按下式计算：加水量=$A/F_1-A/F_2$，式中 A 为单位标准化乳的全脂肪含量，F_1 为成品的脂肪含量，F_2 为浓缩乳的脂肪含量。

9. 灭菌　灭菌是指杀死所有的微生物、钝化细菌的孢子，防止它们在储藏销售时生长繁殖。

10. 包装　在环境温度下，延长浓缩乳的货架期很大程度取决于包装材料。包装材料对机械的抵抗力，对水、汽、亲水组分及光的渗透性很重要，当然，前提是直接与产品接触的部分必须是标准的食品级材料。

11. 贮存与检验　盛装浓缩乳的罐和（或）无菌纸包装贴标签后装箱，浓缩乳一般可在0～15℃长时间贮存。

第三节　甜　炼　乳

一、概述

甜炼乳是在牛乳中加 16%左右的砂糖并浓缩至原体积的 40%左右而成。成品中砂糖含量为 40%～45%。甜炼乳因含有大量的糖，所以渗透压很高，这就抑制了有害微生物的生长，并赋予成品以很好的保存性，即使开罐后在常温下也能贮藏较长的时间。甜炼乳应具有纯净的甜味和固有的乳香味，色泽均匀一致，开罐后成品炼乳具有流动性，不应呈膏状，表面不得有明显的脂肪分离层和霉斑及纽扣状的凝块，罐底也不得有砂状或粉状糖的结晶。

由于甜炼乳中的蔗糖含量过多，不宜作为主食来喂养婴幼儿，但可供冲调饮用、涂抹糕点及作为其他食品加工的原料。

二、生产工艺流程

甜炼乳的生产工艺流程如图 15-2 所示。

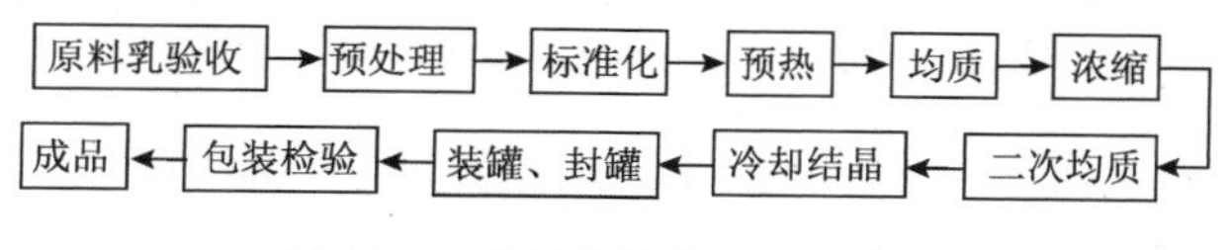

图 15-2　甜炼乳的生产工艺流程

三、关键生产工艺要求

1. 原料乳验收　用于甜炼乳生产的原料乳除要符合乳制品生产的一般质量要求外，还要注意两点：①控制芽孢杆菌和耐热细菌的数量；②乳蛋白的稳定性要好，能耐受强热处理。

2. 预处理　与淡炼乳相同。

3. 标准化　标准化就是通过调整原料乳中的脂肪含量来使成品中的脂肪含量与无脂干物质含量之间保持一定的比例关系。

4. 预热　生产炼乳时，原料乳标准化后，在浓缩前需进行加热，这一步骤称为预热杀菌。

5. 均质　在生产过程中根据具体情况可以采用一次均质或二次均质，国内多为一次均质。

6. 浓缩　浓缩就是利用加热使牛乳中的一部分水汽化，并不断地除去，从而使牛乳中的干物质含量提高的一种加工方法。

7. 加糖　加糖除赋予甜炼乳以甜味外，主要是为了抑制甜炼乳中细菌的繁殖和增加制品的保存性。

8. 冷却结晶　加糖炼乳在浓缩结束时料温达到 50℃左右，如不及时冷却会加剧成品在贮藏期内变稠和棕色化的倾向，严重的会逐渐成为块状的凝块，所以应迅速冷却至常温或更低的温度，同时通过冷却可使处于过饱和状态的乳糖形成细微的结晶，保证产品具有细腻的感官特性。

9. 灌装、包装和贮藏　罐装前需对空罐用蒸汽杀菌（90℃以上保持 10min），烘干之后方可使用。装罐时，务必除去气泡并装满，封罐后洗去罐上附着的炼乳或其他污物，再贴上标贴。大型工厂多用自动装罐机，罐内装入一定数量的炼乳后，移入旋转盘中用离心力除去其中的气体，或用真空封罐机进行封罐。炼乳贮藏于仓库内时，应离开墙壁及保暖设备 30cm 以上，仓库内温度应恒定，不得高于 15℃，空气相对湿度不应高于 85%。

思考题

1. 甜炼乳与淡炼乳的根本区别是什么？
2. 甜炼乳生产中加糖的意义与依据是什么？
3. 淡炼乳产品主要的缺陷和防止方法有哪些？
4. 甜炼乳产品主要的缺陷和防止方法有哪些？

主要参考文献

陈历俊. 2007. 乳品科学与技术. 北京: 中国轻工业出版社: 59-128
郭本恒. 2004. 液态奶. 北京: 化学工业出版社: 66-121
黄来发. 1999. 蛋白饮料加工工艺与配方. 北京: 中国轻工业出版社: 100-164
蒋爱民. 1996. 乳制品工艺及进展. 西安: 陕西科学技术出版社: 158-183
孔保华. 2004. 乳品科学与技术. 北京: 科学出版社: 241-283
孔保华, 于海龙. 2008. 畜产品加工. 北京: 中国农业科学技术出版社: 199-224
马美湖, 葛长荣, 罗欣, 等. 2003. 动物性食品加工学. 北京: 中国轻工业出版社: 346-351
曾寿瀛. 2003. 现代乳与乳制品加工技术. 北京: 中国农业出版社: 101-132
张和平, 张列兵. 2005. 现代乳品工业手册. 北京: 中国轻工业出版社: 714-792
张兰威. 2005. 乳与乳制品工艺学. 北京: 中国农业出版社: 233-266
中国饮料工业协会. 2010. 饮料制作工艺. 北京: 中国轻工业出版社: 500-513
周光宏. 2002. 畜产品加工学. 北京: 中国农业出版社: 253-262
Smit G. 2003. 现代乳品加工与质量控制. 北京: 中国农业大学出版社: 493-507

第16章 乳粉加工

本章学习目标：主要介绍乳粉的生产。通过本章学习，应了解乳粉的概念、分类；掌握乳粉的一般生产工艺流程、操作要点、功能特性；了解婴幼儿配方乳粉成分的调整依据与方法、生产工艺；同时还应了解特殊婴幼儿配方乳粉的种类。

第一节 概 述

一、乳粉的概念

乳粉是以新鲜乳为全部原料，或以新鲜乳为主要原料并添加一定数量的植物或动物蛋白质、脂肪、维生素、矿物质等配料，经杀菌、浓缩、干燥等工艺制成的粉末状乳制品。由于生产中仅除去了乳中几乎全部的水分，微生物不能生长繁殖，因此赋予了乳粉营养价值高、货架期长、运输方便的特点。

二、乳粉的分类

实际生产中将最终制成干燥粉末状态的乳制品均归类为乳粉类，因此乳粉种类很多。根据所用原料、原料处理及加工方法不同，乳粉主要有以下几种，详见表16-1。

表16-1 按原料及加工工艺差异对乳粉的分类

种类	原料	加工工艺	特点
全脂乳粉	牛乳	净化→标准化→杀菌→浓缩→干燥	保持牛乳的香味、色泽
全脂乳糖粉	牛乳、砂糖	标准化→加糖→杀菌→浓缩→干燥	保持牛乳香味并带适口甜味
脱脂乳粉	脱脂牛乳	牛乳的分离→脱脂乳杀菌→浓缩→干燥	不易氧化、耐保藏、乳香味差
速溶乳粉	全脂或脱脂牛乳	在乳粉制造中采取特殊的造粒工艺或喷涂卵磷脂	比普通乳粉颗粒大、容易冲调、使用方便
婴儿配方食品	牛乳、稀奶油、植物油、脱盐乳清、矿物质、维生素	高度标准化→配料→杀菌→浓缩→均质→干燥	改变牛乳营养成分的含量及比率，使与人乳成分相似，是婴儿替代母乳较理想的食品
较大婴幼儿配方食品	脱脂乳、植物油、维生素、糖、谷物	配料→杀菌→均质→浓缩→干燥	能满足6个月以上婴幼儿的营养
强化乳粉	牛乳、维生素、铁、糖	配料→杀菌→均质→浓缩→干燥	避免喂乳的婴儿缺铁、钙、维生素
奶油粉	稀奶油、非脂乳固体、添加剂	标准化→配料→均质→干燥	非冷藏条件下长时间保存、运输，常用作食品工业配料

续表

种类	原料	加工工艺	特点
酪乳粉	利用制造奶油的副产品——酪乳	酪乳杀菌→浓缩→干燥	含有较多磷脂及蛋白质，可作为面包、糕点、冷饮的辅料，改善产品的质量
干酪粉	成熟的干酪、添加剂	干酪去皮→切小块→水蒸气熔融→加水使之呈浓乳状→干燥	改善干酪在贮藏中容易发生的膨胀变质现象
麦乳精粉	乳与乳制品、蛋类、可可、麦芽糖、饴糖	配料→均质→脱气→干燥	含有多种营养成分的营养品
冰淇淋粉	乳与乳制品、蛋类、糖、添加剂	配料→杀菌→均质→老化→浓缩→干燥	便于保藏、运输，用于制作冰淇淋

资料来源：张和平和张列兵，2012

第二节　乳粉的一般生产工艺

通过干燥脱去微生物生长所必需的水分来保存不同食品的方法已经使用了几个世纪。按照马可波罗在亚洲旅行的笔记记载，蒙古族通过在阳光下干燥牛乳以生产奶粉。现在奶粉的生产在工业化的现代工厂中进行。

乳粉的生产方法大致分为冷冻法和加热法两大类。其中冷冻法具体分为离心冷冻法和低温冷冻升华法两大类。冷冻法的设备造价高、耗能大、生产成本高，仅在特殊乳粉的加工中使用，不能大规模使用。加热法是目前被普遍采用的方法。其中的喷雾干燥法是目前公认的最佳乳粉干燥方法。此法生产的乳粉质量较好，具有较高的溶解度，有利于连续化和自动化生产，所以国内外绝大多数工厂采用喷雾干燥。

一、生产工艺流程

全脂乳粉加工是乳粉类加工中最简单且最具代表性的一种方法，其他种类的乳粉加工都是在此基础上进行的。图 16-1 显示的是乳粉的一般生产工艺流程图，图 16-2 是乳粉加工设备流程图。

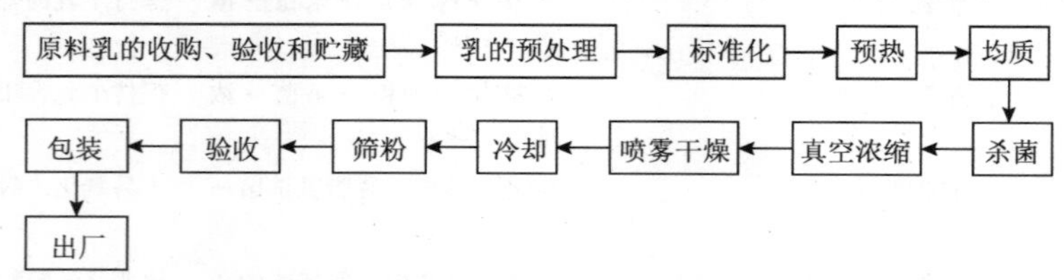

图 16-1　乳粉的一般生产工艺流程图

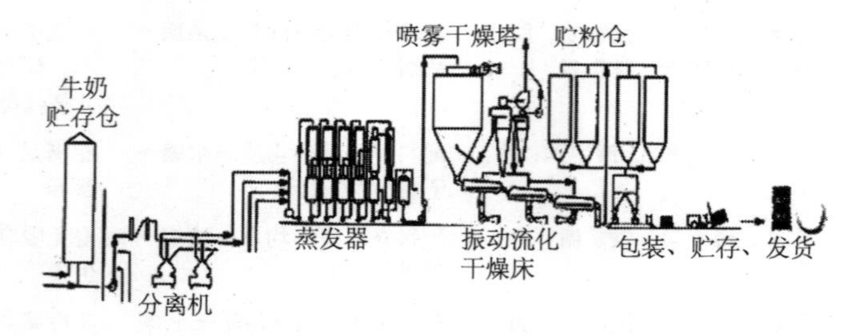

图 16-2　乳粉加工设备流程图

二、关键生产工艺要求

生产加工乳粉必须使其营养价值和功能特性损失最小，并且在贮藏过程中发生最低程度的变质。从应用的角度来讲，乳粉必须容易复原或重新包装且能显示出所用原料乳所具有的功能特性。因此，对加工过程的每个加工单元都有着严格的质量控制。

（一）原料乳的收购、验收与贮藏

1. 收购 牛乳刚挤下来的温度约为 37℃，挤下的牛乳须立即在牧场收奶站经冷却装置冷却至 4℃。产犊后 7d 的初乳、应用抗生素期间和休药期间的乳汁、变质乳不应作生乳。

2. 验收 原料乳必须符合国家生鲜牛乳收购的质量标准（GB19301—2010）规定的各项指标要求（表 16-2，表 12-4，表 12-5）。

表 16-2 原料乳的感官指标

项目	指标
色泽	牛乳色泽为乳白色或稍带黄色
状态	原料乳状态应为均匀无沉淀的流体，不应呈现黏性或凝块状态，且不含肉眼可见的杂质
气味	具有新鲜牛乳的香味，没有其他异味

3. 贮藏 经过验收后的正常牛乳应立即冷却贮藏在 4～6℃环境中，以抑制细菌的繁殖及内源和外源酶对原料乳的破坏。

牛乳在贮存期间要定期搅拌和检查温度及酸度。一般原料乳冷却后用离心泵将牛乳泵入罐中，储乳量的总容量应为收纳量的 2/3～1，为了保证不产生泡沫，储乳槽从底部进料。

（二）乳的预处理

经过验收合格的原料乳必须经过过滤、记录、离心、冷却等操作手段，才可以用于贮存或生产。冷却后的乳最好直接加工，如短期贮存时，必须及时冷却到 5℃以下，一般采用板式换热器进行冷却。同时在乳粉加工之前，不允许进行强烈的、超时间的处理，否则热处理会导致乳清蛋白凝聚，影响乳粉的溶解度和滋味。可以采用过氧化物酶试验或乳清蛋白试验检测牛乳所受热处理是否强烈。

（三）标准化

原料乳中的脂肪、蛋白质和非脂乳固体含量受乳牛的品种、地区、季节和饲养管理等因素的影响，因此必须对原料进行标准化。全脂甜乳粉的标准化除了对原料的脂肪含量进行调整外，还应对蔗糖加量进行调整，使之达到成品的标准要求。脂肪（蔗糖）标准化是将乳中的脂肪（蔗糖）含量和乳干物质比例调整到等于乳粉中脂肪（蔗糖）含量和乳干物质之比。

（四）均质

生产全脂乳粉时，一般不经过均质，但如果生产配方乳粉时，进行标准化添加了稀乳油或其他不易混匀的配料时，就需要进行均质操作。均质时通常采用二级均质法，均质时的压力一般控制在 14～21MPa，原料乳预热到 60～65℃，均质效果更佳。均质后脂肪球变小，从而可以有效地防止脂肪上浮，并易于消化吸收。

（五）杀菌

杀菌的主要目的是杀死如结核杆菌、金黄色葡萄球菌、沙门菌、李斯特菌等病原菌，以及进入乳中潜在的病原菌、腐败菌，以保证乳粉的安全和质量，提高成品的贮藏性，抑制酶的活性，以免成品产生脂肪水解、酶促褐变等不良现象。在生产中最常采用高温短时或超高温灭菌法。牛乳杀菌的设备使用片式或管式杀菌器，采用 80～85℃、30s，95℃、20s，或 120～135℃、2～4s 的杀菌条件。

延伸阅读 16-1　膜过滤除菌技术

膜过滤技术是一种借助外界能量或化学位差使物质进行相位转移的分离方法，在乳品工业中能达到牛乳除菌、分离、提纯等目的。由于膜过滤无需对牛乳进行强热处理，能够最大程度保留牛乳中营养成分和活性成分，尤其是热敏性成分，因此在 ESL 乳、牛乳前处理上具有广阔的应用前景。

乳中的微生物大小主要分布在 300nm 以上，其他蛋白质等物质（除脂肪外）粒子大小并无重复区，因此将孔径在 1μm 以上的微滤膜用于脱脂乳的除菌具有实际意义，对牛乳中其他营养物质并无显著截留作用。例如，法国的 Marguerite 乳是微滤脱脂乳不经巴氏杀菌、无菌灌装生产的，且在 4℃条件下保质期可达 15d。中国某乳业的产品“极致”奶就是属于微滤后经低热处理后灌装所得的。这种微滤乳由于保持了鲜牛乳的良好风味，不存在蒸煮味及具有较长的货架期而呈现出广泛的市场前景。

目前国内某乳业奶粉引领先进技术采用冷链除菌，其使用的“倒 U 型膜过滤除菌设备”在常温下就可以过滤掉将近 99.9%的细菌，它能够在常温状态下将牛奶中的菌体和芽孢阻挡在膜外，避免了高温加热，有效地保护营养成分不流失。

除了生产 ESL 乳外，膜过滤除菌技术在低热乳粉、UHT 乳、乳清粉、酪蛋白粉的生产中都可以得到应用。

（六）真空浓缩

在减压状态下进行的蒸发操作称为真空浓缩。它是利用真空状态下液体的沸点随着环境压力降低而下降的原理，使牛乳的温度保持在 40～70℃沸腾，最小限度地降低加热过程中的损失。真空浓缩是喷雾干燥前对产品的预处理。一般要求原料乳浓缩至原体积的 1/4，干物质达到 45%左右，浓缩后的乳温度一般为 47～50℃。一般采用多效降膜蒸发器进行蒸发浓缩，多效蒸发器可以最大限度地利用热能，前一效的蒸汽可以作为下一效的加热介质。

（七）干燥

干燥的目的是去除产品中的大部分水分。在乳粉生产中，干燥方法分为冷冻干燥法和加热干燥法。前者包括离心法和升华法；后者包括平锅法、滚筒干燥法、流化床干燥法和喷雾干燥法。喷雾干燥法是目前乳品工厂用于生产各种乳粉的主要方法。

1. 喷雾干燥设备 喷雾干燥有离心喷雾干燥、压力喷雾干燥和气流喷雾干燥三种。国内常采用压力喷雾干燥。压力喷雾干燥是浓缩乳借助高压泵的压力，高速地通过压力式雾化器的锐角，连续、均匀地呈扇形雾膜状喷射到干燥室内，并分散成微细雾滴与同时进入的热风接触，水分被瞬间蒸发，乳滴被干燥成粉。

图 16-3 是离心喷雾干燥的雾化器，它包括一个转盘，转盘上有通道，牛乳在其中可以获得高速度。在此情况下，产品的特性由转盘转动的速度来控制，其速度可在5000r/min和25 000r/min之间变动。图 16-4 是压力喷雾干燥雾化器的固定喷嘴。图 16-4A 的喷嘴排出牛奶与空气流动方向相反，应用于低喷雾塔；图 16-4B 的喷嘴排出牛奶和空气流动的方向一致。在此情况下牛乳供入压力决定了颗粒大小，在供料压力高至 30MPa 时，奶粉将很细、具有很高的密度，在低压力（20～5MPa）下颗粒会较大。

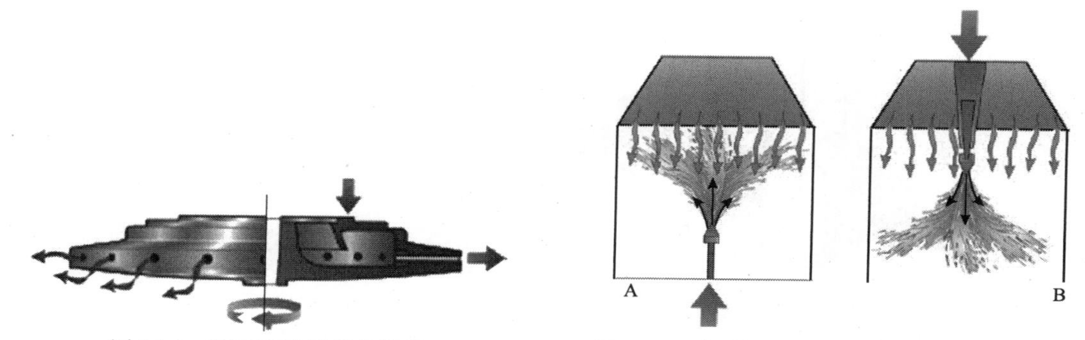

图 16-3 喷雾干燥器雾化转盘

图 16-4 喷雾干室中用于雾化牛乳的固定喷嘴
A. 逆流喷嘴；B. 与空气流动方向一致的喷嘴

2. 典型喷雾干燥系统分类 根据独立干燥段的数目，喷雾干燥系统分为一级、二级及多级干燥系统。

一级喷雾干燥系统是将浓乳中水分直接脱出至要求的最终湿度，整个过程是在圆锥形的干燥室中进行的（图 16-5）。相应的风力传送系统收集奶粉，一起离开喷雾塔室进入主旋风分离器与废空气分离，通过最后一个分离器冷却奶粉，收集奶粉。

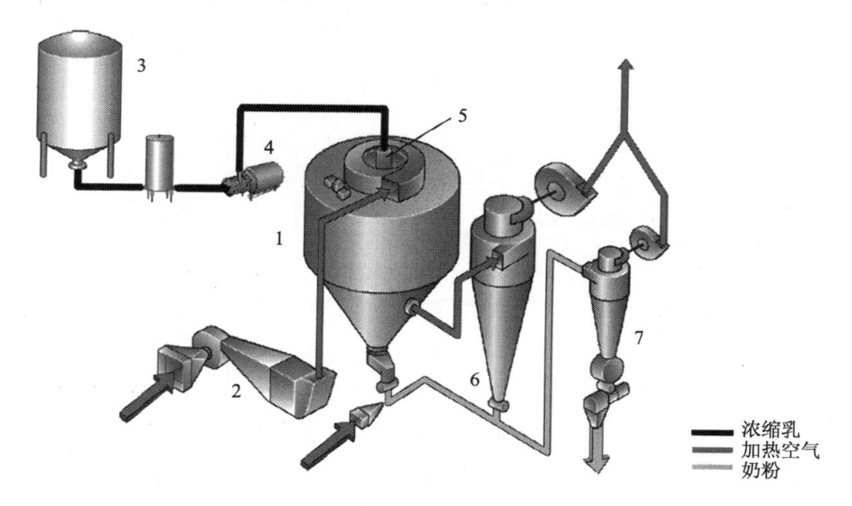

图 16-5 带有圆锥底的传统喷雾干燥室（一段干燥）
1. 干燥室；2. 空气加热器；3. 牛乳浓缩缸；4. 高压泵；5. 雾化器；6. 主旋风分离器；7. 旋风分离输送系统

二级喷雾干燥系统包括了喷雾干燥第一段和流化床干燥第二段（图 16-6）。奶粉离开干燥室的湿度比最终要求高 2%～3%，流化床干燥器的作用就是除去这部分超量湿度并最后将奶粉冷却下来。是乳粉在未完全干燥之前（水分含量较高，达 10%～15%）就从空气中分离出来，在干燥室外继续干燥。与一级干燥相比，不同的是风力运送系统被流化床所取代。

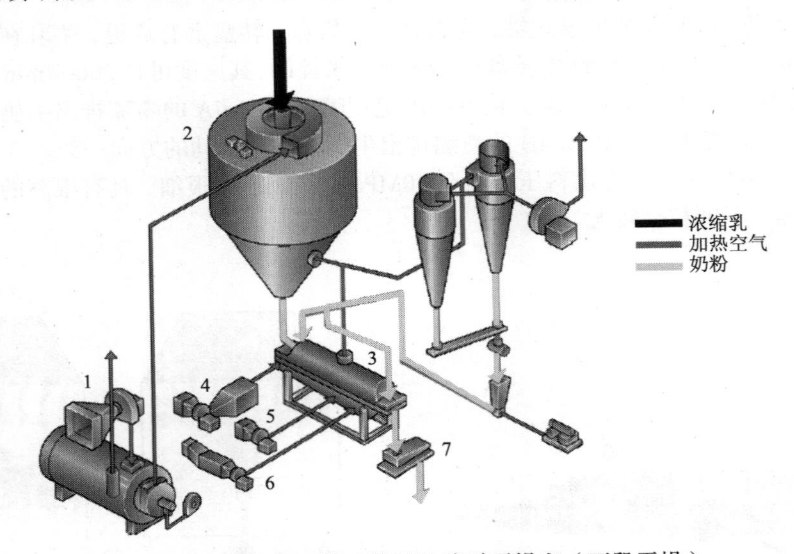

图 16-6　带有流化床辅助装置的喷雾干燥室（两段干燥）

1. 间接加热器；2. 干燥室；3. 振动流化床；4. 用于流化床的空气加热器；5. 用于流化床的周围冷却空气；6. 用于流化床的脱湿冷却空气；7. 筛子

三级喷雾干燥系统是二级干燥的延伸和发展，三级干燥中第二级干燥在喷雾干燥室的底部进行，而第三级干燥位于干燥塔外进行最终干燥与冷却（图 16-7）。三级干燥系统比二级干燥系统所需的热空气量少，能耗低，占用空间少，适用范围广，成品质量高。三级干燥多用于浓度较高物料的加工而不影响乳粉的溶解性。

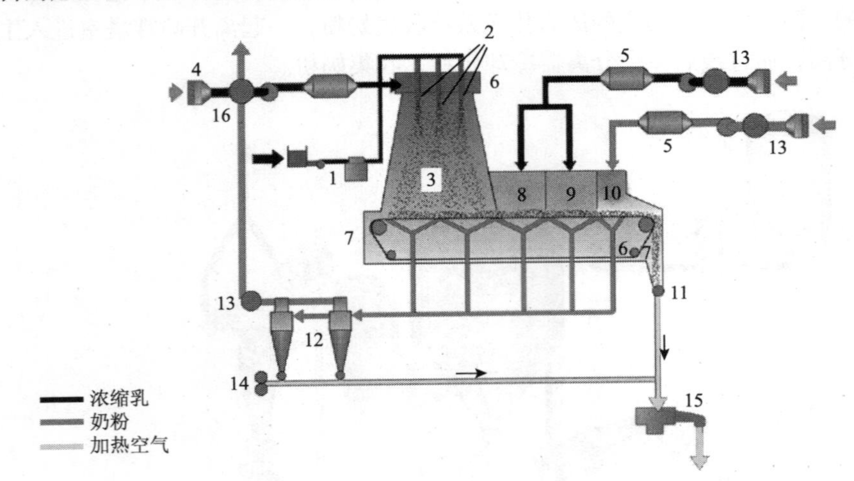

图 16-7　具有完整运输、过滤器（三段干燥）的喷雾干燥器

1. 高压泵；2. 喷头装置；3. 主干燥室；4. 空气过滤器；5. 加热器/冷却器；6. 空气分配器；7. 传送带系统；8. 保持干燥室；9. 最终干燥室；10. 冷却干燥室；11. 乳粉排卸；12. 旋风分离器；13. 鼓风机；14. 细粉回收系统；15. 过滤系统；16. 热回收系统

延伸阅读 16-2 附聚

附聚就是乳粉颗粒聚集成为 2～3mm 大小的多孔附聚物。附聚的过程增加了乳粉颗粒的间隙空气，有助于乳粉的分散性。有 4 种附聚类型，即洋葱型（onion）、木莓型（raspberry）、紧凑葡萄型（compact grape）及松散葡萄型（loose grape）（图 16-8）。前两种类型无助于乳粉的分散性，一般不采用；后两种类型是通过细小颗粒的碰撞形成的，取决于水分含量，有助于乳粉的分散性。在喷雾干燥过程中，附聚作用可以自然形成，也可以通过引入细粉或改变干燥模式强制形成。

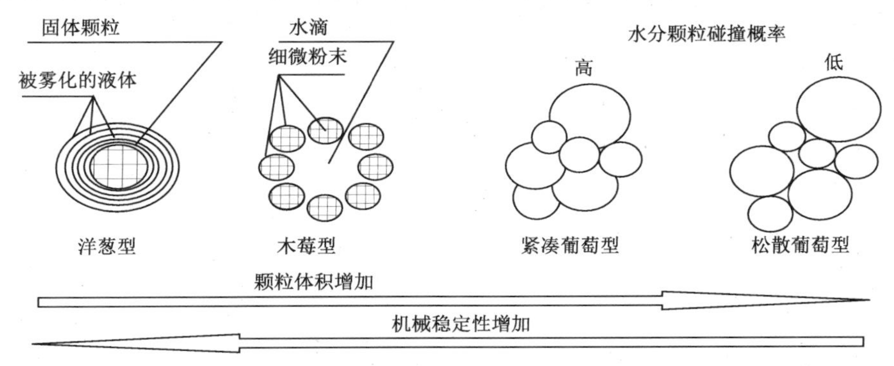

图 16-8 4 种附聚类型

脱脂乳粉的附聚工艺大致分为两种：干燥室内直接附聚法和流化床附聚法。前者是在同一干燥室内完成雾化、干燥、附聚和再干燥的操作。但具有乳滴大、干燥时间长、生产效率低的缺点。后者为二段干燥法，但通常要求乳粉经第一干燥区（喷雾干燥）后的水分含量为 10%～12%；乳粉在沉降过程中开始附聚，并且在进入干燥室底部时仍在进行附聚；当潮湿且已部分附聚的乳粉进入第一级流化床时附聚作用仍在进行；最后进入第二段干燥区的流化床及冷却床、筛板成为均匀的附聚颗粒。

（八）冷却

乳粉从一级干燥塔中排出后，温度可达到 65℃以上，经二级干燥后进入冷却床被冷却到 40℃以下。若乳粉在高温的干燥室内停留时间过长，脂肪会氧化变质，降低储藏性和溶解性。目前我国普遍采用的是流化床出粉冷却装置。

（九）筛粉

筛粉的目的是去除乳粉中的焦粉、块粉或其他杂质，同时还可以使乳粉进一步冷却，颗粒均匀、结构蓬松。

（十）包装

由于乳粉颗粒的多孔性、表面积大、吸潮性强，再加上全脂乳粉含有 26%以上的乳脂肪，易受光、氧等作用，因此对包装操作、包装容器选择及包装室的条件都有一定的要求。

包装方式：乳粉一般包装于有聚乙烯衬里且具铝铂层的多层复合纸袋中。内衬聚乙烯袋的金属桶或用铝箔封装的罐子也经常用于乳粉的包装。包装方式直接影响乳粉的贮存期。例如，塑料袋包装的贮存期规定为 3 个月；铝箔复合袋包装的贮存期规定为 12 个月；真空包装技术和充氮包装技术可使乳粉保存 3～5 年。

（十一）验收

依据食品安全国家标准 GB19644—2010《乳粉》，主要检验理化性质、微生物指标、营养成分是否达到国家标准所规定的要求。

感官要求、理化指标及微生物限量详见表 16-3。

表 16-3 乳粉产品标准汇总

项目	感官要求		检验方法
	乳粉	调制乳粉	
色泽	呈均匀一致的乳黄色	具有应有的色泽	取适量试样置于 50mL 烧杯中，在自然光下观察色泽和组织状态。闻气味，用温开水漱口，品尝滋味
滋味、气味	具有纯正的乳香味	具有应有的滋味、气味	
组织状态	干燥均匀的粉末		

项目	理化指标		检验方法
	乳粉	调制乳粉	
蛋白质/%	≥非脂乳固体[a]的 34%	16.5	GB5009.5—2010
脂肪[b]/%	≥26.0	—	GB5413.3—2010
复原乳酸度/°T			
牛乳	≤18	—	GB5413.34—2010
羊乳	7～14	—	—
杂质度/（mg/kg）	≤16	—	GB5413.30—2010
水分/（%）	≤5.0		GB5009.3—2016

项目	微生物限量				检验方法
	采样方案[c]及限量（若非指定，均以 cfu/g 表示）				
	n	c	m	M	
菌落总数[d]	5	2	5×10^4	2×10^5	GB4789.2—2016
大肠菌群	5	1	10	100	GB4789.3—2016 平板计数法
金黄色葡萄球菌	5	2	10	100	GB4789.10—2016 平板计数法
沙门菌	5	0	0/25g	—	GB4789.4—2016

注：a 非乳脂固体（%）=100%–脂肪（%）–水分（%）；b 仅适用于全脂乳粉；c 样品的分析及处理按 GB4789.1—2016 和 GB4789.18—2016 执行；d 不适用于添加活性菌种（好氧和兼性益生菌）的产品

n 为同一批次产品应采集的样品件数；c 为最大可允许超出 m 值的样品数；m 为微生物指标可接受水平的限量值；M 为微生物指标的最高安全限量值

（十二）贮藏和运输

乳粉贮藏温度应为 8～10℃，空气湿度不超过 70%，不能与有挥发性气味的物品放在一起，以免乳粉吸收外来气味。

第三节 乳粉的功能特性

乳粉的功能特性是由各种组成成分（蛋白质、脂肪、乳糖）单一或综合的理化特性决定的。

而乳粉具有三种不同形式的功能特性——物理、营养和生理学的。物理功能特性是指乳粉本身就有的或者它作为食物体系的一种配料而赋予食物的结构和物理特性，主要包括凝固、形成凝胶或稳定泡沫的能力。营养功能特性是指乳粉作为一种营养成分来源的能力。这直接取决于牛奶的成分，但生产加工过程对它的影响也很大。生理学功能特性是指乳粉促进生物调节反应的能力，如所含的生物活性成分可改善生理功能如肠道功能。本节主要介绍乳粉的物理功能特性。

一、乳粉的密度与流动性

（一）乳粉的密度

乳粉密度分为填充密度、颗粒密度和真密度。这三种密度之间有相互联系。

填充密度：单位体积奶粉的质量，表示为g/mL、g/100m L或g/L，又称体积密度、容积密度。

高填充密度可以降低包装容器和运输成本。加工方法和条件对填充密度有很大的影响，尤其是气体含量不同带来的影响不同，所以操作中减少携带的空气将增加填充密度。然而在某些情况下，低填充密度的奶粉也是需要的，因为奶粉从视觉上显得很多也是吸引消费者的一个重要因素。不同加工方法生产的脱脂乳粉的填充密度见表 16-4。

表 16-4　不同生产方法的脱脂乳粉的填充密度　（单位：g/cm^3）

干燥过程	填充密度
喷雾干燥	0.50～0.60
转筒干燥	0.30～0.50
泡沫式喷雾干燥	0.32
喷雾干燥（商业）	0.26
瞬时喷雾干燥（商业）	0.59

资料来源：Caric & Kalab，1987

颗粒密度：表示乳粉颗粒的密度。它包括乳粉颗粒内的气泡，而不包括颗粒间空隙的气体。其大小表示颗粒组织松紧状态或含有气泡多少，并与乳粉流动性和喷流性等物理性质有密切的关系。脱脂乳粉和全脂乳粉的颗粒密度分别为 1.21～1.68g/cm^3、1.11～1.37g/cm^3。

真密度：乳粉颗粒物质的密度，表示乳粉除空气外本身真正的密度。全脂乳粉和脱脂乳粉的真密度分别为 1.26～1.32g/cm^3、1.44～1.48g/cm^3。

（二）乳粉的流动性

流动性是乳粉的一个重要性质，它关系到乳粉的运输、称重、包装和对乳粉及其随后应用中的处理。它受到乳粉颗粒的形状、大小及乳粉中水分、脂肪含量、温度的影响。由较大颗粒和小颗粒含量极少的附聚颗粒组成的奶粉通常具有良好的流动性。颗粒大小均匀一致也可改善流动性。乳粉水分含量升高，起始时流动性略有增加，但当水分高于 5.0%时，流动性大大降低，在低温下流动性略好一些。脂肪含量对乳粉的流动性有着很大影响，特别是乳粉颗粒表面呈“游离”状态的脂肪。对于不同乳粉的流动性，依次为：附聚的脱脂乳粉 > 脱脂乳粉 > 附聚的全脂乳粉 > 全脂乳粉。

二、乳粉的溶解性

溶解性是一个基本的功能性质，它是其他物理功能特性的前提。乳粉的溶解性是质量标准所要求的性质之一。乳粉的溶解度降低主要是蛋白质变性的结果，不溶解的物质通常是变性的蛋白质、酪蛋白或乳清蛋白与乳糖的复合物。乳粉溶解度的检测试验称为不溶度试验，它是指在标准条件下不能溶解的乳粉数量。测定过程中必须注意保持温度。典型的试验步骤：向 100mL 水（24℃或 50℃）中添加规定数量的奶粉（全脂乳粉 13g、脱脂乳粉和酪乳粉各 10g），然后用专门的设备搅拌后转移到专用离心管中离心并称取沉淀的量。

影响乳粉固有溶解性的因素有许多，包括：牛乳的组成和质量的季节性变化；加工过程中采用的预热处理（温度越高，对溶解性的影响越大）；所用的干燥设备类型（尤其是滚筒式干燥危害较大）；喷雾干燥器的结构，包括雾化系统和单段及多段干燥；加工条件包括特定的时间/温度的组合和干燥前进行的均质程度等。

案例 16-1　速溶奶粉

奶粉要想在水中迅速溶解必须经过速溶化处理，奶粉颗粒经处理后形成更大一些的、多孔的附聚物。速溶乳粉具有很好的复原性，易溶于温水及冷水中。速溶乳粉颗粒直径较大且均匀，一般为 100～800μm；乳糖呈结晶状，不易吸潮结块；速溶乳粉比容大，增加了包装的费用。

速溶乳粉的生产工艺：奶粉要得到正确的多孔率首先要经干燥把颗粒中的毛细管水和孔隙水用空气取代。然后颗粒需再度湿润，这样颗粒表面迅速膨胀关闭毛细管，颗粒表面就会发黏，使颗粒黏接在一起形成附聚。速溶乳粉的生产工艺具备两个特点：一是使分散的、较小的、不均匀的粉粒通过附聚过程形成疏松的大颗粒（造粒技术）。当分散在水中的时候，乳粉的这一结构可以使更多的水分与乳粉颗粒接触，防止像非速溶乳粉分散在水中时乳粉颗粒表面形成黏性层的现象，达到速溶目的。二是生产全脂速溶乳粉时，在粉粒表面喷涂一层亲水性的表面活性物质，如卵磷脂。

在乳粉生产中，附聚过程可以以如下几种方式实现。

1）将细粉返回到雾化器。

2）在雾化时强制附聚。

3）干燥后再湿润和（或）采用多级干燥：在一级干燥后，较湿的乳粉进行流化床干燥或进行再湿润附聚（图 16-9）。

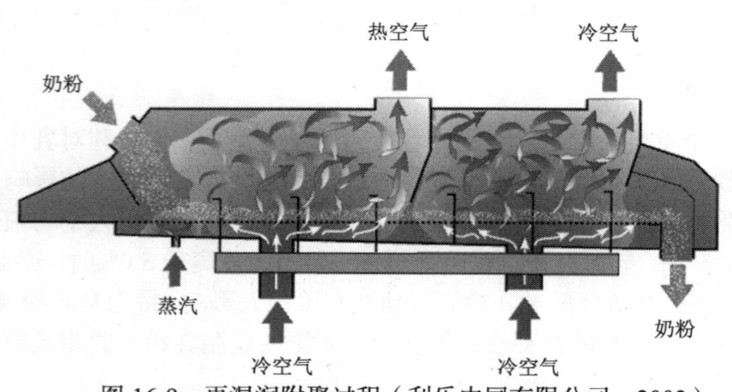

图 16-9　再湿润附聚过程（利乐中国有限公司，2002）

三、乳清蛋白变性程度

乳粉加工过程中的热处理（预热、蒸发浓缩及干燥）会使乳清蛋白变性。在未变性条件下，乳清蛋白具有很高的溶解度、良好的乳化性及起泡性。热处理会导致乳清蛋白变性及溶解度下降。

（一）乳清蛋白变性分类

乳清蛋白的变性程度可以衡量乳粉生产过程中受热程度。根据乳粉的受热程度可将乳粉进行热分类：低热粉、中热粉及高热粉。其中的热分类指标有乳清蛋白氮指数（WPNI）、热值数（heat number）及游离巯基数。其中乳清蛋白氮指数是脱脂乳粉热分类中最常用的分析指标。WPNI 是指 1g 乳粉中未变性乳清蛋白的毫克数。热值数（国际乳品联合会，1982）是指酪蛋白数等于酪蛋白氮含量与总氮的比再乘以 100。游离巯基数是通过测定乳粉中游离—SH 含量（半胱氨酸数）评价乳粉的受热程度。具体分类见表 16-5。

表 16-5　乳粉热分类

	WPNI	热值数/%	游离—SH 含量/%
低温乳粉	≥6.0	< 80	32～38
中温乳粉	1.51≤WPNI≤5.99	80.1～83	39～48
中高温乳粉		83.1～88	
高温乳粉	≤1.5	> 88.1	> 62

（二）乳清蛋白变性的去除因素

在蒸发浓缩和喷雾干燥前对原料乳的预处理是控制未变性乳清蛋白含量的决定因素。95%以上的乳清蛋白变性是在预热处理时发生的。蒸发和干燥过程中，由于接触时间短，因此变性的可能性很小。热处理在 60～70℃温度条件下，乳清蛋白的变性程度受加热时间的影响较小，当温度上升到 75～90℃时，乳清蛋白变性程度随受热时间的上升而增加较快。在乳粉加工过程中，均质处理会使乳清蛋白部分变性，均质温度和压力越高，变性程度也越高。均质致使乳清蛋白变性可能是由压力对乳清蛋白球状折叠结构挤压、剪切所造成的。

四、热处理强度与奶粉的功能性质

脱脂乳粉的热分类及在食品中的应用见表 16-6。热处理程度不同，对乳粉的功能特性有不同程度的影响。乳清蛋白变性程度与乳粉的保质期有很大的关系，是乳粉应用的一个重要的质量指标。变性后的乳清蛋白具有较强的吸水性，使乳粉很容易吸潮，加速乳糖转变为结晶乳糖，致使乳粉颗粒表面产生很多裂纹，脂肪就会逐渐渗出，引起氧化酸败变质。因此，高温乳粉或乳清蛋白变性程度较高的乳粉保质期较短。控制乳清蛋白变性，可延长乳粉的保质期。在食品应用中，根据产品所需的功能特性，选择不同热处理的乳粉。

表 16-6　脱脂乳粉的热分类及在食品中的应用

热分类	典型的热处理	乳清蛋白氮指数	功能特性	在食品中的应用
低热	70℃、15s	> 6	溶解性、无蒸煮味	再制乳、干酪
中热	85℃、1min 90℃、30s 105℃、30s	1.5～6	乳化性、发泡性、吸水性、黏度、色泽、风味	冰淇淋、巧克力、糖果

续表

热分类	典型的热处理	乳清蛋白氮指数	功能特性	在食品中的应用
高热	90℃、5min 120℃、1min 135℃、30s	< 1.5	热稳定性、凝胶特性、吸水性	再制炼乳
高高热	> 120℃、> 40min	< 1.5	风味、持水性、色泽	焙烤食品、再制炼乳

资料来源：张和平和张列兵，2012

第四节 婴幼儿配方乳粉的生产

一、概述

婴儿配方乳粉又称母乳化奶粉，它是为了满足婴儿的营养需要，以牛乳或羊乳为主要原料，通过调整成分模拟母乳的婴幼儿食品。根据适用于不同阶段的婴幼儿可大致分为0～6个月婴儿乳粉、6～12个月婴儿乳粉和12～36个月幼儿成长乳粉。

（一）配方设计的依据

1. 母乳模拟化 母乳是婴儿成长需要的唯一的最安全、最完整、最天然的食物。但由于很多原因，包括工作压力、身体健康或者传染疾病等，很多婴幼儿得不到母乳的喂养。因此，婴儿配方乳粉就可以作为母乳代用品。

牛乳的乳源最为丰富，成本较低，成分与人乳较相似，被选作婴幼儿配方乳粉的主要原料乳。但牛乳和人乳无论在感官上还是组成上，都有一定的差别（表16-7）。因此，在实际生产中，需要了解牛乳与人乳的差别，调整牛乳的各种营养成分，使之近似于人乳。

表16-7 牛乳和母乳的主要营养素的对比

营养素种类			牛乳典型成分		母乳典型成分	
			100g牛乳中含量	100g牛乳粉中含量	100mL母乳中含量	相当100g乳粉中含量
主要营养素	脂肪	g	3.53	28.36	3.7	29.23
	碳水化合物	g	4.77	38.32	6.9	54.51
	蛋白质	g	3.16	25.38	1.5	11.85
	其中酪蛋白	g	2.56	20.56	0.4	3.16
	其中清蛋白	g	0.60	4.82	1.10	8.69
	灰分	g	0.74	5.94	0.30	2.37
	水分	g	87.80	2.00	87.60	2.00
	热量	kcal			67	529
维生素	维生素A	IU	120	964	200	1580
	维生素D	IU	2	16	32	252
	维生素E	mg	0.1	0.8	0.4	3.1
	维生素K_1	μg	6.0	48.0	2.0	15.8
	维生素B_1	μg	42.0	337.0	16.0	126.4
	维生素B_2	μg	160	1285	40	316
	泛酸	μg	350	2811	196	1548

续表

营养素种类			牛乳典型成分		母乳典型成分	
			100g 牛乳中含量	100g 牛乳粉中含量	100mL 母乳中含量	相当 100g 乳粉中含量
维生素	维生素 B_6	μg	5.0	402	6	47.4
	叶酸	μg	5.0	40.0	5.2	41.0
	维生素 B_{12}	μg	0.50	4.00	0.01	0.08
	胆碱	μg	14.0	112.0	9.0	71.1
	生物素	μg	4.0	32.0	0.7	5.5
	肌酸	mg	15	121		
	维生素 C	mg	16	129	5	395
	亚油酸	mg			346	2733
矿物质	钠	mg	55	442	15	118
	钾	mg	140	1125	55	435
	氯	mg	105	843	43	340
	磷	mg	95	763	15	119
	钙	mg	120	964	33	261
	镁	mg	12	96	3	24
	铁	mg	0.1	0.8	0.1	0.8
	碘	μg	5	40	7	53
	铜	μg	10	80	50	395
	锌	μg	30	240	400	3160
	锰	μg	2.0	16.0	1.0	7.9
	钴	μg	60	480		
	铅	μg	4	32		
	氟	μg	15	120		
主要氨基酸	缬氨酸	g	0.224	1.760	0.060	0.474
	亮氨酸	g	0.320	2.520	0.114	0.901
	异亮氨酸	g	0.208	1.640	0.054	0.427
	苏氨酸	g	0.156	1.230	0.048	0.379
	赖氨酸	g	0.204	2.080	0.078	0.616
	蛋氨酸	g	0.083	0.650	0.018	0.142
	苯丙氨酸	g	0.164	1.290	0.042	0.332
	色氨酸	g	0.028	0.380	0.022	0.174
	胱氨酸	g	0.036	0.280	0.018	0.142
	酪氨酸	g	0.185	1.470	0.048	0.379

（1）蛋白质的量和质　牛乳中的蛋白质含量大约为母乳蛋白质的 3 倍，其中乳清蛋白含量相当，但酪蛋白含量差距较大，牛乳中含量约为人乳的 7 倍。乳中蛋白质经胃液形成凝块。人乳中的酪蛋白含量低，形成的凝块呈柔软絮状，易被婴幼儿消化，而牛乳中则因酪蛋白含量高，形成的凝块难以被消化，容易引起婴幼儿消化不良或腹泻。

人乳中的蛋白质除了为婴幼儿提供生长发育所必需的氨基酸和氮源外，还有一些蛋白质，如免疫球蛋白、乳铁蛋白等，提供一些生物学功能，通过向婴幼儿配方乳粉添加这些主要生理活性物质来增强配方乳粉的生物活性功能。

（2）脂肪的组成　牛乳和母乳中的脂肪含量差距不大，但质量和构成有很大差别。人乳含有的脂肪以不饱和脂肪酸为主，脂肪球小，易被吸收利用。牛乳中饱和脂肪酸多，且人体必需的不饱和脂肪酸——亚油酸和亚麻酸，仅为人乳的1/3左右，牛乳的吸收利用率比人乳低20%以上。

（3）碳水化合物　牛乳和母乳中都含有乳糖，但人乳中的含量比牛乳中高出近一倍，且人乳中主要是β型，可以抑制肠道中大肠杆菌的生长，牛乳中的α型乳糖则不具备这种作用。生产中采用添加乳糖、麦芽糊精、淀粉或低聚糖等进行调整。

（4）无机盐　牛乳中的无机盐含量较人乳高3倍多。摄入过多的微量元素会加重婴幼儿肾脏的负担。配制乳粉时常采用脱盐办法除去一部分无机盐，但牛乳中铁含量比人乳中低，应根据婴儿需要补充一部分铁。

（5）维生素　人乳中维生素含量通常比牛乳高，所以在制作配方乳粉时，往往要强化维生素。

2. 推荐摄入量　由于婴幼儿处于特殊的生理期：体内各脏器已俱全，但功能不够健全，发育也不够成熟；具有熟练的吸吮和吞咽功能，但口腔内唾液腺的发育尚不完善，唾液分泌量较少，口腔内黏膜干燥易受损伤；胃的结构、形状及容量也和成人不同，易溢奶和呕吐，适合进食较大量的流质食物。因此，对婴儿配方粉的研制除了对母乳成分的模拟外，还需根据婴儿生理代谢的特点，按照此时的营养元素的推荐摄入量（recommended nutrient intake，RNI）进行设计[可参考中国营养学会出版的《中国居民膳食营养素参考摄入量》（*Chinese DRI*）]。

3. 国家标准和国际标准　在设计婴幼儿配方粉时，除了对以上两个原则进行考虑外，还需要考虑和参照一些相关标准包括国家标准和国际标准的要求。我国关于婴幼儿食品的标准包括婴儿配方食品的国家标准（GB10765—2010）、较大婴儿及幼儿配方食品（GB10767—2010）、婴幼儿辅助谷类食品（GB10769—2010）和婴幼儿罐装辅助食品（GB10770—2010），配方设计中的各营养指标可详见标准文本。

（二）婴幼儿配方乳粉营养成分的调整方法

1. 0～6个月的婴幼儿配方乳粉　自从人类开始研究开发婴幼儿配方乳以来，都是从研究母乳成分及母乳和牛乳营养成分差异开始的，并以母乳为标准，调整牛乳成分（表16-7）。

（1）能量　0～6个月的婴幼儿此时处于生长发育比较快的时期，按体重计算营养的需要量是成人的3倍以上。在生长发育方面消耗的能量约占总摄入能量的1/3，需167～209kJ/（kg·d）[40～50kcal/（kg·d）]；用以维持基础代谢的能量消耗也多，需184～192kJ/（kg·d）[44～46 kcal/（kg·d）]；相对来说肌肉活动少，消耗的能量较少，仅占总能量需要的8%。关于具体能量需求可参照婴幼儿配方乳粉的标准。

（2）蛋白质、氨基酸　母乳蛋白和牛乳蛋白组成含量存在显著差异。母乳中蛋白质的含量为1.0%～1.5%，酪蛋白：乳清蛋白=4：6。而牛乳中酪蛋白含量较高，酪蛋白：乳清蛋白=6：4。从蛋白质消化性出发，通常采用乳清蛋白或植物蛋白调整蛋白质的组成和含量。例如，①通过加入脱盐乳清来增加乳清蛋白的含量，可使乳粉中酪蛋白与乳白蛋白的含量比例与人乳相似；②使用蛋白质水解酶对乳中多余的酪蛋白进行分解，或者直接添加大豆蛋白，使酪蛋白和乳白蛋白比例接近于人乳；③在牛乳中直接添加胱氨酸，可以使牛乳的蛋白质效价接近人乳；④配方中以大豆蛋白为基料，适用于对乳糖和乳蛋白过敏的婴儿。

除了对蛋白质数量和种类的考虑外，还需考虑满足婴幼儿必需氨基酸的要求。牛磺酸是人体必需氨基酸。人乳各个阶段的乳汁中都含有牛磺酸。强化牛磺酸的配方有可能对婴儿的体格及智力发育有促进作用。

（3）脂类物质　人体必需脂肪酸包括 n-6 和 n-3 两种类型不饱和脂肪酸。亚油酸（18：2n-6，LA）和 α-亚油酸（18：3n-3，ALA）是真正的必需脂肪酸，人体自身无法合成。人体可以 LA 和 ALA 为前体通过内生酶系合成 γ-亚麻酸（DHGLA）、花生四烯酸（AA）、二十碳六烯酸（DHA）、二十碳五烯酸（EPA）等系列 n-3 和 n-6 不饱和脂肪酸。

牛乳中的乳脂肪含量平均为 3.3%左右，与母乳含量大致相同，但在组成上却相差很大。牛乳中的不饱和脂肪酸含量远远低于人乳。人乳中的 α-亚油酸占总脂肪酸含量的 0.5%～1.0%。如果在婴幼儿配方乳粉中强化长链多不饱和脂肪酸，其添加量必须控制，同时要考虑其与 LA 和 ALA 之间的平衡关系。因为过高的 LA 摄入可能会对脂肪代谢、免疫功能、二十碳烯酸的平衡及脂质过氧化反应等产生不良影响。如果单独添加 DHA，会导致婴儿语言障碍和生长缓慢，必须使 AA 和 DHA 保持平衡。

（4）碳水化合物　碳水化合物主要供给婴儿能量，促进发育。母乳中 90%碳水化合物是乳糖，乳糖是婴儿食品中最好的碳水化合物来源。因此配制乳粉时，多加入乳糖或可溶性多糖类，使得乳粉中蛋白质与乳糖的比率约为 1∶4，接近于人乳。由于蔗糖有导致婴儿龋齿的危险，果糖会对果糖不耐受的婴儿健康有危害，因此，如无特殊情况下配方应以乳糖为主，不应添加蔗糖和果糖。但对于一些先天缺乏乳糖酶的婴儿，乳粉在设计时要考虑乳糖或低乳糖配方。

（5）维生素和矿物质　配方乳粉中也要充分强化维生素以满足婴幼儿生长发育所需要的日常维生素。配方乳中强化维生素 A、维生素 B_1、维生素 B_2、维生素 B_6、维生素 B_{12}、维生素 C、维生素 D、生物素、泛酸、烟酸、维生素 K、维生素 E 和叶酸等。其中水溶性维生素强化没有规定上限，但脂溶性维生素 A、维生素 D 长时间过量摄入会引起中毒，因此必须按规定加入。

牛乳中的矿物质含量比母乳高 3 倍，而婴幼儿的肾脏功能尚未健全，不能充分排泄体内蛋白质所分解的过量电解质。对初生婴儿的配方乳粉设计时，应该使其灰分含量更低。在配方乳粉中，K/Na=2.88、Ca/P=1.22 是比较理想的平衡状态。实际生产中，可以采用脱盐率大于 90%的乳清粉或乳清浓缩蛋白和乳糖，将产品的灰分水平控制在 3%以内甚至更低，更接近母乳的灰分含量（0.2%）。

（6）其他活性成分　除了上述所说的蛋白质、脂肪、碳水化合物、维生素和矿物质外，往往还要加入免疫因子、核苷酸、益生菌、胆碱、肌醇等，使乳粉的营养成分更完善。

2. 6～36 个月较大婴儿和幼儿配方乳粉　2 阶段配方也称为成长配方，是为出生后 6～36 个月婴儿设计的。此阶段的奶粉可作为替代牛乳的补充食物。

此阶段的配方营养丰富，特别是蛋白质、钙、铁及 n～3 脂肪酸。2 阶段配方以牛乳为主要原料，在蛋白质方面以酪蛋白为主（酪蛋白：乳清蛋白为 80∶20），高蛋白、高钙、高铁。对于乳糖和乳蛋白质过敏的婴儿，可选用大豆为基料。这一阶段的婴儿营养需求不像前半年那样严格依据实验数据。

二、生产工艺流程和质量控制

（一）生产工艺流程

1. 湿法工艺　乳制品企业生产婴幼儿配方乳粉传统上大多采用湿法工艺生产，这种方法是在原料乳中加入乳清粉、植物油、乳糖、营养强化剂等，再经过均质、浓缩、喷雾干燥等过程，制成配方乳粉（图 16-10）。

质量控制如下。

1）采用10℃左右经过热处理的原料乳在高速搅拌缸内溶解乳清粉、糖等配料，使物料混匀。

2）混合后的物料预热到55℃，在线加入脂肪部分，然后均质，均质压力为15～20MPa。

3）杀菌温度为85℃、16s。

4）物料浓缩至46%左右。

5）喷雾干燥进风温度为155～160℃，排风温度为80～85℃。

2. 干法工艺　以特殊的干混设备，将婴幼儿配方乳粉的原料混合，同时加入营养强化剂，再进行包装、出厂等过程的一套工艺（图16-11）。

质量控制如下。

1）原材料的计量和检验：在乳粉加工前，对每一种原料都要进行感官、理化性质和微生物检验，以确保成品中的各项指标合格。

2）营养强化剂的预混：由于维生素和微量元素的量较小，一般1t产品只需几千克，因此须先和糖预混以缩小混合比例。

3）混料机的选择和混料车间的环境：混料机一般选用三维混料机，此混料机自传和公转同时进行，混料车间应严格按照GMP标准设计，环境温度应在20℃以下，相对湿度在60%以下。

4）产品检验与质量控制：干法生产乳粉时要增加检验的次数，要检验乳粉的感官性质、理化指标、微生物指标和营养素，避免二次污染，保证产品的出厂品质。

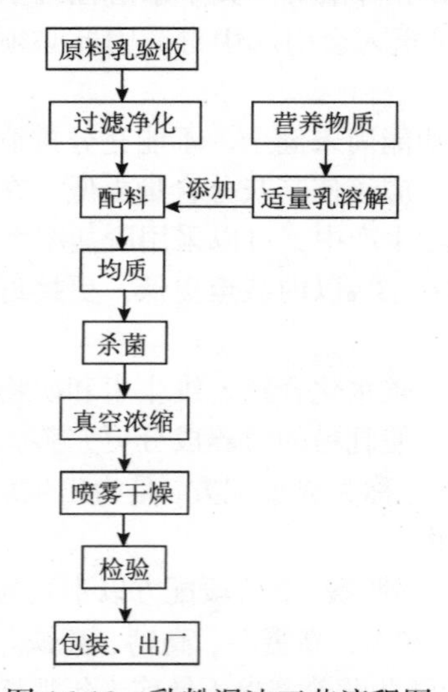

图16-10　乳粉湿法工艺流程图

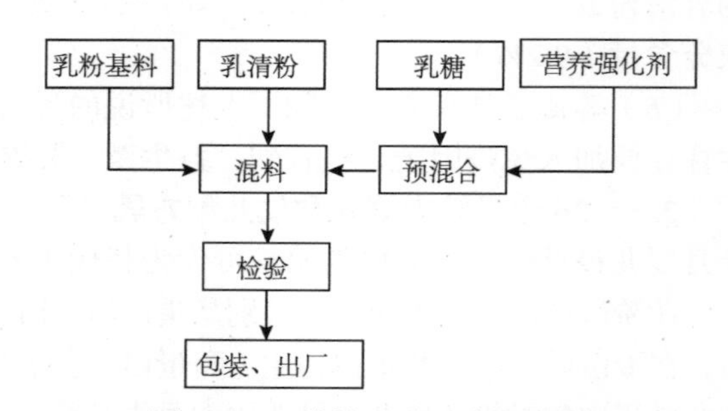

图16-11　乳粉干法工艺流程图

（二）湿法和干法的优缺点

1. 湿法的优点　①生产的乳粉产品均一性好，理化指标稳定；②乳粉颗粒与营养元素结合得比较紧密，混合均匀；③奶源地与加工厂距离近，不需要奶样的储存，减少二次污染。

2. 湿法的缺点　①加工周期长，耗能大，需要设备多，成本高；②一些热敏性维生素或微量元素会由于加热造成破坏，也会增加成本。

3. 干法的优点　①省掉了乳清粉等配料重溶再喷雾干燥的耗能过程，节约能源；②缩短生产周期；③防止加热过程对营养强化剂的破坏，不会破坏热敏性维生素，从而保证了产品的全价营养效能。

4. 干法的缺点　①需要较好的清洁度，最低要求30万清洁度；②控制二次污染问题，产品的微生物指标不好控制；③产品感官欠佳，维生素和微量元素容易混合不均匀。

三、特殊婴幼儿配方乳粉的生产

随着对婴幼儿生长发育过程中营养需求了解的不断深入，以及对母乳和牛乳组成特性差别的进一步明确，一些特殊用途的婴幼儿配方乳粉不断出现，以满足特殊婴幼儿的需求。

（一）早产和低出生体重婴儿配方乳粉

随着医疗技术的发展，低出生体重婴儿（LBW）也能存活。LBW 婴儿配方要求有足够的营养密度，提供高质量的蛋白质和钙，保证婴儿像在子宫内一样达到相同营养物质的增加。LBW 婴儿配方乳粉中钠的浓度也要高，因为 LBW 未成熟的肾脏对钠的重吸收速度较低，低标准的营养供给有可能会导致机体器官代谢能力的降低。

（二）无乳糖配方乳粉

以牛乳为基料的无乳糖配方乳粉（乳糖 < 0.2g/100g 粉）。一是采用乳糖水解酶对牛乳中的乳糖进行预先水解，然后再配料加工；二是采用乳蛋白分离物和乳清蛋白浓缩物，这些原料通过膜处理将其中的乳糖除去。

（三）低牛乳蛋白过敏配方乳粉

因牛乳蛋白引起的过敏反应约占婴儿总数的20%，而通过蛋白水解酶水解后可降低其抗原性。蛋白质部分水解不仅可以大大降低过敏性，同时也不会或很少产生苦味。采用乳蛋白部分水解物为基料的配方可以延缓或防止敏感婴儿过敏症的发生。但乳蛋白部分水解的乳粉不能用于患有遗传性过敏症或高度过敏的婴儿，应使用高度水解的配方和游离氨基酸配方。此外，水解蛋白质有利于疝气的调理，因为一些数据表明，患疝气的婴儿可能对以牛乳为基料的配方中免疫球蛋白敏感。

（四）抗回流配方乳粉

有些婴儿进食后会发生胃-食管回流现象，即胃内容物不自觉地回流到食管中，给婴儿带来很大的痛苦。一些食用胶类或增稠剂，如刺槐豆胶、淀粉等添加到婴儿配方乳粉中会增加进食后食物的黏度，从而有效地降低回流的发生。

（五）低苯丙氨酸配方乳粉

低苯丙氨酸配方乳粉是专为患有苯丙酮酸尿症（一种先天性代谢疾病）制备的，营养全面，一般采用酪蛋白水解物，苯丙氨酸含量 < 0.08%。

（六）低灰分配方乳粉

新生儿肾脏在结构和功能上尚不成熟，若摄入过量的无机成分会增加婴儿肾脏负担。使用

D90 乳清粉或用乳清蛋白浓缩物和乳糖替代乳清粉生产的产品，其灰分水平≤3%，使产品更接近母乳的灰分含量（0.2%），以适应婴儿肾脏的负担能力。

（七）特殊婴儿用的高能量或高营养密度配方

对于一些所谓的“妊娠龄小”的婴儿或很难存活的婴儿、手术前或手术后护理的婴儿或患有先天性心脏病及患有囊肿性纤维化的婴儿,需使用高营养密度配方乳粉或称为高能配方乳粉，这种婴儿配方乳粉在蛋白质方面一般以乳清蛋白为主，能量密度达 900kcal/L。

延伸阅读 16-3　羊奶粉

在我国，人们对羊奶的膻味比较敏感，羊奶及其乳制品无法真正打开市场。但随着脱除羊奶膻味技术的成熟，越来越多羊奶新产品涌现。

与牛奶相比，羊奶的营养价值有其独到的一面：①羊奶中的蛋白质较牛奶含有更多α-乳清蛋白、较少的酪蛋白，且脂肪颗粒体积为牛奶的 1/3，又含有较多的不饱和脂肪酸，更易被人体吸收；②羊奶中缺乏α_s-酪蛋白，可降低过敏反应的发生率，更适合各种体制的人群饮用；③羊奶的乳糖含量低，对乳糖不耐症人群而言，可以减轻因无法完全分解乳糖而造成的呕吐、肠胃胀气、腹泻等症状；④羊奶中含芋碱酸、超氧化物歧化酶（superoxide dismutase，SOD）和与人乳一样的活性因子（epidermal growth factor，EGF），维生素 E 含量高；⑤羊奶中免疫球蛋白含量高。

目前，部分企业也把目光投向了羊奶粉，将其作为母乳的替代品，我国羊奶粉企业也逐渐增加。

思考题

1. 低热、中热、高热乳粉的区别是什么？如何评价乳粉的热分级？
2. 如何改进最终产品——乳粉的微生物质量？
3. 在乳粉加工及贮藏过程中如何使营养损失最小？
4. 在乳粉干燥过程中会有哪些化学反应？如何影响乳粉的质量？
5. 婴幼儿乳粉配方设计的理论依据是什么？对各种成分是如何调配的？

主要参考文献

澳大利亚乳业局. 2008. 澳大利亚乳品原料参考手册. 2 版. 北京：北京华思智文科技有限公司.
陈文亮，孙克杰，何娟. 2006. 乳清蛋白热稳定性的研究. 乳业科学与技术, 6: 6
李晓东. 2011. 乳品工艺学. 北京：科学出版社
孟祥晨. 2009. 乳品科学百科全书. 第三卷. 北京：科学出版社
肖安乐，骆承庠. 1992. 乳粉的理化特性. 中国乳品工业, (5): 218-221
肖芳. 2011. 全脂乳粉及其质量控制. 锡林郭勒职业学院学报, 2: 17
杨贞耐. 2012. 乳品加工新技术. 北京：中国农业出版社
张和平，张列兵. 2012. 现代乳品工业手册. 2 版. 北京：中国轻工业出版社
中国营养学会. 2011. 中国居民膳食指南. 拉萨：西藏人民出版社
GB10767—2010 较大婴儿及幼儿配方食品

GB10765—2010 婴儿配方食品的国家标准
GB10769—2010 婴幼儿辅助谷类食品
GB10770—2010 婴幼儿罐装辅助食品
Solaiman SG. 2010. Goat Science and Production. Iowa: Blackell
Caric M, Kalab M. 1987. Effects of drying techniques on milk powders quality and microstructure: a review. Food Microstructure, 6: 171-180

第 17 章 乳饮料生产

本章学习目标： 掌握乳饮料的概念和种类；了解调配型乳饮料、发酵型乳饮料和益生菌发酵乳饮料的加工工艺及质量控制方法；了解牛乳-植物蛋白混合饮料的分类和加工工艺。

第一节 概 述

一、乳饮料的概念

含乳饮料在国家标准（GB/T 21732—2008）中的定义是：以乳或乳制品为原料，加入水及适量辅料经配制或发酵而成的饮料制品。其蛋白质含量大于或等于 1.0%，乳酸菌饮料的蛋白质含量大于或等于 0.7%。广义地说，乳本身既是食品也是饮料，乳含有 3.5%左右的乳蛋白、3.7%左右的乳脂肪和 4.7%左右的乳糖，以及丰富的钙、磷等矿物质和维生素。乳饮料有普通消毒乳、均质乳、低脂肪乳等。含乳饮料中的发酵型乳饮料又分为乳酸发酵乳和乙醇发酵乳。调制乳饮料又分为酸乳饮料、果汁乳饮料、可可乳饮料、咖啡乳饮料等。

延伸阅读 17-1 饮料产生历史

最早的饮料生产是利用谷物造酒。世界饮料工业从 20 世纪初起已达到相当大的生产规模。60 年代以后，饮料工业开始大规模集中生产和高速度发展。矿泉水、碳酸饮料、果汁、蔬菜汁、奶、啤酒和葡萄酒等都已形成大规模和自动化生产体系。饮料品种繁多，按生产工艺分为乙醇饮料和非乙醇饮料两大类。乙醇饮料是以高粱、大麦、稻米或水果等为原料，经发酵酿成或再经蒸馏而成，包括各种酒和调配酒。粗粮饮料是以五谷杂粮为原料，经过严格加工、多道程序杀菌后加工而成，相继出现小米乳、红豆乳、绿豆乳、黑豆乳等多个品种。非乙醇饮料是以水果，蔬菜，植物的根、茎、叶、花或动物的乳汁等为原料，经压榨或浸渍抽提等方法取汁后加工而成，包括软饮料、热饮料和乳。

二、乳饮料的分类

根据 GB/T 21732—2008，将含乳饮料分为以下几种。

1. 调配型含乳饮料 以乳或乳制品为原料，加入水及白砂糖和（或）甜味剂、酸味剂、果汁、茶、咖啡、植物提取液等中的一种或几种调制而成的饮料。

2. 发酵型含乳饮料 以乳或乳制品为原料，经乳酸菌等有益菌培养发酵制得的乳液中加入水及白砂糖和（或）甜味剂、酸味剂、果汁、茶、咖啡、植物提取液等中的一种或几种调制而成的饮料，如乳酸菌乳饮料。根据其是否经过杀菌处理而区分为杀菌（非活菌）型和未杀菌（活菌）型。

发酵型含乳饮料还可称为酸乳（奶）饮料、酸乳（奶）饮品。

3. 乳酸菌饮料　以乳或乳制品为原料，经乳酸菌发酵制得的乳液中加入水及白砂糖和（或）甜味剂、酸味剂、果汁、茶、咖啡、植物提取液等中的一种或几种调制而成的饮料。根据其是否经过杀菌处理而区分为杀菌（非活菌）型和未杀菌（活菌）型。

第二节　调配型乳饮料的分类和生产

一、调配型乳饮料的分类

市售调配型乳饮料通常分为两大类，即调配型中性乳饮料和调配型酸性乳饮料。

1）调配型中性乳饮料又称风味乳饮料，一般以原料乳或乳粉为主要原料，然后加入水、糖、稳定剂、香精和色素等，经热处理而制得。常见的风味有巧克力、咖啡、茶、水果等。

2）调配型酸性乳饮料是指以原料乳或乳粉、糖、稳定剂、香精、色素等为原料，用乳酸、柠檬酸或果汁将牛乳的 pH 调整至酪蛋白的等电点（pH4.6）以下，一般为 pH3.8～4.2，而制成的一种含乳饮料。

二、调配型乳饮料的生产

（一）巧克力风味乳饮料

巧克力风味乳饮料一般以原料乳或乳粉为主要原料，然后加入糖、可可粉、稳定剂、香精或色素等，再经热处理而制得。

1. 巧克力风味乳饮料配方　巧克力风味乳饮料配方见表 17-1。

表 17-1　巧克力风味乳饮料配方

成分	用量/%	成分	用量/%
原料乳（乳粉）	35～95	香兰素或麦芽酚	适量
糖	3～8	香精	适量
可可粉	0.1～3.0	色素	适量
稳定剂	0.2～0.5		

2. 操作要点　其生产工艺如图 17-1 所示。

1）必须使用高质量的原料乳或乳粉为原料：若原料乳或乳粉的蛋白质稳定性差，会影响设备的连续运转时间，并使产品出现沉淀、分层等质量问题。

2）可可粉的预处理：由于可可粉中含有大量的芽孢，同时有许多颗粒，因此为保证灭菌效果和改进产品的口感，在加入牛乳中之前，可可粉必须经过预处理。生产实践中，一般先将可可粉溶于热水中，于 85～95℃温度下保持 20～30min，最后冷却，再加入牛乳中。这样做的原因为：可可浆受热后，其中的芽孢菌因生长条件不利而变成芽孢；可可浆再冷却后，这些芽孢又因生长条件有利转变为营养细胞，这样在以后的灭菌工序中就很容易再将这些细菌杀死。

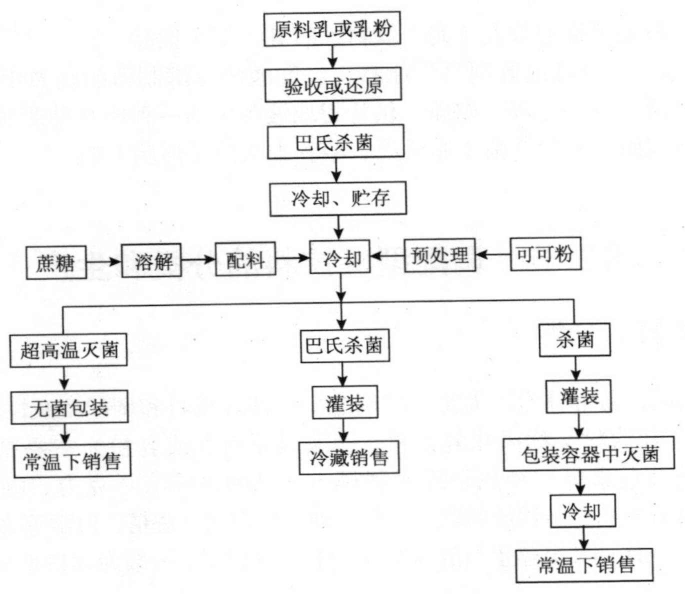

图 17-1　调配型乳饮料的生产工艺

3）稳定剂的溶解：一般用 5～10 倍的糖与稳定剂先进行混合，然后溶解于 45～65℃的软化水中。

4）配料：将所有的原辅材料加入配料罐中后，低速搅拌15～25min，以保证所有的物料混合均匀，尤其是稳定剂能均匀分散于乳中。为保证可可粉、稳定剂能完全与牛乳混合，最好在灭菌前将混合料冷却至10℃以下，并在此温度下老化4～6h。

5）灭菌：由于可可粉中含有大量芽孢，因此巧克力风味乳饮料的灭菌强度较一般风味乳饮料要强。对超高温灭菌的巧克力风味乳饮料来说，常采用的灭菌条件为 139～142℃、4s。而对二次灭菌的巧克力风味乳饮料来说，一般先采用超高温灭菌（135～137℃、2～3s），然后灌装后再进行 115～121℃、15～20min 的灭菌，最后冷却到 25℃以下。

在生产巧克力风味乳饮料时，通常灭菌系统中都有脱气和均质处理装置。脱气一般放在均质前，主要是为除去原料中及前处理过程中混入的空气，以免最终产品中空气含量过高，影响产品的感观、营养成分及对均质头造成损坏。均质可放在灭菌前，也可放在灭菌后。一般来说，灭菌后均质产品的口感及稳定性较灭菌前均质要好，但操作比较麻烦，且操作不当易引起细菌的再污染。通常先对巧克力乳饮料进行脱气处理，脱气后的乳饮料温度一般为 70～75℃，此时再进行均质，就可达到好的均质效果，常使用的均质压力为 25MPa。为保护均质机，最好在配料罐和灭菌设备之间先进行过滤处理（一般为 100 目的滤网）。

6）冷却：为保证加入的稳定剂如卡拉胶起到应有的作用，在灭菌后应迅速将产品冷却至 25℃以下。

3. 质量控制

1）乳粉质量：选用原料质量的高低直接影响到成品的好坏。若原料质量不好，如酸度过高、蛋白质稳定性不佳等，势必影响到加工设备的性能，同时也是产品出现质量缺陷的主要原因。

2）可可粉质量：要生产高品质的巧克力风味乳饮料，必须使用高质量的碱化可可粉。如果可可粉的 pH 与牛乳相差过大，加入后会引起牛乳 pH 的变化，从而影响到蛋白质的稳定性。同时为保护均质机上的均质头，可可粉中的壳含量必须控制在一定范围内。

3）稳定剂的种类及质量：悬浮可可粉颗粒最佳的稳定剂是卡拉胶，这是因为一方面它能与牛乳蛋白相结合形成网状结构，另一方面它能形成水凝胶。卡拉胶在巧克力风味乳饮料中可形成触变性凝胶结构，从而达到悬浮可可粉的效果。

（二）调配型酸性乳饮料

1. 工艺流程　其生产工艺流程如图 17-2 所示。

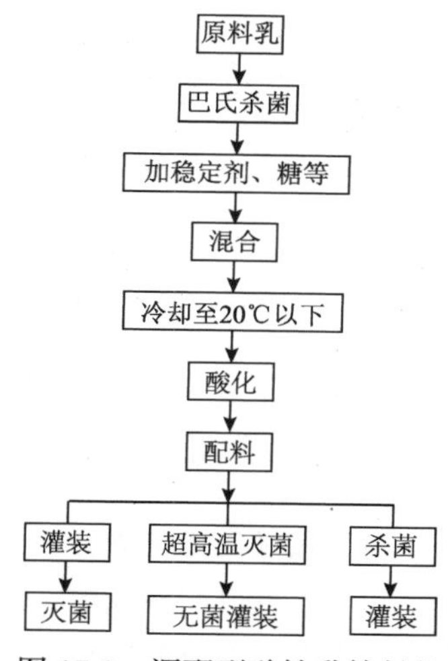

图 17-2　调配型酸性乳饮料的生产工艺流程

2. 工艺要点　调配型酸性乳饮料一般以原料乳或乳粉为主要原料，其他原料包括乳酸、柠檬酸、糖、稳定剂、香精、色素等，有时根据产品需要也加入一些维生素和矿物质，如维生素 A、维生素 D 和钙盐等。调配型酸性乳饮料的加工一般是先用酸溶液将牛乳的 pH 从 6.6～6.8 调整到 3.9～4.2，然后加入其他配料，再经混合搅拌均匀、热处理，最后进行灌装。

（1）原料乳　必须使用高质量的原料乳或乳粉为原料。

（2）稳定剂的添加　在高速搅拌（2500～3000r/min）下，将稳定剂慢慢地加入 60～80℃的热水中或将稳定剂与为其质量 5～10 倍的糖预先混合，然后在正常搅拌速度下将稳定剂和糖的混合物加入 70～80℃的热水中溶解。

在长货架期乳酸菌饮料中最常使用的稳定剂是纯果胶或其与其他稳定剂的复合物。果胶是一种聚半乳糖醛酸，它的分子链在 pH 为中性和酸性时带负电荷，对酪蛋白颗粒具有最佳的稳定性。考虑到果胶分子在使用过程中的降解趋势及它在 pH4.0 时稳定性最佳，因此，建议杀菌前将乳酸菌饮料的 pH 调整到 3.9～4.2。不同的加工工艺会使酪蛋白形成颗粒的体积不同。若颗粒过大，则需要使用更多的果胶去悬浮；若颗粒过小，由于小颗粒具有相对大的表面积，故需更多的果胶去覆盖其表面，果胶用量应增加。

（3）混合　将稳定剂溶液、糖溶液等杀菌、冷却后加入巴氏杀菌乳中，混合均匀后，再冷却至 20℃以下。在制作果蔬乳酸菌饮料时，要首先对果蔬进行加热处理，如沸水中放置 6～8min，以起到灭酶作用。

（4）酸化　酸化过程是调配型酸性乳饮料生产中最重要的步骤，影响成品的品质。

1）为得到最佳的酸化效果，酸化前应将牛乳的温度降至 20℃以下。

2）为保证酸溶液与牛乳充分均匀混合，混料罐应配备一只高速搅拌器（2500～3000r/min）。同时，酸液应缓慢、均匀地加入配料罐内的湍流区域，以保证酸液能迅速、均匀地分散于牛乳中。加酸过快会使酸化过程形成的酪蛋白颗粒粗大，产品易产生沉淀。

3）为易于控制酸化过程，通常在使用前应先将酸液稀释成10%或20%的溶液。同时为避免局部酸度偏差过大，可在酸化前的原料中加入一些缓冲盐类，如柠檬酸钠等。

（5）配料　酸化过程结束后，将香精、色素、有机酸等配料加入酸化的牛乳中，同时对产品进行标准化。

（6）杀菌　调配型乳饮料的 pH 一般为 3.9～4.2，属于高酸性食品，其杀灭的对象菌为霉菌和酵母菌。通常采用高温瞬时的巴氏杀菌或低温长时间杀菌方法。理论上说，采用 95℃、30s 的杀菌条件即可，但考虑到各个工厂的卫生情况及操作情况，通常大多数工厂对无菌包装的产品，均采用 105～115℃、15～30s 的杀菌方式。

3. 质量控制

(1)*沉淀及分层*　沉淀是调配型酸性乳饮料生产中最为常见的质量问题，主要原因如下。

1）选用的稳定剂不合适：一般采用纯果胶或其与其他稳定剂复配使用。稳定剂的用量一般为0.35%～0.6%。

2）酸液浓度过高：解决的办法是酸化前，将酸液稀释为10%或20%的溶液，同时也可在酸化前，将一些缓冲盐类如柠檬酸钠等加入原料乳中。

3）调配罐内搅拌器的搅拌速度过低。

4）调酸不当：加酸速度过快，可能导致局部牛乳与酸液混合不均匀，从而使形成的酪蛋白颗粒过大，且大小分布不匀。

(2)*产品口感过于稀薄*　主要原料乳的热处理不当，最终产品的总固形物含量过低及稳定剂用量少。

第三节　发酵型乳饮料的分类和生产

一、发酵型乳饮料的分类

1. 按加工工艺划分

1）活性乳酸菌饮料，即加工完成后不经过杀菌工艺。

2）非活性乳酸菌饮料，即加工完成后经过后杀菌工艺处理。

2. 按配料类型划分

1）酸奶型：酸奶型乳酸菌饮料是在酸凝乳的基础上将其破碎，配入白糖、香料、稳定剂等通过均质而制成的均匀一致的液态饮料。

2）果蔬型：果蔬型乳酸菌饮料是在发酵乳中加入适量的浓缩果汁（如柑橘、草莓、苹果、沙棘、红果等）或在原料中配入适量的蔬菜汁浆（如番茄、胡萝卜、玉米、南瓜等）共同发酵后，再通过加糖、稳定剂或香料等调配、均质后制作而成。

二、发酵型乳饮料的生产

（一）工艺流程

与其他含乳饮料工艺流程类似。不同的是发酵型乳饮料工艺流程多了牛乳发酵过程，同时，配料工艺后没有酸化的工艺。具体详见操作要点。

（二）操作要点

1）原料要求：酸乳饮料生产的原料质量要求符合我国现行原料乳标准。

2）发酵前原料乳成分的调整：实践证明乳中干物质含量低会使发酵过程中乳酸的产生量不足，牛乳中的蛋白质含量会直接影响到酸乳的黏度、组织状态及稳定性，故建议发酵前将调配料中的非脂乳固体含量调整到15%～18%。

3）脱气、均质和杀菌、冷却、发酵：为保证原料乳充分混合均匀，防止脂肪球上浮，提高产品的稳定性和稠度，并保证乳脂肪均匀分布，从而获得质地细腻、口感良好的产品，一般在温度55～65℃、压力20～25MPa条件下进行均质。杀菌一般在90～95℃、保温5～10min

的条件下进行，目的在于杀灭原料乳中的杂菌，确保乳酸菌的正常生长和繁殖，钝化原料乳中的天然抑制物使乳清蛋白适度变性，以改善组织状态，提高黏稠度。杀菌后的原料乳立即冷却到 40～45℃或发酵剂菌种生长需要的温度，然后根据菌种的活力接种 2%～4%，混合均匀后在适宜的温度下进行发酵。

4）冷却、破乳：发酵过程结束后要进行冷却和破碎凝乳，破碎凝乳的方式可以采用边碎乳边混入已杀菌的稳定剂、糖液等混合料。

5）配料：一般先将稳定剂与白砂糖一起混合均匀，用 70～80℃的热水充分溶解，然后过滤、杀菌；酸味剂稀释后冷却，最后将冷却、搅拌后的发酵乳，溶解的稳定剂和稀释的酸液一起混合，加入香精。

6）均质：均质处理是防止乳酸菌饮料沉淀的一种有效的物理方法。乳酸菌饮料较适宜的均质压力为 20～25MPa，温度为 53℃左右。

7）果蔬预处理：在制作果蔬乳酸菌饮料时，首先要对果蔬进行加热处理，以起到灭酶作用，通常在沸水中放置 6～8min。经灭酶后打浆或取汁，再与杀菌后的原料乳混合。

8）后杀菌：由于乳酸菌饮料属于高酸性食品，对于塑料瓶包装的产品来说，可灌装后采用 95～98℃、20～30min 的杀菌条件，然后进行冷却。

（三）质量控制

1. 饮料中活菌数的控制　乳酸菌活性乳饮料要求每毫升饮料中含活性乳酸菌100万以上。欲保持较高活力的乳酸菌，发酵剂应选用耐酸性强的乳酸菌种（如嗜酸乳杆菌、干酪乳杆菌等）。

为了弥补发酵酸度不足，需补充柠檬酸。但是柠檬酸的添加会导致活菌数下降，所以必须控制柠檬酸的使用量，或者研究稀释工艺中的添加方法。苹果酸对乳酸菌的抑制作用小，与柠檬酸并用可以减少活菌数的下降，同时又可改善柠檬酸的涩味。

2. 饮料中悬浮离子的稳定　乳酸菌饮料呈酸性（pH 为 3.8～4.0），酪蛋白处于不稳定状态，易产生沉淀。沉淀严重时，可使乳酸菌饮料失去商品价值。

（1）乳酸菌饮料稳定性的检查方法

1）在玻璃杯的内壁上倒少量饮料成品，若形成了像牛乳似的、细的、均匀的薄膜，则证明产品质量是稳定的。

2）取少量产品放在载玻片上，用显微镜观察。若视野中观察到的颗粒很小且分布均匀，表明产品是稳定的；若观察到有大的颗粒，表明产品在贮藏过程中是不稳定的。

3）取 10mL 的成品放入带刻度的离心管内，经 2800r/min 转速离心 10min。离心结束后，观察离心管底部的沉淀量。若沉淀量低于 1%，证明该产品是稳定的，否则产品不稳定。

（2）稳定酪蛋白胶粒的措施　为使酪蛋白胶粒在饮料中呈悬浮状态，不发生沉淀，应注意以下几点。

1）均质：经均质后的酪蛋白微粒，因失去了静电荷及水化膜的保护，使粒子间的引力增强，增加了碰撞机会且碰撞时很快聚成大颗粒，相对密度加大引起沉淀。因此，均质必须与稳定剂配合使用，方能得到较好效果。

2）添加稳定剂：添加稳定剂主要为了提高黏度，防止沉淀的产生。应选择水合性大、在酸溶液条件下稳定的稳定剂，果胶在酸性饮料中使用最多。有时将果胶与耐酸羧甲基纤维素（CMC）和海藻酸丙二醇酯（PGA）进行复配，稳定剂总用量为 0.35%～0.6%；配制时要将稳定剂充分溶解。此外，由于牛乳中含有较多的钙，在 pH 降到酪蛋白的等电点以下时以游离钙状态存在，Ca^{2+}与酪蛋白之间易发生凝集而沉淀，故添加适当的磷酸盐使其与Ca^{2+}形成螯合物，起到稳定作用。

3）添加蔗糖：添加蔗糖 10%不但使饮料酸中带甜，而且糖在酪蛋白表面形成被膜，可提高酪蛋白与其他分散介质的亲水性，并能提高饮料密度，增加黏稠度，有利于酪蛋白在悬浮液中的稳定。

4）有机酸的添加：添加柠檬酸等有机酸类，也是饮料产生沉淀的因素之一。因此，必须在低温条件下使其与蛋白胶粒缓慢、均匀地接触。

5）发酵乳凝块的破碎温度：为了防止沉淀产生，还应特别注意控制好破碎发酵乳凝块时的温度，采用一边急速冷却一边充分搅拌。高温时破碎，凝块将收缩硬化，这时再采取什么补救措施也无法防止蛋白胶粒的沉淀。

3. 脂肪上浮　最好采用含脂率较低的脱脂乳或脱脂乳粉作为乳酸菌饮料的原料。同时可添加酯化度高的稳定剂或乳化剂如卵磷脂、单硬脂酸甘油酯、脂肪酸蔗糖酯等。

4. 果蔬原料的质量控制　为了强化饮料的风味与营养，常常加入一些果蔬原料。由于这些物料本身的质量或配制饮料时处理不当，会使饮料在保存过程中出现变色、褪色、沉淀、污染杂菌等。因此，在选择及加入这些果蔬原料时应注意杀菌处理。另外，在生产中可适当加入一些抗氧化剂，如维生素 C、维生素 E、儿茶酚、EDTA 等，以增强果蔬色素的抗氧化能力。

5. 杂菌污染　乳酸菌饮料贮存方面的最大问题是酵母菌的污染。酵母菌、霉菌的耐热性弱，通常在 60℃、5～10min 加热处理即被杀死。所以，在制品中出现的污染,主要是二次污染所致。使用蔗糖、果汁的乳酸菌饮料，其加工车间的卫生条件必须符合国家卫生标准要求，以避免制品二次污染。

第四节　益生菌发酵乳饮料的分类和生产

一、益生菌发酵乳饮料的分类

益生菌发酵乳饮料是以乳为原料，经双歧杆菌等益生菌和酸奶菌（保加利亚乳杆菌与嗜热链球菌以 1∶1 混合）发酵后加入稳定剂、糖、果汁、维生素及净化水、酸液等加工而成。益生菌发酵乳技术的关键是保证产品具有一定活菌含量、营养卫生及外观风味。益生菌发酵乳饮料是含有益生菌活菌的调配型乳饮料，由于其中含有特定的对人体有益的益生菌，因而其具有一定的功能特性。按照所含的益生菌的不同可分为双歧杆菌发酵乳饮料、干酪乳杆菌发酵乳饮料、嗜酸乳杆菌发酵乳饮料等。

二、益生菌发酵乳饮料的生产

1. 工艺流程

其生产工艺如图 17-3 所示。

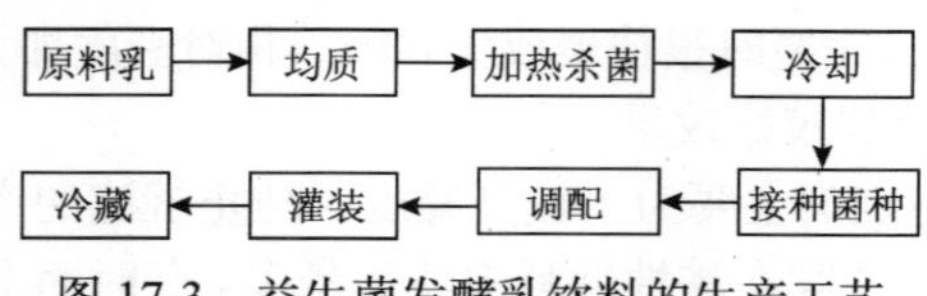

图 17-3　益生菌发酵乳饮料的生产工艺

2. 操作要点

1）益生菌菌株的选择：益生菌是一大类菌，双歧杆菌属中有 26 个种，经有关试验，双歧双歧杆菌和婴儿双歧杆菌效果最好，对这两种菌种的不同菌株在乳中连续深层培养或在含乳的酵母培养基中培养均可达到良好效果。

2）双歧杆菌发酵乳的发酵条件：影响发酵的因素主要有基质浓度、接种量、培养温度、厌氧处理等。为使发酵乳中活菌含量较高而凝乳时间相对较短，不仅需要控制好发酵条件，还可以添加生长促进剂如玉米浸出液、酪蛋白胨、维生素 C 等。由于厌氧菌需要无氧环境，加入还原剂则有利于双歧杆菌生长。常用的还原剂有 1%～5%葡萄糖、0.1%左右抗坏血酸及约 0.05%半胱氨酸等。

3）发酵剂：菌种的选择与制备对于发酵乳制品的质量是至关重要的，发酵剂的好坏直接影响产品的质量和风味。因此，发酵剂在使用前应进行质量评定，应根据生产目的的不同选择适当的菌种，选择时以产品的主要技术特性如产香力、产酸力、产生黏性物质、蛋白质水解能力及后酸化程度等作为发酵剂菌种选择的依据。

4）发酵乳：将乳酸菌与双歧杆菌进行单独培养。乳酸菌按常规搅拌型酸奶发酵工艺进行制备；双歧杆菌的最佳发酵条件是采用 0.25%生长促进剂、2%葡萄糖与 10%脱脂乳为培养基，接种 5%纯双歧杆菌，42℃条件下发酵 7h，即成双歧杆菌发酵乳。

5）混合：双歧杆菌发酵乳与乳酸菌发酵乳在冷却到 20℃时以 2∶1 或 3∶1 比例混合制成双歧杆菌发酵酸乳饮料，含双歧杆菌数可达 6.4×10^{6}cfu/mL，感观、风味与一般乳酸菌饮料基本相同。制备发酵乳饮料时，调酸一般用柠檬酸，但该酸对菌有抑制作用，故最好选用抑制作用小的酸类如苹果酸等。

3. 质量控制　同活菌型发酵乳饮料要求一致。

第五节　牛乳-植物蛋白质混合饮料的生产

植物蛋白质饮料的主要原料为植物核果类及油料植物的种子。近年来，植物蛋白质饮料在市场上越来越畅销，花色品种也越来越多。植物蛋白质饮料可分为以下 4 类：①调制植物蛋白质饮料，植物的籽仁经预处理，加水磨浆、浆渣分离，加入稳定乳化剂，经过调配和杀菌工序制成的纯植物蛋白质饮料，其成品蛋白质含量≥1%，脂肪≥1%，货架期在 6 个月以上，露露、杏仁露等就属于此类。②牛乳-植物蛋白质饮料，该类饮料类似于调制植物蛋白质饮料，但含有牛乳，保质期在 3 个月以上。③牛乳-果蔬复合植物蛋白质饮料，植物蛋白质饮料中加入牛乳、果汁或蔬菜汁，经加工处理所得的为牛乳-果蔬复合植物蛋白质饮料。④发酵型植物蛋白质饮料，以植物的籽仁为主要原料，可加少量奶粉，经乳酸菌发酵而制得的饮料。

一、工艺流程和操作要点

（一）工艺流程

牛乳-植物蛋白质饮料的生产工艺如图 17-4 所示。

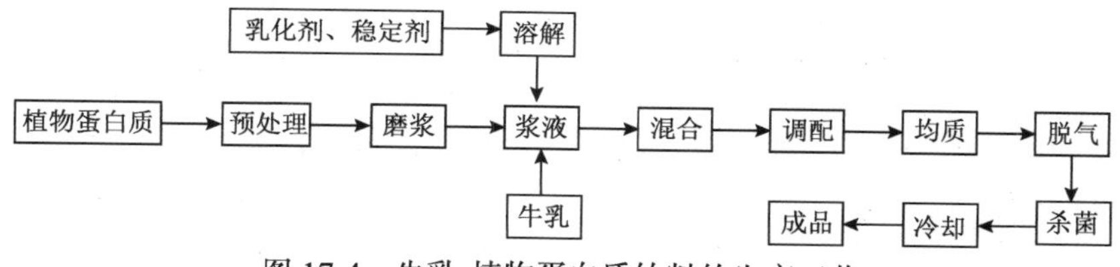

图 17-4　牛乳-植物蛋白质饮料的生产工艺

（二）操作要点

1）磨浆：牛乳-植物蛋白质饮料质量的好坏很大程度上取决于植物蛋白质及牛乳原料的品质。应选择颗粒饱满、肉质乳白，剔除霉烂、虫蛀的植物蛋白质颗粒。考虑到产品的口感，制浆工艺一般为水磨制浆或先研磨成酱状，再进一步调配。磨浆时的料水比、磨浆时间、磨浆温度及磨浆 pH 都会影响磨浆的效果及浆液的品质。各种不同的植物蛋白质原料特性不同，磨浆的合适条件也不同。

2）调配、均质：工艺与其他乳饮料工艺类似，不再赘述。

3）杀菌：植物蛋白质乳饮料一般为 pH 中性，同时富含蛋白质、糖类、矿物质等营养成分，非常适宜细菌的生长。所以装瓶后应及时进行杀菌。若温度太低或时间太短，则杀不死全部微生物。尤其是耐热性细菌如嗜热脂肪芽孢杆菌、嗜热解糖梭状芽孢杆菌、致黑梭状芽孢杆菌等的芽孢体，这些芽孢体在合适的条件下即可迅速繁殖，使糖类分解而不断产酸，引起 pH 下降，破坏了植物蛋白质乳饮料的稳定体系。另外，植物蛋白质乳饮料是一种多相热力学不稳定体系，若杀菌温度过高，时间过长，则会加速饮料稳定性的破坏，使产品发生分层。另外，植物蛋白质乳饮料杀菌温度过高，还会引起感官品质的下降等。为了确保杀菌的安全性，使饮料有较长的货架期，一般采用的是 125℃、15～20min 的灭菌条件。

二、质量控制

牛乳-植物蛋白质饮料是一种复杂的不稳定体系，贮存过程中，很容易出现蛋白质及固体颗粒聚沉和脂肪上浮现象，在其他条件确定的情况添加适量的乳化稳定剂是解决植物蛋白质饮料不稳定的一种重要方法。食品乳化剂通常是非离子型表面活性剂，其分子内部既有亲水基团，又有疏水基团。当乳化剂加入饮料中时，其分子向着水油表面定向吸附，降低了表面张力，从而有效防止乳液中粒子间相互聚合，防止脂肪上浮，达到稳定效果。另外，在工艺上，在植物蛋白质饮料的生产过程中一般经过两道均质工序，均质压力分别为 20MPa 和 40MPa，也可有效防止蛋白质沉淀和脂肪上浮。

思考题

1. 调配型乳饮料加工中对原料乳有什么要求？
2. 详述发酵型乳饮料的种类、加工工艺及要点。
3. 简述益生菌饮料的概念及加工工艺。
4. 牛乳-植物蛋白质饮料在生产和贮藏过程中出现的沉淀问题应如何解决？

主要参考文献

陈历俊. 2007. 乳品科学与技术. 北京：中国轻工业出版社
郭本恒. 2004. 液态奶. 北京：化学工业出版社: 419-423
黄来发. 1999. 蛋白饮料加工工艺与配方. 北京：中国轻工业出版社: 115-152
蒋爱民. 1996. 乳制品工艺及进展. 西安：陕西科学技术出版社
孔保华. 2004. 乳品科学与技术. 北京：科学出版社
孔保华，于海龙. 2008. 畜产品加工. 北京：中国农业科学技术出版社: 245-246
马美湖，葛长荣，罗欣，等. 2003. 动物性食品加工学. 北京：中国轻工业出版社: 336-338
曾寿瀛. 2003. 现代乳与乳制品加工技术. 北京：中国农业出版社: 118-122

张和平, 张列兵. 2005. 现代乳品工业手册. 北京: 中国轻工业出版社: 689-691
张兰威. 2005. 乳与乳制品工艺学. 北京: 中国农业出版社: 208-211
中国饮料工业协会. 2010. 饮料制作工艺. 北京: 中国轻工业出版社: 69-70
周光宏. 2002. 畜产品加工学. 北京: 中国农业出版社: 250-253
Smit G. 2003. 现代乳品加工与质量控制. 北京: 中国农业大学出版社: 38-54

第四篇 蛋和蛋制品加工

禽蛋是人类已知天然的最完善的食品之一。禽蛋提供极为均衡的蛋白质、脂类、糖类、矿物质和维生素，其蛋白质含量、蛋白质消化率、蛋白质的生物价和必需氨基酸的含量及其相互之间的构成比例，与人体的需要比较接近和相适宜。另外，禽蛋内含有丰富的磷脂类和固醇等特别重要的营养素，且易被人体吸收利用，可作婴幼儿及贫血患者补充铁的良好食品，被人们誉为“理想的滋补食品”。

本篇首先介绍禽蛋的构成、化学组成及特性等基本知识，在此基础上讲解了禽蛋的品质鉴定及贮藏保鲜的常用方法，进一步介绍一些传统工艺与现代工艺加工的蛋制品，最后介绍一些禽蛋深加工产品及副产物的综合利用。

第 18 章 禽蛋的构造、化学组成及特性

本章学习目标：了解禽蛋的整体构造；了解蛋壳、蛋清和蛋黄各部分的化学组成；掌握蛋清蛋白质中主要蛋白质的种类与分子特性；掌握禽蛋的物理化学性质；掌握蛋清蛋白质的功能性质及主要影响因素，熟练掌握蛋清蛋白质在食品加工中的应用及调控。

第一节 禽蛋的构造

蛋由蛋壳、蛋清与蛋黄三部分组成，各组成部分在蛋中所占的比例与禽类的品种、年龄、产蛋季节及蛋的大小、饲喂条件等有关。其中蛋壳由蛋壳外膜（外蛋壳膜）、蛋壳（石灰质硬壳）和蛋壳内膜所构成；蛋钝端的蛋壳内膜与蛋白膜间为气室；蛋白膜与蛋黄膜之间为蛋白，也称为蛋清；蛋中心为蛋黄，由蛋黄膜、蛋黄内容物和胚盘 3 部分组成。几种常见禽蛋各部分的比例如表 18-1 所示。

表 18-1　几种常见禽蛋各部分的比例（%）

禽蛋种类	蛋的质量/g	蛋壳所占比例	蛋清所占比例	蛋黄所占比例
鸡蛋	40～60	10～12	45～60	26～33
鸭蛋	60～90	11～13	45～58	28～35
鹅蛋	160～180	11～13	45～58	32～35

（一）蛋壳的构造

蛋壳又称石灰质硬蛋壳，是包裹在蛋内容物外面的一层硬壳，具有保护蛋清、蛋黄，使蛋具有固定形状的作用，但蛋壳的质地干脆，不耐碰或挤压。蛋壳由蛋壳外膜（外蛋壳膜）、蛋壳（石灰质硬壳）和蛋壳内膜所构成。

1. 蛋壳外膜　鲜蛋的蛋壳外表面包裹着一层黏液形成的薄膜，称为蛋壳外膜，又称为外蛋壳膜、壳上膜、壳外膜或角质层，是由一种无定形结构的透明、可溶性胶质黏液干燥而成，其主要成分为糖蛋白。完整的外蛋壳膜透气、透水，可以防止微生物侵入蛋内。蛋壳外膜的厚度不均匀，平均约为 10μm。

外蛋壳膜具有封闭气孔的作用，可以防止蛋内水分挥发、二氧化碳扩散及外部微生物入侵。但不耐摩擦，容易受潮脱落，所以外蛋壳膜只可短时间保护蛋的质量。水洗或机械摩擦都可使外蛋壳膜脱落，使其失去保护作用。

2. 蛋壳　蛋壳可分为内外两层，其中内层为相互交织的蛋白纤维和颗粒组成的基质，外层是由有间隙的方解石晶体形成的海绵状层，基质与方解石晶体的比例为 1∶50。根据含有的黏多糖、离子的吸附能力划分，基质又可分为两个区域：内层乳头状基质层与外层海绵层。其中乳头状基质层与外侧蛋壳膜蛋白纤维紧密相连，最终镶嵌在壳下膜中的蛋白纤维网络中，镶嵌深度约 20μm，此部分又称为乳头核心。方解石晶体随机定向垒集在乳头层内形成椎体，这些椎体上部与内聚质粒紧紧相接。海绵基质区有大量直径为 0.04μm 的纤维，这些纤维与蛋壳平行，并与很多的囊泡（直径为 0.4μm）内的晶体以长晶体轴向蛋壳表面定向漫射。

光学显微镜的观测结果表明，蛋壳内的基质纤维并非简单地包裹方解石晶体，而是穿刺晶体层，所以基质对蛋壳强度影响显著。在钙化的海绵基质层内的方解石晶体的长轴指向蛋壳表面。轴与轴之间形成孔洞，即气孔。乳头状层厚度约为 0.1mm，约占蛋壳厚度的 1/3，气孔存在于乳头周围区域。在高倍显微镜下观测到，气孔的通道为不规则弯曲状并相互连接，乳头状层的上层为海绵层，具有固定蛋形的作用，该层质地较脆，不耐挤压和碰撞，但硬度较大。

蛋壳上的气孔孔径为 4～40μm，有 1000～2000 个，气孔在蛋壳表面分布不均匀，蛋钝端的气孔最多，为 300～370 个，锐端最少，为 150～180 个。蛋壳的厚度根据禽蛋种类的不同有所差异，一般而言，鸡蛋壳最薄，鸭蛋壳较厚，鹅蛋壳最厚。几种常见禽蛋的蛋壳厚度如表 18-2 所示。

表 18-2　几种常见禽蛋的蛋壳厚度

禽蛋种类	样品数	厚度/μm		
		最低值	最高值	均值
鸡蛋	1070	0.22	0.42	0.36
鸭蛋	561	0.35	1.57	0.47
鹅蛋	204	0.49	1.60	0.81

3. 蛋壳内膜 蛋壳内膜分为蛋壳膜（又称为内蛋壳膜）和蛋白膜两层，蛋白膜紧密接触蛋白，蛋壳膜紧贴石灰质蛋壳。这两层膜都由很细的纤维交错成网状结构。内蛋壳膜纤维粗，网状结构空隙大，细菌可以直接通过，其厚度较大（41.1～60.0μm）。蛋白膜较薄（12.9～17.3μm），纤维纹理紧密细致，只有蛋白酶破坏蛋白膜后，微生物才可进入蛋内，所以壳下膜有阻止微生物入侵的作用。

4. 气室 蛋壳内膜的两层（内蛋壳膜和蛋白膜）原本是紧密贴在一起的，所以称为壳下膜，禽蛋离开母体后，因突遇低温，蛋中内容物收缩，使蛋的内部暂时出现一部分真空，外界空气由蛋壳气孔和蛋壳膜网孔进到蛋内，由于蛋钝端比锐端与空气的接触面积大，且气孔较大，分布较多，外界空气进入蛋内较多、较快。所以在蛋钝端两层膜分开，形成一个双凸透镜状的气室，气室中为一定体积的气体。

禽蛋排到体外后，最早 2min，最迟 10min，一般在 6～10min 形成气室。24h 后气室的直径为 1.3～1.5cm。新鲜蛋气室小，随存放时间延长，内容物水分不断挥发，气室逐渐增大，所以气室的大小也反映了蛋的新鲜程度。

（二）蛋白的构造

蛋白俗称蛋清，是一种微黄色的胶体物质，占蛋总重的 45%～60%。鲜蛋蛋清分为 4 层，由内向外依次是：①系带膜状层，占蛋白总体积的 2.6%，该层也称浓厚蛋白；②内层稀薄蛋白，占蛋白总体积的 16.8%；③中层浓厚蛋白，占蛋白总体积的 57.3%；④外层稀薄蛋白，此层蛋白贴附在蛋白膜上，占蛋白总体积的 23.3%。蛋白按形态可以分为两种，即稀薄蛋白和浓厚蛋白，二者交互出现。

1. 浓厚蛋白 浓厚蛋白主要为纤维状结构，由多种蛋白质构成，其中黏蛋白使整个浓厚蛋白紧密黏结在一起。浓厚蛋白中的溶菌酶可溶解微生物的细胞膜，具有杀菌、抑菌作用。浓厚蛋白与稀薄蛋白的量并不是固定不变的，浓厚蛋白的多少是衡量蛋新鲜程度的重要指标。一般随存放时间的延长或受外界条件的影响，浓厚蛋白会逐渐变稀，溶菌酶也会逐渐失去活性，失去杀菌、抑菌的作用，所以陈旧的蛋易被细菌感染。浓厚蛋白变稀是蛋自身新陈代谢的必然结果，如果外界高温或微生物入侵，浓厚蛋白变稀的速度就会加快，在0℃左右时，浓厚蛋白变稀的速度最慢。所以浓厚蛋白变稀的过程就是鲜蛋失去自身抵抗力，开始陈化、变质的过程。

2. 稀薄蛋白 稀薄蛋白呈液态水状，新鲜蛋中的稀薄蛋白大约占蛋白总质量的 50%，不含溶菌酶，所以对细菌的抵抗力极弱。当蛋贮存时间过长或温度太高时，蛋内的稀薄蛋白就会逐渐增多，导致陈蛋变成水响蛋，不可用于加工。

3. 系带 在蛋白中，蛋黄两端位置各有一条浓厚的白色带状物质，称为系带。系带一端与钝端的浓厚蛋白相连，另一端与锐端的浓厚蛋白相连，具有将蛋黄固定在蛋中心的作用。系带是由浓厚蛋白构成的，新鲜蛋的系带很粗且有弹性，含有丰富的溶菌酶，随鲜蛋存放时间的延长和温度的升高，在酶的作用下系带发生水解，逐渐变细，直到完全消失，导致蛋黄移位上浮，出现贴壳蛋和靠黄蛋，所以系带的存在也是鉴别蛋新鲜程度的重要标志之一。

（三）蛋黄的构造

蛋黄由蛋黄膜、蛋黄内容物及胚盘三部分组成，位于蛋的中心位置，呈球形。

1. 蛋黄膜 蛋黄膜是一种透明的薄膜，包裹在蛋黄内容物外面，平均厚度为16μm，质量占蛋黄总质量的2%～3%。

蛋黄膜结构与蛋白膜相似，共分为 3 层：内外两层均为黏蛋白，中间为角蛋白，内层与外层之间存在着连续层。内层由一种圆筒状的纤维所组成，由其分叉而在三维方向形成空间网状结构，纤维的直径为 0.4～0.6μm，纤维之间无填充物。外层由纤维在二维方向形成层状结构，并由这样几层重叠堆积而成为多层结构，纤维的直径为 0.1μm 的为粗纤维层，纤维直径为 0.7～1.8μm 的纤维束与黏液物质形成系带膜状层。

2. 蛋黄内容物　蛋黄膜内为蛋黄内容物，为浓稠状、不透明的黄色乳状物，中央为白色蛋黄，呈细颈烧瓶状，瓶底位于蛋黄的中心，瓶颈向外延伸，直至蛋黄膜下托住胚盘，胚盘在蛋黄的表面，为蛋黄中心通至蛋黄外部的一个色淡、细小的圆状物，如果蛋为受精卵，则称为胚胎，直径为 3～5mm，如果蛋未受精，则称为胚珠，直径为 2.5mm，受精蛋的胚胎在适宜的外界温度下，会很快发育，从而降低了蛋的耐贮性及质量。

白色蛋黄外周为深黄色与浅黄色蛋黄由内至外分层排列，形成深浅相间的层次结构，这是由于在蛋黄形成过程中，母体昼夜新陈代谢速度不同，白天比夜晚有更多的蛋黄色素沉积在蛋内，成熟的蛋黄内会出现 7～10 个同心圆，其中浅黄色蛋黄仅占全蛋黄总质量的 5%，可以把蛋黄看成一种蛋白质溶液中含有多种悬浮颗粒的复杂体系，主要包括油脂、游离颗粒、大的低密度脂蛋白与髓质这 4 种颗粒。

3. 胚盘　蛋黄表面有一颗乳白色的小点，在未受精蛋中呈圆形，称为胚珠。受精蛋中为多角形，称为胚盘或胚胎。胚盘的下部到蛋黄中心有一细长近白色的部分，称为胚盘细管。胚盘的相对密度比蛋黄小，所以胚盘浮于蛋黄表面。未受精的蛋耐贮藏，而受精蛋的胚盘很不稳定，会降低蛋的质量与耐贮性。外界温度升至 25℃时，受精蛋的胚盘便会发育，起初形成血环，后来随温度的升高逐渐产生树枝状的血丝。

第二节　禽蛋的化学组成

一、蛋的一般化学组成

蛋的结构复杂，化学成分非常丰富，蛋中含有胚胎发育所需的一切营养物质，除水分、蛋白质、脂肪、矿物质外，蛋中还含有维生素、碳水化合物、酶类、色素等。表 18-3 是几种常见禽蛋的化学组成。由表 18-3 可知，鸡蛋、鸽子蛋中的水分含量要高于水禽蛋的水分含量，而鸡蛋、鸽子蛋中的脂肪含量则低于水禽蛋的含量，鸭蛋中的脂肪含量较高，平均可达 15%。鹅蛋中的碳水化合物含量较高。而鹌鹑蛋的固形物含量较高，蛋白质含量高达 16.6%。

表 18-3　几种常见禽蛋可食部分的化学组成（%）

	水分	固形物	蛋白质	脂肪	灰分	碳水化合物
鸡蛋	72.5	27.5	13.3	11.6	1.1	1.5
鸭蛋	70.8	29.2	12.8	15.0	1.1	0.3
鹅蛋	69.5	30.5	13.8	14.4	0.7	1.6
鹌鹑蛋	67.5	32.3	16.6	14.4	1.2	—
鸽子蛋	76.8	23.2	13.4	8.7	1.1	—
火鸡蛋	73.7	25.7	13.4	11.4	0.9	—

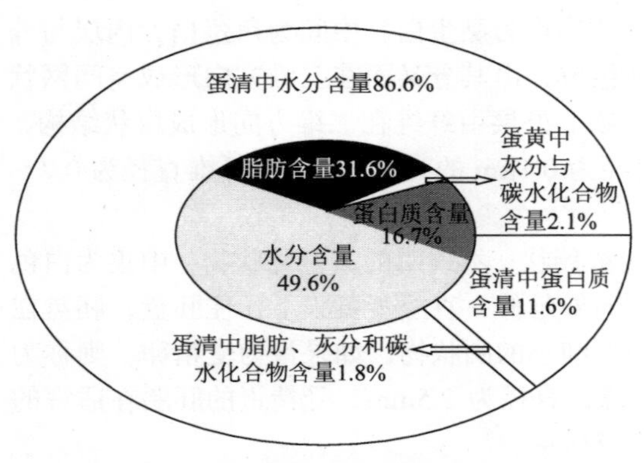

图 18-1　鸡蛋各部分的化学组成

禽蛋蛋壳的化学组成取决于母体的种类、产龄、产蛋率、饲养条件及蛋的大小等。鸡蛋各部分的化学组成如图 18-1 所示。

二、蛋壳的化学组成

1. 外蛋壳膜的化学组成　外蛋壳膜又被称为角质层，是覆盖在蛋壳最外边的无定形被膜胶质物质，厚度约为 10μm，其组成成分大部分是非角质蛋白的蛋白质，也含有一些糖类物质，如半乳糖、葡萄糖、甘露糖、果糖及一些未定性的戊糖等，角质层中还含有 0.045%的脂类（中性脂肪：复合脂质为 83：17）和 3.5%的灰分，此外角质层中还存在微量的原叶啉色素等。

2. 石灰质蛋壳的化学组成　蛋壳主要由无机物组成，占蛋壳总质量的 94%～97%，主要是碳酸钙（约占 93%），其次是碳酸镁（约占 1%）和硫酸钙、硫酸镁；有机物占蛋壳总质量的 3%～6%，主要为蛋白质、一定量的水分和 0.003%的脂类。禽蛋种类不同，其蛋壳的化学组成也不同，几种常见禽蛋蛋壳的化学组成如表 18-4 所示。

表 18-4　几种常见禽蛋蛋壳的化学组成（%）

禽蛋蛋壳种类	有机成分	碳酸钙	碳酸镁	磷酸钙和磷酸镁
鸡蛋壳	3.2	93.0	1.0	2.8
鸭蛋壳	4.3	94.4	0.5	0.8
鹅蛋壳	3.5	95.3	0.7	0.5

3. 蛋壳内膜的化学组成　蛋壳内膜主要由蛋白质组成，并附着有一些多糖，其中糖的含量要少于蛋壳和外蛋壳膜。此外，还含有 1.35%的脂肪，在复合脂肪中约有 63%的神经鞘磷脂。

蛋壳内膜中所含多糖类物质中己糖含量最高，而半乳糖胺与唾液酸的含量最少。结合于蛋壳膜中的 β-*N*-乙酰葡萄糖胺酶的活性很高，约为蛋黄膜的 4 倍，并含有丰富的溶菌酶，其溶菌酶的含量是浓厚蛋白的 4 倍，该酶以二聚体形式存在于蛋白内膜中。

三、蛋清的化学组成

禽蛋蛋清部分占禽蛋可食部分总质量的2/3，其主要成分为水分与蛋白质，所以可以把蛋清看作一种以水为分散介质、以蛋白质为分散相的胶体物质，此外还包括脂肪、维生素、微量矿物质及糖类物质等。

不同种类禽蛋蛋清的化学组成有明显差异，鸡蛋蛋清的化学组成为：水分含量 80%～88%；蛋白质含量 11%～13%；矿物质含量 0.6%～0.8%；碳水化合物含量 0.7%～0.8%；脂肪物质微量，无胆固醇。鸭蛋蛋清的化学组成为：水分含量 87%；蛋白质含量 11.5%；矿物质含量 0.8%；脂肪含量 0.03%。

1. 水分　水分是蛋清的主要成分，大部分水分以溶剂形式存在，少部分水与蛋白质结合，以结合水形式存在。水分在蛋清中的分布情况如下：外稀薄蛋白层中水分含量为 89.0%；浓厚蛋白层中水分含量为 84%；内稀薄蛋白层中水分含量为 86%；系带膜状层中水分含量为 82%。

2. 蛋白质　蛋白质占蛋清总质量的 11%～13%，目前已经在蛋清中发现了近 40 种蛋白质，可以把蛋清看作卵黏蛋白在多种球蛋白水溶液中形成的一种蛋白体系。稀薄蛋白与浓厚蛋白在卵黏蛋白的成分上有差别，即溶菌酶和不溶性卵黏蛋白结合构成了浓厚蛋白的凝胶结构基础，不溶性卵黏蛋白向可溶性卵黏蛋白的转化使蛋清水样化。

蛋清中的主要蛋白质及其性质如表 18-5 所示。由表 18-5 可知，卵白蛋白、卵转铁蛋白、卵类黏蛋白、卵黏蛋白、溶菌酶等为主要蛋白质。

表 18-5　蛋清中的主要蛋白质及其性质

蛋白质种类	含量/%	相对分子质量	等电点	生物学特性
卵白蛋白（ovalbumin）	54～69	45 000	4.5～4.8	免疫调节，降血压，血管紧张素抑制功能
卵转铁蛋白（ovotransferrin）	12～13	77 000～80 000	6.0～6.7	与金属铁离子结合，抗菌、抗病毒、抗真菌，免疫调节
卵类黏蛋白（ovomucoid）	11	28 000	3.9～4.3	丝氨酸蛋白酶抑制剂，免疫调节
溶菌酶（lysozyme）	3.4～3.5	14 300～17 000	10.5～11.0	抗菌、抗微生物、抗病毒功能，消炎，免疫调节和免疫增强，抗癌
卵黏蛋白（ovomucin）	1.5～3.5	0.22×10^6～270×10^6	4.5～5.1	抗病毒的血凝聚作用
黄素蛋白（flavin-binding protein）	0.8	32 000～3 6 000	3.9～4.1	结合核黄素
卵抑制物（ovoinhibitor）	0.1～1.5	49 000	5.1～5.2	抑制蛋白酶活性，包括胰蛋白酶和糜蛋白酶
无花果蛋白酶抑制剂（ficin inhibitor）	0.05	12 700	5.1	抑制蛋白酶活性，包括木瓜蛋白酶和无花果蛋白酶
卵糖蛋白（ovoglycoprotein）	0.5～1.0	24 400	3.0	属于糖蛋白
卵巨球蛋白（ovomacroglobulin）	0.5	760 000～900 000	4.5～4.7	热抗性极强
抗生物素蛋白（avidin）	0.5	53 000	9.5	与维生素 H 结合
卵球蛋白 G_2（globulins G_2）	4.0	36 000～45 000	5.5	发泡剂
卵球蛋白 G_3（globulins G_3）	4.0	36 000～45 000	5.6	发泡剂

（1）卵白蛋白　卵白蛋白又称卵清蛋白，是蛋清中含量最多的蛋白质，占蛋清中蛋白质总量的 54%～69%，含有糖与磷酸基，所以属于糖蛋白。卵白蛋白可以用硫酸铵或硫酸钠盐析制得，为针状结晶体，也可以用色谱法提取。

纯净的卵白蛋白等电点为 4.5，其凝固点为 60～65℃，相对分子质量为 45 000，有 A_1、A_2、A_3 三个亚基，三者的区别在于其中含有的磷酸基数量不同，其中 A_1 含有 2 个磷酸基，A_2 含有 1 个磷酸基，A_3 无磷酸基。卵白蛋白中三种蛋白质的含量之比为 85∶12∶3。卵白蛋白分子中含有 1 个二硫键和 4 个巯基，这 4 个巯基中的 3 个在蛋白质未变性条件下，与巯基试剂具有弱反应性，如果蛋白质变性则 4 个巯基均具有强反应性。

卵白蛋白中的糖含量为 3.2%，其中含 D-甘露糖 2%，*N*-乙酰葡萄糖胺 1.2%，通过 *N*-键与天冬酰胺残基相连。蛋在贮藏期间卵白蛋白会发生变性，变性后的蛋白称为 *S*-卵白蛋白，*S*-卵白蛋白对热更稳定，这一转变与巯基和二硫键之间的转变有关，卵白蛋白转变成 *S*-卵白蛋白的数量与贮存时间和温度成正比。

（2）卵转铁蛋白　卵转铁蛋白又称为卵伴白蛋白、副卵白蛋白，占蛋清中蛋白质总量的 12%～13%，是一种糖蛋白，相对分子质量为 70 000～78 000，等电点为 6.0 左右，由 686 个氨基酸残基组成，含 0.8%的甘露糖和 1.4%的已糖胺，每个蛋白质分子中具有 2 个配位原子，具有可逆结合金属离子的能力，可以与 Fe^{3+}、Cu^{2+}、Zn^{2+}、Al^{3+}等金属离子结合，复合物分别为红色、黄色、白色和无色。卵转铁蛋白一级结构高度保守。其肽链折叠成两个结构相似的球形叶片（N 端瓣和 C 端瓣），每个区域都含有约 300 个氨基酸残基，由 α 螺旋和 β 折叠交替构成。

卵转铁蛋白是一种易溶解的非结晶蛋白，分子中含有 15 个二硫键（6 个在 N 端瓣，其余 9 个在 C 端瓣），无游离巯基，二硫键对稳定二级与三级肽链内部结构具有重要作用，并且对其结合金属离子的能力也有重要影响，热凝固温度为 58～67℃，遇热易变性，但与金属形成复合体后，对热变性及蛋白质分解酶的抵抗力增强。

（3）卵黏蛋白　卵黏蛋白是一种硫酸化糖蛋白，等电点为 4.5～5.1，占蛋清蛋白质总量的 2%～4%。含有半乳糖胺、硫酸酯、唾液酸等，是形成蛋清凝胶状结构的主要物质基础。卵黄系带及卵黄膜中也含有卵黏蛋白，在浓厚蛋白层与稀薄蛋白层中都存在可溶性卵黏蛋白，而不溶性卵黏蛋白仅存在于浓厚蛋白层中，卵黏蛋白在浓厚蛋白中的数量是稀薄蛋白的 4 倍以上。根据水溶性又可将蛋清中的卵黏蛋白分为可溶性与不溶性两种组分，可溶性与不溶性卵黏蛋白都分为两种亚型，即 α-亚型与 β-亚型。卵黏蛋白呈纤维状结构，在溶液中黏性较强，可以维持浓厚蛋白的组织状态，阻止蛋白起泡。蛋在贮存期间浓厚蛋白水样化与卵黏蛋白的变化有关。

蛋清中卵黏蛋白由分子间作用力相互交织成网状结构，在此网状结构中，α-卵黏蛋白与 β-卵黏蛋白是最小组成单位，二者比例为 87∶13。卵黏蛋白的热抵抗力较强，在 pH7.1～9.1 时，在 90℃条件下加热 2h，卵黏蛋白溶液无变化。

（4）溶菌酶　蛋清溶菌酶又称胞壁质酶或 *N*-乙酰胞壁质聚糖水解酶，是一种相对分子质量为 14 400 的单亚基碱性蛋白质，等电点为 10.7，鸡蛋中溶菌酶主要分布在蛋清中，除了单体形式外，也有部分溶菌酶与卵黏蛋白、卵转铁蛋白、卵白蛋白结合存在，其含量占蛋清蛋白总质量的 3%～4%。系带膜状层或系带中溶菌酶的含量较其他蛋白层高 2～3 倍，其在其他各蛋白层中的含量基本相同。

蛋清溶菌酶一级结构由 129 个氨基酸残基组成，包括 10 个羧基、7 个氨基、11 个 Arg 残基、6 个 Trp 残基及 4 个二硫键（分别位于 Cys^{6} 和 Cys^{127}、Cys^{30} 和 Cys^{115}、Cys^{64} 和 Cys^{80}、Cys^{76} 和 Cys^{94} 之间）。

鸡蛋清溶菌酶是第一个由晶体学方法测得结构的酶。溶菌酶可以溶解细菌细胞壁，尤其对微球菌敏感，典型的溶菌酶敏感菌有藤黄微球菌或溶壁微球菌、枯草杆菌等部分革兰氏阳性菌。溶菌酶的作用机理是将微生物细胞壁主要成分中的 *N*-乙酰葡萄糖胺或 *N*-乙酰神经氨酸中的 β-1,4-糖苷键水解。溶菌酶的热稳定性受多种因素影响，在 pH 为 4.5 时加热 1～2min 仍稳定存在，在 pH 大于 9 时稳定性降低，尤其是在有铜元素存在时稳定性很差，此外蛋清溶菌酶在缓冲液中的热稳定性要优于在蛋白中的稳定性。除上述作用外，溶菌酶还具有催化糖转化反应的作用。

（5）卵类黏蛋白　卵类黏蛋白占蛋清蛋白总质量的 11%，是一种热稳定糖蛋白，相对分子质量为 28 000，等电点为 3.9～4.3，电泳可将卵类黏蛋白分为三个以上组分，这些组分的差异为所含唾液酸的量不同。卵类黏蛋白含糖 20%～25%，其中包括 *N*-乙酰葡糖胺 12.5%～15.4%，甘露糖 4.3%～4.7%，半乳糖 1%～1.5%，以及 *N*-乙酰神经氨酸 0.4%～4.0%。

卵类黏蛋白既可抑制胰蛋白酶活性，又可抑制细菌性蛋白酶活力。卵类黏蛋白的稳定性较高，在 pH3.9 时于 100℃加热 60min 不会变性，其抗胰蛋白酶活性也较稳定，与蛋清中其他蛋白质比较，卵黏蛋白的溶解性较好，在等电点时仍可溶解。

（6）卵抑制物　卵抑制物占蛋清中蛋白质总量的 1.5%，属于糖蛋白，其含糖量为 5%～10%，按含糖量不同可分为 5 种形式，相对分子质量为 49 000，等电点为 5.1～5.2，对多种蛋白酶活性具有抑制作用，耐热、耐酸性非常好。

（7）卵球蛋白　卵球蛋白分为 G_2 和 G_3 两种类型，二者各占蛋清蛋白总量的 4%。卵球蛋白是一种典型的球蛋白，饱和硫酸镁或半饱和硫酸铵都可使其沉淀析出，其相对分子质量为 36 000～45 000，G_2 的等电点为 5.5，G_3 的等电点为 5.8。因卵球蛋白具有良好的起泡性，所以卵球蛋白是食品工业中优良的起泡剂。

（8）黄素蛋白　黄色蛋白又称核黄素结合蛋白或卵黄素蛋白，是一种分子质量为 35kDa 的球形单亚基磷酸糖蛋白，对核黄素（维生素 B_2）具有高度亲和力，其含量占蛋清蛋白质总量的 0.8%，黄素蛋白可以贮存水溶性维生素 B_2，并将其输送至胚胎以维持胚胎的生长发育直至孵化。

（9）抗生物素蛋白　抗生物素蛋白是存在于蛋清中的一种含 4 个分子质量为 15 600 的相同亚基的碱性糖蛋白，其含量仅占蛋清蛋白质总量的 0.05%，可以与生物素结合为极稳定的复合体，如果将蛋清与蛋黄一起生食，蛋黄中的生物素将不会被吸收，但蛋清中抗生物素蛋白的含量很少，所以影响不大。抗生物素蛋白的等电点为 10.3，相对分子质量为 68 300。

（10）卵糖蛋白　卵糖蛋白是蛋清中的一种酸性糖蛋白，分子质量为30kDa，等电点为4.37～4.51，含有13.6%的己糖（葡萄糖：甘露糖为2：1）、13.8%的葡萄糖胺及3%的唾液酸，其肽链的N端为Thr残基，卵糖蛋白性质较稳定，被100℃热处理或三氯乙酸处理后仍能保持水溶性。

3. 碳水化合物　碳水化合物以两种状态存在于蛋清中：一种与蛋白质结合，为结合态的碳水化合物，在蛋清中的含量为 0.5%；另一种呈游离态存在，在蛋清中的含量为 0.4%。游离的糖中 98%为葡萄糖，其余为果糖、甘露糖、阿拉伯糖、核糖和木糖等。几种常见禽蛋中葡萄糖的含量如表 18-6 所示，这些糖类物质虽然含量很少，但它们与蛋白片、蛋白粉等蛋制品的色泽有密切关系。

表 18-6　几种常见禽蛋中葡萄糖的含量（%）

禽蛋种类	鸡	鸭	鹅
全蛋	0.34	0.41	0.36
蛋清	0.41	0.55	0.51

4. 脂类　新鲜蛋清中脂类物质含量极少，约为 0.02%，其中中性脂质与复合脂质的组成比例为（6～7）：1，中性脂质中蜡、游离脂肪酸和醇类物质是主要成分，复合脂质中神经鞘磷脂和脑磷脂是主要成分。

5. 酶类　蛋清中的主要酶类为溶菌酶，此外还有三丁酸甘油酯、肽酶、磷酸酶、过氧化氢酶等。

6. 维生素与色素 蛋清中的维生素含量较少，其中B族维生素的含量最多，每100g蛋清中含有B族维生素240～600μg、烟酸5.2μg、维生素C 0～2.1μg及少量的泛酸。

7. 无机物 灰分物质占蛋清总质量的0.6%～0.9%，其种类很多，主要包括Na、K、Ca、Mg、Cl、S、P、Zn等，各元素的含量如表18-7所示。

表18-7 蛋清中的无机成分含量 （单位：mg/100g）

元素种类	含量	元素种类	含量
K	138.0	S	165.3
Na	139.1	P	237.9
Ca	58.5	Zn	1.50
Mg	12.41	I	0.072
Cl	172.1	Cu	0.062
Fe	2.25	Mn	0.041

四、蛋黄的化学组成

1. 系带与系带膜状层 系带占全部蛋清的0.2%～0.8%，系带膜状层占全部蛋白质的2%，是嵌入蛋黄膜中的系带纤维层，在蛋近钝端及锐端的蛋黄膜极部系带膜状层较厚，可以明显看到从靠近锐端极部延伸出两根扭转的丝状系带于浓厚蛋白中，而从靠近钝端的极部则延伸出1根扭转的丝状系带于浓厚蛋白中。系带是一种卵黏蛋白，其中含氮13.3%、硫1.08%、胱氨酸4.1%、葡萄糖胺11.4%。系带上结合有较多的溶菌酶，系带固形物中溶菌酶的质量分数为蛋清固形物中溶菌酶质量分数的3倍。

2. 蛋黄膜 蛋黄膜含水量为88%，其干物质中蛋白质占87%，脂质占3%，糖占10%。蛋黄膜中的蛋白质为糖蛋白，含己糖8.5%、己糖胺8.6%、唾液酸2.9%，还含有*N*-乙酰己糖胺。蛋黄膜中蛋白质中的氨基酸大多为疏水性氨基酸，这使得蛋黄膜不溶于水，蛋黄膜中不含形成结缔组织必需的羟脯氨酸，所以蛋黄膜中不存在胶原蛋白。

3. 蛋黄内容物 蛋黄中化学成分较复杂，其中干物质含量约为50%，大部分成分为蛋白质和脂肪，二者之比为1∶2。脂肪以脂蛋白形式存在，此外还包括糖类、矿物质、色素、维生素等。蛋黄有白色蛋黄和黄色蛋黄之分，白色蛋黄约占全蛋黄的5%，其余部分为黄色蛋黄。鸡蛋与鸭蛋蛋黄的化学成分及深、浅蛋黄层的化学组成分别如表18-8和表18-9所示。由表18-8和表18-9可知，鸡蛋的干物质含量要低于鸭蛋，深、浅蛋黄层之间的化学成分差异显著，营养物质主要存在于深色蛋黄层中。

表18-8 鸡蛋与鸭蛋蛋黄的化学成分

类别	水分	脂肪	蛋白质	卵磷脂	脑磷脂	矿物质
鸡蛋/%	47.2～51.8	21.3～22.8	15.6～15.8	8.4～10.7	3.3	0.4～1.3
鸭蛋/%	45.8	32.6	16.8	—	2.7	1.2

表18-9 深、浅蛋黄层的化学组成

蛋黄层类别	水分	蛋白质	脂肪	磷脂	灰分
浅黄色蛋黄层/%	89.70	4.60	2.39	1.13	0.62
深黄色蛋黄层/%	45.50	15.04	25.20	11.15	0.44

（1）蛋黄中的蛋白质　蛋黄中的蛋白质大部分是脂蛋白，包括低密度脂蛋白、高密度脂蛋白、卵黄球蛋白、卵黄高磷蛋白等，蛋黄中蛋白质的组成如表 18-10 所示。

表 18-10　蛋黄中蛋白质的组成

蛋白质种类	所占比例/%	蛋白质种类	所占比例/%
低密度脂蛋白	65	卵黄高磷蛋白	4
高密度脂蛋白	16	其他	5
卵黄球蛋白	10		

1）低密度脂蛋白：低密度脂蛋白（low density lipoprotein，LDL）是蛋黄中含量最多的蛋白质，占蛋黄蛋白质总量的 65%，它赋予蛋黄乳化性，也是蛋黄冻结溶解时形成凝胶的原因之一。

低密度脂蛋白中脂质含量高达 89%，因此又称为卵黄脂蛋白，其蛋白质仅占 11%，所以密度较低（$0.89g/cm^3$）。脂质中 74%为中性脂肪，26%为磷脂，用超速离心机可将低密度脂蛋白分为两个组分（LDL_1 和 LDL_2），LDL_1 与 LDL_2 的含量之比为 1∶4，二者组成很相似。LDL_1 的相对分子质量为 1.03×10^7，总脂肪含量为 87%～89%。LDL_2 的相对分子质量为 3.3×10^6，总脂肪含量为 83%～86%。

2）高密度脂蛋白：高密度脂蛋白（high density lipoprotein，HDL）又称卵黄磷蛋白，占蛋黄总蛋白质的 16%，含量比 LDL 要少，为 14%～22%，并且脂质分子大多存在于分子内部。卵黄磷蛋白中含有 11.6%的磷脂和 1%的磷酸基，属于典型的含磷蛋白，并含有 0.35%的糖，卵黄磷蛋白不溶于水，溶于中性盐、酸、碱的稀溶液，等电点为 3.4～3.5，凝固点为 60～70℃，相对分子质量为 4.0×10^5。

3）卵黄高磷蛋白：卵黄高磷蛋白（phosvitin）存在于卵黄颗粒中，是一种磷酸化糖蛋白，等电点为 4.0，约占蛋黄干物质重的 4%，占蛋黄蛋白质总量的 11%，其中含有 12%～13%的氮及 9.7%～10%的磷，占蛋黄总含磷量的 80%，并含有 6.5%的糖，其相对分子质量为 36 000～40 000，蛋白质一级结构中几乎无含硫氨基酸残基，其中 31%～54%的氨基酸为丝氨酸，94%～96%的氨基酸与磷酸根相结合。卵黄高磷蛋白在电泳条件下会出现两个组分：含酪氨酸组分与不含酪氨酸组分。

4）卵黄球蛋白：卵黄球蛋白（livetin）占蛋黄总质量的 10%，为水溶性蛋白质，主要存在于蛋黄浆液中，占浆蛋白质总量的 30%，含有 0.1%的磷和丰富的硫，等电点为 4.8～5.0，凝固点为 60～70℃。卵黄球蛋白在电泳条件下可分成三个组分：α-卵黄球蛋白、β-卵黄球蛋白、γ-卵黄球蛋白，三者在蛋黄中的含量之比为 2∶3∶5 或者 2∶5∶3。其中 α-卵黄球蛋白的相对分子质量为 80 000，性质与 α-球蛋白相同；β-卵黄球蛋白的相对分子质量为 45 000，性质与 α-糖蛋白相同；γ-卵黄球蛋白的相对分子质量为 150 000，性质与血清白蛋白相同。

（2）蛋黄中的脂类　不同禽类蛋黄中的脂肪含量不同，其中鸡蛋蛋黄中脂肪含量为 30%～33%，鸭蛋蛋黄中脂肪含量约为 36.2%，鹅蛋蛋黄中脂肪含量约为 32.9%。不同种类禽蛋蛋黄中脂肪的化学成分大致相同，鸡蛋蛋黄脂肪中甘油三酯含量最多，约为蛋黄总重的 20%（脂肪总重的 62.3%），其次是磷脂，含量约为蛋黄总重的 10%（占脂肪总量的 32.8%），此外还有少量的固醇（4.9%）和微量的脑琼脂等，脂肪中棕榈酸和硬脂酸共占总脂肪酸的 30%～38%，饱和脂肪酸总含量为 37%。

因溶剂种类和萃取条件不同，在利用有机溶剂提取蛋黄中的脂质时，被提取脂质的数量和组成有很大差异，这可能与蛋黄中的脂肪大多和蛋白质结合有关。蛋黄中的甘油三酯、磷脂及类甾醇的组成分别如表 18-11～表 18-13 所示。

表 18-11　蛋黄甘油三酯中各种脂肪酸的含量

成分	所占比例/%	成分	所占比例/%
油酸	34.55	软脂酸	29.77
十六碳烯酸	12.26	亚油酸	10.09
硬脂酸	9.26	十四碳酸	2.05
花生四烯酸	0.07		

表 18-12　蛋黄磷脂的组成

成分	所占比例/%	成分	所占比例/%
卵磷脂	73.0	缩醛磷脂	0.9
溶血磷脂胆碱	5.8	溶血磷脂酰乙醇胺	2.1
脑磷脂	15.0	神经鞘磷脂	2.5
磷脂酰肌醇	0.6		

表 18-13　蛋黄类甾醇的组成　（单位：mg/100g 蛋黄）

成分	含量
胆甾醇	14.0
链甾醇（24-脱氢胆甾醇）	7.6
胆甾烯醇	4.9
麦角甾醇	3.7
β-谷甾醇	3.3
Δ^7-胆甾烯醇	3.2
羊毛甾醇	1.6
Δ^7-甲基胆甾烯醇	0.7
4,4α-二甲基-$\Delta^{7,24}$-胆甾二烯-3β-醇	0.5
二羟基羊毛甾醇	0.4
48-甲基胆甾烯醇	微量
4α-甲基-$\Delta^{8,24}$-胆甾二烯-3β-醇	微量
4α-甲基-$\Delta^{7,21}$-胆甾二烯-3β-醇	微量

（3）蛋黄中的碳水化合物　碳水化合物占蛋黄总重的 0.2%～1.0%，以葡萄糖为主，也有少量的乳糖，碳水化合物主要与蛋白质结合存在，其中葡萄糖与卵黄磷蛋白、卵黄球蛋白结合

存在，而半乳糖与磷脂结合存在。

（4）蛋黄中的色素与维生素　蛋中蛋黄部分含色素最多，各种色素使蛋黄呈现黄色和橙黄色，其色素大多为脂溶性，属于类胡萝卜素一类。蛋黄类胡萝卜素主要是叶黄素，其次为玉米黄色素（水溶性色素），二者的比例为 7∶3，β-胡萝卜素的含量很少。蛋中维生素主要存在于蛋黄中，蛋黄中维生素种类多，含量丰富，主要包括维生素 A、维生素 E、维生素 B_2、维生素 B_6、泛酸等。

（5）蛋黄中的酶类　蛋黄中含有多种酶类，包括淀粉酶、甘油三丁酸酶、蛋白酶、肽酶、磷酸酶、过氧化氢酶等，这些酶的活性都不高，其中α-淀粉酶可作为全蛋低温杀菌的判定指标。在检验巴氏消毒冰鸡全蛋的低温杀菌效果时，常以α-淀粉酶的活性判定。

（6）蛋黄中的灰分　蛋黄中含有 1%～1.5%的矿物质，其中磷的含量最高，占无机成分总量的 60%以上，其次为钙元素，其含量占无机成分总量的 13%左右。此外还含有 Fe、S、K、Na、Mg 等。蛋黄中 Fe 易被吸收，并且是人体必需的无机成分，也是哺乳期婴儿的营养源食品。

延伸阅读 18-1　鸡蛋与豆浆真的不能一同食用吗？

鸡蛋与豆浆不能同吃，不然会造成营养的很大损失。原因有二：一是豆浆中有胰蛋白酶抑制物，能够抑制蛋白质的消化，降低营养价值；二是鸡蛋中的黏性蛋白与豆浆中的胰蛋白酶结合，形成不被消化的物质，大大降低营养价值。

真相：这条关于豆浆的“搭配禁忌”说不上是人尽皆知，也算是流传广泛了，只要有人提到“什么与什么不能同吃”，总会有这么一条。看看给出的理由，还包含了一些科学名词，更容易让人深信不疑。到底这些说法可不可靠呢？

第一条理由还算有点靠谱，大豆中的确含有一些胰蛋白酶抑制物，其活性就是抑制胰蛋白酶的消化作用，从而降低对蛋白质的吸收。我们说豆浆一定要煮熟了吃，煮熟的作用之一就是破坏蛋白酶抑制物的活性。不过，这跟鸡蛋一点关系都没有。如果它的活性被破坏了，那么就不会影响对任何蛋白质的消化；如果没有被破坏，那么不仅是鸡蛋，大豆蛋白自身的消化吸收也会受到影响。

第二条则纯属以讹传讹。胰蛋白酶是人体或者动物的胰腺分泌的酶，作用是分解蛋白质。如果大豆中存在这样的酶，纯粹是大豆跟自己过不去，在进化过程中早就被淘汰了。大概是第一个提出这种说法的人没有看见“胰蛋白酶”后面还有“抑制物”这个词，想当然地进行了一番“推理”，于是就流传开来。鸡蛋中的“黏性蛋白”是一种结合了糖的蛋白质，它本身也是一种蛋白酶抑制物，可以结合胰蛋白酶使之失去活性。既然大豆蛋白中没有胰蛋白酶，鸡蛋的黏性蛋白跟豆浆也就不会有矛盾。不过，这种黏性蛋白本身还是一种过敏原，有的人对鸡蛋过敏，可能的罪魁祸首之一就是它。如果豆浆中真有某种成分能结合黏性蛋白从而使它失去致敏性，倒是一件好事。

可以看出，豆浆和鸡蛋都是需要充分加热做熟的食物，加热的过程除了通常所说的杀死致病细菌外，还担负着破坏这些“害群之马”的任务。而对于煮熟的豆浆和鸡蛋，一起吃完全不会有什么营养损失的问题。

第三节　禽蛋的特性

一、禽蛋的理化特性

1. 蛋液的冰点和凝固点　鲜鸡蛋蛋清的凝固点为62～64℃，平均凝固点为63℃；蛋黄的凝固点为68～71.5℃，平均凝固点为69.5℃；全蛋液的凝固点为72～77℃，平均凝固点为74.2℃。蛋白质种类与所在环境盐分的不同使其热凝固点也不同，其中卵黏蛋白与卵类黏蛋白的热稳定性最好，最不易凝固，此外各层蛋白质的热凝固点也略有差异。

蛋清的冰点为–0.48～–0.41℃，平均温度为–0.45℃；蛋黄的冰点为–0.617～–0.545℃，平均温度为–0.6℃。随贮存时间延长，蛋清冰点降低，蛋黄冰点升高。在冷藏鲜蛋时，还应控制适宜的低温，以防蛋壳冻裂。

2. 蛋液的密度与黏度　蛋液的相对密度与蛋的新鲜程度有关，鲜鸡蛋的相对密度为1.080～1.090，新鲜鸭蛋、鹅蛋和火鸡蛋的相对密度约为1.085，蛋中各构成部位的相对密度也不相同，蛋壳的相对密度为1.740～2.130。蛋清相对密度为1.046～1.052，蛋黄的相对密度较小（为1.029～1.030），所以当蛋内系带消失后，蛋黄会向上浮起贴在蛋壳上。

蛋清的黏度取决于蛋龄、混合处理方式、pH、温度和切变速率等，蛋黄也是一种假塑性非牛顿流体，但其浆液为牛顿流体，所以蛋黄的假塑性是由其颗粒成分所决定的。鲜蛋蛋清的黏度为3.5×10^{-3}～10.5×10^{-3} Pa·s。蛋清混入蛋黄中会使其黏度降低。蛋在存放期间，由于蛋白质分解及溶剂化减弱，使蛋清、蛋黄的黏度降低。

3. 蛋内容物的pH　鲜蛋清的pH为7.6～7.9，蛋清在贮存期间，其内部的二氧化碳会逸出，使其pH升高，最高可达9.0～9.7。鲜蛋黄的pH约为6.0，贮存期间变化缓慢，最高可增至6.4～6.9，而当脂肪酸败后，其pH会下降。

二、禽蛋的加工特性

1. 蛋清的凝胶性　当卵清蛋白受热、盐、酸、碱或机械作用时会发生凝固。蛋的凝固是卵中蛋白质结构变化的结果，此变化使蛋液变稠，由溶胶的流体状变为固体或半流体状。

（1）*热凝胶*　蛋清中几乎都是球蛋白，鸡蛋球蛋白凝胶一般是由随机凝集和"面包串"结构，或者是两者的混合结构组成。凝胶形成过程中存在三种形态：未变性的蛋白质、高度变性的无序蛋白质和在从无序状态向未变性状态展开的路径中明显存在一动态的中间体，这种中间体状态被称为"熔融球蛋白状态"，它被定义为含有与未变性状态相似的二级结构而三级结构展开的紧凑的球形分子。从受热时的未变性状态到熔融球蛋白的转变及这种部分变性的形式主要与热凝胶的形成有关。随着蛋白质的展开，变性的蛋白质分子将会和相邻结构相似的未展开蛋白质分子相互作用。这种相互作用导致了高分子量凝集物的形成。凝集物之间的进一步反应将会使得凝胶的三维网络结构更加稳定，同时还可以保留大量的水分，从而形成稳定的鸡蛋蛋白凝胶。

蛋中伴白蛋白的热稳定性最差，卵黏蛋白与卵类黏蛋白的稳定性最高，溶菌酶凝固后强度最高，这些蛋白质相互结合，彼此影响凝固特性，使得蛋清在pH9.4时，于57℃条件下长时间加热开始凝固，58℃时呈现浑浊，60℃以上肉眼可见凝固，70℃即由软凝胶变成强度较大的凝胶。目前普遍认为蛋清蛋白质成胶过程与水化和离子作用有关。

（2）*酸、碱凝胶*　蛋清在pH2.3以下或pH12.0以上会形成凝胶，在pH2.3～12.0则不会形成凝胶。这一特性使鸡蛋蛋清作为辅料在面包、糕点等酸性食品及松花蛋、糟蛋的加工等中具有重要意义。

酸性凝固的凝胶呈乳浊色，不会自动液化。蛋清碱诱导凝胶过程中，蛋白质逐渐发生变性，导致蛋白质分子的天然结构解体，维系蛋白质分子间化学作用力的次级键如疏水相互作用、静电相互作用等发生重大改变，蛋白质分子中的游离巯基发生氧化或通过—SH—SH—转换反应生成二硫键，并且蛋清蛋白质分子从天然状态到变性状态的变化还包括二级构象变化。例如，α 螺旋、β 折叠和无规则卷曲含量都发生比较明显的变化。

（3）*蛋黄的冷冻凝胶化* 蛋黄在−6℃冷冻或贮存时，其黏度剧增而形成凝胶，解冻后也不会完全恢复蛋黄原有状态，这一特性限制了冰蛋黄在食品中的应用。在一定温度范围内，温度越低，凝胶化速度越快。蛋黄的凝胶化与 LDL 有关，为抑制蛋黄的冷冻凝胶化，可在冷冻前添加 8%的蔗糖、甘油、糖浆、磷酸盐或 2%的食盐，用脂肪酶、蛋白分解酶（以胃蛋白酶为最佳）处理可以抑制蛋黄的凝胶化，此外机械处理如均质、研磨等可降低蛋黄的黏度。

2. 蛋清的起泡性 泡沫是在含有可溶性表面活性剂的连续液体或半固体中的分散体系。均匀分布的泡沫可以赋予食品均匀、软滑、细腻的质地与亮度，能提高风味物质的分散性与可觉察性。蛋白质溶液在食品体系中形成泡沫的质量与蛋白质溶液的界面张力、黏度及起泡时输入的能量有关。蛋白质的泡沫性包括蛋白质的起泡性和泡沫稳定性。泡沫稳定性是指泡沫形成后能保持一定时间，并具有一定抗破坏能力，这是实际应用的必要条件。盐离子浓度、pH、脂肪含量、温度、加热温度、搅拌时间等对蛋清蛋白质的起泡性有重要影响。

添加适量氯化钠可以提高蛋清蛋白质的起泡性，当氯化钠添加量高于 0.5%时，蛋清蛋白质的起泡性与泡沫稳定性均会降低。磷脂能显著破坏蛋清蛋白质的起泡性，随磷脂添加量的增加，蛋清蛋白质的起泡性与泡沫稳定性均会显著下降。搅打时间的增加也会明显提高蛋清蛋白质的起泡性，但当搅打时间超过 4min 后，促进作用逐渐减弱，所以搅打时间一般为 4min。

3. 蛋黄的乳化性 蛋清蛋白质分子中含有亲水性基团和亲油性基团，所以蛋清蛋白质具有乳化性。蛋清蛋白质的乳化性与其内在质量有关，又受应用环境或介质的影响。溶液的 pH 与离子强度为主要影响因素。等电点时，其乳化性与乳化稳定性最差；pH $<$ 5 时，乳化性与乳化稳定性随 pH 升高而增强；当 pH $>$ 8 时，乳化性与乳化稳定性逐渐变弱。此外，温度与食品中的蔗糖对蛋清蛋白质的乳化性与乳化稳定性也有影响，25～60℃时，乳化性与乳化稳定性均增强，高于 60℃后则逐渐降低。蔗糖既可增加蛋清蛋白质的氮溶解指数，又可改变水相介质的流动性，提高体系的黏稠度，并和蛋白质发生交互作用，进而提高蛋清蛋白质的乳化性和乳化稳定性。

延伸阅读 18-2 “一天只能吃一个鸡蛋，吃多了不能吸收”

鸡蛋中含有丰富的优质蛋白，还有各种微量营养成分，对健康大有裨益。但蛋黄中含有一定量的脂肪和比较多的胆固醇。其中，脂肪占总质量的 10%，并且有接近 30%的都是饱和脂肪。作为高热量食物成分，脂肪对于控制体重不是很有利。过多摄入胆固醇和饱和脂肪还会增加心血管疾病的发生风险。一般推荐，每天从食物中摄入的胆固醇不要超过 300mg。以前的测量数据是一个鸡蛋大致就能贡献 200mg 以上的胆固醇。美国农业部最近公布了最新的检测结果，说这几年来鸡蛋中的胆固醇含量下降了 14%，也就是大约为 180mg。即便如此，吃两个鸡蛋摄入的胆固醇就已经过量了。这就是我们通常说“吃太多鸡蛋不利于健康”的原因。有一些流行病学调查结果显示，食用适当量的鸡蛋如每天一个，并不会增加心血管疾病的风险。这是“一天吃一个鸡蛋”说法的来历。

实际上，鸡蛋有益的方面还是主要的。它的优质蛋白、各种微量成分并不存在“多了不能吸收”的问题。对于血脂、胆固醇等指标正常的人群，多吃点鸡蛋也没有什么问题。

需要注意的是，即使鸡蛋的营养优质，它也只是食谱的一部分。如果食谱中已经有了很多鸡蛋所富含的“优质成分”，那么鸡蛋的“不足”就值得重视，减少鸡蛋的食用量就有必要。反之，如果食谱中缺乏鸡蛋所提供的优质成分，而胆固醇、饱和脂肪之类的“受控成分”不多，那么多吃鸡蛋的好处就远远超过了可能的坏处。前者比如营养过剩的“富贵病”患者，而后者诸如贫困地区连饭都吃不饱的孩子。

“一天只能吃一个鸡蛋，吃多了不能吸收”其实是对一个有特定条件的饮食建议的曲解。对于一个饮食全面均衡的人，如能够比较好地遵循《中国居民膳食指南》的人群，“每天吃一个鸡蛋”是比较合适的。但这个“合适”并不是因为“吃多了不能吸收”，而是在饮食均衡的前提下，多吃鸡蛋带来的价值有限，而不利的影响增加了。

思考题

1. 简述禽蛋的基本构造。
2. 禽蛋的蛋壳、蛋清和蛋黄各部分的化学组成分别有哪些？
3. 禽蛋的物理化学性质有哪些？
4. 蛋清蛋白质具有哪些功能性质，在食品加工中如何应用这些功能性质？
5. 蛋清蛋白质的乳化性有哪些影响因素？
6. 蛋清蛋白质凝胶是如何形成的，加热温度与离子强度对凝胶性有何影响？

主要参考文献

褚庆环. 2007. 蛋品加工技术. 北京：中国轻工业出版社
李灿鹏，吴子健. 2013. 蛋品科学与技术. 北京：中国质检出版社，中国标准出版社
李晓东，张兰威. 2005. 蛋品科学与技术. 北京：化学工业出版社
马美湖. 2003. 禽蛋制品生产技术. 北京：中国轻工业出版社
郑坚强. 2007. 蛋制品加工工艺与配方. 北京：化学工业出版社

第19章 禽蛋的品质鉴定及贮藏保鲜

本章学习目标：熟悉禽蛋常用的质量评价指标；掌握禽蛋品质的鉴定方法；掌握禽蛋贮藏保鲜常用方法的原理及优缺点；掌握洁蛋与普通鲜蛋之间的区别；了解美国、日本等国家洁蛋的分级标准；掌握洁蛋的生产工艺及生产设备的发展现状。

第一节　禽蛋的质量指标

一、禽蛋的一般质量指标

衡量新鲜禽蛋品质的主要标准是其新鲜程度与完好性。要准确掌握、判断这一标准，需要全面观察分析蛋壳及内部的情况以确定鲜蛋的质量标准。

1. 蛋形指数　不同种类、不同产龄的禽蛋形状不大相同，正常蛋的标准形状为椭圆形，一头小一头大。除正常形状外，禽蛋也有球形、圆柱形、枣核形、蚕豆形及其他形状，产生这些畸形蛋的主要原因是蛋在体腔中形成时，母禽受到惊吓，精神受到急剧刺激，输卵管异常收缩而使蛋形状出现异常。此外，子宫肌壁层异常收缩、子宫部内面在蛋壳形成部位出现异常也会导致蛋形异常。禽蛋的形状可以用蛋形指数来表示，蛋形指数计算公式如下。

$$蛋形指数=\frac{蛋的纵向直径}{蛋的横向直径}$$

蛋形指数的测定方法如图 19-1 所示。一般正常禽蛋的蛋形指数在 1.35 左右，大于 1.40 的蛋形细长，小于 1.30 的蛋形较圆。一般质量大的蛋的蛋形指数大，为长椭圆形，质量小的蛋的蛋形指数小，多为球形。不同种类禽蛋的蛋形指数大小依次为鹌鹑蛋＜鸡蛋＜鸭蛋＜鹅蛋。蛋的形状不同，其抗破损程度不同，球形蛋的耐压程度较大，而圆筒形蛋的耐压性较差，一批蛋的形状差异越大，破损率越高。鸡蛋的外形尺寸如表 19-1 所示。

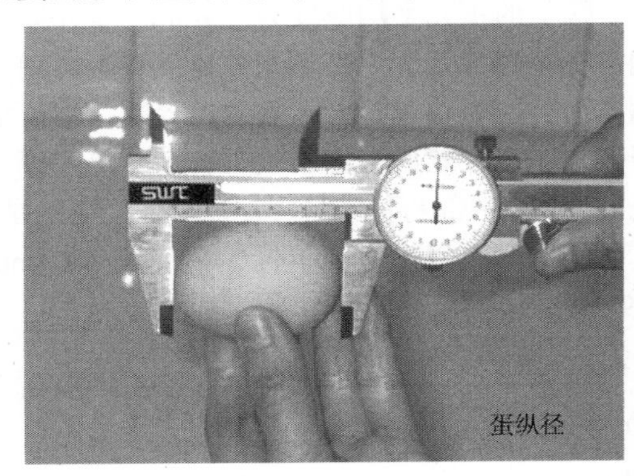

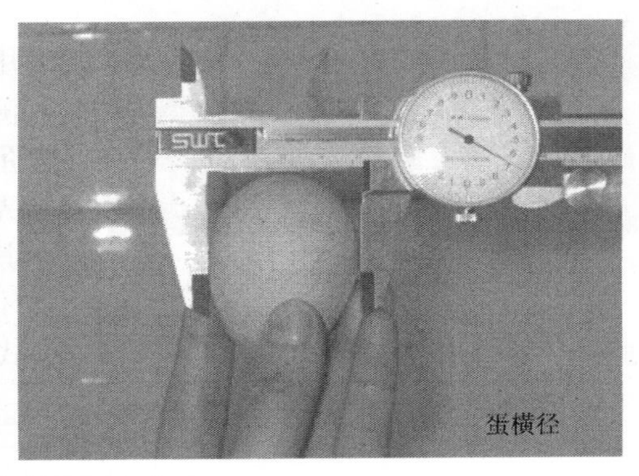

图 19-1　蛋形指数的测定方法

表 19-1　鸡蛋的外形尺寸

纵径/cm	横径/cm	纵周径/cm	横周径/cm	容量/cm^3	表面积/cm^2
5.7	4.2	15.7	13.5	53.0	68.0

2. 蛋的质量　由于母体的种类、品种、产龄、饲养条件等不同，蛋的质量也有差异，一般每个鸡蛋的质量为 40～75g，鸭蛋的质量为 60～100g，鹅蛋的质量为 160～245g，同一品种家禽所产的蛋，初产个体的蛋较轻，体重大的禽类所产的蛋较大。此外，蛋在贮存过程中质量会降低。

3. 系带状况　正常蛋的系带较粗，色泽发白并有弹性，紧贴于蛋黄两端，而质量较差的蛋系带变细且同蛋黄分离甚至消失，易变为不同程度的黏壳蛋。

4. 胚胎状况　受精蛋的胚胎状况是其重要的品质指标之一，鲜蛋的胚胎无受热或发育现象，而受精的鲜蛋在受热后，胚胎极易膨大，产生血环，最后形成树枝状的血管。未受精蛋在受热后会出现膨大现象。

5. 内容物的气味与滋味　正常蛋打开后无异味，或有轻微的蛋腥味，煮熟后气室内无异味，蛋白白色无味，蛋黄有淡淡的香气。如果蛋打开后，其内容物有臭味，则属于轻微腐败蛋，腐败严重时在蛋壳外面会逸有内容物成分分解产生的氨与硫化氢等的臭味，这种蛋被称为“臭蛋”。

二、蛋壳的质量指标

1. 蛋壳的色泽　蛋壳的色泽由母体的种类及品种所决定，鸡蛋有白色和褐色；鸭蛋有白色和青色；鹅蛋有暗白色和浅蓝色。

蛋壳中的色素主要是卟啉类色素，蛋壳颜色的不同与其中所含的卟啉色素种类不同有关，褐色蛋壳占禽蛋种类的 50%～60%，主要含有或仅含原卟啉色素。褐色壳蛋中每千克蛋壳含原卟啉色素为 30.5～44.6mg，暗褐色蛋壳中此色素含量高达 66.3mg。蓝色或蓝绿色蛋壳中的色素仅为胆绿素Ⅸ及其锌离子螯合物，少数种类禽蛋蛋壳中两种色素都有。鹅蛋蛋壳中仅含色素 12.9mg/kg，几乎无色。

图 19-2　蛋壳厚度测定仪

2. 蛋壳的厚度　壳质坚实的蛋，一般不易破碎且能比较长久地保持其内部品质，正常鸡蛋的蛋壳厚度大于 0.33mm，深色蛋壳的厚度一般大于白色蛋，鸭蛋的蛋壳平均厚度为 0.4mm。蛋壳厚度可以用游标卡尺或蛋壳厚度测定仪来测量，用游标卡尺测量时，需先将蛋打开，除去内容物，用清水冲洗蛋壳内表面，然后用滤纸吸干，剔除蛋壳膜，取蛋壳的钝端、中部与锐端各一小块，再测定其厚度，求其平均厚度，以毫米为单位，精确至 0.01mm，图 19-2 为目前常用的蛋壳厚度测定仪。

此外，还可用经验公式计算蛋壳厚度，公式为

$$d=\frac{6200m}{L(B^2)^3}$$

式中，d 是蛋壳厚度（mm）；m 是蛋重（g）（精确至 0.1g）；L 是蛋的长度（cm）（精确至 0.1cm）；B 是蛋的宽度（cm）（精确至 0.1cm）。

3. 蛋壳的相对质量　正常蛋的蛋壳相对质量（蛋壳占蛋重的百分比）为 11%～12%，蛋壳相对质量的测定方法为：将蛋预先称重，然后打开蛋壳，将内容物倒入玻璃器皿中，用吸管吸走蛋壳上的蛋清，称取蛋壳的质量，计算蛋壳的相对质量。

4. 蛋壳的透光性　蛋壳上有气孔，结构不致密。所以蛋壳具有透光性，蛋壳的透光性可以用折射率来表示。蛋清、蛋黄中的全固形物浓度与蛋的折射率大致呈直线关系，鲜蛋清全固形物为 12%时，其折射率为 1.355～1.356；鲜蛋黄全固形物含量为 48%时，其折射率约为 1.411；蛋清各部分的折射率略有不同。用灯光透照蛋时，可以观察到蛋的内容物特征。

三、禽蛋内部的质量指标

1. 气室高度　气室是评定蛋质量的重要指标，也是灯光透视时观测的主要部位。新鲜蛋的气室较小，深度小于 5mm，陈蛋的气室较大，深度大于 5mm，气室的测定方法为：将蛋钝端置于放蛋器上照视，用铅笔在气室左右两边各划一记号，然后在气室高度测定尺的半圆形切口内，读取两边刻度线的示数再计算，计算公式为

$$\text{气室高度（mm）}=\frac{\text{气室左边高度}+\text{气室右边高度}}{2}$$

2. 蛋白与蛋黄指数　蛋白指数是指浓厚蛋白与稀薄蛋白的质量之比，鲜蛋浓厚蛋白与稀薄蛋白的比例为 5∶5 或 6∶4，蛋中浓厚蛋白比例越大表明其越新鲜，常用过滤方法将浓厚蛋白与稀薄蛋白分开，再称量、计算浓厚蛋白所占的比例。蛋黄指数也是禽蛋质量的重要指标，蛋黄指数是指蛋黄高度与蛋黄直径之间的比值，其计算公式为

$$\text{蛋黄指数}=\frac{\text{蛋黄高度（mm）}}{\text{蛋黄直径（mm）}}\quad \text{或}\quad \text{蛋黄指数(\%)}=\frac{\text{蛋黄高度（mm）}}{\text{蛋黄直径（mm）}}\times 100$$

3. 哈夫单位　根据蛋重和浓厚蛋白高度，按一定公式可以计算出蛋的哈夫单位，用以衡量蛋白质和蛋的新鲜度，也是国际上蛋白质质量评定的重要指标与方法。具体测定方法为：蛋称重后打开置于玻璃平面上，用蛋白高度测定仪或精密游标卡尺测量蛋黄边缘与浓厚蛋白边缘的中点，避开系带，测定三个等距离中点的平均值后计算，具体计算公式为

$$\text{哈夫单位}=100\log(h-1.7m^{0.37}+7.57)$$

式中，h 是浓厚蛋白的高度（mm）；m 是蛋重（g）。

新鲜蛋的哈夫单位在 80 以上，随贮存时间的延长，因蛋白质水解而使浓厚蛋白变稀，蛋白高度下降，哈夫单位减小。

4. 血斑与肉斑率　血斑与肉斑率是指含有血斑与肉斑蛋的数目占总蛋数的比率，也是衡量禽蛋质量的重要指标。其计算公式为

$$\text{血斑与肉斑率(\%)}=\frac{\text{血斑与肉斑蛋的数目}}{\text{总蛋数}}\times 100$$

排卵期内滤泡囊的血管破裂或输卵管出血，血附着在蛋黄上而形成血斑，为红色小点。卵子进入输卵管时黏膜上皮组织损伤脱落混入蛋清中形成肉斑，呈白色或灰白色不规则状。可以用强光透视或破壳法检验蛋中有无血斑或肉斑。

图 19-3　蛋黄颜色的测定

5. 蛋黄色泽　蛋黄色泽是指蛋黄颜色的深浅，消费者偏爱蛋黄颜色鲜艳的蛋。在制作糕点、咸蛋时一般要求使用蛋黄为深黄色的禽蛋。目前国际上通常使用罗氏比色扇的 15 种不同黄色色调等级评判蛋黄的颜色（图 19-3），出口鲜蛋或再制蛋的蛋黄色泽要求达到 8 级以上，此外还要统计每批蛋各色级的数量和比例。

第二节　禽蛋的品质鉴定

品质鉴定是禽蛋生产、运输及加工中的重要环节之一。准确鉴定禽蛋质量，对禽蛋的收购、包装、贮运和加工具有重要意义。目前常用的品质鉴定方法包括感官鉴别法、光照透视鉴别法、密度鉴别法、荧光鉴别法等。

一、感官鉴别法

感官鉴别法主要依靠检验人员的技术经验评判蛋的优劣，主要依靠眼观、耳听、手摸、鼻嗅等方法，从外观上鉴别蛋的质量。

1）眼观：用肉眼观测蛋壳的形状、色泽、洁净程度，壳及壳上膜有无破损。新鲜的禽蛋蛋壳较粗糙、洁净、完整、坚实，附有一层乳状胶质的薄膜，如果胶质薄膜脱落，不清洁，蛋壳油亮或发乌，则为陈蛋；如果蛋壳上有霉斑、霉块或石灰样的粉末则为霉蛋；蛋壳上有水珠或潮湿发滑则为发汗蛋；蛋壳上有红疤或黑疤则为贴皮蛋；壳色深浅程度不均匀或者有大理石花纹则为水湿蛋；蛋壳表面光滑，肉眼可见其气孔粗大，则为孵化蛋；蛋壳较脏，色泽灰暗或散发有臭味的为臭蛋。

2）耳听：通常有两种方法，一种是敲击法，就是从敲击蛋壳发出的声音区别禽蛋有无裂纹、变质并估测蛋壳的厚度。具体操作为将 2～3 枚蛋置于手中，用手指轻轻回旋敲击，或是用手指甲在蛋上轻轻敲击，新蛋发出的声音坚实；裂纹蛋则发音沙哑，有“啪啦”声响；钝端有空洞声的为空头蛋；声音坚脆有“叮叮”响声的为钢壳蛋；如敲击瓦片声响的为贴皮蛋和臭蛋；指甲竖立敲击时有“吱吱”声响的为雨淋蛋。另一种方法为振摇法，即将禽蛋置于手中振摇，无内容物晃动响声的为鲜蛋，有响声的为散黄蛋。

3）手摸：主要依靠手感评判蛋的质量，鲜蛋在手中有“沉”的压手感。孵化过的蛋则外壳发滑，质量较轻。贴皮蛋与霉蛋的外壳发涩。

4）鼻嗅：依靠鼻子的嗅觉判定蛋有无异味，鲜鸡蛋没有气味，鲜鸭蛋有轻微的鸭腥味；异味污染蛋即便蛋清、蛋黄正常，也会有异味；有霉味的为霉蛋；有臭味的为坏蛋，这种蛋在加工与贮存过程中必须剔除。

二、光照透视鉴别法

光照透视鉴别法可以采用日光与灯光两种光源对蛋进行照射，因为蛋本身具有透光性，所以可以在光透视下观察蛋内部结构与成分变化的特征来鉴别蛋品质的变化。

鲜蛋在光照射透视下蛋清完全透明，呈浅橘红色；气室较小，深度小于 5mm，颜色略暗不移动；蛋清浓厚澄清无杂质，蛋黄居中，蛋黄膜包裹很紧，有朦胧暗影。转动蛋时，蛋黄也随之转动；胚胎不易观察到。通过照射透视，还可判定蛋壳上是否有裂纹，气室是否固定，蛋内有无异物、血丝、血斑、肉斑等。

我国选用灯光透视鉴别法的最多，具体可以分为手工照蛋、机械传送传蛋和电子自动照蛋三种。其中手工照蛋多采用对面单孔照蛋器，即一个照蛋器对面两个人使用，而机械照蛋则是用自动输送式的机械进行连续性照蛋，这种机械一般分为上蛋、整蛋、照蛋和装箱四部分。不同等级的蛋在光照与打开状态下特征如下。

1）一级蛋：蛋在照检时，其气室不移动，高度不大于 0.7cm，蛋清紧密透明，蛋黄位于中央，不移动，光照时不明显且紧密。打开后置于平面玻璃上，可见蛋内容物所占面积正常，浓厚蛋白多且不流散，蛋黄为圆形，蛋黄膜韧性大。煮熟后蛋黄稍偏离中央位置，气室不大。

2）二级蛋：气室固定或稍有移动，高度不大于 0.9cm，蛋黄明显，位于蛋的中央或稍偏离，蛋清不十分紧密透明。打开后蛋的内容物所占面积大，稀薄蛋白多，蛋黄略扁平。煮熟后蛋黄靠近蛋壳，气室大。

3）三级蛋：为鲜蛋中的合格蛋。气室大且有移动，蛋黄明显偏离中央位置，蛋清稀薄透明。打开后可见蛋内容物占较大面积，浓厚蛋白很少，几乎均为稀薄蛋白，蛋黄扁平而软弱。煮后蛋黄形状不规则，气室大。

三、密度鉴别法

蛋在贮运期间内部水分蒸发，气室变大、内容物质量减轻，在一定密度盐水溶液中蛋的沉浮情况可以反映蛋的新鲜程度。此方法只可鉴别蛋的质量，不可用于贮藏蛋。

密度鉴别法又可分为两种：①配制 9 种不同密度的盐溶液，密度为 1.060～1.100g/mL，浓度梯度为 0.005g/mL，然后将蛋逐一放入由低到高的溶液中，蛋在哪一种溶液中浮起，则这一溶液的密度就是此蛋的密度。用于鉴别的蛋一定要新鲜，一般以产后 3～5d 为宜。此外，还可按密度来评分，密度越大分数越大。1.068 为 0 分，1.072 为 1 分，由此往上每增加 0.004 密度便增加 1 分，1.100 为满分（8 分）。密度法评分中，分数在 4 左右的，蛋的质量良好。一般蛋的质量为 3～5 分。②配制质量分数 11%（密度为 1.080g/mL）、10%（密度为 1.073g/mL）、8%（密度为 1.060g/mL）、7%（密度为 1.050g/mL）4 种不同密度的盐水溶液，将鲜蛋先放入密度为 1.073g/mL 的盐水溶液中，再将鲜蛋移至另外 3 种密度的盐水中，根据沉浮情况判定蛋的质量：在密度为 1.073g/mL 的盐水溶液中下沉的为新鲜蛋；在密度为 1.080g/mL 盐水溶液中仍下沉的为最新鲜蛋；在密度为 1.080g/mL、1.073g/mL 盐水溶液中悬浮不下沉，而在密度为 1.060g/mL 盐水溶液中下沉的为次鲜蛋；在密度为 1.050g/mL 盐水溶液中下沉的蛋为次蛋，上浮者为变质蛋。

四、荧光鉴别法

荧光鉴别法是利用紫外线照射，由荧光强度的大小判别蛋新鲜程度的方法。新鲜蛋的荧光强度较小，越不新鲜的蛋荧光强度越大。具体操作为：将蛋置于托盘中，在暗室中逐盘于紫外灯下照射，新鲜蛋发深红色荧光，随贮存时间的延长，蛋所发荧光由深红色变为红色，再变为淡红色。10～14d 的蛋发紫色荧光，贮存时间更久的蛋则发淡紫色荧光。

延伸阅读 19-1　“假鸡蛋”真的是假的么？

“假鸡蛋”新闻在近几年可谓是层出不穷，但纵观这些报道，总是无法给假鸡蛋勾勒出一个清晰统一的轮廓。尽管制作假鸡蛋的资料在网上很多，但实际操作起来，却发现困难重重。那么这些与真鸡蛋差别较大的异常蛋又是什么呢？

异常蛋之一“橡皮蛋”

“假鸡蛋”报道中最常出现的就是质地像橡胶、弹性非常大的“橡皮蛋”。蛋鸡饲料中含有过多的棉籽粕就能造成这样的异常蛋。棉籽粕中的游离棉酚、环丙烯脂肪酸等成分能与色素结合使蛋清、蛋黄变色，并将蛋黄中的脂肪转化为硬脂酸而使蛋黄呈橡胶状。另外，鸡蛋受冻，使蛋黄中的水分减少，蛋黄的水分脱去以后，蛋黄呈胶状，煮熟后更为坚硬，弹性也更大，也易变成所说的“橡皮蛋”。

异常蛋之二“蛋包蛋”

有的鸡蛋会出现“蛋包蛋”的现象，有两层蛋壳。这是由于输卵管出现逆向蠕动，让刚形成的鸡蛋又重新“包装”了一次。

异常蛋之三“无黄蛋”

至于烧烤摊出现的“无黄蛋”，母鸡也有本事生出来，那是因为它的产卵构造误将大块蛋白当作蛋黄包裹了起来；这种蛋一般体型较小，因此更能作为淘汰品流入不正规摊位。

如果买到了异常的鸡蛋，确实要慎重食用，因为它们可能是暗示着母鸡的生理机能出现了异常。但是以上所述的情况属于厂家和销售商的品质检查不过关，要和涉及造假的假鸡蛋区别开。

第三节　禽蛋的贮藏保鲜

鲜蛋的季节性很强，生产与销售的淡旺季分明，禽蛋产业普遍存在旺季生产有余、淡季供应不足、鲜蛋不易久存等问题。为调剂供求之间的矛盾，需要采取相应的鲜蛋保鲜方法，保证禽蛋可供食用的时间，满足广大消费者对鲜蛋的需要。

一、鲜蛋贮藏的基本原则

1）保证禽蛋的高清洁度，防止微生物污染。

2）使蛋壳气孔尽量闭塞，防止微生物入侵，增加二氧化碳的浓度，降低禽蛋生理活动的消耗。

3）将禽蛋于较低温度下贮藏，以减弱微生物的繁殖能力及蛋内一切化学变化。10℃以下可以抑制大自然中绝大多数嗜热菌的生理活动，在0℃以下细菌便不能分解蛋白质与脂肪了，对糖类的发酵能力也极微弱。此外，低温还可降低酶的活性，使蛋内化学变化速率减缓进而延长禽蛋的保鲜期。

4）贮藏的禽蛋一定要新鲜，其基本理化性质必须与鲜蛋基本一致。

5）贮藏期间所用的药剂对人体不得有毒、有害，价格低廉，尽量控制贮藏成本，且贮藏效果要好。

二、鲜蛋贮藏保鲜方法

目前鲜蛋的贮藏保鲜方法有冷藏保鲜法、液浸保鲜法（包括石灰水贮藏、水玻璃贮藏法）、涂膜保鲜法（包括石蜡、矿物油、树脂、合成树脂等涂膜）、气调保鲜法（包括二氧化碳、氮气及化学保鲜剂等）、巴氏杀菌贮藏法及民间常用的简易干藏法等。

1. 冷藏保鲜法　禽蛋的冷藏保鲜法具有操作简单、管理方便、效果较好等优点，已在国内外被广泛应用，此方法的缺点是需要一定的设备，成本较高，不易被推广应用。采用冷藏保鲜法保存鲜蛋时，最适宜的温度为−1℃，不得低于−2.5℃，相对湿度为 80%～85%，冷藏时间为 6～8 个月。

2. 气调保鲜法　气调保鲜法是采用 CO_2、N_2 等气体改善蛋的贮藏空间，或完全取代空气，目前也有用臭氧贮藏鲜蛋的方法。

1）CO_2 贮藏法：本方法是将鲜蛋在含有适量 CO_2 的空气中贮藏，以防止鲜蛋内 CO_2 渗出，进而保持蛋品质的方法。此外，CO_2 还可抑制微生物生长。一般 CO_2 贮蛋需配以较低的温度才有效。

2）N_2 贮藏法：N_2 贮藏法主要用于种蛋的贮藏。鲜蛋的外壳上有大量好气性微生物，这种微生物的发育繁殖除温度、湿度和营养成分以外，还必须有充分的氧气供给。N_2 贮藏法就是用氮气取代氧气，抑制微生物生长进而达到鲜蛋保鲜的目的。

3. 液浸保鲜法　液浸保鲜法就是选用适宜的溶液，将蛋浸泡在溶液中，使蛋与空气隔绝，防止蛋内的水分向外挥发，并避免细菌污染，抑制蛋内 SO_2 逸出，达到鲜蛋保鲜的目的。此法常用的溶液有石灰水、水玻璃等。

石灰水浸泡贮藏法：石灰水浸泡贮藏法是将石灰溶于水中，用冷却的石灰水溶液贮藏鲜蛋的方法。石灰水溶液一般使用澄清的饱和溶液，也可以用除去了沉淀残渣的石灰溶液。石灰水浸泡贮藏法的原理是石灰水中的氢氧化钙与蛋内呼出的二氧化碳反应生成不溶性的碳酸钙微粒，沉积在蛋壳表面，使气孔闭塞，阻止微生物入侵及蛋内水分的挥发，同时气孔关闭还可减少蛋内的呼吸作用，减缓蛋的劣变速率。此外，石灰水本身还具有杀菌作用，从而保持蛋的品质。

1）石灰水溶液的配制：选取优质洁净的生石灰块 1.5～3kg，加水 100kg 使其自然溶解，静置后捞取残渣即可使用，此溶液为石灰水饱和溶液。

2）贮藏中的技术管理：用于石灰水贮藏的蛋必须是照检后无裂纹、非破壳的优质蛋。贮藏车间温度应控制在 3～23℃，水温控制在 1～20℃，石灰水液面要高于蛋面 15～20cm，以使蛋全部淹没，并形成碳酸钙保护膜。贮藏期间必须定期检查，若发现石灰水溶液变浑、变绿、变臭应及时处理。如果有漂浮的蛋、破壳单、臭蛋等应该及时捞出，液面上的碳酸钙薄膜应保持完整。

3）石灰水浸泡贮藏法的优缺点：石灰水溶液贮藏鲜蛋，材料来源丰富，管理费用低，既可小批量贮藏，也可大批量使用，保藏效果良好，其缺点是石灰水贮藏鲜蛋的蛋壳色泽较差，有时会有强烈的碱味，此外，由于闭塞气孔，煮蛋过程中容易发出较大的声响。

4. 涂膜保鲜法　涂膜保鲜法是将一种无色、无味、无毒的涂膜剂（动植物油脂、液体石蜡、蔗糖脂肪酸值、聚乙烯醇等）配成溶液，均匀地涂抹覆盖在蛋壳表面，晾干后形成均匀致密的“人工保护膜”，既可闭塞气孔，防止微生物侵入，又可减少蛋内水分挥发，使保鲜膜内 CO_2 的浓度升高，进而抑制蛋内酶的活性，减缓鲜蛋生化反应速率，由此达到蛋保鲜的目的。

涂膜保鲜法分为喷雾法、浸渍法和手搓法三种，无论采用哪种方法，都必须对鲜蛋进行消毒，以除去鲜蛋表面存在的微生物，禽蛋越新鲜，其涂膜效果越好。涂膜技术的好坏主要取决于所选涂膜剂。优良的涂膜剂应具有安全卫生、无毒无害、附着力强、成膜性好、吸湿性好、价格便宜、操作简便、无异味、适用于工业化生产等优点。

进行涂膜保鲜的蛋必须新鲜，并经光照检验，剔除次劣蛋。夏季最好用产后1周内的蛋，春秋季最好用产后10d内的蛋。在涂膜上必须洗蛋并杀菌。如果用油作被膜剂，在油中加入少量杀菌剂（苯酚或次氯酸钠）效果更好。涂膜多采用喷淋法，涂膜前必须清楚蛋气孔的大小及其分布情况。另外还要注意被膜剂往蛋内的渗透情况。

将涂膜后的蛋置于蛋箱或蛋篓中贮存时，放蛋过程中要使蛋平稳，防止贮存时因蛋移位而破损。码好的蛋放入库房后要保持库房通风，库温控制在25℃以下，相对湿度为70%～80%，入库管理时要注意温湿度，定期观察，不要轻易翻动蛋箱，一般20d左右检查一次。

一般涂膜剂有水溶性涂料、乳化剂涂料、油质性涂料等几类，目前多采用油脂性涂料，如液体石蜡、植物油、凡士林、矿物油等。涂膜材料不同，其保鲜性能不同，按照材料的性质可以分为化工产品、油脂类和其他可食性物质及其复合材料三大类。

与液浸保鲜法、气调保鲜法比较，涂膜保鲜法具有操作简便、成本低、室温下即可延长蛋的保存期、能增强蛋壳硬度等优点，尤其适合我国的禽蛋产业发展。其缺点是涂膜后的蛋壳不易干，表面有油污，若操作不当，易使蛋残留有异味。

第四节　洁　　蛋

一、鲜蛋的污染和洁蛋的生产工艺

1. 鲜蛋的污染　鲜蛋的微生物污染主要源于禽类自身所带菌类或患病的污染，饲喂场所及销售、贮运过程中的细菌与霉菌感染。当母体患病时，其生殖道内的细菌通过气孔或裂纹入侵至蛋内。随贮存时间的延长，微生物生长繁殖致使鲜蛋腐败变质。

鲜蛋的蛋壳与蛋壳膜是一层天然的保护屏障，可有效防止微生物入侵。所以健康母体产的蛋中内容物无菌或含极少量菌。蛋在排到体外后还会在粪便、垫草上，以及贮运、销售过程中被微生物污染。尽管蛋的内、外蛋壳膜与蛋白膜可以防御微生物的入侵，蛋清中的溶菌酶也会杀灭入侵的各种微生物，但这些功能会随着贮存时间的延长逐渐减弱，最终致使禽蛋腐败变质。

蛋壳上微生物种类很多，主要有大肠杆菌、变形杆菌、沙门菌、产碱杆菌属、产气单胞菌属、埃希氏杆菌属等。禽蛋腐败变质主要由微生物引起，其次是温度、湿度等环境条件的影响。导致禽蛋腐败变质的微生物一般为非致病细菌与霉菌。其中分解碳水化合物的微生物包括大肠杆菌、枯草杆菌、丁酸梭状芽孢杆菌等；分解蛋白质的微生物主要包括梭状芽孢杆菌、变形杆菌、假单胞菌属、肠道菌科的各种细菌等；分解脂肪的微生物主要包括荧光假单胞菌、产碱杆菌、沙门菌属细菌等。蛋壳表面的污染物如果不及时去除，有机污染物将会以离子键紧紧贴附在蛋壳上，不易去除，而微生物将通过气孔侵入蛋内，使禽蛋腐败变质。

禽蛋的腐败变质大致可以分为细菌性腐败变质与霉菌性腐败变质两大类。脏蛋会加速禽蛋的腐败变质，如大肠杆菌、枯草杆菌、葡萄球菌等。细菌侵入蛋内，主要使蛋白液化，产生硫化氢及人粪味的黄色或红色物质，使蛋液呈现绿色，变为“散黄蛋”“黑腐蛋”。霉菌如蜡叶芽孢霉菌、毛霉、曲霉菌等入侵至蛋内会出现褐色或其他丝状物质，形成小霉斑点。

禽蛋的腐败变质是一个复杂的过程，通常由两种或两种以上的微生物入侵而引发。因为微生物的生长繁殖需要适宜的温度与湿度，所以一般而言，低温、低湿度可以抑制或减缓微生物的繁殖，只有少量的霉菌可以在低温条件下生长。要有效防止禽蛋的微生物腐败，最好是对其进行清洗消毒处理，以杀死或抑制禽蛋蛋壳表面的微生物生长或繁殖。

2. 洁蛋的生产工艺　洁蛋又称清洁蛋、净蛋，是产出后的禽蛋经清洗、消毒、干燥、涂膜、包装等工艺处理后的一类鲜蛋产品。洁蛋表面洁净，具有较长的保质期，可以显著提高鲜蛋的品质与安全性。洁蛋的生产主要包括以下几个关键工艺点。

（1）检测、收集与运输　为保证洁蛋品质，减少蛋的破损、浪费与污染，洁蛋加工之前，必须剔除血斑蛋、过大蛋、过小蛋、异物蛋、裂纹蛋、破损蛋等异常蛋。可通过人工进行选蛋，如人工照蛋、敲蛋等；也可采用机械挑选，如电子自动照蛋等。专用的选蛋机可将随意摆放的蛋有序排列，并利用特殊光源及机械设备对禽蛋进行透照，以检出陈蛋、杂质蛋、水泡蛋等次蛋，具有准确率与效率较高的优点。

（2）清洗消毒　蛋的清洗即采用浸泡、冲洗、喷淋等方式对蛋进行水洗或用毛巾、毛刷清除蛋壳表面的污物，使蛋壳表面清洁、卫生，符合产品要求与卫生标准。禽蛋清洗的目的是清除禽蛋表面的粪便、细菌和血渍等污染物，彻底清洗是消毒与灭菌成功的关键。目前禽蛋的清洗分为干擦与洗净两种。

1）干擦法：用刷子或粗布擦拭蛋壳以除去污物，可以人工擦拭，也可以用机械设备如自动旋转刷等操作，目前此方法已逐步被洗净法取代。

2）洗净法：利用洗蛋机洗刷去除蛋壳表面的污物。具体操作步骤包括：将蛋用真空吸蛋器吸起置于检蛋台上；照蛋、检蛋；喷洗液后用柔软的旋转毛刷擦拭；打蜡；干燥；按重分级；包装。

禽蛋的消毒是抑制或杀灭蛋壳表面的微生物，使其达到无害化的操作。常用的消毒方法包括热水消毒、漂白粉消毒、过氧乙酸消毒、高锰酸钾消毒、巴氏杀菌等。清洗是以水喷雾形式，利用毛刷洗净蛋壳表面；消毒是采用含氯消毒剂，或加少量清洗剂处理后干燥、包装。美国、日本等发达国家这两个过程已实现连续化、自动化。

（3）烘干与涂膜　禽蛋清洗后要及时烘干，烘干温度不能太高，否则会使禽蛋质量劣化，甚至破裂，并污染生产设备。烘干过程中的空间温度以 40～45℃为宜，且整个过程中蛋始终处于旋转状态，禽蛋由烘干起始端到水分全部被烘干时间尽量控制在 5s 以内。

涂膜是将一种或多种具有一定成膜性且所成膜的气密性较好的涂料涂布于蛋壳表面，使气孔闭塞，阻止蛋内水分挥发与二氧化碳逸出，避免外界微生物对蛋内容物的污染，减弱蛋的呼吸作用及酶的活性，延缓蛋腐败变质的速率，以达到增强蛋壳硬度、提高其营养价值的目的。

禽蛋涂膜保鲜剂可分为植物源、动物源及微生物源三大类。其中植物源保鲜剂（迷迭香、生姜、丁香、植物油等）具有安全性高、来源广、价格低等优点；动物源保鲜剂以壳聚糖、蜂胶等为代表；微生物源保鲜剂以乳酸乳球菌素、曲酸和那他霉素等为代表。在实际生产中，除上述保鲜剂外，一般还需加入一些抑菌剂、增强剂或增塑剂等，其目的是增强膜的抗菌性、机械强度、保水保气性等。目前天然的抑菌剂以植物提取物为主，包括植物精油、中药抑制剂等；常用的增强剂有戊二醛、钙离子、环氧氯丙烷等；增塑剂则主要是多元醇类物质，如甘油、山梨醇、丙二醇等，以及脂类物质如脂肪酸、表面活性剂和单甘油酯等。

（4）喷码　喷码是用喷码机在禽蛋表面喷印标识如生产日期、批号、保质期等的过程，喷码机具有安全性高、喷印内容多样、字体大小可调、连续性好等优点。根据工作原理的不同，可将喷码机分为连续喷射式、按需滴落式、激光喷码三种。

（5）分级　鲜蛋分级是为了剔除破裂、有血斑的蛋，以保障市售鲜蛋的质量，鲜蛋分级是在综合蛋内、外部的质量及蛋的重量基础上进行的，不同国家和地区的带壳鲜蛋分级标准不同，表 19-2 为我国港、澳地区的鲜鸡蛋质量分级标准。

表 19-2 我国港、澳地区的鲜鸡蛋质量分级标准 （单位：kg）

级别	每箱净重	每千枚重量
超级大	300 枚净重 16.75 以上	55.5 以上
一级	300 枚净重 15 以上	50 以上
二级	300 枚净重 14 以上	46.5 以上
三级	360 枚净重 15.75 以上	43.5 以上
四级	360 枚净重 13.75 以上	38 以上

（6）包装与贮运　鲜蛋的包装材料要坚固耐用、价格低廉，常用木箱、纸箱、塑料箱、蛋托及与之配套的蛋箱。可以将鸡蛋大头朝上置于防水蛋托中，然后用保鲜膜覆裹，最后包装成箱，装箱时层与层之间要用纸板隔离，防止摩擦。禽蛋运输过程中应尽量减少运输时间与中转环节。遵循“稳、轻、快”的原则，即尽可能减少震动，选择平稳的交通工具；装卸时轻拿轻放；尽可能缩短运输途中的时间。

二、洁蛋的生产设备

目前国外蛋品加工的相关机械设备已很齐全，其中美国、日本、意大利、澳大利亚、加拿大、德国等国家的技术水平较高。尤其是美国的 Diamond 公司生产的蛋品加工设备单位时间的处理量最大，可以达到 144 000 枚/h，洁蛋加工机械设备的生产企业包括荷兰的 Moba 公司、美国的 Diamond 公司、日本的 Nabel 与 Kyowa 公司等。发达国家洁蛋加工技术的最高机械化水平即普遍应用计算机、传感器及气动与机械系统配合，可以实现禽蛋清洗、干燥、涂膜、分级、检验（裂纹与内部斑点检验）、次蛋挑选与自动包装等连续作业。

我国蛋禽养殖业历史悠久，但禽蛋多以鲜食为主，蛋品加工起步较晚，禽蛋清洗分级加工处理设备及专门生产蛋品机械的公司较少，蛋品加工机械相对简单，尤其是鲜蛋处理系统、自动检验系统，蛋制品加工设备规模化程度低。近年来，我国禽蛋加工产业发展迅猛，尤其是一些禽蛋加工企业、相关高校、科研院所已逐步意识到蛋品加工设备生产、研究的必要性与重要性，关于洁蛋加工方面的研究及新产品、新技术、新标准相继涌现。我国的蛋品加工发展趋势为规模化、自动化、高加工化 3 个方向，逐步实现自动化、机械化、现代化生产与管理。

思考题

1. 评价禽蛋的质量主要有哪些指标？
2. 禽蛋的品质鉴定方法主要有哪些？
3. 常用的禽蛋贮藏保鲜方法有哪些？
4. 禽蛋贮藏前为何要进行消毒、灭菌？
5. 经过清洗涂膜分级后的禽蛋保质期有何变化？
6. 各种贮藏保鲜方法分别有哪些优缺点？
7. 经过加工后的鸡蛋与未经过加工的鸡蛋比较，有哪些区别？

主要参考文献

褚庆环. 2007. 蛋品加工技术. 北京: 中国轻工业出版社
李灿鹏, 吴子健. 2013. 蛋品科学与技术. 北京: 中国质检出版社, 中国标准出版社
李晓东, 张兰威. 2005. 蛋品科学与技术. 北京: 化学工业出版社
马美湖. 2003. 禽蛋制品生产技术. 北京: 中国轻工业出版社
郑坚强. 2007. 蛋制品加工工艺与配方. 北京: 化学工业出版社

第 20 章 再制蛋的加工技术

本章学习目标：了解蛋制品加工中各种原辅料的选择和使用方法；熟练掌握常见蛋制品的加工原理和加工工艺；运用所学的知识，分析和解决生产中出现的各种技术问题。

第一节　腌制蛋制品

腌制蛋也叫再制蛋，它是在保持蛋原形的情况下，主要经过碱、食盐、酒糟等加工处理后制成的蛋制品，包括皮蛋、咸蛋、糟蛋三种。一般多使用鸭蛋和鸡蛋为原料。禽蛋中的胆固醇在贮藏加工过程中容易发生自动氧化，从而形成多种胆固醇氧化物（COP）。研究表明，COP 具有细胞毒性、致突变性和致癌性，可造成血管内膜损伤，诱发动脉粥样硬化和神经衰弱等慢性病，对人体健康有潜在威胁。本节以皮蛋为例进行介绍。

皮蛋是我国比较有特色的蛋制品。成熟后的皮蛋，其蛋白呈棕褐色或绿褐色凝胶体，有弹性，蛋白凝胶体内有松针状的结晶花纹，故名松花蛋；其蛋黄呈深浅不同的墨绿、草绿、茶色的凝固体（溏心皮蛋蛋黄中心呈橘黄色浆糊状），其色彩多样、变化多端，故又称彩蛋、变蛋。按蛋黄的凝固程度不同分溏心皮蛋和硬心皮蛋；按加工辅料不同分无铅皮蛋、五香皮蛋、糖皮蛋等品种。

皮蛋在加工过程中会形成大量的赖丙氨酸（LAL）。研究指出，LAL 对人体健康有潜在的危害，并且发生某些特定氨基酸的外消旋化，降低蛋白质的消化率，进而降低食品的营养价值。皮蛋中 LAL 的形成受到多种因素影响，包括碱的用量、碱的种类、腌制温度、腌制时间、金属盐等，随着温度的提高、腌制时间的延长、碱浓度的加大，皮蛋中 LAL 含量逐步提高。

（一）皮蛋加工的基本原理

虽然松花蛋加工的方法与配方很多，但所用的材料基本相同，都是采用纯碱、生石灰、植物灰、黄泥、茶叶、食盐、氧化铅、水等几类物质。这些物质按比例混匀后，将鸭蛋放入其中，在一定的温度和时间内，使蛋内的蛋白和蛋黄发生一系列的变化而成为松花蛋。松花蛋成熟的变化过程，可以归纳成以下几个方面或阶段。

1. 蛋白与蛋黄的凝固　在蛋白与蛋黄的凝固过程中，尤其是蛋白的凝固过程中，首先经过了蛋清稀化，然后蛋清逐渐变浓稠而凝固的过程，即为化清和凝固两个阶段。此后，接着进入转色阶段和松花蛋的成熟阶段，共有 4 个阶段。在前两个阶段中，起主要作用的物质是氢氧化钠。氢氧化钠是由生石灰和水作用生成熟石灰，熟石灰与纯碱作用生成氢氧化钠。它通过蛋壳而渗入蛋内，料液中的氧化铅又能促使碱液更快地渗入蛋内，使蛋内的蛋白质开始变性，发生液化。随着碱液的浓度逐步渗入，由蛋白渗向蛋黄，从而使蛋白中碱的浓度逐渐降低，变性蛋白分子继续凝聚，因有水的存在，成为凝胶状，并有弹性。同时，食盐中的钠离子、石灰中的钙离子、植物灰中的钾离子、茶叶中的单宁物质等，都会促使蛋内蛋白质的凝固和沉淀，使蛋黄凝固和收缩，从而发生松花蛋内容物的离壳现象。所以加工质量比较好的松花蛋，一旦外壳被敲裂以后，松花蛋很容易剥落下来。

根据蛋在加工中的变化过程，分 5 个阶段加以阐述。

1）化清阶段：这是鲜蛋泡入料液后发生明显变化的第一阶段。在这一阶段，蛋白从黏稠变成稀的透明水样溶液，这时的蛋清发生了物理和化学两方面的变化。其物理变化表现为蛋白质分子变为分子团胶束状态；化学变化是卵蛋白在碱性条件及水的参与下发生了强碱变性作用。而微观变化是蛋白质分子从中性分子变成带负电荷的复杂阴离子，维持蛋白质分子特殊构象的次级键如氢键、盐键、范德瓦尔斯力、偶极作用、配位键及二硫键等受到破坏，使之不能维持原来的构象，坚实的刚性蛋白质分子变为结构松散的柔性分子，从卷曲状态变为伸直状态，达到了完全变性，原来的束缚水变成了自由水，但这时蛋白质分子的一二级结构尚未受到破坏，化清的蛋白还没有失去热凝固性。

2）凝固阶段：在这一阶段，蛋的蛋白从稀的透明水样溶液凝固成具有弹性的透明胶体，蛋黄凝固厚度为 1～3mm。蛋白胶体呈无色或微黄色。这时发生的理化变化是完全变性的蛋白质分子在 NaOH 的继续作用下，二级结构开始受到破坏，氢键断开，亲水基团增加，使得蛋白质分子的亲水能力增加，蛋白质分子之间相互作用形成新的聚集体。由于这些聚集体形成了新的空间结构，吸附水的能力逐渐增大，溶液中的自由水又变成了束缚水，溶液黏度随之逐渐增大，达到最大黏度时开始凝固，直到完全凝固成弹性极强的胶体为止。

3）转色阶段：此阶段的蛋白呈深黄色透明胶体状，蛋黄凝固 5～10mm。这时的物理化学变化是蛋白、蛋黄均开始产生颜色，蛋白胶体的弹性开始下降。这是因为蛋白质分子在 NaOH 和 H_2O 的作用下发生降解，一级结构受到破坏，使单个分子的分子质量减小，放出非蛋白质性物质，同时发生了美拉德反应（Maillard reaction）。这些反应的结果使蛋白胶体的颜色由浅变深。

4）成熟阶段：蛋白全部转变为褐色的半透明凝胶体，仍具有一定的弹性，并出现大量排列成松针状的晶体簇；蛋黄凝固层变为墨绿色或多种色层，中心呈溏心状。全蛋已具备了松花蛋的特殊风味，可以作为产品出售。松花是由纤维状氢氧化镁水合晶体形成的晶体簇。蛋黄的墨绿色主要是蛋白质分子同 S^{2-}反应的产物。

5）贮存阶段：这个阶段为产品的货架期。此时蛋的化学反应仍在不断地进行，游离脂肪酸和氨基酸含量不断增加。为了保持产品不变质或变化较小，应将成品在相对低温条件下贮存，还要防止环境中菌类的侵入。

2. 松花蛋风味的形成　松花蛋风味的形成是由于禽蛋中的蛋白质在混合料液成分的作用下，分解产生氨基酸，氨基酸经氧化产生酮酸，酮酸具有辛辣味。蛋白质分解产生的氨基酸中含有数量较多的谷氨酸，谷氨酸同食盐相互作用，生成谷氨酸钠，谷氨酸钠是味精的主要成分，具有味精的鲜味。蛋黄中的蛋白质分解产生少量的氨和硫化氢，有一种淡淡的臭味，再加上食盐渗入蛋内产生咸味，茶叶成分具有香味。因此各种气味滋味成分的综合，使松花蛋具有一种鲜香、咸辣、清凉爽口的独特风味。

（二）皮蛋加工辅料及其选择

鲜蛋能变成松花蛋，是各种材料的相互配合所起作用的结果。材料质量的优劣，直接影响到松花蛋的质量和商品价值。因此，在材料选用时，要按松花蛋加工要求的标准进行选择，以确保加工出的松花蛋符合卫生要求，有利于人体健康。常用的加工材料有以下几种。

1. 纯碱　纯碱的学名叫无水碳酸钠（Na_2CO_3），俗称食碱、大苏打、碱粉、面碱等。其性质为白色粉末，含有99%左右的碳酸钠，能溶解于水，但不溶于乙醇，常含食盐、芒硝、碳酸钙、碳酸镁等杂质。纯碱暴露在空气中，易吸收空气中的湿气而质量增大，并结成块状；同时，易与空气中的碳酸气体化合生成碳酸氢钠（小苏打），性质发生变化。纯碱是加工松花蛋的主要材料之一。其作用是使蛋内的蛋白和蛋黄发生胶性的凝固。为保证松花蛋的加工质量，选用纯碱时，要选购质纯色白的粉末状纯碱，含碳酸钠要在96%以上，不能用吸潮后变色发黄的“老碱”。

2. 生石灰 生石灰的学名叫氧化钙，其性质为块状白色、体轻，在水中能产生强烈的气泡，生成氢氧化钙（熟石灰）。生石灰的质量要求是在选购生石灰时，要选体轻、块大、无杂质，加水后能产生强烈气泡，并迅速由大块变成小块，直至成为白色粉末的生石灰。这种石灰的成分中，含有效氧化钙的数量不得低于75%。对掺有红色、蓝色杂质和含有硅、镁、铁、铝等氧化物的生石灰不得使用。

3. 食盐 食盐的学名叫氯化钠（NaCl）。其性质为白色结晶体，具有咸味，在空气中易吸收水分而潮解。当前市场上出售的食盐有粗盐、细盐和精盐三种。生产松花蛋用的盐，在质量上要求含杂质要少，氯化钠含量要在96%以上，通常以海盐或再制盐为好。控制食盐的使用量，如果食盐加入过多，会降低蛋白的凝固，反而使蛋黄变硬；如果食盐加入过少，不能起到改变松花蛋风味的作用。

4. 茶叶 加工松花蛋使用茶叶，一是增加松花蛋的色泽，二是提高松花蛋的风味，三是茶叶中的单宁能促使蛋白发生凝固作用。加工松花蛋，一般都选用红茶末，因红茶中含有茶单宁、茶素、茶精、茶色素、果胶、精油、糖、茶叶碱、可可碱等成分。这些成分能增加松花蛋的色泽，提高风味和帮助蛋白凝固。而这些成分在绿茶中的含量比较少，故多使用红茶。对受潮或发生霉味的茶叶，严禁使用。

5. 植物灰 植物灰的作用是其中含有各种不同的矿物质和芳香物质。这些物质能增进松花蛋的品质和提高其风味。植物灰中含量较多的物质有碳酸钠和碳酸钾。据化学分析，油桐籽壳灰中的含碱量在10%左右。它与石灰水作用，同样可以产生氢氧化钠和氢氧化钙，使鲜蛋加快转化成松花蛋。此外，柏树枝柴灰中含有特殊的气味和芳香物质，用这种灰加工成的松花蛋别具风味。无论何种植物灰，都要求质地纯净，粉粒大小均匀，不含有泥沙和其他杂质，也不得有异味。使用前，要将灰过筛除去杂质，方可倒入料液中混合，并搅拌均匀。

（三）皮蛋的加工方法

国内民间加工皮蛋的方法很多，但是各种方法使用的辅助材料基本相同，加工工艺也大同小异，这些方法归纳起来主要为包泥法及浸泡法，按质地分有溏心皮蛋和硬心皮蛋之分。主要介绍浸泡法皮蛋的加工工艺。

1. 工艺流程 浸泡法皮蛋的加工工艺流程如图20-1所示。

照蛋 → 敲蛋 → 分级 → 下缸 → 灌料泡蛋 → 质检 → 出缸 → 洗蛋 → 晾蛋 → 包装 → 成品

图20-1 浸泡法皮蛋的加工工艺流程

2. 技术要点

1）配方：现将中国主要松花蛋加工地区的配方予以介绍，以供参考。这些配方中仍然使用了氧化铅，具体加工过程应予修改去掉，以加工生产无铅松花蛋。湖南农业大学食品学院等院校研制的无铅加锌、铜营养松花蛋配方，生产周期快，松花多，产品质量优良，口感风味良好，具有很大的市场潜力。同时，各地的配方标准还应根据生产季节、气候等情况做出调整，以保证产品的质量。由于夏季鸭蛋的质量不及春、秋季节的质量高，蛋下缸后不久便有蛋黄上浮及变质现象发生，为此，应将生石灰与纯碱的用量标准适当加大，从而加速松花蛋的成熟度，缩短成熟期。

2）配料：首先将锅洗刷干净，然后按配料标准，把事先称量准确的茶叶、松柏枝、清水倒入锅中加热煮沸。再准备一个空缸，先将生石灰、纯碱、食盐称好放入缸中，然后将黄丹粉、草木灰放在生石灰上面，再将上述煮沸的料水（或汁液）趁沸倒入缸中。此时生石灰遇到汁液，即自行化开，同时放出热量，形出高温，待缸中蒸发力渐弱后，用木棒不断翻动搅拌均匀。为保证料液浓度须按捞出的石块质量补足生石灰。待到缸中的各种材料充分溶解化开后，使料液或料汤冷却静置，以备灌汤用，并用铁丝网捞出料液中不易溶化的生石灰块。

3）下缸：鲜蛋装缸后，将经过冷却凉透的料液（或料汤）加以搅动，使其浓度均匀，按需要量徐徐由缸的一边灌入缸内，直至使鸭蛋全部被料液淹没为止。灌料时切忌猛倒，避免将蛋碰破和浪费料液。料液灌好后，再静置鸭蛋，在料液中腌渍成熟。料液的温度要随季节不同而异，在春、秋季节，料液的温度应控制在 15℃左右为宜，冬季最低 20℃为宜。料液温度过低，室温也低时，则部分蛋清发黄，有的部分发硬，蛋黄不呈溏心，并带有苦涩味；反之料液温度过高，蛋清发软、黏壳，剥壳后蛋白不完整，甚至蛋黄发臭，引起缸内大部分蛋的质量发生变化。因此，夏季料液的温度应掌握在 20～22℃，保持在 25℃以下为好。

4）成熟：灌料后即进入腌制过程，一直到松花蛋成熟，这一阶段的技术管理工作同成品质量的关系十分密切。首先是严格掌握室内的温度，一般要求在 21～34℃。鸭蛋在料汤内腌制过程中，春、秋季节经过 7～10d，夏季经过 3～4d，冬季经过 5～7d 的浸渍，蛋的内容物即开始发生变化，蛋白首先变稀。随后约经 3d，蛋白逐渐凝固。此时室内温度可提高到 25～27℃，以便加速碱液和其他配料向蛋内渗透，待浸渍 15d 左右，可将室温降至 16～18℃，以便使配料缓缓地进入蛋内，不同地区室温要求也有所不同，南方地区夏天缸房温度不应高于 30℃，冬天保持在 25℃左右。夏季可采取一些降温措施，冬天可采取适当的保暖办法。有条件的地方，缸房设在地下室内，冬暖夏凉，腌制松花蛋最为适宜。腌制过程中，应注意勤观察、勤检查。为避免出现黑皮、白蛋等次品，每天检查蛋的变化、温度高低、料汤多少等，以便发现问题及时解决。

5）出缸：一般情况下，鸭蛋入缸后，料汤腌渍需 35d 左右，即可成熟变成松花蛋，夏天需 30～35d，冬天需 35～40d。为了确切知道成熟与否，可在出缸前，在各缸中抽样检验，待全部成熟了，便可出缸。出缸时，洗去附在鸭蛋外面的碱液和其他污物，要注意轻拿轻放，不要碰损蛋壳。

6）包装：皮蛋出缸后要及时进行涂膜处理或者包糠处理，可以保护蛋壳，防止破损、延长保存期和促进皮蛋后熟。泥料主要为 60%～70%的黏土与 30%～40%的腌渍汤料和成糊状，进行涂抹。涂膜涂料主要为白油。

第二节 咸 蛋

咸蛋又名盐蛋、腌蛋，是我国著名的传统食品，具有特殊的风味，食用方便。早在1600年前，我国就有用盐水贮藏家禽蛋的记载，并逐渐演变成为今天加工咸蛋的方法。

（一）咸蛋加工的方法

加工咸蛋的原料主要为鸭蛋，有的地方也用鸡蛋或鹅蛋来加工，但以鸭蛋为最好，因为鸭蛋黄中的脂肪含量较多，产品质量风味最好。中国各地加工咸蛋的辅料和用量大同小异，但加工方法却较多，所以因加工方法不同，可分为黄泥咸蛋、包泥咸蛋、滚灰咸蛋和盐水浸泡咸蛋等。本节主要介绍浸泡法咸蛋的加工工艺。

用食盐水直接浸泡腌制咸蛋，用料少、方法简单、成熟时间短。中国城乡居民普遍采用这种方法腌制咸蛋。

1. 工艺流程　浸泡法咸蛋的加工工艺流程如图 20-2 所示。

配料 → 选蛋 → 清洗消毒 → 装缸 → 灌料 → 封口 → 成熟 → 检验 → 包装 → 成品

图 20-2　浸泡法咸蛋的加工工艺流程

2. 技术要点

1）盐水的配制：冷开水 80kg，食盐 20kg，花椒、白酒适量。将食盐于开水中溶解，再放入花椒，待冷却至室温后再加入白酒即可用于浸泡腌制。

2）浸泡腌制：将鲜蛋放入干净的缸内并压实，慢慢灌入盐水，将蛋完全浸没，加盖密封腌制 20d 左右即可成熟。浸泡腌制时间最多不能超过 30d，否则成品太咸且蛋壳上出现黑斑。用此法加工的咸蛋不宜久贮，否则容易腐败变质。浸泡法加工咸蛋的优点是简便，用过的第一次盐水可留作第二次甚至多次使用。

（二）次劣咸蛋产生的原因

咸蛋在加工、贮存和运输过程中，时有次劣蛋产生。有些虽质量降低，但尚可食用；也有些因变质而失去食用价值。次劣咸蛋在灯光透视下，各有不同的特征。

1）泡花蛋：透视时可看到内容物中有水泡花，泡花随蛋转动，煮熟后内容物呈“蜂窝状”，这种蛋称为泡花蛋，不影响食用。其产生原因主要是鲜蛋检验时，没有剔除水泡蛋；其次是贮存过久，盐分渗入蛋内过多。防止方法是不使鲜蛋受水湿、雨淋，检验时注意剔除水泡蛋，加工后不要贮存过久，成熟后马上上市销售。

2）混黄蛋：透视时内容物模糊不清，颜色发暗，打开后蛋白呈白色与淡黄色相混的粥状物。蛋黄的外部边缘呈淡白色，并发出腥臭味，这种蛋称为混黄蛋，初期可食用，后期不能食用。产生原因是原料蛋不新鲜，盐分不够，加工后存放过久。

3）黑黄蛋：透视时蛋黄发黑，蛋白呈混浊的白色，这种蛋称为“清水黑黄蛋”，该蛋进一步变质，蛋黄和蛋白全部变黑，成为具有臭味的“混水黑黄蛋”。前者可以食用，有的人很喜欢吃，后者不能食用。产生原因是加工咸蛋时，鲜蛋检验不严，水湿蛋、热伤蛋没有剔除；在腌制过程中温度过高，存放时温度过高，时间过久。防止方法是严格剔除鲜蛋中的次劣蛋，腌制时防止高温，成熟后不要久贮。此外，还有红贴皮咸蛋、黑贴皮咸蛋、散黄蛋、臭蛋等，这些都是由原料蛋不新鲜造成的。

第三节　糟　　蛋

糟蛋是鲜鸭蛋经糟渍而成的再制品。它是我国著名的传统特产食品，营养丰富，风味独特，是我国人民喜爱的食品和传统出口产品。糟蛋根据加工方法的不同，可分为生蛋糟蛋和熟蛋糟蛋；根据加工成的糟蛋是否包有蛋壳，可分为硬壳糟蛋和软壳糟蛋。硬壳糟蛋一般以生蛋糟渍；软壳糟蛋则有熟蛋糟渍和生蛋糟渍两种。在这些种类中，尤以生蛋糟渍的软壳糟蛋质量最好，我国著名的糟蛋有浙江省平湖市的平湖糟蛋和四川省宜宾市的叙府糟蛋。

一、糟蛋的加工原理

鲜蛋经过糟制而成糟蛋，最主要的原因是酒糟中的乙醇和乙酸可使蛋白和蛋黄中的蛋白质发生变性和凝固作用，酒糟中的乙醇和糖类（主要是葡萄糖）渗入蛋内，使糟蛋带有醇香味和轻微的甜味；酒糟中的醇类和有机酸渗入蛋内后，经长时间相互作用，产生芳香的酯类，这是糟蛋具有特殊浓郁芳香气味的主要来源。

酒糟中的乙酸具有侵蚀含有碳酸钙蛋壳的作用，使蛋壳变软、溶化脱落成软壳蛋。乙酸对蛋壳之所以能发生这样的作用，其原因是：蛋壳中的主要成分为 $CaCO_3$，遇到乙酸后生成容易溶解的乙酸钙，所以蛋壳首先变薄、变软，然后慢慢与内蛋壳膜脱离而脱落，使乙醇等有机物更易渗入蛋内。

鸭蛋在糟渍过程中，由于酒糟中乙醇含量较少，所用食盐也不多，因此糟蛋糟渍成熟时间长，但在乙醇和食盐长时间的作用下（4～6 个月），蛋中微生物的生长和繁殖受到抑制，特别是沙门菌，可以被灭活，因此糟蛋生食对人体无致病作用。

二、糟蛋的加工方法

（一）平湖糟蛋

糟蛋加工的季节性较强，是在 3 月至端午节。端午后天气渐热，不宜加工。加工糟蛋要掌握好三个环节，即酿酒制糟、选蛋击壳、装坛糟制。

1. 工艺流程　平湖糟蛋的加工工艺流程如图 20-3 所示。

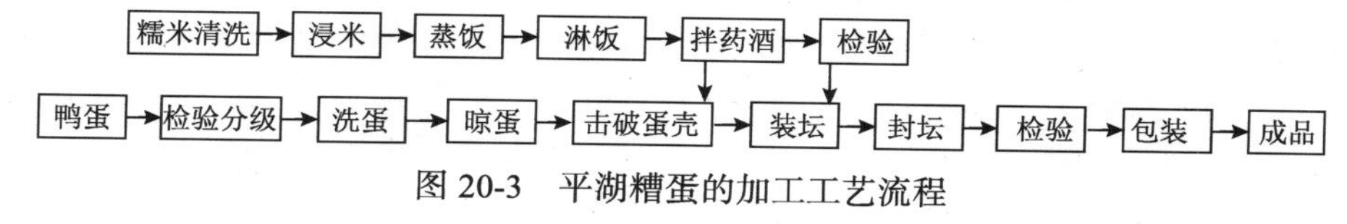

图 20-3　平湖糟蛋的加工工艺流程

2. 工艺要点

1）酿酒制糟：糯米是酿酒制糟的原料，应按原料的要求精选。投料量以糟渍 100 枚蛋用糯米 9～9.5kg 计算。12℃浸泡 24h 后蒸熟，以出饭率 150%为宜。用冷水冷却至 30℃，撒上预先研成细末的酒药。酒药的用量以 50kg 米出饭 75kg 计算，需加入白酒药 165～215g，甜酒药 60～100g，经 20～30h，品温达 35℃，就可出酒酿。当坛内酒酿有 3～4cm 深时，应将草盖用竹棒撑起 12cm 高，以降低温度，防酒糟热伤、发红、产生苦味。待满坛时，每隔 6h，将坛内的酒酿用勺泼在糟面上，使糟充分酿制。经 7d 后，把酒糟拌和灌入坛内，静置 14d 待变化完成，性质稳定时方可供制糟蛋用。品质优良的酒糟色白、味香、带甜味，乙醇含量为 15%左右，波美表测量时为 10°左右。还应据气温的高低而增减用药量。

2）击破蛋壳：击破蛋壳是平湖糟蛋加工的特有工艺，是保证糟蛋软壳的主要措施。其目的在于糟渍过程中，使醇、酸、糖等物质易于渗入蛋内，提早成熟。并使蛋壳易于脱落和蛋身膨大。击蛋时，将蛋放在左手掌上，右手拿竹片，对准蛋的纵侧，轻轻一击使蛋壳产生纵向裂纹，然后将蛋转半周，仍用竹片照样击一下，使纵向裂纹延伸相连成一线。击蛋时用力轻重要适当，破壳而膜不破，否则不能加工。

3）装坛：取经过消毒的糟蛋坛，用酿制成熟的酒糟 4kg（底糟）铺于坛底，摊平后，随手将击破蛋壳的蛋放入，每只蛋的大头朝上，直插入糟内，蛋与蛋依次平放，相互间的间隙不宜太大，但也不要挤得过紧，以蛋四周均有糟且能旋转自如为宜。第一层蛋排好后再放腰糟 4kg，同样将蛋放上，即为第二层蛋。一般第一层放 50 多枚，第二层放 60 多枚，每坛放两层共 120 枚。第二层排满蛋后，再用 9kg 面糟摊平盖面，然后均匀地撒上 1.6～1.8kg 食盐。

4）封坛：目的是防止乙醇和乙酸挥发和细菌的侵入，蛋入糟后，坛口用牛皮纸两张，刷上猪血，将坛口密封，外用竹箬包牛皮纸，再用草绳沿坛口扎紧。封好的坛，每四坛一叠，坛与坛间用三丁纸垫上（纸有吸湿能力）。排坛要稳，防止摇动，而使食盐下沉，每叠最上一只坛口用方砖压实。每坛上面标明日期、蛋数、级别，以便检验。

5）成熟：糟蛋的成熟期为 4.5～5 个月。成熟过程一般存放于仓库里，所以应逐月抽样检查，以便控制糟蛋的质量，根据成熟的变化情况，来判别糟蛋的品质。

第一个月，蛋壳带蟹青色，击破裂缝已较明显，但蛋内容物与鲜蛋相仿。

第二个月，蛋壳裂缝扩大，蛋壳与壳下膜逐渐分离，蛋黄开始凝结，蛋白为液体状。

第三个月，蛋壳与壳下膜完全分离，蛋黄全部凝结，蛋白开始凝结。

第四个月，蛋壳与壳下膜脱开 1/3。蛋黄微红色，蛋白乳白状。

第五个月，蛋壳大部分脱落，或虽有少部分附着，只要轻轻一剥即予脱落。蛋白呈乳白胶冻状，蛋黄呈橘红色的半凝固状，此时蛋已糟渍成熟，可以投放市场销售。

（二）叙府糟蛋

叙府糟蛋加工用的原辅料、用具和制糟与平湖糟蛋大致相同，但其加工方法与平湖糟蛋有些不同。

1）选蛋、洗蛋和击破蛋壳：同平湖糟蛋加工。

2）配料：150 枚鸭蛋加工叙府糟蛋所需要的配料如下。

甜酒糟 7kg，68°白酒 1kg，红砂糖 1kg，陈皮 25g，食盐 1.5kg，花椒 25g。

3）装坛：以上配料混合均匀后（除陈皮、花椒外），将全量的 1/4 铺于坛底（坛要事先清洗、消毒），将击破壳的鸭蛋 40 枚，大头向上，竖立在糟里。再加入甜糟约 1/4，铺平后再以上述方式放入鸭蛋 70 枚左右，再加甜糟 1/4，放入其余的鸭蛋 40 枚，一坛共 150 枚。最后加入剩下的甜糟，铺平，用塑料布密封坛口，不使漏气，在室温下存放。

4）翻坛去壳：上述加工的糟蛋，在室温下糟渍3个月左右，将蛋翻出，逐枚剥去蛋壳，切勿将内蛋壳膜剥破。这时的蛋成为无壳的软壳蛋。

5）白酒浸泡：将剥去蛋壳的蛋逐枚放入缸内，倒入高度白酒（每 150 枚需 4kg 左右），浸泡 1～2d。这时蛋白与蛋黄全部凝固，不再流动，蛋壳膜稍膨胀而不破裂者为合格。如有破裂者，应作次品处理。

6）加料装坛：用白酒浸泡的蛋逐枚取出，装入容量为150枚蛋的坛内。装坛时，用原有的酒糟和配料，再加入红糖1kg、食盐0.5kg、陈皮25g、花椒25g、红糖2kg，充分搅拌均匀，按以上装坛方法，层糟层蛋，最后加盖密封，保存于干燥且阴凉的仓库内。

7）再翻坛：贮存 3～4 个月时，必须再次翻坛，即将上层的蛋翻到下层，下层的蛋翻到上层，使整坛的糟蛋达到均匀糟渍。同时做一次质量检查，剔出次劣糟蛋。翻坛后的糟蛋仍应浸渍在糟料内，加盖密封，贮于库内。从加工开始直至糟蛋成熟需 10～12 个月，此时的糟蛋蛋质软嫩，蛋膜不破，色泽红黄，气味芳香，即可销售，也可继续存放 2～3 年。

第四节　液 蛋 制 品

液蛋是指禽蛋经打蛋去壳，将蛋液经一定处理后包装冷藏或冷冻，代替鲜蛋消费的产品。液蛋制品主要包括液态蛋与冰蛋。由于蛋液的种类不同而又分为浓缩液蛋、液全蛋、液蛋白、液蛋黄、加盐或加糖液蛋黄、酶改性液蛋黄、不同比例的蛋清蛋黄混合液等。

一、液态蛋

鲜蛋加工成液态蛋要经历一系列的过程，主要工序为选蛋、照蛋、打蛋、蛋液分离、过滤、杀菌等。

1. 工艺流程　液态蛋的加工工艺流程如图 20-4 所示。

选蛋 → 照蛋 → 清洗消毒 → 打蛋 → 混合过滤 → 杀菌 → 冷却 → 包装 → 成品

图 20-4　液态蛋的加工工艺流程

2. 技术要点

（1）选蛋　原料蛋的质量直接影响半成品和成品的质量好坏，必须选择清洁完整、无破碎的鲜蛋为原料。鲜蛋应符合国家规定的卫生标准。

（2）照蛋　一般使用照蛋器逐个检查，把散黄蛋、霉蛋、血圈蛋、热伤蛋、孵化蛋、腐败蛋等次劣蛋剔出。因此，通常要在打蛋前先用照蛋器检查，除去异常蛋。

（3）清洗消毒　鲜蛋因在产蛋、存放和运输等过程中，蛋壳上会粘有粪便、泥土和细菌，从而使蛋壳上产生大量的微生物，这是造成打蛋厂微生物污染的主要来源。为了阻止蛋壳上的微生物进入蛋液内，需要在打蛋前将蛋壳洗净并杀菌。消毒一般采用漂白粉溶液消毒法，漂白粉溶液浓度对洁壳蛋有效氯含量为 100～200mg/kg，对污壳蛋为 800～1000mg/kg。使用时，将该溶液加热至 32℃左右，至少要高于蛋温 20℃，可将洗涤后的蛋在该溶液中浸泡 5min，或采用喷淋方式进行消毒。经漂白粉溶液消毒的蛋再用清水洗涤，除去蛋壳表面的余氯。

（4）打蛋　打蛋分为人工打蛋和机械打蛋。人工打蛋需要打蛋台及打蛋器，机械打蛋主要用到的设备是打蛋机，它可实现对蛋的清洗、杀菌过程连续化，使得生产效率很大程度得到提高。

（5）混合过滤　禽蛋内容物并非均匀一致，为使所得到的蛋液组织均匀，要将打蛋后的蛋液混合，这一过程是通过搅拌实现的。蛋液过滤即除去碎蛋壳、蛋壳膜及杂物的过程，同时也起到搅拌混合作用。目前蛋液的过滤多使用压送式过滤机，在欧洲也有的使用离心分离机以除去系带、碎蛋壳。

（6）杀菌　原料蛋在洗蛋、打蛋去壳、蛋液混合、过滤处理过程中，均可能受微生物的污染，而且蛋经打蛋去壳后即失去了一部分防御体制，因此生蛋液应经杀菌方可保证卫生安全。杀菌的目的是在最大限度地保持蛋液营养成分不受损失的条件下，加热彻底消灭蛋液中的致病菌，最大限度地减少菌落总数的一种加工措施。

1）全蛋液的巴氏杀菌：我国一般采用的是杀菌温度为 64.5℃，保持 3min。经这样的杀菌，一般可以保持全蛋液在食品配料中的功能特性，从卫生角度可以杀灭致病菌并减少蛋液内的杂菌数。

2）蛋黄液的巴氏杀菌：蛋液中主要的病原菌是沙门菌，该菌在蛋黄中的热抗性比在蛋清、全蛋液中高，这是因为蛋黄 pH 低，沙门菌在低 pH 环境中对热不敏感，并且蛋黄中干物质含量高，因此蛋黄的巴氏杀菌温度比全蛋液或蛋白液高。而蛋黄的热敏感性低，采用较高的巴氏杀菌温度是可行的。在蛋黄中添加糖或盐能增加蛋黄中微生物的耐热性，并且盐对于蛋黄耐热性的增加要高于糖。经过最后的热处理可以将细菌杀灭，尤其是沙门菌。在蛋黄中添加乙酸可以降低微生物对于热的抵抗力。热处理可以严重影响蛋黄制品的乳化力。加盐蛋黄在65.6～68.9℃条件下加热处理后，在蛋黄酱及糕点中的乳化力基本不变。若将加盐蛋黄 pH 由6.2 调到 5 时，60℃杀菌，则乳化力会丧失。

3）蛋清液的巴氏杀菌：蛋清中的蛋白质更容易受热变性，使其功能特性受到很大损失。因此，对蛋清的巴氏杀菌操作很困难。有报道指出，蛋清在 57.2℃瞬间加热，其发泡力也会下降。有研究表明，用小型商业片式加热器加热蛋清，流速固定，发现加热温度在 60℃以上时，会出现蛋清黏度和浑浊度增加，甚至蛋清黏附到加热片上并凝固等一系列机械和物理变化。但在 56.1～56.7℃加热 2min，蛋清没有发生机械和物理变化；在 57.2～57.8℃加热 2min，则蛋清黏度和浑浊度增加。另外，蛋清 pH 越高，蛋白越容易变性。当蛋清 pH 为 9 时，加热到 56.7～57.2℃则黏度增加，加热到 60℃时迅速凝固变性。可见，对蛋清的加热灭菌要同时考虑流速、蛋清黏度、加热温度和时间及添加剂的影响。

（7）冷却　杀菌后的蛋液需要根据使用目的而迅速冷却，可冷却至 15℃左右；若以冷却蛋或冷冻蛋形式出售，则需要迅速冷却至 2℃左右，然后再充填至适当容器中。根据 FAO/WHO 的建议，蛋液在杀菌后急速冷却至 5℃，可贮藏 24h；若急速冷却至 7℃，则仅能贮藏 8h。

（8）包装　蛋液充填容器通常为容量 12.5～20kg 的方形或圆形马口铁罐，其内壁镀锌或衬聚乙烯袋。容器盖为广口的，以方便充取。容器罐在充填前必须经水洗、干燥。如衬聚乙烯袋则冲入蛋液后应封口或用橡皮筋封紧后加罐盖。为了方便零用者，目前出现了塑料袋包装或纸板包装，一般容量为 2～4kg。

二、冰蛋

冰蛋是液蛋制品中的一大类，是以均匀蛋液先经−30～−25℃急冻，再放于−20～−18℃冷库中，使中心温度达到−18～−15℃即成。由于蛋液的种类不同，冰蛋分为冰全蛋、冰蛋黄、冰蛋白和巴氏消毒冰全蛋，其加工原理、方法基本相同。

1. 工艺流程　冰蛋的工艺流程如图 20-5 所示。

2. 技术要点

1）搅拌与过滤：搅拌与过滤是冰蛋品加工过程中的首要环节，目的是为了把打蛋车间打出的蛋液经过搅拌，蛋黄和蛋白得以混匀，以保证冰蛋品的组织状态达到均匀。蛋液经过过滤，可以清除碎蛋壳、蛋壳膜、系带等杂物，以保证冰蛋品的质量达到纯净。

2）预冷：经过搅拌与过滤已达到均匀纯净的蛋液，由蛋液泵打入预冷罐，在罐中降低温度，称为预冷。预冷的目的在于防止蛋液中微生物繁殖，加速冻结速度，缩短急冻时间。一般蛋液的温度达到 4～10℃，便为预冷结束，即可进行装听。

3）装听：装听又称为装桶或灌桶。经巴氏杀菌后的蛋液冷却到 4℃以下即可装听。装听的目的是便于速冻与冷藏，一般优级品装入马口铁听内，一二级冰蛋品装入纸盒内。在美国多用13.62kg 容量的罐装冰蛋；中国以用马口铁罐为主。常见的冰蛋包装容量为 1～3kg，蛋液充填入容器后立即密封容器，送至冷冻室。

4）速冻：包装后的蛋液即可送入急冻库速冻。蛋液装听后，送入速冻间，并顺次排列在氨气排管上进行速冻。冷冻时，各包装容器之间尤其是采用铁听等大包装之间留有一定的间隙，以有利于冷气流通，保证冰冻速度。速冻间温度应保持在−20℃以下。速冻 36h 后，将听倒置，

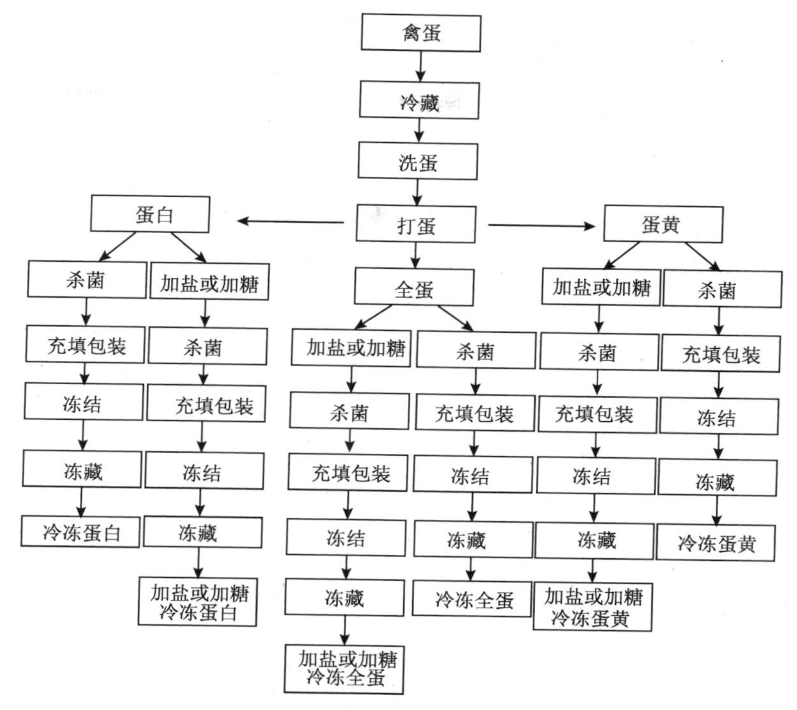

图 20-5　冰蛋的工艺流程

使听内蛋液冻结实，以防止听身膨胀，并缩短速冻时间。速冻间温度在−23℃以下，速冻时间不超过 72h，这时听内中心温度达−18～−15℃，然后即可取听装纸箱包装。

5）包装：速冻好的冰蛋应迅速进行包装。一般马口铁听用纸箱包装，即在马口铁听外面加套涂有标志的纸箱，以便于运输和保管。盘状冰蛋脱盘后用蜡纸包装。

6）冷藏：将包装好的冰蛋用低温库储藏，蛋品的中心温度在入库前必须在−18℃以下，冷藏间温度以−20～−18℃为宜，相对湿度保持在 95%～98%。如果是冰蛋黄，应放在−8～−6℃的冷藏间内，冰蛋的冷藏期一般为 6～12 个月，急冻好的冰冻品送至冷库贮藏，冷藏库内的温度应保持在−18℃，同时要求冷库温度不能上下波动太大，以致达到长期贮藏的目的。

3. 冰蛋的解冻　冰蛋品的解冻是冻结的逆过程。解冻的目的在于将冰蛋品的温度回升到所需要的温度，使其恢复到冻结前的良好流体状态，获得最大限度的可逆性。解冻要求速度快，汁液流失少，解冻终止时的温度低，而表面和中心的温差小。这样既能使产品营养价值损失减少，又能使组织状态保持良好。常用的解冻方法有以下几种。

1）常温解冻法：这是经常使用的方法，将冰蛋制品移出冷藏库后，在常温清洁解冻室内进行自然解冻。此法的优点是操作简单，但存在着解冻时间较长的缺点。

2）低温解冻法：它是将冰蛋从冷藏库移到低温库解冻的方法。国外常在 5℃以下的低温库中解冻 48h 或在 10℃以下的低温库中解冻 24h。

3）加温解冻法：加温解冻把冰蛋品移入室温保持在 30～50℃的保温库中，可用风机连续送风使空气循环，在短时间内可以达到解冻目的。加温解冻法解冻快，但温度必须严格控制，室内空气应流通。日本常用此法解冻加盐或加糖冰蛋。

4）水解冻法：分为水浸式解冻、流水解冻、喷淋解冻、加碎冰解冻等方法。对冰蛋白的解冻主要应用流水解冻法，即将盛冰蛋的容器置入 15～20℃清洁的流水中，可以在短时间内解冻。由于水比空气传热性能好，因此流水解冻的速度较常温解冻快，还可防止微生物的污染及繁殖。

5）微波解冻法：微波解冻能保持食品的色、香、味，而且微波解冻时间只是常规时间的1/10。利用微波特点对冰蛋品进行解冻，冰蛋品采用微波解冻不会发生蛋白质变性，可以保证产品的质量。但是微波解冻法投资大，设备和技术水平要求较高。

第五节　干燥蛋制品

干燥蛋制品简称干蛋品，是将新鲜蛋液除去水分或剩下水分很低的一类蛋制品。把食物中的水分除去使之达到很低的水平，能阻止微生物的生长和减缓化学反应速度。经干燥后的蛋制品具有体积小、质量稳定、成分均一、便于贮藏和运输等优点，被广泛地应用于食品、纺织、制革、医药等工业中。根据加工方法的不同，干燥蛋制品可分为蛋白片和蛋粉两种。其中，蛋白片以蛋清蛋白质为原料制得；蛋粉则包括全蛋粉、蛋白粉和蛋黄粉。

一、蛋白片

蛋白片又称干蛋白或鸡蛋白片，是指将鸡蛋的蛋白经过搅拌过滤、发酵、干燥制成的干燥蛋制品。

1. 工艺流程　蛋白片的加工工艺流程如图20-6所示。

蛋白液→搅拌过滤→发酵→过滤→中和→烘干→晾干→拣选→包装→成品

图20-6　蛋白片的加工工艺流程

2. 操作要点

（1）搅拌过滤　新鲜蛋白液经过搅拌过滤后，可使浓厚蛋白与稀薄蛋白混合均匀。这有利于后续发酵反应，缩短发酵时间。同时，可除去碎蛋壳、系带、蛋黄膜、蛋壳膜等杂质，提高成品质量。搅拌过滤的方法根据设备不同，分为以下两种。

1）搅拌过滤法：将蛋白液倒入搅拌混匀器内，开动电机开始搅拌。搅拌时需要控制搅拌速度，搅拌速度不能过快，搅拌过快会导致蛋白液产生泡沫，降低出品率。一般以搅拌轴转速为30r/min的速度进行搅拌。搅拌时间决定蛋白液的质量，具体搅拌时间要根据产蛋的季节和鲜蛋中浓厚蛋白含量多少而定。春、冬两季产蛋的质量好，浓厚蛋白多，需要搅拌8～10min，而夏、秋两季产蛋的稀薄蛋白多，则只需要搅拌3～5min即可。搅拌后的蛋白液可用铜丝筛过滤，一般根据季节选择不同孔径的铜丝筛。春、冬两季选用12～16孔筛，夏、秋两季选用8～10孔筛。

2）离心泵过滤法：蛋白液用离心泵抽至过滤器，并在压力作用下通过孔径为2mm的过滤孔，既能使浓厚蛋白和稀薄蛋白均匀混合，又能除去碎蛋壳和蛋壳膜等杂质。压力的大小需要根据浓厚蛋白含量多少而确定，春、冬两季产蛋的浓厚蛋白多，离心泵需要较大压力使蛋白液通过过滤器，夏、秋两季产蛋的稀薄蛋白多，离心泵提供相对较小的压力就可使蛋白液通过过滤器，使蛋白液混合均匀。

（2）发酵　蛋白液的发酵是蛋白片加工过程中的关键工序。蛋白液的发酵是指在发酵细菌、酵母菌及酶的作用下，蛋白液中的有关成分（糖）被分解，蛋白液发生自溶作用，浓厚蛋白与稀薄蛋白均变成水样状态的过程。

1）发酵目的：首先，可防止干蛋白变色。发酵可除去蛋白液中的糖分，减少成品在贮藏期间因葡萄糖的羰基与蛋白质的氨基发生美拉德反应而产生的褐变现象，影响成品质量。其次，提高干蛋白的起泡性、光泽度和透明度。发酵可使蛋白液变成水样状态，降低蛋白液的黏度，有利于除去杂质；发酵过程中产生的大量二氧化碳气体会形成大量泡沫，使蛋白液中的杂质浮于蛋白液表面而被除去，有利于蛋白液的澄清透明，提高了光泽度和起泡性。最后，提高干蛋白的溶解性。发酵可使一部分高分子质量的蛋白质分解为低分子质量的物质，增加成品水溶性物质的含量。

2）发酵方法：应用于干燥蛋制品中的发酵方法根据发酵剂不同分为自然发酵法、细菌发酵法（人工培养的细菌菌株）、酵母发酵法、酶制剂发酵法等。我国一般采用自然发酵法生产蛋白片。自然发酵法是利用蛋白液中原有的发酵细菌（主要是非正型大肠杆菌）及酶类，在适当的温度下代谢、分解蛋白液中的有机物质，进行发酵的方法。在蛋白液自然发酵过程中生成的乳酸，使蛋白液的 pH 由 8～9 降低至 5.3～5.6，使卵黏蛋白等容易凝固的蛋白质析出并上浮或下沉，同时还可以把系带和其他不纯物一起澄清出来。

3）发酵操作过程。

A. 发酵前将发酵桶或缸内彻底洗净，并消毒。务必将桶缝中污物除尽。洗净后的桶用蒸汽消毒 15min 或者煮沸消毒 10min。然后将桶排列在木架上备用。

B. 将搅拌过滤后的蛋白液倒入经过清洗并消毒过的木桶或缸内，随即盖上纱布盖。加液量应低于容器容量的 75%，不宜过多，以防止发酵时形成的泡沫溢出桶外而造成损失。最后用洁净的纱布盖好容器口，进入发酵过程。

C. 在发酵成熟前，取一圆铝盘将发酵液表面的上浮物轻轻舀出，倒入其他桶内或缸内，置于常温下另行处理。

D. 蛋白液发酵的技术关键在于温度的控制，适宜的发酵温度使细菌快速繁殖，缩短发酵成熟期，产品质量好；反之，细菌缓慢或停止繁殖，不但延长发酵时间，而且使发酵蛋白液的颜色变深。因此，发酵车间的温度需保持在 32～36℃。发酵时间的确定应根据发酵温度及蛋白液的稀稠来确定，发酵温度高，相应发酵期要缩短。一般在 6～8 月，发酵时间约为 30h；在 4～5 月和 9～11 月，约需 55h；在当年 12 月至次年 3 月则需要 120～125h。

4）发酵成熟度的鉴定：蛋白液发酵的好坏会直接影响蛋白片的质量。因此，正确掌握蛋白液发酵成熟期是整个发酵过程的关键所在。蛋白液成熟度的鉴定需要结合感官鉴定和实验仪器鉴定两个方面，对发酵过程中各种性状特征的变化进行综合观察和测定。从以下几个方面观察蛋白液发酵的成熟度。

A. 观察木桶的泡沫。当蛋白液开始发酵时，会产生大量泡沫上升于蛋白液表面。当蛋白液发酵成熟时，大泡沫已经顶起，停止上升，并开始下塌，表面裂开，且裂开处有一层白色小泡沫出现。此为蛋白液发酵成熟的标志之一。

B. 观察蛋白液的澄清度。从发酵容器的底部龙头处放出适量蛋白液，取约 30mL 装入玻璃试管中，塞紧试管口后，反复倒置 5～6s 后，观察是否有气泡上升。若无气泡上升，且蛋白液澄清、呈半透明的淡黄色，即表明已经发酵成熟。

C. 嗅气味，尝滋味。蛋白液滋味酸甜，有轻微的甘蔗汁味，无生蛋白味即为发酵成熟的标志。

D. 取少量蛋白液，用食指和拇指蘸蛋白液对摸，若蛋白液的黏性基本消失，或采用恩氏黏度计测定蛋白液黏度在 1.1～1.2E（28℃以下），即蛋白液已经发酵成熟。

E. 测定 pH。一般蛋白液 pH 为 5.2～5.4 时，即为发酵成熟。如果 pH 高于 5.7，说明发酵不足；如果 pH 低于 5.0，则说明发酵过度。蛋白液发酵的最初 24h 内，蛋白液的 pH 变化不明显，称为发酵缓慢期；48h 时，由于温度适宜细菌的生长繁殖，产生大量乳酸，造成蛋液 pH 降低，达到 5.6 左右，称为对数期；发酵到 49～96h 时，由于酸度继续上升，抑制了某些细菌的繁殖，所以 pH 变化不大，称为稳定期或衰亡期。测定蛋白液的 pH 可以采用万用 pH 试纸、pH 比色计或灵敏度较高的酸度计。

F. 起泡性的测定。取蛋白液 284mL，加水 146mL，放入霍勃脱氏打蛋机的紫铜锅内进行起泡性测试。以 2 号和 3 号转速各搅拌 1.5min，削平泡沫，测量中心处的泡沫高度，高度在 15cm 以上，结合其他各项性状特征的变化，判断蛋白液发酵是否成熟。

5）放浆：经过鉴定和测试确定发酵成熟后，打开发酵容器下部边缘的开关龙头，放出发酵好的蛋白液即为放浆。放浆一般要分三次进行，第一次放出全部容量的75%左右，其余的蛋白液在发酵容器内继续进行静置澄清，每隔3～6h，分别放第二次和第三次，各放出10%，而剩余的5%左右为杂质及其他发酵产物，另行处理。第一次放出的蛋白液质量最好，呈透明的淡黄色，无异味。第二、三次放出的蛋白液质量较差，呈暗赤色，略具臭气。为提高成品质量，在第一次放浆后，将发酵室温度降至12℃以下，静置3～6h，可以抑制杂菌的生长繁殖，有利于沉淀杂质，使蛋白液澄清、减少臭气，以提高成品率和成品质量。

（3）过滤与中和　过滤是为了除去发酵成熟蛋白液中的泡沫及其他杂质。中和则是调整蛋白液的 pH 至中性或弱碱性。发酵成熟的蛋白液呈酸性（pH5.2～5.4），在此条件下，蛋白质的热稳定性较差，在烘干过程中容易变性凝固、产生气泡，且发酵液酸度会因水分蒸发而升高，影响成品的外观和透明度。为防止产生上述问题，蛋白液在烘干前必须用纯净氨水（相对密度为 0.98）进行中和，使发酵成熟后的蛋白液呈中性或弱碱性。

（4）烘干　烘干又称烘制，是指在不使蛋白液凝固的原则下，利用适宜的温度使蛋白液中的水分逐渐蒸发，将蛋白液烘干成透明的薄晶片。蛋白液的烘干可以采用流水线式的水流式烘干机烘干，也可以采用分式的干燥机干燥。日本、美国等采用浅盘分批式干燥机进行烘干，将蛋白液置于深 1～7cm、面积 0.5～1m^2 的浅盘中，用 50～55℃的热风干燥 12～36h。这种方法在我国应用得还很少。我国多采用传统的室内水流式烘干法。

（5）晾干　是将烘干的蛋白片进一步晾干的过程。烘干揭出的蛋白片仍含有 24%左右的水分，因最终成品要求含水量不得超过 16%，所以需要继续晾干，使过多的水分蒸发。晾白在晾白车间进行，晾白车间的四周装有蒸汽排管，保持车间所需要的温度。将晾白车间的温度调至 40～50℃，然后将烘干揭出的大张蛋白片湿面向外、干面向内，搭成“人”字形，或湿面向上平铺在布绷上进行晾干。车间内有晾白架，供放置布用。每个架有 6～7 层，每层间距 33cm。

（6）拣选　晾白后的蛋白片，应送入拣选车间，按不同规格、不同质量进行拣选。拣选一般分为 4 个步骤，即将大片蛋白捏成直径约 20mm 大小的小片，同时将厚片、潮块、含浆块、无光片等拣出返回晾白车间，继续晾干，再次拣选。优质小片送入贮藏车间进行贮藏，挑出的杂质分别存放。清盘所得的碎片用孔径 2.5mm 的竹筛，筛去碎屑与筛上晶粒分开存放。烘干和清盘时的碎屑用孔径 1mm 的铜筛筛去粉末，拣出杂质，分别存放。

（7）包装及贮藏　干蛋白的包装是将不同规格的产品按一定的比例搭配包装的，其比例是蛋白片 85%、晶粒 1%～1.5%、碎屑 13.5%～14%。包装用品采用马口铁箱作为内包装，内衬上硫酸纸。然后按照上述的比例装入蛋白片，盖上硫酸纸和箱盖，即可焊封。贮藏蛋白片用的仓库应清洁干燥、无异味、通风良好，仓库温度保持在 25℃以下。

二、蛋粉

蛋粉是指利用喷雾干燥的方法除去蛋液中的大部分水分而加工出的粉末状产品，其成品的水分含量为 4.5%左右。干蛋粉包括全蛋粉、蛋白粉和蛋黄粉。常用的喷雾干燥方法有离心式和喷射式两种，主要以喷射式喷雾干燥法为主。

蛋粉作为鲜蛋的替代品，有着更为突出的优越性：①更卫生。鲜蛋经冲洗、消毒、喷淋、吹干、灭菌处理后的成品，在营养成分几乎不受破坏的情况下，可杀灭鲜蛋中 99.5%以上的有害菌，几乎不含沙门菌，从而使后续产品的质量在生产过程中能够得到有效控制和保证。②更方便。蛋制品相对于鲜蛋，保质期长，更便于运输、贮存和配料使用。③蛋清、蛋黄分离，各取所需。通过对鲜蛋中的蛋清、蛋黄进行有效分离，分别加工成品质优良的蛋黄粉、蛋白粉、全蛋粉，用户完全可根据产品的特点随意选择使用。主要干蛋制品的种类见表 20-1。

表 20-1　主要干蛋制品的种类

干蛋制品	种类
全蛋粉	普通全蛋粉、除葡萄糖干全蛋粉、加糖干全蛋粉（加蔗糖或玉米糖浆）
蛋白粉	蛋白粉（除去葡萄糖）
蛋黄粉	普通蛋黄粉、除葡萄糖干蛋黄粉、加糖蛋黄粉（加蔗糖或玉米糖浆）
特殊类型	炒蛋用混合蛋粉、煎鸡蛋粉、蛋汤用鸡蛋粉
专用型蛋粉	乳化型蛋粉、凝胶型蛋粉、起泡型蛋粉、速溶型蛋粉

1. 工艺流程　不同种类蛋粉的加工方法类似，即以蛋液为原料，经干燥加工除去水分而制得的粉末。其加工工艺流程如图 20-7 所示。

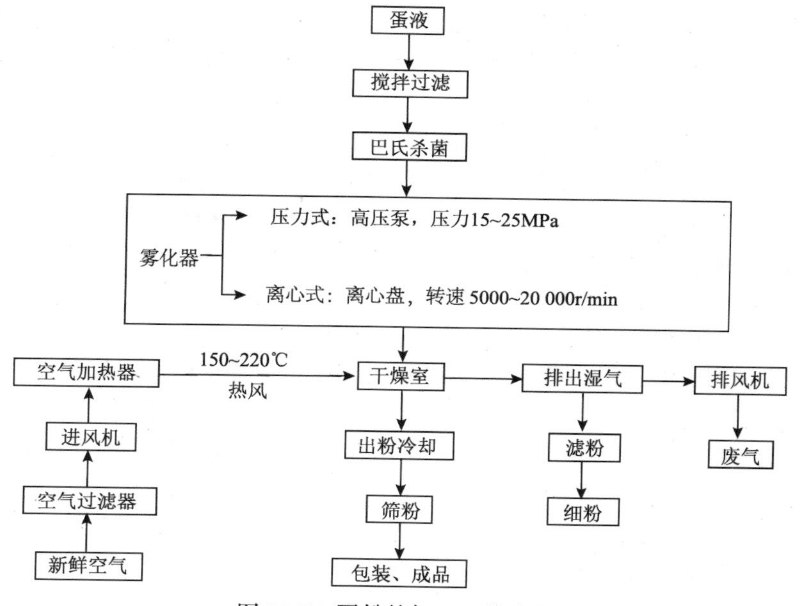

图 20-7　蛋粉的加工工艺流程

2. 操作要点

（1）蛋液的搅拌、过滤　蛋液经搅拌、过滤以除去碎蛋壳、系带、蛋黄膜、蛋壳膜等物质，使蛋液组织状态均匀，否则容易堵塞喷雾器的喷孔和沟槽，有碍喷雾工作的正常进行，而且会造成产品水分含量不均，影响成品品质。搅拌过滤采用的设备和方法与蛋白片的生产工艺相同，为了更有效地滤除杂质，除机械过滤外，喷雾干燥前，利用细筛对蛋液再进行过滤，目的是使工艺顺利进行和提高成品质量。

（2）巴氏杀菌　蛋液需经过 64～65℃，消毒 3min，杀死致病菌和大肠杆菌。消毒后立即贮存于贮蛋液罐内，并迅速进行喷雾。若蛋液黏度过大，可添加少量的无菌水，并充分搅拌均匀，再进行巴氏消毒。

（3）喷雾干燥　喷雾干燥是蛋粉加工中的关键工序，对产品的品质起到关键作用。

1）喷雾干燥的原理：干燥介质，即洁净的热空气，与蛋液同时被送入干燥室。雾化器借助机械力量，将蛋液送入干燥室内，蛋液被高度分散成极细小的雾状液滴（直径为 10～50μm），使蛋液表面积大大增加，从而增加了蛋液与干燥介质的接触面积。新鲜空气经过滤、加热，由风机送入干燥室内。蛋液滴与热空气相接触，发生热、质交换，使蛋液中的水分在极短的时间内蒸发，得到干蛋粉。

2）喷雾干燥的方法：喷雾干燥根据雾化方法分为压力喷雾干燥、离心喷雾干燥和气流喷雾干燥三种。蛋粉加工中主要采用前两种喷雾干燥方法。①压力喷雾干燥：利用高压泵产生的高压（15～25MPa），将蛋液从喷头微小的喷嘴喷入干燥室内，蛋液呈雾化状，雾滴与洁净热空气接触而达到干燥目的的方法。压力喷雾所喷出雾滴的平均直径大小与蛋液的表面张力、黏度及喷孔直径成正比，与流量成反比。一般喷雾压力越高，喷孔越小，所喷出的雾滴越小，从而使干燥速度越快，成品颗粒越小。而喷雾压力降低，喷孔变大，所喷出的雾滴也相应变大，从而使干燥速度变慢，成品颗粒变大。②离心喷雾干燥：离心喷雾干燥法不需要高压泵，即利用在水平方向高速旋转的圆盘，使蛋液在高速离心力作用下被甩出，从而形成雾滴，与热空气接触而达到干燥目的的方法。

（4）蛋粉造粒化　为了使干燥后的蛋粉速溶，需要将干燥的蛋粉富集。即先加水后再对其进行干燥，为了使蛋粉造粒化，可加入蔗糖或乳糖。蛋粉造粒化后在水中即能迅速分散。

（5）筛粉与包装　对于没有筛分冷却装置的喷雾干燥设备加工出的蛋粉，需要在出粉后马上进行筛分。一般采用装有每英寸 24 孔筛网的电动筛粉机进行筛分。筛分可防止蛋粉结块，筛除蛋粉中的杂质和粗大颗粒，使成品呈均匀一致的粉状，并加速蛋粉冷却。蛋粉包装一般用净装 50kg 蛋粉的马口铁箱作内包装，木箱作外包装，在铁箱内需衬垫硫酸纸。包装时，蛋粉要分次装入，并在装满压平后，盖上衬纸，加铁盖、封焊，然后盖上木盖钉固。在外用木箱包装印上商标、品名、净重和生产日期等。然后送入仓库贮存。

（6）贮藏　干蛋粉贮藏的仓库，应保持低温干燥，温度不宜超过 24℃，最好在 0℃的冷风库中贮存，相对湿度不应超过 70%。贮存蛋粉的垛下也应加垫枕木，木箱之间、箱与墙壁之间均应留有一定的距离，垛与垛之间应留有通风道，使空气流通良好。

3. 专用型蛋粉的概述　专用型蛋粉是指用在需要某种功能性质的食品中而生产制造的蛋粉。根据蛋白质的功能性质可划分为凝胶型蛋粉、起泡型蛋粉、乳化型蛋粉。目前，凝胶型蛋粉包括高凝胶型全蛋粉、高凝胶型蛋清粉，起泡型蛋粉包括高起泡型全蛋粉、高起泡型蛋清粉，乳化型蛋粉包括高乳化型蛋黄粉、高乳化型全蛋粉，另外还包括速溶型蛋粉。高溶解型蛋清粉显著地提高了蛋清粉的速溶性及溶解稳定性，此产品旨在提高鸡蛋清粉的溶解性，以改进其他功能性，可用于制备速溶蛋饮品。高起泡型蛋清粉在蛋粉加工过程中使用脂肪酶预先酶解、复合蛋白酶协同酶解对蛋清蛋白质进行处理，提高所获得的蛋清蛋白质的起泡性和泡沫稳定性，可满足市场对高端产品的需求，工艺简单、性价比高。

除了以上几种类型的专用型蛋粉，还包括营养强化型蛋粉，如复合型蛋粉、高铁蛋粉、高锌蛋粉等。目前关于蛋粉的发明专利已有很多。例如，一种高含量有机硒、低胆固醇鸡蛋的生产方法，速溶蔬菜鸡蛋粉的研制，一种具有营养保健促生长功能的饲料活性蛋粉及其生产方法。

这些功能型蛋粉、营养强化型蛋粉及复合型蛋粉的开发拓宽了蛋粉发展的市场前景，满足了不同人群的消费需求。

第六节　其他蛋制品

一、蛋黄酱

蛋黄酱是利用蛋黄的乳化作用，以蛋黄及精制植物油或色拉油为主要原料，添加若干种调味物质加工而成的一种乳化状的半固体食品。蛋黄酱含有人体必需的亚油酸、维生素A、维生素B、蛋白质及卵磷脂等成分，是一种具有较高营养价值的调味品。该产品属调味沙司的一种，可浇在色拉、海鲜上，或浇在米饭上食用，或涂抹在面包上，也可作为炒菜用油及汤类调味料，其风味比一般油脂醇厚。

1. 主要原辅材料及配方　不同类型蛋黄酱的配方及产品特点如表 20-2 所示。

表 20-2　不同类型蛋黄酱的配方及产品特点

蛋黄酱类型	配方	产品特点	理化性质
一般沙拉调料型	蛋黄 10%，植物油 70%，芥末 1.5%，食盐 2.5%，食用白醋（含乙酸 6%）16%	淡黄色，较稀，可液动，口感细腻、滑爽，有较明显的酸味	水分活度 0.879，pH3.35
低脂肪、高黏度型	蛋黄 25%，植物油 55%，芥末 1.0%，食盐 2.0%，柠檬原汁 12%，α-交联淀粉 5%	黄色，稍黏稠，具有柠檬特有的清香，酸味柔和，口感细滑，适宜做糕点夹心等	水分活度 0.879，pH3.35
高蛋白、高黏度型	蛋黄 16%，植物油 56%，脱脂乳粉 18%，柠檬原汁 10%	淡黄色，质地均匀，表面光滑，酸味柔和，口感滑爽，有乳制品特有的芳香，宜做糕点等表面涂布	水分活度 0.90，pH4.7

2. 工艺流程　蛋黄酱的加工工艺流程如图 20-8 所示。

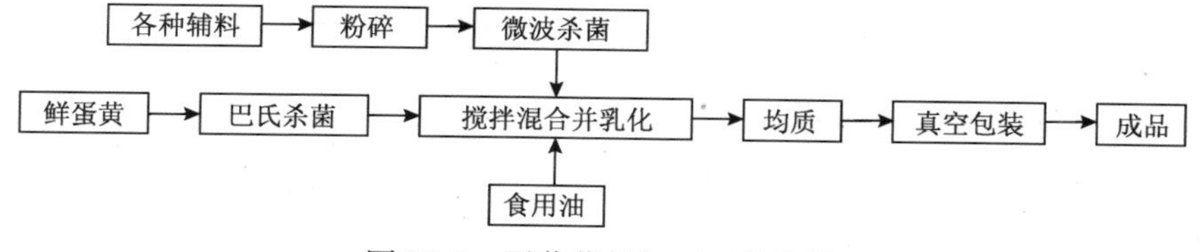

图 20-8　蛋黄酱的加工工艺流程

3. 操作要点

（1）蛋黄液的制备　将鲜鸡蛋先用清水洗涤干净，再用过氧乙酸及医用乙醇消毒灭菌，然后用打分蛋器打蛋，将分出的蛋黄投入搅拌锅内搅拌均匀。

（2）蛋黄液杀菌　对获得的蛋黄液进行杀菌处理，目前主要采用加热杀菌。在杀菌时应注意蛋黄是一种热敏性物料，受热易变性凝固。试验表明，当搅拌均匀后的蛋黄液被加热至 65℃以上时，其黏度逐渐上升，而当温度超过 70℃时，则出现蛋白质变性凝固现象。为了能有效地杀灭致病菌，一般要求蛋黄液在 60℃温度下保持 3～5min，冷却备用。

（3）辅料处理　将食盐、糖等水溶性辅料溶于食醋中，再在 60℃条件下保持 3～5min，然后过滤、冷却备用。将芥末等香辛料磨成细末，再进行微波杀菌。

（4）搅拌、混合乳化　先将除植物油以外的辅料投入蛋黄液中，搅拌均匀。然后再在不断搅拌下，缓慢加入植物油，随着植物油的加入，混合液的黏度增大，这时应调整搅拌速度，使加入的油尽快分散。

在搅拌、混合乳化阶段，必须注意下面几个环节。

1）搅拌速度要均匀，且沿着同一个方向搅拌。

2）植物油添加速度特别是初期不能太快，否则不能形成 O/W 型的蛋黄酱。

3）搅拌不当可降低产品的稳定性。适当加强搅拌可提高产品的稳定性，但搅拌过度则会使产品的黏度大幅度下降。因为对一个确定的乳化体系，机械搅拌作用的强度越大，分散油相的程度越高，内相的分散度越大。而内相的分散度越大，油珠的半径越小，这时的分散相与分散介质的密度差也越小，体系的稳定性越高。但油珠半径越小，也意味着油珠的表面积越大，表面能越高，也是一种不稳定性因素。因此，当过度搅拌时，乳化体系的稳定性就被破坏，出现破乳现象。

4）乳化温度应控制在 15～20℃。乳化温度既不能太低，也不能太高。若操作温度过高，会使物料变得稀薄，不利于乳化；而当温度较低时，又会使产品出现品质降低现象。

5）操作条件一般为缺氧或充氮。卵磷脂易被氧化，使 O/W 型乳化体系被破坏，因此，如果能够在缺氧或充氮条件下完成搅拌、混合乳化操作，能使产品有效贮藏期大为延长。

（5）均质　蛋黄酱是一种多成分的复杂体系，为了使产品组织均匀一致，质地细腻，外观及滋味均匀，进一步增强乳化效果，采用胶体磨进行均质处理。

（6）包装　蛋黄酱属于一种多脂食品，为了防止其在贮藏期间发生氧化变质，一般采用不透光材料，真空包装。

二、鸡蛋干

鸡蛋干是一种只改变鸡蛋形状的鸡蛋制品。它以新鲜鸡蛋为主要原料，将鸡蛋全蛋液浓缩、定型、卤制加工而制成，产品质地和色泽类似传统豆腐干。鸡蛋干在制作过程中会添加白砂糖、食用盐、酱油、山海椒、花椒、辣椒、五香粉等川味调料，既香又嫩，口感细腻。另外，该产品与鸡蛋营养成分相同，含有丰富的优质蛋白。

1. 工艺流程　鸡蛋干的加工工艺流程如图 20-9 所示。

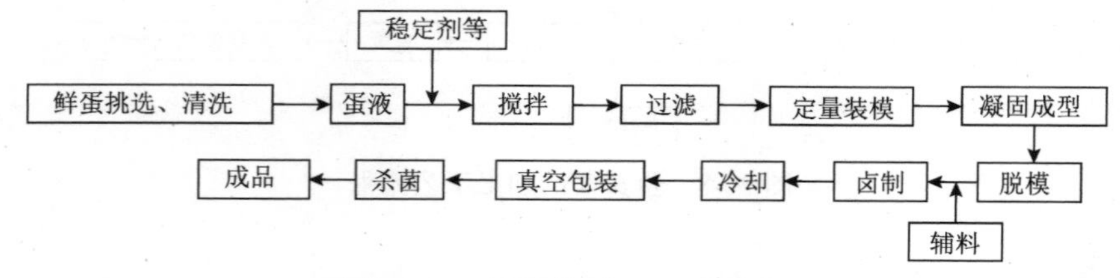

图 20-9　鸡蛋干的加工工艺流程

2. 操作要点

1）原料处理：结合感官法与透视法进行检验，剔除次劣、变质蛋。将经验收的合格鲜蛋放入 30℃的水中浸泡 5～10min，并用清水洗去蛋壳上的杂物和粪便等。

2）搅拌：将蛋液或加入稳定剂等添加剂的混合液进行搅拌。

3）过滤：除去碎蛋壳、蛋壳膜、系带等杂物，以保证成品的质地均一，质量纯净。

4）定量装模：依产品规格，将一定量的混合蛋液倒入模具，保持模具内装液量一致。

5）凝固成型：将装有蛋液的模具置于成型室成型，温度为107～110℃，压力为0.20～

0.22MPa，加热时间为40～50min。待冷却后，使凝固的蛋液脱离模具。

6）卤制：按照配方添加各种调料，配制成卤制汤料，将成型脱模后的鸡蛋干放于汤料中，使鸡蛋干保持在液面下，温度为 50～60℃，卤制时间为 15～20min。

7）真空包装：用复合薄膜蒸煮袋将卤制后的鸡蛋干进行真空包装，真空在 94kPa 以上。

8）杀菌：采用加压杀菌，杀菌温度为 121℃，恒温压力为 0.25～0.26MPa，时间为 30min。冷水冷却至常温、擦干装箱即可。

三、卤蛋

卤蛋即将新鲜鸡蛋煮熟后，剥去蛋壳浸入配制好的卤料进行卤制而得。因其所用卤制料不同而具有不同名称。例如，用五香卤料加工的叫五香卤蛋，用桂花等卤料加工的叫桂花卤蛋，用鸡肉/猪肉卤汁加工的叫肉汁卤蛋，卤蛋再经熏烤的叫熏卤蛋。卤蛋经过高温加工，使卤汁渗入蛋内，增进了蛋的风味。五香卤蛋常用的辅料是白糖、八角、桂皮、丁香、汾酒、甘草、酱油等。蛋入卤锅后，用小火卤制 30min，使卤汁慢慢地渗入蛋内即可。卤蛋的包装容器要清洁卫生，防止污染。由于卤蛋营养丰富，容易被细菌污染，故当天加工的卤蛋应尽快销售和食用，如果处理不完的，在第二天要复卤。

1. 主要原辅材料及配方

配方 1：鸡蛋 100 枚，白糖、酱油各 1kg，茴香、桂皮各 75g，丁香、甘草、葱各 25g，食盐 120g，绍酒 750g。

配方 2：鸡蛋 100 枚，白糖、酱油各 2kg，黄酒 1kg，葱 500g，红曲 400g，茴香、桂皮各 150g，食盐 250g，姜 200g，水 10kg。

配方 3：鸡蛋 100 枚，白糖 1.5kg，酱油 2kg，茴香、桂皮各 100g，丁香 50g，甘草 250g，食盐 150g，水 10kg。

配方 4：鸡蛋 100 枚，白糖、茴香、桂皮各 800g，酱油 2.5kg，丁香、食盐各 200g，甘草、黄酒各 500g，水 10kg。

配方 5：鸡蛋 100 枚，白糖、酱油各 1kg，茴香、桂皮各 75g，姜 100g，葱 25g，食盐 125g，黄酒 500g，水 10kg。

2. 工艺流程　卤蛋的加工工艺流程如图 20-10 所示。

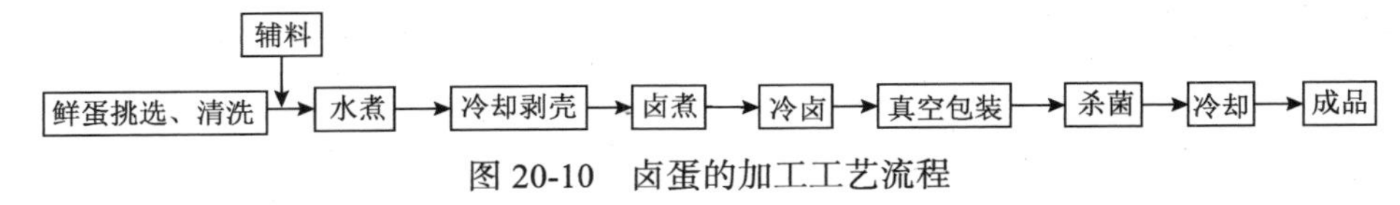

图 20-10　卤蛋的加工工艺流程

3. 操作要点

1）卤汁调制：现将香料装入纱布袋中，若用红曲，可将红曲用开水浸泡两次后，一并装入纱布袋中。将装好的纱布袋投入水中煮沸，再加入其他辅料，煮沸，待卤汁呈现酱红色，并透出香味即可。

2）鲜蛋的选择：要求蛋壳完整、鲜度较高。用淡盐水保存过的蛋也可。

3）原料蛋的预处理：将选好的新鲜鸡蛋洗净，在清水中煮沸 6～8min。待蛋白凝固后，迅速捞出放入冷水中冷却，使蛋壳与蛋白分离，随后捞出分离蛋壳。

4）卤煮：将剥壳蛋直接投入酱卤锅中加热卤制，文火加热卤制 15～25min，待卤汁香味渗入蛋内，蛋白变成酱色，蛋黄凝固后即为卤蛋。

5）冷卤：热卤后的蛋可浸在卤汁中再行酱渍36h。

6）真空包装与杀菌：用复合薄膜蒸煮袋将酱卤蛋单个包装（或每两个蛋一个包装单位也可），真空包装，真空度在94kPa以上。加压杀菌，杀菌式为（10min/15min/15min）/121℃。冷水冷却至常温、擦干装箱即可。

延伸阅读20-1　美国的“人造鸡蛋”

日前，一家名为Hampton Creek Foods的食品研究公司备受关注，它最新推出的新产品“不仅是蛋”（beyond egg，也称“超越鸡蛋”）号称能在食品制作的过程中完全代替鸡蛋的作用。这种产品的庐山真面目到底是什么？是不是一些媒体所称的“人造鸡蛋”？它又靠什么代替鸡蛋？

其实“不仅是蛋”并不是一种新的鸡蛋品种，而是一种粉状的植物提取物，在食品制作时，一种能够代替鸡蛋作用的植物提取物。Hampton Creek Foods公司总共尝试了1500种不同植物的组合，最终的配方中包含了来自豌豆、高粱和其他另外11种植物的提取物。而使用这种替代物所制作出的蛋黄酱和蛋糕，无论从口感、味道还是营养价值的角度上看，都与普通鸡蛋差别不大。

国外一位记者亲身体验了这种产品，她在制作饼干时分别加入了“不仅是蛋”和普通鸡蛋，加入后的两种面团看不出区别。对于成品的口感，有些人觉得用“不仅是蛋”做的饼干更为酥脆，而普通鸡蛋做出的饼干口感上会更蓬松，但是总体上两种饼干都一样好吃。相比于普通鸡蛋，“不仅是蛋”的价格更便宜，保质期也更长。选取植物而不是禽类动物作为食品来源，也避免了糟糕恶劣的养殖环境可能带来的危害和疾病。此外，“不仅是蛋”不含胆固醇，对某些特定人群而言，比普通鸡蛋更为适合。

实际上，“不仅是蛋”也并不是第一种鸡蛋代替物。“ENER-G”鸡蛋代替物和“Vegg”植物蛋已经在市场上存在，它们中含有如土豆淀粉、木薯粉、纤维素、海藻酸钠和酵母片等物质，目的也都只是取代鸡蛋在食品加工中的作用，而并非具有鸡蛋形态的仿真产品。

因此，“不仅是蛋”其实不是蛋，而是一种来源于植物原料、能模拟鸡蛋口感与味道的食物。鸡蛋代替物是常见的商品，和“假鸡蛋”“人造鸡蛋”是完全不同的概念。

思考题

1. 试述皮蛋的加工机制。
2. 糟蛋的加工原理和方法与皮蛋有何不同？
3. 试述一下咸蛋的加工原理、工艺流程和咸蛋劣变的原因。
4. 简述液态蛋的加工流程及技术要点。
5. 简述冰蛋的加工流程及技术要点。
6. 简述冰蛋解冻的常见方法。
7. 简述蛋白片的加工过程中脱糖的目的、意义及方法。
8. 试述蛋粉的加工工艺流程及技术要点。
9. 试述蛋黄酱加工过程中乳化搅拌的注意事项。

主要参考文献

蔡朝霞, 马美湖, 王巧华, 等. 2012. 蛋品加工新技术. 北京: 中国农业出版社
陈冠如. 2007. 蛋黄酱与全蛋粉的加工工艺. 中国禽业导刊, 24(2): 39-41
陈明造. 2006. 蛋品加工理论与应用. 台北: 芸轩图书出版社
迟玉杰. 2014. 高附加值专用型蛋粉的开发现状与展望. 中国家禽, 34(19): 1-4
褚庆环. 2007. 蛋品加工技术. 北京: 中国轻工业出版社
董开发, 明生. 2002. 禽产品加工新技术. 北京: 中国农业出版社
黄琼, 丁玲, 吕峰. 2011. 无铅鸡蛋皮蛋腌制工艺的优化. 浙江农业学报, 23(4): 812-817
黄小波, 马美湖, 钟凯民, 等. 2006. 液态蛋生产现状与关键技术探讨. 中国家禽, 28(23): 38-41
黄雪飞. 2006. 松花蛋的细菌学检验. 中国禽业导刊, (8): 15-19
李晓东. 2005. 蛋品科学与技术. 北京: 化学工业出版社
李兴民. 2004. 畜禽产品加工与质量控制. 北京: 中国农业大学出版社
李志义, 刘学武, 张晓冬, 等. 2004. 液态蛋的超高压处理. 食品研究与开发, 25(4): 94-96
励慧敏. 2014. 蛋及蛋制品加工与发展. 食品研究与开发, 11: 127-129
刘文营, 王飞, 郭立华, 等. 2012. 壳蛋保鲜与液蛋杀菌技术研究进展. 中国家禽, 19: 45-48
吕玲. 2010. 蛋粉的加工工艺及其应用研究. 中国家禽, 32(24): 38
马爽, 刘静波, 王二雷. 2011. 蛋粉加工及应用的研究现状分析. 食品工业科技, 32(2): 393-400
邱思. 2011. 咸蛋黄制备过程中理化指标变化规律的研究. 食品工业, (11): 53-55
荣建华, 张正茂, 韩晓. 2006. 腌制过程中咸蛋品质变化的动态分析. 华中农业大学学报(自然科学版), 25(6): 676-678
宋俊俊, 迟玉杰. 2011. 提高全蛋粉乳化性的研究. 农产品加工, 专题报道: 9-10
仝其根. 2014. 液蛋加工技术展望. 农产品加工, 16: 16-17
王涛, 陆桂平. 1999. 液蛋制造卫生要领. 中国禽业导刊, 16: 14-15
王正强. 2004. 松花蛋的加工制作. 农业知识, (3): 58-59
魏建春, 张文正, 张一鸣. 2002. 纸包法加工松花蛋的研究. 食品科技, (6): 7-8
武秀香, 岑宁, 杨章平. 2011. 咸蛋快速腌制工艺有关问题探讨. 中国家禽, 33(3): 56-57
于翠. 2013. 改性对全蛋粉起泡性影响的研究. 哈尔滨: 东北农业大学硕士学位论文
张春敏, 张世湘, 吴薇. 2005. 咸蛋渗透传质与品质的研究. 食品科技, (2): 26-28
张富新, 杨宝进. 2000. 畜产品加工新技术. 北京: 中国轻工业出版社
张胜善. 1999. 蛋品加工学. 台北: 华香园出版社
张志健. 2000. 新型蛋制品加工工艺与配方. 北京: 科学技术文献出版社
赵大云. 2009. 冰蛋的冷加工. 农产品加工, (3): 23-24
郑坚强. 2007. 蛋制品加工工艺与配方. 北京: 化学工业出版社
周光宏. 2002. 畜产品加工工艺学. 北京: 中国农业出版社
朱静. 2013. 巴氏灭菌法灭活液蛋中低毒力禽类病毒. 中国家禽, 5: 60
Cécile R, Florence T. 2013. Odour quality of spray-dried hens'egg powders: The influence of composition, processing and torage conditions. Food Chemistry, (138): 905-914
Ponce E, Pla R, Sendra E, et al. 1998. Combined effect of nisin and high hydrostatic pressure on destruction of *Listeria innocua* and *Escherichia coli* in liquid whole egg. International Journal of Food Microbiology, 43(1): 15-19
Tu YG, Zhao Y, Xu MS, et al. 2013. Simultaneous determination of 20 inorganic elements in preserved egg prepared with different metal ions by ICP-AES. Food Anal, 6(2): 667-676
Zhang X, Jiang A, Chen M, et al. 2015. Effect of different alkali treatments on the chemical composition, physical properties, and microstructure of pidan white. J Food Sci Technol, 52(4): 2264-2271

第21章 禽蛋功能性成分的提取与利用

本章学习目标：了解溶菌酶的性质，掌握蛋白中溶菌酶提取技术及其在食品中的应用；掌握蛋黄免疫球蛋白的制备方法，了解蛋黄卵磷脂的作用，掌握蛋黄卵磷脂的几种提取方法；熟悉蛋清寡肽的功能特性，掌握蛋清寡肽的制备工艺；了解蛋壳制备超微细蛋壳粉、乳酸钙、乙酸钙的技术，熟悉蛋壳内膜中胶原蛋白、角蛋白、透明质酸、唾液酸、硫酸软骨素的基本性质。

第一节 溶 菌 酶

一、溶菌酶的性质

溶菌酶（lysozyme）又称作胞壁质酶（muramidase）或*N*-胞壁质聚糖水解酶，它是一种碱性蛋白酶，易溶于水，不溶于普通有机溶剂，略有甜味。溶菌酶广泛存在于许多动物组织分泌物、蛋清、微生物及一些植物如卷心菜、木瓜、萝卜、芜菁等中。

溶菌酶的化学性质非常稳定，pH 在 1.2～11.3 变化时其结构几乎不变。溶菌酶在酸性条件下遇热较稳定，在 pH4.5、100℃加热 30min 后，其活力仍稳定，碱性条件下热稳定性差，高温处理时，酶活力降低。溶菌酶在 37℃时，其生物学活性可保持 6h，当温度较低时保持时间更长。

抑菌特性是溶菌酶的主要功能。蛋清溶菌酶主要对 G^+菌敏感，某些 G^-菌对酶有抵抗性的原因主要是细胞壁中含有大量 6-D-二乙酰胞壁酸，抑制酶的活性，而且 G^-菌的细胞壁中肽聚糖含量很少且都被其他一些膜类物质覆盖，溶菌酶很难进入 G^-菌细胞壁的肽聚糖层进行作用。很多病原微生物为 G^-菌，如典型的大肠埃希杆菌，溶菌酶对其抑制作用非常弱，这就限制了溶菌酶作为一种天然食品防腐剂的广泛使用。溶菌酶对一些酵母菌也有抑制作用，尽管酵母不含溶菌酶的主要作用底物——肽聚糖，但一些酵母的细胞表面含有溶菌酶可分解的成分——几丁质。

二、溶菌酶在食品工业中的应用

1. 用作食品防腐剂 溶菌酶作为食品防腐剂在日本研究较多，且有许多专利。用溶菌酶溶液处理新鲜蔬菜、水果、鱼肉等可以防腐，用溶菌酶与食盐水溶液处理蚝、虾及其他海洋食品，在冷藏条件下贮藏，可起到保鲜作用，鱼糕、糕点、酒类、新鲜水产品等也可用溶菌酶来处理。1992 年，FAO/WTO 的食品添加剂协会已经认定溶菌酶在食品中应用是安全的。

2. 抗菌蛋白 溶菌酶是婴儿生长发育必不可少的抗菌蛋白，溶菌酶对杀死肠道腐败球菌有特殊作用。溶菌酶能够增强 γ-球蛋白等的免疫功能，提高婴儿的抗感染能力，特别是对早产婴儿有防止体重减轻、预防消化器官疾病、增进体重等功效。所以溶菌酶是婴儿食品良好的添加剂。

3. 益生菌增殖因子　溶菌酶是双歧杆菌的增殖因子，它直接或间接促进婴儿肠道双歧乳杆菌的增殖，促进婴儿胃肠道内乳酪蛋白形成微细凝乳，有利于婴儿消化吸收。

三、蛋清溶菌酶的提取方法

目前，溶菌酶的提取或分离方法在世界范围内有了广泛研究，多年来发明了多种有效的、工业上可行的方法。工业上生产溶菌酶，主要是从蛋清中提取的，蛋壳也是鸡蛋清溶菌酶的来源。蛋清中提取溶菌酶有直接结晶法、离子交换法、亲和层析法、反胶束萃取法、超滤法等。

1. 直接结晶法　直接结晶法是提取溶菌酶的一种传统方法，又称等电点盐析法。溶菌酶是一种盐溶性蛋白质，而蛋清中其他蛋白质的等电点都为酸性。利用这一特点，在蛋清中加入一定量的氯化物、碘化物或碳酸盐等盐类，并调节 pH 至 9.5～10.0，降低温度，溶菌酶会以结晶形式慢慢析出，而大多数蛋白质仍存留于溶液中。结晶体经过滤后再溶于酸性水溶液中，许多杂质蛋白形成沉淀析出，而溶菌酶则存留于溶液之中；过滤后将滤液 pH 调节至溶菌酶的等电点，静置结晶，便得到溶菌酶晶体，可利用重结晶的方法将此结晶体反复精制，直至达到所需要的纯度为止。此方法的缺点是蛋清中含盐量高，蛋清的功能特性受到破坏，不能再利用，造成浪费。

2. 离子交换法　离子交换法是利用离子交换剂与溶液中的离子之间所发生的交换反应来进行分离的，分离效果较好，广泛应用于微量组分的富集。鸡蛋清中的溶菌酶是一种碱性蛋白质，最适宜的pH为6.5，因此可选择弱酸型阳离子交换树脂进行分离，然后用氯化钠或硫酸钠溶液洗脱，达到分离目的。

该法具有快速、简单、经济，并能实现大规模自动化连续生产的特点。目前国内外已用于溶菌酶分离纯化的离子交换剂主要有 724、732 弱酸型阳离子交换树脂，D_{903}、D_{201} 大孔离子交换树脂，CM-纤维素，磷酸纤维素，DEAE-纤维素，羧甲基琼脂糖，大孔隙苯乙烯强碱型阴离子交换吸附树脂，CM-Sephadex 阳离子交换树脂，Duolite C-464 树脂等。

3. 亲和层析法　亲和层析法是利用蛋白质和酶的生物学特异性，即蛋白质或酶与其配体之间所具有的专一性亲和力而设计的色谱技术。酶-底物复合物形成之后，在一定的条件下分离复合物便得到纯净的酶，因为是特异性的结合，所以得到的酶纯度好、活力高。制备溶菌酶所用的吸附剂主要有几丁质及其衍生物（如几丁质包埋纤维素、羧甲基几丁质等）、壳聚糖等。将这些吸附剂固定在一定载体上或直接作为柱材，利用溶菌酶和底物之间的专一性结合，将溶菌酶从蛋清中分离，再进行洗脱得到溶菌酶。该法生产的溶菌酶纯度高，但是所用的亲和吸附剂的成本也高。

4. 反胶束萃取法　反胶束是指分散于连续有机溶剂介质中的包含有水分子内核（“水池”）表面活性剂的聚集体，与正常胶束有明显区别。反胶束中表面活性剂的极性部分伸入胶束内形成极性内核，而非极性链处于有机溶剂中，胶束中央为“水池”。反胶束溶液包括两相：一相是含有极少量表面活性剂和有机溶剂的水相；另一相为以有机溶剂为连续相的反胶束体。萃取时待萃取的蛋白液以水相形式与反胶束体接触，使蛋白质先最大限度地转入反胶束体（萃取），而后含有蛋白质的反胶束与另一个水相接触，通过调节 pH、离子强度等回收蛋白质（反萃取）。反胶束萃取法提取溶菌酶即利用溶菌酶分子质量小和 pI 高于蛋清中其他蛋白质的特点，调节蛋清溶液的 pH 至微碱性，使溶菌酶带正电荷，这样溶菌酶就可以选择性地进入阴离子表面活性剂形成的反胶束中，与其他蛋白质分离。该法萃取率高，但需加入有机溶剂和表面活性剂，易造成剩余蛋白的污染。

5. 超滤法　超滤是以压力为推动力，利用超滤膜不同孔径对液体进行分离的物理过程。

蛋清溶菌酶是小分子物质，并与蛋清中其他相对分子质量高的蛋白质存在着静电作用力，以结合态存在，采用不同的前处理工艺，降低溶菌酶与其他蛋清蛋白质之间的作用力，使溶菌酶处于解离状态后，采用超滤的方法对蛋清溶菌酶进行分离提取。

第二节 蛋黄免疫球蛋白

一、免疫球蛋白的性质

母鸡受免疫刺激后，产生免疫反应，在输卵管内蛋黄成熟期，血液中免疫球蛋白 IgG 可被选择性地转移到蛋黄中，鸡蛋蛋黄中特异性存在着 IgG，由于其蛋白质的物理化学性质、免疫学性质等方面与哺乳动物 IgG 存在一定差异，且是蛋黄中唯一的免疫球蛋白类，因此在比较免疫学领域把从鸡蛋黄中获得的抗体称 Immunoglobulin yolk（IgY）。

IgY 在分类上仍属于 IgG 型免疫球蛋白，它是一种 7S 免疫球蛋白，该蛋白质的相对分子质量约为 180 000，由两条轻链和两条重链组成 2H+2L，其中轻链（L）的相对分子质量约为 22 000，重链（H）的相对分子质量约为 67 000，含氮量为 14.8%。

二、免疫球蛋白在食品工业中的应用

1. 用作保健食品的开发 近年来，大量的研究证实 IgY 具有免疫保护作用，并将 IgY 当作功能性食品成分单独使用或添加到食品中。通过口服特异性抗体 IgY，达到口腔及消化道感染性疾病的预防与辅助治疗的目的，将 IgY 作为功效因子用于婴儿食品和老年食品中，增强人体的抵抗力。通过添加免疫球蛋白、转铁蛋白及溶菌酶等生物免疫活性成分使其营养与母乳接近，促进生长发育，提高免疫力。

2. 作为食品添加剂 IgY 对食品腐败菌有杀灭作用，从而对食品起到保鲜作用，是一种安全的生物防腐剂；将 IgY 以溶液状态加入饮料或制成口服液提高防病抗病能力，促进生长。例如，将 IgY 添加到巴氏杀菌奶中调配成含有免疫球蛋白的巴氏杀菌乳，小肠无需吸收抗体就可起到被动免疫作用，免疫球蛋白 IgY 可特异性地中和和清除肠道中的病原菌，从而对疾病有预防和治疗作用。日本福山大学的科研人员还将抗龋齿病原菌的蛋黄抗体添加于食品中作预防龋齿之用。

三、免疫球蛋白的提取方法

至今已建立了很多较为高效而经济的 IgY 分离提纯方法。这些方法大多以聚乙烯乙二醇、葡聚糖硫酸钠盐、聚乙二醇/冷乙醇、水稀释、硫酸铵或硫酸钠等方法初步纯化，进一步提纯可用提纯蛋白质的其他方法。

1. 水稀释法 简单的水稀释法可用于蛋黄液中亲水性部分和疏水性部分的分离，即将蛋黄液稀释一定倍数，调节溶液 pH，混匀静置后离心分离或长时间静置分离。该法易操作，几乎不使用化学试剂，生产成本低，适于规模化生产，但由于 IgY 被稀释，给后期提纯增加了一定困难。

2. 脂蛋白凝聚剂法 脂蛋白凝聚剂包括聚乙烯乙二醇、葡聚糖硫酸钠盐、酪蛋白钠盐、聚丙烯树脂和一些食品增稠剂，如卡拉胶、黄原胶等。这类物质能有效沉集蛋黄脂质与脂蛋白，但通常需要超速离心分离。有研究表明，在聚乙烯乙二醇分步沉淀法基础上提出的冷乙醇沉淀

分级分离的方法，更适合于大规模制备 IgY。

3. 乙醇-CO_2超临界脱脂法　先用乙醇将蛋黄粉中大部分磷脂质除去，然后用超临界 CO_2 将中性脂肪和残留的乙醇等同时除去。该法 IgY 活性没有损失，制得的含抗体的蛋白质混合物是干燥状态，易保存，而且可将蛋黄中与色香味有关的蛋黄脂类完全去除，适于批量制备 IgY 浓缩蛋白粉末（IgY 纯度约为 10%）。

4. 重复冻融脱脂法　利用蛋黄脂质在低离子强度和中性 pH 条件下的凝集作用，将蛋黄水溶液反复进行冷冻和解冻，以加速脂质的凝聚作用，之后进行离心分离。此法回收率不高(50%以上)，但较经济。

5. 有机溶剂脱脂法　用事先预冷至-20℃的有机溶剂如乙醇等与蛋黄液混匀，反复多次浸提其中脂类物质。该法所制 IgY 的纯度高，回收率高，但有机溶剂用量大，成本高，不适于规模化生产。另外，如果预冷不够，有机溶剂会使 IgY 部分变性。

6. 海藻酸钠提取法　较氯仿法和聚乙烯乙二醇法试剂用量少，且试剂基本无毒性。采用低浓度海藻酸钠，将蛋黄原液中的卵脂类除去，所以这些卵脂类中不含有毒物质，可以用来提取卵磷脂等生化药品或试剂。

第三节　蛋黄卵磷脂

一、蛋黄卵磷脂的性质

鸡蛋黄中的脂肪含量为 30%～33%，其真脂含量为 20%，其余的则属磷脂质，在蛋黄里有 10%左右，其主要成分为卵磷脂和脑磷脂，其他成分有微量的神经磷脂、糖脂质和脑苷脂等。卵磷脂（phosphatidylcholine）为两性分子，其等电点为 pH6.7。卵磷脂溶于乙醇、甲醇、氯仿，不溶于丙酮，且不同的磷脂在有机溶剂中的溶解度不同，故可用有机溶剂来分离或提取卵磷脂。它在水中呈溶胶状态，纯液态的卵磷脂为淡黄色且有清淡柔和的风味和香味。卵磷脂也能与酸、碱和盐类如氯化镉等相结合。卵磷脂一般为淡黄色，但因为卵磷脂分子含有不饱和脂肪酸，所以很容易氧化而逐渐由淡黄色变为棕褐色。卵磷脂在空气中易被氧化，同时它能与蛋白质及其他物质生成化合物，所以卵磷脂一般很难得到结晶状态，而是无晶形物质。

二、蛋黄卵磷脂在食品工业中的应用

磷脂以其独特的性质广泛应用于食品工业中，卵磷脂是一种天然的乳化剂，广泛应用于食品、化妆品、医药、纺织、皮革等工业，具有乳化、软化、湿润、分散、渗透、抗氧化、增溶、油性、消泡及保健等功能。卵磷脂在食品工业中的主要应用有以下几方面。

1. 乳化剂和表面活性剂　卵磷脂自身的结构决定了其强的乳化性，卵磷脂存在于食品的乳状液中，通常与其他乳化剂和稳定剂相结合而起到乳化作用。卵磷脂可以用于水/油（W/O）和油/水（O/W）型的乳状液中，无论是水包油还是油包水的乳化体系均适用，一般食品多是水包油型，只有 HLB 值高于 6 的乳化剂才能提供较好的乳化效果。卵磷脂的 HLB 值为 7，故具有均衡的亲水和亲油性，其适用性广泛。卵磷脂作为表面活性剂可取代乳脂肪球表面的蛋白质，广泛应用于许多乳品、再制乳制品和仿制乳制品的生产中。

2. 新型保健食品　卵磷脂因其诸多保健功能而成为备受人们关注的新型保健食品之一。联合国粮食及农业组织（FAO）和世界卫生组织（WHO）专家委员会报告规定对卵磷脂的摄取

量不做限量要求。蛋黄卵磷脂与大豆卵磷脂相比，具有含量高、易吸收的特点，有很好的生理活性。蛋黄磷脂制品在市场上主要以磷脂含量（60%～95%）和PC纯度（40%～95%）分类，如蛋黄磷脂（PC，40%～50%）、精制蛋黄磷脂（PC，70%～80%）等，价格随含量提高而增加。目前，国外磷脂商品已形成系列化、专用化和高档化，剂型有磷脂片、磷脂冲剂、磷脂口服液、磷脂软胶囊等，口感较好，吸收快，食用方便。

三、蛋黄卵磷脂的提取方法

蛋黄卵磷脂由于其特有优点日益受到人们的关注，对其提取方法的研究也日益成熟，目前主要有有机溶剂萃取法、柱层析提取法、膜分离法、超临界 CO_2 流体萃取法。

1. 有机溶剂萃取法　有机溶剂萃取法最为常用，原理是蛋黄中各组分及不同的磷脂组分在有机溶剂中的溶解度不同。有机溶剂萃取法的关键在于找到一种好的溶剂或溶剂系统，对被提取的目标产物应具有良好的溶解性和选择性。其优点是分离效率高、生产周期短、易实现自动化；缺点是卵磷脂纯度不高，处理时间长，且存在有机溶剂残留的问题。蛋黄中的油脂、中性脂肪及游离脂肪酸可由丙酮脱除，不溶于丙酮的磷脂沉淀，再使用低碳醇、正己烷、乙醚等溶剂将溶于其中的卵磷脂与不溶于这些溶剂的其他磷脂分离开来。也可先浸提卵磷脂再脱油。

2. 超临界 CO_2 流体萃取法　超临界 CO_2 流体萃取法简单、无溶剂残留、选择性强，是近年来在食品、医药等领域迅速发展起来的新技术。用此法分离蛋黄粉中的蛋黄油，优化出最佳提取条件为：萃取压力 30MPa，萃取温度 50℃，萃取时间 150min，流量 20L/h，再向 CO_2 流体中加入夹带剂乙醇以萃取脱油磷脂中的卵磷脂，萃取率最高达 82.9%。但相对于直接采用有机溶剂浸提法来说，超临界 CO_2 夹带乙醇萃取蛋黄卵磷脂溶剂用量大，耗时，操作成本高，不易实现规模化生产。

3. 柱层析提取法　柱层析提取法是一种高灵敏度、高效的分离提取技术，在分离纯化卵磷脂方面得到应用。在层析柱内装有层析剂，它是起到分离作用的固定相或分离介质，由基质和表面活性官能团组成。基质是化学惰性物质，不会与目的产物和杂质结合，常被采用的是吸附柱层析和离子交换柱层析。活性官能团会有选择地与目的产物或杂质产生或强或弱的结合性，当移动相中的溶质通过固定相时，各溶质成分由于与活性基团的吸附力和解吸力不同，它们在柱内的移动速度会产生差异，进而将目的产物分离出来。柱层析纯化法在提纯卵磷脂的同时，可收集到有价值的其他物质。在对卵磷脂进行纯化时，试验使用 60～100 目的硅胶作吸附剂，洗脱速度快，而且操作中不需要加压，且能保证分离效果，适用于大量生产，并可大幅度地降低生产成本。

4. 膜分离法　膜分离法提取蛋黄卵磷脂主要是利用膜对组分的选择透性而将特定组分分离出来，半透膜上分布着一定孔径的大量微孔。孔径的大小决定了分离物质的分子质量或粒度大小。通过膜的组分以膜两侧的浓度梯度为推动力进入膜的另一侧，利用膜的这种被动传递形式将组分分离开。粗卵磷脂中含有一定量的蛋白质、中性脂肪、脑磷脂、鞘磷脂等杂质，它们的粒度大小、分子质量与卵磷脂有较大区别，所以它们通过半透膜的难易程度不同，由此卵磷脂得到分离。用己烷-异丙醇混合溶剂溶解的粗磷脂通过聚丙烯半透膜，收集流过膜的溶液，蒸发溶剂，可使粗卵磷脂得到纯化。日本也在试验应用膜分离技术制备高纯度卵磷脂，将磷脂溶于溶剂中，形成微胶囊，根据不同分子质量进行膜分离，得到不同分子质量的磷脂组分，从而制得高纯度卵磷脂产品。

第四节　蛋清蛋白质水解物的制备技术

蛋清寡肽主要是指通过酶解蛋清中的多种蛋白质，从而生成具有 2～9 个氨基酸残基的小肽，这种肽就称为蛋清寡肽。由于蛋清寡肽具有较多的功能特性，同时机体对于寡肽的吸收速度比游离的氨基酸快，吸收效率高，并且具有操作简单、生产成本低等特点，因而备受广大蛋品科学工作者的青睐。

一、蛋清寡肽的功能特性

蛋白质水解物作为优质的氮源，在营养保健方面对人类具有非常强的吸引力。由于蛋白质水解物已经过酶消化，其主要成分为小肽，故与蛋白质相比，更易消化吸收。而且由于水解物分子质量较低，其致敏性与蛋白质比较明显下降，当肽分子质量小于 2000Da 时，过敏性基本消失。蛋白质水解物的易消化吸收、低致敏性能，使其在医药食品中获得广泛应用，如可用来补充各种原因引起的营养不良患者的营养，也可作为运动员食品，补充消耗的体力。在美国，蛋白质水解物类产品早已应用于运动员膳食，并取得了良好效果。

许多成人和婴幼儿患食品过敏症。婴幼儿由于胃肠道发育不成熟，对蛋白质不易消化吸收，且肠壁薄，通透性强，未被消化或消化不完全的异体蛋白吸收入血，引起过敏反应。可供非母乳喂养的某些蛋白质过敏婴幼儿选择的蛋白源有限，若要完全避免过敏，非常可能会营养不良。作为替代食品，蛋白质水解物有着不可比拟的优点，蛋白质经过预消化为小肽，易于吸收。这样，既能去除过敏隐患，又能避免营养不良，满足营养需要。

一些代谢性胃肠道功能紊乱患者，如克隆氏病、短肠综合征、肠瘘等患者，因其消化吸收功能受损，对蛋白质的消化吸收功能降低引起负氮平衡；外伤、烧伤等患者组织修复需要补充大量蛋白质；还有一些中风、昏迷、意识障碍患者，无法自主进食；高热、高代谢疾病患者体内处于负氮平衡，癌症等消耗性疾病晚期恶液质、危重患者都需补充营养。传统的方法为静脉输液（如脂肪乳、氨基酸注射液、白蛋白注射液等），操作麻烦、易感染、费用高。以蛋白质水解物为基料的胃肠道营养用药在这一领域显出绝对的优势，蛋白质作为必需营养成分，以其水解物形式摄入体内，能被更有效地吸收、利用，既避免了静脉输液的麻烦，又避免了口服氨基酸引起的高渗腹泻，且费用相对较低，更易为广大患者和家属接受。

二、蛋清寡肽的制备技术

1. 工艺流程　目前对于蛋清寡肽混合物的制备主要采用的是酶法水解蛋清蛋白质。蛋清寡肽制备的工艺流程如图 21-1 所示。

原料鸡蛋 → 洗蛋、消毒 → 打分蛋 → 搅匀 → 稀释至底物浓度 → 酶水解 → 水解 → 精制 → 喷雾干燥

图 21-1　蛋清寡肽制备的工艺流程

2. 技术要点

（1）蛋预处理　由于产蛋及运输过程中环境的污染，蛋壳上含有大量的微生物，是造成微生物污染的来源，为防止蛋壳上微生物进入蛋液内，通常在打蛋前将蛋壳洗净并杀菌。洗涤过的蛋壳上还含有很多细菌，因此应立即消毒以减少蛋壳上的细菌。将洗涤后的蛋采用紫外照

射杀菌 5min，经消毒后的蛋用温水清洗，然后迅速晾干，以减少微生物污染。

（2）水解

1）水解反应器：反应器为改性主要的设备，所采用设备为中、小型发酵罐，材料为不锈钢，内部带有搅拌装置，具有温度控制装置和 pH 控制装置，此罐为夹套式，在改性过程中可对底物进行加热或冷却。

2）搅拌器：中试改性搅拌器为涡轮式的平叶片型，涡轮叶片为 6 枚，外径为容器直径的 1/3，此种搅拌器的主要特点是混合生产能力较高，搅拌速率较高，有较高的局部剪切效应，排除性能好，容易清洗，适于搅拌多种物料，尤其对中等黏度液体特别有效，常用于制备低黏度的乳浊液、悬浮液和固体溶液。

3）水解：以加热变性后一定浓度的蛋清为底物，再调节所需水解温度、水解液 pH，加入一定量的酶进行水解。水解过程中不断搅拌，并维持一定 pH。

（3）精制　水解过程中由于肽键的断裂，一些巯基化合物释放出来，使水解物具有异味，影响产品品质。异味的浓淡程度与温度相关，温度越高，异味越大，当温度高于 50℃时，异味明显。当温度低于 20℃时，异味不明显。去除异味有许多方法，如使用活性炭进行选择性分离，苹果酸等有机酸及果胶、麦芽糊精的包埋等。

（4）喷雾干燥　蛋清肽与蛋清相比，喷雾干燥的入口温度较高，这主要与它酶解后主要产物寡肽和氨基酸有关。喷雾干燥过程与进风温度关系较大，进风温度越高，干燥效果越好，若温度过高，会加重美拉德反应，使产品颜色变黄，同时蛋白肽粉中糖类成分受高热后黏性升高，使其粘壁性增加，影响产出率。因此，选择适宜的入口温度，可有效控制肽粉水分含量，降低美拉德反应发生的程度。

第五节　蛋壳的利用

在禽蛋的加工和利用中，很多企业仅仅利用了其可食部分即蛋清和蛋黄，大量的蛋壳被扔弃。如果能将废弃的蛋壳收集起来，进行综合利用，不仅能提高资源利用率和经济效益，还可避免对环境生态的污染。因此，这项工作应得到充分的重视。

20 世纪 90 年代以来，人们开始重视蛋壳的开发利用，并逐渐应用到各个行业。在医药上，可用于提取“凤凰衣”、溶菌酶和加工鞣酸蛋白；在食品中可用作食品钙强化剂，制作黏结剂和发泡剂，改善食品的结构性能；在轻工业和化妆品业中可生产蛋壳粉化妆品，制造卵壳膜抗皱护肤霜。在畜牧业上，制造蛋壳粉用于畜禽补钙，加工蛋壳粉饲料和蛋壳血粉；在农业上，有人将其加工成蛋壳血粉，用于各种蔬菜、盆栽花木和果树盆景，可使其生长旺盛；在工业上，卵壳膜对金属有良好的吸附性，可利用卵壳膜回收贵重金属。

一、壳膜分离工艺

对蛋壳进行蛋壳和蛋壳膜分离，可分别提高蛋壳和蛋壳膜的利用率，不仅可以变废为宝，还可以减少环境污染。

1. 物理分离法　利用机械的方法将蛋壳和蛋壳膜完全分离开来，能够保持蛋壳膜内的各种营养成分的含量，使其成分的损失量降到最低。日本机器人制造公司最近开发成功一种试验装置，可通过向破碎的蛋壳发射超声波的方法，将蛋壳和壳膜进行有效分离，进而为农业、工业和医疗等领域提供原料。

2. 化学分离法　蛋壳是由石灰质外层硬壳和紧贴壳层的蛋白膜组成。硬壳体中的碳酸钙方解石取向规整，堆集成柱状结构，壳体外部有一层有机保护模，有机质与钙离子的结合对结晶及钙化过程具有重要性，壳膜分离的原理是降低石灰质与角蛋白之间的结合能力。酸、碱、酶的作用使石灰质和角蛋白发生变化，从而降低其结合力。在机械搅拌的作用下，使蛋壳与壳膜得到较好的分离。

一般情况下，酸是较好的蛋壳和蛋壳膜分离剂，碱的分离效果相对较差，主要是蛋壳膜的蛋白质在强碱性条件下能够分解，不能得到完整的蛋壳膜；酶只是在一定的温度及 pH 的条件下才能发挥作用。如果利用酸作分离剂，因分离剂的用量、浓度、搅拌时间和温度的不同，蛋壳膜的分离效果也随之不同。

二、蛋壳粉的加工

1. 超微细蛋壳粉　蛋壳的矿物质成分主要是碳酸钙，将其制备成超微细蛋壳粉有助于其消化吸收。超微细蛋壳粉制备方法主要有化学法和机械粉碎法两种。化学法制备的粉体不仅纯度高，粒度细，颗粒尺寸分布范围窄，化学均匀性好，还可以控制粉体的颗粒形貌，但化学法制备成本高，能源利用率低，所以尚未大规模应用于工业生产。目前物理法制备微粉应用最广泛，物理法制备微粉就是采用机械力对物料进行加工，使物料成为超细粉末，成本低，适用范围广，颗粒无团聚是此法最突出的优点，但也有粒度粗、纯度低、化学均一性差等缺点。国内所使用的主要是机械粉碎法，采用的机械设备主要是球磨机、振动机和气流粉碎机。

2. 超微细蛋壳粉在食品中的应用

（1）*在面类食品中的应用*　在中式面条、日本切面中加入面粉用量 0.5%～1%的食用蛋壳粉，面的强度得到了强化，并且面团筋道、机械适应性提高。

（2）*在畜肉、鱼肉加工品中的应用*　在香肠等畜肉制品及鱼糕等鱼肉加工品中加入食用蛋壳粉后，其黏着性及弹性得到提高。出现这种效果的原因在于钙的添加，加热前的肌质球蛋白分子呈高级次结构变化，加入钙后，由于加热促进了分子间的凝聚作用，显示出形成强凝胶的性能。

（3）*在油炸食品及油炸用油中的应用*　蛋壳粉可用于油炸食品中，有抑制油炸用油氧化的作用；在油炸食品面衣中加入可以使产品松脆感增加。在油中加入蛋壳粉，还可抑制油炸食品变焦的过程。

三、蛋壳有机钙制备技术

蛋壳作为一种天然钙源，将其经过壳膜分离处理，可与有机酸反应制备活性钙制剂，如利用蛋壳制备丙酸钙、乙酸钙、柠檬酸钙、乳酸钙、葡萄糖酸钙及生物碳酸钙等。利用蛋壳制备有机钙既可缓解或消除弃置蛋壳对环境的污染，又充分利用了蛋壳中的钙质资源，具有原料低廉、易得，操作简单等优点，开发应用前景广阔。

1. 乳酸钙

（1）*工艺流程*　乳酸钙制备的工艺流程见图 21-2。

蛋壳 → 清洗分离 → 干燥 → 煅烧分解 → 水溶 → 乳酸中和 → 浓缩 → 干燥 → 粉碎 → 成品

图 21-2　乳酸钙制备的工艺流程

（2）操作要点

1）清洗：首先将蛋壳置于清洗池中，用20℃的清水浸泡蛋壳30min，蛋壳与水的比例为1∶（2～2.5）。将浸泡好的蛋壳用清水冲洗，去除蛋壳上附着的污物。然后将清洗好的蛋壳放入55℃的隧道式鼓风干燥机中干燥12h。再将干燥好的蛋壳粉碎，过40目筛，贮存备用。

2）中和反应：称取蛋壳粉和一定量乳酸与其反应，将蒸馏水分若干次加入反应体系中，控制反应温度与反应程度，当不再有气泡产生时则反应完全。

3）抽滤浓缩：待反应完全后，升温至70℃，溶解生成的乳酸钙，并趁热抽滤得乳酸钙母液，再将母液进行加热浓缩，当母液中乳酸钙浓度达145～155g/L时，冷却静置结晶24h。分离晶体和母液，由于乳酸钙在水中的溶解度较大，结晶母液中还留有大量的乳酸钙，浓缩后再次结晶，合并晶体。

4）洗脱干燥：加入适量无水乙醇，洗涤反应生成的乳酸钙固体，除去未反应的乳酸及表面附着的其他残留物。将醇洗后的乳酸钙置于电热鼓风干煤箱，采用低温静态干燥，干燥温度不高于80℃干燥8～12h，当乳酸钙加热减量的质量分数为15%～20%时，即可粉碎、过筛、包装，即得白色粉末状乳酸钙成品。

2. 乙酸钙

（1）工艺流程　乙酸钙制备的工艺流程见图21-3。

蛋壳 → 蛋膜分离 → 蛋壳粉 → 煅烧分解 → 蛋壳灰分 → 石灰乳 → 中和 → 蒸发 → 烘干 → 成品

图21-3　乙酸钙制备的工艺流程

（2）操作要点

1）煅烧分解：称取一定量的蛋壳粉，在马弗炉内900℃条件下煅烧25h，得白色蛋壳灰分CaO。

2）中和反应：将蛋壳灰分研细，加入一定量蒸馏水，制成石灰乳，在水浴加热及不断搅拌下缓慢加入一定浓度的酸性溶液，当反应过程不再有气泡产生时，即表示中和反应已基本结束。

3）分离提纯：待有机活性钙溶液冷却后过滤，滤液移入蒸发皿中蒸发浓缩至溶液黏稠，置于干燥箱中于120℃条件下烘干脱水，得白色粉末状乙酸钙。

四、壳膜中的功能成分

1. 胶原蛋白　胶原蛋白又称胶原，是具有极高生理活性的蛋白质。胶原一般为白色、透明、无分支的原纤维。胶原蛋白是一种糖蛋白分子，含糖及大量甘氨酸、脯氨酸、羟脯氨酸等，存在于所有多细胞动物体内，是体内含量最多的一类蛋白质。胶原蛋白作为生物科技产业关键性的原材料之一，在各个领域被广泛应用。

提取胶原蛋白的原料一直是研究的热点，有研究表明，蛋壳膜胶原蛋白可以作为潜在的资源代替哺乳动物胶原的商业应用，从而降低了原料风险，已经证实，蛋壳膜的自身免疫和过敏反应很低。随着胶原蛋白产品的畅销，蛋壳膜作为替代原料应用于功能食品、医药、化妆品和其他工业的可能性很大。并且，随着人们越来越重视胶原蛋白的营养功能，胶原蛋白在医药、食品等行业中应用较多。而且，通过对胶原蛋白的提取与纯化，尽量使胶原蛋白的提取产率纯度更高，并且使所提取的胶原蛋白能满足不同领域的要求。目前胶原蛋白提取工艺有酸法提取、碱法提取、盐法提取、酶法提取等，其中酶法提取较为广泛。

2. 角蛋白　蛋壳膜的主要成分为角蛋白，角蛋白是一种纤维性、非营养型的硬蛋白，它广泛存在于人和动物毛发、皮肤及指、趾甲等结构中，是结缔组织极为重要的结构，该蛋白质起着保护机体的作用。

天然角蛋白的加工利用已经有很长的历史，最早的塑料制品就是以角蛋白为原料制成的。近年来，从蛋壳膜中提取天然角蛋白开始成为研究的热点，角蛋白的加工和提取方法主要有机械法、化学法、生物法及复合提取法等。

3. 透明质酸　透明质酸又名玻璃酸，是一种酸性多聚黏多糖。透明质酸广泛分布于各种动物组织中，迄今为止，在结缔组织、脐带、人血清、鸡冠、关节滑液、软骨、眼玻璃体等组织中已分离得到透明质酸。

蛋壳膜中具有较高含量的透明质酸，壳膜中透明质酸的浓度比包括鸡冠在内的其他任何组织的含量都高，占湿膜质量的 0.5%～10%。因此，若以蛋壳膜作为提取透明质酸的原料，对蛋壳的深加工利用及提高产品附加值具有重要意义。目前对于透明质酸的加工和提取主要采用酶法。

在化妆品行业，透明质酸因具有保湿、营养、润肤等作用，现已被广泛应用于膏霜、乳液、面膜、洗面奶、洗发、护发、润肤露等化妆品中。在医学领域，透明质酸因具有高度黏弹性、可塑性、渗透性、独特的流变学特性及良好的生物相溶性，是一种生物可吸收材料。由于保湿性强、生物相容性好，透明质酸还是重要的医药用原料。

4. 唾液酸　唾液酸为神经氨酸，广泛存在于动物组织及微生物中，是细胞膜蛋白质的重要组成部分，参与细胞表面多种生理功能，在调节人体生理、生化功能方面起到非常重要的作用。近年来，随着对唾液酸理化性质、生理功能、合成与代谢等研究的深入，唾液酸在食品、医学等领域的应用越来越广泛。

鸡蛋壳膜中含有一定数量的唾液酸，大约为2.20μg/mg。根据前面的综述，唾液酸有多种生物学活性，如抗病毒、抗菌、抗炎等；唾液酸的制备方法也有多种，如生物发酵、化学合成、天然产物提取等。

由于新生儿的肝发育尚不成熟，大脑快速生长发育需要唾液酸，而新生儿自身合成唾液酸的能力有限，因此需要补充唾液酸以满足婴儿生长发育的需要。随着对唾液酸的研究，研究者发现，唾液酸及其衍生物在抑制唾液酸酶与抗流感病毒、抗副流感病毒、抗轮状病毒、抗呼吸道合胞病毒和抗腺病毒等方面均有重要作用。

5. 硫酸软骨素　硫酸软骨素是一种酸性黏多糖，广泛存在于哺乳动物的软骨、喉骨、鼻骨和气管中。

硫酸软骨素的提取方法有很多种，如高温高压法、中性盐法、碱提法、酶解法等，以上工艺中，浓碱提取工艺的产品颜色较深，且废碱液对环境的危害较大；稀碱提取工艺产品的蛋白质含量和氮含量较高，生产周期较长；稀碱稀盐和稀碱浓盐提取工艺产品的产率和纯度都不高。综合考虑产率和纯度，稀碱-酶解提取工艺是一种较实用的方法。

研究发现，硫酸软骨素具有良好的抗衰老功能，可以制成各种美容产品和保健食品。如果将其提纯为药品，可治疗某些神经性头痛、关节痛、动脉硬化等病症，还可用于链霉素副作用引起的听觉障碍及肝功能受损的辅助治疗。硫酸软骨素作为一种新型药用活性成分，近年来日益受到各国人们的重视。

思考题

1. 简述溶菌酶的基本性质及其在食品工业中的主要应用。

2. 简述蛋清中溶菌酶的提取方法。
3. 简述免疫球蛋白提取的工艺流程及技术要点。
4. 蛋清寡肽有哪些功能？指出蛋清寡肽的制备程序。
5. 蛋黄卵磷脂有哪些作用？其有几种提取方法？
6. 利用蛋壳制备乳酸钙的技术要点有哪些？

主要参考文献

迟玉杰. 2002. 卵黄卵磷脂提取与应用的研究进展. 食品与发酵工业, 28(5): 63-65

迟玉杰. 2004. 鸡蛋深加工系列产品综合开发技术概况. 中国家禽, 26(23): 6-9

迟玉杰, 高兴华, 孔保华. 2002. 鸡蛋清中溶菌酶的提取工艺研究. 食品工业科技, 3: 44-46

代忠波, 丁卓平. 2006. 卵磷脂的研究概况. 中国乳品工业, 34(1): 33-36

傅利军, 赵蔚蔚. 2011. 蛋黄来源卵磷脂的应用及进展. 食品安全导刊, 12: 48-49

耿岩玲. 2003. 蛋壳的壳膜分离技术及钙剂的制备与应用. 哈尔滨: 东北农业大学硕士学位论文: 19-22

顾学斌. 2011. 防霉抗菌技术手册. 北京: 化学工业出版社

李德海. 2003. 蛋清溶菌酶的亲和层析提取及其在食品中的应用. 哈尔滨: 东北农业大学硕士学位论文: 25-28

李桂英, 张尚桓. 1992. 鸡蛋壳的综合利用. 化学世界, 11: 522-524

李晓东. 2005. 蛋品科学与技术. 北京: 化学工业出版社

林淑英. 2001. 卵黄卵磷脂的提取与其贮藏性能的研究. 哈尔滨: 东北农业大学硕士学位论文

林淑英, 迟玉杰. 2004. 卵磷脂储存加速的研究. 食品科学, (5): 135-137

刘丽静. 2006. 蛋壳超微细粉制备及中试工艺的研究. 哈尔滨: 东北农业大学硕士学位论文: 19-22

马美湖. 2003. 禽蛋制品生产技术. 北京: 中国轻工业出版社

马正智, 胡国华, 方国生. 2007. 我国溶菌酶的研究与应用进展. 中国食品添加剂, 2: 177-182

田莹. 2012. 蛋黄粉制备高纯度磷脂酰胆碱的研究. 无锡: 江南大学硕士学位论文

夏宁, 迟玉杰, 孙波. 2007. 蛋壳粉的功能与利用. 中国家禽, 29(4): 12-15

于滨, 迟玉杰. 2006. 高活力蛋清溶菌酶制备技术的研究. 农产品加工, 4: 4-6

于昱, 汤伟. 2004. 卵磷脂的功能特性及其应用. 饲料世界, (3): 26-28

郑明珠, 迟玉杰. 2003. 超临界 CO_2 萃取蛋黄油的研究. 西部粮油科技, 28(6): 22-23

周光宏. 2002. 畜产品加工工艺学. 北京: 中国农业出版社

Dong WX, Liu SX, Zhong D, et al. 2012. Status and countermeasures for bacterial resistance in Quanzhou. Central South Pharm, 10(1): 58-61

Li J, Liu CY, Cheng C. 2011. Electrochemical detection of hydroquinone by graphene and Pt-graphene hybrid material synthesized through a microwave-assisted chemical reduction process. Electrochim Acta, 56(6): 2712-2716

Palacios LE, Wang T. 2005. Egg-yolk lipid fractionation and lecithin characterization. Journal of the American Oil Chemists Society, 82(8): 571-578

Tehrani RM, Ghadimi H, Ghani SA. 2013. Electrochemical studies of two diphenols isomers at graphene nanosheet–poly(4-vinyl pyridine) composite modified electrode. Sens Actuators B, 177: 612-619